原子物理学

Atomic Physics

第2版

崔宏滨　编著

中国科学技术大学出版社

内 容 简 介

本书讲述大学普通物理的“原子物理学”部分，内容包括原子的结构，原子的量子模型，量子力学的初步介绍，原子、分子的光谱和能级以及原子核的基本知识.书中详细描述了有关原子物理的重要实验，提供了大量的实验数据，利用量子力学的基本概念，通过对实验结果的分析，向读者尽可能详尽地介绍了原子、分子的结构、能级、跃迁、光谱以及原子核的组成、放射性、核反应等方面的知识以及原子物理学在各个方面的应用.对于处理和研究原子结构、能级、光谱的方法和技巧，做了仔细的说明和论证.书中附有大量图片和实验数据，便于读者参考核对.

本书适合作为大学物理类以及其他理工类本科生的教材，也适合作为其他专业读者的参考书.

图书在版编目(CIP)数据

原子物理学/崔宏滨编著.—2版.—合肥：中国科学技术大学出版社，2012.1 (2021.3重印)

ISBN 978-7-312-02932-5

Ⅰ.原… Ⅱ.崔… Ⅲ.原子物理学—高等学校—教材 Ⅳ.O562

中国版本图书馆CIP数据核字(2011)第265501号

原子物理学

YUANZI WULIXUE

出版 中国科学技术大学出版社
安徽省合肥市金寨路96号，230026
http://press.ustc.edu.cn
https://zgkxjsdxcbs.tmall.com

印刷 安徽国文彩印有限公司

发行 中国科学技术大学出版社

经销 全国新华书店

开本 710 mm×1000 mm 1/16

印张 28.5

字数 564千

版次 2009年5月第1版 2012年1月第2版

印次 2021年3月第4次印刷

印数 9001—12000

定价 63.00元

第 2 版 序

——兼论原子物理学的学习方法

本书自两年前出版以来,作者收到了许多读者的意见和建议,其中既有针对某些细节的疑问和讨论,也有针对书中错误的指正和不足的补充,当然更多的是鼓励和期望.据作者统计,这两年中,本书曾用作中国科学技术大学8个教学班的教材,也被至少另外4所高校选作教材.

由于前次所印3000册很快告罄,根据读者的要求和出版社的建议,作者在原书的基础上,补充和更新了部分内容,并做了较大篇幅的修订,以期更好地满足教学的要求.

对于本次修订的说明

第一,更正了书中的一些讹误,特别是正文中的插图、公式,习题的数据和参考答案.

第二,补充了大量原子光谱和能级的实验数据,并引用了一些基本物理常数的最新测量值,删除了原书中不必要的附录.

第三,增加了一些介绍原子物理领域中新进展、新应用的内容,特别是对一些实验设备和研究手段做了更详细的描述.

第四,更多地介绍了原子物理学和量子力学发展过程中的重要事件和代表人物.

第五,对原书中的某些内容做了次序上的调整.

第六,将许多实际问题作为例题进行讲解.

原子物理学的特点

本书出版之后,许多读者希望能够介绍一下原子物理学的学习方法;作者在讲授这门课的过程中,也常有学生表示原子物理学内容复杂、头绪繁多、核心知识难以把握、遇到问题不知如何处理,等等.其实,作者当年在科大初学这门课的时候,也有许多疑惑和不解,也遇到了很大的困难.正是这些疑惑和困难的化解,使作者逐步认识了原子物理学的本来面目,也渐渐悟出了学习这门课程的方法.

毫无疑问,原子物理学是最重要的物理基础课程之一,也是较难讲授和学习的一门课程.说这门课程难学,是与读者之前学过的力学、热学、电磁学等课程相比而言的.例如,力学的起点是牛顿定律,整个力学的理论体系都是建立在牛顿定律的基础之上的;电磁学的基础是库仑定律、安培定律和电磁感应定律,这三大定律构成了电磁理论的框架.力学、热学、电磁学的特点是,从最基本的实验定律出发,运用数学逻辑,就能够推导出相关结论,并解决具体的问题,因而体系严谨、条理清晰、易于把握.而原子物理学则明显不同.

首先,尽管量子力学是处理原子问题的一般方法,但是在学习原子物理的过程中,读者仅仅是了解了量子理论的基本知识,而且,由于数学知识的限制,许多问题并不能用量子力学严格求解.

其次,学习原子物理,总是要反复经历一个先简单、后复杂,先粗浅、后深入的过程.例如,第一过程,用简单直观的玻尔模型处理氢原子和类氢离子的问题;第二过程,引入电子的自旋,用量子理论处理单电子原子的问题;第三过程,利用球对称平均势场近似,根据角动量的耦合处理多电子原子的问题,等等.

更重要的是,原子物理中似乎缺少像牛顿定律那样一以贯之、无所不能的利器,很多结论不是从理论上推导得来的,而是根据实验总结出来的,而且针对不同类型的原子,所要考虑的因素和采用的手段往往差异较大.

原子理论体系的上述特点,对于熟悉力学、热学、电磁学学习方法的初学者来说,一时难以适应,所以会感到困难.

其实,物理学始终是一门实验科学,物理学的一切结论都来自于实验,一切结论都要经过实验的检验.力学、热学、电磁学中的各种定律、定理和原理其实全都是从物理实验中总结出来的,每一门学科都是将许多零散的实验和孤立的结论归纳起来逐渐形成一个完整的理论体系.相对于已成经典的力学、热学、电磁学而言,正在不断发展和完善之中的原子物理学更能体现这一特征.绝大多数人的物理知识并不是从实验中得到,而是在课堂上学到的.学习物理的过程,往往是先学习和熟悉基本的定律、定理和原理,如牛顿定律、库仑定律、高斯定理、能量守恒原理,等等,然后再依据这些定律、定理和原理,来解释各种物理现象、并用数学方法解决各类物理问题.这就是通常所谓的演绎方法,当然这也是最有效的学习已有知识的方法.然而,学习原子物理,更重要的是必须掌握归纳的方法,并充分意识到这一方法在物理学中的重要性.

但是,仅仅有实验还不能成为物理学,正如牛顿所言:物理学是自然哲学的数学原理.因而,将实验的结果用数学的逻辑加以表述,并建立由此及彼的关联,才能构成一个完整的理论体系.相对于力学、热学、电磁学,原子物理学中涉及的数学知识要复杂得多,通常需要求解微分方程.但是,物理学又不完全等同于数学,这些复杂的数学问题往往可以根据实际情况,采用适当的近似方法得到有意义的结论.

数学应用的对象必须具有足够简单而形象的特征,这就需要将研究对象最本质的特征抽象出来并以此构建出物理模型.实际上,卢瑟福的原子、普朗克的谐振子、爱因斯坦的光量子、玻尔的定态轨道、乌伦贝克-古德斯密特的电子自旋,都是微观粒子结构和运动的物理模型.这些物理模型都是根据实验结果构建的,只有根据这样的模型才能解释相关实验的结果,也只有建立了这样的模型,才能够推演出进一步的结论.

所以,物理实验、物理模型、数学逻辑是构成原子物理学理论体系的要素.当然,其他的物理学分支也是由这些要素构成的理论体系.

还有非常重要的一点是,许多理论体系都离不开一些基本的假设,这些基本假设在数学中被称做公理,在物理学中则被称做原理.例如,平面几何中的一个公理是:一个平面内,一条直线与另两条直线相交,若在直线同侧的两内角之和小于180°,则这两条直线经过无限延长后在这一侧一定相交.这一结论尽管在平面几何的体系中无法证明,但却被公认是正确的,而这一公理,就是一个基本的假设,就是整个平面几何体系的基础.物理学中的能量守恒原理其实也是一个基本的假设,也是构成物理学理论体系的基础.原理与定理、定律不同,凡是被称做定理的,都是从理论上推导出来的,如高斯定理、冲量定理等;凡是被称做定律的,都是可以直接被具体的实验验证的,例如牛顿第二定律可以通过测量加速度与力、质量的关系加以验证,库仑定律可以通过测量力与电荷、距离的关系加以验证.原理由于是对一类普遍事实的总结和概括,所以不可能从实验上一一验证,例如光学中的费马原理、光的可逆性原理,相对论中的光速不变及真空中光速最高原理,原子物理中的泡利原理,等等.只要没有出现与这些假设相悖的实验结果,这些假设就可以成为被普遍接受的原理,从而作为构建一个理论体系的基础.

原子物理的学习方法

作为物理学的一个分支,原子物理学与力学、热学、电磁学等其他学科并无本质区别,所遵循的方法和原理都是相同的.如果说有特点的话,那就是关于原子的理论是近百年来才发展起来的,并在不断的完善之中.因而,在学习这门课的过程中,就不能单单依赖我们所熟悉的演绎方法.

第一,要掌握并熟悉根据实验结果归纳出基本结论的方法.

原子的核式结构,是卢瑟福在汤姆孙发现电子的基础上,根据 α 粒子散射的实验结果所总结出的原子模型.光子的概念,是综合了黑体辐射实验、光电效应实验、康普顿散射实验而建立的;原子中电子的定态轨道,是玻尔根据原子光谱数据和光子概念所构建的电子运动模型;物质的波粒二象性,也是由大量的光的粒子性和电子的波动性实验结果而总结出来的一般性的结论.因而,充分了解每一个重要的物理实验以及该实验所反映的物理思想,并从中总结出物理规律,是学好原子物理学的基础.

第二,要运用量子的方法处理原子的问题.

原子是微观体系,处理微观体系问题的理论是量子力学.一方面,量子力学的观点和结论与读者所熟悉的经典物理有所不同,因而要时刻变换思维的角度.另一方面,量子力学本身就是在原子研究的基础上建立和发展起来的,所以不可能先学过量子力学再学习原子物理.这就要求将在原子物理学中总结出的量子力学的思想用来处理原子的问题.实际上,原子物理只是宏大的量子理论体系中的一个小分支,不可能也不必要非得完整学过量子力学再来学习原子物理,用量子力学的某些结论处理原子问题已经足够了.

第三,要正确理解原子体系中的物理概念和物理模型.

原子是看不见摸不着的,因而原子的结构、原子中电子运动的模式等都是根据实验结果推断出来的,随着更精确、更深入的实验研究的进行,对原子的认识也在不断更新,新的结论能更准确地体现原子内部结构和运动的规律.例如正电荷与电子分离的核式结构模型仅仅能解释原子对入射粒子的散射,而不能说明核外电子是如何运动的.玻尔模型中,电子仅仅有轨道角动量,能够解释当时已有的氢光谱的规律,但却不能说明后来测量到的精细光谱.只有在引入了电子的自旋后,才能更准确地描述电子的运动并对精细光谱作出解释.然而,仅仅这样还不够,因为更精确的实验测量到了原子的超精细光谱,这就需要进一步引入原子核的自旋以及核与电子的相互作用.但是,也不能将原子核看做一个仅仅有自旋的实体,核还有具体而复杂的结构,并可形成一系列的能级,这说明,对原子的全面认识是基于一系列物理实验的,每一个新的物理实验,都会对原子的图像进行补充和更新,赋予其更丰富的内涵.

另外,原子物理中认为电子绕核运动,因而具有轨道角动量,又因为电子具有一定的空间尺度,所以同时也有自旋角动量.轨道角动量、自旋角动量都是具体的物理量,按照物理学的原则,物理量应当是可以从实验上测量的.但是,由于实验技术的限制,直至今日也根本无法测量这些角动量.那么这些角动量是否真的有物理意义呢?实际上,引入角动量,是为了解释原子的光谱和能级.而解释能级和光谱,也只能依据已有的物理知识.根据电磁理论,原子的能量包括库仑势能,这一点用电子在核的库仑场中的运动能够解释;至于精细结构能级,只能认为是磁势能,这一点可以用电子轨道运动产生的磁场与自旋运动产生的磁矩之间的相互作用来解释;还有相对论效应,等等.可见,如果不引入角动量,则无法解释磁矩的成因.而电子的磁矩,包括轨道磁矩和自旋磁矩,确实能够从实验上测量到,而且这些磁矩都具有量子化的特征,当然可以由此推断角动量也是量子化的.所以,量子化的角动量,就是核外电子最重要的物理量,也是分析原子能级的基础.

还有一个例子就是电子的波函数.电子具有波粒二象性,在原子物理中,主要还是将其作为粒子来研究的,因为电子所具有的电荷、质量、动量、角动量、磁矩等都是粒子的特征.但是,由于牛顿力学不能用于微观体系中的粒子,所以将电子作为波进行处理,用光学中描述波动的数学表达式来描述电子,这就是电子的波函数.通过求解波函数,就能够了解电子的运动规律.因而,波函数其实就是描述粒子运动特征一种手段.

第四,根据实际情况适当地应用数学知识.

物理学的发展离不开数学,物理问题的解决也要用到数学.原子物理中大量的问题需要求解微分方程,然而,多数情况下并不能得到微分方程严格的解析解,但这并不影响物理问题的解决.事实上,物理上的严格与数学上的严格是不同的,不顾具体的条件一味追求数学上的严格既无必要也无意义.

在用数学方法处理物理问题时,许多情况下只有数值解而没有一般性的解析解,更多的情况是根据具体的条件忽略次要因素、作出必要的近似才能有解的,例如有限深势阱和有限高势垒的问题,以及氢原子精细结构能级的计算,等等.根据实际而作出必要的近似,可以方便地进行计算,而这些计算结果能够与实验结果很好地符合,因而已经足够了.在很多情况下,还要根据估算的结果判断结论的合理性,例如,原子核能放出β射线,但并不能据此判断核中有电子存在,这是因为β射线的能量与由不确定关系所估算出的核中电子的能量相去太远.也正是因为如此,要求读者在学习原子物理的过程中熟悉原子半径、光谱线能量、电子磁矩等一些物理量的数值,从而具有良好的物理直觉.也正是基于这种考虑,本书中引用了大量的实验数据,以备查询和参考.

物理学所追求的,永远都是实验上的精确,而不单单是数学上的精确.

以上是作者在学习和讲授原子物理过程中的体会和心得,写出来与读者分享并希望对读者有所裨益.任何一位教师都不能通晓所有的知识,而仅仅是物理学殿堂中的一名解说人;任何一本教材都不可能反映一个学科的全貌和最新进展,而仅仅是通向物理学殿堂的一块铺路石.

热爱原子物理的读者,应该更广泛地与同行讨论,更多地涉猎文献.

能使青年学子有点滴心得,是作者编写本书的最大期冀.

崔宏滨

2011 年 10 月 21 日

于中国科学技术大学

第 1 版 序

如果将1895年伦琴发现X射线作为近代物理学开始的标志，那么人类对原子的研究也不过一百多年的历史.但是，在这短短的一百多年中，物理学家不仅揭开了原子和其他许多"基本"粒子的神秘面纱，而且成功地将原子研究的成果服务于人类的各项活动，并对社会的生产方式、人们的日常生活以及世界的结构和秩序产生了巨大的影响.正像牛顿力学的建立直接引发了始于英国的工业革命一样，以原子物理学及直接建立在原子物理基础之上的量子力学为核心的近代物理学(另一个同样重要的核心是相对论)也给人类社会带来了一场深刻的革命，这场革命贯穿整个20世纪，具有象征意义的事件就是核能的开发，激光的出现，微电子、光电子器件的大规模应用以及对宇宙起源的科学探索.

物理学是一门实验科学，原子物理学尤其如此，因为这门学科的研究对象是微观世界，而微观世界的规律往往是与生活在宏观时空中的人们的日常经验相左的.所以，如果离开严密精确的实验，原子物理学就失去了存在和发展的基础.正是基于这一认识，本书始终以实验事实以及对实验分析所得到的结论为出发点，力求为读者提供一份翔实可靠而又合乎物理学逻辑的教学参考资料.

本书第1章介绍了汤姆孙发现电子的实验以及卢瑟福确立原子结构模型的α粒子散射实验.第2章中，首先分析了光谱学实验的结果以及这些结果与经典物理学理论体系的矛盾.正是为了解决这些经典物理学的困难，玻尔建立了量子化的原子模型.本章还通过多个实验说明了玻尔模型在许多方面所获得的巨大成功.第3章开始介绍量子力学的基础知识，通过对多个实验事实的仔细描述和分析，向读者展示了光的粒子性和电子(包括分子)的波动性，引入了德布罗意物质波的思想，并特别强调了"波粒二象性是量子力学的基础"这一重要观点.从波粒二象性出发，自然地得到了不确定关系、态叠加原理以及波函数的统计解释等这些量子力学中最基本的原则，随后介绍了薛定谔方程和不同表象下的力学量算符，并利用该方程计算了几个一维情况下微观体系的波函数和本征值，特别对单个电子在有心力场(库仑势)中的波函数以及电子角动量的本征值做了详细的分析与合理的解释，为之后利用这些理论研究原子的状态做了充分的准备.第4章至第7章是本书的核心部分，分别介绍了单电子原子、多电子原子、磁场中的原子以及分子的能级和光谱，其中充分地利用了第3章中已经介绍过的量子力学的知识，结合对各种原子光谱的实验研究结果，通过对电子角动量和磁矩的讨论，逐步引入了分析各种不同类型、不同外界条件下(主要是外磁场)原子状态的方法,以及建立在泡利原理基础上的原子壳层模型和元素的周期律,并对简单分子的能级和光谱做了讨论.第 8 章介绍了原子核的基本知识,由于对原子核以及基本粒子的研究还在不断地深入和发展,所以本章注重向读者展示核物理的实验研究结果.

分析原子和分子以及原子核的状态,离不开量子力学,因而本书以大量的篇幅和充分的资料介绍了量子力学的基本知识.但是,原子物理学不同于量子力学,前者主要以简单有效的方法处理原子的问题,注重实验事实及其合理的解释,而后者则是力求在原子物理实验的基础上建立完整而严谨的逻辑体系,利用数学工具进行理论分析.编者希望本书能为读者日后学习量子力学打好坚实的基础.

相对于其他经典的物理学分支,原子物理学年轻而充满活力,建立和发展了原子物理学科学家们的事迹,宛如就发生在昨天,读者若对这些事迹知之甚少,则是一大遗憾,所以本书用了不少篇幅介绍了他们所做的工作.

作为一本教材,本书的多数读者是第一次学习原子物理学的本科生,所以,提供严格而准确的资料、导出正确而合理的结论从而使初学者开卷有益,是编者的良好初衷.为了避免以讹传讹的弊病,编者对书中涉及的每一个实验、每一个结论,都查阅了许多参考资料,特别是查阅了大量的当年实验研究和理论分析的原始文献;对于用英语之外的其他文字发表的文献,则尽量阅读对这些文献的英文评论和介绍;对于参考资料中不一致的地方,则尽量分析对比,选择合理的结论.书中许多实验装置图示、实验结果图表,都取自当时的科研论文,并注明了出处,方便读者查阅.这样做的目的,不仅仅是为了资料的严谨,也是希望能为读者养成正确的科研工作态度和方法尽一份责任.

由于阅读了大量的文献,再加上多年在中国科学技术大学的教学经验,书中一些地方采用了编者独创的方法,例如第 1 章中库仑散射公式的推导、第 5 章中等效电子原子态的分析方法等,希望对读者有所启发.

面对蓬勃发展、日新月异的原子物理学,编者难窥全豹.本书篇幅有限,虽然尽力,不免疏漏.错误不足之处,恳请读者指出,以期有机会加以改正.

崔宏滨

2008 年 10 月 10 日

于中国科学技术大学

目　　录

第 2 版序 …… (i)
第 1 版序 …… (vii)
0　绪论 …… (1)
0.1　物质的原子观 …… (1)
0.1.1　古代关于物质结构的观点 …… (1)
0.1.2　近代原子观的建立 …… (3)
0.1.3　原子的质量和体积的估算 …… (4)
0.2　原子是物质结构的一个层次 …… (6)
0.3　原子物理学的研究方法 …… (6)
0.4　原子是微观体系 …… (7)
0.5　原子是一种物理模型 …… (8)
1　原子的核式结构——卢瑟福模型 …… (9)
1.1　原子时代的序曲 …… (9)
1.2　原子的结构 …… (10)
1.2.1　电子的发现 …… (10)
1.2.2　汤姆孙的原子模型 …… (16)
1.3　卢瑟福原子模型 …… (20)
1.3.1　卢瑟福的原子核式结构模型 …… (20)
1.3.2　卢瑟福散射公式 …… (20)
习题 …… (32)
2　氢原子的光谱与能级——玻尔模型 …… (34)
2.1　氢原子的光谱 …… (34)
2.1.1　光谱 …… (34)
2.1.2　氢原子的光谱 …… (36)
2.2　玻尔的氢原子模型 …… (39)
2.2.1　经典理论解释氢原子光谱的困难 …… (39)

2.2.2　玻尔的氢原子模型 ……………………………………………………（40）
2.2.3　氢的里德伯常数实验值与理论值的偏差 …………………………（46）
2.2.4　氢原子的连续谱 ………………………………………………………（47）
2.3　类氢离子的光谱 ……………………………………………………………（48）
2.3.1　类氢离子与皮克林线系 ………………………………………………（48）
2.3.2　氘的发现 ………………………………………………………………（50）
2.4　弗兰克-赫兹实验……………………………………………………………（51）
2.4.1　基本思想 ………………………………………………………………（52）
2.4.2　弗兰克-赫兹实验装置与实验结果……………………………………（52）
2.4.3　改进的弗兰克-赫兹实验装置…………………………………………（53）
2.4.4　阴极射线激发光源 ……………………………………………………（54）
2.5　玻尔理论的推广 ……………………………………………………………（56）
2.5.1　量子化通则 ……………………………………………………………（56）
2.5.2　椭圆轨道 ………………………………………………………………（57）
2.5.3　系统的能量 ……………………………………………………………（60）
2.5.4　玻尔理论的相对论修正 ………………………………………………（61）
2.6　施特恩-格拉赫实验与空间量子化…………………………………………（64）
2.6.1　电子轨道运动的磁矩 …………………………………………………（64）
2.6.2　外磁场对原子的作用 …………………………………………………（65）
2.6.3　施特恩-格拉赫实验……………………………………………………（67）
2.6.4　轨道取向的量子化 ……………………………………………………（69）
习题……………………………………………………………………………………（71）
3　量子力学引论——微观体系的基本理论 ………………………………（73）
3.1　量子论的实验依据 …………………………………………………………（75）
3.1.1　黑体辐射 ………………………………………………………………（75）
3.1.2　光量子假说 ……………………………………………………………（81）
3.1.3　粒子的波动性 …………………………………………………………（88）
3.2　物质的波粒二象性 …………………………………………………………（93）
3.2.1　物质的波动性与粒子性 ………………………………………………（93）
3.2.2　量子态——波粒二象性的必然结果 …………………………………（94）
3.3　不确定关系 …………………………………………………………………（96）
3.3.1　几个典型的例子 ………………………………………………………（97）

3.3.2　不确定关系的严格表述 …………………………………………………… (99)
3.4　波函数与薛定谔方程 ……………………………………………………… (104)
3.4.1　波粒二象性的数学描述 …………………………………………………… (104)
3.4.2　电子的双缝干涉实验 …………………………………………………… (104)
3.4.3　波函数的统计解释 …………………………………………………… (108)
3.4.4　薛定谔方程 …………………………………………………… (109)
3.4.5　力学量的算符 …………………………………………………… (112)
3.4.6　表象与力学量的平均值 …………………………………………………… (113)
3.4.7　本征函数与本征值 …………………………………………………… (116)
3.5　态叠加原理 ……………………………………………………… (117)
3.5.1　对双缝干涉实验的另一个思考 …………………………………………………… (117)
3.5.2　光的偏振性实验 …………………………………………………… (119)
3.5.3　量子态的叠加 …………………………………………………… (120)
3.6　定态薛定谔方程问题 ……………………………………………………… (122)
3.6.1　一维简谐振子 …………………………………………………… (123)
3.6.2　一维无限深势阱 …………………………………………………… (125)
3.6.3　有限深方势阱 …………………………………………………… (127)
3.6.4　方势垒 …………………………………………………… (129)
3.6.5　扫描隧道显微镜与原子力显微镜 …………………………………………………… (133)
3.7　单电子原子的波函数 ……………………………………………………… (138)
3.7.1　哈密顿方程及其本征函数的解 …………………………………………………… (138)
3.7.2　解的物理意义 …………………………………………………… (142)
3.7.3　能量和角动量 …………………………………………………… (152)
3.7.4　波函数的宇称 …………………………………………………… (154)
习题 ……………………………………………………… (155)
4　单电子原子的能级和光谱——电子的角动量模型 …………………………… (158)
4.1　单电子原子的光谱 ……………………………………………………… (158)
4.1.1　单电子原子 …………………………………………………… (158)
4.1.2　碱金属原子的光谱与能级 …………………………………………………… (160)
4.1.3　碱金属原子光谱与能级的精细结构 …………………………………………………… (164)
4.2　电子的角动量与电子的自旋 ……………………………………………………… (165)
4.2.1　电子轨道运动的角动量与原子的磁矩 …………………………………………………… (165)

4.2.2　自旋的引入 ……………………………………………… (165)
4.3　自旋-轨道相互作用 ………………………………………… (167)
4.3.1　电子轨道运动的磁场 ……………………………………… (167)
4.3.2　电子的总角动量 …………………………………………… (169)
4.3.3　自旋-轨道相互作用对能级的影响 ……………………… (172)
4.3.4　原子态的符号表示 ………………………………………… (174)
4.4　单电子跃迁的选择定则 …………………………………… (176)
4.5　氢原子光谱的精细结构 …………………………………… (177)
4.5.1　对玻尔能级的相对论和量子力学修正 …………………… (177)
4.5.2　兰姆移位 ………………………………………………… (184)
4.6　原子的超精细结构能级 …………………………………… (187)
4.6.1　原子核的角动量与磁矩 …………………………………… (187)
4.6.2　核磁矩与电子磁场的相互作用 …………………………… (188)
4.6.3　原子能级的超精细结构分裂 ……………………………… (188)
4.7　斯塔克效应 ………………………………………………… (189)
4.7.1　外电场对原子能级和光谱的影响 ………………………… (189)
4.6.2　斯塔克效应的物理机制 …………………………………… (191)
习题 ……………………………………………………………… (191)
5　多电子原子——电子间的相互作用 ……………………… (194)
5.1　氦原子的光谱与能级 ……………………………………… (194)
5.1.1　氦原子 …………………………………………………… (194)
5.1.2　价电子间的相互作用 ……………………………………… (196)
5.2　两个价电子的耦合 ………………………………………… (200)
5.2.1　中心力场近似下的角动量 ………………………………… (200)
5.2.2　价电子角动量的耦合 ……………………………………… (202)
5.3　泡利不相容原理 …………………………………………… (219)
5.3.1　全同粒子与交换对称性 …………………………………… (219)
5.3.2　泡利原理 ………………………………………………… (220)
5.3.3　两电子体系中电子的自旋 ………………………………… (221)
5.3.4　原子可能的状态 …………………………………………… (223)
5.4　等效电子构成的原子态 …………………………………… (224)
5.5　复杂原子的能级和光谱 …………………………………… (231)

5.5.1　实验观察到的一般规律 …………………………………………………… (231)
5.5.2　多个价电子形成的原子态 ……………………………………………… (232)
5.5.3　辐射跃迁的选择定则 ………………………………………………… (236)
5.6　原子的壳层结构 ……………………………………………………………… (240)
5.6.1　元素的周期律 …………………………………………………………… (240)
5.6.2　核外电子的壳层 ………………………………………………………… (243)
5.6.3　基态原子的电子组态 …………………………………………………… (244)
5.6.4　原子的基态 ……………………………………………………………… (251)
5.7　激光增益介质中的能级 ……………………………………………………… (255)
5.7.1　氩离子激光 ……………………………………………………………… (256)
5.7.2　氦氖激光 ………………………………………………………………… (258)
5.7.3　氦镉激光 ………………………………………………………………… (260)
5.8　X射线 ………………………………………………………………………… (262)
5.8.1　X射线的产生及其性质 ………………………………………………… (262)
5.8.2　X射线的连续谱 ………………………………………………………… (266)
5.8.3　X射线的标识谱 ………………………………………………………… (267)
5.7.4　X射线的吸收 …………………………………………………………… (275)
5.8.5　X射线医学成像 ………………………………………………………… (278)
习题 ………………………………………………………………………………… (279)
6　磁场中的原子 ……………………………………………………………… (283)
6.1　原子的磁矩 …………………………………………………………………… (283)
6.1.1　原子的有效总磁矩 ……………………………………………………… (283)
6.1.2　朗德 g 因子 …………………………………………………………… (285)
6.2　外磁场中的原子 ……………………………………………………………… (287)
6.2.1　外磁场对原子的作用 …………………………………………………… (287)
6.2.2　外磁场中原子能级的分裂 ……………………………………………… (288)
6.2.3　对施特恩-格拉赫实验的解释 ………………………………………… (289)
6.2.4　顺磁共振 ………………………………………………………………… (290)
6.2.5　核磁共振 ………………………………………………………………… (293)
6.2.6　分子束磁共振实验 ……………………………………………………… (294)
6.3　塞曼效应 ……………………………………………………………………… (295)
6.3.1　现象 ……………………………………………………………………… (295)

6.3.2　解释 …………………………………………………………… (297)
6.3.3　兰姆移位的实验测量 ……………………………………… (301)
6.4　帕邢-巴克效应 ……………………………………………………… (303)
6.4.1　强磁场中的原子 …………………………………………… (303)
6.4.2　强磁场中能级的分裂与辐射跃迁 ………………………… (304)
习题 ………………………………………………………………………… (305)
7　分子的结构和光谱 ………………………………………………… (308)
7.1　原子间的键联与分子的形成 ……………………………………… (308)
7.1.1　原子的电离能与亲和势 …………………………………… (308)
7.1.2　离子键 ………………………………………………………… (312)
7.1.3　共价键 ………………………………………………………… (315)
7.1.4　金属键 ………………………………………………………… (318)
7.1.5　范德瓦耳斯键 ……………………………………………… (319)
7.2　分子的能级与光谱概述 …………………………………………… (319)
7.3　双原子分子的电子态 ……………………………………………… (320)
7.4　双原子分子的振动光谱 …………………………………………… (323)
7.4.1　双原子分子的振动能级 …………………………………… (323)
7.4.2　双原子分子的振动光谱 …………………………………… (324)
7.5　双原子分子的转动光谱 …………………………………………… (327)
7.5.1　双原子分子的转动能级 …………………………………… (327)
7.5.2　双原子分子的转动光谱 …………………………………… (328)
7.6　拉 曼 散 射 …………………………………………………………… (333)
7.6.1　斯托克斯线与反斯托克斯线 ……………………………… (333)
7.6.2　拉曼光谱 …………………………………………………… (335)
习题 ………………………………………………………………………… (338)
8　原子核物理概论 …………………………………………………… (341)
8.1　原子核的基本情况 ………………………………………………… (342)
8.1.1　粒子探测器 ………………………………………………… (342)
8.1.2　物质的放射性 ……………………………………………… (345)
8.1.3　原子核的构成 ……………………………………………… (346)
8.1.4　原子核的大小 ……………………………………………… (349)
8.1.5　原子核的电荷与质量 ……………………………………… (350)

8.1.6 核素 …… (352)
8.1.7 原子核的结合能 …… (353)
8.2 核力 …… (357)
8.2.1 核力的特性 …… (357)
8.2.2 核力的介子理论 …… (359)
8.3 核矩 …… (360)
8.3.1 核自旋 …… (360)
8.3.2 核子的磁矩 …… (360)
8.3.3 核的磁偶极矩 …… (361)
8.3.4 核的电四极矩 …… (362)
8.4 原子核结构的模型 …… (364)
8.4.1 费米气体模型 …… (364)
8.4.2 液滴模型 …… (367)
8.4.3 壳层模型 …… (369)
8.4.4 集体模型 …… (372)
8.5 放射性核衰变 …… (373)
8.5.1 放射性衰变的一般规律 …… (373)
8.5.2 α衰变 …… (382)
8.5.3 β衰变 …… (385)
8.5.4 γ衰变 …… (391)
8.6 核反应 …… (396)
8.6.1 反应能与Q方程 …… (397)
8.6.2 反应截面 …… (399)
8.7 核裂变 …… (400)
8.7.1 核裂变的发现及其特点 …… (400)
8.7.2 实现核裂变的主要方式 …… (402)
8.8 核聚变 …… (406)
8.8.1 核聚变的能量 …… (406)
8.8.2 核聚变的条件 …… (407)
习题 …… (408)
附录1 物理学常数表 …… (411)
1.基本物理学常数(Table of universal constants) …… (411)

2. 组合物理学常量 …………………………………………………………… (414)
附录 2　原子基态能量(电离能) ………………………………………………… (415)
附录 3　基态原子的电子组态 …………………………………………………… (416)
附录 4　原子的基态 ………………………………………………………………… (417)
附录 5　常用物质密度表 ………………………………………………………… (418)
附录 6　1900～2011 年诺贝尔物理学奖 ……………………………………… (419)
附录 7　习题参考答案 …………………………………………………………… (428)

0 绪　　论

0.1 物质的原子观

原子物理学是关于物质微观结构的科学，研究对象是原子的组成及其内部微观体系的运动规律与物理性质．与物理学的其他分支不同，原子物理学的建立仅仅有不到一百年的历史．但是，在这短短的百年之中，它获得了快速的发展，取得了一系列令人瞩目的重要成果，极大地更新了人们对物质结构的认识．更重要的是，原子物理的研究成果很快在各个领域得到应用，使得社会的面貌和人类的生活出现了巨大的改变．

但是，人类对于物质结构奥秘的探求，却起始于遥远的古代．那时，既没有研究仪器和研究手段，也缺少其他学科知识的支持．然而，好奇心驱使人类对物质的结构作出了种种的猜想．

0.1.1 古代关于物质结构的观点

人们肉眼可见的、或者可以直接感知到的物体，千姿百态、性质迥异．很久以前，人们就想知道组成世间万物的最基本的东西是什么．于是中国古代就有了五行之说，认为所有的东西都是由金、木、水、火、土这五种基本元素组成．而古希腊也有类似的思想，认为组成物质的基本元素是水、火、空气和泥土．

人们想了解的另一个问题则是：物质是不是可以无限地分割？是否存在一个最小的基本结构单元？这样的一个最小的结构单元是否还能保持物质原有的各种属性？

在几千年以前，人们当然无法将任何物质无限地细分，于是就有了各种各样的假说与猜想．其中一种观点认为存在一个最小的物质结构单元，它是不可以再进一步分割的；另一种观点则相反，认为任何物质都可以无限细分下去，永无止境．由于上述各种观点都不是建立在实验的基础之上，所以只是朴素的哲学观点．

1. 存在一个最小的单元,它是不可以再分割的

中国战国时代著名的哲学著作《墨子》记录了墨家学派创始人墨翟(前479～前381)及其追随者的思想和言论.其中《经上·第四十》的六十一条说道:"端,体之无序最前者也."体,是指各种各样的物质,即世间万物;序,可以理解为次序、大小,等等;最前,则是最小的、最基本的、最初始的.这句话可以理解为,存在一种被称做"端"的东西,它就是物质的最小结构单元.而当时名家学派的代表人物惠施(约前365～前310)也说:"至小无内,谓之小一."即小到没有内部结构的东西,被称做小一.而在比惠施年代更早的儒家著作《中庸·第十二章》里说道:"语小,天下莫能破焉."这段话被宋代的朱熹(1130～1200)解释为:"天下莫能破是无内,谓如物有至小而可破作两者,是中着得一物在;若无内则是至小,更不容破了."则"莫能破"、"无内",就是不可再分割的意思.就是认为物质存在不可再分割的最原始单元.

而古希腊的留基伯(Leucippcus,希腊语 Λεύκιππος,约前500～前440)和他的继承者德谟克利特(Democritus,希腊语 Δημόκριτος,约前460～前370)也是最著名的两个持上述观点的人.留基伯认为世间万物都是由不可分割的物质,即原子组成的.宇宙间的原子数是无穷无尽的,它们的大小、形状、重量等都各自不同,不能毁灭,也不能被创造出来.德谟克利特进一步发展了留基伯的观点.认为宇宙万物皆由大量的极微小的、硬的、不可穿透的、不可分割的粒子所组成,他称这些粒子为原子(希腊语 ατομα,即"不可分割"的意思),而物质世界就是原子和虚空.各种原子没有质的区别,只有大小、形状和位置的差异.原子在"虚空"里不断地运动,它们集合时形成物体,分离时物体就消灭.古希腊后期的伊壁鸠鲁(Epicurus,希腊语 Ἐπίκουρος,前372～前271)和古罗马的卢克莱修(Lucretius,前99～前55)继承和发展了德谟克利特的学说,认为各种原子在质上也有差异.

20世纪初,严复翻译了《穆勒名学》(即《System of Logic》,作者为英国人 John Stuort Mill,出版于1843年)一书,第一次把 Atom 一词介绍到我国,当时他将 Atom 译为"莫破",而把 Atomic Theory 译为"莫破质点律",大概就是以《中庸》书里的字句为渊源的.

2. 可以无限分割,物质是连续的;任何物质都可以无限地分割下去,无穷无尽

中国战国时期的公孙龙说过,"一尺之棰,日取其半,万世不竭."这句名言流传千古,非常形象地表达了物质是连续的、可以无限细分、不存在最小结构单元的思想.而在同一时期,古希腊的亚里士多德(Aristotle,希腊语 Αριστοτέλης,前384～前322)、阿那克萨哥拉(Anaxagoras,希腊语 Αναξαγόρας,前488～前428)也主张同样的观点.

这种观点是根据人们日常的经验加上想象所得到的,与物质不能无限细分的

观点比较起来,这种观点更加符合人们的思维,因而也更加容易被人们所接受.另外,这一观点从数学上看是正确的,从哲学上看似乎也是正确的.但是,似乎缺少一些思辨的内涵.

其实,上述两种观点,由于都是基于想象而提出来的,并没有任何实验证据,所以,只能说是人们对于物质结构所作的哲学假设.从物理上看,缺少实验的数据和严格的逻辑,因而,这种想当然的结论是不能作为物理上的观点被接受的.

0.1.2 近代原子观的建立

"原子"被确认为一种真实的存在,当然是实验研究和科学进步的结果.而事实上,近代关于原子的学说起始于对物质化学性质的研究.在中国和西方的历史上,炼金术都曾经风行一时.有人确信,可以将汞、硫以及其他矿物混合,通过冶炼而获得黄金.虽然没有一个炼金术士获得成功,但他们不懈的努力却积累了大量的资料,所以有人认为化学起源于西方的炼金术.

没有了黄金的诱惑,也远离了法术的干扰,化学家们能够以科学的态度对待物质的变化.他们注意到,在种种的化合与分解反应中,有些东西总是不变的,并没有经过反应而消失或创生.这些东西被称做元素.波义耳(Robert Boyle,1627~1691,爱尔兰自然哲学家)是这门科学诞生时出现的化学家中的一位,他的成就不仅仅是建立了著名的波义耳气体定律,而且在化学研究领域也做出了重要的贡献.在他的《怀疑派的化学家》(1661 年出版)一书中,第一次建立了元素的明确的新准则:元素是一种基质,它能与其他的元素结合成化合物,相反地,任何一种元素从一种化合物中分离出来后,就不能再分解成任何更简单的物质了.也就是说,元素是一种基本物质,是不可以进一步分解的.不同的元素可以结合为性质迥异的化合物,但一种元素不可能通过反应变为另一种元素.而金就是一种元素,这就证明了炼金术士的一切努力都是妄想.

法国人拉瓦锡(Antoine-Laurent de Lavoisier,1743~1794)首先根据严格的实验数据总结出了化学反应过程中的质量守恒定律,写出了第一个化学反应方程式.在 1789 年出版的《化学概要》里,拉瓦锡列出了包含 33 种元素的一览表.当然,书中有些被他认为是元素的东西,后来被其他科学家证明实际上是化合物.

1799 年,法国化学家普鲁斯特(Joseph Louis Proust,1755~1826)证明,无论怎样制备碳酸铜,其所含铜、碳和氧的质量比例都是一定的,而且该比例是很小的整数比,为 5∶4∶1.对于其他一些化合物,他也陆续证明了有相似的情况.1806 年,普鲁斯特提出了化合物的分子定组成定律.

英国化学家道尔顿(John Dalton,1766~1844)首先提出了近代的原子概念.1803 年,道尔顿在他笔记中写下了原子论的要点:① 原子是组成化学元素的、非常微小的、不可再分割的物质微粒.在化学反应中原子保持其本来的性质;② 同一种元素的所有原子的质量以及其他性质完全相同,不同元素的原子具有不同的质量以及其他性质,原子的质量是每一种元素的原子的最根本特征;③ 有简单数值比的元素的原子结合时,原子之间就发生化学反应而生成化合物,化合物的原子称为复杂原子;④ 一种元素的原子与另一种元素的原子化合时,它们之间成简单的数值比.道尔顿保留了古希腊字"原子"以表达对古代思想家的赞赏之意.1807 年,他提出了倍比定律.道耳顿在 1808 年出版了一本书,书中收集了过去 100 年的化学资料,并且证明,如果假设所有的物体都是由不可分割的原子所组成,那么其中有一半的资料都可得到解释.道耳顿的原子概念提出后不久,就被大部分的化学家所接受.

1808 年,盖・吕萨克(Joseph Louis Gay-Lussac,1778～1850,法国物理学家和化学家)提出了气体反应中的化合体积定律,即气体的化学反应中,反应物和生成物中各组分的体积比例保持不变.

1811 年,阿伏伽德罗(Amedeo Avogadro,1776～1856 意大利)提出了阿伏伽德罗定律,即在同一温度、同一压强下,体积相同的任何气体所含的分子数都相等.

1826 年,英国植物学家布朗(Robert Brown,1773～1858)观察到了液体中悬浮微粒的无规则运动,物理学家将这种运动称做布朗运动(Brownian motion),对布朗运动的研究,为确认物质结构的原子性提供了重要的依据.

1833 年,法拉第(Michael Faraday,1791～1867,英国)发现物质在电解过程中参与电极反应的质量 m 与通过电极的电量 Q 成正比,据此提出了电解定律.法拉第电解定律启发物理学家形成了电荷具有原子性的概念,即原子所带的电荷数是不变的,这对于导致基本电荷的发现以及建立物质的电结构理论具有重大意义.

1869 年,门捷列夫(Дми́трий Ива́нович Менделе́ев,1834～1907,俄国)最先发表了元素周期律.

经过了科学家们一百年的工作,从化学上证明了单个原子的存在.

0.1.3　原子的质量和体积的估算

在 19 世纪,依据当时已有的科学理论和物质的性质,可以估算出单个原子的质量和体积.

1. 原子质量的估算

1 mol 原子的物质中,都包含有相同数量的原子.这就是阿伏伽德罗定律.而原子量则是以 g 为单位的 1 mol 原子的质量,于是,单个原子的质量为

$$M = \frac{A}{N_A}$$

其中，A 为原子量，单位为 g，$N_A = 6.022 \times 10^{23}\,\text{mol}^{-1}$，为阿伏伽德罗常数.

2. 原子的体积

(1) 由密排晶体计算

固态物质不像气体那样容易被压缩，所以可以认为是由原子密排堆积形成的. 假设每一个原子都是球形的，则密排堆积的方式有各种各样，其中间隙最大的堆积方式是立方密排(图 0.1)，即球心构成立方体；间隙最小的堆积方式是六角密排(图 0.2)，即球心都相互错开 60°.

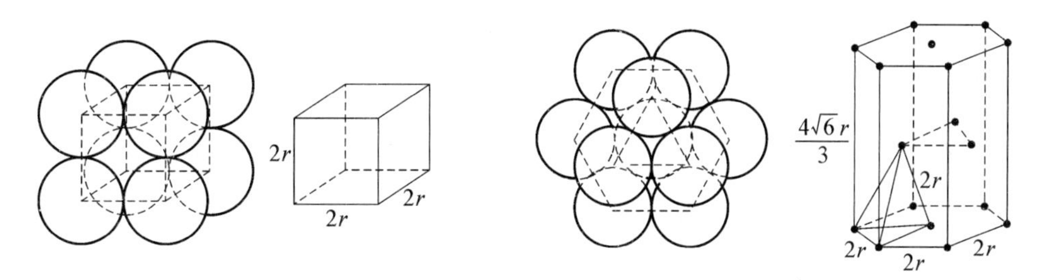

图 0.1　立方密排　　　**图 0.2**　六方密排

假设原子半径为 r，立方密排时，每个原子在固体中所占的体积为 $8r^3$. 而六角密排时，图 0.2 中六棱柱的底边长为 $2r$，高为 $2\sqrt{(2r)^2 - \left(\frac{2}{3}\sqrt{3}r\right)^2} = \frac{4\sqrt{6}}{3}r$，而每个六棱柱中含有 6 个原子，于是每个原子所占的体积为

$$V = \frac{6 \times \frac{1}{2} \times 2r \times \sqrt{3}r \times \frac{4\sqrt{6}}{3}r}{6} = 4\sqrt{2}r^3$$

于是六角密排时，质量密度

$$\rho = \frac{M}{V} = \frac{A/N_A}{4\sqrt{2}r^3}$$

由此可估算原子半径

$$r \sim \sqrt[3]{\frac{A}{4\sqrt{2}\rho N_A}} \sim 10^{-10}\ \text{m} = 1\ \text{Å}$$

(2) 由气体分子运动论计算

气体热运动时,分子的平均自由程为 $\bar{\lambda} = 1/(4\sqrt{2}N\pi r^2)$,则通过测量自由程,可以推算出原子或分子的半径.

(3) 由范德瓦耳斯(van de Waals)定律计算

1 mol 气体的范德瓦耳斯方程为 $\left(p + \frac{a}{V}\right)(V - b) = RT$,其中 $b = 4V_a$,而 V_a 就是1个原子的体积.

0.2　原子是物质结构的一个层次

现代的物理学研究证明,原子并不是组成物质的最基本的结构单元,原子可以进一步分成更小的、更基本的物质.现在的科学实践正在不断地证明公孙龙两千多年前的断言.

固态、液态、气态、等离子态

⇑

分子、离子、原子集团、离子集团……

⇑

原子

⇓

原子核、核外电子

⇓

基本粒子

⇓

……

所以,原子只是物质结构中的一个层次.

0.3　原子物理学的研究方法

物理学是一门实验科学,原子的结构和运动规律都是由物理学实验得到的.例如,粒子(α粒子、电子等)与原子之间的散射实验证实了原子的核式结构,光谱学实验证实了电子的自旋,等等.

下面的进程简单地概括了原子物理中的重要实验以及这些实验对原子物理学发展的重要作用.

[化学实验]→原子→[阴极射线偏转实验]→原子中包含电子→[α 粒子散射实验]→原子具有核式结构→[光谱学实验,电子、原子碰撞实验,高能物理实验]→原子中存在分立能级、核外电子具有轨道角动量和自旋角动量;原子核中包含质子、中子,其他基本粒子……

0.4 原子是微观体系

实验研究表明,原子内部的运动规律不能用经典物理学即牛顿物理学的规律描述,因而对于原子这样的微观体系,逐步建立了量子物理学.量子理论的基础就是物质的波粒二象性,波粒二象性是无法纳入牛顿物理学的范畴的,而且这一特性也与人们日常的经验相去甚远,所以,量子物理学是一个全新的理论体系.

量子力学在原子、原子核这样的微观体系中的应用获得了极大的成功,在不到一百年的时间里,量子力学的成果不仅改变了人们对世界的认识,更是极大地改变了世界的格局、社会的结构和人们的生活方式.例如,基于量子力学所建立起来的固体物理学,导致了大量新材料的发现,其中半导体材料的发现及其性能的改进,为高集成度的大规模电路提供了优质的基础;量子力学的另一成果——激光技术,又为集成电路的制备提供了技术支持.由此发展起来的微型计算机已经深入到了社会的各个领域,促进了各方面的进步.还有,对原子核的研究,使得核能的开发和利用成为现实,为人类社会的持续发展提供了保障.如果说刚刚过去的 20 世纪是社会进步最巨大的时期,那么在这样一个伟大的时期,量子力学所起的作用是无法替代的,物理学家用全新的思想和先进的技术,改变了我们的社会.

有关原子物理学的内容,被称为“近代物理学”(modern physics).

0.5 原子是一种物理模型

物理学中,为了概括事物的本质和特征,需要建立研究对象的模型.所谓模型,就是模拟真实的一种形象化的构型.如质点、原子、电子等等,都是对真实的模拟.有了模型,就可以对研究对象的特征进行描述、加以数学上的分析和推导,从而很容易得出新的结论.所得到的结论同实验上的结果进行对比,如果一致,说明模型是正确的,即"自洽",否则,就要对模型进行修正.例如,光学的发展过程正体现了这一特点.从"光线"模型,到"光波"模型,再到"光子"模型,对光的认识越来越深入,对光的描述越来越准确.所以说,新模型的建立,标志着新理论的建立,模型不断被修正,标志着物理学不断发展、前进.原子也是这样,虽然直到目前,人们还无法借助最先进的设备直接"看到"原子的面目,但是,卢瑟福的散射实验却能够证明,只有这种核式模型(图 0.3)才能与实验结果相一致.

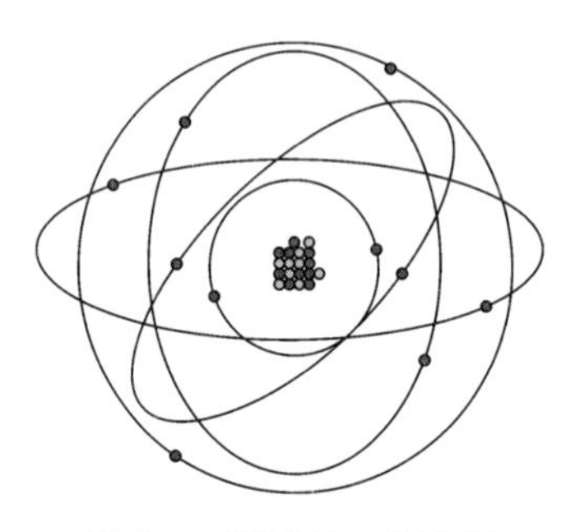

图 0.3　原子是一种物理模型

通过对物理学发展的思考,我们可以总结出这样的结论:

由物理实验得到物理现象,由物理现象归纳出物理规律,由物理规律抽象出物理模型.在物理模型的基础上,借助数学的逻辑体系,就可以建立物理学的理论体系.

对于原子这样的微观体系,物理模型尤其重要.

1 原子的核式结构
——卢瑟福模型

本章要点	电子的发现	α粒子散射实验
	卢瑟福散射公式与原子的核式结构模型	

1.1 原子时代的序曲

19 世纪末的最后几年，物理学有了一系列重要的发现，伴随着这些发现，物理学进入了一个新的时代，开始了对原子的研究. 奏响原子时代序曲的，是下面的一些物理学家(图 1.1)：

伦琴(W. C. Röntgen，1845～1923，德国)，1895 年发现了一种看不见的射线，后来被命名为 **X 射线**或**伦琴射线**.

塞曼(Pieter Zeeman，1965～1943，荷兰)，1896 年发现了磁场对原子发光的影响，洛伦兹(Hendrik Antoon Lorentz，1853～1928，荷兰)对这一现象进行了解释，这一现象后来被命名为**塞曼效应**.

贝克勒尔(Antoine Henri Becquerel，1852～1908，法国)，1896 年发现了铀盐的放射性；居里夫妇(Pierre Curie，1859～1906，Marie Curie，née Sklodowska，1867～1934，法国)1898 年发现放射性元素钍、钋和镭.**"放射性"**(radioactivity)这一名词最先被居里夫妇使用.

汤姆孙(Joseph John Thomson，1856～1940，英国)，1897 年发现了电子，并提出了第一个关于原子结构的物理模型.

上述种种发现，展示了物质不为人知的新特性，不仅引起了科学家，也引起了普通大众对这些现象的极大兴趣. 尽管这些新现象的物理本质经过了若干年之后才得到揭示，但是，上述科学家很快就因为他们杰出的工作而获得了诺贝尔物理学奖（伦琴，1901 年第一届；塞曼、洛伦兹，1902 年第二届；贝克勒尔、居里夫妇，1903 年第三届；汤姆孙，1906 年第六届）.

伦琴　塞曼　洛伦兹　贝可勒尔

皮埃尔·居里　玛丽·居里　J.J. 汤姆孙

图 1.1　奏响原子时代序曲的科学家

1.2　原子的结构

1.2.1　电子的发现

阴极射线很早就被发现，1858 年德国物理学家普吕克尔（Julius Plucker，1801～1868）在观察放电管中的放电现象时，发现正对阴极的管壁发出了绿色的荧光. 1876 年，另一位德国物理学家哥尔茨坦（Eugen Goldstein，1850～1930）认为这是从阴极发出的某种射线，并将其命名为**阴极射线**（cathode ray）. 英国科学家克鲁克斯（William Crookes，1832～1919）将管内的气体抽出，并将电极分别置于管子的两端，做成了第一个真正意义上的阴极射线管．现在的阴极射线管基本上就是这样，因此阴极射线管也被称做**克鲁克斯管**．关于阴极射线的本质，当时有两种观点，许多德国科学家认为阴极射线是类似于紫外光的以太波，而英国科学家瓦尔利(C. F. Varley，1828～1883)1871年观察到了阴极射线在磁场中的偏转，因而相信这是一束带电粒子流．

从1896年开始，英国剑桥大学卡文迪许实验室的汤姆孙进行了一系列阴极射线的实验．他使用的第一个实验装置如图1.2，这是对让·皮林(Jean Baptiste Perrin，1870～1942，法国，获1926年诺贝尔物理奖)1895年实验装置的改进．阴极射线从左侧管子发出，通过一个狭缝进入中央的管子，中央的管子有磁场，于是阴极射线路径弯曲，射进下方的圆筒，与圆筒相连的是静电计．此前，让·皮林已经发现阴极射线带有负电荷，汤姆孙的目的是为了了解电荷是否能与射线的粒子分离．实验结果表明，当射线进入圆筒时，可测量到大量的负电荷；而射线没有进入圆筒时，静电计所测量到的电荷极少．这就证明了阴极射线本身带有负电荷，电荷与射线是不可分的[①]．接着又进行了第二个实验，装置如图1.3，他注意到，以前的研究难以获得满意的结果，主要是因为射线管的真空度不高．汤姆孙做了很大的努力，制成了真空度很高的阴极射线管．从阴极C发出的射线，通过阳极A上的狭缝，又经过接地的金属片B上的狭缝后，射向两个铝片D、E之间，而D、E是一对电极板，在管的右端，装有带标尺的荧光屏．实验发现，当D、E上没有加电压时，阴极射线打在标尺的零点位置；当D、E上加电压时，阴极射线则会向阳极一侧偏转(图1.4)．如果在电极区域加上与纸面垂直的磁场，调节电压和磁感应强度，当阴极射线粒子受到的静电力与磁力平衡时，则仍射向标尺的零点[②]．第三个实验装置为图1.5，从左侧管子发出的阴极射线通过阳极板上的狭缝进入钟形的罐子，罐中充有低压气体，并且安置了一块带有标尺的玻璃板，磁场的方向与纸面垂直．使用这一装置，拍摄了阴极射线在磁场中的运动轨迹．通过上述实验，最终计算出了阴极射线的**荷质比**[③]．

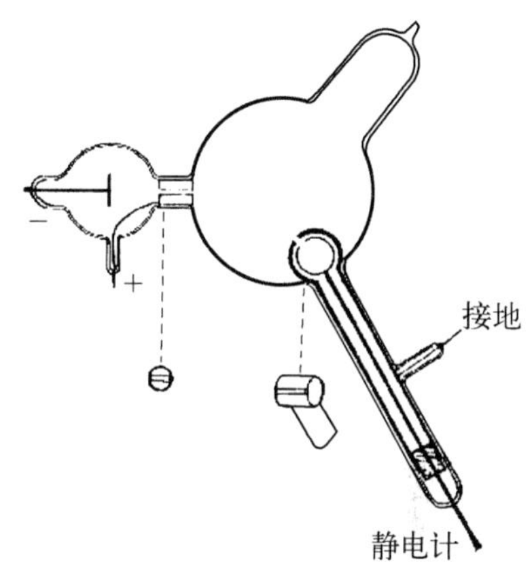

图1.2 与静电计相连的阴极射线管

---

① Thomson J J. Cathode Rays[J]. The London, Edinburgh, and Dublin Philosophical Magazine and Journal of Science, October 1897, Fifth Series: 295.

② 同上，296页．

③ Thomson J J. Cathode Rays[J]. The London, Edinburgh, and Dublin Philosophical Magazine and Journal of Science, October 1897, Fifth Series:301.

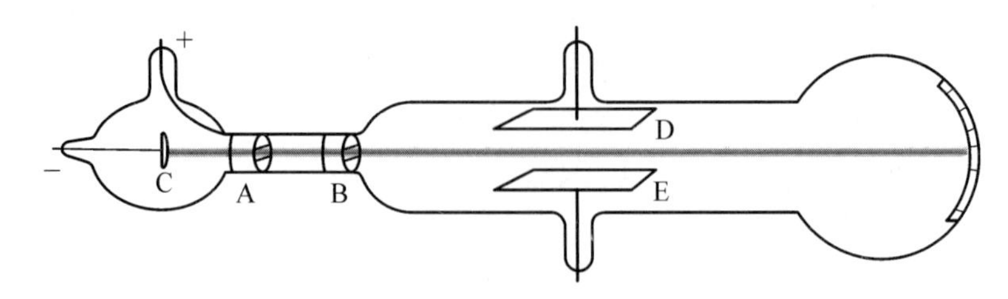

图 1.3 带有电极的阴极射线管,在没有电场时,射线不发生偏转

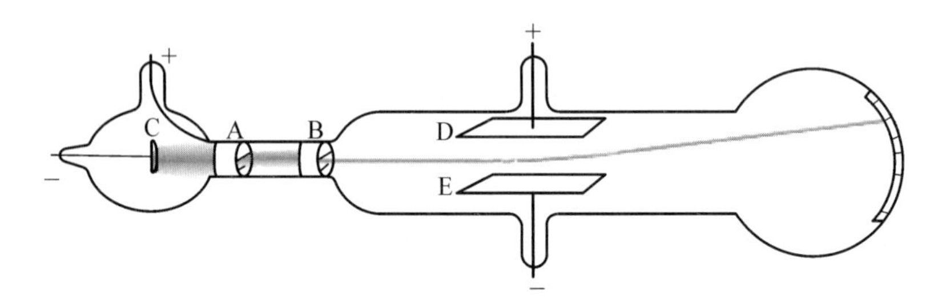

图 1.4 阴极射线在电场中偏转

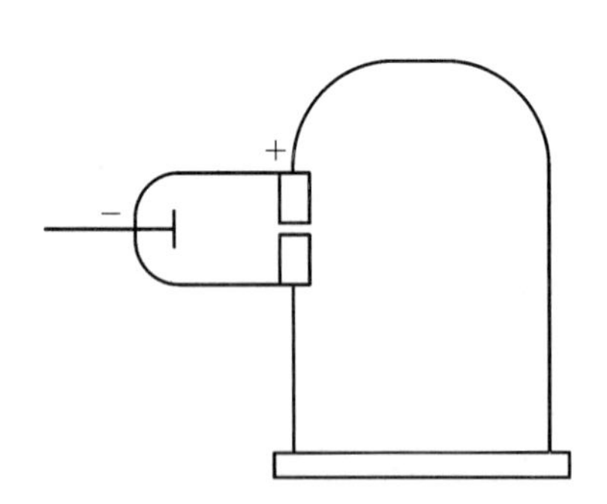

图 1.5 测量阴极射线荷质比的实验装置

他注意到阴极射线的荷质比要比氢离子的荷质比大 1 000 倍以上. 即 $e/m_e > 1\,000 e_{H^+}/m_{H^+}$, 因而断定阴极射线不是离子束,而是另外的带电粒子束流.

据此,汤姆孙提出了三个论断:

① 阴极射线是带电微粒;

② 这些带电微粒是原子的组成部分;

③ 这些带电微粒是原子的唯一组成部分.

1899 年,汤姆孙将上述微粒称为**电子**. "电子"(electron)一词最先被爱尔兰科学家斯通尼(G. T. Stoney, 1826～1911)引入,用来表示电量的自然单位.

1899 年,汤姆孙使用他过去的学生威尔逊(Charles Thomson Rees Wilson, 1869～1959,英国,获 1927 年诺贝尔物理奖)发展起来的云室技术和思想,分别测量了电子的电荷和质量. 在适宜的环境下,电荷起着过饱和蒸气的凝结核的作用,在这样一种由于电荷的存在而形成的雾里,可以根据小雾滴下落的速度而计量它们的体积,从沉淀的水的总量或根据最初的过饱和汽算出它们的数目. 根据这个数据可以得到雾中所有的小雾滴的数目. 根据由雾所传输的总电荷(这是直接可测的)可以计算出平均每一个小雾滴上的电荷. 在卡文迪许实验室做的这项工作,得到的电子电荷大约为 3×10^{-10} 绝对静电单位(esu).根据测量到的荷质比的数值可以求得电子质量.结果发现,电子的电荷与氢离子相当,则其质量只是氢原子的千分之一还不到.

电子电荷的精确测量则是在 1910 年,由密立根(Robert Andrews Millikan,1868~1953,美国,图 1.6)用**油滴实验**得到的.密立根将油雾喷入水平放置的电容器极板之间,然后跟踪单个带电油滴在空气中的降落过程.带电油滴受到重力、静电力和黏滞力的共同作用.在不加电场时,当油滴所受的重力与黏滞力平衡时,油滴将匀速下降;若在电容器的上极板加正电压,带有负电荷的油滴就会受到向上的静电力.如果静电力与重力、黏滞力平衡,则油滴将匀速上升.密立根测量了上千个油滴的运动状态,从而计算出了油滴上的电荷值.他发现,这些电荷值总是某个最小值的整数倍.因此,这个最小值就是每一个电子所带的电荷,也应是自然界中电荷的基本单位.密立根是一位非常杰出的实验物理学家,除了电子电荷的精确测量,他还于 1916 年发表了**光电效应**的实验研究结果,得到了精确的**普朗克常数**的实验值.密立根由于在基本电荷和光电效应方面的工作而获得 1923 年的诺贝尔物理奖,是在迈克耳孙(Albert Abraham Michelson,1852~1931)之后获此殊荣的第二位美国人.他最初得到的电子电荷的值为 4.78×10^{-10} 绝对静电单位(esu),这一数值长期被认为是最精确的数值,但在 1929 年发现约有 1%的误差,来源于对空气黏滞性测量的偏差.

图 1.6 密立根

电子电荷的精确测量值为

$$e = 4.803\,242(14)\times10^{-10}\ \text{esu}$$

或者

$$e = 1.602\,189\,2(46)\times10^{-19}\ \text{C}$$

由此,可以计算出电子的质量.由于 $m_H/m_e = 1\,836.151\,52(70)$,而 $m_H = 1.672\,623\,1(10)\times10^{-24}$ g,所以 $m_e = 9.109\,534(47)\times10^{-28}$ g.

汤姆孙与卡文迪许实验室

卡文迪许实验室即剑桥大学物理系,卡文迪许实验室创建于 1871 年,1874 年建成,起初是一个教学实验室,位于剑桥大学自由学院小巷的新博物馆遗址上(图 1.7),20 世纪 70 年代迁至西剑桥.该实验室以著名的物理学家和化学家亨利·卡文迪许(H. Cavendish,1731~1810)命名,亨利·卡文迪许是英国德文郡卡文迪许公爵家族的一员.卡文迪许家族的另一位成员,威廉·卡文迪许(William Cavendish),即第7任德文郡公爵,曾担任剑桥大学校长,为了纪念他的亲戚亨利·卡文迪许,捐了一大笔钱,建立了卡文迪许实验室并设立了卡文迪许物理学教授这一荣誉职位.卡文迪许教授是剑桥大学的高级物理学教授职位之一,1871年设立.担任这一职务的,都是著名的科学家.在汤姆孙之前的两位卡文迪许教授是麦克斯韦(James Clerk Maxwell,1871～1879)和瑞利(Lord Rayleigh,1879～1884).

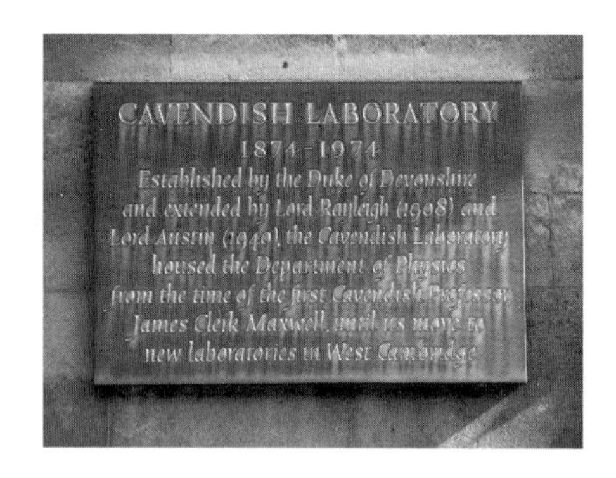

图1.7 剑桥大学卡文迪许实验室旧址及其纪念铭牌

约瑟夫·约翰·汤姆孙,生于英国曼彻斯特郊区的齐塞姆(Cheetham),父亲是书商.汤姆孙14岁时进入欧文斯学院(即后来的曼彻斯特大学)学习工程,16岁时,父亲去世,他的母亲无力支付高昂的学费.在他的数学教授的鼓励下,1876年汤姆孙获得奖学金进入剑桥大学三一学院,学习数学.1880年,参加数学荣誉学位(即Wrangler,剑桥大学本科生数学学位甲等合格者)考试,获得第二名(当年第一名是拉莫尔,即Joseph Larmor,后来提出了著名的"拉莫尔进动"),也获得史密斯奖(Smith's Prizeman)的第二名.次年,当选为三一学院的研究员(Fellowship),进入卡文迪许实验室,在瑞利的领导下进行研究工作.1884年,瑞利卸任,年仅28岁的汤姆孙被选为卡文迪许教授.此前,汤姆孙在数学领域的才能得到公认,但在实验物理方面,并无突出表现,因而,对这一任命,许多人并不赞同.汤姆孙随即开始了气体电离的实验研究工作，这一工作导致了物理学上最伟大的发现之一——电子的发现.在汤姆孙的领导下，卡文迪许实验室在基础物理学研究领域获得了许多重大发现，例如，他对气体电离的研究，导致阿斯顿(Francis William Aston，1877～1945，英国，获1922年诺贝尔化学奖)发明了质谱仪，并于1912年第一个发现了稳定的同位素.汤姆孙被后人誉为“最先打开通向基本粒子物理学大门的科学家”.

汤姆孙1884年当选英国皇家学会会员，1908年又被册封为爵士，1916年当选为皇家学会主席，1918年起担任三一学院院长.汤姆孙还是一位卓越的教师和科研事业领导人，在担任卡文迪许实验室教授期间，汤姆孙把剑桥大学的卡文迪许实验室发展成为当时世界上最大的物理学研究中心.他创建了完整的研究生培养制度和培育了良好的学术风气.他理论与实验并重，特别提倡自制仪器，又善于抓住要害，进行精确的理论分析.数百名优秀的科学家，特别是其他国家的科学家在此受过训练，其中有8人获得了诺贝尔奖，在这8位获奖者中，有7位曾在他的亲自指导下从事研究工作，27人取得英国皇家学会会员资格.

汤姆孙从1884年至1919年任卡文迪许教授，在汤姆孙领导的35年中间，卡文迪许实验室的研究工作取得了如下成果：进行了气体导电的研究，从而导致了电子的发现；放射性的研究，导致了α、β射线的发现；进行了正射线的研究，发明了质谱仪，从而导致了同位素的发现；膨胀云室的发明，为核物理和基本粒子的研究准备了条件；电磁波和热电子的研究导致了真空管的发明和改善，促进了无线电电子学的发展和应用.这些引人注目的成就使卡文迪许实验室成了物理学的圣地，世界各地的物理学家纷纷来访，把这里的经验带回去，对各地实验室的建设起了很好的指导作用.

英国能够在20世纪前30年在原子物理学领域保持重要的领先地位，汤姆孙的有力指导和优秀教学能力起了相当大的作用.

在汤姆孙之后，卡文迪许教授为：

卢瑟福(Lord Rutherford，1919～1937)

布拉格(William Lawrence Bragg，1938～1953)

莫特(Nevill Mott，1954～1971)

皮帕(Brian Pippard，1971～1984)

艾德华兹(Sam Edwards，1984～1995)

弗伦德(Richard Friend，1995～今)

20世纪70年代以后，古老的卡文迪许实验室已经大大扩建，研究的领域包括天体物理学、粒子物理学、固体物理以及生物物理等等.卡文迪许实验室在近代物理学的发展中做出了杰出的贡献，近百年来培养出的诺贝尔奖金获得者已达二十余人，卡文迪许实验室至今仍是世界最著名的物理研究机构之一.

1.2.2 汤姆孙的原子模型

起初,汤姆孙认为原子完全是由电子所组成的.为了解释原子的质量,他假设氢原子中含有2 000多个电子.这样一来,氢原子势必带有大量的负电荷.但是,实验上却从来没有观察到如此之多的负电荷.在1906年,汤姆孙提出,原子是一个胶状球体,一个原子所含的电子数目等于该原子的原子序数.由于原子是电中性的,其中也有等量的正电荷,原子中的正电荷是均匀分布的,如图1.8.这就是所谓的**葡萄干布丁模型**(plum pudding),或**葡萄干蛋糕模型**(raisin cake),也被称做"西瓜模型".汤姆孙还进一步提出,电子分布于正电球中的平衡位置.原子发光,就是由于这些电子振动而发出电磁波的结果.

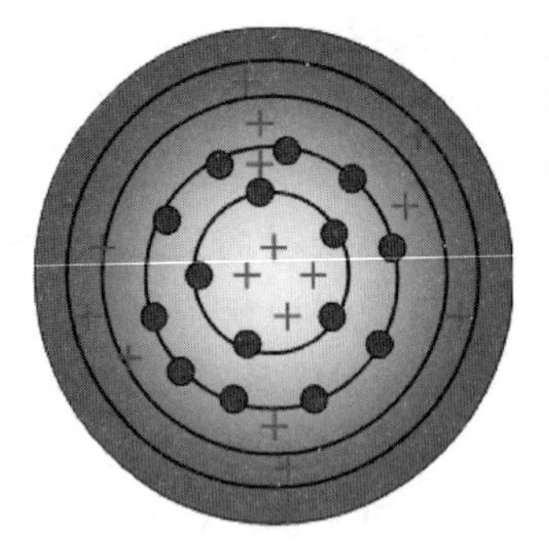

图1.8 汤姆孙原子模型

这是第一个比较有影响的原子模型,在当时被普遍接受.甚至汤姆孙的学生卢瑟福起初也认为这一模型是正确的.

但在1903年,勒纳德(Philipp Eduard Anton Lenard, 1862～1947,德国)发现,电子很容易穿透原子,即原子好像是空的.勒纳德从1880年开始研究阴极射线,1892年,当时任赫兹助手的勒纳德研制出了带有"勒纳德窗口"的阴极射线管,该装置可以导引阴极射线离开电离空间,从而能够进一步独立地研究放电过程.勒纳德测量了各种样品对阴极射线的吸收,结果表明,阴极射线在物体中的穿透能力随着电压的升高而增强.虽然佩林、维恩和汤姆孙等人和他一样都证实了阴极射线由带负电的粒子组成,但是勒纳德在1898年发表了《关于阴极射线的静电特性》,使他取得了这一发现的优先权.勒纳德还发现高能阴极射线能够穿过原子,他从这一现象出发推断原子内部的空间相对来说是"空虚的".因在阴极射线研究中所做出的开创性工作,勒纳德被授予了1905年度诺贝尔物理学奖.

1909年,卢瑟福(Ernest Rutherford, 1871～1937)在担任曼彻斯特大学Langworthy物理学教授时,他的合作者盖革(Hans Wilhelm Geiger, 1882～1945,德国,发明了可以记录单个α粒子和从放射源发出的α粒子的数目的装置,这就是**盖革计数器**)和学生马斯登(Ernest Marsden, 1889～1970,英国-新西兰)做了著名的**α粒子散射实验**,图1.9为实验装置,其中B为真空室,R为Po放射源,可以放射α粒子,S为闪烁计数器(即盖革计数器)的窗口,F为金属箔,M为观测用显微镜,T是抽气管.盖革和马斯登测量了铅、金、铂、锡、银、铜、铁、铝等金属箔对入射α粒子的散射,结果发现,用α射线轰击金箔时,大多数α粒子直接穿过金箔,或者散射角很小，但是，也有少部分 α 粒子被反射，即散射角大于 90°. 当采用 20 层以上金箔（每层金箔对粒子的减速效果相当于 0.4 mm 的空气层）做实验时，发现大约有 1/8 000 的 α 粒子被反射，即散射角大于 90°①.

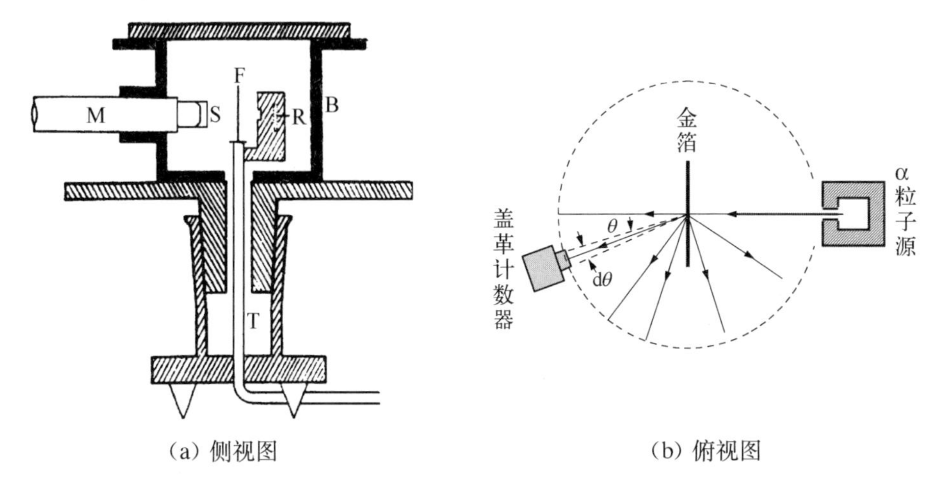

(a) 侧视图　　(b) 俯视图

图 1.9　α 粒子散射实验装置

根据 α 粒子散射实验的结果，卢瑟福从理论上推断，汤姆孙模型不成立.

卢瑟福已经发现 α 粒子是 He 的 +2 价离子，即 He^{2+}，由于电子的质量比 α 粒子小得多，因而，在散射过程中，电子对 α 粒子运动状态的影响可以忽略，只考虑汤姆孙原子中均匀分布的正电荷对 α 粒子的影响，也就是说，可以将汤姆孙原子看做一个半径为 R、正电荷均匀分布的球体.

如图 1.10，当 α 粒子距原子较远时，原子为电中性，α 粒子不受原子的作用；靠近原子时，由于原子中电子的分布会改变，即原子被极化，α 粒子开始受到排斥作用力. α 粒子进入原子内部时，如果原子中的正电荷分布没有发生改变，则 α 粒子所受的库仑力为 $F_r = \frac{1}{4\pi\varepsilon_0}\frac{2Ze^2 r}{R^3}$，其中 Z 为原子序数，r 为原子中心与 α 粒子间的距离. 当 α 粒子处于原子表面时所受到的斥力最大，为 $F = \frac{1}{4\pi\varepsilon_0}\frac{2Ze^2}{R^2}$. 可以近似地用 α 粒子所受到的最大的斥力进行估算.

由于散射所引起的 α 粒子动量改变为

① Geiger H, Marsden E. On a Diffuse Reflection of the α-Particles[J]. Proceedings of the Royal Society of London. Series A, Containing Papers of a Mathematical and Physical Character, Jul. 31, 1909, Vol. 82, No. 557: 495～500; Geiger H. The Scattering of the α-Particles by Matter[J]. Proceedings of the Royal Society of London. Series A, Containing Papers of a Mathematical and Physical Character, Apr. 14, 1910, Vol. 83, No. 565: 492～504.

$$\Delta P = F\Delta t = \frac{1}{4\pi\varepsilon_0}\frac{2Ze^2}{R^2}\frac{2R}{v}$$

其中 $\Delta t = 2R/v$，为 α 粒子穿过原子所用的最大时间.

如图 1.11，当 $\Delta P \perp P$ 时，散射角最大. α 粒子的散射角为 $\theta = \Delta P/P$，即

$$\theta = \frac{\Delta P}{P} = \frac{1}{4\pi\varepsilon_0}\frac{2Ze^2}{R^2}\frac{2R}{v}\frac{1}{Mv} = \frac{\dfrac{e^2}{4\pi\varepsilon_0}\dfrac{2Z}{R}}{\dfrac{1}{2}Mv^2} = \frac{\dfrac{e^2}{4\pi\varepsilon_0}\dfrac{2Z}{R}}{E_\alpha} \xlongequal{R\sim 1\,\text{Å}} 3\times 10^{-5}\frac{Z}{E_\alpha} \tag{1.1}$$

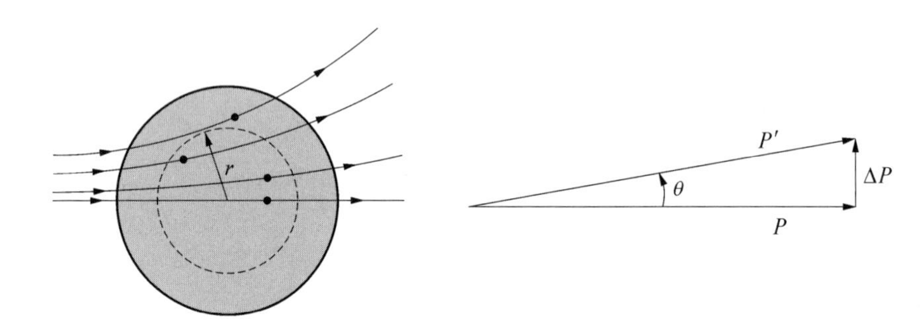

图 1.10 α 粒子被汤姆孙原子模型散射

图 1.11 α 粒子在散射过程中动量的改变

其中 α 粒子的动能以兆电子伏特(MeV)为单位，取 $E_\alpha = 5$ MeV，对金(Au)，$Z = 79$，得到

$$\theta < 10^{-3} \tag{1.2}$$

即不可能产生大角度散射. 若要产生大角度散射，则 α 粒子必须经过多次散射，即与多个原子之间发生上述过程. 这样的一个多次散射的过程，每次散射的方向是随机的，应当服从统计规律，可以认为多次散射后的偏转角服从高斯分布，则 α 粒子的散射角在 $(\theta, \theta + \mathrm{d}\theta)$ 之间的概率为

$$f(\theta)\mathrm{d}\theta = (2\pi\overline{\theta^2})^{-1/2}\mathrm{e}^{-\theta^2/\overline{\theta^2}}\mathrm{d}\theta \tag{1.3}$$

$\overline{\theta^2}$ 是散射角的方均值，

$$\overline{\theta^2} = K\theta_1^2 \tag{1.4}$$

其中，K 为 α 粒子被金箔中原子碰撞的次数，θ_1 为一次散射的偏转角.

设金箔的厚度为 t，金原子的半径为 R，而且原子是密排的，则 α 粒子在箔中被散射的次数约为

$$K = \frac{t}{2R} \tag{1.5}$$

如果实验中所用的金箔厚度 $t=1\ \mu\text{m}$，而原子的半径的数量级～10^{-10} m，由式(1.2)的结果，可以算得

$$\overline{\theta^2} = K\theta_1^2 = \frac{10^{-6}}{10^{-10}} \times (10^{-3})^2 = 10^{-2}$$

可见，平均的散射角是个很小的数值. 可以通过对式(1.3)作积分来计算散射角大于某一数值时的几率，理论上，若要使 $\theta \geqslant \pi/2$，几率只有 $10^{-3\,500}$，这是一个非常小的几率，几乎是不可能发生的，而实验上却可以非常容易地实现.

可见，汤姆孙模型是不正确的！

卢 瑟 福

卢瑟福(图 1.12)，生于新西兰，16 岁进入新西兰纳尔孙学院，1889 年获得奖学金进入新西兰大学坎特伯雷学院学习，1893 年，以数学和物理双第一的荣誉获得硕士(Master of Art)学位. 他接着在学校进行了短期的研究工作，于第二年获得理学学士(Bachelor of Science)学位. 同年，他获得 1851 年大英科学博览会奖学金(an 1851 Exhibition Science Scholarship)，进入剑桥大学三一学院，在卡文迪许实验室做研究生，导师正是汤姆孙. 1897 年毕业，1898 年，在加拿大蒙特利尔的麦吉尔大学任物理学教授.

图 1.12 欧内斯特・卢瑟福

卢瑟福最初在新西兰的研究工作是高频振荡电场中离子的磁性. 进入卡文迪许实验室后，他首先发明了一种灵敏的电磁波探测器，随后，他参加了汤姆孙的研究工作，研究被 X 射线和其他射线辐照的气体中的离子、电场中离子的迁移以及光电效应等. 1898 年，卢瑟福发现了 α 射线和 β 射线. 在麦吉尔大学，他继续有关放射性的研究工作. 1907 年，卢瑟福重返英国，接替阿瑟・舒斯特(Sir Arthur Schuster)担任曼彻斯特大学的 Langworthy 物理学教授. 这一期间，卢瑟福与盖革(图 1.13)发明了可以记录单个 α 粒子和从放射源发出的 α 离子的数目的方法，这就是盖革计数器. 1910 年，通过对 α 射线散射的研究，揭示了原子的核式结构. 1919 年，他接替

图 1.13 H. W. 盖革

汤姆孙担任剑桥大学卡文迪许物理学教授.

1.3 卢瑟福原子模型

1.3.1 卢瑟福的原子核式结构模型

由于无法用汤姆孙的原子模型解释实验结果,1911 年,卢瑟福提出了新的原子模型:原子为**核式结构**,正电荷集中于原子中心,仅仅占原子体积的 1/10 000,电子分布于核外①.

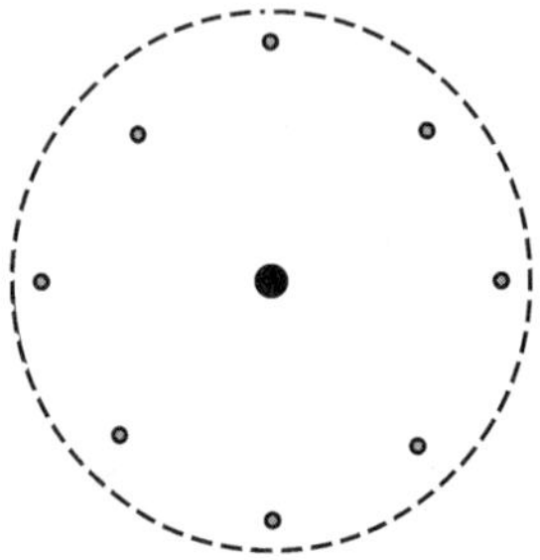

原子的这种模型也被称做**行星模型**,如图 1.14 所示.

图 1.14 卢瑟福核式原子模型

1.3.2 卢瑟福散射公式

卢瑟福用核式模型成功地解释了 α 粒子被原子散射的现象.

1. 库仑散射公式

在核式模型中,电子和位于原子中心的原子核与入射的 α 粒子间都有相互作用.但是,由于电子的质量比 α 粒子小得多,所以,电子与 α 粒子间的碰撞(即弹性散射)不会引起 α 粒子动量的明显改变,于是可以忽略电子对 α 粒子的影响,而只考虑带正电的原子核对 α 粒子的作用.设核是静止的,则 α 粒子在核的有心力场中运动.设 α 粒子距原子核很远时,速度为 v_0,这时可以通过原子核引一条与入射方向平行的直线,如图 1.15,由于无法保证入射的 α 粒子恰好正对着原子核,那么入射方向与上述直线间的距离就是**瞄准距离**,记做 b.可以采用图 1.16 的坐标系来计算散射过程中物理量的变化.在中心力场中,α 粒子与核之间的库仑力为

$$F = \frac{z_1 Z e^2}{4\pi\varepsilon_0 r^2}$$

其中 z_1 为 α 粒子的电荷数,Z 为原子核的电荷数.

---

① E Rutherford F R S, The Scattering of α and β Particles by Matter and the Structure of the Atom[J]. Philosophical Magazine, May 1911, Series 6, Vol. 21: 669～688.

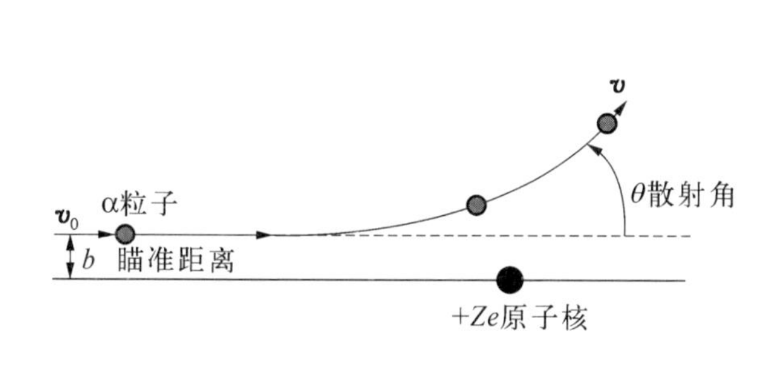

图 1.15　α粒子与原子核之间的散射过程

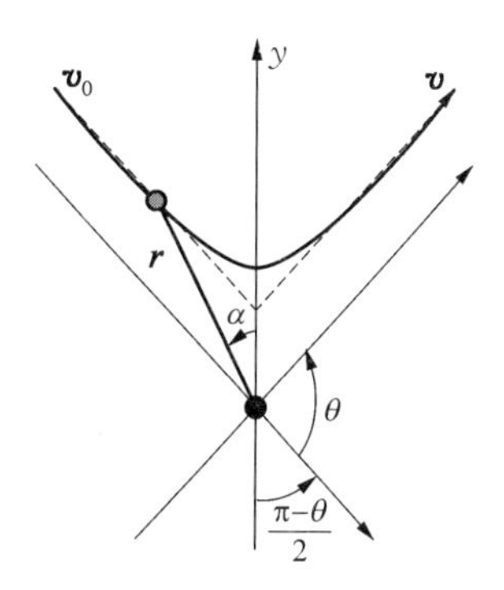

图 1.16　α粒子的角动量

散射过程中角动量守恒,即

$$Mv_0b = Mr^2\dot{\alpha}$$

其中 M 为α粒子的质量.上式可以简化为

$$v_0b = r^2\dot{\alpha} \tag{1.6}$$

这是一个弹性散射过程,如图 1.16 所示,当α粒子经散射后,方向改变,但由于假设核是静止的,所以α粒子远离原子核时,速度仍为 v_0,则散射过程中,α粒子在 y 方向动量的改变为 $2Mv_0\cos\frac{\pi-\theta}{2}$,由动量定理,得到

$$2Mv_0\cos\frac{\pi-\theta}{2} = \int_0^\infty F\cos\alpha\,\mathrm{d}t \tag{1.7}$$

将式(1.6)和式(1.7)的两端相乘,注意到角动量是守恒量,则 $r^2\dot{\alpha}$ 可以移入积分号之内,所以

$$\begin{aligned}2Mv_0^2b\sin\frac{\theta}{2} &= \int_0^\infty Fr^2\cos\alpha\dot{\alpha}\,\mathrm{d}t = \int_{-\frac{\pi-\theta}{2}}^{\frac{\pi-\theta}{2}} Fr^2\cos\alpha\,\mathrm{d}\alpha\\ &= \int_{-\frac{\pi-\theta}{2}}^{\frac{\pi-\theta}{2}} \frac{z_1Ze^2}{4\pi\varepsilon_0}\cos\alpha\,\mathrm{d}\alpha = \frac{z_1Ze^2}{4\pi\varepsilon_0}2\cos\frac{\theta}{2}\end{aligned}$$

即

$$\cot\frac{\theta}{2} = \frac{4\pi\varepsilon_0}{z_1Ze^2}Mv_0^2b \tag{1.8}$$

式(1.8)反映了散射角 θ 与瞄准距离 b 之间的关系,这就是**库仑散射公式**.上述公式也可写做

$$b = \frac{e^2}{4\pi\varepsilon_0}\frac{z_1 Z}{Mv_0^2}\cot\frac{\theta}{2} = \frac{1}{2}\frac{e^2}{4\pi\varepsilon_0}\frac{z_1 Z}{\frac{1}{2}Mv_0^2}\cot\frac{\theta}{2}$$

即

$$b = \frac{1}{2}\frac{e^2}{4\pi\varepsilon_0}\frac{z_1 Z}{E}\cot\frac{\theta}{2} \tag{1.9}$$

其中，$E = \frac{1}{2}Mv_0^2$，为 α 粒子的动能．令

$$a = \frac{e^2}{4\pi\varepsilon_0}\frac{z_1 Z}{\frac{1}{2}Mv_0^2} = \frac{e^2}{4\pi\varepsilon_0}\frac{z_1 Z}{E} \tag{1.10}$$

a 称做**库仑散射因子**．库仑散射公式可写做

$$b = \frac{a}{2}\cot\frac{\theta}{2} \tag{1.11}$$

在这个公式中，b 又称**碰撞参数**．

2．卢瑟福散射公式

由上面的分析可见，瞄准距离越大的 α 粒子，其散射角 θ 越小，如图 1.17．瞄准距离在 $b-\mathrm{d}b$ 和 b 间的入射 α 粒子，即通过半径为 $b-\mathrm{d}b$ 到 b 的圆环的 α 粒子，都将被散射到 $\theta+\mathrm{d}\theta$ 与 θ 间的一个立体角（即空心圆锥立体角）$\mathrm{d}\Omega$ 内（图 1.18）．

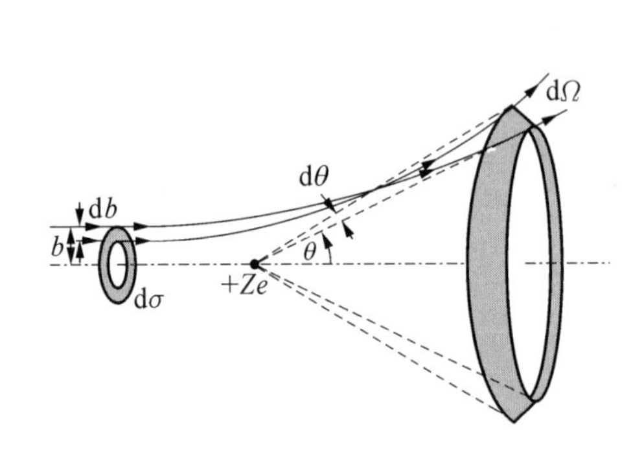

图 1.17 散射角与瞄准距离间的关系

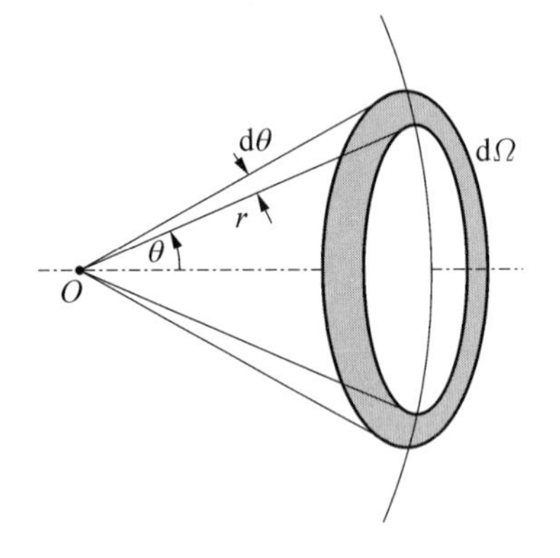

图 1.18 被散射到 θ 与 $\theta+\mathrm{d}\theta$ 间立体角内的 α 粒子

该立体角的大小为

$$\mathrm{d}\Omega = \frac{2\pi r\sin\theta r\mathrm{d}\theta}{r^2} = 2\pi\sin\theta\mathrm{d}\theta = 4\pi\sin\frac{\theta}{2}\cos\frac{\theta}{2}\mathrm{d}\theta \tag{1.12}$$

半径为 $b-\mathrm{d}b$ 到 b 的圆环面积为

$$\mathrm{d}\sigma(b) = 2\pi b\mathrm{d}b \tag{1.13}$$

$\mathrm{d}\sigma(b)$ 其实就是通过一个原子核的轴线周围的一个圆环，凡是对着该圆环入射的 α 粒子，都会被散射到 $\theta+\mathrm{d}\theta$ 与 θ 间的一个立体角 $\mathrm{d}\Omega$ 内.

因而可利用式(1.9)，得到

$$\mathrm{d}\sigma(b) = 2\pi b\mathrm{d}b = \frac{\pi}{4}\left(\frac{e^2}{4\pi\varepsilon_0}\right)^2\left(\frac{z_1 Z}{E}\right)^2\frac{\cos\frac{\theta}{2}}{\sin^3\frac{\theta}{2}}\mathrm{d}\theta$$

将 $\mathrm{d}\Omega$ 的表达式代入，得到

$$\mathrm{d}\sigma(b) = \frac{1}{16}\left(\frac{e^2}{4\pi\varepsilon_0}\right)^2\left(\frac{z_1 Z}{E}\right)^2\frac{\mathrm{d}\Omega}{\sin^4\frac{\theta}{2}} \tag{1.14}$$

这就是**卢瑟福散射公式**.

但是，公式中圆环的面积 $\mathrm{d}\sigma$ 是无法测量的，因而还不能与实验结果进行比对.

3. 散射公式的物理意义

从前面对散射过程的分析可知，凡是瞄向圆环 $\mathrm{d}\sigma(b)$ 的 α 粒子都被散射到 $\mathrm{d}\Omega$ 立体角内，尽管实验中入射的是很细的一束 α 粒子，但是，这一束 α 粒子是射向金箔上很多个原子的，即箔上凡是对着入射 α 粒子束流的原子都参与了散射，由于入射束流的空间分布，不同的入射粒子被不同的原子所散射，如图 1.19.

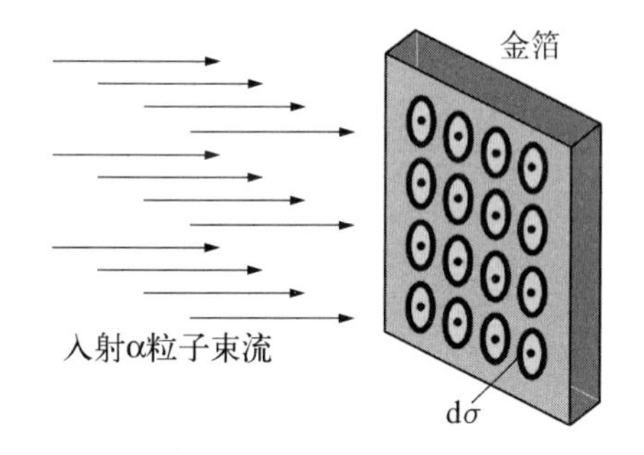

图 1.19 射向金箔的 α 粒子束流

那么，也可以将 $\mathrm{d}\sigma$ 看做是一个箔上某个原子核周围的圆环的面积. 因而，瞄向 $\mathrm{d}\sigma$ 圆环的 α 粒子越多，被散射到 $\mathrm{d}\Omega$ 立体角内的 α 粒子越多.

在入射的 α 粒子束流密度不变的情况下，$\mathrm{d}\sigma$ 越大，被散射到 $\mathrm{d}\Omega$ 立体角内的 α 粒子越多，即每一个 α 粒子被散射到 $\mathrm{d}\Omega$ 立体角内的几率越大. 因而 $\mathrm{d}\sigma$ 被称为**有效散射截面，或微分截面**.

设 α 粒子被金箔中的原子散射，对着入射 α 粒子束流金箔面积为 A，厚度为

t,其中原子的数密度为 N.则这部分箔上总的原子数为 $N' = NAt$,因而箔上总的微分截面为

$$N'\mathrm{d}\sigma = NAt\,\mathrm{d}\sigma \tag{1.15}$$

如果有 n 个 α 粒子射到箔上,其中有 $\mathrm{d}n$ 个入射到 $\mathrm{d}\sigma$ 中,则有

$$\frac{\mathrm{d}n}{n} = \frac{N'\mathrm{d}\sigma}{A} = Nt\,\mathrm{d}\sigma \tag{1.16}$$

因而

$$\mathrm{d}\sigma = \frac{1}{Nt}\frac{\mathrm{d}n}{n}$$

该式可以作为微分散射截面的定义,即单位原子面密度下一个粒子被散射到立体角 $\mathrm{d}\Omega$ 内的几率.

所以被散射到 $\mathrm{d}\Omega$ 立体角内的 α 粒子数为

$$\mathrm{d}n = nNt\,\mathrm{d}\sigma \tag{1.17}$$

将式(1.17)代入卢瑟福散射公式(1.14),可得到

$$\frac{\mathrm{d}n}{\mathrm{d}\Omega}\sin^4\frac{\theta}{2} = \frac{Nnt}{16}\left(\frac{e^2}{4\pi\varepsilon_0}\right)^2\left(\frac{z_1 Z}{E}\right)^2 \tag{1.18}$$

而式(1.18)的右端各个因子在实验中都是常数,因而

$$\frac{\mathrm{d}n}{\mathrm{d}\Omega}\sin^4\frac{\theta}{2} = C' \tag{1.19}$$

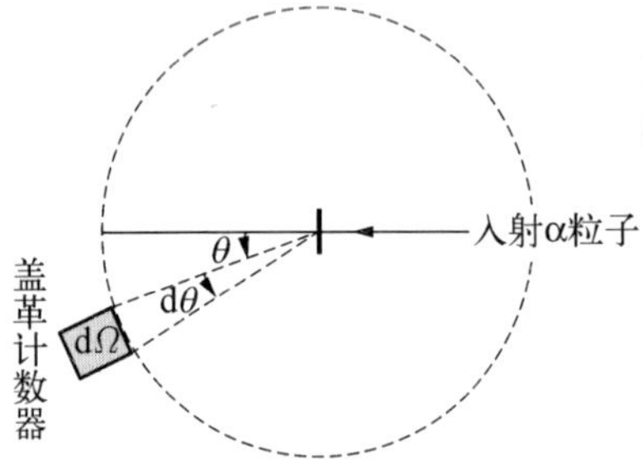

参见实验中的计数装置(图 1.9,图 1.20),盖革计数器在一个以入射点为中心的圆周上转动,计数器的探测面对入射点的张角是不变的,因而式(1.19)中的 $\mathrm{d}\Omega$ 是一个不变量,因而

$$\mathrm{d}n'\sin^4\frac{\theta}{2} = C \tag{1.20}$$

图 1.20 盖革计数器与入射粒子束的夹角以及对散射中心的张角

由上面的推导过程,可以得到 α 粒子散射的四种关系:

① 在同一 α 粒子源和同一散射物的情况下,$\mathrm{d}n'\sin^4\dfrac{\theta}{2}$ 为常数;

② 用同一 α 粒子源和同一种材料的散射物、在同一散射角,$\mathrm{d}n'$ 与散射物的厚度 t 成正比;

③ 用同一 α 粒子源、在同一散射角、对同一 Nt 值，$\mathrm{d}n'$ 与 Z^2 成正比；

④ 用同一种散射物、在同一散射角，$\mathrm{d}n'v^4$ 为常数.

表 1.1～表 1.4 为盖革与马斯登在 1913 年的实验中所获得的四组实验数据①. 其中表 1.4 是让 α 粒子先通过云母片减速后再射向散射物，通过不同层数的云母片后，α 粒子的速度各不相同，以它们速度的相对值的四次方与散射计数的乘积作为判断的依据.

表 1.1 散射随角度的变化

偏转角 θ(°)	$\dfrac{1}{\sin^4\frac{\theta}{2}}$	银		金	
		闪烁计数（$\mathrm{d}n'$）	$\mathrm{d}n'\sin^4\frac{\theta}{2}$	闪烁计数（$\mathrm{d}n'$）	$\mathrm{d}n'\sin^4\frac{\theta}{2}$
150	1.15	22.2	19.3	33.1	28.8
135	1.38	27.4	19.8	43.0	31.2
120	1.79	33.0	18.4	51.9	29.0
105	2.53	47.3	18.7	69.5	27.5
75	7.25	136	18.8	211	29.1
60	16.0	320	20.0	477	29.8
45	46.6	989	21.2	1 435	30.8
37.5	93.7	1 760	18.8	3 300	35.3
30	223	5 260	23.6	7 800	35.0
22.5	690	20 300	29.4	27 300	39.6
15	3 445	105 400	30.6	132 000	38.4
30	223	5.3	0.024	3.1	0.014
22.5	690	16.6	0.024	8.4	0.012
15	3 445	93.0	0.027	48.2	0.014
10	17 330	508	0.029	200	0.011 5
7.5	54 650	1 710	0.031	607	0.011
5	27 6300	…	…	3 320	0.012

第一组中，银箔、金箔分别等效于 0.45 cm 和 0.3 cm 标准空气层厚度；第二组中，等效于 0.45 cm 和 0.1 cm.

① Geiger H, Marsden E. The Laws of Deflexion of α Particles through Large Angles[J]. Philosophical Magazine, April 1913, Series 6, Volume 25, Number 148: 604.

表 1.2 同一 α 粒子源、同一种材料散射物的散射随厚度的变化

金箔数目	等效空气厚度 t(cm)	闪烁计数 $N(\text{min}^{-1})$	$\frac{N}{t}$
1	0.11	21.9	200
2	0.22	38.4	175
5	0.51	84.3	165
8	0.81	121.5	150
9	0.90	145	160

表 1.3 散射随原子质量的变化

材料	原子量 A	等效空气厚度(cm)	用于衰变修正的每分钟的闪烁计数	每单位等效空气厚度的计数 N	$A^{3/2}$	$NA^{3/2}$
金	197	0.229	133	581	2 770	0.21
锡	119	0.441	119	270	1 300	0.21
银	107.9	0.262	51.7	198	1 120	0.18
铜	63.6	0.616	71	115	507	0.23
铝	27.1	2.05	71	34.6	141	0.24

表 1.4 散射随 α 粒子速度的变化

云母片数	离开云母片后 α 粒子射程 R	$\frac{1}{v^4}$ 的相对值	闪烁计数 $N(\text{min}^{-1})$	Nv^4
0	5.5	1.0	24.7	25
1	4.76	1.21	29.0	24
2	4.05	1.50	33.4	22
3	3.32	1.91	44	23
4	2.51	2.84	81	28
5	1.84	4.32	101	23
6	1.04	9.22	255	28

从表中的数据可以看出，由于不能直接测量到原子核所携带的电荷，因而用散射与原子量的关系说明散射与原子核的电荷之间的关系；至于其他三种关系，在这

个实验中都得到了较好的验证.

1920 年,查德威克(James Chadwick, 1891～1974,英国物理学家,因为发现中子而获得 1935 年诺贝尔物理学奖)改进了实验装置,用式(1.18)通过实验测得了几种原子的核电荷数 Z,发现原子所带的正电荷数与该元素的原子序数一致,结果如表 1.5.

表 1.5 查德威克的实验结果

	铜	银	铂
原子序数	29	47	78
实验测得原子正电荷数	29.3	46.3	77.4

4. 关于小角散射的问题

由表 1.1 中可以看出,大角处的散射与小角处的散射数值有较大的偏离.

其原因可以这样解释:小角散射对应于较大的瞄准距离 b,此时入射的粒子距核较远,在 α 粒子与核之间还有电子,电子分布于核的周围,电子所带的负电荷对核的电场有屏蔽作用,即粒子所感受到的有效电场要小,如图 1.21.因而这些粒子的散射角比根据卢瑟福散射公式算得的角度要小。由于这些粒子进入小角散射的区域,所以小角处 $dn'\sin^4\dfrac{\theta}{2}$ 的数值就比公式计算的结果要大一些,这就是表 1.1 所反映的结果。

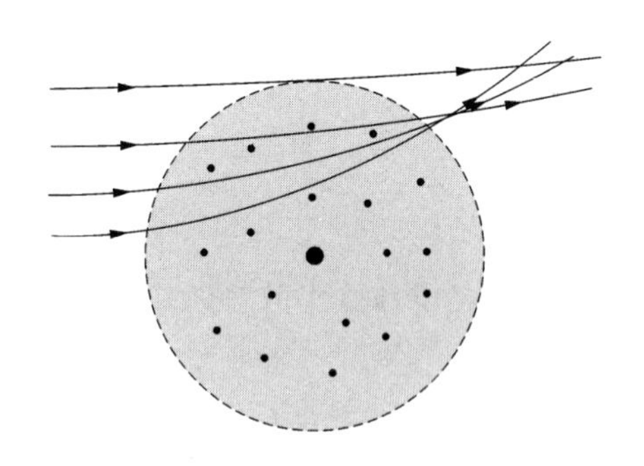

图 1.21 小角散射(瞄准距离大)的 α 粒子与核相距较远,受到电子的屏蔽

对于小角散射,卢瑟福散射公式中的核电荷数 Z 应当以有效核电荷数 $Z^* = Z - \Delta$ 代替.

5. 180°处的散射

实验上测得的数据显示,大角散射情况下,实验结果与卢瑟福的公式符合得很好,在散射角直到 $\theta = 179^\circ$ 时都是如此.但是,在散射角 $\theta = 180^\circ$ 附近不到 1° 的小范围内,两者相差较大,实验结果比理论计算要大出 1～2 倍①,这一现象可以用双

① Jackman T E, et al., Nucl. Inst. & Meth., 1981, 191: 527.

原子模型进行解释，一个原子散射 α 粒子，而另一个靠近箔表面的原子在 α 粒子散射之前和散射之后使其偏转①.

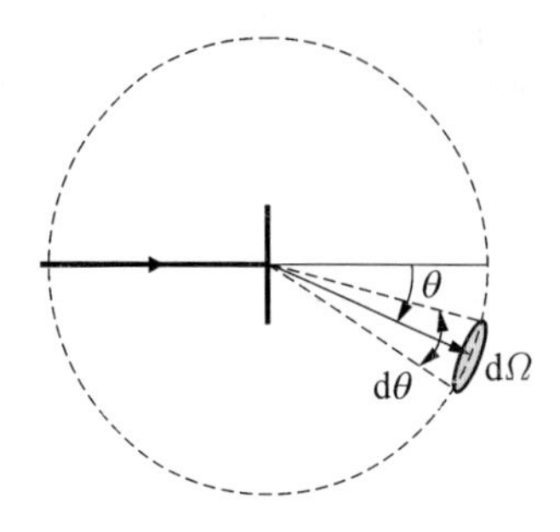

图 1.22 散射到某一角度范围内的粒子数的计算

6. 关于散射粒子数的计算

对于如图 1.22 的装置，散射到立体角 dΩ 内的粒子数为

$$\mathrm{d}n = \frac{Nnt}{16}\left(\frac{e^2}{4\pi\varepsilon_0}\right)^2\left(\frac{z_1 Z}{E}\right)^2\frac{\mathrm{d}\Omega}{\sin^4\dfrac{\theta}{2}}$$

而

$$\mathrm{d}\Omega = 2\pi\sin\theta\mathrm{d}\theta = 8\pi\sin\frac{\theta}{2}\cos\frac{\theta}{2}\mathrm{d}\frac{\theta}{2} = 8\pi\sin\frac{\theta}{2}\mathrm{d}\sin\frac{\theta}{2}$$

于是得到

$$\mathrm{d}n = \frac{Nnt\pi}{2}\left(\frac{e^2}{4\pi\varepsilon_0}\right)^2\left(\frac{z_1 Z}{E}\right)^2\frac{\mathrm{d}\sin\dfrac{\theta}{2}}{\sin^3\dfrac{\theta}{2}} \tag{1.21}$$

由上式可以计算出散射到某一角度范围内的粒子数.

例 1 用 $^{210}\mathrm{Po}$ 作为 α 粒子源做散射实验，该粒子源发出的 α 粒子能量为 $E_\alpha = 5.3\ \mathrm{MeV}$，散射体为厚度 $t = 1\ \mu\mathrm{m}$ 的铂(Pt)箔，其原子体积为 $V_a = 9.10\ \mathrm{cm^3\cdot mol^{-1}}$，核电荷数为 $Z = 78$，原子量 $A = 195$，计算：

(1) 散射到 60°附近 2°范围内的 α 粒子数占所有入射粒子的百分比；

(2) 散射大于 90°的 α 粒子数占所有入射粒子的百分比；

(3) 盖革计数器的圆形入射窗口面积为 $1.5\ \mathrm{cm^2}$，距离散射中心 10 cm，入射 α 粒子束流为 $5\times10^5\ \mathrm{s^{-1}}$，计数器在散射角 120°处每秒的计数.

解 (1) 由式(1.21)，可得

$$\frac{\mathrm{d}n}{n} = \frac{Nt\pi}{2}\left(\frac{e^2}{4\pi\varepsilon_0}\right)^2\left(\frac{z_1 Z}{E}\right)^2\frac{\mathrm{d}\sin\dfrac{\theta}{2}}{\sin^3\dfrac{\theta}{2}}$$

---

① Oen O S. Nucl. Inst. & Meth., 1982, 194: 87.

其中原子的体积数密度为

$$N = \frac{N_A}{V_a} = \frac{6.022 \times 10^{23}}{9.10} = 0.662 \times 10^{23}\ (\text{cm}^{-3})$$

$$\int_{59^\circ}^{61^\circ} \frac{dn}{n} = \frac{Nt\pi}{2}\left(\frac{e^2}{4\pi\varepsilon_0}\right)^2 \left(\frac{z_1 Z}{E}\right)^2 \int_{59^\circ}^{61^\circ} \frac{d\sin\frac{\theta}{2}}{\sin^3\frac{\theta}{2}} = \frac{Nt\pi}{4}\left(\frac{e^2}{4\pi\varepsilon_0}\right)^2 \left(\frac{z_1 Z}{E}\right)^2 \frac{1}{\sin^2\frac{\theta}{2}}\Bigg|_{61^\circ}^{59^\circ}$$

其中 $\frac{e^2}{4\pi\varepsilon_0} = 1.44\ \text{fm}\cdot\text{MeV} = 1.44 \times 10^{-13}\ \text{cm}\cdot\text{MeV}$，$E = 5.3\ \text{MeV}$

$$\frac{Nt\pi}{4}\left(\frac{e^2}{4\pi\varepsilon_0}\right)^2 \left(\frac{z_1 Z}{E}\right)^2 = 9.34 \times 10^{-5}$$

可算得

$$\int_{59^\circ}^{61^\circ} \frac{dn}{n} = 2.26 \times 10^{-5}$$

(2) $$\int_{90^\circ}^{180^\circ} \frac{dn}{n} = \frac{Nt\pi}{4}\left(\frac{e^2}{4\pi\varepsilon_0}\right)^2 \left(\frac{z_1 Z}{E}\right)^2 \frac{1}{\sin^2\frac{\theta}{2}}\Bigg|_{180^\circ}^{90^\circ} = 3.87 \times 10^{-5} = \frac{0.3}{8\,000}$$

只要有三层这样的铂箔就可以使反射的粒子达到 1/8 000.

(3) 窗口对散射中心的张角为

$$\Delta\theta = \frac{D}{R} = \frac{\sqrt{4S/\pi}}{R} = 0.138\ \text{rad} = 7.92^\circ \approx 8^\circ$$

$$\int_{116^\circ}^{124^\circ} dn = \frac{nNt\pi}{4}\left(\frac{e^2}{4\pi\varepsilon_0}\right)^2 \left(\frac{z_1 Z}{E}\right)^2 \frac{1}{\sin^2\frac{\theta}{2}}\Bigg|_{124^\circ}^{116^\circ} = 5\ \text{s}^{-1}$$

上面计算所得到的是散射到 $116^\circ \sim 124^\circ$ 之间的立体角的粒子数，而窗口只占该立体角的一部分，所以进入窗口的粒子数为

$$\frac{\Delta\theta}{360^\circ}\int_{116^\circ}^{124^\circ} dn = 0.11\ \text{s}^{-1}$$

也可以依据式(1.18)直接计算

$$dn = \frac{Nnt}{16}\left(\frac{e^2}{4\pi\varepsilon_0}\right)^2 \left(\frac{z_1 Z}{E}\right)^2 \frac{d\Omega}{\sin^4\frac{\theta}{2}}$$

其中 $\mathrm{d}\Omega = \dfrac{\mathrm{d}S}{R^2} = 0.015\ \mathrm{rad}$，$\sin^4\dfrac{\theta}{2} = \sin^4\dfrac{120^\circ}{2} = \dfrac{9}{16}$，于是得到

$$\mathrm{d}n = \frac{n}{4\pi}\frac{Nt\pi}{4}\left(\frac{e^2}{4\pi\varepsilon_0}\right)^2\left(\frac{z_1 Z}{E}\right)^2\frac{\mathrm{d}\Omega}{\sin^4\dfrac{\theta}{2}}$$

$$= \frac{5\times 10^5}{4\pi}\times 9.34\times 10^{-5}\times 0.015\times\frac{16}{9} = 0.099\ \mathrm{s}^{-1}$$

可见，两种方法所得结果接近.

7. 原子核大小的估算

如果 α 粒子可以到达的与核的最小距离为 r_{m}，则由能量守恒及角动量守恒可得到

$$\begin{cases}\dfrac{1}{2}Mv_0^2 = \dfrac{1}{2}Mv'^2 + \dfrac{z_1 Ze^2}{4\pi\varepsilon_0 r_{\mathrm{m}}} \\ Mv_0 b = Mv' r_{\mathrm{m}}\end{cases} \tag{1.22}$$

将第二式中 v' 的表达式代入第一式，有

$$\frac{1}{2}Mv_0^2 = \frac{1}{2}Mv_0^2\frac{b^2}{r_{\mathrm{m}}^2} + \frac{z_1 Ze^2}{4\pi\varepsilon_0 r_{\mathrm{m}}}$$

而

$$b = \frac{e^2}{4\pi\varepsilon_0}\frac{z_1 Z}{Mv_0^2}\cot\frac{\theta}{2}$$

于是得到关于 r_{m} 的方程

$$r_{\mathrm{m}}^2 - \frac{2z_1 Ze^2}{4\pi\varepsilon_0 Mv_0^2}r_{\mathrm{m}} - \left(\frac{z_1 Ze^2}{4\pi\varepsilon_0 Mv_0^2}\right)^2\cot^2\frac{\theta}{2} = 0$$

用配方法，得到

$$r_{\mathrm{m}}^2 - \frac{2z_1 Ze^2}{4\pi\varepsilon_0 Mv_0^2}r_{\mathrm{m}} + \left(\frac{z_1 Ze^2}{4\pi\varepsilon_0 Mv_0^2}\right)^2 = \left(\frac{z_1 Ze^2}{4\pi\varepsilon_0 Mv_0^2}\right)^2\frac{1}{\sin^2\dfrac{\theta}{2}}$$

于是

$$r_{\mathrm{m}} = \frac{z_1 Ze^2}{4\pi\varepsilon_0 Mv_0^2}\left(1\pm\frac{1}{\sin\dfrac{\theta}{2}}\right) = \frac{1}{2}\frac{z_1 Ze^2}{4\pi\varepsilon_0 E}\left(1\pm\frac{1}{\sin\dfrac{\theta}{2}}\right) = \frac{a}{2}\left(1\pm\frac{1}{\sin\dfrac{\theta}{2}}\right)$$

取正值，可得

$$r_m = \frac{1}{2}\frac{z_1 Ze^2}{4\pi\varepsilon_0}\frac{1}{E}\left(1+\frac{1}{\sin\frac{\theta}{2}}\right) \tag{1.23}$$

通过实验测量最大的散射角 θ,即可根据式(1.23)计算得到 α 粒子到核的最近距离 r_m,而 r_m 可以认为是原子核的最大半径.实验结果表明,如果用 ^{210}Po 作 α 粒子源,入射 α 粒子的动能 $E=5.3$ MeV,测得铜原子核 $r_m<1.58\times10^{-14}$ m;用 ^{214}Po作 α 粒子源,入射 α 粒子的动能 $E=7.68$ MeV,测得铜原子核 $r_m<1.1\times10^{-14}$ m.现在普遍认为

$$r_m \sim a \sim 10^{-14}\ \mathrm{m} = 10\ \mathrm{fm}$$

8. 卢瑟福公式的意义

(1) 提供了一种分析物质结构的方法

高能粒子,例如从放射源发出的 α 粒子、β 粒子等,其能量足以使原子中的电子脱离核的束缚.不仅如此,当粒子的能量更高,比如从高能粒子加速器射出的质子,其能量甚至可以使原子核破裂,所以,用高能粒子轰击原子,成为一种分析物质微观结构的重要方法.

(2) 提供了一种材料分析的手段(RBS)

在卢瑟福公式中含有原子的核电荷数 Z,所以,通过散射实验,可以测得原子的核电荷数,也就是元素的原子序数,这就是一种材料分析的手段.

由于散射角较大的粒子具有较小的瞄准距离,而只有瞄准距离较小的粒子才能到达距核较近的区域,对这些粒子可以忽略核外电子的屏蔽作用.所以,只有测量背散射的粒子,才能得到真正的核电荷数 Z 的数值.

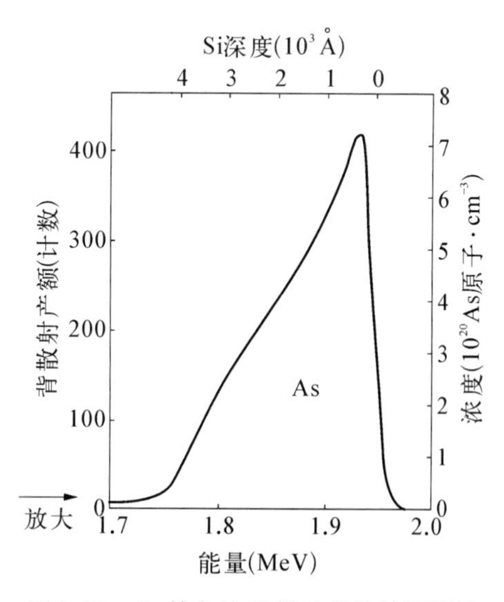

图 1.23 As 掺杂的 Si 样品背散射能谱图

1957 年,Rubin 首次利用卢瑟福的散射原理对厚靶中的痕量元素进行了成分的分析和测定,从而开辟了卢瑟福背散射能谱(Rutherford Backscattering Spectrometry,简称 RBS)分析方法.其后 Sippel(1959)测定了 Au 在 Cu 中的扩散.图 1.23 和图 1.24 为掺杂样品的背散射得到

的能谱,横坐标表示散射粒子能量,纵坐标表示背散射产额.

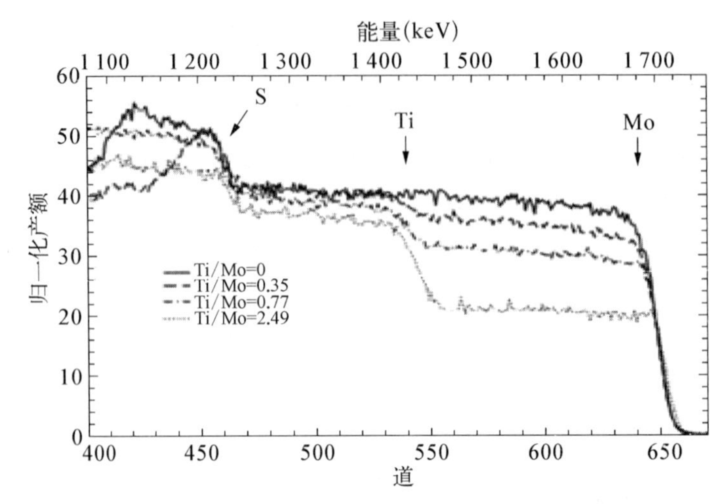

图 1.24 某刀具样品表面 MoS_2/Ti 复合涂层之背散射能谱

习 题

1.1 已知 α 粒子的质量比电子大 7 300 倍,两者之间是弹性散射.利用中性粒子弹性碰撞证明,α 粒子的散射所受到电子的影响是微不足道的.

1.2 设想铅($Z=82$)原子的正电荷不是集中在很小的核上,而是均匀地分布在半径为 10^{-10} m 的球内,这就是 J.J.汤姆孙的"葡萄干布丁"原子模型.如果有能量为 10^6 eV 的 α 粒子射向这样的一个原子,试证明这样的原子对 α 粒子不可能产生大于 90° 的散射.

1.3 从放射性物质镭 C′中放出的 α 粒子动能为 7.68 MeV,散射物质为金箔,$Z=79$,计算散射角 $\theta=150°$ 所对应的瞄准距离 b.

1.4 动能为 1 MeV 的细质子束垂直地射向质量厚度为 1.5 mg·cm^{-2} 的金箔,计数器处在散射角为 60° 的位置,其圆形计数窗口的面积为 1.5 cm^2,距离金箔散射区 10 cm,计数窗口正对着散射到它上面的质子.试求散射到计数器窗口中的粒子数与全部入射粒子数之比.

1.5 钋(Po)放射的一种 α 粒子的速度为 1.597×10^7 m·s^{-1},正面垂直射向厚度为 10^{-7} m 的金箔,试求所有散射角 $\theta>150°$ 的 α 粒子占全部入射粒子的百分比.已知金的密度为 $\rho=19.32\times10^3$ kg·m^{-3},原子量为 $A=197$,原子序数 $Z=79$.

1.6 能量为 3.5 MeV 的细 α 粒子束射到单位面积上质量为 1.05×10^{-2} kg·m^{-2} 的银箔上,α 粒子入射的方向与银箔表面成 60° 角,在与 α 粒子入射线成 20° 的方向上、距离银箔散射区

$L=0.12$ m 处放置一个窗口面积为 0.6 cm^2 的闪烁计数器. 实验测得散射进计数器的粒子数是全部入射粒子数的百万分之二十九(29 ppm),求银的核电荷数 Z. 已知银的原子量为 107.9.

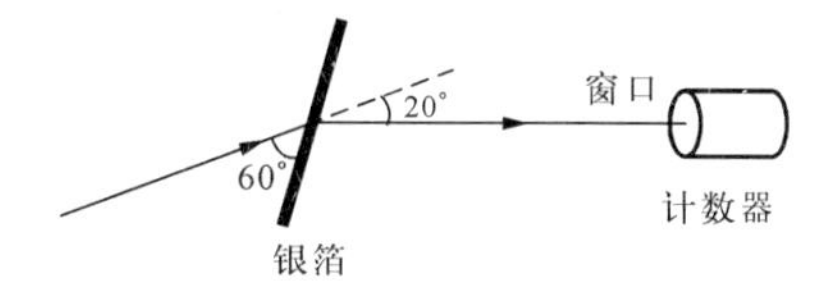

题 1.6 图

1.7　一束 α 粒子正入射到一重金属箔上,求 α 粒子被金属箔散射后,散射角大于 60°的粒子数与散射角大于 90°粒子数之比.

1.8　一细束 α 粒子正入射到厚度为 2.0 mg · cm^{-2} 的钽($Z=73$, $A=190.95$)箔上,这时以大于 20°散射的 α 粒子数占全部入射 α 粒子数的 4.0×10^{-3},计算钽核在散射角 60°所对应的微分散射截面 $d\sigma/d\Omega$.

1.9　动能为 1.0 MeV 的细束质子垂直地射到质量厚度为 1.5 mg · cm^{-2} 的金箔上,若金箔中含有 30%的银(原子数百分比),则散射角大于 60°的相对质子数(即散射到这一角度范围内的粒子数与全部入射粒子数之比)是多少?

1.10　用加速器产生的动能为 1.2 MeV、束流为 5.0×10^{-9} A 的质子束. 垂直地射到厚度为 1.5 μm 的金箔上,试求 5 min 内被散射到下述角度内的质子数:

(1) 59°~61°;

(2) $\theta>60°$;

(3) $\theta<10°$.

1.11　一束动能为 1.0 MeV、束流为 $3.6\times10^4\ s^{-1}$ 的 α 粒子,垂直地射向厚度为 1 μm 的金箔,求:

(1) 散射角大于 90°的相对 α 粒子数;

(2) 散射到 29°~31°、89°~91°、149°~151°角度内的相对 α 粒子数;

(3) 10 min 内散射到 149°~151°角度内的 α 粒子数;

(4) 金箔 30°方向上 α 粒子所对应的微分散射截面 $d\sigma/d\Omega$.

1.12　若用动能为 1 MeV 的质子射向金箔,质子与金箔中的原子核所能达到的最小距离是多少? 若用同样能量的氘核(氢的同位素,核由一个质子和一个中子构成)代替质子,其与金箔中原子核的最小距离又是多少?

1.13　4.5 MeV 的 α 粒子与金箔中的金原子核对心碰撞时,最小距离是多少? 如果把金原子核改为锂(^{7}Li)原子核,结果又如何?

1.14　(1) 假设金原子核的半径为 7.0 fm,则入射的质子需要多大的能量才能以对心碰撞的方式到达核的表面?

(2) 若将金核改为铝核,设铝核的半径为 4.0 fm,则对心碰撞的质子需要多少动能才能刚好达到铝核的表面?

1.15　动能为 0.87 MeV 的质子轰击静止的汞核,当散射角达到 90°时,求入射粒子的瞄准距离和质子与汞核间所能达到的最小距离.

2 氢原子的光谱与能级

——玻尔模型

本章要点	氢原子的光谱线系	玻尔的量子假设
	原子的分立能级	空间量子化

2.1 氢原子的光谱

2.1.1 光谱

牛顿第一个从实验上发现了太阳的白光中含有各种不同的成分.1666 年,他让通过小孔的一束太阳光射到一个三棱镜上,结果从三棱镜的另一个侧面射出的光就成了彩色的光带——不同颜色的光在空间分散开来(图 2.1),这就是太阳的**光谱**(spectrum).

图 2.1 太阳光经过三棱镜后的色散

光源所发出的光,往往含有各种的波长成分,如果用光谱仪器测量并记录光源中各个波长成分的强度,就可以得到光源的光谱.光谱仪器都是色散仪器,其中的色散元件可以是棱镜(图 2.2),也可以是光栅(图 2.3),光经过棱镜或者光栅后,不同的波长成分以不同的角度出射,这就是色散.如果用照相装置记录,则可得到一张光谱照片,不同波长的光被记录在照片上不同的位置;如果用能够探测光强的记录装置,则可得到光强按频率或波长的分布图,这就是常见的光谱图.光谱可以用函数表示为光强随波长或频率的分布,即 $I = I(\lambda)$, 或者 $I = I(\nu)$、

$I = I(k)$.

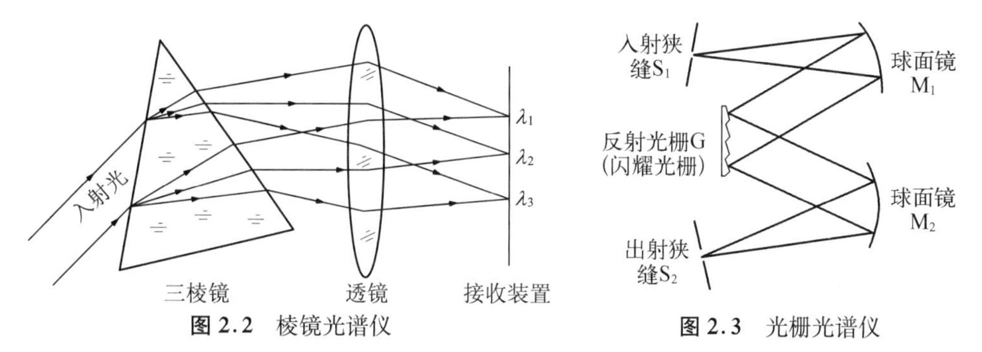

图 2.2 棱镜光谱仪　　**图 2.3** 光栅光谱仪

自牛顿之后,很多人对物质的发光情况进行了研究.1814 年,德国物理学家夫琅禾费(Joseph von Fraunhofer,1787～1826)利用自己制作的精密光学仪器,对太阳的光谱做了认真的研究,发现太阳光谱中有许多条暗线,并测出它们的波长.在 12 年之前,英国化学家沃拉斯顿(William Hyde Wollaston,1766～1828)已经观察到了这种暗线,但当时仅发现了 7 条.夫琅禾费将观测到的 576 条暗线编制成表,并用字母 A,B,C,D,…,I 等将其命名,后来这些暗线被称为**夫琅禾费线**,到现在已发现了一万多条(图 2.4).1859 年,基尔霍夫(Gustav Robert Kirchhoff,1824 ～1887,德国物理学家)对光谱进行了深入的研究,他发现了物体吸收和发射本领之间的联

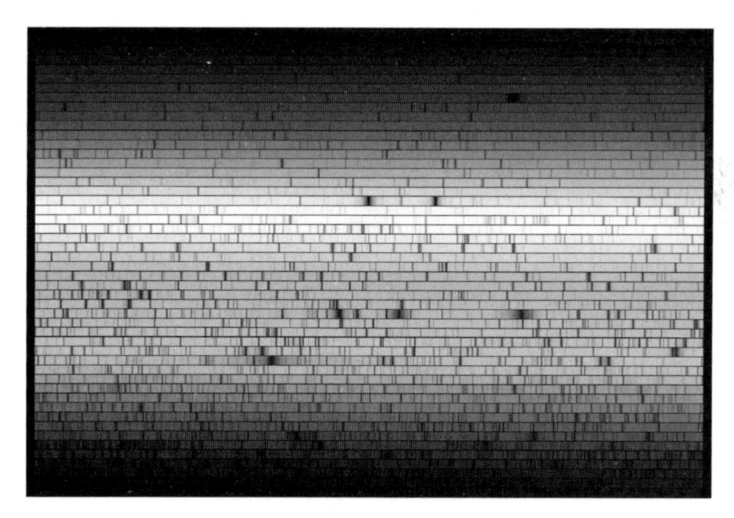

图 2.4 太阳的夫琅禾费线

系,他和本生(Robert Wilhelm Bunsen,1811～1899,德国化学家)研究了各种火焰和火花的光谱,注意到每种元素都有其独特的光谱,他们发明了**光谱分析法**,并用这种方法发现了新元素铯和铷.1852 年,瑞典物理学家埃格斯特朗(A. J. Ångström,1814～1874)发表了一篇论文,列出了一系列物质的特征光谱,现在常

用的波长单位埃(1 Å = 10^{-10} m)就是以埃格斯特朗的名字而命名. 1861 年,英国化学家克鲁克斯用光谱分析法发现了铊;1863 年德国化学家赖希(Ferdinard Reich,1799～1882)和李希特(Hieronymus Theodor Richter,1824～1898)也是用光谱分析法发现了新元素铟,以后又发现了镓、钪、锗等. 从那以后,光谱分析成了一种重要的研究手段.

根据物质的发光机制,可以将光谱分为热辐射谱、荧光(发光)光谱,等等. 根据实验方法,可以分为发射光谱、吸收光谱、激发光谱,等等. 根据光谱的分布特征,可以分为连续光谱、线状光谱、带状光谱(图 2.5～图 2.7).

图 2.5 太阳的连续热辐射光谱

图 2.6 氢原子的线状发射光谱

图 2.7 氢原子的吸收光谱

2.1.2 氢原子的光谱

1. 氢原子受到激发后,可以发出线状光谱

在 19 世纪时,已经发现氢原子有 14 条光谱,其中在可见区的 4 条(表 2.1)是在氢气放电管中测量得到的,另外 10 条在紫外区的谱线则是通过观测恒星光谱而得到的.

表 2.1 氢原子的几条光谱线

名　称	H_α	H_β	H_γ	H_δ
波长(Å)	6 562.10	4 860.74	4 340.10	4 101.20
颜　色	红	深绿	青	紫

2. 氢的巴尔末线系

1885年,瑞士一所高中的教师巴尔末(Johann Jakob Balmer,1825~1898)发现,对于上述14条氢的光谱线,可以用一个简单的公式表示其波长,即

$$\lambda = B\frac{n^2}{n^2-4}, \qquad n = 3, 4, 5, \cdots \tag{2.1}$$

其中 $B = 3\,645.6\ \text{Å}$,这就是著名的**巴尔末公式**.

可以用巴尔末公式表示的上述光谱称做**巴尔末线系**(Balmer series).式(2.1)中,如果 $n \to \infty$,则 $\lambda_\infty = B = 3\,645.6\ \text{Å}$,称做**线系限**波长.

1889年,瑞典物理学家里德伯(Johannes Rober Rydberg,1854~1919)将巴尔末公式改写为如下形式

$$\frac{1}{\lambda} = \frac{1}{B}\frac{n^2-2^2}{n^2} = \frac{4}{B}\left(\frac{1}{2^2}-\frac{1}{n^2}\right)$$

将波长的倒数 $1/\lambda$ 写做 $\tilde{\nu}$,则 $\tilde{\nu}$ 表示的就是单位长度内波的周期数,因而被称做**波数**,波数的国际标准单位是 m^{-1},习惯上常用 cm^{-1} 作波数的单位,$1\ \text{cm}^{-1}$ 称做1个波数.

记 $4/B = R_\text{H}$,则得到了一个新的表达式

$$\tilde{\nu} = R_\text{H}\left(\frac{1}{2^2}-\frac{1}{n^2}\right), \qquad n = 3, 4, 5, \cdots \tag{2.2}$$

上式就是**里德伯方程**,其中,$R_\text{H} = 1.096\,775\,8\times 10^7\ \text{m}^{-1}$,称做**里德伯常数**.

用里德伯方程表示的巴尔末线系的谱线如表2.2所示.

表2.2 巴尔末系

n	3	4	5	6	7	8	9	∞
名称	H_α	H_β	H_γ	H_δ	H_ε	H_ζ	H_η	
λ(nm)	656.3	486.1	434.1	410.2	397.0	388.9	383.5	364.6

除了巴尔末线系之外,后来又陆续从实验上发现了氢原子的其他光谱线系,这些光谱线系也可以用里德伯方程表示,则里德伯方程的一般形式可写做

$$\tilde{\nu} = R_\text{H}\left(\frac{1}{m^2}-\frac{1}{n^2}\right),\ m = 1, 2, 3, \cdots;\ n = m+1,\ m+2,\ m+3, \cdots \tag{2.3}$$

3. 氢原子的其他光谱线系

1906年,美国物理学家莱曼(Theodore Lyman,1874~1954)发现了以其名字

命名的**莱曼系**(Lyman series)(表 2.3).

$$\tilde{\nu} = R_H\left(\frac{1}{1^2} - \frac{1}{n^2}\right), \qquad n = 2, 3, 4, \cdots$$

表 2.3 氢原子的莱曼系

n	2	3	4	5	6	7	8	9	10	11	∞
λ(nm)	121.6	102.5	97.2	94.9	93.7	93.0	92.6	92.3	92.1	91.9	91.15

1908 年,德国物理学家帕邢(Friedrich Paschen,1865～1947)发现了**帕邢系**(Paschen series)(表 2.4).

$$\tilde{\nu} = R_H\left(\frac{1}{3^2} - \frac{1}{n^2}\right), \qquad n = 4, 5, 6, \cdots$$

表 2.4 氢原子的帕邢系

n	4	5	6	7	8	9
λ(nm)	1 874.5	1 281.4	1 093.5	1 004.6	954.3	922.6
n	10	11	12	13	∞	
λ(nm)	901.2	886.0	874.8	866.2	820.1	

1922 年,美国物理学家布拉开(Frederick Sumner Brackett,1896～1988)发现了**布拉开系**(Brackett series)(表 2.5).

$$\tilde{\nu} = R_H\left(\frac{1}{4^2} - \frac{1}{n^2}\right), \qquad n = 5, 6, 7, \cdots$$

表 2.5 氢原子的布拉开系

n	5	6	7	8	9	∞
λ(nm)	4 052.5	2 625.9	2 166.1	1 945.1	1 818.1	1 458.0

1924 年,美国物理学家普丰德(August Herman Pfund,1879～1949)发现了**普丰德系**(Pfund series)(表 2.6).

$$\tilde{\nu} = R_H\left(\frac{1}{5^2} - \frac{1}{n^2}\right), \qquad n = 6, 7, 8, \cdots$$

表 2.6 氢原子的普丰德系

n	6	7	8	9	10	∞
λ(nm)	7 476	4 664	3 749	3 304	3 046	2 279

1953 年,美国物理学家汉弗莱(Curtis Judson Humphreys, 1898～1986)发现了**汉弗莱系**(Humphreys series)(表 2.7).

$$\tilde{\nu} = R_{\mathrm{H}}\left(\frac{1}{6^2} - \frac{1}{n^2}\right), \qquad n = 7, 8, 9, \cdots$$

表 2.7 氢原子的汉弗莱系

n	7	8	9	10	11	12
λ(nm)	12 368	7 503	5 905	5 129	4 673	4 374
n	13	14	15	16	17	∞
λ(nm)	4 171	4 021	3 908	3 819	3 749	3 281

可见,在里德伯方程中,对于每一个 m, n 可以取 $m+1$, $m+2$, …,这样就可以构成一个光谱线系.上述方法称为**"组合法则"**,即每一条光谱线的波数可以表示为两个与整数有关的函数项的差,即

$$\tilde{\nu} = T(m) - T(n) \tag{2.4}$$

其中 $T(m) = R_{\mathrm{H}}/m^2$,$T(n) = R_{\mathrm{H}}/n^2$, $T(m)$、$T(n)$ 称为**光谱项**.

起初,人们认为巴尔末公式和里德伯方程只是对氢原子光谱规律的经验总结,似乎就是一些数字的组合.但也有人从此受到了启发,相信如此简单的物理规律之后必定隐藏着简单而深刻的物理本质!

2.2 玻尔的氢原子模型

2.2.1 经典理论解释氢原子光谱的困难

在 19 世纪末 20 世纪初的年代里,人们已经知道,当带电粒子的运动状态发生改变,即速度的大小或方向改变时,会向外辐射电磁波.根据卢瑟福的原子模型,核外电子在核的库仑场中运动,受有心力作用,因而做周期性的圆轨道或椭圆轨道

运动.

如图 2.8,设电子绕原子核做圆轨道运动,轨道半径为 r,则电子的动力学方程为

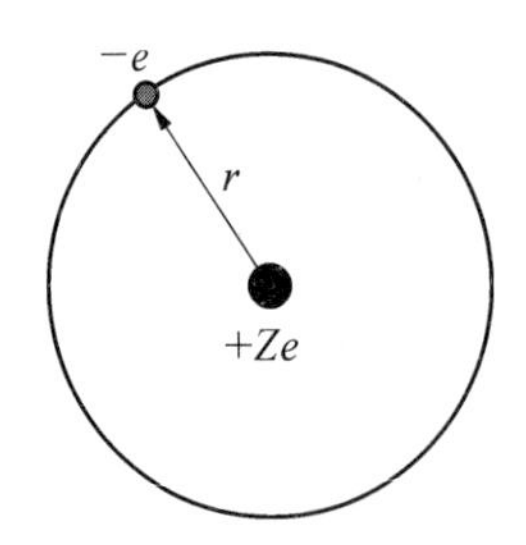

图 2.8 做圆轨道运动的核外电子

$$\frac{Ze^2}{4\pi\varepsilon_0 r^2} = \frac{m_e v^2}{r}$$

其中 Z 为核电荷数,由上式得到电子的动能为

$$\frac{m_e v^2}{2} = \frac{1}{2}\frac{Ze^2}{4\pi\varepsilon_0 r} \tag{2.5}$$

电子轨道运动的频率为

$$f = \frac{v}{2\pi r} = \frac{e}{2\pi}\sqrt{\frac{Z}{4\pi\varepsilon_0 m_e r^3}} \tag{2.6}$$

原子的能量包括电子的动能 E_k 和电子与核之间的库仑势能 E_p,其总能量为

$$E = E_k + E_p = \frac{m_e v^2}{2} - \frac{Ze^2}{4\pi\varepsilon_0 r} = -\frac{1}{2}\frac{Ze^2}{4\pi\varepsilon_0 r} \tag{2.7}$$

按经典电磁学理论,带电粒子做加速运动,将向外辐射电磁波,其电磁辐射的频率等于带电粒子的运动频率.由于轨道半径 r 的取值并不受限制,则光谱应当为连续谱,原子的能量也可以是连续值;由于向外辐射能量,原子的能量将不断减少,电子的轨道半径将不断缩小,最终将会落到核上,即所有原子都将"崩塌".但这与实验的事实是矛盾的,包括氢原子在内,大量原子的光谱都是分立的.所以无法用经典的理论解释核外原子的运动以及原子光谱的规律.

2.2.2 玻尔的氢原子模型

为了克服经典理论在解释原子光谱中所遇到困难,玻尔在 1913 年提出了一套全新理论.

在玻尔的论文中,他根据氢原子的光谱规律和量子思想,提出三个基本假设.

1. 定态条件(分立轨道假设)

原子中的电子只能处于一系列分立的圆轨道上绕核转动;电子在固定的轨道上运动时,不辐射电磁波.

这些分立的轨道,称做**定态轨道**,其半径可以记为 r_n,则由式(2.7),这时原子的能量为

$$E_n = -\frac{1}{2}\frac{Ze^2}{4\pi\varepsilon_0 r_n} \tag{2.8}$$

由于轨道是分立的，则原子的能量也是分立的，即量子化的．这些量子化的能量被称做**能级**．

由于电子在定态轨道上运动时不辐射电磁波，因而原子的能量是不变的，即电子不会因为辐射电磁波而落入核内．

2．频率条件

电子可以在不同的定态轨道之间**跃迁**，则原子的能量也发生相应的改变，即原子可以在不同的能级之间跃迁．当原子的能量改变时，就以电磁波的形式辐射或吸收能量．

根据已有的爱因斯坦光量子的能量表达式 $E = h\nu$，其中 h 为普朗克常数，ν 为电磁辐射的频率．原子从定态 E_{n_1} 跃迁到另一个定态 E_{n_2} 时，如图 2.9，与电磁辐射频率之间的关系为

$$h\nu = E_{n_1} - E_{n_2} \tag{2.9}$$

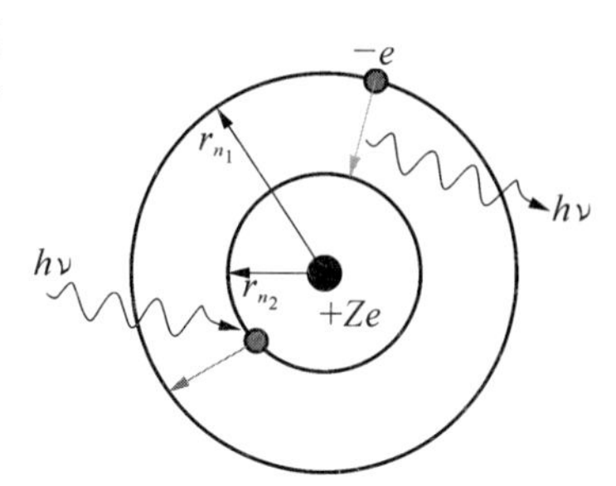

图 2.9 电子跃迁发射或吸收电磁波

将式(2.8)代入，则得到

$$h\nu = \frac{1}{2}\frac{Ze^2}{4\pi\varepsilon_0}\left(\frac{1}{r_{n_2}} - \frac{1}{r_{n_1}}\right) \tag{2.10}$$

将电磁辐射的能量与里德伯方程(2.3)

$$\tilde{\nu} = R_{\mathrm{H}}\left(\frac{1}{n_2^2} - \frac{1}{n_1^2}\right)$$

联系起来 $Z=1$，则有

$$h\nu = h\frac{c}{\lambda} = hc\tilde{\nu} = hcR_{\mathrm{H}}\left(\frac{1}{n_2^2} - \frac{1}{n_1^2}\right) \tag{2.11}$$

于是有

$$E_n = -\frac{hcR_{\mathrm{H}}}{n^2} \tag{2.12}$$

$$r_n = \frac{1}{2}\frac{e^2}{4\pi\varepsilon_0 hcR_{\mathrm{H}}}n^2 \tag{2.13}$$

有了玻尔的原子模型，则里德伯方程的物理意义就变得十分明显，原子中的电子从定态 n_1(原子的能量为 E_{n_1})向定态 n_2(原子的能量为 E_{n_2})跃迁时，发出波数为$\tilde{\nu}$(能量为 $h\nu$)的电磁辐射(即爱因斯坦光量子，光子)．跃迁过程既可以用轨道表示，也可以用能级表示，如图 2.10．

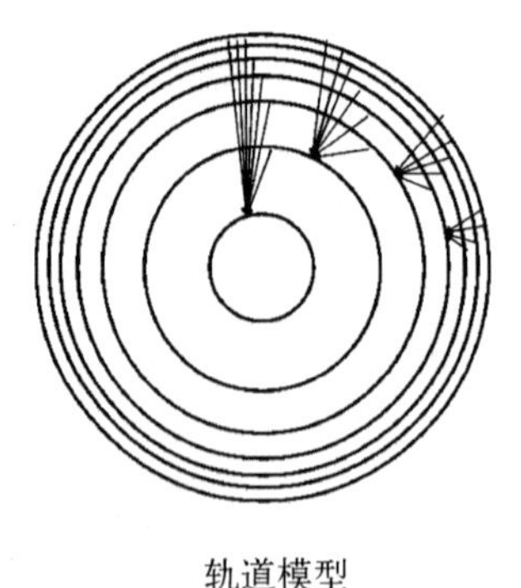

轨道模型

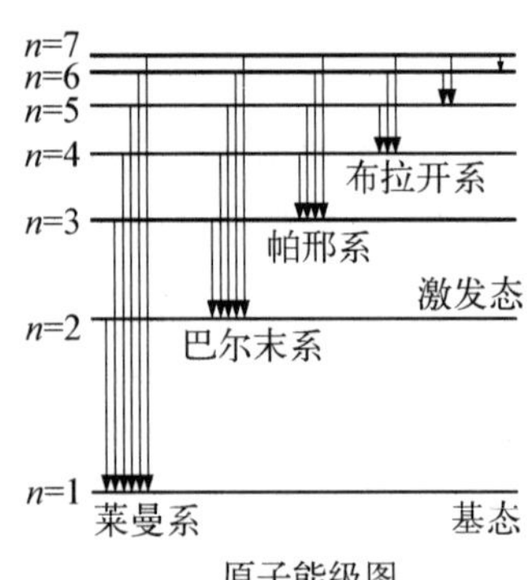

原子能级图

图 2.10 辐射跃迁的轨道模型和能级图

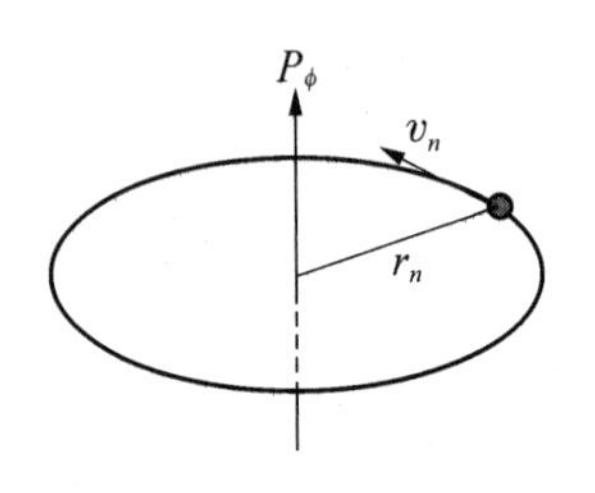

图 2.11 电子的轨道运动角动量

有了前面两个假设，玻尔已经能够解释氢原子的光谱规律，但是，从基本理论的完整性看，这样做还不够. 因为，在定态能级表达式(2.12)和定态轨道表达式(2.13)中，所用到的里德伯常数 R_H 还是实验值，这一数值无法从上述两个基本假设中获得，说明该理论尚不完备，还需要其他的条件.

3. 角动量量子化假设

电子轨道运动的**角动量**是量子化的，只能取一些特定的数值，如图 2.11，表示为

$$P_\phi = m_e v r_n = n\frac{h}{2\pi} = n\hbar, \qquad n = 1, 2, 3, 4, \cdots \tag{2.14}$$

其中 $\hbar = h/2\pi$. 可以由此导出里德伯常数.

由式(2.14)，可得到

$$m_e v^2 r_n^2 = \frac{(n\hbar)^2}{m_e} \tag{2.15}$$

而由圆轨道的动力学方程 $\dfrac{Ze^2}{4\pi\varepsilon_0 r_n^2} = \dfrac{m_e v^2}{r_n}$，可得到

$$m_e v^2 r_n = \frac{Ze^2}{4\pi\varepsilon_0} \tag{2.16}$$

式(2.14)÷式(2.16)，得到

$$r_n = \frac{4\pi\varepsilon_0 (n\hbar)^2}{m_e Ze^2} \tag{2.17}$$

与式(2.13)对比,则里德伯常数为

$$R = \frac{2\pi^2 m_e e^4}{(4\pi\varepsilon_0)^2 h^3 c} \tag{2.18}$$

R 的表达式中都是基本的物理学常数,可以算得

$$R = 1.0973731 \times 10^7 \ \mathrm{m^{-1}} \tag{2.19}$$

而当时的实验测量值为

$$R_H = 1.0967758 \times 10^7 \ \mathrm{m^{-1}}$$

两者符合得出人意料的好!

将 R 的表达式代入式(2.12),则原子的定态能量为

$$E_n = -\frac{2\pi^2 m_e e^4}{(4\pi\varepsilon_0)^2 h^2} \frac{Z^2}{n^2} \tag{2.20}$$

至此,定态轨道半径、定态能量都与量子数 n 联系起来了.

引入

$$a_1 = \frac{4\pi\varepsilon_0 h^2}{4\pi^2 m_e e^2} = \frac{4\pi\varepsilon_0 \hbar^2}{m_e e^2} \tag{2.21}$$

则

$$r_n = a_1 \frac{n^2}{Z} \tag{2.22}$$

$a_1 = 0.529166 \times 10^{-10}\ \mathrm{m} \approx 0.53\ \text{Å}$ 是氢原子中最小的电子轨道半径,称做**第一玻尔半径**.

而在核电荷数为 Z 的情况下的里德伯方程为

$$\tilde{\nu} = R\left(\frac{1}{n_2^2} - \frac{1}{n_1^2}\right) Z^2 \tag{2.23}$$

玻尔由于“在原子结构,以及对原子辐射方面的贡献”而获得 1922 年诺贝尔物理学奖.

4. 原子物理中的数值计算与常用的组合常数

在原子物理中,很多物理量如果用国际标准单位制表示的话,其数值是非常小的,例如,氢原子中电子轨道的第一玻尔半径为 0.53×10^{-10} m,氢原子的电离能为 2.18×10^{-18} J,等等.所以,基于使用和记忆方便的考虑,人们更喜欢用较小的单位来描述这些物理量,例如用纳米(nm)或埃(Å)表示波长,用电子伏特(eV)表示能量,用波数($\mathrm{cm^{-1}}$)表示光谱项或能级,等等.

另一方面,原子物理中的公式往往比较复杂,式中含有大量的基本物理学常数,例如:$h = 6.62620 \times 10^{-34}$ J·s,$\varepsilon_0 = 8.8542 \times 10^{-12}$ A·s·V^{-1}·m^{-1},$e = 1.602192 \times 10^{-19}$ C,$m_e = 9.109534 \times 10^{-31}$ kg $= 0.51100$ MeV/c^2,等等.

原子物理中的表达式都是这些基本物理学常数的组合,往往都很复杂,如果读者能记住一些**组合常数**的值,则会给计算带来很大的方便.常用的组合常数的数值如下:

$$\frac{e^2}{4\pi\varepsilon_0} = 1.44\ \mathrm{fm \cdot MeV} = 2.307 \times 10^{-28}\ \mathrm{J \cdot m}$$

$$m_e c^2 = 0.511\ \mathrm{MeV} = 8.199 \times 10^{-14}\ \mathrm{J}$$

$$hc = 12.4\ \text{Å} \cdot \mathrm{keV}$$

$$\hbar c = 197\ \mathrm{fm \cdot MeV} = 3.164 \times 10^{-26}\ \mathrm{J \cdot m}$$

熟练应用这些组合常数,可以带来很大的方便.例如光子的能量为

$$h\nu = \frac{hc}{\lambda} = \frac{12.4\ \text{Å} \cdot \mathrm{keV}}{\lambda}$$

该式说明波长为 1 Å 的光子,其能量为 12.4 keV,或能量为 1eV 的光子,其波长为 12.4 kÅ.所以利用该组合常数可以方便地在波长与能量间变换.5 000Å 的可见光,其光子能量为 12.4 keV/5 000 = 2.48 eV.

如果用波数表示,则 $h\nu = hc/\lambda = 12.4$ Å·keV.$\tilde{\nu} = 1.24 \times 10^{-4}$ eV·cm.$\tilde{\nu}$,即 10 000波数(cm^{-1})的光波,其能量为 1.24 eV,可见光(5 000Å)的波数为20 000 cm^{-1}.

前面得到常数如果用组合常数表达,则为

$$a_1 = \frac{4\pi\varepsilon_0\hbar^2}{m_e e^2} = \left(\frac{e^2}{4\pi\varepsilon_0}\right)^{-1} \frac{(\hbar c)^2}{m_e c^2} = 0.529166 \times 10^{-10}\ \mathrm{m} = 0.53\ \text{Å}$$

$$R = \frac{2\pi^2 m_e e^4}{(4\pi\varepsilon_0)^2 h^3 c} = \frac{1}{4\pi} \frac{e^4}{(4\pi\varepsilon_0)^2} \frac{m_e c^2}{(h/2\pi)^3 c^3} = \frac{1}{4\pi} \left(\frac{e^2}{4\pi\varepsilon_0}\right)^2 \frac{m_e c^2}{(\hbar c)^3}$$

$$E_n = -\frac{2\pi^2 m_e e^4}{(4\pi\varepsilon_0)^2 h^2} \frac{Z^2}{n^2} = -\frac{1}{2} \left(\frac{e^2}{4\pi\varepsilon_0}\right)^2 \frac{m_e c^2}{(\hbar c)^2} \frac{Z^2}{n^2} = -13.6 \left(\frac{Z}{n}\right)^2 \mathrm{eV}$$

5. 原子能级的表示与标记

经过长期的测量,人们积累了大量关于原子的实验数据,几乎所有原子的能级都可以在文献或物理手册中查到.由于原子的能量中含有势能,所以,能量的零点可以有不同的取法,从而导致在不同的文献中,同一个能级有不同的能量数值.

能量的零点通常有两种取法.一种是设中性原子的能级为负值,其最高能量为 0.由于电子受到核的束缚,所以只有当电子脱离原子时,其能量才可能为正值,即规定一价正离子的最低能级为 0.另一种是取原子的最低能量即所谓"基态"能量为零点,其他能级均大于 0,一价正离子的基态能量为中性原子的最高能量.其实,无论零点如何选取,各能级的间隔总是一致的.

手册中原子能级的单位往往选取波数，而不是电子伏特.例如，表 2.8 中用两种不同方法表示氢原子的能级.

表 2.8 氢原子能级的两种表示方法

能级序号 n	能级(cm^{-1})(电离态为零点)	能级(cm^{-1})(基态为零点)
1	-109 678	0.000
2	-27 419	82 259
3	-12 186	97 492
4	-6 854	102 824
∞	0.000	109 678

第二种表示方法直接给出各能级与基态能级之差，方便而且直观.第一种表示方法的好处是能级与光谱项直接对应.由于 $T(n)=-E_n/hc$，所以用波数表示的能级的绝对值就是光谱项.

实际上，两种表示方法的数值变换起来非常方便，只要将第一种方法中所有的数值都加上电离能，就成为第二种方法中的数值.

尼尔斯·玻尔

尼尔斯·玻尔(Niels Henrik David Bohr)(图 2.12) 1887 年 10 月 7 日生于丹麦首都哥本哈根，父亲是哥本哈根大学的生理学教授.玻尔 1903 年进入哥本哈根大学学习物理，1909 年获科学硕士学位，1911 年，24 岁的玻尔获得了博士学位.从哥本哈根大学毕业之后，玻尔到英国剑桥大学汤姆孙领导的卡文迪许实验室工作了一段时间，后来又在曼彻斯特大学卢瑟福的实验室工作了 4 个月.当时正值卢瑟福提出了原子的核式模型，因而玻尔得以对这方面的研究成果有充分的了解.

图 2.12 尼尔斯·玻尔

玻尔早在大学作硕士论文和博士论文时，就考察了金属中的电子运动，并注意到经典理论在阐明微观现象方面的所面临的困难.普朗克和爱因斯坦引入的量子假设，使他深受启发.玻尔在离开曼彻斯特大学以前，曾向卢瑟福呈交了一份论文提纲，其中已经引入了量子化的定态概念.回到哥本哈根以后，玻尔继续尝试用量子的观点解释原子的稳定性问题.1913 年 2 月，在别人的建议下，他开始结合当时已有的光谱学资料研究自己的课题,形式简单的巴尔末公式和里德伯方程立刻使他为自己的理论找到了最好的依据.当年,他的论文《论原子和分子结构》(*On the Constitution of Atoms and Molecules*)分三篇发表于《哲学杂志》(*Philosophical Magazine*, Series 6, Volume 26, July 1913, 1~25; 476~502; 857~875).在论文中,他提出了分立轨道、辐射跃迁和角动量量子化三个基本假设,建立了后来被称为"玻尔原子"的著名原子模型.

1916年,玻尔担任哥本哈根大学教授.1921年,在丹麦政府和卡尔斯堡基金会(Carlsberg Foundation)的资助下,他建立了理论物理研究所(即尼尔斯·玻尔研究所).1922年,玻尔"由于在原子结构和原子辐射研究中的贡献"而获得诺贝尔物理学奖.玻尔研究所在20世纪20年代和30年代在理论物理研究中发挥了关键的作用,当时世界上多数著名的理论物理学家都在那里工作过一段时间.

在20世纪30年代,玻尔提出了对应原理(亦称互补原理,即 the principle of complementarity),即量子理论和经典理论差别显著,各有自己的适用范围,同时两者之间有对应关系,在极限条件下,彼此趋于一致.玻尔的学生海森伯在这一原理的启发下,建立了量子力学的一种表达形式——矩阵表达式;对应原理在狄拉克、薛定谔建立量子力学的另一种表达形式——波函数表达式的过程中也起了重要的作用.

后来,玻尔致力于原子核的研究,提出了原子核结构的液滴模型,以及核反应过程中的复合核假设,利用这一模型成功地解释了重核裂的裂变.

二战期间,丹麦被纳粹德国占领,为了避免被德国警察逮捕并送往集中营,玻尔于1943年秘密借道瑞典逃往英国,并从那里到达美国.在美国期间,"当时玻尔就如同物理界的神一般受到大家尊敬"(费曼语),并担任"曼哈顿工程"(即美国的原子弹秘密工程)的顾问.1945年,玻尔回到丹麦,继续在玻尔研究所的工作,此后一直致力于提倡对原子能进行国际控制,推动原子能的和平利用.

1962年11月18日,玻尔在哥本哈根去世.

玻尔的儿子艾吉·尼尔斯·玻尔(Aage Niels Bohr,1922~2009)也是物理学家,因发现原子核中集体运动和粒子运动之间的联系,并且根据这种联系提出核结构理论,而获得1975年诺贝尔物理学奖.

2.2.3 氢的里德伯常数实验值与理论值的偏差

尽管由玻尔模型导出了里德伯常数的表达式,而且理论值与实验值符合得很好,但两者仍有超过万分之五的偏差.当时,光谱学的实验精度已经达到了万分之一,因而,这一结果还是受到了人们的质疑.英国光谱学家福勒(A. Fowler,1868~

1940)最先向玻尔提出了这个问题.理论应当是尽量追求完美的,因而在 1914 年玻尔对此作了回答:原来的推导是在假设原子核静止不动的前提下得到的,但实际上,尽管氢原子核的质量比电子大得多,但核并非静止的,所以核与电子应当绕它们的质心旋转(图 2.13),在这样的两体系统中,应当采用**质心坐标系**来处理.在有心力场的两体问题中,只需要用**约化质量**代替电子的质量,则上述结论就对应于质心系了.

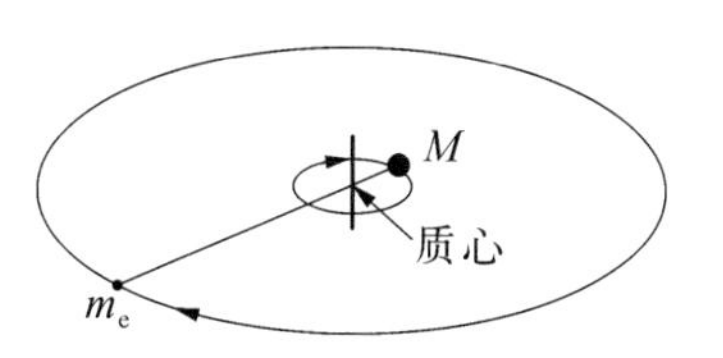

图 2.13 电子与核绕质心转动

核与电子在质心系中的约化质量为

$$\mu = \frac{Mm_e}{M + m_e}$$

其中 M 为核质量, m_e 为电子质量.因而里德伯常数为

$$R_A = \frac{2\pi^2 \mu e^4}{(4\pi\varepsilon_0)^2 h^3 c} = \frac{2\pi^2 m_e e^4}{(4\pi\varepsilon_0)^2 h^3 c} \frac{M}{M + m_e} = \frac{2\pi^2 m_e e^4}{(4\pi\varepsilon_0)^2 h^3 c} \frac{1}{1 + \dfrac{m_e}{M}} \tag{2.24}$$

如果 $M \gg m_e$, 则

$$R_\infty = \frac{2\pi^3 m_e e^4}{(4\pi\varepsilon_0)^2 h^3 c} = 1.097\,373\,1 \times 10^7\ \mathrm{m}^{-1} \tag{2.25}$$

就是核静止时的里德伯常数.

而实际原子的里德伯常数为

$$R_A = R_\infty \frac{1}{1 + m_e/M} \tag{2.26}$$

对于氢原子, $m_e/M = 1/1\,836.15$,所以可以算得

$$R_H = 10\,973\,731 \times \frac{1}{1 + 1/1\,836.15} = 1.096\,775\,8 \times 10^7\ \mathrm{m}^{-1}$$

与实验值完全吻合.

2.2.4 氢原子的连续谱

实验发现,在巴尔末线系之外还有一个连续光谱区.这是由非量子化轨道的电子跃迁而产生的.这时,原子的能量较高,体系的能量为正值,在这种情况下,电子处于非束缚态.

当电子距核较远时,只有动能,$E=\frac{1}{2}m_e v_0^2$,能量是非量子化的;当电子靠近原子核时,同时有动能和势能,$E=\frac{1}{2}m_e v^2-\frac{Ze^2}{4\pi\varepsilon_0 r}$,如图 2.14.这时向量子化轨道辐射跃迁的过程表示为

$$h\nu=E-E_n=\frac{1}{2}m_e v^2-\frac{Ze^2}{4\pi\varepsilon_0 r}+\frac{hcR}{n^2} \tag{2.27}$$

由非束缚态向量子化轨道跃迁时,发出连续谱.

氢原子的能级结构和相应的辐射跃迁如图 2.15 所示.

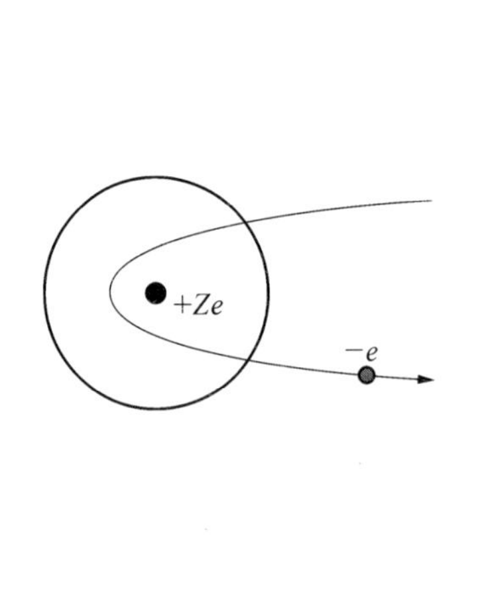

图 2.14　原子的非量子化轨道

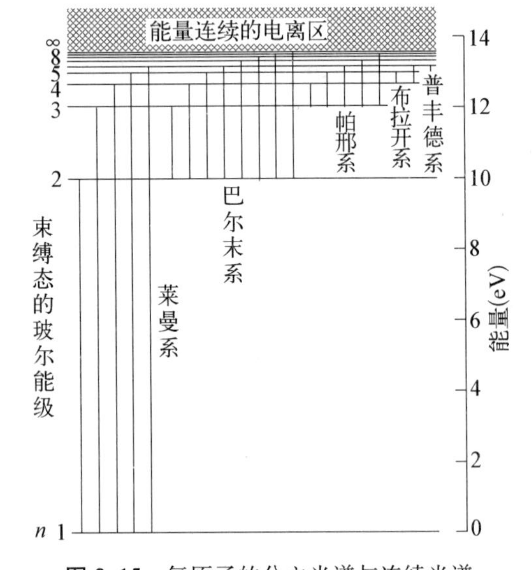

图 2.15　氢原子的分立光谱与连续光谱

2.3　类氢离子的光谱

2.3.1　类氢离子与皮克林线系

1. 类氢离子

只有一个核外电子的离子,其结构与氢原子类似,因而被称做**类氢离子**.类氢

离子的核电荷数 $Z>1$，例如：

一次电离的 He 离子 He^{+}，$Z=2$，记做 HeⅡ；二次电离的 Li 离子 Li^{2+}，$Z=3$，记做 LiⅢ；三次电离的 Be 离子 Be^{3+}，$Z=4$，记做 BeⅣ；等等. 氢原子则记做 HⅠ，$Z=1$.

利用高能粒子加速器，也可以产生例如 O^{7+}、Cl^{16+}、Ar^{17+} 等核电荷数 Z 很大的类氢离子. 这些离子的结构与氢原子极其相似，只有核电荷数的差别，因而它们的能级和光谱也有相似之处.

2. 皮克林线系

1896 年到 1897 年，美国天文学家皮克林(E. C. Pickering，1846～1919)在船舻座ζ星的光谱中发现了一个很像巴尔末线系的光谱线系，如图 2.16 所示. 与巴尔末线系比较，发现有两点不同，一是似乎出现了"**半整数**"的谱线，二是光谱线的位置都有**蓝移**，即相应的光谱线的波长都稍短一些. 这些谱线系被称做**皮克林线系**.

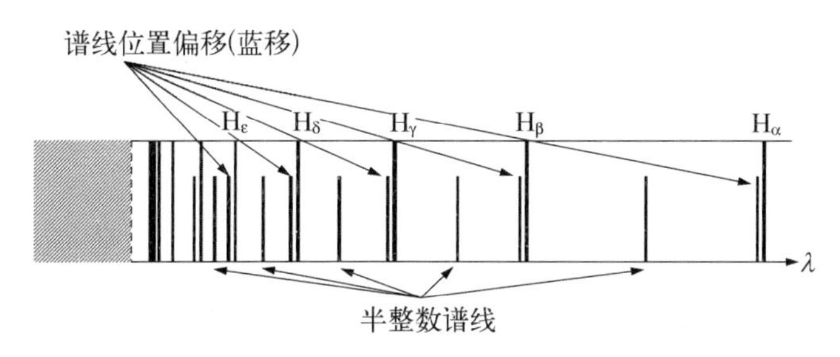

图 2.16 皮克林线系与巴尔末线系的比较

因此，这种谱线起初被认为属于氢谱线，甚至里德伯也认为地球上的氢与恒星中的氢有所不同. 但玻尔指出，这些光谱应当是 He^{+} 发出的. 当时，英国杰出的光谱学家福勒用充有氢氦混合气体的放电管做了实验，观察到了皮克林谱线，结果证实了玻尔的判断.

3. 对皮克林线系解释

按照玻尔模型，核电荷数为 Z 的类氢离子的能级为

$$E_n=-\frac{hcR}{n^2}Z^2 \tag{2.28}$$

则这样的离子在定态 n_1 和 n_2 之间跃迁时，所发出的光谱线波数为

$$\begin{aligned}\tilde{\nu}&=\frac{E_{n_1}-E_{n_2}}{hc}=Z^2R_A\left(\frac{1}{n_2^2}-\frac{1}{n_1^2}\right)\\&=R_A\left[\frac{1}{(n_2/Z)^2}-\frac{1}{(n_1/Z)^2}\right]\end{aligned} \tag{2.29}$$

对于 HeⅡ，$Z=2$，因而可以取 $n_2=4$，则

$$\tilde{\nu}_{\mathrm{He}^+}=R_{\mathrm{He}}\left[\frac{1}{2^2}-\frac{1}{(n_1/2)^2}\right] \tag{2.30}$$

当 $n_1=5, 6, 7, \cdots$ 时，$n_1/2=2.5, 3, 3.5, \cdots$. 这就是半整数谱线的来源.

同样，对于 LiⅢ、BeⅣ，类似地也有

$$\tilde{\nu}_{\mathrm{Li}^{++}}=3^2R_{\mathrm{Li}}\left(\frac{1}{n_2^2}-\frac{1}{n_1^2}\right)=R_{\mathrm{Li}}\left[\frac{1}{(n_2/3)^2}-\frac{1}{(n_1/3)^2}\right] \tag{2.31}$$

$$\tilde{\nu}_{\mathrm{Be}^{+++}}=4^2R_{\mathrm{Be}}\left(\frac{1}{n_2^2}-\frac{1}{n_1^2}\right)=R_{\mathrm{Be}}\left[\frac{1}{(n_2/4)^2}-\frac{1}{(n_1/4)^2}\right] \tag{2.32}$$

不同的原子，里德伯常数也不相同，即

$$R_{\mathrm{A}}=R_{\infty}\frac{1}{1+\dfrac{m_{\mathrm{e}}}{M}}$$

由于 He 核的质量比 H 核的质量要大，因而与巴尔末线系比较，里德伯常数增大，这就是光谱线蓝移的原因.

玻尔模型对皮克林线系的成功解释，使得更多的人接受了玻尔的理论. 爱因斯坦听到这一消息时，也称玻尔理论是一个“伟大的发现”.

2.3.2　氘的发现

美国物理化学家尤雷(Harold Clayton Urey, 1893～1981，图 2.17)发现氢的**同位素**氘的事实，又一次验证了玻尔理论.

图 2.17　哈罗德·尤雷

尤雷获得博士学位后先是在伯克利大学工作，然后到丹麦哥本哈根的尼尔斯·玻尔研究所工作过一段时间，深受玻尔理论的影响. 回到美国后，他先后在约翰·霍普金斯大学和哥伦比亚大学任教. 从 1931 年开始，为了证明氢的同位素的存在，他反复地用蒸馏法将 4 L 液态氢在低温(14 K)、低压(53 mmHg)下蒸发，将最后得到的 1 mL 液态氢装进放电管以测量光谱. 由于这样得到的样品中所含的氢的同位素的比例大大增加，因而他可以测量到足够强的氢的同位素光谱. 1932 年，他在光谱中发现了两条十分靠近的 H_α 线，这两条线的波长为

$$\begin{cases}6\,562.79\ \text{Å}\\6\,561.00\ \text{Å}\end{cases},\quad \Delta\lambda = 1.79\ \text{Å}$$

尤雷认为这是氢及其同位素发出的两条谱线.假定该同位素的质量比氢大1倍,其质量记为 M_D,则 $M_H/M_D = 1/2$. 按照玻尔理论,H_α 线的波数为

$$\tilde{\nu} = R_A\left(\frac{1}{2^2} - \frac{1}{3^2}\right) \tag{2.33}$$

这两种原子的里德伯常数不同,因而光谱线的波长之比为

$$\frac{\lambda_H}{\lambda_D} = \frac{\tilde{\nu}_D}{\tilde{\nu}_H} = \frac{R_D}{R_H} = \frac{1 + m_e/M_H}{1 + m_e/M_D} = \frac{1 + 1/1\,836}{1 + 1/(2\times 1\,836)} = 1.000\,273$$

而尤雷实验上测量的结果为

$$\frac{6\,562.79}{6\,561.00} = 1.000\,273$$

玻尔理论的分析与实验的结果一致,因而十分准确地证实了同位素的存在.这就是氘(D)发现的过程.尤雷也"由于发现了重氢"获得了1934年的诺贝尔化学奖.

2.4 弗兰克-赫兹实验

1914年,即在玻尔理论发表之后的第二年,德国物理学家弗兰克(James Franck,1882～1964)和赫兹(Gustav Hertz,1887～1975)(图2.18)就采用加速电子轰击原子的实验,证明了原子的能量是分立的,这是除了光谱学方法之外,可以用来证明原子中分立能级存在的另一种方法.弗兰克与赫兹由于"发现了一个电子与一个原子碰撞的规律"而获得1925年诺贝尔物理学奖.

图2.18 J. 弗兰克与G. 赫兹

2.4.1 基本思想

在如图 2.19 所示的电子射线管中，加速电子与管中气态的原子碰撞，会使原子激发，而电子则损失动能，于是到达阳极的电子数将会减少，即管中的电流减少. 通过测量电子束流的变化就可以计算电子所损失的能量，这些能量就是被原子所吸收的能量.

2.4.2 弗兰克-赫兹实验装置与实验结果

实验装置如图 2.20，在密封容器中充入气态物质 Hg，K 为**热阴极**，通过电流加热可以释放出电子；G 为**栅极**，K、G 之间有电压，使得从热阴极逸出的电子在 KG 之间被加速；A 为**阳极**，即接收极；G、A 之间加以较低的反向电压（-0.5 V），目的是抵消电子从热阴极逸出时所具有的热运动能量. 可以看出，在 KG 空间中，电子被加速，同时还与容器中的原子发生碰撞；在 GA 空间，与原子碰撞的电子损失了部分能量后，只有剩余动能足够大的电子才能够克服反向电压，到达 A 极. 接在电路中的电流计和伏特计可以测量接收极电流与加速电压间的关系.

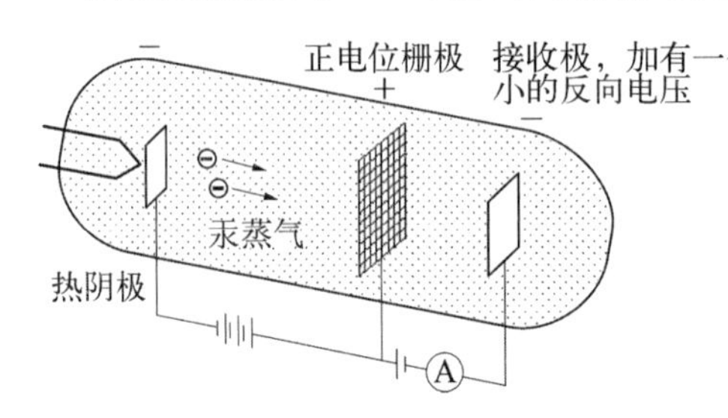

图 2.19 弗兰克-赫兹实验的基本构想

实验中最初研究的是加速电子与汞原子的碰撞，结果表明①，在 KG 之间的电压逐渐增大的过程中，A 极所接收到的电子束流随着电压不断变化，如图 2.21 所示. 起初，电流随着加速电压的增加而增加；但是，当加速电压为 4.9 V 时，电流突然下降；随后，电流又随着电压增大，到 9.0 V 时，又突然下降；随后，在 13.9 V 时，又出现上述过程. 即，当电子的加速电压是 4.9 V 的整倍数时，都会出现电流突然下降的现象.

为什么会出现这种现象呢?

电流突然下降，表明能够到达 A 极的电子数突然减少了，说明这时电子损失了大量的动能，不能到达 A 极. 由于电子动能的损失只能是与 Hg 原子碰撞造成的，即处于能量最低的**基态** Hg 原子吸收了电子的动能，Hg 原子吸收能量后，自身的能量增加，变为**激发态**. 加速电压为 4.9 V，即电子的动能达到 4.9 eV，则说明 Hg 原子只能吸收 4.9 eV 整倍数的能量，也就是说 Hg 原子激发态与基态的能量

---

① Franck J, Hertz G. Über Zusammenstöße zwischen Elektronen und Molekülen des Quecksilberdampfes und die Ionisierungsspannung desselben[J]. Verh. Dtsch. Phys. Ges., 1914, 16: pp. 457～467.

差不能是任意的数值，而只能是 4.9 eV. 这就证明了在 Hg 原子内部，其能量是分立的、量子化的. 在电压为 4.9 V 时，一个电子经过一次碰撞就损失了全部动能，因而电流迅速下降；电压为 2 倍的 4.9 V 时，一个电子与两个原子连续碰撞也损失了全部动能. 弗兰克-赫兹实验证明了玻尔理论中原子只能处于一系列分立的定态的假设.

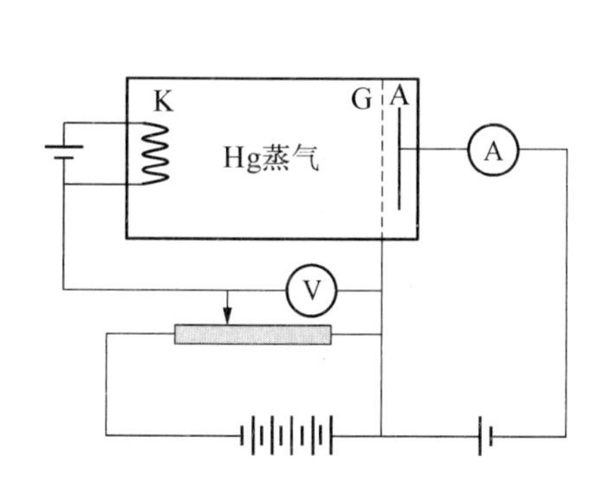

图 2.20　弗兰克-赫兹实验装置

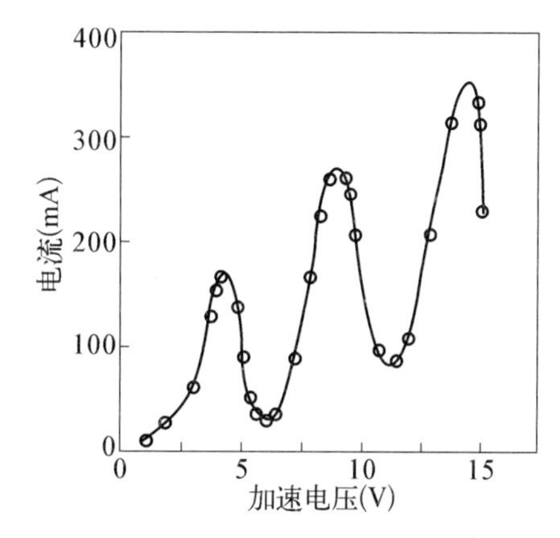

图 2.21　弗兰克-赫兹实验结果

Hg 原子由于吸收电子的动能而从基态跃迁到最低的激发态，即**第一激发态**. 4.9 V 为 Hg 的**第一激发电势**.

2.4.3 改进的弗兰克-赫兹实验装置

1920 年，弗兰克对实验装置作了如下改进(图 2.22)：

(1) K 极边上加旁热式极板，这样可以使热电子均匀发射；

(2) 在靠近阴极处增加栅极 G_1，并使 Hg 蒸气更稀薄，这样可以使得 KG_1 间的距离小于 Hg 蒸气中电子的平均自由程，即在 KG_1 之间，电子没有经过与原子的碰撞，就可以被加速到很高的能量，KG_1 是电子的加速区；

(3) 使栅极 G_1，G_2 等电位，电子在 G_1G_2 之间不加速，只与原子碰撞，这是碰撞区.

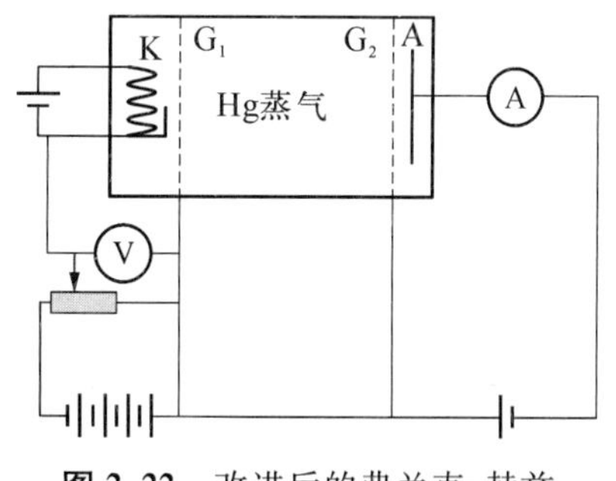

图 2.22　改进后的弗兰克-赫兹实验装置

改进后的装置，可以使电子获得较高的动能，从而可以将 Hg 原子激发到更高的能级，同时实验的精度也得到了提高.

图 2.23 中，除了 4.9 V，电流在4.68 V、5.29 V、5.78 V、6.73 V 等位置也出现了明显的变化，说明这些都是 Hg 原子的能级. 经过光谱学实验的研究，发现除了

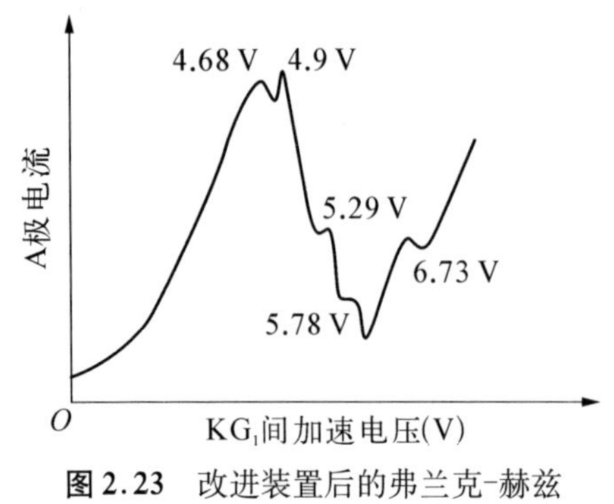

图 2.23 改进装置后的弗兰克-赫兹实验结果

有一条与 4.9 V 对应的波长为 253.7 nm 的光谱线之外，还有一条与 6.73 V 对应的波长为 184.9 nm 的光谱线，而其他位置并没有光辐射，说明在这些能级，Hg 原子比较稳定，很难通过自发跃迁发出辐射，这些能级就是 Hg 原子的**亚稳态**能级.

用弗兰克-赫兹实验装置也测量到了其他原子的第一激发电势，钠(Na)为 2.12 eV，钾(K)为 1.63 eV，氮(N)为 2.1 eV.

由于上述实验结果，弗兰克与赫兹获得了 1925 年的诺贝尔物理学奖.

在改进的装置中，当加速电压足够大时，电子可以较容易获得足够大的动能，从而在与原子碰撞时，可以使原子中的电子被电离掉. 能够将原子电离的加速电压被称做**电离电势**.

第一电离电势就是从中性原子中将一个电子电离出去所需要的电压. 表 2.9 中所显示的各种原子都有固定的第一电离电势这一事实，说明原子从基态到电离态的能量差是固定的，按照玻尔理论，这也是原子内部能量量子化的结果.

表 2.9 元素的电离电势

原子序数	元 素	第一电离电势(V)	原子序数	元 素	第一电离电势(V)
1	H	13.599	12	Mg	7.646
2	He	24.588	13	Al	5.986
3	Li	5.392	16	S	10.360
4	Be	9.323	18	Ar	15.760
5	B	8.298	19	K	4.341
8	O	13.618	20	Ca	6.1103
10	Ne	21.565	26	Fe	7.876
11	Na	5.139			

2.4.4 阴极射线激发光源

光源的发光机制很有多种，目前广泛使用的电光源，主要有两类发光机制. 一类属于热辐射，电流使灯丝发热，其中的带电粒子作随机的热运动，速度也随机变化，因而向外发出电磁辐射. 电流的热效应越大，灯丝温度就越高，辐射就越强. 白炽灯就是以这样的方式发光的. 由于相当多的能量转化为热能，因而发光效率不高. 又由于灯丝的温度远达不到太阳的温度，所以色温较低，对人眼而言，颜色偏黄. 另一类属于荧光辐射，其中加速电子将动能传递给原子，使原子跃迁到激发态，激发态的原子向基态或低激发态能级跃迁，并发出光辐射. 这种光源温度不高，发热很少，因而发光效率较高. 又由于发光波长与能级间隔有关，所以选择合适的能级，可以起到与日光相似的效果.

1. 汞灯

曾经广泛使用的汞灯就是利用弗兰克-赫兹方法使汞原子激发而发光的：通电后，灯丝发出的电子经灯管两端的电场加速后与汞蒸气碰撞，将其激发.

汞灯分为低压和高压两种，所谓低压、高压，是指灯中汞的蒸气压. 低压汞灯中汞的数量较少，其中汞的蒸气压为 1.3～13 Pa(0.01～0.1 mmHg)，电子的平均自由程较大，可以被加速到较高的能量，从而将汞原子激发到较高的激发态能级. 低压汞灯主要发出 184.9 nm 和 253.7 nm 的紫外光，可用于印刷制版、杀菌、荧光分析和光谱仪器的波长校准. 高压汞灯中汞的数量较多，其中汞的蒸气压可达 51～507 kPa，电子不能被加速到很高的能量就与汞原子碰撞，汞原子被激发后，主要发出 365.0 nm 的长波紫外线，此外还有 404.7 nm、435.8 nm、546.1 nm 和 577.0～579.0 nm的可见谱线，因而高压汞灯可直接用于照明. 除此之外，还有蒸气压达到 10 133～20 265 kPa(100～200 atm)的超高压汞灯，主要的发射波长为 546.1 nm，亮度很高，可用作探照灯.

2. 日光灯

日光灯外形是管状的，相当于在高压汞灯的管壁上涂敷荧光粉，该荧光粉吸收 365.0 nm 的紫外光，并发出红光，以补充汞自身所发出的蓝、绿光，就可对人眼产生类似于日光(白光)的视觉效果.

3. 空芯阴极灯

空芯阴极灯不是用来照明，而是用作材料分析中的光源，或用来校准光谱仪器.

空芯阴极灯中没有灯丝，阴极是金属圆筒，阳极是金属丝，灯管中封入气体或易挥发的材料. 通电后电子在两极间被加速，加速电子使原子激发而发光. 每种原子都发出具有特定波长的光，可以用这些光激发其他材料，测量这些材料的发光特性. 也可以选取特定的波长作为基准，校正光谱仪器. 所以空芯阴极灯也被称做光谱灯. 各种惰性气体是由原子组成的，因而可做成空芯阴极灯. 常规条件下，氢气是分子形态，因而氢光谱灯所发出的既有氢分子的光谱，也有氢原子的光谱.

汞和钠也常被用作空芯阴极灯中的发光介质.钠原子受激发后可以发出所谓的D黄线,波长为589.3 nm.将少量的金属钠封装在灯泡中,略一受热,即可挥发成钠原子蒸气,利用电子碰撞使其激发.钠灯不仅可用作光谱分析,也可用来照明.

2.5 玻尔理论的推广

2.5.1 量子化通则

采用玻尔模型在处理许多物理问题上都获得了极大的成功,但是,玻尔仅仅采用了简单的圆轨道,而实际上,按照牛顿的动力学理论,在核的中心力场中,电子的轨道一般情况下应当是椭圆的.德国物理学家索末菲(Arnold Sommerfeld,1868～1951,图2.24)对玻尔理论进行了推广,引入了椭圆轨道,并研究了在椭圆轨道下的量子化条件.

如图2.25,采用极坐标系,描述电子在椭圆轨道中的运动,运动的变量为 r 和 ϕ.针对坐标 r 和 ϕ,对应的动量分别为 p_r 和 p_ϕ.

图2.24 索末菲

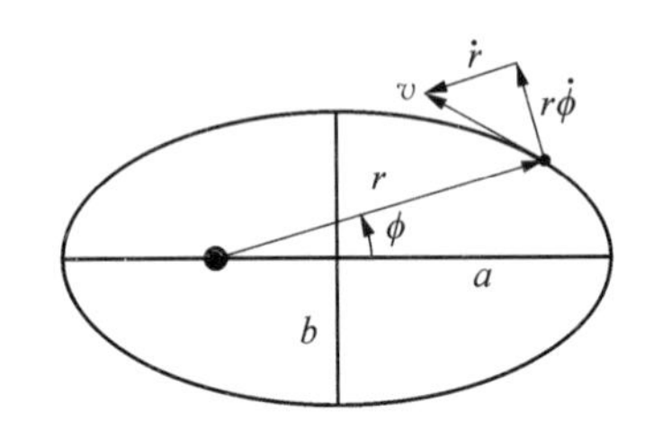

图2.25 有心力场中的椭圆轨道

式(2.14)是玻尔的角动量量子化条件,但 $P_\phi \cdot 2\pi = nh$ 仅仅适用于圆轨道,而索末菲的推广条件则可以适用于一般的有心力场中的周期性运动.为此,他引入**广义动量 p** 和**广义坐标 q**,广义动量 p 和广义坐标 q 都要满足量子化条件,即

$$\oint p\,\mathrm{d}q = nh \tag{2.34}$$

这就是一般情况下的量子化条件,称之为**量子化通则**.

具体写出有心力场中的量子化通则,就是下式

$$\begin{cases} \oint p_r \mathrm{d}r = n_r h, & n_r = 0, 1, 2, \cdots \\ \oint p_\phi \mathrm{d}\phi = n_\phi h, & n_\phi = 1, 2, 3, \cdots \end{cases} \tag{2.35}$$

式中 n_r、n_ϕ 是针对坐标 r 和 ϕ 的量子数,分别称做径量子数和角量子数.根据量子化通则,可以求出椭圆轨道,并得到系统的量子化能量.

这样的氢原子模型就是**玻尔-索末菲模型**.

2.5.2 椭圆轨道

按照有心力场的动力学理论,电子轨道由系统的能量和初始条件决定.能量的表达式为

$$E = \frac{1}{2}m_\mathrm{e}v^2 - \frac{Ze^2}{4\pi\varepsilon_0 r} = \frac{1}{2}m_\mathrm{e}(\dot{r}^2 + r^2\dot{\phi}^2) - \frac{Ze^2}{4\pi\varepsilon_0 r} \tag{2.36}$$

广义动量 $p_\phi = m_\mathrm{e}r^2\dot{\phi}$ 就是系统的角动量,在有心力场中,角动量是守恒的.于是由量子化通则式(2.35)中的 $\oint m_\mathrm{e}r^2\dot{\phi}\mathrm{d}\phi = n_\phi h$,可直接得到 $m_\mathrm{e}r^2\dot{\phi} = \dfrac{n_\phi h}{2\pi}$,即

$$m_\mathrm{e}r^2\dot{\phi} = n_\phi \hbar \tag{2.37}$$

则式(2.36)可写做

$$E = \frac{m_\mathrm{e}\dot{r}^2}{2} + \frac{m_\mathrm{e}^2 r^4\dot{\phi}^2}{2m_\mathrm{e}r^2} - \frac{Ze^2}{4\pi\varepsilon_0 r} = \frac{m_\mathrm{e}\dot{r}^2}{2} + \frac{(n_\phi \hbar)^2}{2m_\mathrm{e}r^2} - \frac{k}{r} \tag{2.38}$$

其中

$$k = \frac{Ze^2}{4\pi\varepsilon_0}$$

可解得

$$\frac{\mathrm{d}r}{\mathrm{d}t} = \pm\sqrt{\frac{2}{m_\mathrm{e}}\left(E + \frac{k}{r}\right) - \frac{(n_\phi \hbar)^2}{m_\mathrm{e}^2 r^2}} \tag{2.39}$$

式中的正负号仅是表示径向运动的方向,对于周期性的椭圆运动而言,不影响系统的状态,因而可以取正号,即

$$\mathrm{d}t = \frac{\mathrm{d}r}{\sqrt{\dfrac{2}{m_\mathrm{e}}\left(E + \dfrac{k}{r}\right) - \dfrac{(n_\phi \hbar)^2}{m_\mathrm{e}^2 r^2}}}$$

而

$$\dot{\phi}=\frac{\mathrm{d}\phi}{\mathrm{d}t}=\frac{\mathrm{d}\phi}{\mathrm{d}r}\frac{\mathrm{d}r}{\mathrm{d}t}=\frac{\mathrm{d}\phi}{\mathrm{d}r}\sqrt{\frac{2}{m_e}\left(E+\frac{k}{r}\right)-\frac{(n_\phi\hbar)^2}{m_e^2r^2}}=\frac{n_\phi\hbar}{m_er^2}$$

所以

$$\mathrm{d}\phi=\frac{\dfrac{n_\phi\hbar}{r^2}\mathrm{d}r}{\sqrt{2m_e\left(E+\dfrac{k}{r}\right)-\dfrac{(n_\phi\hbar)^2}{r^2}}}\tag{2.40}$$

将上述积分化为标准的形式,即

$$\begin{aligned}2m_e\left(E+\frac{Ze^2}{4\pi\varepsilon_0 r}\right)-\frac{(n_\phi\hbar)^2}{r^2}&=2m_eE+\left(\frac{m_ek}{n_\phi\hbar}\right)^2-\left(\frac{m_ek}{n_\phi\hbar}\right)^2+\frac{2m_ek}{r}-\frac{(n_\phi\hbar)^2}{r^2}\\&=\left[2m_eE+\left(\frac{m_ek}{n_\phi\hbar}\right)^2\right]-\left(\frac{m_ek}{n_\phi\hbar}-\frac{n_\phi\hbar}{r}\right)^2\end{aligned}$$

和

$$\frac{n_\phi\hbar}{r^2}\mathrm{d}r=\mathrm{d}\left(\frac{m_ek}{n_\phi\hbar}-\frac{n_\phi\hbar}{r}\right)$$

则式(2.40)写做

$$\mathrm{d}\phi=\frac{\mathrm{d}\left(\dfrac{m_ek}{n_\phi\hbar}-\dfrac{n_\phi\hbar}{r}\right)}{\sqrt{\left[2m_eE+\left(\dfrac{m_ek}{n_\phi\hbar}\right)^2\right]-\left(\dfrac{m_ek}{n_\phi\hbar}-\dfrac{n_\phi\hbar}{r}\right)^2}}\tag{2.41}$$

其解为

$$\phi=-\arccos\frac{\dfrac{m_ek}{n_\phi\hbar}-\dfrac{n_\phi\hbar}{r}}{\sqrt{2m_eE+\left(\dfrac{m_ek}{n_\phi\hbar}\right)^2}}+C\tag{2.42}$$

可以选取初始条件使 $C=0$,则有

$$\frac{n_\phi\hbar}{r}=\frac{m_ek}{n_\phi\hbar}-\sqrt{2m_eE+\left(\frac{m_ek}{n_\phi\hbar}\right)^2}\cos\phi\tag{2.43}$$

可以得到

$$r=\frac{\dfrac{(n_\phi\hbar)^2}{m_ek}}{1-\sqrt{2m_eE\left(\dfrac{n_\phi\hbar}{m_ek}\right)^2+1}\cos\phi}\tag{2.44}$$

这就是一个标准形式的椭圆方程，即可以写做

$$r=\frac{p}{1-\varepsilon\cos\phi}\tag{2.45}$$

其中

$$p=\frac{(n_\phi\hbar)^2}{m_ek}\tag{2.46}$$

椭圆的偏心率为

$$\varepsilon=\sqrt{\frac{2E}{m_e}\left(\frac{n_\phi\hbar}{k}\right)^2+1}\tag{2.47}$$

记椭圆的半长轴、半短轴、焦距分别为 a，b，c，则有以下关系：

$$\frac{c}{a}=\varepsilon,\quad \frac{a}{b}=\frac{1}{\sqrt{1-\varepsilon^2}},\quad b=\sqrt{a^2-c^2},\quad a=\frac{b^2}{p}$$

下面求解量子化通则的第一式 $\oint p_r\mathrm{d}r=n_rh$.

径向动量

$$p_r=m_e\dot{r}=\frac{\mathrm{d}r}{\mathrm{d}\phi}\frac{m_er^2\dot{\phi}}{r^2}=\frac{-p\varepsilon\sin\phi}{(1-\varepsilon\cos\phi)^2}\frac{n_\phi\hbar}{r^2}$$

即

$$\mathrm{d}r=\frac{-p\varepsilon\sin\phi}{(1-\varepsilon\cos\phi)^2}\mathrm{d}\phi$$

所以积分式

$$\begin{aligned}\oint p_r\mathrm{d}r&=\oint\frac{-p\varepsilon\sin\phi}{(1-\varepsilon\cos\phi)^2}\frac{n_\phi\hbar}{r^2}\frac{-p\varepsilon\sin\phi}{(1-\varepsilon\cos\phi)^2}\mathrm{d}\phi=n_\phi\hbar\varepsilon^2\oint\frac{\sin^2\phi}{(1-\varepsilon\cos\phi)^2}\mathrm{d}\phi\\&=n_\phi\hbar\varepsilon\oint-\sin\phi\mathrm{d}\frac{1}{1-\varepsilon\cos\phi}=n_\phi\hbar\varepsilon\left(\frac{-\sin\phi}{1-\varepsilon\cos\phi}\bigg|_0^{2\pi}+\oint\frac{\cos\phi}{1-\varepsilon\cos\phi}\mathrm{d}\phi\right)\end{aligned}$$

$$= - n_\phi \hbar \oint \left(1 - \frac{1}{1 - \varepsilon\cos\phi}\right) \mathrm{d}\phi = - n_\phi \hbar \left(2\pi - \frac{2\pi}{\sqrt{1 - \varepsilon^2}}\right) = n_r h$$

从而得到

$$\frac{n_r}{n_\phi} + 1 = \frac{1}{\sqrt{1 - \varepsilon^2}}$$

即

$$\frac{n_r + n_\phi}{n_\phi} = \frac{1}{\sqrt{1 - \varepsilon^2}} = \frac{a}{b}$$

记 $n = n_r + n_\phi$，称做**主量子数**，其中，$n = 1, 2, 3, \cdots$，于是椭圆的长短轴之比为

$$\frac{a}{b} = \frac{n}{n_\phi} \tag{2.48}$$

又由椭圆的基本关系

$$a = \frac{b^2}{p} = \frac{m_\mathrm{e} k b^2}{(n_\phi \hbar)^2}$$

结合式(2.48)，得到

$$b = \frac{(n_\phi \hbar)^2}{m_\mathrm{e} k} \frac{n}{n_\phi} = n n_\phi \frac{4\pi\varepsilon_0 \hbar^2}{m_\mathrm{e} Z e^2} \tag{2.49}$$

$$a = \frac{(n_\phi \hbar)^2}{m_\mathrm{e} k} \left(\frac{n}{n_\phi}\right)^2 = n^2 \frac{4\pi\varepsilon_0 \hbar^2}{m_\mathrm{e} Z e^2} \tag{2.50}$$

2.5.3 系统的能量

由式(2.47)和(2.48)以及椭圆的基本关系 $\frac{a}{b} = \frac{1}{\sqrt{1 - \varepsilon^2}}$，可以得到

$$\frac{1}{\sqrt{1 - \varepsilon^2}} = \frac{1}{\sqrt{-\frac{2E}{m_\mathrm{e}}\left(\frac{n_\phi \hbar}{k}\right)^2}} = \frac{k}{n_\phi \hbar \sqrt{-\frac{2E}{m_\mathrm{e}}}} = \frac{n}{n_\phi} \tag{2.51}$$

即可得到

$$E_n = -\frac{m_\mathrm{e} k^2}{2 n^2 \hbar^2} = -\frac{m_\mathrm{e} Z^2 e^4}{2(4\pi\varepsilon_0)^2 \hbar^2 n^2} \tag{2.52}$$

与玻尔圆轨道条件下的量子化能量表达式(2.20)相同.

式(2.49)～式(2.51)就是用索末菲的量子化通则对玻尔理论进行推广的结果,可以看出,需要用两个独立的量子数 n_r、n_ϕ(或者 n、n_ϕ)来描述系统的状态.在上述两个量子数确定的情况下,系统的运动状态和能量状态可以完全确定.电子可以在一系列定态的圆轨道和椭圆轨道上运动.系统的能量由主量子数 n 完全确定.或者可以这样说,当系统的定态(量子化能量)E_n 一定时,其主量子数 n 就是确定的.这时,另一个量子数仍可以有一系列不同的取值,即 $n_\phi = 1, 2, 3, \cdots, n$.

同一个主量子数 n 具有相同的能量,而对于同一个 n,共有 n 种角量子数和径量子数的组合,即有 n 种运动状态,这种情况被称做能量**简并**.简并是指一个体系中,在相同的能量下,具有不同的运动状态.**简并度**就是同一能量状态下不同运动状态的数目.

对于量子化能量(能级)为 E_n 的原子,其电子运动的简并度为 n.

由式(2.51),电子椭圆轨道的偏心率可以用量子数表示为

$$\varepsilon = \sqrt{1 - \frac{n_\phi^2}{n^2}} \tag{2.53}$$

可见,当主量子数为 n 时,在 n_ϕ 所有的 n 个取值中,n_ϕ 越小,椭圆的偏心率越大,当 $n_\phi = n$,即 $n_r = 0$ 时为圆轨道,其余均为椭圆轨道,如图 2.26.

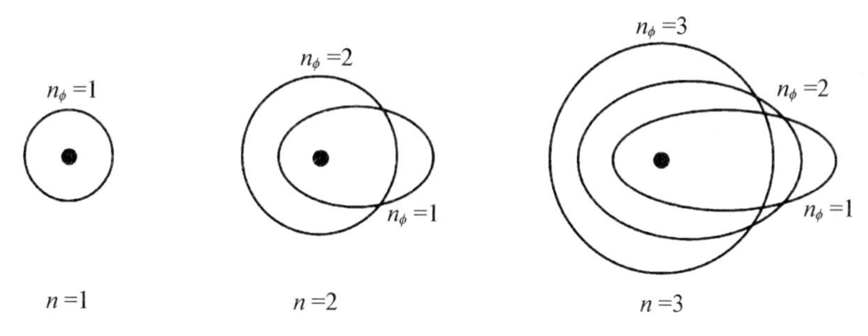

图 2.26 不同量子数时椭圆轨道的偏心率

2.5.4 玻尔理论的相对论修正

1. 相对论效应

根据玻尔的量子化条件

$$P_\phi = m_e r v = n\hbar$$

以及

$$r_n = \frac{4\pi\varepsilon_0 h^2}{4\pi^2 m_e e^2}\frac{n^2}{Z} = a_1\frac{n^2}{Z}$$

可得电子的轨道运动速度为

$$v = \frac{2\pi Z e^2}{4\pi\varepsilon_0 hn} \tag{2.54}$$

计算可得

$$\frac{v}{c} = \frac{2\pi e^2}{4\pi\varepsilon_0 hc}\frac{Z}{n} = \frac{1.44}{197}\frac{Z}{n} = \alpha\frac{Z}{n}$$

并不是一个很小的数值，所以在这种情况下，应当考虑**相对论效应**.

根据爱因斯坦的狭义相对论，质量和动能的表达式为

$$m = m_0\frac{1}{\sqrt{1-\frac{v^2}{c^2}}} \tag{2.55}$$

$$T = m_0 c^2\left[\frac{1}{\sqrt{1-\frac{v^2}{c^2}}} - 1\right] \tag{2.56}$$

其中 m_0 为非相对论质量，即静止质量，记

$$\beta = \frac{v}{c} \tag{2.57}$$

质量和动能也可表示为

$$m = \frac{m_0}{\sqrt{1-\beta^2}} \tag{2.58}$$

$$T = \frac{m_0 c^2}{\frac{1}{\sqrt{1-\beta^2}} - 1} = (m - m_0)c^2 \tag{2.59}$$

2. 圆轨道下的相对论修正

记

$$\beta = \frac{v}{c} = \frac{2\pi e^2}{4\pi\varepsilon_0 hc}\frac{Z}{n} = \alpha\frac{Z}{n} \tag{2.60}$$

其中

$$\alpha = \frac{2\pi e^2}{4\pi\varepsilon_0 hc} = \frac{e^2}{4\pi\varepsilon_0}\frac{1}{\hbar c} = \frac{1}{137.036} \tag{2.61}$$

被称做**精细结构常数**,这是一个无量纲的数,在这里,当 $Z=1$, $n=1$ 时, $\alpha=\beta$, α 就是当氢原子基态时,即电子在第一玻尔轨道上时,电子的速度与光速之比.除此之外,精细结构常数还有其他重要的物理含义,我们将在后面逐一说明.

引入精细常数之后,原子的玻尔能级可写做

$$E_n = -\frac{m_0 e^4 Z^2}{2(4\pi\varepsilon_0)^2\hbar^2 n^2} = -\frac{m_0 c^2}{2}\left(\frac{\alpha Z}{n}\right)^2$$

原子的势能可写做

$$\begin{aligned} V(r) &= -\frac{Ze^2}{4\pi\varepsilon_0 r_n} = -\frac{Z^2 e^4 m_0}{(4\pi\varepsilon_0)^2 n^2\hbar^2} \\ &= -m_0 c^2\left(\frac{e^2}{4\pi\varepsilon_0}\frac{1}{\hbar c}\right)^2\frac{Z^2}{n^2} = -m_0 c^2\left(\frac{Z\alpha}{n}\right)^2 \end{aligned} \tag{2.62}$$

考虑相对论效应,则电子的质量必须写成式(2.58)的形式,原子的能量为动能与势能之和,即

$$\begin{aligned} E &= T + V = (m-m_0)c^2 - mc^2\left(\frac{Z\alpha}{n}\right)^2 = -m_0c^2 + mc^2\left[1-\left(\frac{Z\alpha}{n}\right)^2\right] \\ &= -m_0c^2 + \frac{m_0c^2}{\sqrt{1-\beta^2}}(1-\beta^2) = m_0c^2(\sqrt{1-\beta^2}-1) \end{aligned}$$

作泰勒展开,可得到

$$\begin{aligned} E &= m_0c^2\left(-\frac{1}{2}\beta^2+\frac{1}{8}\beta^4-\cdots\right) \\ &\approx -\frac{m_0c^2}{2}\left(\frac{Z\alpha}{n}\right)^2\left[1+\frac{1}{4}\left(\frac{Z\alpha}{n}\right)^2\right] \end{aligned} \tag{2.63}$$

由式(2.63)可以看出,考虑了相对论效应之后,系统的能量有所不同,其中第一项就是玻尔能量,而第二项则是相对论效应引起的能量修正.与玻尔能量相比,这一修正量的数量级是 α^2,这就是精细结构常数的另一层含义.相对论效应导致每一能级下移.

3. 在椭圆轨道下的相对论修正

索末菲经过计算,得到在椭圆轨道的情况下,原子的能量为

$$E = -\mu c^2 + \mu c^2\left\{1 + \frac{Z^2\alpha^2}{[n_r + (n_\phi^2 - Z^2\alpha^2)^{1/2}]^2}\right\}^{-1/2} \tag{2.64}$$

式中 $\mu = Mm_0/(M + m_0)$，将式(2.64)展开成级数，并使 $\mu = m_0$，得到光谱项

$$T(n, n_\phi) = -\frac{E}{hc} = -\frac{RZ^2}{n^2} + \frac{RZ^4\alpha^2}{n^4}\left(\frac{n}{n_\phi} - \frac{3}{4}\right) + \cdots \tag{2.65}$$

第一项就是玻尔圆轨道理论的结果，第二项为相对论效应引起的能量修正值.但是，与式(2.63)不同的是，当 n_ϕ 不同时，能量 E 不同，说明这时由于考虑了相对论效应，能量简并已解除，原来 n 相同的一个能级，实际上包含多个能级，这些能级具有相同的 n，但是 n_ϕ 不同，因而能级发生分裂.

能级分裂的结果，导致原来的一条谱线分裂为 n_ϕ 条.如图 2.27，原来的 H_α 线，是氢原子从 $n=3$ 能级向 $n=2$ 能级跃迁发出的，简并解除后，$n=3$ 包含三个不同的能级($n_\phi=3, n_\phi=2, n_\phi=1$)，$n=2$ 包含有两个不同的能级（$n_\phi=2, n_\phi=1$)，则跃迁可发出三条波长接近的光谱线.

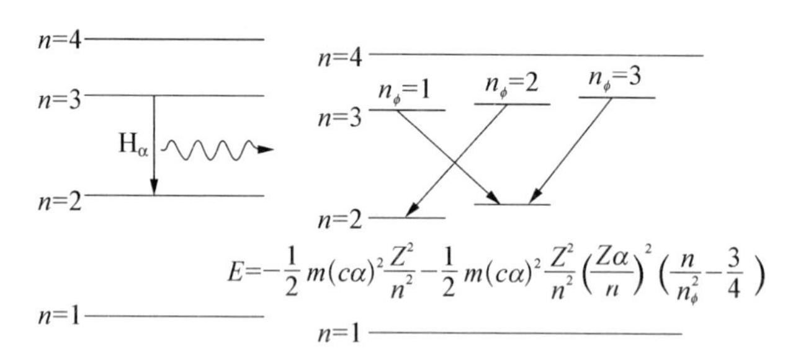

图 2.27　椭圆轨道相对论效应所引起的能级分裂

索末菲理论计算的结果与当时的实验研究结果一致.

但后来严格的量子力学结果证明，索末菲的结论与实验结果相一致只是一种巧合.但是，索末菲首先引入了精细结构常数，这是了不起的发现.

2.6　施特恩-格拉赫实验与空间量子化

2.6.1　电子轨道运动的磁矩

按照电磁学的原理，一个通电的闭合线圈会在其轴向产生磁场，有了磁场，这

个线圈就具有**磁矩**，磁矩的大小为 iA，其中 i 为电流强度，A 为通电线圈所包围的面积，磁矩的方向就是磁场的方向，可以按照安培定律判断，即用右手定则判断，如图 2.28 所示.

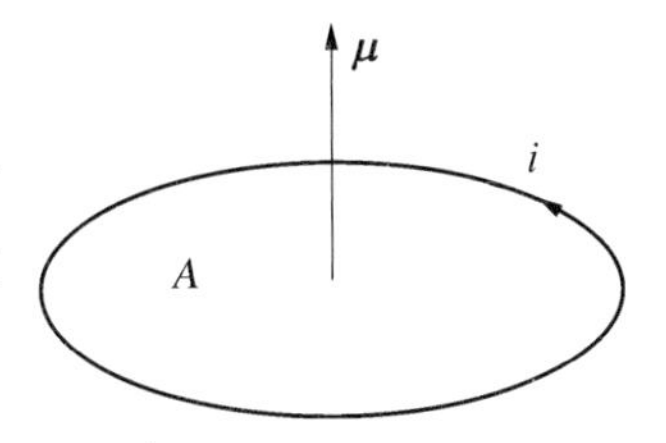

图 2.28　通电闭合线圈的磁矩

电子作轨道运动时，由于角速度很高，也相当于产生了一个闭合电流，按照电流强度的定义，其大小为

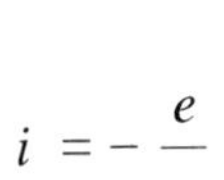

$$i = -\frac{e}{\tau}$$

其中 τ 为电子轨道运动的周期.

闭合电流使原子具有磁矩，可表示为

$$\boldsymbol{\mu} = iA\boldsymbol{n}$$

其中 $\boldsymbol{n}$ 为闭合电流环所围成面积的正方向的单位矢量. 注意到电子作轨道运动的角动量是守恒的，因而可以参照图 2.29 算得

$$A = \oint \frac{1}{2} r \cdot r\mathrm{d}\theta = \frac{1}{2}\int_0^{\tau} r^2 \omega \mathrm{d}t = \frac{1}{2m_{\mathrm{e}}}\int_0^{\tau} m_{\mathrm{e}} r^2 \omega \mathrm{d}t = \frac{p_{\phi}\tau}{2m_{\mathrm{e}}}$$

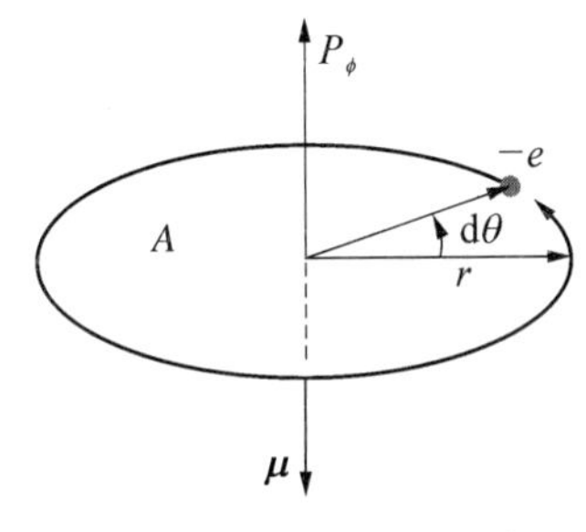

图 2.29　电子轨道运动产生的磁矩

于是

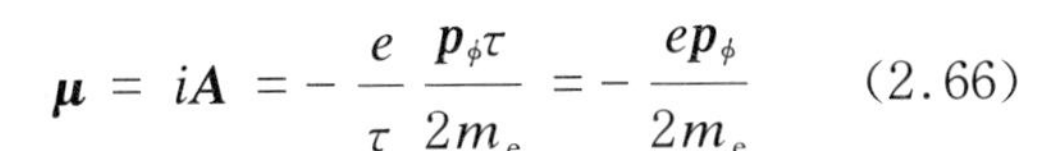

$$\boldsymbol{\mu} = i\boldsymbol{A} = -\frac{e}{\tau}\frac{\boldsymbol{p}_{\phi}\tau}{2m_{\mathrm{e}}} = -\frac{e\boldsymbol{p}_{\phi}}{2m_{\mathrm{e}}} \tag{2.66}$$

将角动量的数值代入，则

$$\mu = \frac{n_{\phi} e\hbar}{2m_{\mathrm{e}}} = n_{\phi}\mu_{\mathrm{B}} \tag{2.67}$$

其中，$\mu_{\mathrm{B}} = e\hbar/2m_{\mathrm{e}} = 0.92732 \times 10^{-23}\ \mathrm{A \cdot m^2}$ 或者 $\mathrm{J \cdot T^{-1}}$. μ_{B} 称做**玻尔磁子**，是电子轨道磁矩的最小单元.

2.6.2 外磁场对原子的作用

有磁矩的原子在外磁场中，受到力和力矩的作用

$$\boldsymbol{F} = \nabla(\boldsymbol{\mu} \cdot \boldsymbol{B}) \tag{2.68}$$

$$\boldsymbol{\Gamma} = \boldsymbol{\mu} \times \boldsymbol{B} \tag{2.69}$$

取定空间直角坐标系之后，式(2.68)中磁矩与外磁场的点乘可表示为

$$\boldsymbol{\mu} \cdot \boldsymbol{B} = \mu_x B_x + \mu_y B_y + \mu_z B_z$$

而磁矩的各个分量并不随坐标变化,所以

$$\nabla(\mu_x B_x + \mu_y B_y + \mu_z B_z) = \left(\mu_x \frac{\partial B_x}{\partial x} + \mu_y \frac{\partial B_y}{\partial x} + \mu_z \frac{\partial B_z}{\partial x}\right)_x + \left(\mu_x \frac{\partial B_x}{\partial y} + \mu_y \frac{\partial B_y}{\partial y} + \mu_z \frac{\partial B_z}{\partial y}\right)_y + \left(\mu_x \frac{\partial B_x}{\partial z} + \mu_y \frac{\partial B_y}{\partial z} + \mu_z \frac{\partial B_z}{\partial z}\right)_z$$

在均匀的外磁场中,由于

$$\frac{\partial B_x}{\partial x} = \frac{\partial B_x}{\partial y} = \frac{\partial B_x}{\partial z} = \frac{\partial B_y}{\partial x} = \frac{\partial B_y}{\partial y} = \frac{\partial B_y}{\partial z} = \frac{\partial B_z}{\partial x} = \frac{\partial B_z}{\partial y} = \frac{\partial B_z}{\partial z} = 0$$

所以

$$\boldsymbol{F} = \nabla(\boldsymbol{\mu} \cdot \boldsymbol{B}) = 0$$

即在均匀外磁场中,磁矩所受的外力等于零.

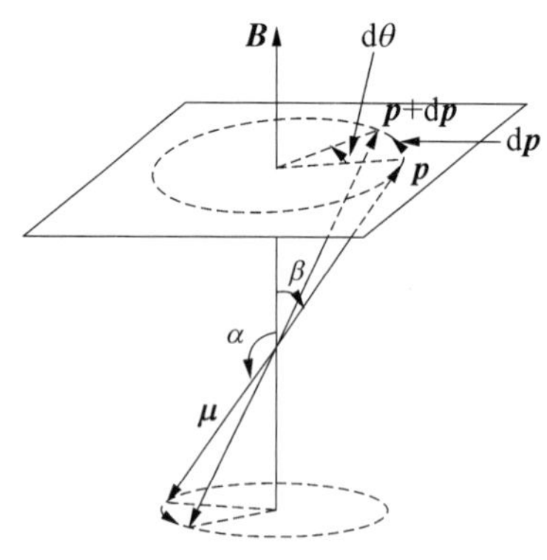

图 2.30　外磁场中电子磁矩和角动量的拉莫尔进动

在均匀外磁场中,磁矩所受的外力等于零,但是,力矩却不等于零.由式(2.69)可知,力矩垂直于磁矩,所以磁矩的大小并不改变,仅仅使得磁矩 $\boldsymbol{\mu}$ 绕着外磁场 $\boldsymbol{B}$ 旋进,如图2.30所示.因而引起电子的角动量的方向改变,也绕着外磁场 $\boldsymbol{B}$ 旋进,也就是电子的轨道平面的法线绕着外磁场 $\boldsymbol{B}$ 旋进,这种运动称做**拉莫尔进动**(Larmor precession).由图 2.30 可见,

$$\mathrm{d}P_\phi = P_\phi \sin\beta \mathrm{d}\theta$$

$$\frac{\mathrm{d}P_\phi}{\mathrm{d}t} = P_\phi \sin\beta \frac{\mathrm{d}\theta}{\mathrm{d}t} = P_\phi \sin\beta\omega \tag{2.70}$$

ω 是电子轨道角动量绕着外磁场 $\boldsymbol{B}$ 进动的角速度,可以用矢量式表示

$$\frac{\mathrm{d}\boldsymbol{P}_\phi}{\mathrm{d}t} = \boldsymbol{\omega} \times \boldsymbol{P}_\phi \tag{2.71}$$

如果外磁场不是均匀的,而是有梯度分布,则磁矩将受到力的作用.例如,如果外磁场在 z 方向上有梯度,即 $\partial B_x/\partial x = \partial B_y/\partial y = 0$,而 $\partial B_z/\partial z \neq 0$, 则磁矩将受到 z 方向的作用力

$$F = \mu_z \frac{\partial B_z}{\partial z} \tag{2.72}$$

2.6.3 施特恩-格拉赫实验

1922 年，两位德国物理学家施特恩(Otto Stern，1888～1969)和格拉赫(Walter Gerlach，1889～1979)采用如图 2.31 所示的实验装置，首次观察到了原子在外磁场中的空间取向是量子化的①.

银在加热炉中变成蒸气，银原子从炉中逸出后，经过狭缝，变成很细的一束，这一束银原子通过一个不均匀的磁场后，碰上照相底版，在上面积淀起来.实验的结果显示，在照相底版上银原子积淀成上下两条，如图 2.32，说明经过磁场，银原子分成了两束.

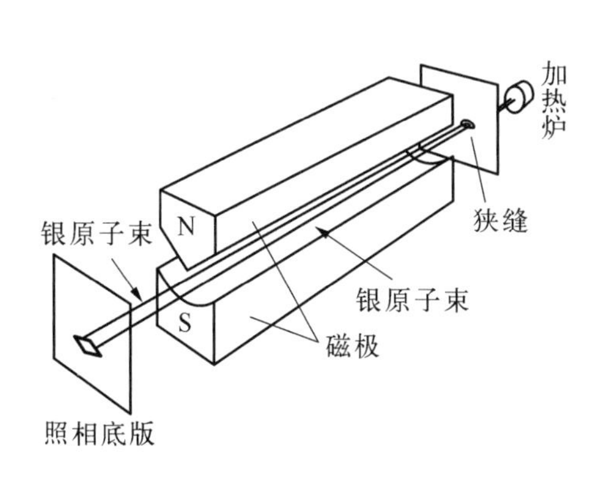

图 2.31 施特恩-格拉赫实验装置

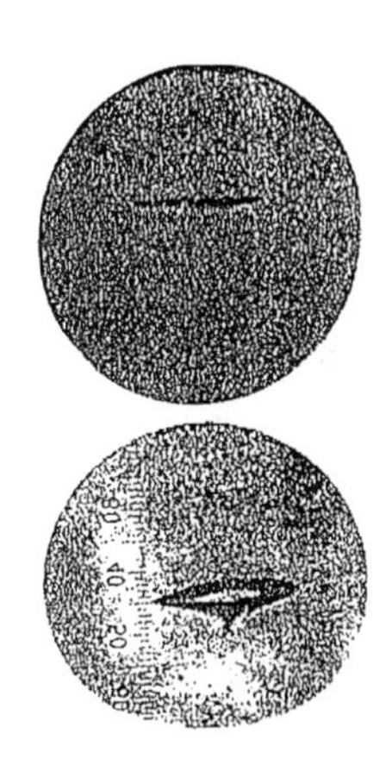

图 2.32 银原子在照相底版上积淀成两条

施特恩、格拉赫所制作的磁极如图 2.33 所示，在这种形状的磁极之间，可以产生特殊的磁场，在 xy 方向是均匀的，而在 z 方向则有梯度分布.由此，有磁矩的银原子经过这样的磁场时，将受到 z 方向的作用力(图 2.34)

$$F = \mu_z \frac{\mathrm{d}B_z}{\mathrm{d}z} = \mu \frac{\mathrm{d}B_z}{\mathrm{d}z}\cos\beta$$

如图 2.35，银原子经过非均匀磁场后，在 z 方向偏离原来入射路径的距离为

$$S = \frac{1}{2}at^2 = \frac{1}{2}\frac{F}{m}\left(\frac{L}{v}\right)^2 = \frac{1}{2m}\frac{\mathrm{d}B_z}{\mathrm{d}z}\left(\frac{L}{v}\right)^2 \mu\cos\beta \tag{2.73}$$

其中，L 为磁场区域的长度，v 为银原子水平方向的速度，β 为银原子磁矩方向与

① Walther Gerlach，Otto Stern. Das magnetische Moment des Silberatoms[J]. Zeitschrift für Physik，1992，V9，N1：353～355.

磁场梯度之间的夹角.

如果每一个银原子的磁矩在空间的取向是随机的,则在磁场中各个银原子所受的 z 方向的作用力的大小也是随机的,那么经过磁场后,银原子应当在 z 方向均匀分散,照相底版上银原子应当形成一个连续分布的黑斑.

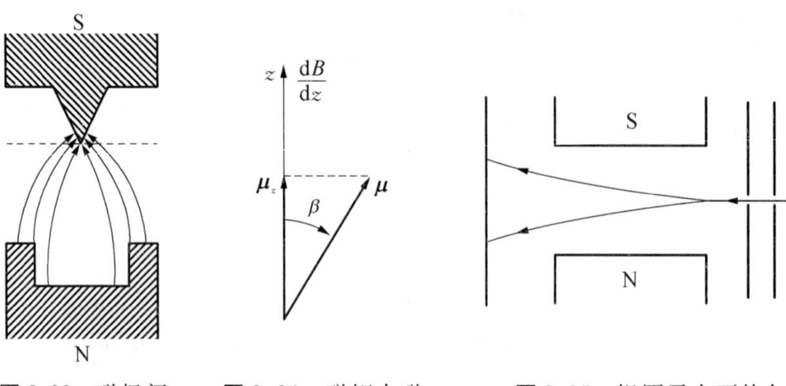

图 2.33 磁极间的磁力线

图 2.34 磁矩在磁场中所受的力

图 2.35 银原子在不均匀磁场中分为两束

而实际上,银原子分成了两束,说明其磁矩在磁场中只有两个空间取向.可以合理地认为只有 $\beta=0$ 和 $\beta=\pi$ 两个量子化的方向.

则说明电子轨道平面的取向是量子化的,或者,轨道角动量的取向是量子化的.这种现象,也称做**空间量子化**.

在 1922 年的第一次实验中,经过准直的银原子束径是 0.03 mm,磁场横向长度为 3.5 cm,强度 0.1 T,梯度为 10 T · $\mathrm{cm^{-1}}$.测得原子束分开的距离为 0.2 mm,记录装置为金属法兰盘,原子炉和法兰盘在真空室中.施特恩曾这样回忆当时的情景:

释放真空后,格拉赫卸下了记录的法兰盘,但却没有在上面看到银原子的痕迹.他将法兰递给我,越过我的肩膀与我一起凝视着盘子.令我们惊奇的是,原子束的痕迹渐渐显露出来了……后来我明白了,当时我只是个助理教授,买不起高档雪茄,只能抽劣质的.这些劣质雪茄含硫较高,我吐出的烟雾使银原子变成了硫化银,呈现出黑玉色,清晰可见,这就像是冲洗感光照片一样.

后来他们改用感光底版.为了验证这一说法,美国哈佛大学的两位教授重演了当年的场景.①

由于施特恩-格拉赫实验的这一杰出贡献,德国法兰克福大学理论物理研究所专门刻了一块铭牌来纪念他,如图 2.36.同时,施特恩也由于“对发展分子射线方法的贡献,以及发现质子的磁矩”而获得 1943 年诺贝尔物理学奖.

---

① Friedrich B, Herschbach D. Physics Today, 2003, 56(12):53.

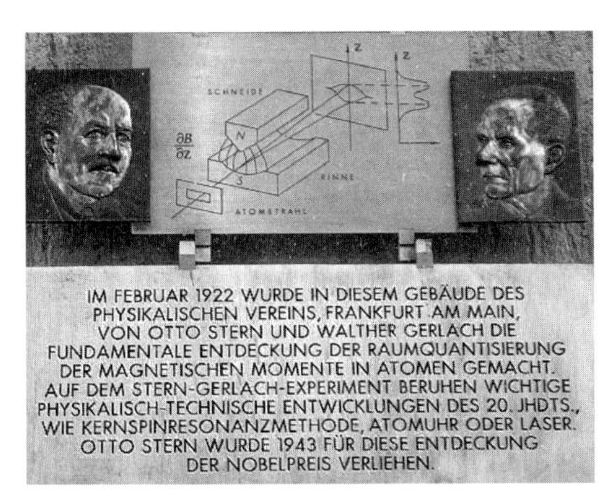

图 2.36 德国法兰克福大学理论物理研究所墙上的铭牌，以纪念施特恩-格拉赫实验

2.6.4 轨道取向的量子化

在三维坐标系中，例如球坐标系中描述核外电子的运动，广义坐标为 r，θ 和 ψ（图 2.37），因此，量子化条件应该为

$$\begin{cases}\oint p_r \mathrm{d} r = n_r h \\ \oint p_\psi \mathrm{d}\psi = n_\psi h \\ \oint p_\theta \mathrm{d}\theta = n_\theta h\end{cases} \tag{2.74}$$

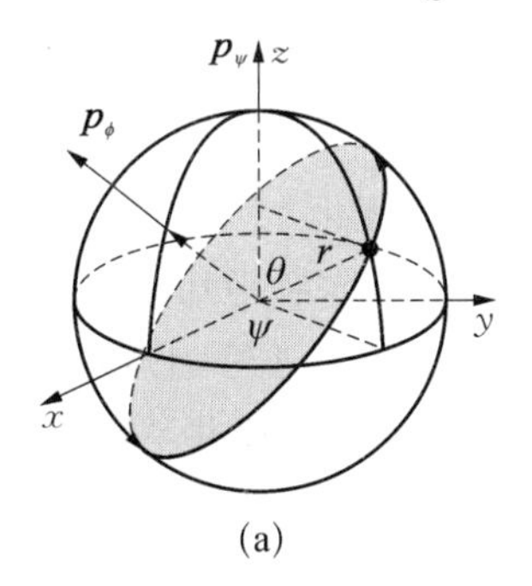

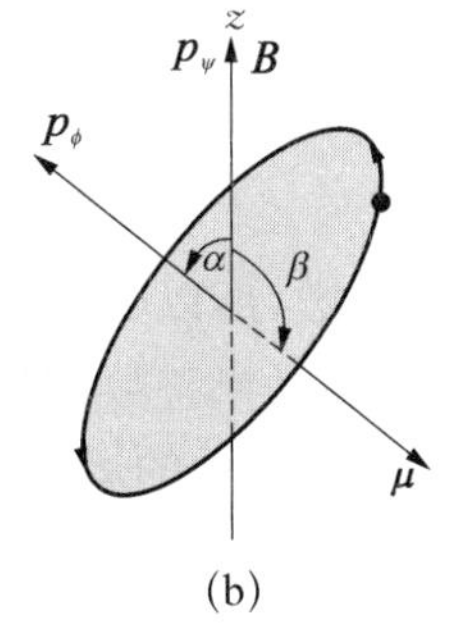

图 2.37 三维空间中的广义动量

$\boldsymbol{p}_\psi$ 是电子的轨道角动量 $\boldsymbol{p}_\phi$ 在 z 方向的投影，由于 $\boldsymbol{p}_\phi$ 是守恒量，因而 $\boldsymbol{p}_\psi$ 也是守恒量. 即

$$\oint p_\psi \mathrm{d}\psi = p_\psi \cdot 2\pi = n_\psi h$$

从而得到

$$p_\psi = \frac{n_\psi h}{2\pi} = n_\psi \hbar$$

而由于

$$p_\phi = n_\phi \hbar$$

于是

$$p_\psi = p_\phi \cos\alpha$$

所以

$$n_\psi = n_\phi \cos\alpha \tag{2.75}$$

由于 n_ψ、n_ϕ 都是整数，所以 n_ψ 的取值只能是

$$n_\psi = -n_\phi,\ -n_\phi+1,\ -n_\phi+2,\ \cdots,\ 0,\ 1,\ \cdots,\ n_\phi-1,\ n_\phi$$

即 n_ψ 共有 $2n_\phi+1$ 个取值，也就是 α 角共有 $2n_\phi+1$ 个量子化的取值，即

$$\cos\alpha = \frac{n_\psi}{n_\phi} = -1,\ -\frac{n_\phi-1}{n_\phi},\ \cdots,\ -\frac{1}{n_\phi},\ 0,\ \frac{1}{n_\phi},\ \cdots,\ \frac{n_\phi-1}{n_\phi},\ 1$$

如图 2.38 所示.

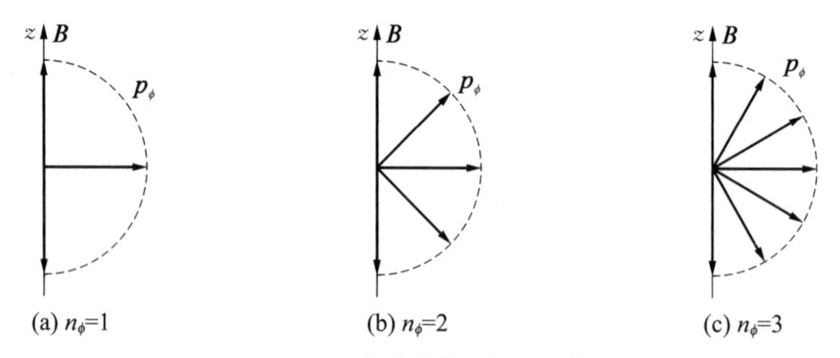

图 2.38　角动量的空间量子化

由于 n_ϕ 是整数，所以 $2n_\phi+1$ 应当为奇数，但在实验中却观察到 α 只有两个取值，看起来 n_ϕ 应当是半整数，即 $n_\phi=1/2$，因而 $n_\psi=-1/2,\ 1/2$. 这说明除了轨道运动之外，电子还有其他的运动，即上述理论对原子的描述并不完整.

习　题

2.1　试计算氢原子的第一玻尔轨道上电子绕核转动的频率、线速度和加速度.

2.2　试由氢原子的里德伯常数计算基态氢原子的电离电势和第一激发电势.

2.3　用能量为 12.5 eV 的加速电子去激发氢原子，受到激发的氢原子向低能级跃迁时，会发出哪些波长的光谱线？（忽略原子的反冲）

2.4　试估算一次电离的氦离子、二次电离的锂离子的第一轨道半径、电离电势、第一激发电势和莱曼系第一条谱线的波长分别与氢原子的相应物理量的比值.

2.5　试问二次电离的锂离子从其第一激发态向基态跃迁时发出的光子是否有可能使处于基态的一次电离的氦离子的电子被电离？

2.6　氢与其同位素氘混在同一个放电管中，摄下这两种原子发光的光谱线，其中巴尔末线系第一条光谱线之间的波长差有多大？已知氢的里德伯常数为 $1.096\ 775\ 8\times10^{7}\ \mathrm{m}^{-1}$，氘的里德伯常数为 $1.097\ 074\ 2\times10^{7}\ \mathrm{m}^{-1}$.

2.7　已知一对正负电子绕其共同的质心转动可以暂时形成类似于氢原子结构的“电子偶素”. 试计算电子偶素由第一激发态向基态跃迁时发射的光谱线的波长.

2.8　氢原子中的电子从 $n+1$ 轨道跃迁到 n 轨道，发射光子的波数记为 $\tilde{\nu}_n$，试证明当 $n\gg1$ 时，光子的频率即为电子绕第 n 个玻尔轨道转动的频率.

2.9　锂原子光谱的主线系可以表示为 $\tilde{\nu}=\dfrac{R}{(1+0.595\ 1)^2}-\dfrac{R}{(n-0.040\ 1)^2}$. 已知将锂原子电离成三价锂离子需要 203.44 eV 的能量，问将一价锂离子电离为二价锂离子需要多少能量？

2.10　具有磁矩的原子，在横向均匀的磁场和横向非均匀的磁场中运动有什么不同？

2.11　在施特恩-格拉赫实验中，处于基态的一窄束银原子通过不均匀横向磁场，已知磁场的梯度为 $10^3\ \mathrm{T\cdot m^{-1}}$，磁场的纵向分布区域宽度为 0.04 m，从磁场边缘到屏的距离为 0.10 m，银原子的速度为 $5\times10^2\ \mathrm{m\cdot s^{-1}}$，在屏上两束原子分开的距离为 0.002 m，试计算原子磁矩在磁场方向的投影的大小.

2.12　已知氢原子的巴尔末线系以及氦离子的皮克林线系的线系限分别为 $2\ 741\ 940\ \mathrm{m}^{-1}$ 和 $2\ 743\ 059\ \mathrm{m}^{-1}$，求质子与电子的质量之比.

2.13　当氢原子跃迁到激发能为 10.19 eV 的状态时，发出一个波长为 485 nm 的光子，计算初态的结合能.

2.14　某种类氢离子的光谱中，已知同属于一个线系的三条谱线波长分别为 99.2 nm、108.5 nm和 121.5 nm，试问还可能有哪些光谱线？

2.15　若氢原子被激发到 $n=10$ 的能级，问当氢原子向低能态跃迁的过程中，有可能发出多少条谱线？

2.16 在气体放电管中，电子的加速电压为 10.2 eV，这样的电子轰击氢原子，可以发出波长为多少的谱线？

2.17 若有一个质量为 207 m_e，电荷为 $-e$ 的 μ^- 介子和 $Z=1$ 的原子核组成一个原子，试计算：

(1) 基态时介子与核之间的距离；

(2) 当原子核分别为质子和氘核时，原子的基态能量.

2.18 从含有氢和氦的放电管所得到的光谱中，发现有一条谱线与氢的 H_α 线(656.279 nm)的波长差为 0.267 4 nm，并认为这是一次电离的氦离子的跃迁.

(1) 求出与氦的这一跃迁对应的能级和量子数；

(2) 计算 He^+ 的里德伯常数，已知氦核的质量为 3 726.358 MeV/c^2.

2.19 设氢原子原来是静止的，求当由 $n=4$ 的态直接跃迁到 $n=1$ 的态时，原子的反冲速度、所发射的光子的波长，并给出与不考虑反冲时光子波长的差别.

2.20 氢原子由基态被激发到 $n=4$ 的状态，

(1) 计算原子所吸收的能量；

(2) 计算原子回到基态时可能发射的光子的波长，并表明属于哪个谱线系.

2.21 如果使电子与处于基态的 Li^{++} 发生完全非弹性散射(碰撞)，电子至少要具有多大的动能？

2.22 运动质子与一个处于基态的氢原子作非弹性对心碰撞，欲使氢原子发出光子，质子的速度至少是多大？

2.23 处于热平衡条件下的原子在不同能态的布居数服从玻尔兹曼分布，即处于能级为 E_n 的原子数目服从公式

$$\frac{N_n}{N_1}=\frac{g_n}{g_1}e^{-(E_n-E_1)/kT}$$

其中 N_n、N_1 为能级 E_n、E_1 的原子数，g_n、g_1 为相应能级的统计权重，k 为玻尔兹曼常量.

(1) 在 1 atm、20 ℃时，必须有多大的容器才能有至少 1 个氢原子处在第一激发态？已知氢原子在基态和第一激发态的统计权重分别为 $g_1=2$、$g_2=8$；

(2) 电子与上述条件下的氢原子碰撞，至少要有多大的能量才能观察到 H_α 线？

2.24 氢和氘的里德伯常量之比为 0.999 728，两者核质量之比为 0.500 20，由此计算质子与电子的质量之比.

2.25 假设一个 μ^- 介子取代氢原子中的一个电子而成为中性原子，求这样的原子的基态结合能、H_α 线光子的能量.

2.26 在施特恩-格拉赫实验中，银原子的磁矩为 1 个玻尔磁子，加热银蒸气的炉温是 1 320 K，非均匀磁场区域的长度是 3 cm，磁场的梯度是 2 300 T · m^{-1}，接收屏置于磁铁末端，计算银原子在屏上分开的距离.

3 量子力学引论

——微观体系的基本理论

本章要点	波粒二象性　不确定关系　量子态 薛定谔方程　氢原子的量子力学解

在文明发展的过程中，无论是东方的中国，还是西方的希腊，都积累了许多物理方面的知识和经验．但是，直到文艺复兴时期，才有了建立在实验基础上的物理学．伽利略(Galileo Galilei，1564～1642，意大利)是第一个采用专门设计的实验来研究物理学普遍规律的科学家，而牛顿(Isaac Newton，1642～1727，英国)则不仅进行了大量的物理实验，更是首先将数学逻辑引入物理学研究领域的人，他发表于1686年的著作《自然哲学的数学原理》标志着物理学科学体系和研究方法的建立．自牛顿之后，物理学获得了蓬勃的发展，取得了一系列伟大的成就．在牛顿之后的一百多年的时间里，力学、热力学、电磁学都总结出了最基本的定律，有了完整的逻辑体系．而麦克斯韦(James Clerk Maxwell，1831～1879，英国)1873年出版的《论电和磁》则使电磁学理论达到了完美的境界，赫兹(Heinrich Rudolf Hertz，1857～1894，德国)在1888年的实验，不仅验证了麦克斯韦的理论，也证实了光就是电磁波．

图3.1　开尔文

在那个年代里，人们意识里的物理学是那样的完美、和谐．大家都认为物理学的大厦已经建成，今后的物理学家只需要在一些细节上进行修修补补就可以了．然而，在20世纪曙光初现的时候，物理学却遇到了困难．正如1900年英国著名科学家开尔文男爵(Lord Kelvin，原名William Thomson，1824～1907，图3.1)在一篇名为《在热和光的动力理论上空的19世纪乌云》(*Nineteenth-Century Clouds over the Dynamical Theory of Heat and Light*)的演讲中所指出的:“一直以来坚信热和光都是运动方式的动力学理论,正被**两朵乌云**(图 3.2)所遮蔽,而失去了其优美和清晰.”(“The beauty and clearness of the dynamical theory, which asserts heat and light to be modes of motion, is at present obscured by two clouds.”)

开尔文男爵所说的第一朵乌云,指的是**迈克尔孙-莫雷实验**的结果与以太说法的矛盾(The first came into existence with the undulatory theory of light, and was dealt with by Fresnel and Dr. Thomas Young; it involved the question, how could the earth move through an elastic solid, such as essentially is the luminiferous ether?).有很长一段时期,人们都认为光是在以太中传播的,而以太是充满整个空间的,静止不动的.日光和地球都在以太中运动,则日光和地球之间就有相对速度.迈克尔孙-莫雷实验本来是希望测量出地球向着日光运动与垂直于日光运动时两者相对速度的差别.迈克尔孙(图 3.3 左)在 1881 年利用自己发明的干涉仪进行了第一次实验,1886 年又与莫雷(图 3.3 右)合作进行了第二次实验,但都得到了否定的结果.迈克尔孙由于“发明精密的光学仪器并利用该仪器进行了分光测量”而获得 1907 年诺贝尔物理奖.

图 3.2 物理学上空的两朵乌云

图 3.3 迈克尔孙(左)与莫雷(右)

第二朵乌云,指的是在解释**黑体辐射**实验规律时所遇到的困难(The second is the Maxwell-Boltzmann doctrine regarding the partition of energy.).按照麦克斯韦-玻尔兹曼的能均分统计定理所得到的结论,与黑体辐射的实验定律出现偏差.偏差出现在短波辐射区域,因而这一偏差被称做“紫外灾难”.

正是这两朵乌云,引起了 20 世纪物理学的革命.第一朵乌云,导致了相对论的建立,而第二朵乌云,导致了量子论的建立.

其实,在当时,还有一朵未被开尔文男爵提到的乌云,那就是赫兹在 1887 年所发现的光电效应,同样遮蔽了经典电磁学理论的光芒.

3.1 量子论的实验依据

当时用经典物理无法解释的实验现象：① 黑体辐射的实验规律；② 光电效应.

3.1.1 黑体辐射

1. 辐射场的物理参数

辐射场就是电磁波场，任何发出电磁波（光波）的物体都在其周围形成一个辐射场，辐射场是一个矢量场.

描述辐射场的物理参数很多，本书重点介绍以下几个.

(1) 辐射通量：温度为 T 时，单位时间由通过辐射场中单位截面，频率 ν 附近频率间隔 $\mathrm{d}\nu$ 内的辐射能量，表示为

$$\mathrm{d}\Phi(\nu,T) = E(\nu,T)\mathrm{d}\nu \tag{3.1}$$

其中 $E(\nu, T)$就是单位时间内通过单位截面，频率 ν 附近单位频率间隔的**辐射通量**，称做**辐射谱密度**或**辐射本领**，也称**单色辐出度**.

(2) 吸收本领：将照射到物体上的电磁波的通量记为 $\mathrm{d}\Phi(\nu,T)$，其中被物体吸收的通量记为 $\mathrm{d}\Phi'(\nu,T)$，则比例

$$A(\nu,T) = \frac{\mathrm{d}\Phi'(\nu,T)}{\mathrm{d}\Phi(\nu,T)} \tag{3.2}$$

称为物体的**吸收本领**或**吸收比**.

2. 热辐射

(1) 物体间的热交换

如图 3.4，与外界隔绝的几个物体，起初温度各不相同. 假设相互间只能以热辐射的形式交换能量，则每一个物体都向外辐射能量，同时也吸收其他物体辐射到其表面的能量. 温度低的物体，辐射较小，吸收较大；温度高的，辐射较大，吸收较小. 经过一个过程后，所有物体的温度相同，达到了热平衡状态.

热平衡时，每一个物体辐射的能量等于其吸收的能量，即热平衡状态下，吸收本领大的物体，其辐射本领也大.

(2) **基尔霍夫**(Gustav Kirchhoff，1824～1887，德国，图 3.5)**热辐射定律**：热平衡状态下物体的辐射本领与吸收本领成正比，比值只与 ν，T 有关. 即

$$\frac{E(\nu,T)}{A(\nu,T)}=f(\nu,T) \tag{3.3}$$

其中 $f(\nu, T)$是**普适函数**,与物质无关.如果知道了 $f(\nu,T)$的规律,就可以对物体的热辐射性质进行全面深入的研究.

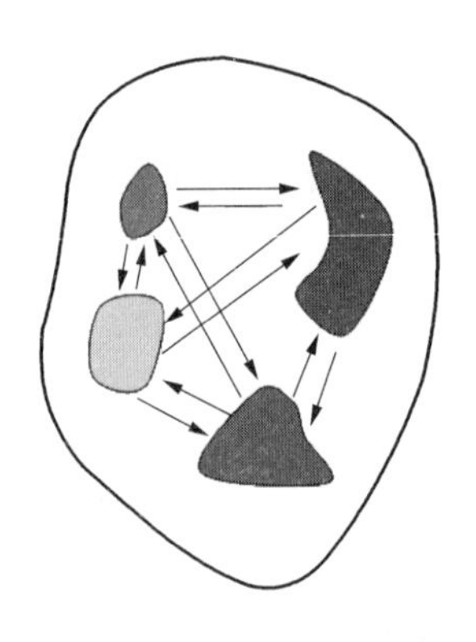

图 3.4 物体间通过辐射交换能量

图 3.5 基尔霍夫

要通过实验测量 $f(\nu, T)$,则必须同时测量 $E(\nu, T)$和 $A(\nu, T)$,但是这样会使研究变得比较复杂,因为吸收本领是 $A(\nu,T)=\mathrm{d}\Phi'(\nu,T)/\mathrm{d}\Phi(\nu,T)$,并不容易测量.如果设法使 $A(\nu,T)\equiv 1$,则 $f(\nu,T)=E(\nu,T)$,只需要测量单色辐出度,就可以得到普适函数 $f(\nu,T)$. $A(\nu,T)\equiv 1$,表明物体对辐照到它上面的能量全部吸收,没有反射,用通俗的语言说,由于它不反光,可以认为它是黑的. $A(\nu,T)\equiv 1$ 的物体,称做**绝对黑体**.

但实际上并不存在表面不反光的绝对黑体,实验中用的绝对黑体都是专门制作的.一个开有小孔的空腔,对射入其中的光几乎可以全部吸收,如图 3.6,等效于绝对黑体.这时,只要测量空腔开口处的辐射本领,即可以得到 $f(\nu,T)=E(\nu,T)$.黑体辐射的测量装置如图 3.7.

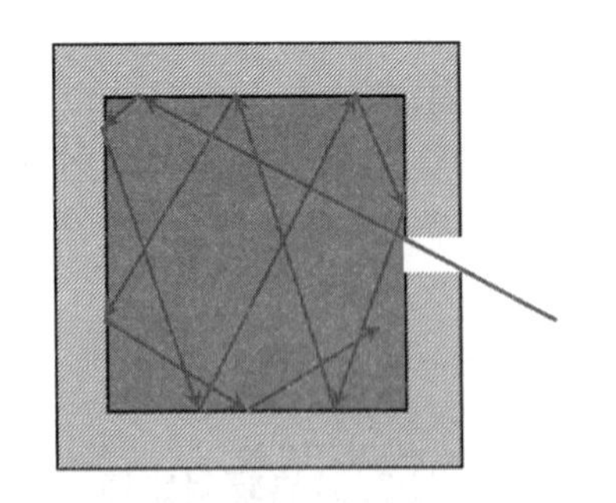

图 3.6 绝对黑体

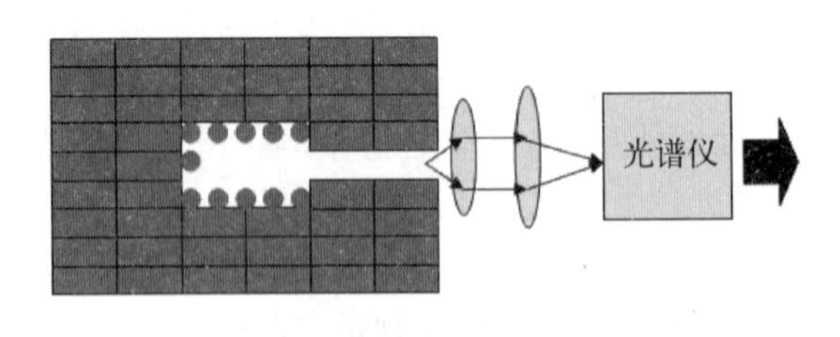

图 3.7 黑体辐射的测量装置

3. 黑体辐射的实验规律

实验测量得到的黑体辐射的光谱如图3.8所示，表明在不同的温度下，黑体的辐射本领不同，同时，在不同的波长（频率）处，辐射本领也不同.

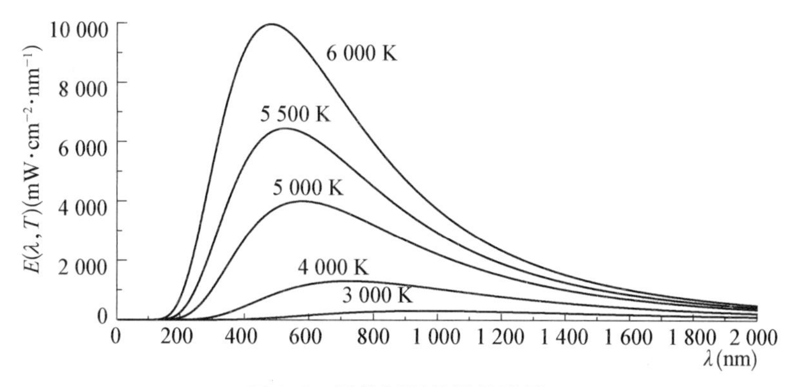

图3.8 黑体辐射的测量结果

在19世纪末到20世纪初的一段时间内，许多人对黑体辐射进行了较深入的研究，从实验和理论上总结出了黑体辐射的规律.

（1）斯忒藩-玻尔兹曼定律

斯忒藩（J. Stefan，1835～1893，奥地利，图3.9）和玻尔兹曼（L. E. Boltzmann，1844～1906，奥地利，图3.10）分别于1879年和1884年发表了对黑体辐射的研究结果.

黑体辐射光谱中每一条曲线下的面积，表示黑体的辐射通量，即某一温度下总的辐射本领，该辐射本领与温度的四次方成正比，即

$$\Phi(T)=\int_0^{\infty}E(\nu,T)\mathrm{d}\nu=\sigma T^4 \tag{3.4}$$

其中 $\sigma=5.670\,32\times10^{-18}\ \mathrm{W\cdot m^{-2}\cdot K^{-4}}$，为**斯忒藩-玻尔兹曼常数**.

这就是**斯忒藩-玻尔兹曼定律**.

图3.9 斯忒藩

图3.10 玻尔兹曼

(2) 维恩位移定律

1883 年,维恩(Wilhelm Carl Werner Otto Fritz Franz Wien, 1864～1928,德国,图 3.11)从热力学导出了黑体辐射谱应当具有下述形式

$$E(\nu,\ T) = cv^3 f\left(\frac{\nu}{T}\right) = \frac{c^5}{\lambda^5} f\left(\frac{c}{\lambda T}\right) \tag{3.5}$$

或者进一步写成

$$E(\nu,\ T) = \frac{\alpha v^3}{c^2} \mathrm{e}^{-\beta\nu/T}, \qquad E(\lambda) = \frac{\alpha c^2}{\lambda^5} \mathrm{e}^{-\beta c/\lambda T}$$

其中 v 为分子的运动速度,α、β 为常量,这就是**维恩公式**.虽然其中函数 $f\left(\frac{\nu}{T}\right)$ 或 $f\left(\frac{c}{\lambda T}\right)$ 的表达式无法得到,但可以求出辐射本领极大值的关系式,表示为

$$T\lambda_{\mathrm{m}} = b \tag{3.6}$$

其中 λ_{m} 表示辐射本领最大的波长, $b = 2.8978 \times 10^{-3}\ \mathrm{m \cdot K}$.

式(3.6)称做**维恩位移定律**.维恩由于"发现了热辐射的规律"而获得 1911 年诺贝尔物理学奖.

维恩位移定律在实际中有广泛的应用,在无法进行接触测温的情况下,通过观察物体的辐射谱,可以得到物体的温度.例如在炼钢厂中,人们通过观察高炉中钢水的颜色,能够判断出钢水的温度.

(3) 瑞利-金斯定律

瑞利(Lord Rayleigh,1842～1919,图 3.12,英国)和金斯(J. H. Jeans,1877～1946,英国)分别于 1900 年和 1905 年用经典的统计物理方法研究了黑体辐射的规律.瑞利"由于对重要气体密度的研究,并因此而发现了氩"而获得 1904 年诺贝尔物理学奖.

图 3.11 维恩

图 3.12 瑞利

如果假设黑体空腔中的电磁波以驻波的形式存在，则可以推导出从黑体中辐射出的能量.

瑞利认为，空腔中的电磁波在腔的内壁不断地反射，则只有以**驻波**的形式存在，才能使其不因叠加而湮灭.驻波要满足一定的条件，即其波节(振动为零处)必须在腔壁处，见图3.13.将黑体的空腔看做是一个边长为 L_x、L_y、L_z 的方匣子，因而得到

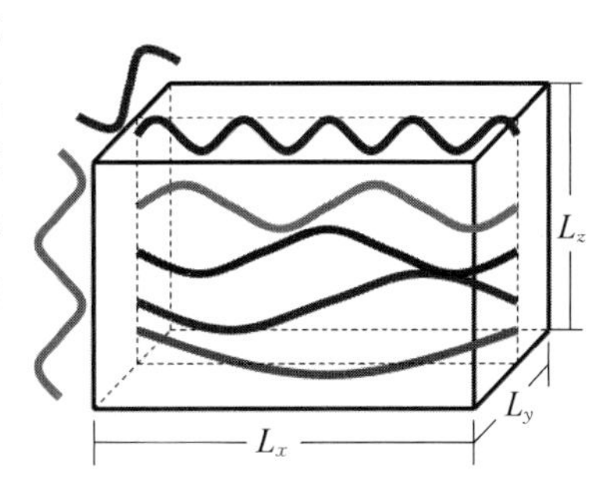

图 3.13 驻波的边界条件

$$\begin{cases}\sin(k_xL_x)=0\\ \sin(k_yL_y)=0\\ \sin(k_zL_z)=0\end{cases}$$

所以必须有

$$\begin{cases}k_x=\dfrac{n_x\pi}{L_x}\\ k_y=\dfrac{n_y\pi}{L_y}\\ k_z=\dfrac{n_z\pi}{L_z}\end{cases} \tag{3.7}$$

其中 n_x、n_y、n_z 都是整数.

驻波波矢的模的平方

$$|\boldsymbol{k}|^2=|k_x\boldsymbol{e}_x+k_y\boldsymbol{e}_y+k_z\boldsymbol{e}_z|^2=\pi^2\left[\left(\frac{n_x}{L_x}\right)^2+\left(\frac{n_y}{L_y}\right)^2+\left(\frac{n_z}{L_z}\right)^2\right] \tag{3.8}$$

利用关系式

$$\omega=2\pi\nu=\frac{2\pi c}{\lambda}=kc$$

则式(3.8)化为

$$1=\left[\frac{n_x}{\omega L_x/(\pi c)}\right]^2+\left[\frac{n_y}{\omega L_y/(\pi c)}\right]^2+\left[\frac{n_z}{\omega L_z/(\pi c)}\right]^2 \tag{3.9}$$

由于 n_x、n_y、n_z 都是整数，所以，对于一个确定的频率 ω，这三个整数的不同组合 (n_x,n_y,n_z) 是有限的个数.不同的组合，虽然所决定的波矢大小 $|\boldsymbol{k}|$ 都是相同的，但由于波矢在空腔中的方向可以有多种取向，因而，代表了不同的波.整数 (n_x,n_y,n_z) 的每一个组合，称做一个**波模式**.

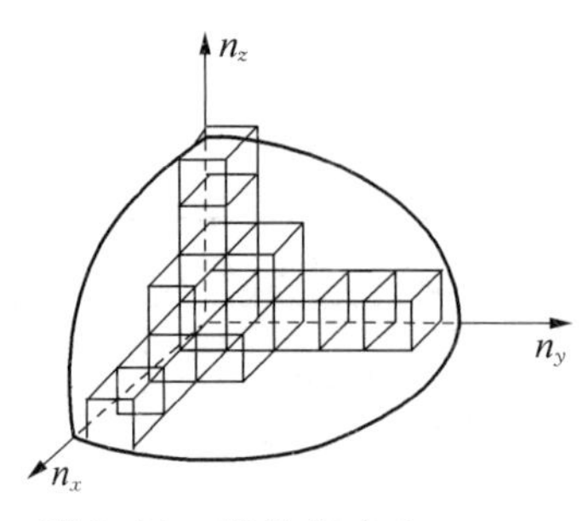

图 3.14 整数组合(n_x, n_y, n_z)的数目

式(3.9)是椭球面的方程,可以看做是以三个整数 n_x、n_y、n_z 为直角坐标轴的椭球面,如图 3.14. 0~ω 之间的驻波模式(n_x, n_y, n_z)数就是第一象限球面内的所有整数点,这些点是其中所有单位体积方格的顶点,顶点数等于其中的单位体积的方格数,由于每个方格的体积为 1,所以顶点的数目就是第一象限内所有方格的体积,这些体积的总和与椭球在第一象限的体积相等. 该体积为

$$\frac{1}{8}\times\frac{4\pi}{3}\times\frac{\omega L_x}{\pi c}\times\frac{\omega L_y}{\pi c}\times\frac{\omega L_z}{\pi c}=\frac{1}{6}\times\frac{\omega^3}{\pi^2 c^3}V \tag{3.10}$$

其中 $V=L_xL_yL_z$ 为黑体腔的体积.

由于每一列波都有两个自由度,因而驻波的模式数应当是式(3.10)的 2 倍,即

$$n_\omega=\frac{1}{3}\times\frac{\omega^3}{\pi^2 c^3}V=\frac{8\pi}{3}\times\frac{\nu^3}{c^3}V \tag{3.11}$$

单位体积内、频率在 $\nu\sim\nu+\mathrm{d}\nu$ 间的驻波数为

$$\mathrm{d}n_\omega=8\pi\frac{\nu^2}{c^3}\mathrm{d}\nu$$

也可表示为

$$\rho\mathrm{d}\nu=\frac{8\pi}{c^3}\nu^2\mathrm{d}\nu \tag{3.12}$$

ρ 是单位频率间隔内的波的数密度.

从小孔辐射出的波的数量(即分子运动论中的**泄流数**)为

$$\Gamma=\frac{1}{4}c\rho \tag{3.13}$$

每一个波模式,就是一个**经典谐振子**,按照**能量均分定理**,每个谐振子的能量为

$$\varepsilon=kT \tag{3.14}$$

辐射出的能量,即辐射本领为

$$E(\nu,T)=\Gamma kT=\frac{2\pi}{c^2}\nu^2 kT \tag{3.15}$$

或以波长表示为

$$E(\lambda,T)=\frac{2\pi c}{\lambda^4}kT \tag{3.16}$$

式(3.15)和式(3.16)就是**瑞利-金斯定律**.

从经典物理学的角度看,瑞利-金斯定律是无懈可击的,它从辐射场的性质出发,得出了黑体空间中单位体积波的谱密度,进而求出从小孔辐射出的波(谐振子)的数目和能量.

图3.15画出了维恩定律、瑞利-金斯定律与实验结果的比较.容易看出,在波长较大的波段,瑞利-金斯定律与实验结果一致,符合得较好,但是,在短波区域,当$\lambda\to0$, $E(\lambda,T)\to\infty$,与实验结果严重偏离.由于这种偏离出现在波长较短的区域,所以被称为**"紫外灾难"**."紫外灾难"说明,用经典物理学的理论,无法解释黑体辐射的规律.

虽然从图上看起来维恩公式与实验结果的符合比瑞利-金斯定律还要好,但是,维恩公式与实验的偏离却是系统的,即从物理的观点看,它的偏离比瑞利-金斯定律还要严重.

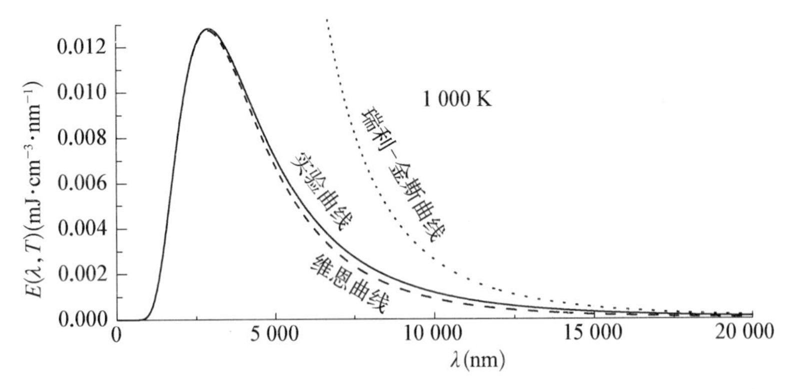

图3.15 维恩曲线(虚线)、瑞利-金斯曲线(点线)与实验曲线(实线)的比较

3.1.2 光量子假说

1. 普朗克对黑体辐射的解释

1900年,普朗克(Max Planck,1858～1947,德国)从黑体辐射曲线的形状,"猜"出了辐射本领所应有的数学表达式,为了从理论上推导出这样的表达式,他做了一个假设:黑体空腔中谐振子的能量不能任意取值,而只能取一系列不连续的、分立的数值,可以设这些能量值为

$$\varepsilon=0,\varepsilon_0,2\varepsilon_0,3\varepsilon_0,4\varepsilon_0,\cdots$$

而且

$$\varepsilon_0=h\nu \tag{3.17}$$

其中 ν 为谐振子的频率.

由于不同频率的谐振子能量不同,从统计的角度看,一个谐振子处于不同能量状态的几率也不相同,一个谐振子处于能量 $E_n = n\varepsilon_0$ 态的几率为 $e^{-n\varepsilon_0/kT}$.

空腔内每一个驻波,即每一个谐振子的平均能量可以根据上述几率分部计算,为

$$\bar{\varepsilon} = \frac{\sum_n n\varepsilon_0 e^{-\frac{n\varepsilon_0}{kT}}}{\sum_n e^{-\frac{n\varepsilon_0}{kT}}} = \frac{\sum_n n\varepsilon_0 e^{-n\varepsilon_0\beta}}{\sum_n e^{-n\varepsilon_0\beta}}$$

$$= -\frac{\partial}{\partial\beta}\left(\ln\sum_{n=0}^{\infty} e^{-n\varepsilon_0\beta}\right) = -\frac{\partial}{\partial\beta}\left(\ln\frac{1}{1-e^{-\varepsilon_0\beta}}\right)$$

$$= \frac{\partial}{\partial\beta}\ln\left(1-e^{-\varepsilon_0\beta}\right) = \frac{\varepsilon_0 e^{-\varepsilon_0\beta}}{1-e^{-\varepsilon_0\beta}}\frac{e^{\varepsilon_0\beta}}{e^{\varepsilon_0\beta}} = \frac{\varepsilon_0}{e^{\varepsilon_0\beta}-1}$$

即每个普朗克谐振子的平均能量为

$$\bar{\varepsilon} = \frac{h\nu}{e^{h\nu/kT}-1} \tag{3.18}$$

这与瑞利-金斯的假设(3.14)不相同,即 $\bar{\varepsilon} \neq kT$.

利用谐振子的谱密度公式(3.12)和(3.13),可以算出黑体的辐射本领为

$$E(\nu,T) = \frac{2\pi}{c^2}\nu^2\frac{h\nu}{e^{h\nu/kT}-1} = \frac{2\pi h\nu^3}{c^2}\frac{1}{e^{h\nu/kT}-1} \tag{3.19}$$

可以对公式(3.19)作进一步的分析, kT 实际上是谐振子热运动的动能,在长波段,谐振子的能量较小,即 $h\nu \ll kT$, 这时

$$\frac{1}{e^{h\nu/kT}-1} \approx \frac{1}{1+\frac{h\nu}{kT}-1} = \frac{kT}{h\nu}$$

于是辐射本领为

$$E(\nu,T) = \frac{2\pi}{c^2}h\nu^3\frac{kT}{h\nu} = \frac{2\pi}{c^2}\nu^2 kT$$

与瑞利-金斯定律符合.

在短波段,谐振子的能量较大,即 $h\nu \gg kT$, $e^{h\nu/kT} \gg 1$, 式(3.19)化为

$$E(\nu,T) = \frac{2\pi}{c^2}h\nu^3 e^{-h\nu/kT} \tag{3.20}$$

即在短波区域(所谓的“紫外”波段)随着频率的增加,即随着波长的减小,辐射本领迅速减小,并趋近于0,这与实验结果一致.

普朗克的分立能量谐振子假设虽然解释了黑体辐射的实验规律，解决了“紫外灾难”，但是，由于这一假设看起来没有什么依据，在当时并没有得到认可.

普朗克与德国马普学会

马克斯·卡尔·恩斯特·路德维希·普朗克(Max Karl Ernst Ludwig Planck)1858年4月23日出生于德国北部城市基尔，父亲是一位民法学教授.1874年，16岁的普朗克完成了中学学业，进入慕尼黑大学学习物理，1877年至1878年，转学至柏林大学，是亥姆霍兹、基尔霍夫等人的学生.1879年普朗克以论文《论热力学的第二定律》获得慕尼黑大学的博士学位.之后在慕尼黑大学和基尔大学任教.1889年，作为基尔霍夫的继任者在柏林大学任教.普朗克早年主要研究热力学中熵的性质和应用.从1894年开始研究热辐射问题，他采用内插法导出了黑体辐射的定律.他所提出的能量分立谐振子的假设，是第一个关于量子的概念，为后来爱因斯坦成功解释光电效应提供了重要启示，也为量子力学的建立和发展奠定了基础.因而，普朗克发表其辐射定律的1900年12月14日也被称做“量子日”.但后来普朗克一直试图将自己的理论纳入电动力学和热力学的经典物理框架，拒绝接受玻尔、海森伯、泡利等人所提出的量子理论.

1926年起，普朗克担任**德国物理学会**(当时名称为**威廉皇家学会**，德文Kaiser-Wilhelm-Gesellschaft)的主席.1929年，德国物理学会设立**马克斯·普朗克奖章**(德文Max-Planck-Medaille)，以奖励在理论物理学领域做出杰出贡献的学者，获奖者被授予证书和一枚铸有马克斯·普朗克肖像的金质奖章，至今这仍是德国最重要的物理学奖项之一.

纳粹统治期间，普朗克竭力以自己的名望保护犹太裔的科学家免受迫害，但多以失败告终.1936年，威廉皇家学会主席任期结束，由于受到斯塔克等拥护纳粹思想的科学家的攻击，他放弃竞选连任.

二战后，威廉皇家学会改名为**马克斯·普朗克学会**(全名为**马克斯·普朗克科学促进协会**，德文Max-Planck-Gesellschaft zur Förderung der Wissenschaften e.V.，简称**马普学会**)，普朗克任名誉主席.1946年7月，普朗克作为唯一一位被邀请的德国人，参加了英国皇家学会纪念牛顿诞辰300周年的庆典.

1947年10月4日，普朗克去世，终年89岁.

2. 爱因斯坦光量子与光的波粒二象性

(1) 光电效应

虽然人们都将**光电效应**(photoelectric effect)的发现归功于赫兹，但实际上，在1839年，亚历山大·贝克勒耳(Alexandre Edmond Becquerel，1820～1891，即

发现放射性的亨利·贝克勒耳的父亲，而亚历山大·贝克勒耳的父亲安东尼·贝克勒耳，Antoine César Becquerel，1788～1878，也是法国著名的科学家，研究电致发光现象的先驱）就注意到了在导电液体中的电极，受到光的照射，会产生电流；1873 年，英国的电力工程师 Willoughby Smith（1828～1891）也发现硒在光照下会成为电的导体.

现代意义上的光电效应是赫兹在进行电磁波实验过程中发现的. 1887 年，赫兹将一对电火花隙（通过线圈连接的一对电极，置于空气中，当有电磁波通过线圈时，会在电极间产生电场，从而将电极间的空气电离，发出电火花）放在一个带有玻璃观察窗的暗盒中，以便更好地观察电火花. 他注意到，放电时，两极间火花的长度变短了，而这正是由于那块作为观察窗的玻璃板的影响. 将玻璃板移开之后，电极间的火花又变长了. 当他用不吸收紫外光的石英代替普通玻璃板后，火花的长度没有缩短. 赫兹认为，这块处在电磁波源和接收线圈之间玻璃板吸收了紫外辐射，而紫外辐射会导致电荷在电火花隙间跳跃. 他对这一现象研究了数月之后写出了研究报告.

1899 年，J. J. 汤姆孙采用克鲁克斯管研究光电效应，他用紫外光照射真空管中的金属电极（阴极），发现回路中有电流出现，这就是所谓的**光电流**（photocurrent），说明由于光的照射，有电子被从金属中打出，这就是**光电子**（photoelectron）. 改变入射光的波长和强度，会引起电流强度的改变. 他测量的结果是入射光的强度越强、频率越短，光电流就越大. 1901 年，特斯拉（Nikola Tesla，1856～1943，克罗地亚）利用光电效应为电容器充电并获得发明专利. 图 3.16 是研究光电效应的实验装置.

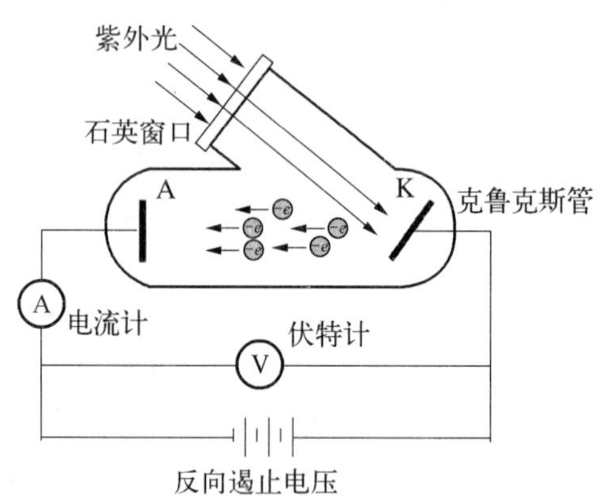

图 3.16 光电效应的实验研究装置

对光电效应进行深入仔细研究的是德国物理学家勒纳德. 1902 年，他使用一个大功率的电弧灯研究真空管中金属电极的光电效应，通过测量光电子的**截止电压**（stopping voltage），他得到结论，光电子的最大动能只与照射到金属上的光的频率有关,而与光的强度无关;当照射到电极上的紫外光频率增大时,光电子动能相应增大;如果光的频率小于某一数值,则没有光电子发射,这样的频率就是**截止频率**(cutoff frequency),对于各种金属电极,有一个与材料有关的截止频率.

(2) 爱因斯坦对光电效应的解释

受到普朗克分立能量谐振子假设的启发,1905年,爱因斯坦(Albert Einstein,1879~1955,图3.17)更进一步提出了**"能量子"**的概念,并成功地解释了光电效应.

按照爱因斯坦的"能量子"假说,光辐射中每一个能量子所携带的能量为

$$E = h\nu \tag{3.21}$$

即光辐射中,每一个"能量子"都是分立的,这就是光的粒子性,后来,"能量子"被称做**光子**(photon).

图 3.17 普朗克授予爱因斯坦马克斯-普朗克奖章,1928 年 6 月 28 日,柏林

金属中的电子,由于受到束缚,从表面逸出时需要克服一定的势能,这就是**逸出功**(work function),记为 W.则光电子的能量为

$$E_k = h\nu - W \tag{3.22}$$

如果在真空管的电极上加反向电压,则光电子的动能要损失.恰好使得光电子不能到达阳极的反向电压就是截止电压 V_s,这时,$eV_s = E_k$,于是 $V_s = h\nu/e - W/e$,即

$$h = \frac{eV_s + W}{\nu} \tag{3.23}$$

密立根用了十年的时间,从实验上验证了爱因斯坦的光量子假说,并且测量了式(3.21)中 h 的数值,得到 $h = 6.63 \times 10^{-34}\,\mathrm{J \cdot s}$,$h$ 称做**普朗克常量**(Plank constant),是一个基本的物理学常数.

3. 康普顿效应

1921年,康普顿(Arthur Holly Compton,1892~1962,美国,图 3.18)发现了X射线在材料中的**非相干散射**现象.

康普顿的实验结果如图 3.19 所示①,经过单色化的 X 射线入射到不同的材料上,在散射光中,一部分波长不变,是相干散射;另一部分波长变长,是非相干散射.

① Compton A H. A Quantum Theory of the Scattering of X-Rays by Light Elements[J]. The Physical Review, May 1923, 21 (5): 483~502(the original 1923 paper on the AIP website).

图 3.18 康普顿

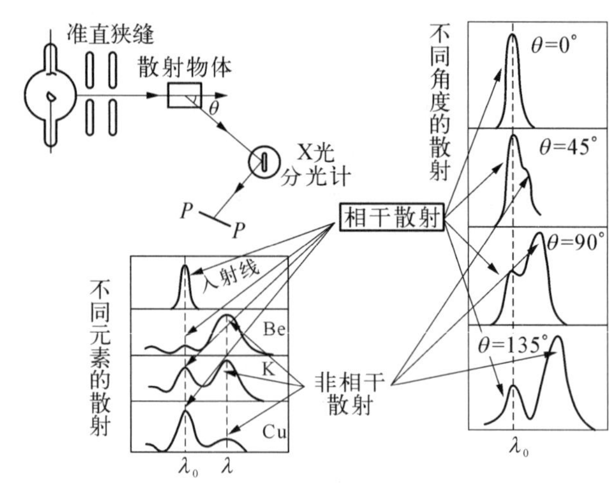

图 3.19 康普顿散射

康普顿还注意到，对于同一种元素，在不同的角度上，非相干散射的波长改变不同；而在同一角度上，不同的元素非相干散射所占的比例不同，原子序数较小的轻原子非相干散射的成分较大，而原子序数较大的重原子，相干散射的成分较大. 上述实验现象称做**康普顿效应**(Compton effect).

康普顿利用光子模型，成功地解释了这一现象.

从光子的观点看，入射的 X 射线光子，具有**能量**和**动量**. 对于光子而言，由于能量 $E = h\nu$，利用爱因斯坦质能关系 $E = mc^2$，以及动量的表达式 $p = mc$，可以得到光子的动量表达式为

$$p = \frac{h\nu}{c} \tag{3.24}$$

入射的 X 射线光子与散射体中的自由电子发生**弹性碰撞**，在碰撞过程中，动量和能量是守恒的，如图 3.20，

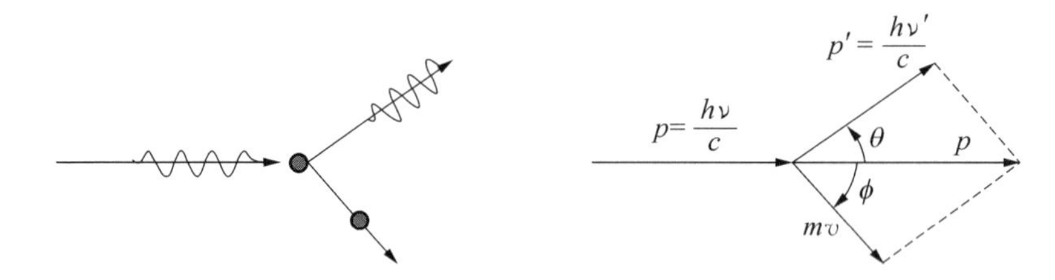

图 3.20 光子与电子的弹性碰撞

即

$$\begin{cases} h\nu + m_0c^2 = h\nu' + mc^2 \\ \boldsymbol{p} = \boldsymbol{p}' + m\boldsymbol{v} \end{cases} \tag{3.25}$$

将式(3.25)中第一式变为

$$mc^2 = h\nu - h\nu' + m_0c^2 \tag{3.26}$$

而将式(3.25)中第二式写做标量表达式,得到

$$(mv)^2 = \left(\frac{h\nu}{c}\right)^2 + \left(\frac{h\nu'}{c}\right)^2 - 2\frac{h\nu}{c}\frac{h\nu'}{c}\cos\theta \tag{3.27}$$

式(3.26)两端平方

$$m^2c^4 = h^2\nu^2 + h^2\nu'^2 - 2h^2\nu\nu' + m_0^2c^4 + 2m_0c^2h(\nu - \nu') \tag{3.28}$$

式(3.27)作如下的数学变换

$$m^2c^2v^2 = h^2\nu^2 + h^2\nu'^2 - 2h^2\nu\nu'\cos\theta \tag{3.29}$$

式(3.28)减式(3.29)

$$m^2\left(1 - \frac{v^2}{c^2}\right)c^4 = m_0^2c^4 - 2h^2\nu\nu'(1 - \cos\theta) + 2m_0hc^2(\nu - \nu') \tag{3.30}$$

按照相对论,由于

$$m\sqrt{1 - \frac{v^2}{c^2}} = m_0$$

式(3.30)变为

$$m_0^2c^4 = m_0^2c^4 - 2h^2\nu\nu'(1 - \cos\theta) + 2m_0hc^2(\nu - \nu')$$

整理后为

$$\frac{h}{m_0c}(1 - \cos\theta) = \frac{c}{\nu'} - \frac{c}{\nu}$$

即

$$\Delta\lambda = \lambda_C(1 - \cos\theta) \tag{3.31}$$

其中 $\lambda_C = h/m_0c = 0.024\,262\,1$ Å,称做**康普顿波长**,对应于静止电子的波长.

用式(3.31)可以解释对同一种元素,在不同的角度上非相干散射的波长不同的现象.而对于不同元素的散射,则可以这样理解:由于康普顿的散射模型中假设电子是自由电子,但实际上,在材料中,还有一些成键的束缚电子,如每个原子的内壳层电子.这些束缚电子由于受到原子核的束缚,其动量和能量在碰撞(散射)前后变化很小,因而光子在与束缚电子的散射过程中,动量和能量的变化也很小,可以认为是相干散射.在轻原子中,束缚电子的数目相对较少,因而非相干散射的光子数目较多;重的原子中,束缚电子数目较多,因而相干散射的光子数目较多.

普朗克 1918 年由于“发现能量子,从而对物理学的发展做出了巨大的贡献”而获得了诺贝尔物理奖;爱因斯坦因为“在理论物理方面的成就,尤其是发现了光电效应的规律”而获得 1921 年诺贝尔物理奖;密立根则是“因为基本电荷及光电效应

方面的工作”而获得1923年诺贝尔物理奖，康普顿因为“发现了后来以其名字命名的效应”获得1927年诺贝尔物理学奖.

3.1.3 粒子的波动性

1. 德布罗意波

黑体辐射、光电效应以及康普顿散射，都证明了光具有粒子的特性，而粒子性的运动特征是可以用动量等物理量描述的.

光子具有动量，每个光子的动量为

$$p = \frac{E}{c} = \frac{h\nu}{c} = \frac{h}{\lambda} \tag{3.32}$$

也可以将式(3.32)写做

$$\lambda = \frac{h}{p} \tag{3.33}$$

图 3.21 德布罗意

式(3.32)和式(3.33)将反映粒子性的动量和反映波动性的波长结合起来，表明波动性、粒子性是物质不可分割的两种基本属性.这就是德布罗意(Louis Victor de Broglie，1892～1987，法国，图3.21)在1925年最先提出的**“物质波”**(matter waves)的概念，物质波也被称做**德布罗意波**.

作为粒子，光子具有质量

$$m = \frac{h\nu}{c^2} \tag{3.34}$$

这是光子的运动质量，而光子的静止质量 $m_0 = 0$.

光的粒子性表现在光与物质的相互作用方面，波长越短，光子的能量越高，其粒子性越显著，如电离气体、光电效应、康普顿效应、荧光效应、单光子记录，等等.

光的波动性表现在光的传播、干涉、衍射以及散射、反射、折射等方面.波长较长的光，有着显著的波动性.

德布罗意由于“发现了电子的波动本质”而获得1929年诺贝尔物理学奖.

2. 电子的波动性

(1) 电子的衍射

① 戴维孙-革末实验

1927年，美国科学家戴维孙(Clinton Joseph Davisson，1881～1958)和革末(Lester Halbert Germer，1896～1971，图3.22)将一束加速电子

图 3.22 戴维孙(左)与革末(右)

射向镍单晶的表面,结果发现被散射的电子在某些角度上的分布出现了极大值①.这种情况类似于X射线在晶体中的衍射,而衍射是波的特征,说明电子具有波动性.

图3.23是实验所用的装置,G为电子枪,T为镍单晶,探测器C在以T为中心的圆形轨道上,可以测量被散射到不同角度处电子的强度(电子数).图3.24是电子束被镍单晶衍射的示意图.

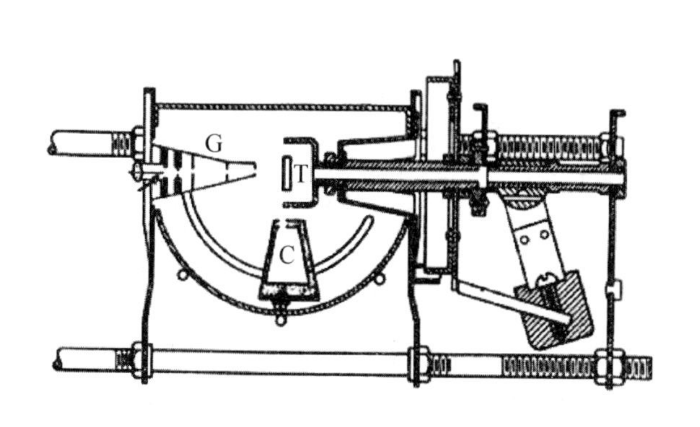

图3.23 戴维孙电子衍射的实验装置

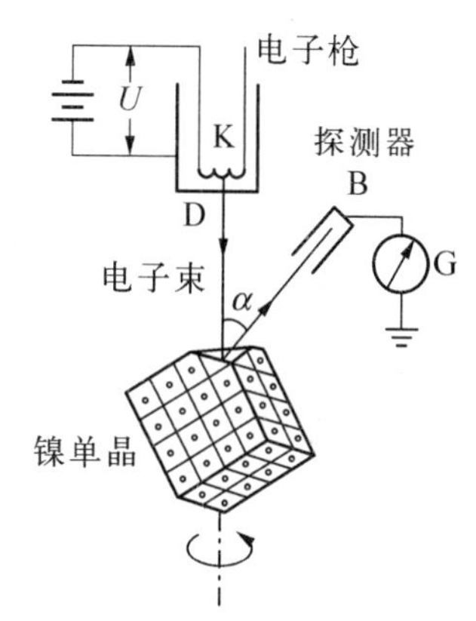

图3.24 电子在镍单晶上的衍射

电子经过电压U加速后,其动能为$m_e v^2/2 = eU$, v为电子的速度.动量为$p = m_e v = m_e \sqrt{2eU/m_e} = \sqrt{2m_e eU}$,按照德布罗意物质波的假设,电子的波长为

$$\lambda = \frac{h}{p} = \frac{h}{\sqrt{2m_e eU}} \tag{3.35}$$

实验发现,当加速电压$U = 54$ V,在与入射电子束成50°的方向上,出现了极大值.

按照布拉格方程,晶体中衍射发生的条件为

$$2d\sin\theta = n\lambda \tag{3.36}$$

其中d为晶体中晶面的间距,即晶格常数,θ是入射光相对于晶面的掠入射角,n为衍射的级数.则$2d\sin\theta = \dfrac{nh}{\sqrt{2m_e eU}}$, $\sqrt{U} = \dfrac{nh}{2d\sin\theta\sqrt{2m_e e}} = nk$,而

① Davisson C J, Germer L H. Reflection of electrons by a crystal of nickel[J]. Nature, 1927, V119: 558~560.

$$k = \frac{h}{2d\sin\theta\sqrt{2m_e e}}$$

在入射角不变的情况下是一个常数.

图 3.25 为实验结果,图 3.26 表示了散射电子数与加速电压的关系.

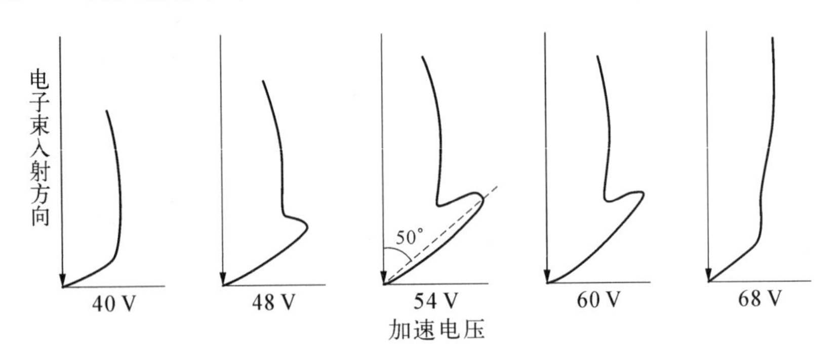

图 3.25 电子被 Ni 单晶散射后在空间的角度分布

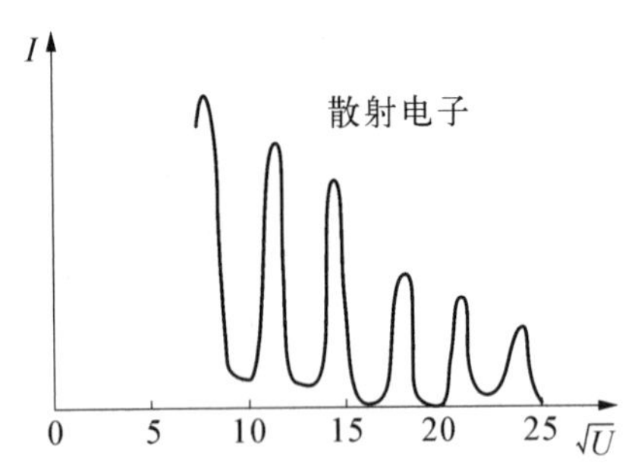

图 3.26 电子被 Ni 单晶散射过程中散射电子电流与加速电压的关系

其实,在此之前的 1921～1923 年间,戴维孙与孔斯曼(Kunsman)就已经在实验中测量到,电子被多晶体金属的表面散射时,在某几个角度上的散射较强,由于当时还没有德布罗意物质波的概念,因而对这样的实验现象,由于找不到适当的解释而未予以深入的研究.

② 汤姆孙实验

1927 汤姆孙(George Paget Thomson,1892～1975,J. J. Thomson 之子,图 3.27)进行了电子透过多晶体晶体薄膜的实验(图 3.28),结果得到了和 X 射线衍射类似的衍射花样(图 3.29),这一实验是电子波动性的另一个实验证据.

图 3.27 G.P.汤姆孙

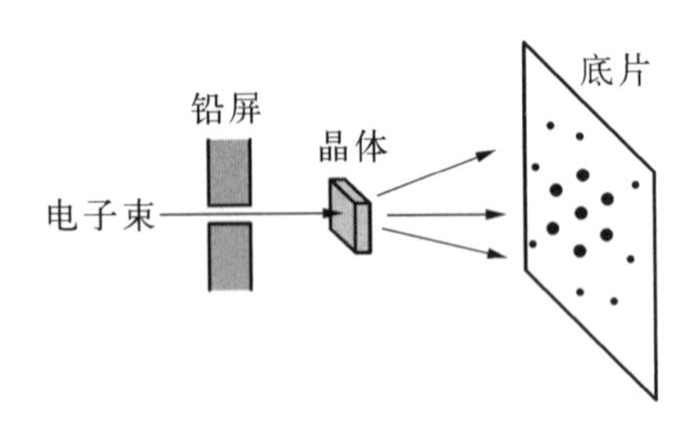

图 3.28 汤姆孙的电子透过多晶体晶体薄膜的实验

戴维孙与汤姆孙由于“发现电子在晶体中衍射的实验”而共同获得了1937年诺贝尔物理学奖.

(2) 电子的干涉

托马斯·杨1801年所进行的双缝干涉实验是光的波动性的最有力、最直接的证明.所以,自从戴维孙和汤姆孙观测到了电子在晶体和薄膜上的衍射现象之后,一直有人试图进行电子的双缝干涉实验,并通过这样的实验证实电子的干涉与杨氏干涉实验有相同的结果(图3.29).

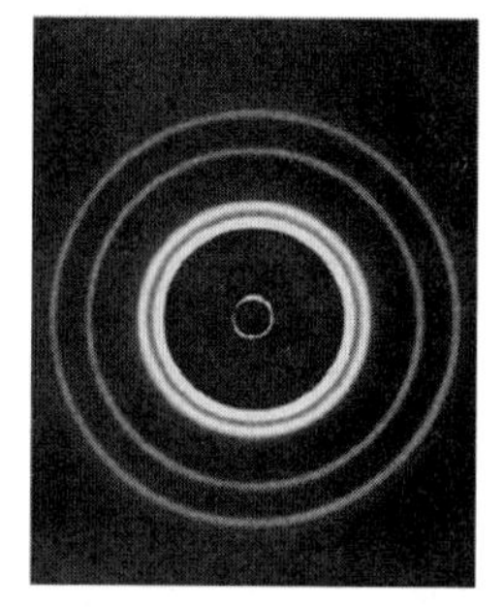

(a) X射线在铝箔上的衍射

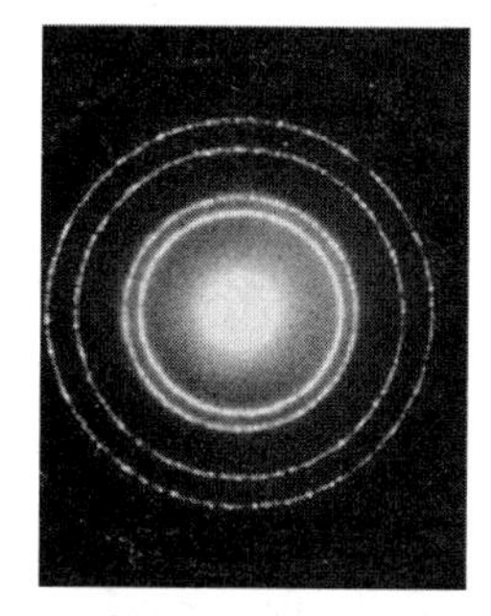

(b) 电子在铝箔上的衍射

图3.29　X射线的衍射与电子的衍射比较

20世纪50年代,德国Tübingen大学的Gottfried Möllenstedt和Heinrich Düker利用所谓的“电子双棱镜”首先观察到了电子的干涉[①].如图3.30所示,利用一根垂直于电子束入射方向的通电细导线,可以将电子束分为两部分,然后在接收装置上观察到了干涉条纹.据说,Möllenstedt是将金箔裹在蛛丝上做成上述导线的,为此他专门在实验室中养了些蜘蛛.实际上,尽管电子双棱镜可以将入射电子分为两束,但这并不是严格意义上的双缝干涉装置.

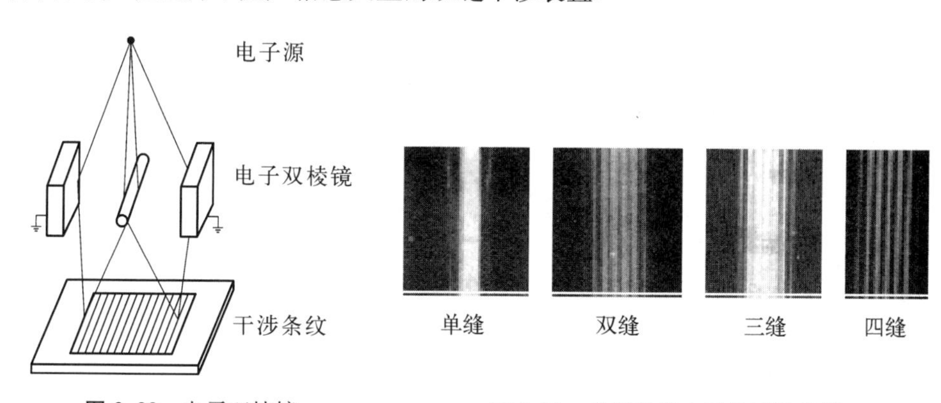

图3.30　电子双棱镜

图3.31　约恩逊的电子的干涉花样

到了1961年,还是在Tübingen大学,约恩逊(Claus Jönsson)首先实现了真正意义上的电子双缝干涉实验.他让电子通过特制的金属狭缝,观察到了电子的单

① Möllenstedt G, Düker H. Naturwissenschaften, 1955, 42:41; Zeitschrift für Physik, 1956, 145: 377～397; Möllenstedt G, Jönsson C. Zeitschrift für Physik, 1959, 155: 472～474.

缝、双缝、三缝、四缝直至五缝的干涉花样(图 3.31)[①].

约恩逊实验的基本数据为：每个缝宽 $a = 0.3\ \mu\text{m}$，缝间距 $d = 1\ \mu\text{m}$，电子的加速电压 $U = 50\ \text{kV}$，电子的波长 $\lambda = 0.05\ \text{Å}$.

1989 年，日立公司的科学家 A. Tonomura 等人使用一个配备有双棱镜的电子显微镜，以及一套电子位置探测器，让电子一个一个地通过双棱镜，经过较长时间的记录，观察到了真正意义上的电子干涉现象[②]. 电子的干涉行为与光通过双缝的杨氏干涉完全相同，这是对电子波动性的完美演示. 尽管电子波动性的观点早已被人们普遍接受，但是，真正在实验室中实现单个电子的干涉，这却是第一次，因而，这一实验，包括之前约恩逊等人的实验，2002 年 9 月被美国科学杂志《物理世界》评为“最美丽的十大物理实验”之首[③].

(3) 分子的衍射

有很多关于分子通过光栅的衍射实验，其中之一是 C_{60} 分子的衍射实验结果[④]，如图 3.32.

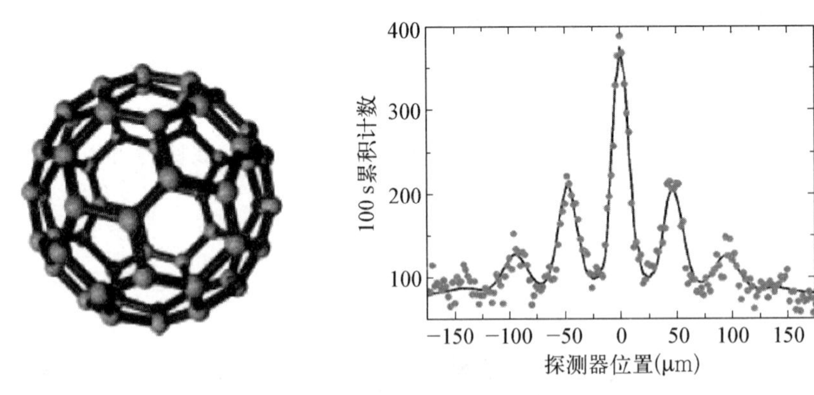

图 3.32 C_{60} 分子及其衍射

---

① Jönsson Claus. Elektroneninterferenzen an mehreren künstlich hergestellten Feinspalten[J]. Zeitschrift für Physik, 1961, 161, S: 454～474; Jönsson Claus. Electron diffraction at multiple slits[J]. American Journal of Physics, 1974, 42, S: 4～11.

② Tonomura A, Endo J, Matsuda T, Kawasaki T, Ezawa H. Demonstration of single-electron buildup of an interference pattern[J]. Am. J. Phys., 1989, 57: 117.

③ Crease R. The most beautiful experiment[J]. Physics world, 2002, 15: 19.

④ Olaf Nairz, Markus Arndt, Anton Zeilinger. Quantum interference experiments with large molecules[J]. American Journal of Physics, April 2003, Volume 71, Issue 4: 319～325.

3.2 物质的波粒二象性

3.2.1 物质的波动性与粒子性

上面一节中所列的各个实验，都证明了光具有粒子性，而电子、分子等具有波动性，即物质都具有波粒二象性．那么，我们该如何理解这种波动性和粒子性呢？这里所说的**波粒二象性**（wave-particle duality），是不是三百多年前惠更斯和牛顿所说的波动性和粒子性呢？

作为粒子的最基本的特征，就是颗粒性，即可以作为一个整体存在．对于光子来说，一个光子是一个不可分割的主体，此外，从物理学的角度看，粒子具有能量和质量，运动的粒子具有动量．那么，光子就具有和电子、分子一样特性，可以作为粒子看待．

一个光子能量为 $\varepsilon = h\nu$，而光子的运动质量为 $m = h\nu/c^2$；光子动量为 $p = E/c$．这就是光的粒子性．

波动的最基本特征，首先应当是周期性，这种周期性用波长来表示．另外，波是可以叠加的，即可叠加性是波的重要特征．

物质同时具有波动性和粒子性，如图 3.33，这种二象性就是通过德布罗意的基本关系式 $p = h/\lambda$ 体现的．在这个关系式中．表征粒子性的动量与表征波动性的波长通过普朗克常数联系起来．

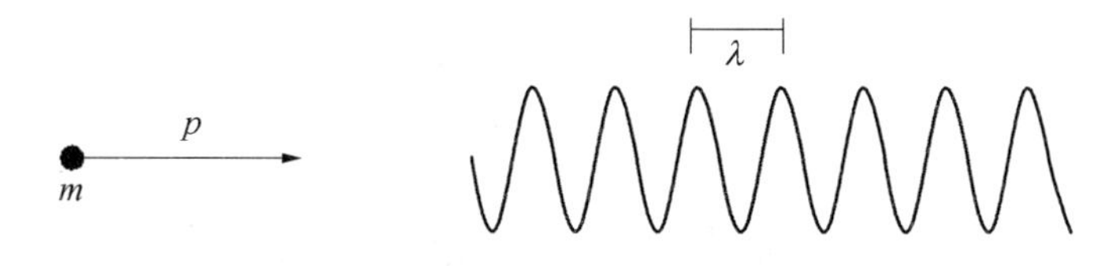

图 3.33 粒子与波

但是，根据我们的经验，一种物质往往无法同时表现出波动性和粒子性．例如，我们使用实验仪器，可以比较容易观察到可见光的干涉、衍射这些波动特征，而其粒子性，却不容易表现出来．

波动性也好，粒子性也好，都只有通过与其他物质的相互作用才能体现出来．在光与物质的相互作用中，能量是一个很关键的物理量，我们不妨计算一下一个光子所具有的能量．例如，一个可见光子，比如氦氖激光的红光，其波长为 632.8 nm，

其能量为

$$\varepsilon = \frac{hc}{\lambda} = \frac{1.240\ \mathrm{nm \cdot keV}}{632.8\ \mathrm{nm}} = 2\ \mathrm{eV}$$

即使处于紫外波段的准分子激光(KrF),其波长为248 nm,单个这样的光子能量也不过0.8 eV.而原子的电离能最小的也大于6 eV,所以单个这样的光子打在物质上,除了能使其发光之外,不会引起其性质的变化.因而,通常表现为波动性,即波的吸收、反射、透射,等等.

而波长短得多的X射线,其光子能量则要大得多,例如铅的K_α线,波长为0.016 7 nm,其光子能量为11.8 keV,如此大的能量,不仅足以使原子电离,还会引起物质其他性质的改变.这样的光子打在物质上,其效果用“炮弹”形容更为确切,所以,就表现出了较强的粒子性.

我们再看一下宏观粒子的波动性.在我们周围,被认为是粒子的东西,往往表现不出波动性.波动指的是物理量在空间呈周期性的分布,如果波长太大,在有限的空间尺度内无法测量物理量的周期性变化,即在我们有限的观测范围内,无法感受到这种周期分布;相反,如果波长太小,用现有仪器也无法分辨物理量的周期性变化.

按照德布罗意关系,波长与动量成反比,那么我们不妨以一个动量很小的实物粒子进行计算.设一粒灰尘,其质量1 mg,速度为1 μm · s^{-1},这样的微粒,其波长可以作如下估算:

由于动量 $p = mv = 1 \times 10^{-6}\ \mathrm{kg} \cdot 1 \times 10^{-6}\ \mathrm{m \cdot s^{-1}} = 1 \times 10^{-12}\ \mathrm{J \cdot s \cdot m^{-1}}$,所以波长为

$$\lambda = \frac{h}{p} = \frac{6.63 \times 10^{-34}\ \mathrm{J \cdot s}}{1 \times 10^{-12}\ \mathrm{J \cdot s \cdot m^{-1}}} \approx 10^{-22}\ \mathrm{m}$$

如图3.34,这样小的波长,这样小的空间周期性,我们根本无法测量,可见我们周围的宏观物质,由于波长太小而无法体现其波动性.

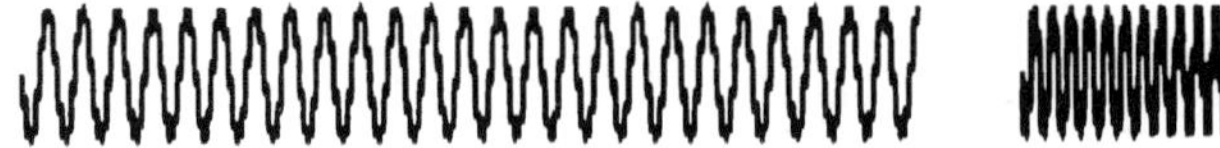

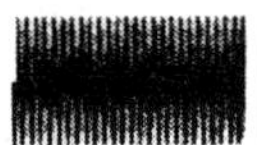

图3.34 波长与波动性的关系示意图

3.2.2 量子态——波粒二象性的必然结果

以下我们通过几个实例,看一下具有波粒二象性的物质,其状态与我们的经验有多大的差距.

1. 轨道角动量的量子化

原子中的电子可以在其轨道上稳定地存在而不湮灭或消失，则从波的角度看，电子波必须以驻波的形式存在于电子的轨道上，否则，会由于波的相干叠加而消失（图 3.35）.

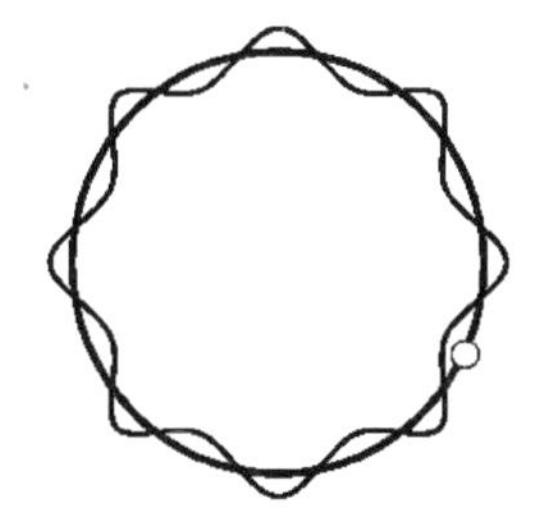
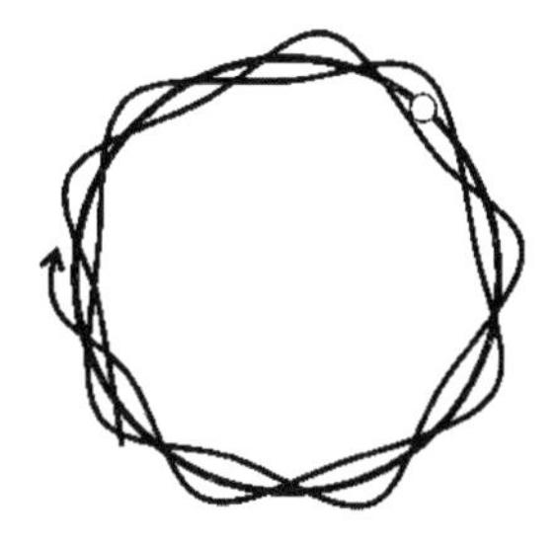

图 3.35　原子中电子在轨道上的驻波

形成驻波的条件是轨道周长是电子波长的整数倍，只有这样才能使波的起点和终点具有相同的相位，于是

$$2\pi r = n\lambda = n\frac{h}{p} = n\frac{h}{mv}$$

即

$$mvr = n\frac{h}{2\pi} = n\hbar$$

所以角动量 $P_\varphi = mvr = n\hbar$ 是量子化的.

这正是玻尔模型的第三个假设.

2. 刚性匣子中的粒子

粒子被限制在刚性匣子中运动，不能穿透出来，如图 3.36. 从波的角度看，粒子在其中以驻波的形式存在. 匣子壁是驻波的波节，因而匣子的长度是半波长的整数倍.

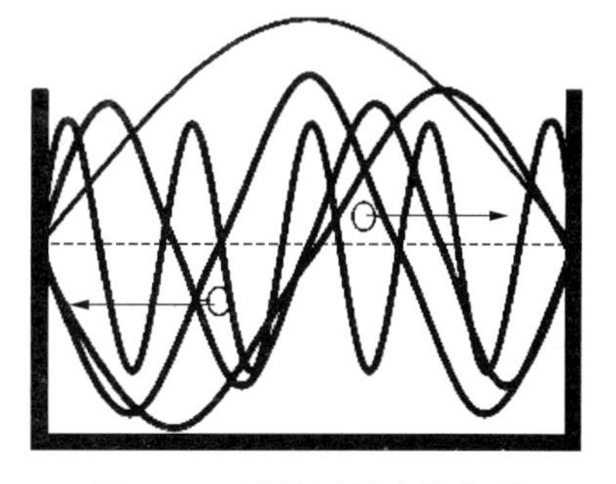

图 3.36　刚性匣子中的粒子

按照驻波的条件，匣子的长度 $L = n\lambda/2$，而由波粒二象性，即如果将粒子看做波，由德布罗意关系 $\lambda = h/p$，可得粒子的动量为 $p = nh/2L$，所以得到匣子中粒子的动能为

$$E_k = \frac{p^2}{2m} = \frac{n^2h^2}{8mL^2}$$

即束缚粒子的能量是量子化的.

如果将匣子等效为库仑势场,其中的粒子就是核外电子.电子沿轨道运动一周后回到起点,则轨道的周长即为匣子长度的2倍,$2\pi r = 2L$,即 $L = \pi r$,因而

$$E_k = \frac{n^2 h^2}{8mL^2} = \frac{n^2 h^2}{8\pi^2 m r^2}$$

而势能为

$$E_p = -\frac{e^2}{4\pi\varepsilon_0 r}$$

总能量

$$E = E_k + E_p = \frac{n^2 h^2}{8\pi^2 m r^2} - \frac{e^2}{4\pi\varepsilon_0 r}$$

能量的最小值满足条件 $\frac{\mathrm{d}E}{\mathrm{d}r} = 0$,即

$$-\frac{2n^2 h^2}{8\pi^2 m r^3} + \frac{e^2}{4\pi\varepsilon_0 r^2} = 0$$

能量最小时对应的轨道半径为

$$r_{\min} = \left(\frac{e^2}{4\pi\varepsilon_0}\right)^{-1} \frac{h^2}{4\pi^2 m} = a_1$$

这就是氢原子的第一玻尔半径.

最低能量

$$E_{\min} = -\frac{1}{2}\left(\frac{e^2}{4\pi\varepsilon_0}\right)^2 \frac{mc^2}{\hbar^2 c^2} = -13.6\ \mathrm{eV}$$

就是氢原子的基态能级.

所以可以说,由物质的波粒二象性,可以很自然地得到量子化的结论.因而,**波粒二象性是量子理论的基础**.

3.3 不确定关系

经典粒子,可以同时有确定的位置、速度、动量、能量.或者说,经典粒子的运动总是可以用轨迹描述;而经典波在空间往往是扩展的,难以确定波的空间位置.

然而，对于具有波粒二象性物体，该如何确定它们的位置、动量等物理量呢？

3.3.1 几个典型的例子

1. 自由粒子

自由粒子不受外部的作用力，因而可以保持其状态不变，即速度不变、动量不变等等，则该粒子的速度是一个完全确定的值.

但是，自由粒子是运动状况不受限制的粒子，可以在空间任意位置出现，即位置是完全无法确定的.

如果将这样的自由粒子看做波，由 $\lambda = h/p$，则其波长是完全确定的，就是单色波，图 3.37.

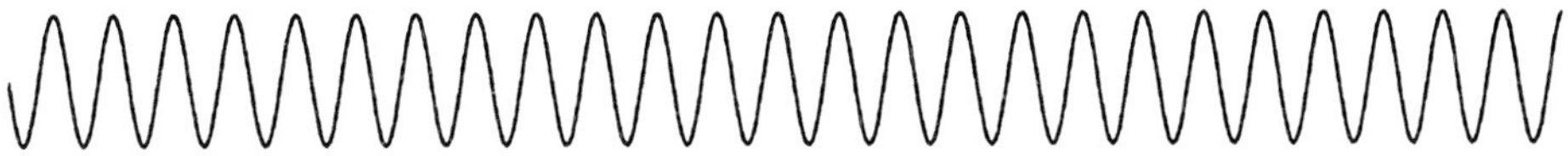

图 3.37 将自由粒子看做波，就是无限长的单色波列

根据波动光学的结论，单色波是空间中无限长的一个波列，即弥散在空间各处，位置完全无法确定.

可见，具有波粒二象性的粒子，如果动量是完全确定的，则位置完全不确定. 即如果 $\Delta p = 0$ 则必有 $\Delta x = \infty$.

2. 波包

波包(wave packet)是非单色波的叠加，就是在空间的有限长波列，波列的长度为

$$\Delta L > \frac{\lambda^2}{\Delta\lambda}$$

ΔL 就是波包在空间的弥散范围.

如果将波包视为粒子，则该粒子只能出现在波包弥散的空间区域，如图 3.38，即粒子空间位置有一个不确定范围 Δx，$\Delta x = \Delta L$.

波包由于是非单色波叠加而形成的，有一定的波长分布范围. 由于波长与动量相依赖，则当将波包看做粒子时，该粒子动量也有一定的分布范围，即动量的不确定范围为

$$\Delta p = \Delta\left(\frac{h}{\lambda}\right) = \frac{h\,\Delta\lambda}{\lambda^2}$$

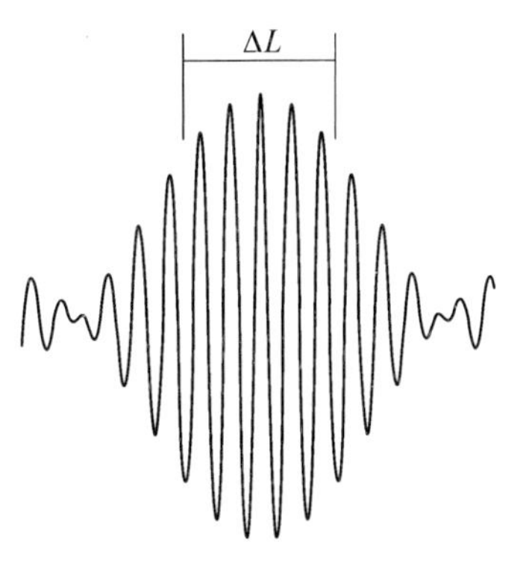

图 3.38 将波包看做粒子，就是在空间分布范围(位置不确定范围)为 ΔL 的粒子

所以有 $\Delta x \Delta p > \frac{\lambda^2}{\Delta\lambda}\frac{h\Delta\lambda}{\lambda^2}$，即

$$\Delta x \Delta p > h$$

就是波包的动量和该波包的空间位置不能同时确定.

3. 光的时间相干性，即波包的时间相干性

设想在时刻 t，中心频率为 ν 的波包经过空间某一点 P，该波包的中心频率所对应的能量为

$$E = h\nu = \frac{hc}{\lambda}$$

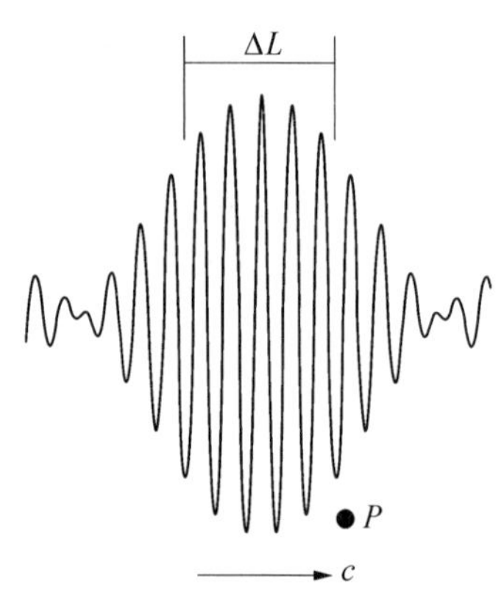

图 3.39 波包在空间位置 P 处存在的时间

由于波包具有波长范围 $\Delta\lambda$，则波包能量的不确定度(即能量的分布范围)为

$$\Delta E = hc\Delta\left(\frac{1}{\lambda}\right) = hc\frac{\Delta\lambda}{\lambda^2}$$

从图 3.39 可以看出，该波包传播过空间点 P 所用的时间就是**相干时间**，为

$$\Delta t > \frac{L}{c} = \frac{\lambda^2}{\Delta\lambda c}$$

如果将波包视作粒子，上述过程即可理解为，粒子的能量在 $E \pm \frac{\Delta E}{2}$ 范围内，且该粒子处于该状态的时间为 Δt. 则 $\Delta E \Delta t > \frac{hc\Delta\lambda}{\lambda^2}\frac{\lambda^2}{\Delta\lambda c} = h$，即

$$\Delta E \Delta t > h$$

即粒子的能量和该粒子处于这一能量状态的时间，不能同时确定.

4. 单缝衍射

在夫琅禾费衍射装置中，一列单色波，经过宽度为 a 的狭缝后，发生衍射. 衍射后，光波的能量主要集中在中央主极大的空间角度内. 根据衍射的反比关系，中央主极大的半角宽度为

$$\Delta\theta_0 = \frac{\lambda}{a}$$

从粒子的角度看，衍射后的粒子主要集中在中央主极大的范围中.

如图 3.40，粒子通过狭缝才能发生衍射，能通过狭缝的粒子，其空间位置的分布范围，即位置的不确定度为 $\Delta x = a$. 而分布在中央主极大范围内的光子，在 x 方向动量的不确定范围为

$$\Delta p_x = p_z \Delta\theta > \frac{h}{\lambda}\frac{\lambda}{a} = \frac{h}{\Delta x}$$

于是可得

$$\Delta x \Delta p_x > h$$

上述光学的实验事实说明,具有明显波粒二象性的微观粒子(如光子,或光波)与宏观粒子有着显著的不同.我们日常所见的粒子,都同时有确定的速度、动量、位置和运动轨迹,但是,由于微观粒子具有波的特征,所以,这些粒子的动量和空间位置、能量和处于这一能态的时间,是无法同时确定的,这就是**不确定关系**或**不确定原理**(Uncertainty principle).

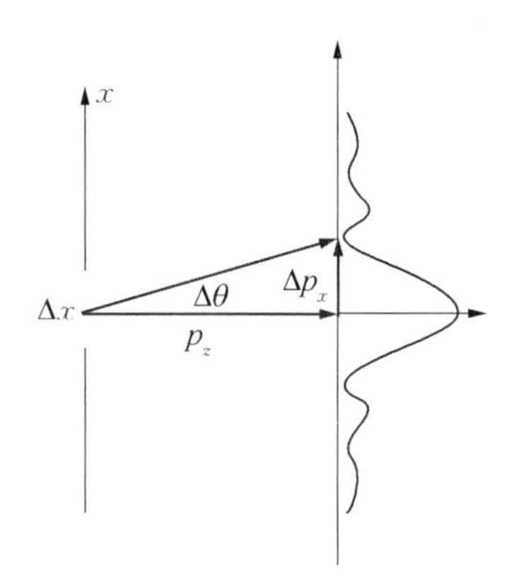

图 3.40 光子衍射时空间位置的不确定范围与动量的不确定范围

3.3.2 不确定关系的严格表述

不确定关系是德国科学家海森伯(Werner Karl Heisenberg,1901～1976,1925年建立了量子理论第一个数学描述——矩阵力学,1927年阐述了著名的不确定关系,1932年获诺贝尔物理学奖,图3.41)首先提出的.海森伯从量子力学出发,导出了不确定关系的数学表达式.这里我们仅仅将有关结论罗列如下:

图 3.41 海森伯

1. 空间位置与动量的不确定关系

$$\Delta x \Delta p_x \geqslant \frac{\hbar}{2},\quad \Delta y \Delta p_y \geqslant \frac{\hbar}{2},\quad \Delta z \Delta p_z \geqslant \frac{\hbar}{2}$$

2. 能量与时间的不确定关系

$$\Delta E \Delta t \geqslant \frac{\hbar}{2}$$

3. 不确定关系的物理含义

(1) 粒子不可能同时具有确定的空间位置和动量

位置完全确定的粒子,对应于空间中一个无限窄的波包,而无限窄的波包是含有各种波长成分的单色波的叠加.也就是说,无限窄的波包具有不受限制的波长分布范围,因而其动量是完全不确定的(图 3.42).

动量完全确定的粒子,对应于波长完全确定的单色波,该单色波在空间的波列无限长,等效为粒子,该粒子在空间的位置是完全不确定的(图 3.37).

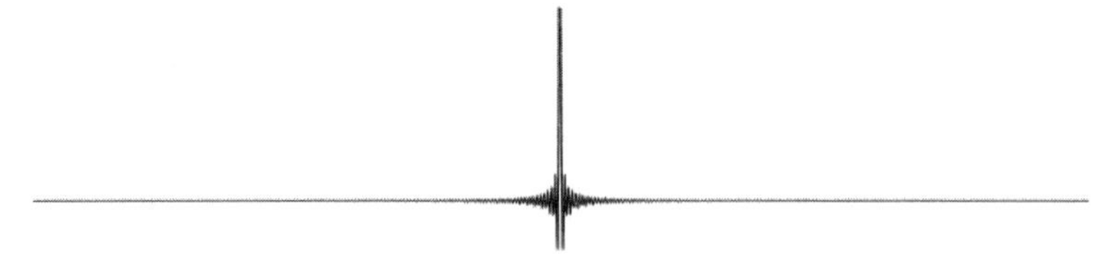

图 3.42 空间分布范围极小的波包,等效于位置完全确定的粒子

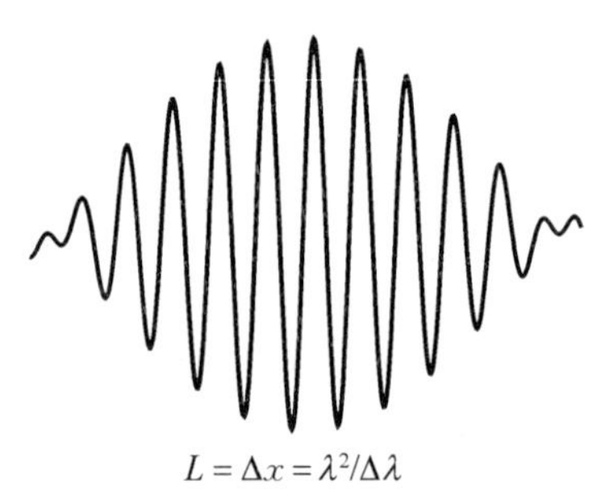

图 3.43 波包的空间位置和动量不能同时取确定的值

一般的粒子,对应于普通的波包,是有限长的非单色波列.同时有动量的不确定度,以及空间位置的不确定度(图 3.43).

(2) 能级的自然宽度

ΔE:粒子在某一状态时能量的不确定度;Δt:粒子处于这一状态的时间,即该状态的寿命.或者理解为,在这一时间内,粒子的能量不为零.

由于 $\Delta E\Delta t \geqslant \frac{\hbar}{2}$,因而,粒子在某一状态的能量与粒子在该状态的寿命是无法同时确定的.

可以认为,由于跃迁过程中粒子没有在中间态停留,或者说在粒子的跃迁过程中所经历的状态都是能量完全不确定的状态,即 $\Delta E = \infty$,故 $\Delta t = 0$,即跃迁是没有中间过程的,跃迁不需要时间.

对于原子的任一个激发态能级,因为该原子不可能永远处于该能级,所以该能级的**寿命**(life time)总是有限的,即 $\tau = \Delta t \neq \infty$,于是 $\Delta E \neq 0$,原子激发态能级总是有一定分布宽度的,称做**能级的自然宽度**(图 3.44).

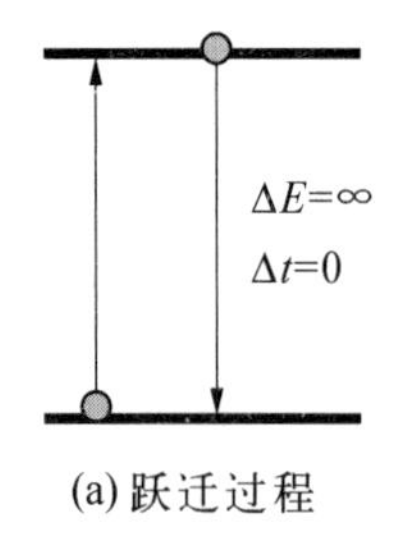

(a) 跃迁过程

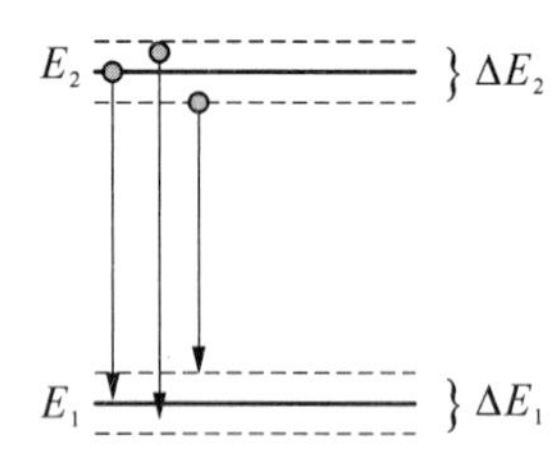

(b) 能级和谱线的自然宽度

图 3.44 能级的寿命与光谱线的宽度

由于能级的自然宽度辐射跃迁发出的光波不可能是严格的单色波,而总是有一定的波长分布范围,称做**光谱线的自然宽度**.

(3) 束缚粒子的最小平均动能

如图 3.45,如果粒子被限制在 Δx 范围内运动(例如处于刚性匣子中),由不确定关系,有 $\Delta p_x \geqslant \dfrac{\hbar}{2\Delta x}$.

由于粒子在运动过程中,与匣子壁是弹性碰撞,因而不损失能量,往复的运动将一直持续,所以平均动量为 0,即 $\bar{p}_x = 0$. 而从统计角度看,动量的不确定度就是动量的方均根,即

$$\Delta p_x = \sqrt{\langle (p_x - \bar{p}_x)^2 \rangle} = \sqrt{\langle p_x^2 \rangle}$$

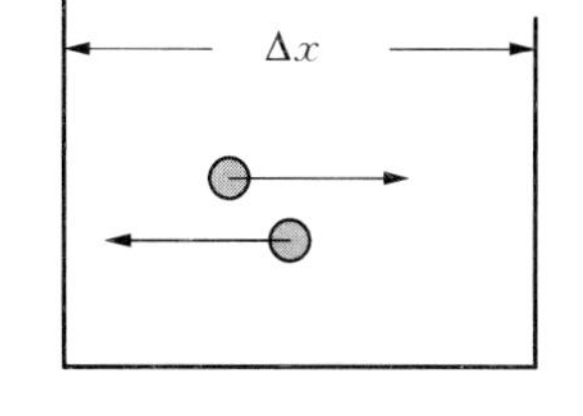

图 3.45 束缚粒子的最小动能

即

$$(\Delta p_x)^2 = \langle p_x^2 \rangle$$

而由于不确定关系,有 $\langle p_x^2 \rangle \geqslant \left(\dfrac{\hbar}{2\Delta x}\right)^2$,则粒子的平均动能为

$$\langle E_\mathrm{k} \rangle = \frac{1}{2m}\langle p_x^2 \rangle \geqslant \frac{1}{2m}\left(\frac{\hbar}{2\Delta x}\right)^2 = \frac{\hbar^2}{8m\Delta x^2}$$

平均动能的最小值为

$$\langle E_\mathrm{k} \rangle_{\min} = \frac{\hbar^2}{8m\Delta x^2}$$

如果将上述粒子等效为核外电子,则

$$\pi r = \Delta x, \quad \langle E_\mathrm{k} \rangle_{\min} = \frac{\hbar^2}{8\pi^2 m r^2} > 0$$

说明电子将始终运动,总是具有动能,不能落入核内.对于三维运动,其动能的平均值

$$\langle E_\mathrm{k} \rangle_{\min} = \frac{3\hbar^2}{8m\Delta L^2}$$

通过上面对实验事实的分析,可以这么说,**不确定关系是波粒二象性的必然结果**.

量子力学与索尔维会议

索尔维会议(the Solvay Conferences)以欧内斯特·索尔维(Ernest Solvay, 1838~1922)的名字命名,是只有受邀者才能参加的国际学术会议,最近的一次索尔维物理学会议是 2008 年 12 月召开的第 23 届.

索尔维是一位比利时企业家,也是一名化学家. 1865 年他发明了以他的姓氏

命名的索尔维制碱法(这种工艺至今依然是生产苏打的最重要技术),从而获得了巨大的商业利润.成功后的索尔维热衷于公益事业,也大力支持科学研究.1911年秋,他出资邀请当时最著名的物理学家在布鲁塞尔召开了一次物理学会议,这就是第一届索尔维物理学会议(the 1st Solvay Conference on physics).

参加第一届索尔维会议(图3.46)的有洛伦兹、维恩、居里夫人、普朗克、索末菲、卢瑟福、爱因斯坦等当时著名的物理学家,共22人.爱因斯坦是最年轻的学者.其中最著名的荷兰物理学家洛伦兹是会议的主席(他也担任了第二至第五届索尔维会议的主席),会议的主题是"辐射与量子"(Radiation and the Quanta),讨论了一些同时具有所谓的"经典物理"和"量子理论"趋向的问题.正是在这次会议上,由普朗克和爱因斯坦提出的量子观点开始得到物理学界的接受.值得一提的是,担任这次会议秘书长的莫里斯·德布罗意就是后来提出物质波假说的路易斯·德布罗意的哥哥.

这次会议之后的1912年,索尔维建立了设在布鲁塞尔的国际索尔维物理和化学研究院(International Solvay Institutes for Physics and Chemistry),并定期召开物理和化学的索尔维会议(the Solvay Conferences on Physics, the Solvay Conferences on Chemistry).

图3.46 第一次索尔维会议,1911年秋,布鲁塞尔

坐者(从左至右):沃尔特·能斯特**、马塞尔·布里渊、欧内斯特·索尔维、亨得里克·洛伦兹*、埃米尔·沃伯格、让·贝汉、威廉·维恩**、玛丽·居里*、亨利·彭加勒

站者(从左至右):罗伯特·古德施密特、马克斯·普朗克**、海因里希·鲁本斯、阿诺德·索末菲、弗雷德里克·林德曼、莫里斯·德布罗意、马丁·努森、F. Hasenöhrl、G. Hostelet、Ed. Herzen、J. H. 金斯、欧内斯特·卢瑟福*、卡末林·昂内斯**、阿尔伯特·爱因斯坦**、保罗·朗之万

注:*当时已获得诺贝尔奖;**后来获得诺贝尔奖,其中居里夫人当年又获得诺贝尔化学奖

对量子力学发展影响最大的是1927年10月召开的第五届索尔维会议(图3.47).这次会议主题是"电子和光子"(Electrons and Photons),参加这次会议的29名科学家,多是当时量子物理领域中最有影响的人物,其中有17人已经获得或后来获得了诺贝尔奖.那时,爱因斯坦已经功成名就,而年轻的玻尔、薛定谔、海森伯、狄拉克、玻恩以及德·布罗意等人已经将量子理论大大地向前推进了.这次会议上爆发了著名的"玻尔-爱因斯坦论战".此前,海森伯基于波粒二象性提出了不确定性原理,玻恩对薛定谔的波函数给出了几率解释,但爱因斯坦反对这样的观点,他说道:"上帝不掷骰子."(God does not play dice.)玻尔立即回击:"爱因斯坦,不要告诉上帝该怎么做!"(Einstein, stop telling God what to do!)

图3.47 第五次索尔维会议,1927年10月,布鲁塞尔

第三排:奥古斯特·皮卡尔德、E. Henriot、保罗·埃伦费斯特、Ed. Herzen、Théophile de Donder、欧文·薛定谔**、E. Verschaffelt、沃尔夫冈·泡利**、沃纳·海森伯**、R·H·福勒、里昂·布里渊(马塞尔·布里渊之子)

第二排:彼得·德拜*、马丁·努森、威廉·劳伦斯·布拉格*、亨德里克·克拉莫尔斯、保罗·狄拉克**、亚瑟·康普顿**、路易斯·德布罗意**、马克斯·玻恩**、尼尔斯·玻尔*

第一排:欧文·朗缪尔**、马克斯·普朗克*、玛丽·居里*、亨得里克·洛伦兹*、阿尔伯特·爱因斯坦*、保罗·朗之万、Ch. E. Guye、C. T. R. 威尔逊**、O. W. 里查森**

注:*当时已获得诺贝尔奖;**后来获得诺贝尔奖

3.4 波函数与薛定谔方程

光学中,可以用函数描述光波,光的波动表达式反映的是波场的振动,即电场强度、磁感应强度的周期性变化(随时间)与分布(在空间).

那么,对于具有波粒二象性的粒子,如何从粒子角度出发来描述其运动规律呢?波动要遵循波的叠加原理,那么我们就从这一点出发,探讨微观粒子的特征.

3.4.1 波粒二象性的数学描述

1. 不能理解为经典意义下的波或粒子

经典波所表示的是物理量在空间的周期性分布,而经典粒子是具有确定位置、轨迹、速度的实物.所以经典的波动性或粒子性并不能直接用于理解微观粒子的波粒二象性.

2. 波粒二象性的量子力学理解

所谓粒子性,就是粒子本身所具有的颗粒性质,或作为一个整体的不可分割性.作为粒子,具有质量、动量、能量等等,但由于不确定关系,“轨道”或“空间运动轨迹”的概念不再适用于描述微观粒子.

所谓波动性,就是物理量或体系的状态是可以线性叠加的.

可以通过具体的实例理解波粒二象性.

3.4.2 电子的双缝干涉实验

表现光的波动性的典型实例是杨氏双缝干涉实验.从波的观点看,双缝将一列光波分为相干的两列,记为 $\widetilde{\Psi}_1$、$\widetilde{\Psi}_2$,这两列光波在相遇的区域进行相干叠加.按照波的叠加原理,可以得到合振动为 $\widetilde{\Psi} = \widetilde{\Psi}_1 + \widetilde{\Psi}_2$ 的光波.干涉场在接收屏上的强度分布为

$$|\widetilde{\Psi}|^2 = |\widetilde{\Psi}_1 + \widetilde{\Psi}_2|^2 = |\widetilde{\Psi}_1|^2 + |\widetilde{\Psi}_2|^2 + \widetilde{\Psi}_1^* \widetilde{\Psi}_2 + \widetilde{\Psi}_1 \widetilde{\Psi}_2^* \tag{3.37}$$

所谓光强,就是复振幅模的平方的时间平均值,即 $|\widetilde{\Psi}_1|^2 = I_1$,$|\widetilde{\Psi}_2|^2 = I_2$,式(3.37)中的交叉项 $\widetilde{\Psi}_1^* \widetilde{\Psi}_2 + \widetilde{\Psi}_1 \widetilde{\Psi}_2^*$ 就是干涉项.

如果两缝的宽度相等,或者说两缝是完全等效的,则从每一缝出射的光强相等,即 $I_1 = I_2 = I_0$.通过任一缝的光强或光子数记做 I_0,则:

干涉相长时,

$$I = I_0 + I_0 + 2\sqrt{I_0 I_0} = 4I_0$$

干涉相消时，

$$I = I_0 + I_0 - 2\sqrt{I_0 I_0} = 0$$

也就是说，从波的观点看，干涉后，屏上出现明暗交错的条纹，是两列相干光相互叠加，即相互作用的结果(图 3.48).

既然电子也同光子一样具有波的特性，那么，电子通过双缝后，也能够产生干涉.下面就简单地讨论一下电子的双缝干涉.

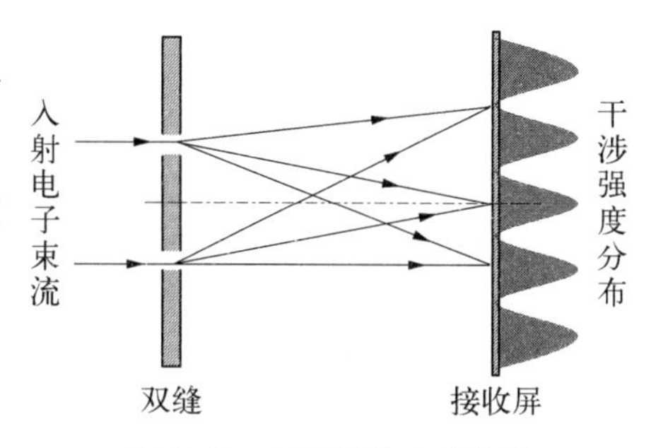

图 3.48 双缝干涉实验装置

如果从粒子的角度看，光强与光子数成正比，光子多则光的强度大，光子少则光的强度小.电子束流的强度也是由电子的数目决定的，那么，只要记录在接收屏上电子数，就可以得到电子的干涉花样.

由上述干涉相长和干涉相消的强度表达式看，在亮条纹(干涉相长)处，可以认为是每 2 个电子干涉后，变为 4 个电子；而在暗条纹(干涉相消)处，则是每 2 个光子干涉后，电子就消失了，湮灭了.

但这是说不通的！既然认为电子是一个一个的实物粒子，具有能量、动量以及不可分割性，那么，它就不可能因为 2 个电子相互作用而又产生出 2 个电子来，也不可能因为 2 个电子相互作用而消失得无影无踪.

可以设想，在上述实验中，如果让入射电子束流变得很弱，则经过较长时间的积累后，在接收屏上仍然可以得到干涉花样.从粒子的角度看，束流很弱，就是电子数很少，以至于每次只有一个电子到达接收屏上，这样，根本就没有电子之间的相互作用，但仍能得到干涉花样.这就说明，干涉后接收屏上的强度分布，并不是电子之间相互作用的结果.

那么该如何理解电子的干涉呢？事实上，干涉的结果，只是使得经过双缝的电子，在接收屏上按照特定的规律分布，强度较大的亮条纹处，电子数多，说明每一个电子在这里出现的几率大，而强度较小的暗条纹处，电子数少，说明电子在这里出现的几率小.也就是说，干涉条纹的分布，只是大量电子本身所具有的在空间分布的特性的反映.

如果采用其他的干涉装置，例如改变双缝的间距、屏幕的距离，或用三缝、四缝等装置，则干涉花样肯定会有所不同，即电子在空间的分布特性或分布几率将发生改变.所以，这种空间几率分布特性是由干涉系统所决定的.

上述“假想”的实验在 20 世纪 20 年代就被用来说明“**电子在空间的几率分布**”这样一个对量子力学来说至为重要的观点，但之后的几十年间，它一直都是一个设想，而这一设想基于波粒二象性这样一个被所有人都接受的事实.从光子外推到电子，看起来是那样的完美和无懈可击.所以，从没有人怀疑过这一假想实验的合理性，似乎也没有人试图去做这样的实验.就连获得诺贝尔物理学奖的美国物理学家费曼(Richard Phillips Feynman，1918～1988)也曾经说过："你最好不要试着去做这样一个实验，这个实验从未以这种方式做过[①]."

但是，到了 20 世纪 70 年代，在意大利的博洛尼亚大学，Pier Giorgio Merli，Giulio Pozzi 和 GianFranco Missiroli 等人已经做了这样的实验，并得到如图 3.49 所示的结果[②]，其中的六张照片显示了随着时间的积累，接收屏上电子的分布情况.他们设法使从电子枪中发射出的电子束流很弱，从而认为由于每次只有一个电子到达接收装置上(虽然并没有足够的证据证实这样的一个过程).

在 1989 年，日本日立公司的 Akira Tonomura 等人做了更精确的实验(97 页脚注②)，装置如图 3.50，实验中，电子束流被控制得极低，实际测量证明每秒钟只

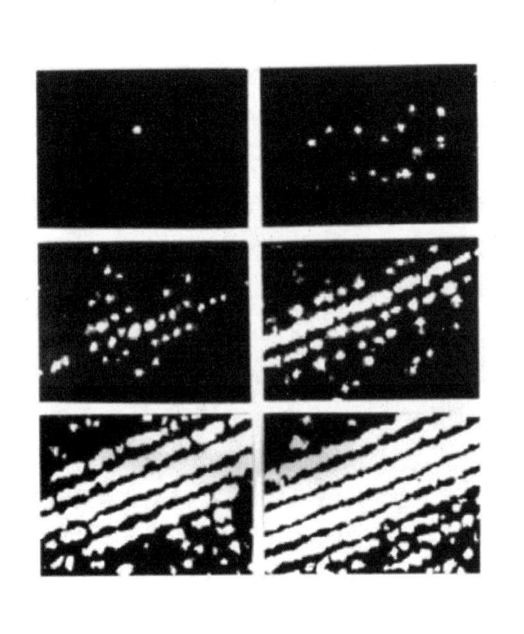

图 3.49 Merli 等人的电子双缝干涉花样

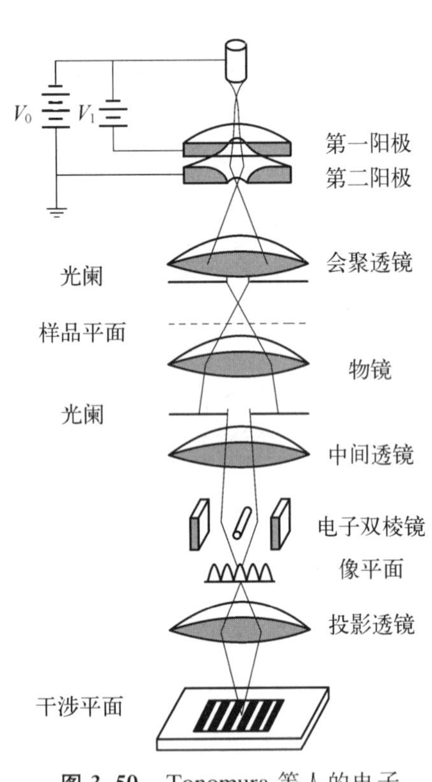

图 3.50 Tonomura 等人的电子双缝干涉装置

① Feynman R P, et al. The Feynman Lectures on Physics[M]. Vol. Ⅲ, Menlo Park, CA: Addison-Wesley, 1965: 1-1～1-5.

② Merl P G, Missiroli G F, Pozzi G. On the statistical aspect of electron interference phenomena[J]. American Journal of Physics, 1976, 44: 306～307.

有少于1 000个电子入射到双棱镜中，所以不可能有两个或两个以上的电子同时到达接收装置上，因而不存在干涉是两个电子相互作用的结果，即干涉不是两个电子或两个光子之间相互作用的结果①.

如图 3.51 所示.当时间较短，电子数较少时，看不出电子的空间分布有什么规律，但是，当经过一定时间(20 分钟)的积累，电子数较多时，就显示了明显的规律，得到了与双缝干涉一致的结果.

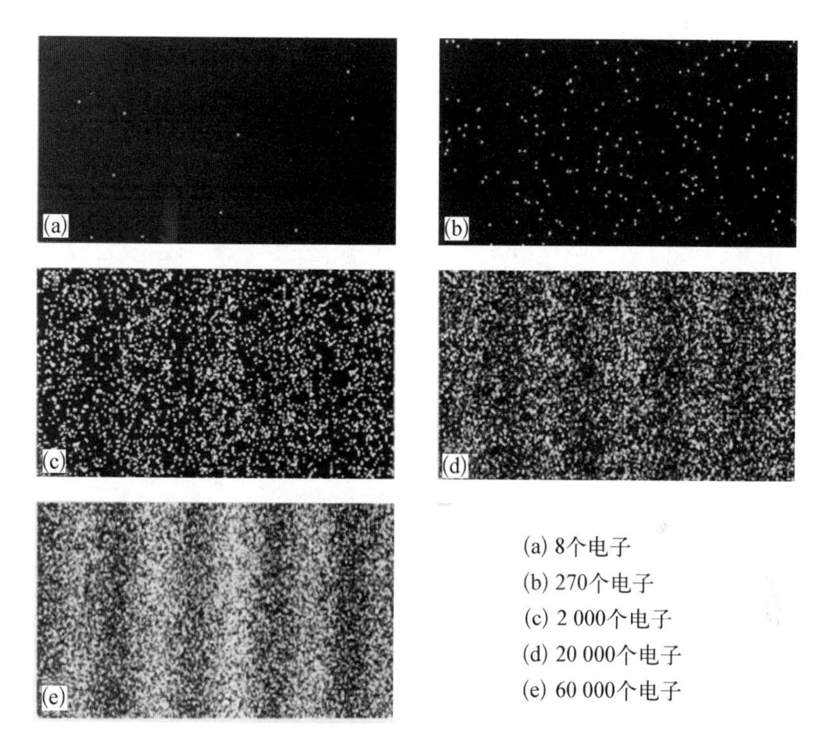

图 3.51 Tonomura 等人的电子双缝干涉花样

因而，对于微观粒子的波动性，可以从统计的观点来理解.具体到一个光子或电子，这种波动性就是空间分布几率的体现.

这种分布特性可以用统计的方法，即几率，进行描述.电子或光子出现几率大的地方，强度较强；电子或光子出现几率小的地方，强度较弱.

---

① Tonomura A, Endo J, Matsuda T, Kawasaki T. Demonstration of single-electron buildup of an interference pattern. Advanced Research Laboratory, Hitachi, Ltd., Kokubunji, Tokyo 185, Japan, H. Ezawa, Department of Physics, Gakushuin University, Mejiro, Tokyo 171, Japan.

3.4.3 波函数的统计解释

1. 玻恩对波函数的统计解释

正如前文所述，早在20世纪20年代，利用"假想"的电子双缝干涉实验，从电子空间分布几率的观点进行了解释.提出这一解释的，是与海森伯、约丹(Pascual Jordan)、泡利、狄拉克等同在德国哥廷根大学的物理学家玻恩①(Max Born，1882～1970，图3.52).

图3.52 玻恩

既然所有物质都具有波粒二象性，则可以当然地用波的表达式来描述粒子的行为.波动具有时间和空间两种周期性，最简单的简谐波的振动可以用函数表示为

$$\Psi(\boldsymbol{x},t) = \Psi_0\cos(\boldsymbol{k}\cdot\boldsymbol{x} - \omega t) \tag{3.38}$$

或者用复数表示为

$$\Psi(\boldsymbol{x},t) = \Psi_0 e^{i(\boldsymbol{k}\cdot\boldsymbol{x}-\omega t)} \tag{3.39}$$

其中，$k = 2\pi/\lambda$，称做**波矢**或**圆波数**、**角波数**，$\omega = 2\pi\nu$，称做**圆频率**或**角频率**，Ψ_0为波的振幅，该振幅通常是空间位置的函数，因而也可以写做$\Psi_0(\boldsymbol{x})$.

从波动的角度看，光是电磁波，光的强度正比于其振幅的平方，即$I = \Psi_0^2 = |\Psi|^2 = \Psi^*\Psi$.但是，如果从粒子的角度看，那么光强就正比于光子数，或光子数密度n(即单位面积上，或单位体积中的光子数).这样一来，光子数密度就正比于上述波动表达式中振幅的平方，即

$$n \propto \Psi_0^2 = |\Psi|^2 = \Psi^*\Psi \tag{3.40}$$

如果从统计的角度看，光子密度大的地方，必定是光子出现或分布几率大的地方，所以，波动表达式中的振幅，正是光子在空间的分布**几率密度**(probability density).

电子和光子一样，具有波粒二象性，所以可以将光的波动表达式$\Psi(\boldsymbol{x},t)$直接用于描述电子或其他的任何粒子，这就是粒子的**波函数**(wave function).

如果用波动的表达式描述粒子(光子、电子等微观粒子)的行为，那么波函数Ψ到底表示了粒子怎样的特征呢?

从上面对光的干涉实验和电子的干涉实验可以看出，波的强度，反映的是粒子数目的多少，则波的分布，反映的就是粒子在空间的分布.确切地说，波的强度，即光强$I = |\Psi(\boldsymbol{x},t)|^2 = \Psi(\boldsymbol{x},t)\Psi^*(\boldsymbol{x},t)$所反映的就是在时刻$t$、空间点$\boldsymbol{x}$处粒

① 参见Max Born. The statistical interpretation of quantum mechanics, Nobel Lecture. December 11, 1954.

子出现或被发现的几率.因此波的振幅 Ψ_0 或复振幅 $\Psi_0 e^{i\boldsymbol{k}\cdot\boldsymbol{x}}$,就被称做**几率幅**(probability amplitude).这就是波动性的物理含义.

由此,经典意义下描述波动的函数或复振幅就成了量子意义下描述粒子分布几率幅的函数.

玻恩由于"对量子力学基本原理的研究,特别是对波函数的统计解释"而获得1954年诺贝尔物理学奖.

例如,单色波 $\Psi(\boldsymbol{x},t)=\Psi_0 e^{i(\boldsymbol{k}\cdot\boldsymbol{x}-\omega t)}$ 的强度为

$$I=|\Psi(\boldsymbol{x},t)|^2=\Psi(\boldsymbol{x},t)\Psi^*(\boldsymbol{x},t)=\Psi_0^2$$

是一个常数,表示的就是自由粒子在空间各点出现的几率相等.

2. 对波函数的要求

由于粒子不能湮灭,即总能在空间某处发现该粒子,因而必须有

$$\int_V |\Psi(\boldsymbol{x},t)|^2 dv = 1 \tag{3.41}$$

由于几率总是相对的,所以上述积分也可以等于一个常数 A,即

$$\int_V |\Psi(\boldsymbol{x},t)|^2 dv = A \tag{3.42}$$

对于上述积分不等于1的波函数,可以进行"**归一化**"(normalize),即

$$\int_V \left|\frac{\Psi(\boldsymbol{x},t)}{\sqrt{A}}\right|^2 dv = 1 \tag{3.43}$$

式(3.43)被称做**归一化条件**,$1/\sqrt{A}$ 就是**归一化因子**.

因为几率是相对的,所以,上述波函数都乘以一个常数因子后,没有变化.

事实上,归一化并非总是需要的,而且,有些波函数不能归一化,例如单色波,或自由粒子,由于在空间各处的几率都相等,因而

$$\int_V |\Psi(\boldsymbol{x},t)|^2 dv = \int_{-\infty}^{+\infty} |\Psi_0 e^{i(\boldsymbol{k}\cdot\boldsymbol{x}-\omega t)}|^2 d\,v = \Psi_0^2\int_{-\infty}^{+\infty} d\,v = \infty$$

3.4.4 薛定谔方程

量子理论的数学表达,可以有两种不同的方式.一种是海森伯、玻恩和约丹于1925年发展起来的矩阵方法,也称**矩阵力学**;另一种方式,则是薛定谔(Erwin Schrödinger,1887~1961,德国,图3.53)与狄拉克(Paul Adrien Maurice Dirac,1902~1984,英国)于1926年建立的波动方法,也称**波动力学**.

薛定谔所建立的方程,是量子力学的最基本方程.但是,它并不是经过严格的推导而获得的,而是用试探方法找到的,或者说是"猜"到的.事实上,如果将其视为量子力学的基本假设,推导是不必要的.下面的过程仅仅是对于该方

图 3.53 薛定谔

程的合理性进行说明，并且引入有关算符的概念.

1. 自由粒子的薛定谔方程

自由粒子就是单色平面波，其波函数（复振幅）为 $\Psi(\boldsymbol{x},t)=\Psi_0\mathrm{e}^{\mathrm{i}(\boldsymbol{k}\cdot\boldsymbol{x}-\omega t)}$，其中，$\boldsymbol{x}=(x\boldsymbol{e}_x, y\boldsymbol{e}_y, z\boldsymbol{e}_z)$ 为粒子的**位矢**，$\boldsymbol{k}=(k_x\boldsymbol{e}_x, k_y\boldsymbol{e}_y, k_z\boldsymbol{e}_z)$ 为波矢.

由于粒子的能量为 $E=h\nu=\dfrac{h}{2\pi}2\pi\nu=\hbar\omega$，动量为 $p=\dfrac{h}{\lambda}=\dfrac{h}{2\pi}\dfrac{2\pi}{\lambda}=\hbar k$，所以一般情况下波函数也可以写做

$$\Psi(\boldsymbol{x},t)=\Psi_0\mathrm{e}^{\mathrm{i}(\boldsymbol{k}\cdot\boldsymbol{x}-\omega t)}=\Psi_0\mathrm{e}^{\mathrm{i}(\boldsymbol{p}\cdot\boldsymbol{x}-Et)/\hbar}\tag{3.44}$$

其中 $\boldsymbol{p}=(p_x\boldsymbol{e}_x, p_y\boldsymbol{e}_y, p_z\boldsymbol{e}_z)$ 为粒子的动量.

对波函数(3.44)施以一系列微分计算.首先求其对时间的微分，有

$$\mathrm{i}\hbar\frac{\partial\Psi(\boldsymbol{x},t)}{\partial t}=\mathrm{i}\hbar\Psi_0\frac{\partial\mathrm{e}^{\mathrm{i}(\boldsymbol{k}\cdot\boldsymbol{x}-\omega t)}}{\partial t}=\hbar\omega\Psi(\boldsymbol{x},t)=E\Psi(\boldsymbol{x},t)$$

再求波函数对坐标变量的微分，有

$$-\mathrm{i}\hbar\frac{\partial\Psi(\boldsymbol{x},t)}{\partial x}=-\mathrm{i}\hbar\Psi_0\frac{\partial\mathrm{e}^{\mathrm{i}(\boldsymbol{k}\cdot\boldsymbol{x}-\omega t)}}{\partial x}=\hbar k_x\Psi(\boldsymbol{x},t)=p_x\Psi(\boldsymbol{x},t)$$

再求一次对坐标变量的微分，得到

$$-\mathrm{i}\hbar\frac{\partial}{\partial x}\left(-\mathrm{i}\hbar\frac{\partial\Psi}{\partial x}\right)=-\mathrm{i}\hbar\frac{\partial\Psi(\boldsymbol{x},t)}{\partial x}p_x=p_x^2\Psi(\boldsymbol{x},t)$$

即

$$-\hbar^2\frac{\partial^2\Psi(\boldsymbol{x},t)}{\partial x^2}=p_x^2\Psi(\boldsymbol{x},t)$$

同理可得到 $-\hbar^2\dfrac{\partial^2\Psi(\boldsymbol{x},t)}{\partial y^2}=p_y^2\Psi(\boldsymbol{x},t)$，$-\hbar^2\dfrac{\partial^2\Psi(\boldsymbol{x},t)}{\partial z^2}=p_z^2\Psi(\boldsymbol{x},t)$，因而

$$-\hbar^2\left(\frac{\partial^2}{\partial x^2}+\frac{\partial^2}{\partial y^2}+\frac{\partial^2}{\partial z^2}\right)\Psi(\boldsymbol{x},t)=(p_x^2+p_y^2+p_z^2)\Psi(\boldsymbol{x},t)$$

用微分算符表示，为

$$-\frac{\hbar^2}{2m}\nabla^2\Psi(\boldsymbol{x},t)=\frac{p^2}{2m}\Psi(\boldsymbol{x},t)=E_\mathrm{k}\Psi(\boldsymbol{x},t)\tag{3.45}$$

其中 $\nabla^2=\dfrac{\partial^2}{\partial x^2}+\dfrac{\partial^2}{\partial y^2}+\dfrac{\partial^2}{\partial z^2}$，$p^2=p_x^2+p_y^2+p_z^2$，$E_\mathrm{k}=\dfrac{p^2}{2m}$ 为粒子的动能.

自由粒子没有势能，即 $E=E_\mathrm{k}$，所以

$$\mathrm{i}\hbar\frac{\partial\Psi(\boldsymbol{x},t)}{\partial t}=E\Psi(\boldsymbol{x},t)=E_\mathrm{k}\Psi(\boldsymbol{x},t)$$

因而得到

$$\mathrm{i}\hbar\frac{\partial\Psi(\boldsymbol{x},t)}{\partial t}=-\frac{\hbar^2}{2m}\nabla^2\Psi(\boldsymbol{x},t)\tag{3.46}$$

这就是自由粒子的**薛定谔方程**(the Schrödinger equation).

2. 势场中粒子的薛定谔方程

处于势场中的粒子,能量由动能和势能组成:$E=E_\mathrm{k}+E_\mathrm{p}=\frac{p^2}{2m}+V(\boldsymbol{x},t)$,重复上面的过程,即可得到

$$\mathrm{i}\hbar\frac{\partial\Psi(\boldsymbol{x},t)}{\partial t}=\left[-\frac{\hbar^2}{2m}\nabla^2+V(\boldsymbol{x},t)\right]\Psi(\boldsymbol{x},t)\tag{3.47}$$

这就是势场中粒子的薛定谔方程.

3. 定态薛定谔方程

如果势能函数是不含时间的,即定态势能场,则 $V(\boldsymbol{x},t)=V(\boldsymbol{x})$,式(3.47)可写做

$$\mathrm{i}\hbar\frac{\partial\Psi(\boldsymbol{x},t)}{\partial t}=\left[-\frac{\hbar^2}{2m}\nabla^2+V(\boldsymbol{x})\right]\Psi(\boldsymbol{x},t)$$

作分离变量,即 $\Psi(\boldsymbol{x},t)=\Psi(\boldsymbol{x})f(t)$,薛定谔方程变为

$$\mathrm{i}\hbar\frac{\mathrm{d}f(t)}{\mathrm{d}t}\Psi(\boldsymbol{x})=\left[-\frac{\hbar^2}{2m}\nabla^2\Psi(\boldsymbol{x})+V(\boldsymbol{x})\Psi(\boldsymbol{x})\right]f(t)$$

进一步整理后,得到

$$\mathrm{i}\hbar\frac{1}{f(t)}\frac{\mathrm{d}f(t)}{\mathrm{d}t}=\frac{1}{\Psi(\boldsymbol{x})}\left[-\frac{\hbar^2}{2m}\nabla^2\Psi(\boldsymbol{x})+V(\boldsymbol{x})\Psi(\boldsymbol{x})\right]$$

由于方程两端分别是不同变量的函数,则两端必等于一个常数,设该常数为 E,则方程左端为

$$\mathrm{i}\hbar\frac{1}{f(t)}\frac{\mathrm{d}f(t)}{\mathrm{d}t}=E$$

解为

$$f(t)=C\mathrm{e}^{-\mathrm{i}Et/\hbar}\tag{3.48}$$

相应地,方程右端为

$$\left[-\frac{\hbar^2}{2m}\nabla^2+V(\boldsymbol{x})\right]\Psi(\boldsymbol{x})=E\Psi(\boldsymbol{x})\tag{3.49}$$

称做**定态薛定谔方程**(Time independent Schrödinger equation),或**哈密顿方程**(Hamiltonian Equation).则薛定谔方程(3.47)的解为

$$\Psi(\boldsymbol{x},t) = \Psi(\boldsymbol{x})\mathrm{e}^{-\mathrm{i}Et/\hbar} \tag{3.50}$$

薛定谔与狄拉克由于共同建立了描述物质波连续时空演化的偏微分方程——薛定谔方程,给出了量子论的另一个数学描述——波动力学,而分享 1933 年诺贝尔物理学奖.

3.4.5 力学量的算符

上述计算过程表明,用某个数学**算符**(operator)对波函数进行运算,结果相当于用某个力学量乘以波函数,例如 $\mathrm{i}\hbar\frac{\partial\Psi(\boldsymbol{x},t)}{\partial t} = E\Psi(\boldsymbol{x},t)$, $-\mathrm{i}\hbar\frac{\partial\Psi(\boldsymbol{x},t)}{\partial x} = p_x\Psi(\boldsymbol{x},t)$, $-\frac{\hbar^2}{2m}\nabla^2\Psi(\boldsymbol{x},t) = E_{\mathrm{k}}\Psi(\boldsymbol{x},t)$, 等等.所以在对波函数的运算中,可以将算符等效于力学量,即

$$E \to \mathrm{i}\hbar\frac{\partial}{\partial t},\quad \boldsymbol{p} \to -\mathrm{i}\hbar\nabla,\quad -\frac{\hbar^2}{2m}\nabla^2 \to E_{\mathrm{k}}$$

则 $\mathrm{i}\hbar\frac{\partial}{\partial t}$ 就是能量E 的算符, $-\mathrm{i}\hbar\nabla$就是动量 $\boldsymbol{p}$ 的算符, $-\frac{\hbar^2}{2m}\nabla^2$ 就是动能 E_{k} 的算符.

$-\frac{\hbar^2}{2m}\nabla^2 + V(\boldsymbol{x},t)$ 也是能量算符.

同样,一些不进行微分运算的函数,也可以视做算符,例如

$$\boldsymbol{x}\Psi(\boldsymbol{x},t) = \boldsymbol{x}\Psi(\boldsymbol{x},t)$$

$$V(\boldsymbol{x},t)\Psi(\boldsymbol{x},t) = V(\boldsymbol{x},t)\Psi(\boldsymbol{x},t)$$

为了明确起见,将上述力学量的算符记做

$$\hat{E} = \mathrm{i}\hbar\frac{\partial}{\partial t},\ \hat{\boldsymbol{p}} = -\mathrm{i}\hbar\nabla,\ \hat{E}_k = -\frac{\hbar^2}{2m}\nabla^2,\ \hat{\boldsymbol{x}} = \boldsymbol{x},\ \hat{V}(\boldsymbol{x},t) = V(\boldsymbol{x},t)$$

以及

$$\hat{E} = -\frac{\hbar^2}{2m}\nabla^2 + V(\boldsymbol{x}) = \hat{H}$$

粒子的角动量也有对应的算符,角动量的表达式为 $\boldsymbol{L} = \boldsymbol{r}\times\boldsymbol{p}$, 相应的算符记做

$$\hat{\boldsymbol{L}} = \hat{\boldsymbol{r}}\times(-\mathrm{i}\hbar\nabla)$$

在图 3.54 所示的坐标系中，用直角坐标表示，则有

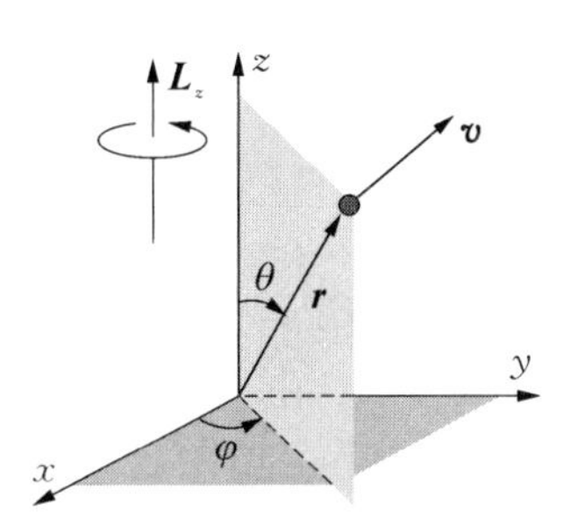

图 3.54 角动量及其算符

$$\hat{L}_x = yp_z - zp_y = -\mathrm{i}\hbar\left(y\frac{\partial}{\partial z} - z\frac{\partial}{\partial y}\right)$$

$$\hat{L}_y = zp_x - xp_z = -\mathrm{i}\hbar\left(z\frac{\partial}{\partial x} - x\frac{\partial}{\partial z}\right)$$

$$\hat{L}_z = xp_y - yp_x = -\mathrm{i}\hbar\left(x\frac{\partial}{\partial y} - y\frac{\partial}{\partial x}\right)$$

如果在球坐标系中

$$\hat{L}^2 = -\hbar^2\left[\frac{1}{\sin\theta}\frac{\partial}{\partial\theta}\left(\sin\theta\frac{\partial}{\partial\theta}\right) + \frac{1}{\sin^2\theta}\frac{\partial^2}{\partial\varphi^2}\right] \tag{3.51}$$

$$\hat{L}_z = -\mathrm{i}\hbar\frac{\partial}{\partial\varphi} \tag{3.52}$$

在后面读者将会看到，角动量算符(3.51)、(3.52)是原子物理学中非常重要的表达式.

3.4.6 表象与力学量的平均值

先看一些简单的例子.在一维情况下，$\Psi(\boldsymbol{x})$ 为粒子的波函数，$|\Psi(\boldsymbol{x})|^2$ 表示粒子在 $\boldsymbol{x}$ 处出现的几率，即粒子的位置值等于 $\boldsymbol{x}$ 的几率.则 $\boldsymbol{x}$ 的平均值为

$$\begin{aligned}\bar{\boldsymbol{x}} &= \int \boldsymbol{x}\,|\Psi(\boldsymbol{x})|^2\mathrm{d}x = \int \Psi^*(\boldsymbol{x})\boldsymbol{x}\Psi(\boldsymbol{x})\mathrm{d}x \\ &= \int \Psi^*(\boldsymbol{x})[\boldsymbol{x}\Psi(\boldsymbol{x})]\mathrm{d}x = \int \Psi^*(\boldsymbol{x})[\hat{\boldsymbol{x}}\Psi(\boldsymbol{x})]\mathrm{d}x\end{aligned}$$

粒子的势能由其位置决定，即势能 $V(\boldsymbol{x})$ 是位置 $\boldsymbol{x}$ 的函数，势能值等于 $V(\boldsymbol{x})$ 的几率就是粒子在 $\boldsymbol{x}$ 出现的几率，为 $|\Psi(\boldsymbol{x})|^2$，则 $V(\boldsymbol{x})$ 的平均值为

$$\begin{aligned}\bar{V} &= \int V(\boldsymbol{x})\,|\Psi(\boldsymbol{x})|^2\mathrm{d}x = \int \Psi^*(\boldsymbol{x})[V\Psi(\boldsymbol{x})]\mathrm{d}x \\ &= \int \Psi^*(\boldsymbol{x})[\hat{V}\Psi(\boldsymbol{x})]\mathrm{d}x\end{aligned}$$

可见，对于可以写做 $\boldsymbol{x}$ 的函数的力学量，由于该函数的几率等于粒子在 $\boldsymbol{x}$ 处出现的几率，所以该力学量的平均值就可写做上面两式的形式，即

$$\bar{A} = \int \Psi^*(\boldsymbol{x})[\hat{A}\Psi(\boldsymbol{x})]\mathrm{d}x \tag{3.53}$$

以空间位置 $\boldsymbol{x}$ 作为自变量时，我们所研究的对象所处的是以位置为基矢的空

间，在量子力学中，由特定的基矢构成的空间称为**表象**（representation）. 例如，以直角坐标系的三个基矢 $\boldsymbol{e}_x$，$\boldsymbol{e}_y$，$\boldsymbol{e}_z$ 构成的空间，就是**位置表象**，同样，以球坐标系的基矢 $\boldsymbol{e}_r$，$\boldsymbol{e}_\theta$，$\boldsymbol{e}_\varphi$ 构成的表象也是位置表象，两者只是形式不同，没有区别. 如果表示波的情况，则也可以采用波矢 $\boldsymbol{k}$ 的三个分量为基矢构建表象，这时，基矢为 $\boldsymbol{k}_x$，$\boldsymbol{k}_y$，$\boldsymbol{k}_z$，由于波矢的量纲为空间长度的倒数，所以，基矢构建表象是与位置表象完全不同的，由于动量 $\boldsymbol{p} = \hbar \boldsymbol{k}$，所以对粒子或波而言，波矢的表象与动量的表象是等价的. 则由 $\boldsymbol{p}_x$，$\boldsymbol{p}_y$，$\boldsymbol{p}_z$ 为基矢构建的空间就是动量表象.

但是，位置表象的波函数 $\Psi(\boldsymbol{x})$不反映粒子动量的几率分布，因而粒子的动量为 p 的几率，不能直接用 $\Psi(\boldsymbol{x})$描述.

要计算动量 p 的平均值，必须知道关于 p 的几率分布函数 $\varphi(p)$.

波函数所反映的对象不同，就是波函数的表象不同. $\Psi(\boldsymbol{x})$是坐标表象下的波函数；如果记 $\varphi(p)$为动量表象下的波函数，则 $\varphi(p)$就表示粒子动量的几率幅.

从波粒二象性的角度看，将粒子看做波，$p = \hbar k = h/\lambda$，所以 $\varphi(p)$就是非单色波中，波长值为 $\lambda = h/p$ 的成分的几率幅，实际上也就是其中波长为 λ 的单色成分的振幅，被称做**谱密度**.

由于非单色波是各个不同的波长成分的叠加，即

$$\Psi(x) = \sum a(\lambda)\mathrm{e}^{\mathrm{i}\boldsymbol{k}\cdot\boldsymbol{x}} \tag{3.54}$$

其中 $a(\lambda)$就是波长为 λ 的单色成分的振幅，也就是动量为 $p = h/\lambda$ 的粒子的几率幅 $\varphi(p)$. 由于 $k = 2\pi/\lambda$，$\lambda = h/p$，因而式(3.54)也可表示为

$$\Psi(x) = \sum_p \varphi(p)\mathrm{e}^{\mathrm{i}\boldsymbol{p}\cdot\boldsymbol{x}/\hbar} \tag{3.55}$$

$\Psi(x)$为位置表象下的波函数，表示粒子（也就是波包）在位置空间的几率幅（复振幅）. 但是从动量或光谱的角度看，波包 $\Psi(\boldsymbol{x})$为一系列振幅为 $\varphi(p)$的不同波长的单色波叠加的结果. 所以，式(3.55)就是从动量表象到位置表象的变换式. 其反变换是从位置表象到动量表象的变换，为

$$\varphi(p) = \sum_x \Psi(x)\mathrm{e}^{-\mathrm{i}\boldsymbol{p}\cdot\boldsymbol{x}/\hbar} \tag{3.56}$$

为了表达的方便，我们只要写出一维的情况就可以了. 在一般情况下，对于连续分布的动量或波长，式(3.55)可以用积分表示，即

$$\Psi(x) = \frac{1}{(2\pi\hbar)^{1/2}}\int_p \varphi(p)\mathrm{e}^{\mathrm{i}px/\hbar}\,\mathrm{d}p \tag{3.57}$$

这就是**傅里叶变换**（Fourier transfer）. 其反变换即为动量的波函数

$$\varphi(p) = \frac{1}{(2\pi\hbar)^{1/2}}\int_x \Psi(x)\mathrm{e}^{-\mathrm{i}px/\hbar}\,\mathrm{d}x \tag{3.58}$$

式(3.58)就是动量的几率幅,也就是动量表象下的波函数.

动量 p 的平均值 $\bar{p}$ 应当根据动量的几率 $\varphi^*(p)\varphi(p)$ 计算

$$\bar{p}=\int_p \varphi^*(p)p\varphi(p)\mathrm{d}p \quad \left[\text{将 } \varphi(p)=\frac{1}{(2\pi\hbar)^{1/2}}\int_x \Psi(x)\mathrm{e}^{-\mathrm{i}px/\hbar}\mathrm{d}x \text{ 代入}\right]$$

$$=\int_p\left\{[\varphi^*(p)]p\left[\frac{1}{(2\pi\hbar)^{1/2}}\int_x \Psi(x)\mathrm{e}^{-\mathrm{i}px/\hbar}\mathrm{d}x\right]\right\}\mathrm{d}p \quad (p \text{ 与 } x \text{ 独立})$$

$$=\frac{1}{\sqrt{2\pi\hbar}}\int_p\left\{[\varphi^*(p)]\left[\int_x p\Psi\mathrm{e}^{-\mathrm{i}px/\hbar}\mathrm{d}x\right]\right\}\mathrm{d}p$$

$$=\frac{1}{\sqrt{2\pi\hbar}}\int_p\left\{[\varphi^*(p)]\left[\int_x \mathrm{i}\hbar\Psi\left(\frac{\partial}{\partial x}\mathrm{e}^{-\mathrm{i}px/\hbar}\right)\mathrm{d}x\right]\right\}\mathrm{d}p \quad (\text{分部积分})$$

$$=\frac{1}{\sqrt{2\pi\hbar}}\int_p\left\{[\varphi^*(p)]\left[\mathrm{i}\hbar\Psi\mathrm{e}^{-\mathrm{i}px/\hbar}\Big|_{-\infty}^{+\infty}-\int_x \mathrm{i}\hbar\,\mathrm{e}^{-\mathrm{i}px/\hbar}\left(\frac{\partial\Psi}{\partial x}\right)\mathrm{d}x\right]\right\}\mathrm{d}p$$

$$[\Psi(\pm\infty)=0]$$

$$=\frac{1}{\sqrt{2\pi\hbar}}\int_p\left\{[\varphi^*(p)]\left[\int_x \mathrm{e}^{-\mathrm{i}px/\hbar}\left(-\mathrm{i}\hbar\frac{\partial\Psi}{\partial x}\right)\mathrm{d}x\right]\right\}\mathrm{d}p$$

$$=\int_x\left[\frac{1}{\sqrt{2\pi\hbar}}\int_p \varphi^*(p)\mathrm{e}^{-\mathrm{i}px/\hbar}\mathrm{d}p\right]\left(-\mathrm{i}\hbar\frac{\partial\Psi}{\partial x}\right)\mathrm{d}x$$

$$\left[\Psi^*(x)=\frac{1}{\sqrt{2\pi\hbar}}\int_p \varphi^*(p)\mathrm{e}^{-\mathrm{i}px/\hbar}\mathrm{d}p\right]$$

$$=\int_x \Psi^*\left(-\mathrm{i}\hbar\frac{\partial}{\partial x}\Psi\right)\mathrm{d}x$$

即

$$\bar{p}_x=\int_x \Psi^*\hat{p}_x\Psi\mathrm{d}x \tag{3.59}$$

上述推导过程表明,如果在坐标表象下,求动量 $\boldsymbol{p}$ 的平均值,只需用动量算符 $\hat{\boldsymbol{p}}=-\mathrm{i}\hbar\nabla$ 作用于波函数 $\Psi(\boldsymbol{x})$,然后计算 $\bar{\boldsymbol{p}}=\int_x \Psi^*\hat{\boldsymbol{p}}\Psi\mathrm{d}x$ 即可.

同理,可以得到动能的平均值为

$$\bar{T}=\int_x \Psi^*\frac{\hbar^2}{2m}\nabla^2\Psi\mathrm{d}x \tag{3.60}$$

可见,如果在坐标表象下,力学量 A 的算符为 $\hat{A}$,则 A 的平均值为

$$\overline{A}=\int_x \Psi^*\hat{A}\Psi\mathrm{d}x \tag{3.61}$$

3.4.7 本征函数与本征值

求解定态条件下粒子的波函数,就是求解微分方程$\left[-\frac{\hbar^2}{2m}\nabla^2+V(\boldsymbol{x})\right]\Psi(\boldsymbol{x})=E\Psi(\boldsymbol{x})$. 该方程的左端是一个算符$-\frac{\hbar^2}{2m}\nabla^2+\hat{V}(\boldsymbol{x})$,其中$-\frac{\hbar^2}{2m}\nabla^2$为动能算符,$\hat{V}(\boldsymbol{x})=V(\boldsymbol{x})$为势能算符,则$-\frac{\hbar^2}{2m}\nabla^2+\hat{V}(\boldsymbol{x})$就是粒子的能量算符. 由于力学中动能与势能之和称做**哈密顿量**(Hamiltonian),所以$-\frac{\hbar^2}{2m}\nabla^2+\hat{V}(\boldsymbol{x})$被称做**哈密顿算符**(Hamiltonian operator),记做

$$\hat{H}=-\frac{\hbar^2}{2m}\nabla^2+\hat{V}(\boldsymbol{x}) \tag{3.62}$$

于是定态薛定谔方程变为

$$\hat{H}\Psi(\boldsymbol{x})=E\Psi(\boldsymbol{x}) \tag{3.63}$$

式(3.63)称做**哈密顿方程**.

按照数学中的定义,一个算符$\hat{A}$作用于函数f,将f变为另一个函数g,即$\hat{A}f=g$,而函数g与f间只差一个常系数λ,即$g=\lambda f$,从而有$\hat{A}f=\lambda f$,则$\hat{A}f=\lambda f$就是一个**本征(值)方程**(eigenequation),f称为算符$\hat{A}$的**本征函数**(eigenfunction),λ是函数f关于算符$\hat{A}$的**本征值**(eigenvalue),实际上本征值往往是一组数,因而被称做**本征值谱**(eigenvalue spectrum).

哈密顿方程就是一个本征(值)方程. 定态波函数Ψ是算符$\hat{H}$的本征函数,E是波函数Ψ的能量本征值. 式(3.63)就是粒子的能量本征(值)方程.

对于其他的力学量,也可以列出相应的本征(值)方程,求得相应的本征函数和本征值,例如动量$\hat{\boldsymbol{p}}=-\mathrm{i}\hbar\nabla$的本征(值)方程为

$$\hat{\boldsymbol{p}}u=\boldsymbol{p}u \tag{3.64}$$

角动量$\hat{L}^2=-\hbar^2\left[\frac{1}{\sin\theta}\frac{\partial}{\partial\theta}\left(\sin\theta\frac{\partial}{\partial\theta}\right)+\frac{1}{\sin^2\theta}\frac{\partial^2}{\partial\varphi^2}\right]$的本征(值)方程为

$$\hat{\boldsymbol{L}}^2\phi=\boldsymbol{L}^2\phi \tag{3.65}$$

$\hat{L}_z=-\mathrm{i}\hbar\frac{\partial}{\partial\varphi}$的本征(值)方程为

$$\hat{L}_z\phi=L_z\phi \tag{3.66}$$

等等.

3.5 态叠加原理

3.5.1 对双缝干涉实验的另一个思考

在杨氏双缝干涉实验中，光子只有通过双缝后，才能在接收屏上形成干涉条纹(图3.55). 在这样的过程中，光子的状态是怎样的？如何才能用波函数描述光子的状态？

第一个需要回答的问题是：**一个光子，到底是通过哪一条狭缝到达屏幕的？如何区分通过不同狭缝的光子？**

实际上，从几率的角度看，无法给出、也不必要给出确切的答案. 因为，凡是到达屏幕上的光子，要么通过狭缝 1，要么通过狭缝 2，也就是说，对于每一个光子，都有一定的几率通过缝 1 或缝 2. 如果挡住缝 2，则光子只有通过缝 1 到达屏幕，从而在屏幕上有一个几率分布，即空间分布函数，也就是波函数，不妨将其记为 $\Psi_1(x)$，则仅开缝 1 时屏幕上的光强分布为 $I_1(x) = \Psi_1^*(x)\Psi_1(x) = |\Psi_1(x)|^2$；同样，挡住缝 1，仅通过狭缝 2 的光子在接收屏上的波函数记为 $\Psi_2(x)$，光强分布为 $I_2(x) = \Psi_2^*(x)\Psi_2(x) = |\Psi_2(x)|^2$.

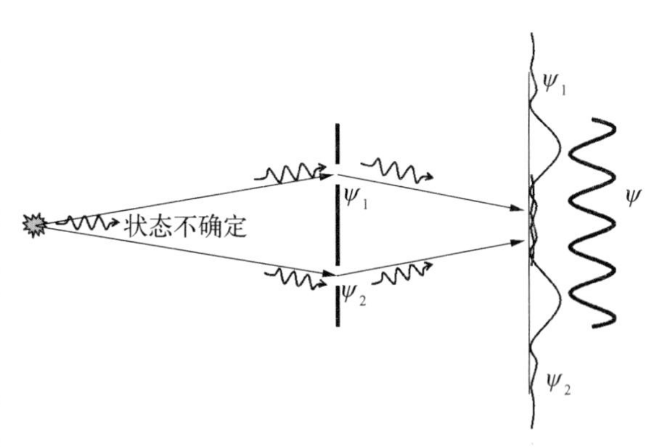

图 3.55 双缝干涉的量子态

应该说，当两缝都打开时，到达屏幕的光子中，一部分只能通过缝 1，另一部分只能通过缝 2. 绝不可能出现这种情况：一个光子同时通过缝 1 和缝 2，因为在这样的实验装置中，光子是不可分的. 所以，仅仅挡住缝 2，对本来就要通过狭缝 1 的光子没有任何影响；同样，仅仅挡住缝 1，对那些本来就要通过缝 2 的光子，也没有任何影响. 尽管在光子到达双缝之前，我们永远无法知道它究竟要从哪条缝通过.

那么，当两条缝同时打开，通过缝 1 的光子，其波函数仍然是 Ψ_1；通过缝 2 的光子，其波函数也依旧是 Ψ_2. 在屏幕上的光子，要么是通过缝 1 的，要么是通过缝 2 的.

现在又需要回答第二个问题：**当两缝同时打开，如何描述到达屏幕上的光子**

的状态?

对于已经到达屏幕上的每一个光子,我们也无法区分它到底是通过哪一条狭缝的,因为我们并没有给它们做上任何**标记**(可以想象,如果我们试图给它们做标记的话,必定会对光子的状态产生影响,从而改变了其波函数).那么我们只好说,凡是到达屏幕上的光子,其状态(即波函数)要么是 Ψ_1,要么是 Ψ_2,在无法确定的条件下,不妨将其状态记做 Ψ.

回过来再看一下描述光子状态的薛定谔方程式(3.47),这是一个线性方程,即

$$\mathrm{i}\hbar\frac{\partial(\Psi_1+\Psi_2)}{\partial t}=\mathrm{i}\hbar\frac{\partial\Psi_1}{\partial t}+\mathrm{i}\hbar\frac{\partial\Psi_2}{\partial t}=\hat{H}\Psi_1+\hat{H}\Psi_2=\hat{H}(\Psi_1+\Psi_2)$$

说明某一事件(对于杨氏干涉,就是光子通过双缝到达屏幕)如果可以通过两种或两种以上物理上不可区分的途径或方式(就是光子通过缝 1,或通过缝 2)发生,则该事件发生的几率幅(就是前面的 Ψ)就等于上述每一种途径或方式的几率幅(就是 Ψ_1, Ψ_2)之和.于是就有

$$\Psi=\Psi_1+\Psi_2$$

双缝同时打开时光子的状态,等于仅打开缝 1 和缝 2 时光子的状态之和,或两种状态的(线性)叠加.

所以,双缝干涉中,接收屏上的总强度为

$$\begin{aligned}I&=|\Psi|^2=(\Psi_1^*+\Psi_2^*)(\Psi_1+\Psi_2)\\&=|\Psi_1|^2+|\Psi_2|^2+\Psi_1^*\Psi_2+\Psi_2^*\Psi_1\end{aligned}$$

不难理解,其中 $|\Psi_1|^2$、$|\Psi_2|^2$ 是光子单独通过 1、2 缝(单独打开缝 1、缝 2 时)的强度分布.而双缝都打开时,屏上的光强并不等于两个缝单独打开时的强度的和,而是还要加上两个**交叉项**:$\Psi_1^*\Psi_2+\Psi_2^*\Psi_1$. 干涉之所以形成,就是上述交叉项所起的作用,交叉项其实就是**干涉项**.

上面分析的过程就是**态叠加**的过程.可以看出,状态 Ψ_1、Ψ_2 是干涉中光子的最基本状态,无法再由其他的状态叠加形成,所以被称做**本征态**(eigenstate).

由本征态叠加所得到的 $\Psi=\Psi_1+\Psi_2$ 并不是所形成的新的量子态.因为屏幕上的光子,要么是通过缝 1 的,要么是通过缝 2 的,并没有形成其他新的途径. $\Psi=\Psi_1+\Psi_2$ 的含义,其实就是光子各有一定的几率幅处于 Ψ_1 态和 Ψ_2 态而已.

上面的分析表明,干涉实际上是一个光子的两个本征态之间的干涉,即 $\Psi_1^*\Psi_2+\Psi_2^*\Psi_1$.

大量光子,它们的状态要么为 $\Psi_1(x)$,要么为 $\Psi_2(x)$. Ψ_1、Ψ_2 是描述光子状态的函数,即波函数. Ψ_1、Ψ_2 是光子的本征态.大量光子的总状态是上述两种本征态的叠加.

但是,对于整个系统的状态,却需要用另一个函数描述.由于最后到达接收屏上

的光子是通过两个缝的光子的叠加,因而总的状态为 $\Psi = \Psi_1 + \Psi_2$. 从几率分布的角度看,一个光子的状态可以表示为 $\Psi = \Psi_1 + \Psi_2$,即在每个光子经过狭缝前,无法确定它将通过哪一个狭缝. 或者说,各有一半的几率通过其中的一个狭缝. 即 $\Psi = \Psi_1 + \Psi_2$,这就是态叠加原理.

3.5.2 光的偏振性实验

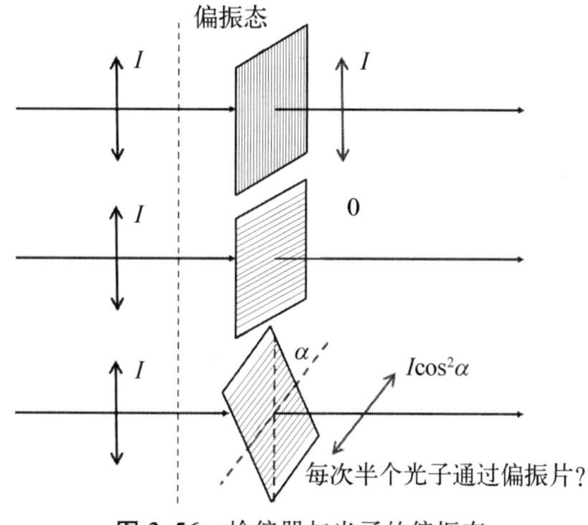

图 3.56 检偏器与光子的偏振态

光的偏振态是由光子的偏振态决定的,一列沿 x 方向的线偏振的光,可以假设其中的光子都是沿 x 方向偏振的. 如果让这列光射入一个检偏器. 当检偏器的透振方向沿 x 方向时,则所有的光子全部通过;当检偏器的透振方向垂直于 x 方向时,则光子都不能通过. 这是容易接受的,如图 3.56.

但是,如果检偏器的透振方向与 x 方向既不平行、也不垂直,而是有 α 的夹角,则实验表明,透过的光强占入射光强的 $\cos^2\alpha$. 但是,如果从光子的观点看的话,则意味着有 $\cos^2\alpha$ 个光子通过,但是,光子是不能任意分割的,所以这种解释是无法接受的.

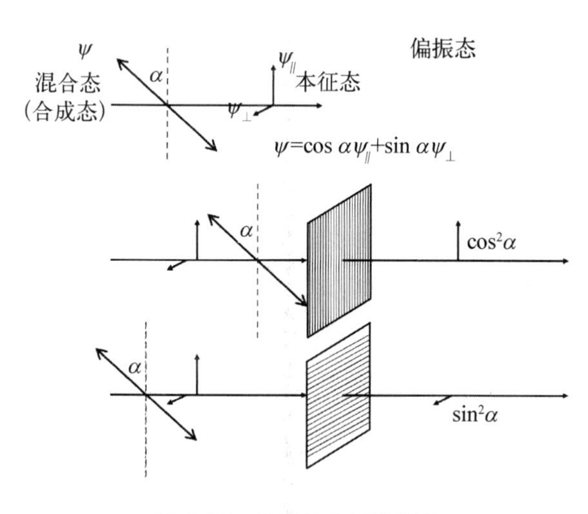

图 3.57 光子的本征偏振态

于是对于上述问题,只有这样理解:对于一个检偏器来说,每一个光子都具有两种本征态,分别记做 $\Psi_{/\!/}$ 和 $\Psi_{\perp}$,都是线偏振状态,其中 $\Psi_{/\!/}$ 是可以透过的态(光子的偏振平行于透振方向),而 $\Psi_{\perp}$ 是不能透过的态(光子的偏振垂直于透振方向),如图3.57. 光子的偏振态是这两种本征态的叠加态,即

$$\Psi = \cos\alpha\Psi_{/\!/} + \sin\alpha\Psi_{\perp}$$

这两种本征态是正交的,即 $\Psi_{/\!/}^{*}\,\Psi_{\perp} = \Psi_{/\!/}\,\Psi_{\perp}^{*} = 0$. 光子的几率分布为

$$|\Psi|^2 = \cos^2\alpha|\Psi_{/\!/}|^2 + \sin^2\alpha|\Psi_{\perp}|^2$$

也就是说，处于 $\Psi_{/\!/}$ 态的光子的几率为 $\cos^2\alpha$，那么通过检偏器的光强就正比于 $\cos^2\alpha$.

3.5.3 量子态的叠加

通过上面的分析，我们得到一个重要的结论，量子态是可以叠加的. 即：某一事件如果可以通过两种或两种以上物理上不可区分的途径或方式发生，则该事件发生的几率幅就等于上述每一种途径或方式的几率幅之和，用公式表示，就是

$$\Psi = \sum_{j=1}^{N}\Psi_j$$

这就是**态叠加原理**(the principle of superposition states).

需要指出的是，上述叠加是几率幅的相加，而不是几率的相加.

同不确定原理一样，态叠加原理也是量子力学中最基本的原理之一，同样也是无法从经典物理和人们的日常经验中得到的. 但是，如果从波粒二象性出发，必然可以导出上述结果. 因而在量子领域中，不确定原理和态叠加原理是需要遵循的最基本原理. 面对人们的困惑，玻尔曾经说过：

谁如果在量子面前不感到震惊，他就不懂得现代物理学；同样如果谁不为此理论感到困惑，他也不是一个好的物理学家.

玻恩、海森伯与薛定谔

量子力学是在普朗克、爱因斯坦、德布罗意等人物质波粒二象性和玻尔等人原子论的基础上发展起来的. 玻恩、海森伯、薛定谔、狄拉克等人建立了量子力学的理论体系.

马克斯·玻恩(Max Born)1882 年 1 月 11 日生于普鲁士的布雷斯劳(今波兰城市弗罗茨瓦夫)的一个犹太人家庭，父亲是布雷斯劳大学的解剖学和胚胎学教授. 玻恩 1901 年进入布雷斯劳大学，之后分别在海德堡大学、苏黎世大学和哥廷根大学学习，1907 年在哥廷根大学获得博士学位，导师是著名物理学家大卫·希尔伯特.

玻恩 1909 年在哥廷根大学任教，1915～1919 年、1919～1921 年分别在柏林大学和法兰克福大学任教，1921 年回到哥廷根大学接替德拜的工作，直至 1933 年.

在柏林期间，玻恩与爱因斯坦建立了很好的友谊. 正是受爱因斯坦波粒二象性观点的影响，玻恩提出了对波函数的统计诠释. 玻恩在回忆他是怎样想出这一诠释时写道："爱因斯坦的观点又一次引导了我. 他曾经把光波振幅解释为光子出现的

几率密度,从而使粒子(光量子或光子)和波的二象性成为可以理解的.这个观念马上可以推广到 ψ 函数上:ψ 必须是电子(或其他粒子)的几率密度."而爱因斯坦却拒绝接受统计诠释,两人在这个问题上长达 30 年的论战并没有影响到他们的友谊.

1933 年纳粹在德国掌权后,玻恩被剥夺了教授职位.他流亡到英国,1936 年起任爱丁堡大学教授,直到 1953 年退休.玻恩退休后返回德国居住,仍继续进行了许多科学和写作活动.

玻恩在六十余年的学术生涯中发表论文三百余篇,并出版了近 30 本著作.

维尔纳·海森伯(Werner Heisenberg)1901 年 12 月 5 日出生于德国的维尔兹堡,父亲是一位教古希腊语的中学教师.1920 年中学毕业后,海森伯进入慕尼黑大学学习理论物理.第一学期,在索末菲指导下,海森伯首先引进了半量子数解释反常塞曼效应,第二学期他结合所听的流体力学课程,又写出了一篇关于卡门涡流的绝对大小的论文,由此深得索末菲的欣赏.1922 年去哥廷根大学,师从马克斯·玻恩、詹姆斯·弗兰克和大卫·希尔伯特.1923 年在慕尼黑大学获得博士学位,之后在哥廷根大学担任玻恩的助手.1924 年至 1927 年,海森伯在哥廷根担任讲师,其间曾到哥本哈根玻尔研究所工作.1927 年,担任莱比锡大学的教授.

1925 年海森伯从哥本哈根回哥廷根后,试图用实验所能观察的光谱线的频率和振幅的二维数集来代替看不见的电子轨道,以计算氢原子谱线的强度.但是令海森伯困惑的是,这样做的结果,计算中的乘法却是不可对易的,于是向玻恩请教.经过几天的思索,玻恩记起了这正是大学学过的矩阵运算,认出海森伯用来表示观察量的二维数集正是线性代数中的矩阵.海森伯因此写成了奠定量子力学基础的《关于运动学和力学关系的量子论新释》论文.这就是量子力学的矩阵形式——矩阵力学.

随后,玻恩和海森伯、约丹合作发表了长篇论文,以严整的数学形式全面系统地阐明了海森伯的理论.

海森伯的《量子论的物理学基础》是量子力学领域的一部经典著作.

埃尔温·鲁道夫·约瑟夫·亚历山大·薛定谔(Erwin Rudolf Josef Alexander Schrödinger),1887 年 8 月 12 日出生于奥地利维也纳附近的埃德伯格,1906 年至 1910 年在维也纳大学学习物理与数学,1910 年取得博士学位.他先是在维也纳物理研究所工作,此后在耶拿大学、斯图加特大学、布雷斯劳大学和苏黎世大学任教.

1925 年 10 月,薛定谔读到了德布罗意的博士论文,于是深入地研究德布罗意所提出的"相位波".著名化学物理学家德拜对他也有积极影响.1926 年 1 月至 6 月间,薛定谔一连发表四篇论文,题目都是《量子化就是本征值问题》,对他的新理论作了系统论述.在他的第一篇论文中,提到了德布罗意的博士论文对他的启示.他写道:"我要特别感谢路易斯·德布罗意先生的精湛论文,是它激起了我的这些思考和对'相位波'在空间中的分布加以思索."这一组论文奠定了非相对论量子力学的基础.薛定谔把自己的新理论称为波动力学.

波动力学形式简单明了,数学方法基本上是解偏微分方程,大家都比较熟悉,也易于掌握,所以,人们普遍欢迎这一新理论.但是,波动力学和矩阵力学究竟有什么关系,谁也说不清楚,开始双方都抱有门户之见.后来,薛定谔认真钻研了海森伯等人的著作,于1926年发表了题为《论海森伯、玻恩与约丹和我的量子力学之间的关系》的论文,证明矩阵力学和波动力学的等价性,指出两者在数学上是完全等同的,可以通过数学变换从一种理论转换到另一种理论,它们都是以微观粒子的波粒二象性为基础.与此同时,泡利也作了同样的证明.

玻恩对薛定谔的波动力学也作了重要补充,他在1926年6月发表题为《散射过程的量子力学》一文,指出:"迄今为止,海森伯创立的量子力学仅用于计算定态以及与跃迁相关的振幅",但对于散射问题,则"在各种不同形式中,仅有薛定谔的形式看来能够胜任".他在对两个自由粒子的散射问题进行计算后对波函数的物理意义作了探讨,指出:发现粒子的几率正比于波函数 Ψ 的平方.只要把波函数作这样的诠释,散射结果就有明确的意义.由于有了玻恩的诠释,波动力学才为公众普遍接受.

薛定谔1961年1月4日在维也纳逝世.

玻恩1970年1月5日在哥廷根逝世.

海森伯1976年2月1日在慕尼黑逝世.

3.6 定态薛定谔方程问题

求解定态薛定谔方程问题,就是求解势能不随时间改变条件下的薛定谔方程,即哈密顿方程 $\left[-\frac{\hbar^2}{2m}\nabla^2+V(\boldsymbol{x})\right]\Psi(\boldsymbol{x})=E\Psi(\boldsymbol{x})$. 本节的目的是希望通过处理简单的波动方程获得对量子现象的具体而直观的理解,因而只处理一维方程.

在一维条件下哈密顿方程变为

$$\left[-\frac{\hbar^2}{2m}\frac{\mathrm{d}^2}{\mathrm{d}x^2}+V(x)\right]\Psi(x)=E\Psi(x) \tag{3.67}$$

以下针对不同类型的势能函数,解出本征函数 Ψ 的表达式和本征值 E.

3.6.1　一维简谐振子

谐振子就是势能为 $V(x)=\frac{1}{2}kx^2$、质量为 m 的粒子,势能函数就是一条抛物线,如图 3.58.哈密顿方程为

$$-\frac{\hbar^2}{2m}\frac{\mathrm{d}^2\Psi(x)}{\mathrm{d}x^2}+\frac{1}{2}kx^2\Psi(x)=E\Psi(x)\quad(3.68)$$

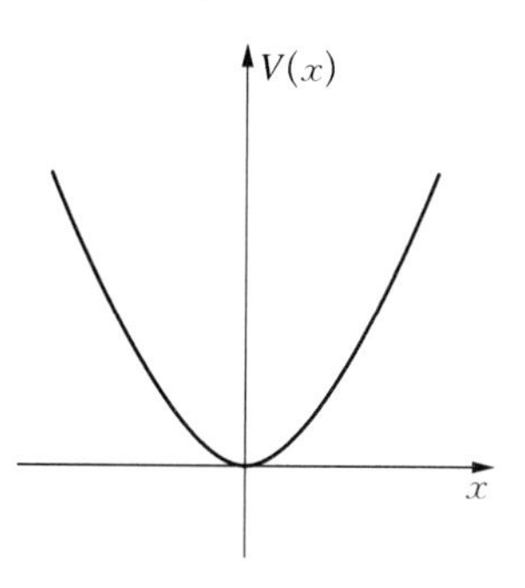

图 3.58　谐振子的势能曲线

作变量代换,令 $\xi=\alpha x$, α 是一个待定的常数,方程化为

$$-\alpha^2\frac{\hbar^2}{2m}\frac{\mathrm{d}^2\Psi}{\mathrm{d}\xi^2}+\frac{k}{2\alpha^2}\xi^2\Psi=E\Psi$$

$$\frac{\mathrm{d}^2\Psi}{\mathrm{d}\xi^2}+\left(\frac{2mE}{\hbar^2\alpha^2}-\frac{mk}{\hbar^2\alpha^4}\xi^2\right)\Psi=0$$

由于 α 待定,进一步令 $\frac{mk}{\hbar^2\alpha^4}=1$,则 $\frac{2mE}{\hbar^2\alpha^2}=\frac{1}{\hbar\alpha^2}\frac{2mE}{\hbar}=\sqrt{\frac{1}{mk}}\frac{2mE}{\hbar}=\sqrt{\frac{m}{k}}\frac{2E}{\hbar}$,

记 $\omega=\sqrt{\frac{k}{m}}$, $\frac{2E}{\hbar\omega}=\lambda$,则

$$\frac{2mE}{\hbar^2\alpha^2}=\lambda\quad(3.69)$$

方程化为

$$\frac{\mathrm{d}^2\Psi}{\mathrm{d}\xi^2}+(\lambda-\xi^2)\Psi=0$$

该方程当 $\lambda=2n+1$ 时,有解,为

$$\Psi(\xi)=\mathrm{H}_n(\xi)\mathrm{e}^{-\xi^2/2}$$

其中 $\mathrm{H}_n(\xi)$ 为厄米多项式(Hermit),通式为

$$\mathrm{H}_n(\xi)=(-1)^n\mathrm{e}^{\xi^2}\frac{\mathrm{d}^n}{\mathrm{d}\xi^n}\mathrm{e}^{-\xi^2},\qquad n=0,1,2,\cdots\quad(3.70)$$

可以写出前几个厄米多项式为

$\mathrm{H}_0(\xi)=A_0$, $\mathrm{H}_1(\xi)=A_1\xi$, $\mathrm{H}_2(\xi)=A_2(1-2\xi^2)$, $\mathrm{H}_3(\xi)=A_3(3\xi-2\xi^3)$, $\mathrm{H}_4(\xi)=A_4(3-12\xi^2+4\xi^4)$, $\mathrm{H}_5(\xi)=A_5(15\xi-20\xi^3+4\xi^5)$.

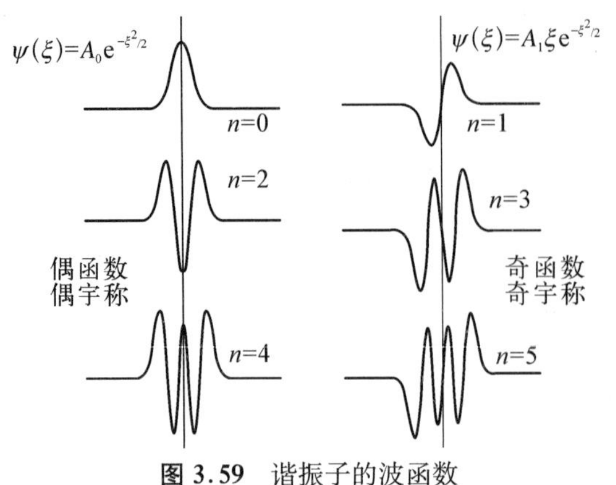

图 3.59 谐振子的波函数

波函数的图形如图3.59所示.容易看出,当 n 为偶数时,波函数是偶函数,即 $\Psi(-x)=\Psi(x)$,则波函数的空间对称性是偶性的,就称**宇称**(parity)是偶的,或**偶宇称**.反之,n 为奇数时,波函数是奇函数,则是**奇宇称**.图 3.60 是谐振子的几率分布.

由式(3.69),$2E/\hbar\omega=\lambda$,所以谐振子的能量本征值为

$$E_n=\left(n+\frac{1}{2}\right)\hbar\omega \tag{3.71}$$

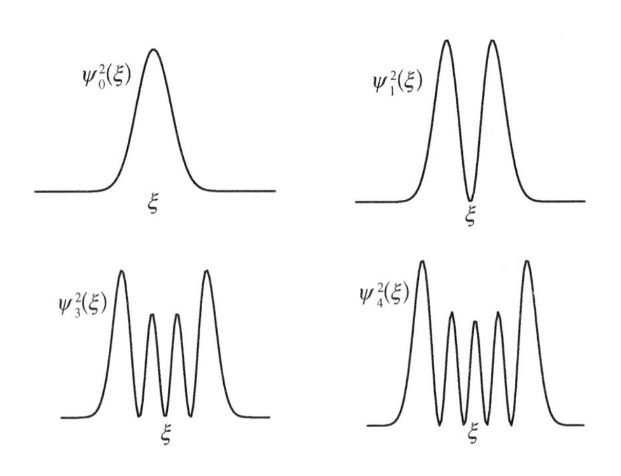
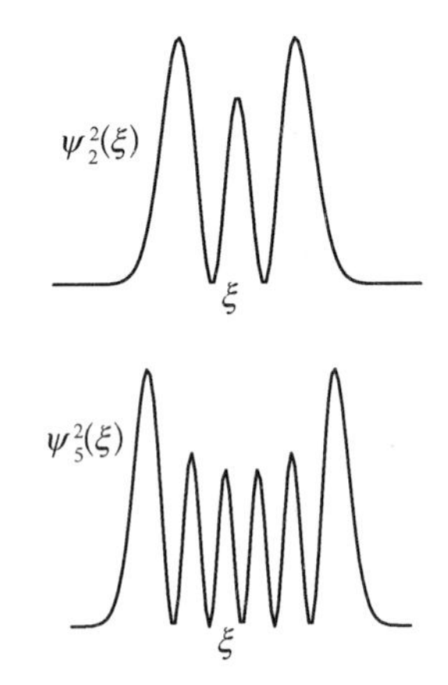

图 3.60 谐振子的几率分布

可见 $\omega=\sqrt{\dfrac{k}{m}}$ 就是谐振子的角频率.

谐振子的能量是等间隔的分立能级,如图 3.61.而且,量子数 n 取最小值 0 时,谐振子的最小能量为 $\hbar\omega/2$,并不等于 0,称做**零点能**.这也就意味着,量子束缚态的动能是不可能为零的,这与经典的情况不相同.

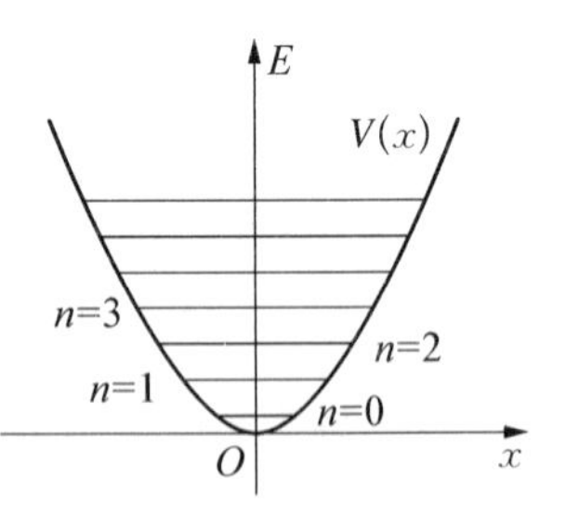

图 3.61 谐振子的能级

3.6.2 一维无限深势阱

如图 3.62,在 $(-a/2,a/2)$ 的 Ⅰ 中,势能为 0;在其余区域 Ⅱ、Ⅲ 中,势能为 ∞,Ⅰ 就是一个无限深的势阱.

不分区域的哈密顿方程可写做

$$\frac{\mathrm{d}^2\Psi(x)}{\mathrm{d}x^2}-\frac{2m(V-E)}{\hbar^2}\Psi(x)=0 \tag{3.72}$$

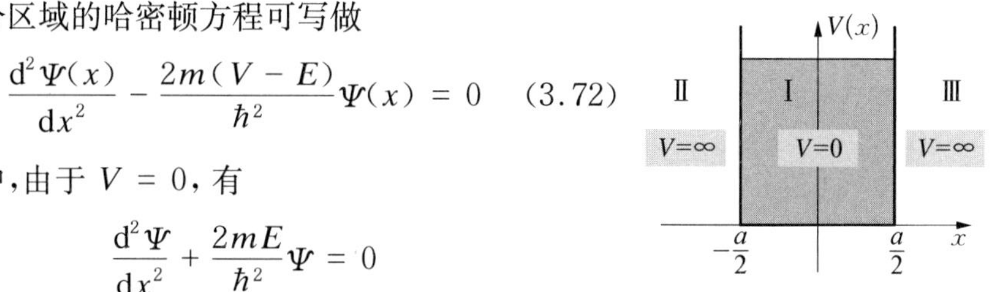

图 3.62 无限深势阱

在 Ⅰ 区中,由于 $V=0$,有

$$\frac{\mathrm{d}^2\Psi}{\mathrm{d}x^2}+\frac{2mE}{\hbar^2}\Psi=0$$

由于 E 为动能,故 $E>0$. 令

$$k^2=\frac{2mE}{\hbar^2} \tag{3.73}$$

方程变为

$$\frac{\mathrm{d}^2\Psi(x)}{\mathrm{d}x^2}+k^2\Psi(x)=0$$

通解为

$$\Psi(x)=A\cos kx+B\sin kx \tag{3.74}$$

Ⅱ、Ⅲ 区中,$V=\infty$,方程(3.72)变为

$$\frac{\mathrm{d}^2\Psi(x)}{\mathrm{d}x^2}-\frac{2m(V-E)}{\hbar^2}\Psi(x)=\frac{\mathrm{d}^2\Psi(x)}{\mathrm{d}x^2}-\lambda^2\Psi(x)=0$$

形式上通解可写做

$$\Psi(x)=C\mathrm{e}^{\lambda x}+D\mathrm{e}^{-\lambda x}$$

但是,根据波函数的边界条件 $\Psi(\pm\infty)=0$,由于 $\lambda=+\infty$,可知

$$\Psi(x)\begin{cases}\overset{x=+\infty}{=}0\cdot\mathrm{e}^{\lambda x}+D\cdot 0\\ \overset{x=-\infty}{=}C\cdot 0+0\cdot\mathrm{e}^{-\lambda x}\end{cases}=0$$

即在势阱之外波函数为 0.

对于势阱中的波函数(3.74),在阱壁上必定为 0,所以,边界条件为

$$\Psi\left(-\frac{a}{2}\right)=\Psi\left(\frac{a}{2}\right)=0$$

即有

$$\begin{cases} A\cos k\dfrac{a}{2} - B\sin k\dfrac{a}{2} = 0 \\ A\cos k\dfrac{a}{2} + B\sin k\dfrac{a}{2} = 0 \end{cases}$$

上述齐次方程非零解条件为

$$\begin{vmatrix} \cos k\dfrac{a}{2} & -\sin k\dfrac{a}{2} \\ \cos k\dfrac{a}{2} & \sin k\dfrac{a}{2} \end{vmatrix} = 0$$

因而有

$$2\sin k\frac{a}{2}\cos k\frac{a}{2} = \sin ka = 0$$

即 $k = n\pi/a$，而 $k^2 = \dfrac{2mE}{\hbar^2}$，所以

$$E = \frac{\hbar^2 k^2}{2m} = n^2\frac{\pi^2\hbar^2}{2ma^2} \tag{3.75}$$

为势阱中粒子的能量本征值.

也可以进一步确定本征函数，由于

$$\Psi(x) = A\cos\frac{n\pi x}{a} + B\sin\frac{n\pi x}{a}$$

当 $x = \pm a/2$ 时，根据边界条件，可得

$$\Psi\left(-\frac{a}{2}\right) = A\cos\frac{n\pi}{2} - B\sin\frac{n\pi}{2}\begin{cases} \overset{n奇}{=} A\cdot 0 - B\cdot(\pm 1) = \mp B = 0 \\ \overset{n偶}{=} A\cdot(\pm 1) - B\cdot 0 = \pm A = 0 \end{cases}$$

$$\Psi\left(\frac{a}{2}\right) = A\cos\frac{n\pi}{2} + B\sin\frac{n\pi}{2}\begin{cases} \overset{n奇}{=} A\cdot 0 + B\cdot(\pm 1) = \pm B = 0 \\ \overset{n偶}{=} A\cdot(\pm 1) + B\cdot 0 = \pm A = 0 \end{cases}$$

于是

$$\Psi(x) = \begin{cases} A\cos\dfrac{n\pi x}{a}, & n\text{ 为奇数} \\ B\sin\dfrac{n\pi x}{a}, & n\text{ 为偶数} \end{cases} \tag{3.76}$$

如果对波函数归一化，即

$$\int_{-a/2}^{a/2}\left|A\cos\frac{n\pi x}{a}\right|^2\mathrm{d}x = A^2\int_{-a/2}^{a/2}\cos^2\frac{n\pi x}{a}\mathrm{d}x = \frac{a}{2}A^2 = 1$$

可得 $A = B = \sqrt{\dfrac{2}{a}}$.

图 3.63 为波函数的特征.

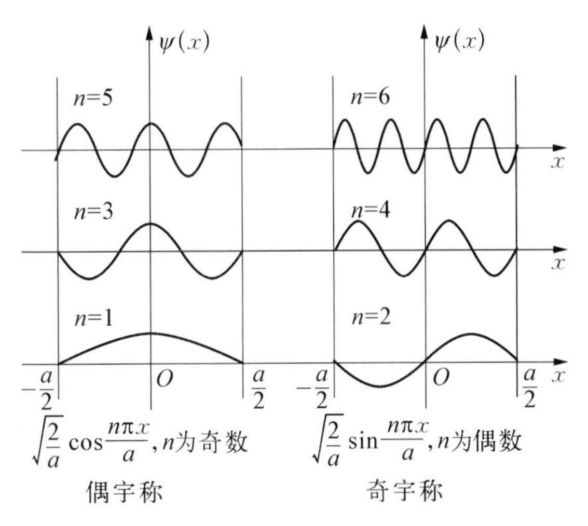

图 3.63 无限深势阱中的波函数

3.6.3 有限深方势阱

有限深方势阱如图 3.64 所示，在 $(-a/2, a/2)$ 中，势能为 0，而其他区域，势能为 V_0. 由前面的结果，可得到

在势阱内部，哈密顿方程为 $\dfrac{\mathrm{d}^2\Psi(x)}{\mathrm{d}x^2} + k_1^2\Psi(x) = 0$，其中 $k_1^2 = \dfrac{2mE}{\hbar^2}$，方程的解为

$$\Psi_{\mathrm{I}}(x) = A\sin(k_1 x + \delta) \qquad (3.77)$$

V(x)
V=V₀
Ⅲ　Ⅰ　V=0　Ⅱ
−a/2　a/2　x

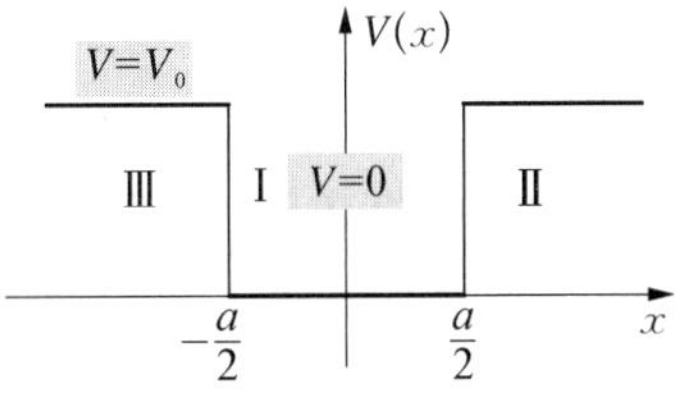

图 3.64 有限深方势阱

或者

$$\Psi_{\mathrm{I}}(x) = B\mathrm{e}^{\mathrm{i}(k_1 x + \delta)} \qquad (3.77')$$

在势阱外，仅讨论 $E < V_0$ 的情况，这是束缚态. 令 $k_2^2 = 2m(V_0 - E)/\hbar^2$，可得

$$\frac{\mathrm{d}^2\Psi(x)}{\mathrm{d}x^2} - k_2^2\Psi(x) = 0$$

由于边界条件为 $\Psi(\pm\infty)=0$，因而合理的解为

$$\begin{cases}\Psi_{\text{II}}(x)=Ce^{-k_2x}, & x\geqslant +a/2\\ \Psi_{\text{III}}(x)=De^{k_2x}, & x\leqslant -a/2\end{cases}\tag{3.78}$$

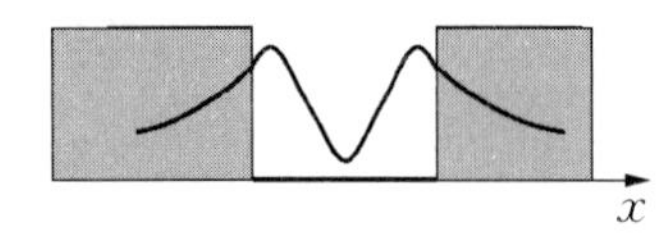

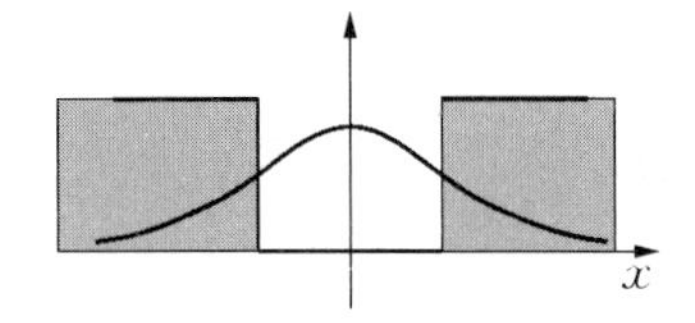

图 3.65　波函数示意

在经典物理中，如果粒子的总能量小于势阱的高度，即 $E<V_0$，粒子由于无法越过这一能量差而只能在势阱之内运动.但按照量子力学的观点，势阱之外的波函数并不等于零，说明粒子可以穿透势阱壁进入势阱之外的区域，如图 3.65.

具体求解波函数，需要下述的边界条件：① 波函数是连续的；② 波函数的一阶微商是连续的；③ 归一化条件(不是必需的)，即在势阱的边界处，有

$$\Psi_{\text{I}}(x)\big|_{x=\frac{a}{2}}=\Psi_{\text{II}}(x)\big|_{x=\frac{a}{2}},\quad \Psi_{\text{I}}(x)\big|_{x=-\frac{a}{2}}=\Psi_{\text{III}}(x)\big|_{x=-\frac{a}{2}}$$

$$\left.\frac{d\Psi_{\text{I}}(x)}{dx}\right|_{x=\frac{a}{2}}=\left.\frac{d\Psi_{\text{II}}(x)}{dx}\right|_{x=\frac{a}{2}},\quad \left.\frac{d\Psi_{\text{I}}(x)}{dx}\right|_{x=-\frac{a}{2}}=\left.\frac{d\Psi_{\text{III}}(x)}{dx}\right|_{x=-\frac{a}{2}}$$

但是，为了数学上处理简单，通常可以采用 $[\ln\Psi(x)]'=\Psi(x)'/\Psi(x)$ 连续的边界条件，这样做的好处是可以消去待定系数 A、B、C 等，直接得到本征值.

于是有

$$\begin{cases}\dfrac{k_2}{k_1}=\cot\left(-\dfrac{k_1a}{2}+\delta\right)\\[2ex] -\dfrac{k_2}{k_1}=\cot\left(\dfrac{k_1a}{2}+\delta\right)\end{cases}\tag{3.79}$$

进一步可得到 $\cot\left(\dfrac{k_1a}{2}+\delta\right)=\cot\left(\dfrac{k_1a}{2}-\delta\right)$，即 $\delta=0$ 或 $\delta=\dfrac{\pi}{2}$.

(1) 先讨论 $\delta=\pi/2$ 的情况.依据式(3.77)，这时波函数为 $\Psi_{\text{I}}(x)=A\cos(k_1x)$，即势阱中的波函数是偶宇称的.将 $\delta=\pi/2$ 代入式(3.79)中任一式，得到

$$\frac{k_2}{k_1}=\tan\frac{k_1a}{2}\tag{3.80}$$

令 $\xi=k_1a/2$，$\eta=k_2a/2$，于是式(3.80)变为 $\eta=\xi\tan\xi$.又由于 $k_1^2=2mE/\hbar^2$，$k_2^2=2m(V_0-E)/\hbar^2$，因而有 $\xi^2+\eta^2=ma^2V_0/2\hbar^2$.于是得到方程组

$$\begin{cases}\eta=\xi\tan\xi\\ \xi^2+\eta^2=\dfrac{ma^2V_0}{2\hbar^2}\end{cases}\tag{3.81}$$

由于方程组(3.81)中含有一个超越方程,因此可以用数值法或图解法求出(ξ,η)的值,再进一步求出能量本征值 E.

由图 3.66(a)可以看出,不管势阱的深度 V_0 是多少,方程组(3.81)总是有解,说明在这种偶宇称的情况下,至少总是有一个束缚态存在.

(2) 再讨论 $\delta=0$ 的情况,这时 $\Psi_{\mathrm{I}}(x)=A\sin(k_1x)$,即势阱中的波函数是奇宇称的.将 $\delta=0$ 代入式(3.79)中任一式,同样可得到方程组

$$\begin{cases}\eta=-\xi\cot\xi\\ \xi^2+\eta^2=\dfrac{ma^2V_0}{2\hbar^2}\end{cases}\tag{3.82}$$

可以用图 3.66(b)求解,可以看出,这种情况下,只有当势阱的深度 V_0 大于某一值时,方程组才有解,说明对于这种奇宇称的波函数,只有 $\dfrac{ma^2V_0}{2\hbar^2}>\left(\dfrac{\pi}{2}\right)^2$,即 $V_0>\dfrac{\pi^2\hbar^2}{ma^2}$,势阱中才能有第一个束缚态.

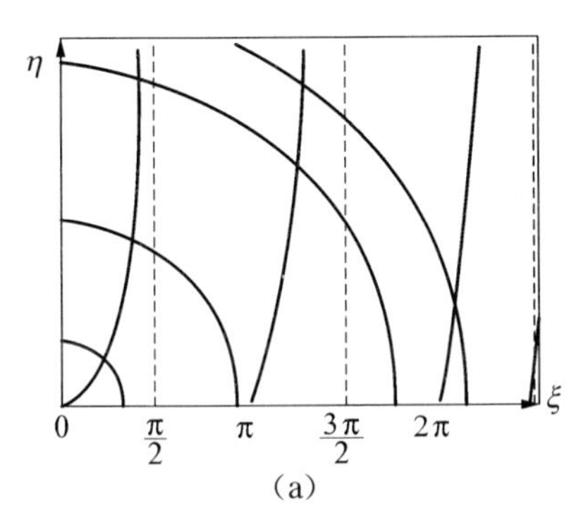

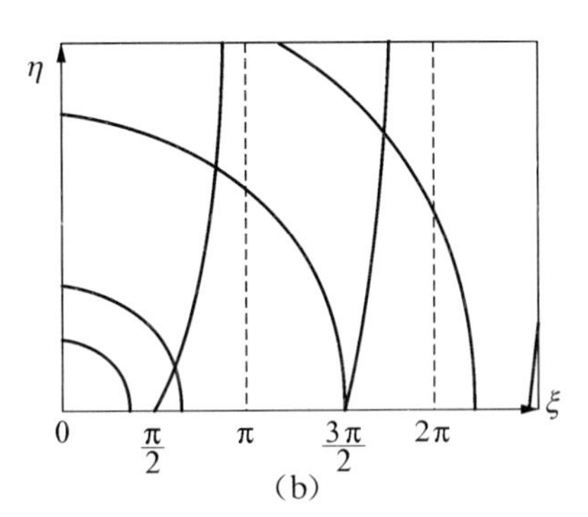

图 3.66 偶宇称的解(a)和奇宇称的解(b)

虽然波函数的形式比较复杂,但总是可以计算出来的,在这里我们不做进一步的讨论.

3.6.4 方势垒

方势垒如图 3.67 所示.同前面相似,哈密顿方程写做

$$\frac{\mathrm{d}^2\Psi(x)}{\mathrm{d}x^2}-\frac{2m(V_0-E)}{\hbar^2}\Psi(x)=0$$

这里我们只讨论束缚态的情形,即 $E<V_0$.

Ⅰ区中, $V=0$, 记

$$k^2 = \frac{2mE}{\hbar^2} \tag{3.83}$$

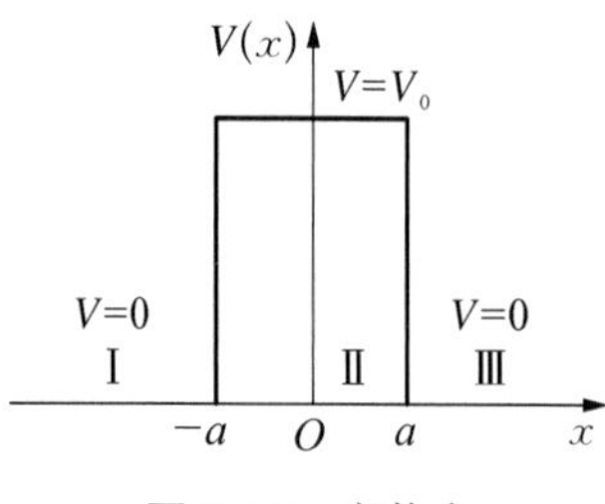

图 3.67 方势垒

得到通解为

$$\Psi_{\mathrm{I}} = A\mathrm{e}^{\mathrm{i}kx} + B\mathrm{e}^{-\mathrm{i}kx} \tag{3.84}$$

Ⅱ区中，$E < V_0$，哈密顿方程化为 $\dfrac{\mathrm{d}^2\Psi(x)}{\mathrm{d}x^2} - \lambda^2\Psi(x) = 0$，其中

$$\lambda^2 = \frac{2m(V_0 - E)}{\hbar^2} \tag{3.85}$$

得到通解为

$$\Psi_{\mathrm{II}} = C\mathrm{e}^{\lambda x} + D\mathrm{e}^{-\lambda x} \tag{3.86}$$

Ⅲ区中，$V = 0$，$\dfrac{\mathrm{d}^2\Psi}{\mathrm{d}x^2} + k^2\Psi = 0$，通解为

$$\Psi_{\mathrm{III}} = F\mathrm{e}^{\mathrm{i}kx} + G\mathrm{e}^{-\mathrm{i}kx}$$

假设粒子从势垒的左侧入射，则参照 3.6.3 节的结果，Ψ_{I} 中，$A\mathrm{e}^{\mathrm{i}kx}$ 表示从左侧入射的波(粒子)，$B\mathrm{e}^{-\mathrm{i}kx}$ 表示碰到势垒壁被反射回去的波.由于在势垒右侧原本没有粒子，所以 $G = 0$，于是

$$\Psi_{\mathrm{III}} = F\mathrm{e}^{\mathrm{i}kx} \tag{3.87}$$

表示贯穿势垒而投射过来的波.

利用边界条件：$\Psi_{\mathrm{I}}(-a) = \Psi_{\mathrm{II}}(-a)$，$\Psi'_{\mathrm{I}}(-a) = \Psi'_{\mathrm{II}}(-a)$，以及 $\Psi_{\mathrm{II}}(a) = \Psi_{\mathrm{III}}(a)$，$\Psi'_{\mathrm{II}}(a) = \Psi'_{\mathrm{III}}(a)$，可得到

$$\begin{cases} A\mathrm{e}^{-\mathrm{i}ka} + B\mathrm{e}^{+\mathrm{i}ka} = C\mathrm{e}^{-\lambda a} + D\mathrm{e}^{\lambda a} \\ \mathrm{i}kA\mathrm{e}^{-\mathrm{i}ka} - \mathrm{i}kB\mathrm{e}^{+\mathrm{i}ka} = \lambda C\mathrm{e}^{-\lambda a} - \lambda D\mathrm{e}^{\lambda a} \\ C\mathrm{e}^{\lambda a} + D\mathrm{e}^{-\lambda a} = F\mathrm{e}^{\mathrm{i}ka} \\ \lambda C\mathrm{e}^{\lambda a} - \lambda D\mathrm{e}^{-\lambda a} = \mathrm{i}kF\mathrm{e}^{\mathrm{i}ka} \end{cases}$$

首先根据其中第 3、4 两式用 F 解出 C、D.将第 3 式两端都乘以 λ，得到

$$\lambda C\mathrm{e}^{\lambda a} + \lambda D\mathrm{e}^{-\lambda a} = \lambda F\mathrm{e}^{\mathrm{i}ka}$$

于是可求得

$$C = \frac{(\lambda + \mathrm{i}k)F}{2\lambda\mathrm{e}^{\lambda a}}\mathrm{e}^{\mathrm{i}ka}, \qquad D = \frac{(\lambda - \mathrm{i}k)F}{2\lambda\mathrm{e}^{-\lambda a}}\mathrm{e}^{\mathrm{i}ka}$$

再将第 1 式两端均乘以 $\mathrm{i}k$，得到

$$\mathrm{i}kA\mathrm{e}^{-\mathrm{i}ka} + \mathrm{i}kB\mathrm{e}^{\mathrm{i}ka} = \mathrm{i}kC\mathrm{e}^{-\lambda a} + \mathrm{i}kD\mathrm{e}^{\lambda a}$$

结合第 2 式,解得

$$A=\frac{(\mathrm{i}k+\lambda)C\mathrm{e}^{-\lambda a}+(\mathrm{i}k-\lambda)D\mathrm{e}^{\lambda a}}{2\mathrm{i}k\mathrm{e}^{-\mathrm{i}ka}},$$

$$B=\frac{(\mathrm{i}k-\lambda)C\mathrm{e}^{-\lambda a}+(\mathrm{i}k+\lambda)D\mathrm{e}^{\lambda a}}{2\mathrm{i}k\mathrm{e}^{\mathrm{i}ka}}$$

再将 C、D 的表达式代入,得到

$$\begin{aligned}A&=\frac{(\mathrm{i}k+\lambda)(\lambda+\mathrm{i}k)\mathrm{e}^{-2\lambda a}+(\mathrm{i}k-\lambda)(\lambda-\mathrm{i}k)\mathrm{e}^{2\lambda a}}{4\mathrm{i}k\lambda}F\mathrm{e}^{2\mathrm{i}ka}\\&=\frac{(\lambda^2+2\mathrm{i}k\lambda-k^2)\mathrm{e}^{-2\lambda a}+(\lambda^2-2\mathrm{i}k\lambda-k^2)\mathrm{e}^{2\lambda a}}{4\mathrm{i}k\lambda}F\mathrm{e}^{2\mathrm{i}ka}\end{aligned}\tag{3.88}$$

$$\begin{aligned}B&=\frac{(\mathrm{i}k-\lambda)(\lambda+\mathrm{i}k)\mathrm{e}^{-2\lambda a}+(\mathrm{i}k+\lambda)(\lambda-\mathrm{i}k)\mathrm{e}^{2\lambda a}}{4\mathrm{i}k\lambda}F\\&=\frac{(\lambda-\mathrm{i}k)(\lambda+\mathrm{i}k)(\mathrm{e}^{2\lambda a}-\mathrm{e}^{-2\lambda a})}{4\mathrm{i}k\lambda}F=\frac{(k^2+\lambda^2)(\mathrm{e}^{2\lambda a}-\mathrm{e}^{-2\lambda a})}{4\mathrm{i}k\lambda}F\end{aligned}\tag{3.89}$$

可以通过归一化得到 F 的表达式,进而确定波函数表达式中的各个系数,但这样做没有必要,它们之间都差一个相同的常数因子,对结果没有任何影响,因为几率都是相对的.

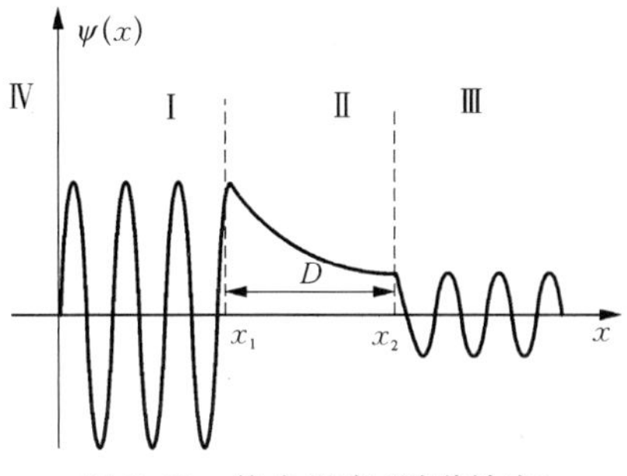

图 3.68　势垒贯穿(隧道效应)

正如前面分析的,粒子从势垒左侧入射,碰到势垒后,一部分反射,由于 $E<V_0$,粒子的能量比势垒的高度低,所以按照牛顿的经典理论,粒子是无法“越过”势垒的.但按照量子理论,有一部分粒子“穿过”势垒,进入了另一侧.这种情况,即粒子从Ⅰ区经过势垒进入Ⅲ区,如图 3.68,称做**势垒贯穿**或**隧道效应**.

可以按照以下公式计算出用**几率流密度** J 表示的粒子流量,从而得到贯穿势垒的粒子流量

$$J=\frac{\mathrm{i}\hbar}{2m}(\Psi\nabla\Psi^*-\Psi^*\nabla\Psi)=\frac{\mathrm{i}\hbar}{2m}\left(\Psi\frac{\mathrm{d}\Psi^*}{\mathrm{d}x}-\Psi^*\frac{\mathrm{d}\Psi}{\mathrm{d}x}\right)$$

也可以用另一种方法计算.入射粒子的几率幅为 $A\mathrm{e}^{\mathrm{i}kx}$,反射粒子的几率幅为 $B\mathrm{e}^{-\mathrm{i}kx}$,贯穿势垒的粒子的几率幅为 $F\mathrm{e}^{\mathrm{i}kx}$,所以透射率和反射率可以按下面的方式求得

$$T=\frac{|F\mathrm{e}^{\mathrm{i}kx}|^2}{|A\mathrm{e}^{\mathrm{i}kx}|^2}=\frac{|F|^2}{|A|^2},\qquad R=\frac{|B\mathrm{e}^{-\mathrm{i}kx}|^2}{|A\mathrm{e}^{\mathrm{i}kx}|^2}=\frac{|B|^2}{|A|^2}$$

由式(3.88)

$$\frac{|F|^2}{|A|^2}=\left|\frac{4\mathrm{i}k\lambda}{(\lambda^2+2\mathrm{i}k\lambda-k^2)\mathrm{e}^{-2\lambda a}-(\lambda^2-2\mathrm{i}k\lambda-k^2)\mathrm{e}^{2\lambda a}}\mathrm{e}^{-2\mathrm{i}ka}\right|^2$$

故

$$\begin{aligned}T&=\frac{(2k\lambda)^2}{(k^2-\lambda^2)^2\left(\dfrac{\mathrm{e}^{2\lambda a}-\mathrm{e}^{-2\lambda a}}{2}\right)^2+(2k\lambda)^2\left(\dfrac{\mathrm{e}^{2\lambda a}+\mathrm{e}^{-2\lambda a}}{2}\right)^2}\\&=\frac{(2k\lambda)^2}{(k^2-\lambda^2)^2\mathrm{sh}^2(2\lambda a)+(2k\lambda)^2\mathrm{ch}^2(2\lambda a)}\\&=\frac{1}{\dfrac{1}{4}\left(\dfrac{k}{\lambda}-\dfrac{\lambda}{k}\right)^2\mathrm{sh}^2(2\lambda a)+\mathrm{ch}^2(2\lambda a)}\end{aligned}\tag{3.90}$$

由式(3.89)

$$\frac{|B|^2}{|A|^2}=\left|\frac{(k^2+\lambda^2)(\mathrm{e}^{2\lambda a}-\mathrm{e}^{-2\lambda a})}{(\lambda^2+2\mathrm{i}k\lambda-k^2)\mathrm{e}^{-2\lambda a}-(\lambda^2-2\mathrm{i}k\lambda-k^2)\mathrm{e}^{2\lambda a}}\mathrm{e}^{-2\mathrm{i}ka}\right|^2$$

故

$$\begin{aligned}R&=\frac{(k^2+\lambda^2)^2\left(\dfrac{\mathrm{e}^{2\lambda a}-\mathrm{e}^{-2\lambda a}}{2}\right)^2}{(k^2-\lambda^2)^2\left(\dfrac{\mathrm{e}^{2\lambda a}-\mathrm{e}^{-2\lambda a}}{2}\right)^2+(2k\lambda)^2\left(\dfrac{\mathrm{e}^{2\lambda a}+\mathrm{e}^{-2\lambda a}}{2}\right)^2}\\&=\frac{(k^2+\lambda^2)^2\mathrm{sh}^2(2\lambda a)}{(k^2-\lambda^2)^2\mathrm{sh}^2(2\lambda a)+(2k\lambda)^2\mathrm{ch}^2(2\lambda a)}\\&=\frac{\dfrac{1}{4}\left(\dfrac{k}{\lambda}+\dfrac{\lambda}{k}\right)^2\mathrm{sh}^2(2\lambda a)}{\dfrac{1}{4}\left(\dfrac{k}{\lambda}-\dfrac{\lambda}{k}\right)^2\mathrm{sh}^2(2\lambda a)+\mathrm{ch}^2(2\lambda a)}\end{aligned}\tag{3.91}$$

由双曲函数的性质 $\mathrm{ch}^2(2\lambda a)-\mathrm{sh}^2(2\lambda a)=1$，

$$\begin{aligned}1+\frac{1}{4}\left(\frac{k}{\lambda}+\frac{\lambda}{k}\right)^2\mathrm{sh}^2(2\lambda a)&=\mathrm{ch}^2(2\lambda a)-\mathrm{sh}^2(2\lambda a)+\frac{1}{4}\left(\frac{k}{\lambda}+\frac{\lambda}{k}\right)^2\mathrm{sh}^2(2\lambda a)\\&=\frac{1}{4}\left[\left(\frac{k}{\lambda}\right)^2-2+\left(\frac{\lambda}{k}\right)^2\right]\mathrm{sh}^2(2\lambda a)+\mathrm{ch}^2(2\lambda a)\\&=\frac{1}{4}\left(\frac{k}{\lambda}-\frac{\lambda}{k}\right)^2\mathrm{sh}^2(2\lambda a)+\mathrm{ch}^2(2\lambda a)\end{aligned}$$

所以有

$$T + R = 1 \tag{3.92}$$

式(3.90)可进一步化为

$$T = \frac{1}{\frac{1}{4}\left(\frac{k}{\lambda} - \frac{\lambda}{k}\right)^2 \mathrm{sh}^2(2\lambda a) + \mathrm{ch}^2(2\lambda a)} = \frac{1}{\frac{1}{4}\left(\frac{k}{\lambda} + \frac{\lambda}{k}\right)^2 \mathrm{sh}^2(2\lambda a) + 1}$$

根据式(3.83)和式(3.85)，$k = \sqrt{2mE}/\hbar$，$\lambda = \sqrt{2m(V_0 - E)}/\hbar$，因而

$$\left(\frac{k}{\lambda} + \frac{\lambda}{k}\right)^2 = \left(\frac{k^2 + \lambda^2}{k\lambda}\right)^2 = \frac{V_0^2}{E(V_0 - E)}$$

即

$$T = \frac{1}{\frac{V_0^2}{4E(V_0 - E)}\mathrm{sh}^2(2\lambda a) + 1} \tag{3.93}$$

如果 $\lambda a \gg 1$，则 $\mathrm{sh}^2(2\lambda a) \approx \mathrm{e}^{4\lambda a}/4 \gg 1$. 式(3.93)可变为

$$T \approx \frac{1}{\frac{V_0^2}{4E(V_0 - E)}\mathrm{sh}^2(2\lambda a)} = \frac{16E(V_0 - E)\mathrm{e}^{-\frac{4a\sqrt{2m(V_0 - E)}}{\hbar}}}{V_0^2} \tag{3.94}$$

势垒的宽度为 $D = 2a$. 可见,粒子在势垒处的穿透系数随着势垒宽度作指数衰减.例如,对于1 eV 的电子,势垒高度为2 eV,当 $D = 2$ Å时，$T \approx 0.51$；而$D = 5$ Å时，$T \approx 0.024$. 如果将电子换成质子,由于质子的质量为电子的 1 840 倍,所以,当 $D = 2$ Å时，$T \approx 2.6 \times 10^{-38}$.

不妨将式(3.94)简单看做主要由指数部分决定,于是 $T \approx \mathrm{e}^{-\frac{2D\sqrt{2m(V_0 - E)}}{\hbar}}$. 如果在势垒内部距离表面为 d 处,几率衰减为表面处的 $1/\mathrm{e}$,则 d 被定义为粒子在势垒中的**穿透深度**,则可得到

$$d = \frac{\hbar}{2\sqrt{2m(V_0 - E)}} \tag{3.95}$$

3.6.5 扫描隧道显微镜与原子力显微镜

1. 电子显微镜

电子显微镜与光学显微镜的原理相似:从样品上反射或透射的光波,经过光学系统所成的像,就能够反映样品的形貌.由于电子具有类似于光的波动性,因而电子束在样品上透射、反射后,也可以像光波一样体现样品的形貌.电子的德布罗意波长为 $\lambda = h/p$,因而其动量越大,波长就越短.波的成像过程中有衍射极限,这就

是艾里斑的半角宽度 $\Delta\theta = \lambda/a$，其中 a 为成像孔径，λ 为波长. 波长越短，艾里斑就越小，像的分辨率就越高. 电子的德布罗意波长比可见光的波长小得多，因而电子显微镜的分辨本领比光学显微镜要高得多.

从电子枪（阴极）射向样品的电子，先要经过电场加速，以获得较大的动量，电子显微镜的加速电场一般为数千伏至数十万伏，因而电子具有很短的波长. 还要对入射的电子束进行聚焦，通常采用沿镜筒轴线对称分布的磁场或电场将电子束聚焦到样品表面上，这样的聚焦系统被称做**电子透镜**. 从样品上透射或反射的电子携带有样品微观结构的信息，通过一个聚焦系统（电子透镜，也称做物镜）将这些电子收集，经过放大处理后即可得到反映样品结构和形貌的图像.

电子显微镜分为透射电子显微镜（transmission electron microscope，简称 TEM）、扫描电子显微镜（scanning electron microscope，简称 SEM）、扫描透射电子显微镜（scanning transmission electron microscope，简称 STEM）、反射电子显微镜（reflection electron microscope，简称 REM）等.

透射电子显微镜要求样品很薄，这样，射到样品上的电子束，将有很大的比例透过样品，这些透射的电子经物镜收集、处理后，即可得到样品结构的信息. 透射电镜的电子束能量可高达 400 keV，因而分辨率可达 50 pm（50×10^{-12} m），放大倍数可达 5 000 万倍（50×10^{6}）. 图 3.69 是病毒的 TEM 照片.

扫描电子显微镜是将入射电子束细聚焦后，再将焦点在样品上逐行移动而获得样品结构信息的. 尽管 SEM 的分辨本领比 TEM 低一个数量级，但可以获得厘米尺度样品的完整图像，如图 3.70.

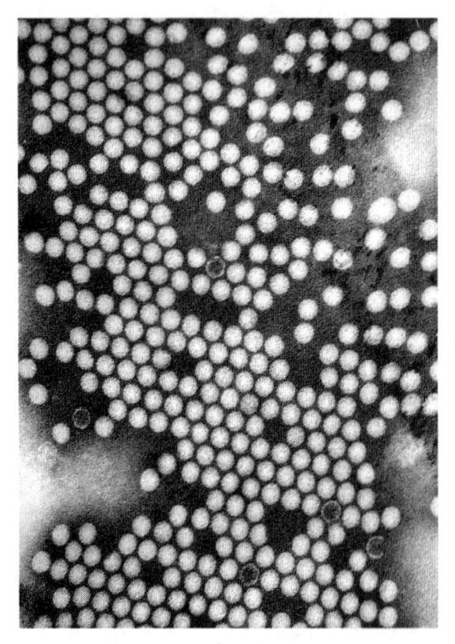

图 3.69 脊髓灰质炎病毒的 TEM 照片，病毒的尺度为 30 nm

图 3.70 一只蚂蚁的 SEM 图像

扫描透射电子显微镜的原理与扫描电子显微镜类似，只是分辨率比 SEM 高，与 STM 相当.

反射电子显微镜收集从样品反射的电子的信息，从而生成样品结构的图像.由于反射的电子多是与样品中的带电粒子弹性散射的结果，因而也可用作衍射分析(称做反射高能电子衍射，reflection high energy electron diffraction，简称 RHEED)和电子的能量损失分析(称做反射高能电子损失谱，reflection high-energy loss spectroscopy，简称 RHELS).

还有同时具有上述 TEM、SEM 和 STEM 功能的低电压电子显微镜(low-voltage electron microscope，简称 LVEM).这种显微镜的加速电压只有 5 kV，对样品的损伤较小，适用于观测生物样品，分辨本领可达纳米量级，但要求样品很薄，通常为 20～65 nm.

2. 扫描隧道电子显微镜

与上述电子显微镜的原理不同，扫描隧道电子显微镜(scanning tunneling microscope，简称 STM)并不是根据透射或反射的电子的信息获得样品结构的图像，而是利用隧道效应对样品进行分析.

STM 的结构和原理可用图 3.71 加以解释.STM 的探测器件是一个极细的钨金属探针，经过仔细加工，探针的头部只有一个原子处在突出的部位.针尖处的电子受到原子的束缚，相当于有一个势垒，在探针和样品之间加上一个小于势垒的电压，则针尖上的电子有一定的几率穿过该势垒到达样品，在回路中形成电流.隧穿

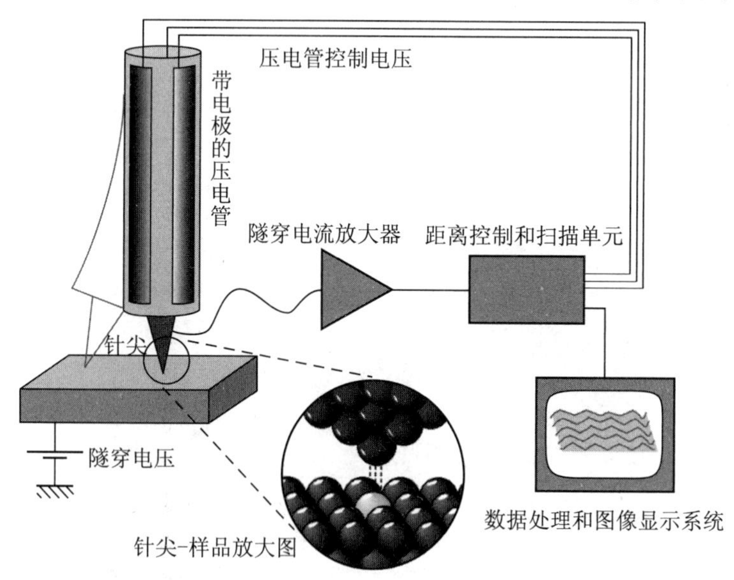

图 3.71 STM 结构原理示意图

电流的大小受电压和针尖-样品间距离的控制.在电压一定的情况下,距离小,则电流大;在距离一定的情况下,电压大,则电流大.由于针尖处只有一个原子,所以对样品的分辨率也可达到一个原子的尺度.在电压不变时,如针尖下的样品上有一个凸出的原子,则隧穿电流增大;如针尖下的样品上没有原子,则隧穿电流减小.将针尖在样品上扫描,则可探测到样品表面原子的分布特征.

STM中通过压电装置(压电管)调控针尖到样品的距离,在针尖扫描的过程中,当针尖-样品间距减小,电流会增大,信号反馈至控制系统,调整压电管电压,以增大针尖-样品间距,直至隧穿电流减小到设定值;反之,如果针尖-样品间距增大,导致电流会减小,反馈系统使压电管减小针尖-样品的间距,使隧穿电流增大到设定值.即采用恒定隧穿电流以保持针尖-样品间距恒定的方式对样品进行扫描,而控制系统记录针尖的移动,将这些信息合成为样品表面原子分布的图片,如图3.72所示.

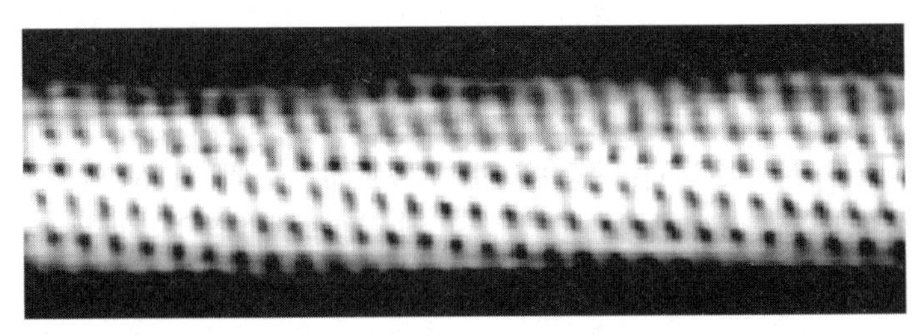

图3.72 金(100)面(左)和单层纳米碳管(右)的STM图片

利用STM,不仅可以获得样品表面原子分布的情况,还可以实现对单个原子的调控.图3.73就是用STM的针尖将48个铁原子在金属铜的(111)晶面上排成一个半径为7.13 nm的圆周所形成的“量子围栏”(quantum corral),该图片由STM探测得到.图中的起伏是围栏内电子干涉所形成的驻波.

图3.73 量子围栏

由于 STM 是通过逐点探测的方式获得样品结构信息的，而该信息是通过隧穿电流反映出来的，其中并没有电子的相干叠加，因而不受衍射极限的限制，分辨率只受针尖大小的影响，可以大大提高.

1986 年的诺贝尔物理学奖一半授予德国柏林弗利兹-哈伯学院（Frize-Haber-Institut der Max-Planck-Gesellschaft）的恩斯特 · 鲁斯卡（Ernst Ruska，1906～1988），以表彰他在电光学领域作了基础性工作，并于 1931 年研制出了第一架电子显微镜，另一半授予瑞士鲁希利康（Rüschlikon）IBM 苏黎世研究实验室的德国物理学家宾宁（Gerd Binnig，1947～）和瑞士物理学家罗雷尔（Heinrich Rohrer，1933～），以表彰他们于 1982 年设计出了扫描隧道显微镜.

3. 原子力显微镜

原子力显微镜（atomic force microscope，简称 AFM）的工作原理与上述各种电子显微镜都不相同，它不是用电子探测样品的结构，而是利用原子之间的相互作用力（即原子力，主要是库仑相互作用力）探测样品的形貌和结构.

原子力显微镜的工作方式和原理可以用图 3.74 来说明. 轻质悬臂可以绕轴转动，带有针尖的一端靠近样品. 在针尖与样品的原子力和系统回复力的作用下，悬臂会有转动. 通过调节，可以使针尖与样品在某一距离处，悬臂处于平衡状态. 使针尖在样品上扫描，遇有样品凸起处，针尖-样品间距减小，原子力增大，悬臂顺时针转动，通过悬臂一端反射的激光偏转，引起光电二极管信号变化，导致电路反馈给悬臂控制系统一个信号，增大回复力，使针尖-样品间距保持平衡距离；在样品凹进处，针尖-样品间距增大，原子力减小，悬臂逆时针转动，激光反向偏转，电路反馈给悬臂控制的信号减小回复力，同样使针尖-样品间距仍保持平衡距离. 这样，就可以探测样品表面的形貌和结构，如图 3.75 所示.

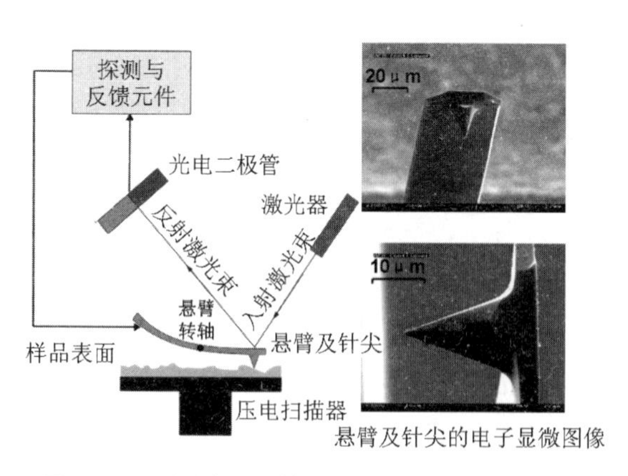

图 3.74 原子力显微镜的工作方式和原理示意图

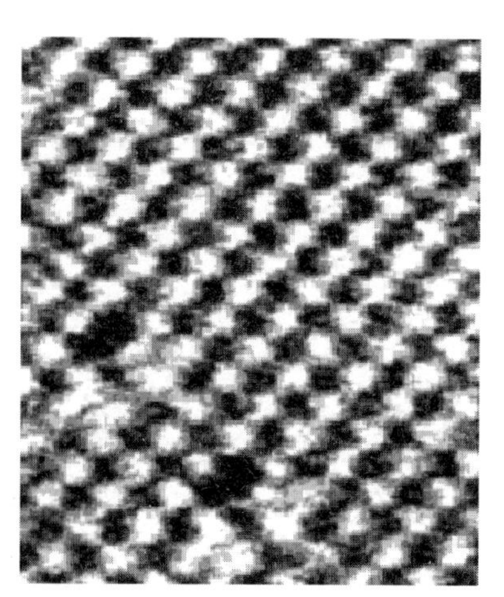

图 3.75 NaCl 晶体的 AFM 图像

3.7 单电子原子的波函数

3.7.1 哈密顿方程及其本征函数的解

1. 库仑势场中的哈密顿方程

单电子处在核的库仑势场中,势能为 $V(r) = -\dfrac{Ze^2}{4\pi\varepsilon_0 r}$,哈密顿量为 $\hat{H} = -\dfrac{\hbar^2}{2m_e}\nabla^2 - \dfrac{Ze^2}{4\pi\varepsilon_0 r}$. 哈密顿方程为

$$-\frac{\hbar^2}{2m_e}\nabla^2\Psi - \frac{Ze^2}{4\pi\varepsilon_0 r}\Psi = E\Psi$$

化为

$$\nabla^2\Psi + \frac{2m_e}{\hbar^2}\left(E + \frac{Ze^2}{4\pi\varepsilon_0 r}\right)\Psi = 0 \tag{3.96}$$

在球坐标系(图 3.76)中,算符为

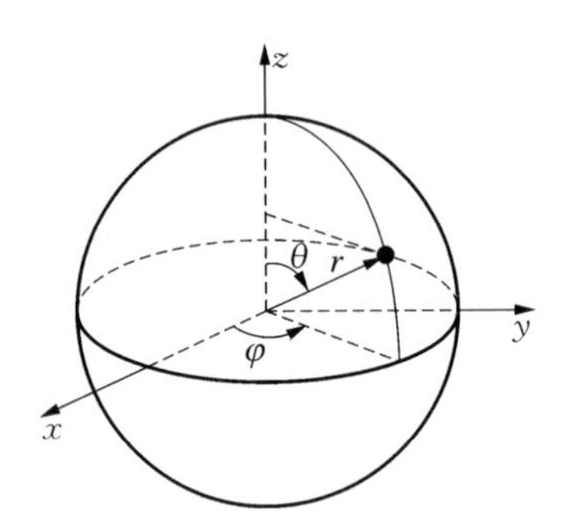

图 3.76 球坐标系的参数

$$\nabla^2 = \frac{1}{r^2}\frac{\partial}{\partial r}\left(r^2\frac{\partial}{\partial r}\right) + \frac{1}{r^2\sin\theta}\frac{\partial}{\partial\theta}\left(\sin\theta\frac{\partial}{\partial\theta}\right) + \frac{1}{r^2\sin^2\theta}\frac{\partial^2}{\partial\varphi^2} \tag{3.97}$$

2. 哈密顿方程的解

先做变量分离,$\Psi(r,\theta,\varphi) = R(r)Y(\theta,\varphi)$,代入方程(3.97),得到

$$\frac{\mathrm{d}}{\mathrm{d}r}\left(r^2\frac{\mathrm{d}R}{\mathrm{d}r}\right)Y + \frac{R}{\sin\theta}\frac{\partial}{\partial\theta}\left(\sin\theta\frac{\partial Y}{\partial\theta}\right) + \frac{R}{\sin^2\theta}\frac{\partial^2 Y}{\partial\varphi^2} + \frac{2m_e r^2}{\hbar^2}\left(E + \frac{Ze^2}{4\pi\varepsilon_0 r}\right)RY = 0$$

整理,将径向部分与角度部分分别移动到方程的两端,有

$$\frac{1}{R}\frac{\mathrm{d}}{\mathrm{d}r}\left(r^2\frac{\mathrm{d}R}{\mathrm{d}r}\right)+\frac{2m_e r^2}{\hbar^2}\left(E+\frac{Ze^2}{4\pi\varepsilon_0 r}\right)=-\frac{1}{Y}\left[\frac{1}{\sin\theta}\frac{\partial}{\partial\theta}\left(\sin\theta\frac{\partial Y}{\partial\theta}\right)+\frac{1}{\sin^2\theta}\frac{\partial^2 Y}{\partial\varphi^2}\right]$$

令方程两端均等于常数 λ, 即

$$\frac{1}{R}\frac{\mathrm{d}}{\mathrm{d}r}\left(r^2\frac{\mathrm{d}R}{\mathrm{d}r}\right)+\frac{2m_e r^2}{\hbar^2}\left(E+\frac{Ze^2}{4\pi\varepsilon_0 r}\right)=\lambda \tag{3.98}$$

$$-\frac{1}{Y}\left[\frac{1}{\sin\theta}\frac{\partial}{\partial\theta}\left(\sin\theta\frac{\partial Y}{\partial\theta}\right)+\frac{1}{\sin^2\theta}\frac{\partial^2 Y}{\partial\varphi^2}\right]=\lambda \tag{3.99}$$

对方程(3.99)进一步分离变量,即 $Y(\theta,\varphi)=\Theta(\theta)\Phi(\varphi)$, 该方程变为

$$-\frac{1}{\Theta}\frac{1}{\sin\theta}\frac{\mathrm{d}}{\mathrm{d}\theta}\left(\sin\theta\frac{\mathrm{d}\Theta}{\mathrm{d}\theta}\right)-\frac{1}{\Phi}\frac{1}{\sin^2\theta}\frac{\mathrm{d}^2\Phi}{\mathrm{d}\varphi^2}=\lambda$$

将含 θ 部分和含 φ 部分分别移动到方程的两端,有

$$\frac{\sin\theta}{\Theta}\frac{\mathrm{d}}{\mathrm{d}\theta}\left(\sin\theta\frac{\mathrm{d}\Theta}{\mathrm{d}\theta}\right)+\lambda\sin^2\theta=-\frac{1}{\Phi}\frac{\mathrm{d}^2\Phi}{\mathrm{d}\varphi^2}$$

令方程两端均等于常数 ν, 即

$$\frac{\sin\theta}{\Theta}\frac{\mathrm{d}}{\mathrm{d}\theta}\left(\sin\theta\frac{\mathrm{d}\Theta}{\mathrm{d}\theta}\right)+\lambda\sin^2\theta=\nu \tag{3.100}$$

$$-\frac{1}{\Phi}\frac{\mathrm{d}^2\Phi}{\mathrm{d}\varphi^2}=\nu \tag{3.101}$$

首先求解方程(3.101),由 $\frac{\mathrm{d}^2\Phi}{\mathrm{d}\varphi^2}+\nu\Phi=0$,解得 $\Phi(\varphi)=A\mathrm{e}^{\pm\mathrm{i}\sqrt{\nu}\varphi}$. 由于在球坐标系中,函数 $\Phi(\varphi)$ 有周期性,即 $\Phi(\varphi+2\pi)=\Phi(\varphi)$, 因而 $\mathrm{e}^{\pm\mathrm{i}\sqrt{\nu}(\varphi+2\pi)}=\mathrm{e}^{\pm\mathrm{i}\sqrt{\nu}\varphi}$, 可导出 $\mathrm{e}^{\pm\mathrm{i}\sqrt{\nu}2\pi}=1$, 说明只有 $\pm\sqrt{\nu}=m$, m 取整数,正负均可,这是由于指数上本来有 $\pm$ 符号,所以可以将该符号包含在 m. 得到只与 φ 有关的波函数为

$$\Phi(\varphi)=A\mathrm{e}^{\mathrm{i}m\varphi},\qquad m=0,\pm1,\pm2,\cdots$$

可以利用归一化条件, $\int_0^{2\pi}|A\mathrm{e}^{\mathrm{i}m\varphi}|^2\mathrm{d}\varphi=\int_0^{2\pi}A^2\mathrm{d}\varphi=2\pi A^2=1$, 求得 $A=\frac{1}{\sqrt{2\pi}}$, 所以

$$\Phi_m(\varphi)=\frac{1}{\sqrt{2\pi}}\mathrm{e}^{\mathrm{i}m\varphi} \tag{3.102}$$

再求解方程(3.100),将 $\nu=m^2$ 代入,得到

$$\frac{1}{\sin\theta}\frac{\mathrm{d}}{\mathrm{d}\theta}\left(\sin\theta\frac{\mathrm{d}\Theta}{\mathrm{d}\theta}\right)+\left(\lambda-\frac{m^2}{\sin^2\theta}\right)\Theta=0$$

这是一个特殊的微分方程，只有当 $\lambda = l(l+1)$，且 $l \geqslant |m|$，l 为整数时，上述方程才有解：

$$\Theta_{lm}(\theta) = B\mathrm{P}_l^m(\cos\theta) \tag{3.103}$$

其中 P_l^m 为**缔合勒让德函数**(associated Legendre function).

缔合勒让德函数也称做**伴随勒让德多项式**(associated Legendre polynomials)，或**连带勒让德多项式**，是数学上对如下形式的常微分方程解函数的称谓.

$$(1-x^2)\frac{\mathrm{d}^2 y}{\mathrm{d}x^2} - 2x\frac{\mathrm{d}y}{\mathrm{d}x} + \left[l(l+1) - \frac{m^2}{1-x^2}\right]y = 0$$

其中

$$\mathrm{P}_l^m(u) = \frac{1}{2^l l!}(1-u^2)^{\left|\frac{m}{2}\right|}\frac{\mathrm{d}^{l+|m|}}{\mathrm{d}u^{l+|m|}}(u^2-1)^l$$

就是**罗德里格公式**(Rodrigues' formula). B 为归一化常数.

于是角度部分的波函数为

$$\mathrm{Y}_{lm}(\theta,\varphi) = \Theta_{lm}(\theta)\Phi_m(\varphi) = N_{lm}\mathrm{P}_l^m(\cos\theta)\mathrm{e}^{\mathrm{i}m\varphi} \tag{3.104}$$

其中归一化因子

$$N_{lm} = \sqrt{\frac{(l-|m|)!(2l+1)}{4\pi(l+|m|)!}}$$

对于每一个 l，m 可取的值为 $m = -l, -l+1, \cdots, -1, 0, 1, \cdots, l-1, l$，共 $2l+1$ 个.

波函数 $\mathrm{Y}_{lm}(\theta,\varphi) = N_{lm}\mathrm{P}_l^m(\cos\theta)\mathrm{e}^{\mathrm{i}m\varphi}$ 被称为**球谐函数**(spherical harmonics).

将结果代入前面的方程(3.99)中，注意 $\lambda = l(l+1)$，可以得到

$$-\frac{1}{\mathrm{Y}_{lm}}\left[\frac{1}{\sin\theta}\frac{\partial}{\partial\theta}\left(\sin\theta\frac{\partial \mathrm{Y}_{lm}}{\partial\theta}\right) + \frac{1}{\sin^2\theta}\frac{\partial^2 \mathrm{Y}_{lm}}{\partial\varphi}\right] = \lambda,$$

即

$$-\hbar^2\left[\frac{1}{\sin\theta}\frac{\partial}{\partial\theta}\left(\sin\theta\frac{\partial}{\partial\theta}\right) + \frac{1}{\sin^2\theta}\frac{\partial^2}{\partial\varphi}\right]\mathrm{Y}_{lm} = l(l+1)\hbar^2\mathrm{Y}_{lm} \tag{3.105}$$

如果对球谐函数求一阶偏微分 $\dfrac{\partial \mathrm{Y}_{lm}}{\partial\varphi}$，根据式(3.102)，$\dfrac{\mathrm{d}\Phi_m}{\mathrm{d}\varphi} = \mathrm{i}m\Phi_m$，则有

$$-\mathrm{i}\hbar\frac{\partial \mathrm{Y}_{lm}}{\partial\varphi} = m\hbar\mathrm{Y}_{lm} \tag{3.106}$$

最后来求解径向函数(3.98)，作代换 $\lambda = l(l+1)$，得到

$$\frac{1}{R}\frac{\mathrm{d}}{\mathrm{d}r}\left(r^2\frac{\mathrm{d}R}{\mathrm{d}r}\right) + \frac{2m_{\mathrm{e}}r^2}{\hbar^2}\left(E + \frac{Ze^2}{4\pi\varepsilon_0 r}\right) - l(l+1) = 0,$$

整理得到

$$\frac{1}{r^2}\frac{\mathrm{d}}{\mathrm{d}r}\left(r^2\frac{\mathrm{d}R}{\mathrm{d}r}\right)+\left[\frac{2m_\mathrm{e}}{\hbar^2}\left(E+\frac{Ze^2}{4\pi\varepsilon_0 r}\right)-\frac{l(l+1)}{r^2}\right]R=0$$

作参量代换,记

$$\begin{cases}R(r)=\dfrac{\chi(r)}{r}\\[2mm]\rho=\dfrac{2Z\sqrt{2m_\mathrm{e}\,|E|}}{\hbar}r\\[2mm]n=\dfrac{\sqrt{2m_\mathrm{e}}}{2\hbar\sqrt{|E|}}\dfrac{e^2}{4\pi\varepsilon_0}\end{cases}\tag{3.107}$$

方程化为下述形式

$$\frac{\mathrm{d}^2\chi(\rho)}{\mathrm{d}\rho^2}+\left[\frac{n}{\rho}\pm\frac{1}{4}-\frac{l(l+1)}{\rho^2}\right]\chi(\rho)=0$$

如果 $E>0$,说明电子处于非束缚态,方程为

$$\frac{\mathrm{d}^2\chi(\rho)}{\mathrm{d}\rho^2}+\left[\frac{n}{\rho}+\frac{1}{4}-\frac{l(l+1)}{\rho^2}\right]\chi(\rho)=0$$

该方程总有解,能量 E 可以取任意正值,非量子化的,这是非束缚态的解.

如果 $E<0$,说明电子处于束缚态,方程为

$$\frac{\mathrm{d}^2\chi(\rho)}{\mathrm{d}\rho^2}+\left[\frac{n}{\rho}-\frac{1}{4}-\frac{l(l+1)}{\rho^2}\right]\chi(\rho)=0\tag{3.108}$$

只有当 $n=1,2,3,\cdots$,且对每一个 n,l 的取值为 $l=0,1,2,\cdots,n-1$ 时,方程(3.108)有解,可用罗德里格公式表示为

$$R_{nl}(\rho)=C_{nl}\rho^l\mathrm{e}^{-\rho/2}L_{n+l}^{2l+1}(\rho)\tag{3.109}$$

其中 $C_{nl}=-\left\{\left(\dfrac{2Z}{na_1}\right)^3\dfrac{[n-(l+1)]!}{2n[(n+l)!]^3}\right\}^{1/2}$ 为归一化常数,以及

$$L_{n+l}^{2l+1}(\rho)=\sum_{k=0}^{n-l-1}(-1)^{k+1}\frac{[(n+l)!]^2\rho^k}{(n-l-1-k)!(2l+1+k)!k!}\tag{3.110}$$

式(3.110)被称做**缔合拉盖尔多项式**(associated Laguerre polynomials).

则完整的波函数为

$$\Psi_{nlm}(r,\theta,\varphi)=R_{nl}(r)\Theta_{lm}(\theta)\Phi_m(\varphi)\tag{3.111}$$

其中 n,l,m 是量子数,为本征态的标志.

3.7.2 解的物理意义

1. 本征值

根据式(3.107)，$n = \frac{\sqrt{2m_e}}{2\hbar\sqrt{-E}}\frac{e^2}{4\pi\varepsilon_0}$，因而得到

$$E_n = -\frac{2\pi^2 m_e e^4}{(4\pi\varepsilon_0)^2 h^2}\frac{Z^2}{n^2}$$

系统的能量是量子化的，n 就是主量子数，与从玻尔模型得到的结果一样．而变换参量 $\rho = \frac{2m_e e^2}{n4\pi\varepsilon_0\hbar^2}r = \frac{2}{na_1}r$（$a_1$ 为第一玻尔半径）．

2. 电子空间分布几率的特征

(1) 空间几率的计算

由波函数可以求出电子处于体积元 $\mathrm{d}V$ 的几率为[图 3.77(a)]

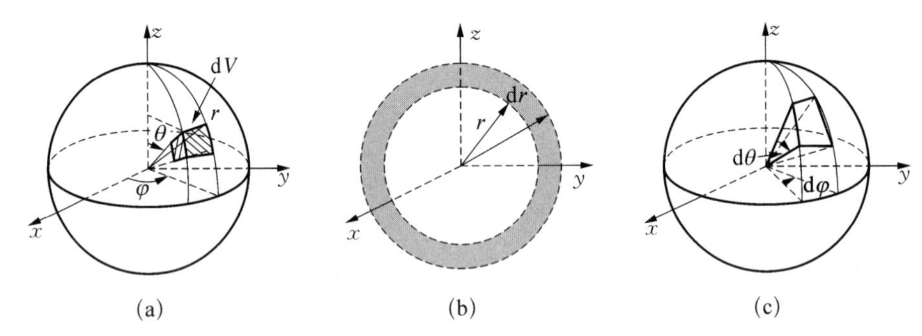

图 3.77 发现电子的几率计算

$$\begin{aligned}\Psi_{nlm}^*\Psi_{nlm}\mathrm{d}V &= R_{nl}(r)\Theta_{lm}\Phi_m^*R_{nl}(r)\Theta_{lm}\Phi_m\mathrm{d}V\\ &= R_{nl}^2(r)\Theta_{lm}^2 r^2\sin\theta\mathrm{d}r\,\mathrm{d}\theta\mathrm{d}\varphi\end{aligned}$$

可以看出，由于 $\Phi_m(\varphi) = \mathrm{e}^{\mathrm{i}m\varphi}/\sqrt{2\pi}$ 的模为常数 $1/2\pi$，所以电子的几率分布是关于 z 轴对称的．

在 $r \sim r+\mathrm{d}r$ 的球壳中发现电子的几率为[图 3.77(b)]

$$\begin{aligned}&\iint\limits_{r\sim r+\mathrm{d}r}\frac{1}{2\pi}R_{nl}^2(r)\Theta_{lm}^2 r^2\sin\theta\mathrm{d}r\,\mathrm{d}\theta\mathrm{d}\varphi\\ &= r^2R_{nl}^2(r)\mathrm{d}r\int_0^{2\pi}\frac{1}{2\pi}\mathrm{d}\varphi\int_0^{\pi}\Theta_{lm}^2\sin\theta\mathrm{d}\theta = r^2R_{nl}^2(r)\mathrm{d}r\end{aligned}\tag{3.112}$$

在 $\theta \sim \theta+\mathrm{d}\theta$ 角度范围内发现电子的几率为[图 3.77(c)]

$$\iint\limits_{\theta\sim\theta+\mathrm{d}\theta}\frac{1}{2\pi}R_{nl}^2(r)\Theta_{lm}^2 r^2\sin\theta\,\mathrm{d}r\,\mathrm{d}\theta\,\mathrm{d}\varphi=\Theta_{lm}^2\sin\theta\,\mathrm{d}\theta\int_0^{2\pi}\frac{1}{2\pi}\mathrm{d}\varphi\int_0^{\infty}r^2R_{nl}^2(r)\mathrm{d}r$$
$$=\Theta_{lm}^2\sin\theta\,\mathrm{d}\theta \tag{3.113}$$

在 $\varphi\sim\varphi+\mathrm{d}\varphi$ 角度范围内发现电子的几率为[图 3.77(c)]

$$\iint\limits_{\varphi\sim\varphi+\mathrm{d}\varphi}\frac{1}{2\pi}R_{nl}^2(r)\Theta_{lm}^2 r^2\sin\theta\,\mathrm{d}r\,\mathrm{d}\theta\,\mathrm{d}\varphi=\frac{\mathrm{d}\varphi}{2\pi}\int_0^{\pi}\Theta_{lm}^2\sin\theta\,\mathrm{d}\theta\int_0^{\infty}r^2R_{nl}^2(r)\mathrm{d}r=\frac{\mathrm{d}\varphi}{2\pi} \tag{3.114}$$

(2) 角度分布

根据前面的结果,在空间角度范围($\theta\sim\theta+\mathrm{d}\theta$, $\varphi\sim\varphi+\mathrm{d}\varphi$)内发现电子的几率为

$$\frac{1}{2\pi}\Theta_{lm}^2\sin\theta\,\mathrm{d}\theta\,\mathrm{d}\varphi$$

根据球谐函数可以计算出中心库仑势场中电子的空间角度分布几率,即

$$|\mathrm{Y}_{lm}(\theta,\varphi)|^2=\Theta^2(\theta)|\Phi(\varphi)|^2=\frac{1}{2\pi}\Theta^2(\theta)$$

表 3.1 中列出了前几个球谐函数的解析式.

表 3.1　球谐函数 $\mathrm{Y}_{lm}(\theta,\varphi)$

l	m	$\Theta_{lm}(\theta)$	$\Phi_m(\varphi)$	$\mathrm{Y}_{lm}(\theta,\varphi)$
0,s	0	$\frac{1}{\sqrt{2}}$	$\frac{1}{\sqrt{2\pi}}$	$\frac{1}{\sqrt{4\pi}}$
1,p	0	$\sqrt{\frac{3}{2}}\cos\theta$	$\frac{1}{\sqrt{2\pi}}$	$\sqrt{\frac{3}{4\pi}}\cos\theta$
	±1	$\sqrt{\frac{3}{4}}\sin\theta$	$\frac{\mathrm{e}^{\pm\mathrm{i}\varphi}}{\sqrt{2\pi}}$	$\sqrt{\frac{3}{8\pi}}\sin\theta\mathrm{e}^{\pm\mathrm{i}\varphi}$
2,d	0	$\sqrt{\frac{5}{8}}(3\cos^2\theta-1)$	$\frac{1}{\sqrt{2\pi}}$	$\sqrt{\frac{5}{16\pi}}(3\cos^2\theta-1)$
	±1	$\sqrt{\frac{15}{4}}\sin\theta\cos\theta$	$\frac{\mathrm{e}^{\pm\mathrm{i}\varphi}}{\sqrt{2\pi}}$	$\sqrt{\frac{15}{8\pi}}\sin\theta\cos\theta\mathrm{e}^{\pm\mathrm{i}\varphi}$
	±2	$\sqrt{\frac{5}{16}}\sin^2\theta$	$\frac{\mathrm{e}^{\pm2\mathrm{i}\varphi}}{\sqrt{2\pi}}$	$\sqrt{\frac{15}{32\pi}}\sin^2\theta\mathrm{e}^{\pm2\mathrm{i}\varphi}$

续 表

l	m	$\Theta_{lm}(\theta)$	$\Phi_m(\varphi)$	$Y_{lm}(\theta,\varphi)$
3,f	0	$\sqrt{\frac{7}{8}}(5\cos^3\theta-3\cos\theta)$	$\frac{1}{\sqrt{2\pi}}$	$\sqrt{\frac{7}{16\pi}}(5\cos^3\theta-3\cos\theta)$
	±1	$\frac{\sqrt{42}}{8}\sin\theta(5\cos^2\theta-1)$	$\frac{e^{\pm i\varphi}}{\sqrt{2\pi}}$	$\sqrt{\frac{21}{64\pi}}\sin\theta(5\cos^2\theta-1)e^{\pm i\varphi}$
	±2	$\frac{\sqrt{105}}{4}\sin^2\theta\cos\theta$	$\frac{e^{\pm 2i\varphi}}{\sqrt{2\pi}}$	$\sqrt{\frac{105}{32\pi}}\sin^2\theta\cos\theta e^{\pm 2i\varphi}$
	±3	$\frac{\sqrt{70}}{8}\sin^3\theta$	$\frac{e^{\pm 3i\varphi}}{\sqrt{2\pi}}$	$\sqrt{\frac{35}{64\pi}}\sin^3\theta e^{\pm 3i\varphi}$

球谐函数也通常用图3.78所示的图形表示.需要说明的是,各个曲面上某一点到图形中心的**距离**代表在该点所对应的**空间方位角**处的**相对几率值**,即球谐函数的模的平方,即 $|Y_{lm}(\theta,\varphi)|^2$.

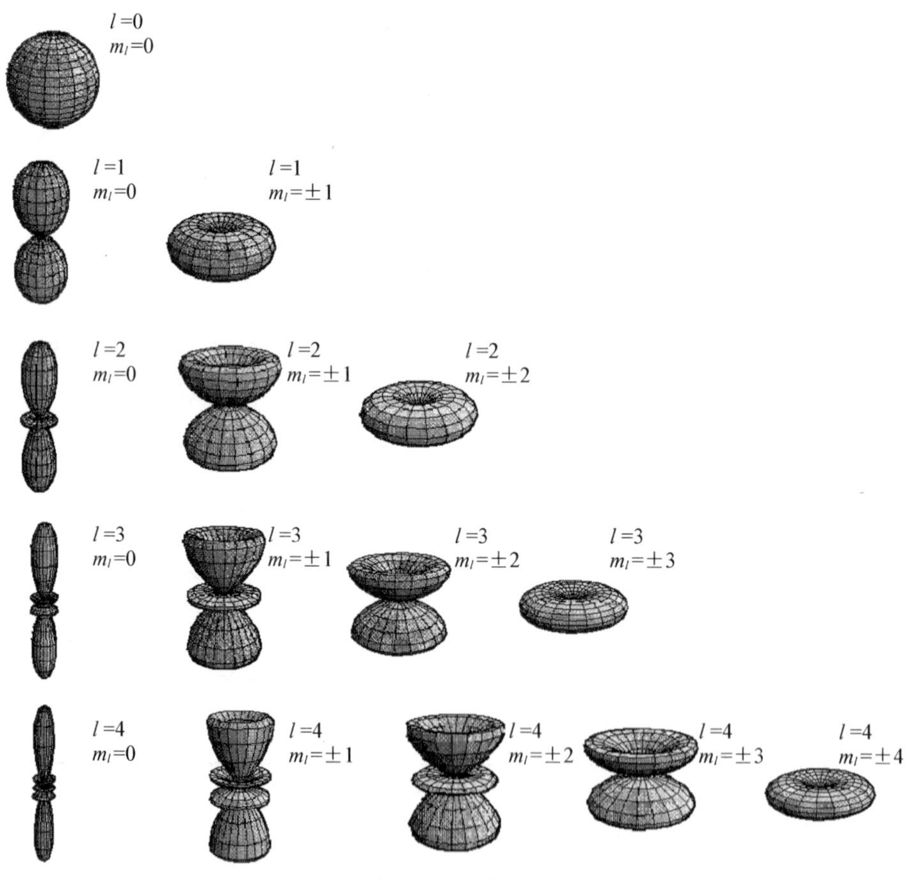

图3.78 $|Y_{lm}(\theta,\varphi)|^2$ 的图形表示

图 3.79 画出了上述球谐函数的空间图形在平面上的投影图.这就是我们常说的“电子云”,只是反映了电子按方位角的分布情况.

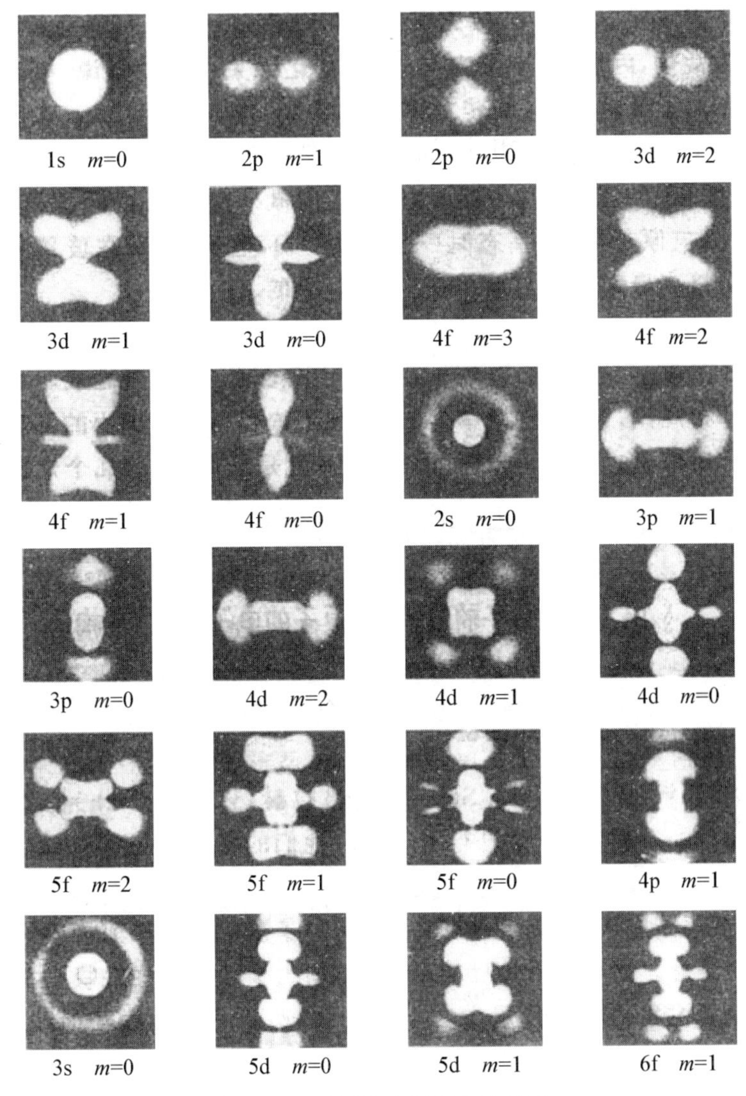

图 3.79 波函数在平面上的投影

图中的状态用符号表示,其中量子数 l 用字母表示,这些字母来源于光谱学符号,$l=0$,记为 s;$l=1$,记为 p;$l=2$,记为 d;$l=3$,记为 f;$l=4$,记为 g,以后则按字母表的次序依次标记.则 $n=1,l=0$ 就记做 1s;$n=2,l=0$ 就记做 2s;$n=2,l=1$ 就记做 2p;4f 的含义就是 $n=4,l=3$.

(3) 径向分布

虽然径向波函数的平方为 $R_{nl}^2(r)$,但这是在球坐标系中的结果,因而不可以用 $R_{nl}^2(r)\mathrm{d}r$ 直接计算径向分布几率,而必须用 $r^2R_{nl}^2(r)\mathrm{d}r$ 来计算,所以通常以

$$P(r)\mathrm{d}r = r^2R_{nl}^2(r)\mathrm{d}r \tag{3.115}$$

表示电子的径向分布几率.前几个径向波函数列于表3.2中.

表3.2 径向波函数(其中 $\sigma = Zr/a_1$)

n	l	$R_{nl}(r)$
1	0,1s	$2\left(\frac{Z}{a_1}\right)^{3/2}\mathrm{e}^{-Zr/a_1}$
2	0,2s	$\frac{1}{\sqrt{8}}\left(\frac{Z}{a_1}\right)^{3/2}\left(2-\frac{Zr}{a_1}\right)\mathrm{e}^{-Zr/2a_1}$
	1,2p	$\frac{1}{2\sqrt{6}}\left(\frac{Z}{a_1}\right)^{3/2}\left(\frac{Zr}{a_1}\right)\mathrm{e}^{-Zr/2a_1}$
3	0,3s	$\frac{2}{81\sqrt{3}}\left(\frac{Z}{a_1}\right)^{3/2}\left[27-18\frac{Zr}{a_1}+2\left(\frac{Zr}{a_1}\right)^2\right]\mathrm{e}^{-Zr/3a_1}$
	1,3p	$\frac{4}{81\sqrt{6}}\left(\frac{Z}{a_1}\right)^{3/2}\left[6\frac{Zr}{a_1}-\left(\frac{Zr}{a_1}\right)^2\right]\mathrm{e}^{-Zr/3a_1}$
	2,3d	$\frac{4}{27\sqrt{30}}\left(\frac{Z}{a_1}\right)^{3/2}\left(\frac{Zr}{a_1}\right)^2\mathrm{e}^{-Zr/3a_1}$
4	0,4s	$\frac{1}{96}\left(\frac{Z}{a_1}\right)^{3/2}\left[24-36\frac{Zr}{2a_1}+12\left(\frac{Zr}{2a_1}\right)^2-\left(\frac{Zr}{2a_1}\right)^3\right]\mathrm{e}^{-Zr/4a_1}$
	1,4p	$\frac{1}{32\sqrt{15}}\left(\frac{Z}{a_1}\right)^{3/2}\left[20\frac{Zr}{2a_1}-10\left(\frac{Zr}{2a_1}\right)^2+\left(\frac{Zr}{2a_1}\right)^3\right]\mathrm{e}^{-Zr/4a_1}$
	2,4d	$\frac{1}{96\sqrt{5}}\left(\frac{Z}{a_1}\right)^{3/2}\left[6\frac{Zr}{2a_1}-\left(\frac{Zr}{2a_1}\right)^3\right]\mathrm{e}^{-Zr/4a_1}$
	3,4f	$\frac{1}{96\sqrt{35}}\left(\frac{Z}{a_1}\right)^{3/2}\left(\frac{Zr}{2a_1}\right)^3\mathrm{e}^{-Zr/4a_1}$

图3.80画出了径向函数 $R_{nl}^2(r)$ 以及 $r^2R_{nl}^2(r)$ 的分布,从图上可以看出,两

者的极大位置是不同的.为了能够在同一张图中看清曲线的特点,对一些曲线作了放大处理,均在图中表明.

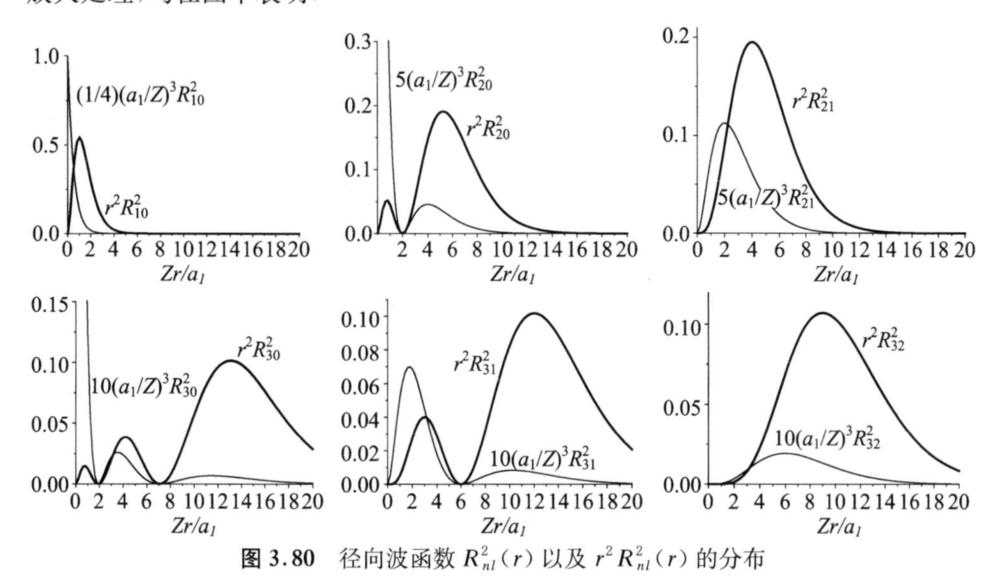

图 3.80 径向波函数 $R_{nl}^2(r)$ 以及 $r^2R_{nl}^2(r)$ 的分布

对于主量子数 $n=4$、5 时 $r^2R_{nl}^2(r)$ 的分布,画在图 3.81 中.

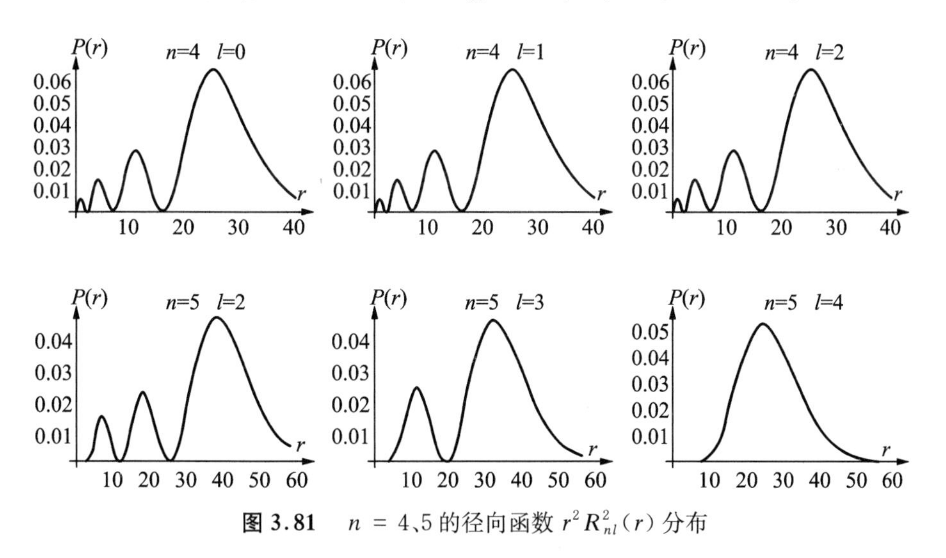

图 3.81 $n=4$、5 的径向函数 $r^2R_{nl}^2(r)$ 分布

电子的径向分布几率 $P(r)=r^2R_{nl}^2(r)$ 取极大值时,对应的 r 称做"**最可几半径**".当 $l=n-1$ 时,即当 l 取到最大的值时,r 的最可几值就是玻尔半径 $a_n=n^2a_1/Z$.

根据径向分布函数,可以计算核外电子到原子核的平均距离,即

$$\bar{r} = \int \Psi_{nlm}^* r \Psi_{nlm} \mathrm{d}^3 r = \int_0^{2\pi} \mathrm{d}\varphi \int_0^{\pi} \mathrm{d}\theta \int_0^{\infty} \Psi_{nlm}^* r \Psi_{nlm} r^2 \sin\theta \mathrm{d}r$$

$$= \int_0^{2\pi} \Phi_m^* \Phi_m \mathrm{d}\varphi \int_0^{\pi} \Theta_{lm}^* \Theta_{lm} \sin\theta \mathrm{d}\theta \int_0^{\infty} R_{nl}^* r R_{nl} r^2 \mathrm{d}r$$

$$= \int_0^{\infty} | rR_{nl} |^2 r \mathrm{d}r = \frac{n^2 a_1}{Z}\left\{1 + \frac{1}{2}\left[1 - \frac{l(l+1)}{n^2}\right]\right\}$$

即

$$\bar{r} = \frac{1}{2}[3n^2 - l(l+1)]\frac{a_1}{Z} \tag{3.116}$$

可见,对于同一个量子数 n,当量子数 l 不同时,电子到核的平均距离也不同;l 越大,则平均距离越小.

其他的一些平均值为

$$\overline{r^2} = \frac{1}{2}[5n^2 + 1 - 3l(l+1)]n^2\left(\frac{a_1}{Z}\right)^2 \tag{3.117}$$

$$\overline{r^{-1}} = \frac{1}{n^2}\left(\frac{Z}{a_1}\right) \tag{3.118}$$

$$\overline{r^{-2}} = \frac{2}{(2l+1)n^3}\left(\frac{Z}{a_1}\right)^2 \tag{3.119}$$

$$\overline{r^{-3}} = \frac{1}{n^3 l\left(l + \frac{1}{2}\right)(l+1)}\left(\frac{Z}{a_1}\right)^3 \tag{3.120}$$

3. 电子云:波函数的实数表示

所谓“电子云”,就是波函数的实数解的等值面图示,也称波函数的轮廓图.

前面得到波函数为 $\Psi_{nlm}(r,\theta,\varphi) = R_{nl}(r)\Theta_{lm}(\theta)\Phi_m(\varphi)$,其中径向部分 $R_{nl}(r)$ 和极角部分 $\Theta_{lm}(\theta)$ 均为实数,只有方位角部分 $\Phi_m(\varphi)$ 为复数.实际上,如果进行实验测量,当然只能得到波函数的实数值.

方位角 φ 部分的解由方程$\frac{\mathrm{d}^2\Phi}{\mathrm{d}\varphi^2} + \nu\Phi = 0$ 解出,复数形式的解为 $\Phi(\varphi) = \frac{\mathrm{e}^{im\varphi}}{\sqrt{2\pi}}$,其解当然也可以表示为实数,例如,一般形式的通解为 $\Phi(\varphi) = A\cos(\sqrt{\nu}\varphi) + B\sin(\sqrt{\nu}\varphi)$.

这样一来,波函数的角度分布函数就可以用实数表示.但是,用实数表示的函数不再是球谐函数 $\mathrm{Y}_{lm}(\theta,\varphi)$,即实数波函数不再是角动量的本征函数.

可以简单地将复数形式的方位角波函数化为实数而得到,例如可以取 $\Phi_m(\varphi)$

$=\dfrac{e^{im\varphi}}{\sqrt{2\pi}}$的实部和虚部实数解，或通过 $\Phi_m(\varphi)=\dfrac{e^{im\varphi}}{\sqrt{2\pi}}$的线性组合得到实数解，即

$$\frac{e^{im\varphi}+\bar{e}^{im\varphi}}{2}=\cos(m\varphi),\quad \frac{e^{im\varphi}-\bar{e}^{im\varphi}}{2i}=\sin(m\varphi)$$

这样得到的实数方位角波函数再乘以径向波函数 $R_{nl}(r)$和极角波函数 $\Theta_{lm}(\theta)$，就可得到实数形式的波函数.

以下详述实波函数的构成和命名.

量子数 $n=1$ 时，$l=0$. l 为 0 的状态用字母 s 表示. 由于 $l=0$ 时，m 只能取 0，$\Phi_0(\varphi)=\dfrac{1}{\sqrt{2\pi}}$本身就是实数，于是有

$$\psi_{1s}=\psi_{100}=\frac{1}{\sqrt{\pi}}\left(\frac{Z}{a_1}\right)^{3/2}e^{-Zr/a_1}$$

量子数 $n=2$ 时，$l=0,1$. 其中 $l=0$ 的 s 波函数为

$$\psi_{2s}=\psi_{200}=\frac{1}{4\sqrt{2\pi}}\left(\frac{Z}{a_1}\right)^{3/2}\left(2-\frac{Zr}{a_1}\right)e^{-Zr/2a_1}$$

l 为 1 的状态用字母 p 表示. 由于 $l=1$ 时，m 可以取 0 和 ±1，其中 $m=0$ 的波函数记做 p_z，p_z的方位角波函数本身就是实数；$m=\pm1$ 的波函数记做 p_x 和 p_y，方位角部分按下式构造：

$$\frac{\Phi_{+1}+\Phi_{-1}}{\sqrt{2}}\to p_x,\quad \frac{\Phi_{+1}-\Phi_{-1}}{i\sqrt{2}}\to p_y$$

于是有

$$\psi_{2p_z}=\frac{1}{4\sqrt{2\pi}}\left(\frac{Z}{a_1}\right)^{3/2}\left(\frac{Zr}{a_1}\right)e^{-Zr/2a_1}\cos\theta$$

$$\psi_{2p_x}=\frac{1}{4\sqrt{2\pi}}\left(\frac{Z}{a_1}\right)^{3/2}\left(\frac{Zr}{a_1}\right)e^{-Zr/2a_1}\sin\theta\cos\varphi$$

$$\psi_{2p_y}=\frac{1}{4\sqrt{2\pi}}\left(\frac{Z}{a_1}\right)^{3/2}\left(\frac{Zr}{a_1}\right)e^{-Zr/2a_1}\sin\theta\sin\varphi$$

量子数 $n=3$ 时，$l=0,1,2$. 其中 $l=0$ 的 s 波函数为

$$\psi_{3s}=\psi_{30}=\frac{2}{81\sqrt{3\pi}}\left(\frac{Z}{a_1}\right)^{3/2}\left[27-18\frac{Zr}{a_1}+2\left(\frac{Zr}{a_1}\right)^2\right]e^{-Zr/3a_1}$$

$l=1$ 的波函数为

$$\psi_{3p_z}=\frac{2}{81\sqrt{3\pi}}\left(\frac{Z}{a_1}\right)^{3/2}\left[27-18\frac{Zr}{a_1}+2\left(\frac{Zr}{a_1}\right)^2\right]e^{-Zr/3a_1}\cos\theta$$

$$\psi_{3p_x} = \frac{2}{81\sqrt{3\pi}}\left(\frac{Z}{a_1}\right)^{3/2}\left[27 - 18\frac{Zr}{a_1} + 2\left(\frac{Zr}{a_1}\right)^2\right]e^{-Zr/3a_1}\cos\theta\cos\varphi$$

$$\psi_{3p_x} = \frac{2}{81\sqrt{3\pi}}\left(\frac{Z}{a_1}\right)^{3/2}\left[27 - 18\frac{Zr}{a_1} + 2\left(\frac{Zr}{a_1}\right)^2\right]e^{-Zr/3a_1}\cos\theta\sin\varphi$$

l 为 2 的状态用字母 d 表示.由于 $l=2$ 时,m 可以取 0,±1 和 ±2,其中 $m=0$ 的波函数记做 d_{z^2};$m=\pm 1$ 的波函数记做 d_{xz} 和 d_{yz};$m=\pm 2$ 的波函数记做 $d_{x^2-y^2}$ 和 d_{xy}.d_{z^2} 的方位角波函数本身就是实数,为

$$\psi_{3d_{z^2}} = \frac{1}{81\sqrt{6\pi}}\left(\frac{Z}{a_1}\right)^{3/2}\left(\frac{Zr}{a_1}\right)^2 e^{-Zr/3a_1}(\cos^2\theta - 1)$$

$m=\pm 1$ 和 $m=\pm 2$ 的波函数方位角部分按下式构造:

$$\frac{\Phi_{+1}+\Phi_{-1}}{\sqrt{2}} \to d_{xz},\quad \frac{\Phi_{+1}-\Phi_{-1}}{i\sqrt{2}} \to d_{yz},\quad \frac{\Phi_{+2}+\Phi_{-2}}{\sqrt{2}} \to d_{x^2-y^2},\quad \frac{\Phi_{+2}-\Phi_{-2}}{i\sqrt{2}} \to d_{xy}$$

于是有

$$\psi_{3d_{z^2}} = \frac{1}{81\sqrt{6\pi}}\left(\frac{Z}{a_1}\right)^{3/2}\left(\frac{Zr}{a_1}\right)^2 e^{-Zr/3a_1}(\cos^2\theta - 1)$$

$$\psi_{3d_{xz}} = \frac{\sqrt{2}}{81\sqrt{\pi}}\left(\frac{Z}{a_1}\right)^{3/2}\left(\frac{Zr}{a_1}\right)^2 e^{-Zr/3a_1}\sin\theta\cos\varphi$$

$$\psi_{3d_{yz}} = \frac{\sqrt{2}}{81\sqrt{\pi}}\left(\frac{Z}{a_1}\right)^{3/2}\left(\frac{Zr}{a_1}\right)^2 e^{-Zr/3a_1}\sin\theta\sin\varphi$$

$$\psi_{3d_{x^2-y^2}} = \frac{1}{81\sqrt{\pi}}\left(\frac{Z}{a_1}\right)^{3/2}\left(\frac{Zr}{a_1}\right)^2 e^{-Zr/3a_1}\sin^2\theta\cos 2\varphi$$

$$\psi_{3d_{xy}} = \frac{1}{81\sqrt{\pi}}\left(\frac{Z}{a_1}\right)^{3/2}\left(\frac{Zr}{a_1}\right)^2 e^{-Zr/3a_1}\sin^2\theta\sin 2\varphi$$

上述各实波函数在空间依角度的分布的等值面如图 3.82 所示,这就是所谓的电子云.

4. 关于"轨道"

在玻尔的原子模型中,电子的"轨道"是一个比较重要的概念,原子的定态能量、轨道角动量及其量子化都离不开"轨道"的模型.

但是,在量子力学中,特别是在前面许多求解哈密顿方程的过程中,粒子的"轨道"却一直没有出现.

首先,所谓"轨道",就是粒子运动过程中,所有瞬间位置的集合.因此,确定的轨道意味着每一个时刻都有确定的空间位置,这对于经典物理体系,是理所当然的.但是,对具有波粒二象性的粒子,情况就不同了.因为对于波当然位置和轨迹都无从谈起,对于粒子,由于只能用分布几率来描述其空间运动状态,所以,那种每时

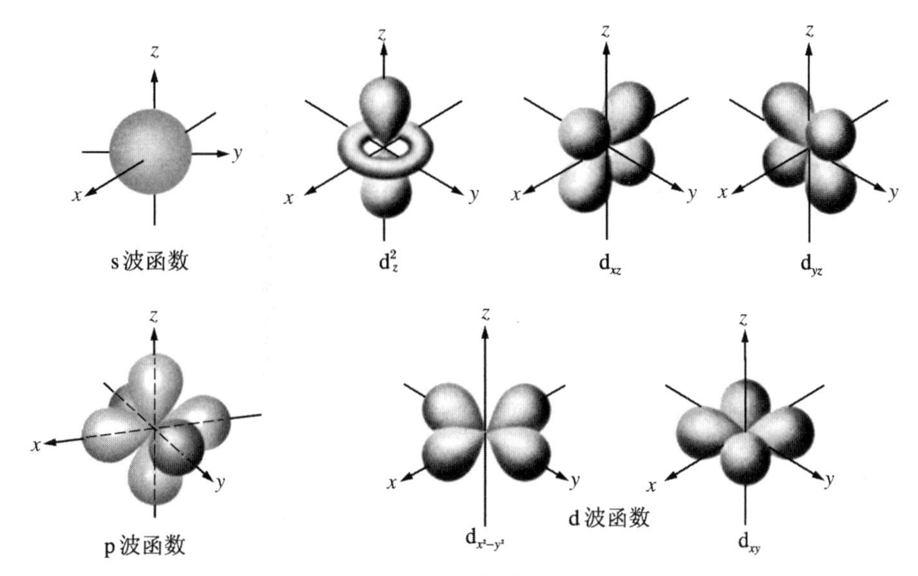

图 3.82 电子云

每刻都有完全确定的位置的想法，是无法应用于量子体系的.

其次，描述微观粒子的波函数，要从薛定谔方程或哈密顿方程解出，同牛顿方程中的位移、速度、加速度等反映"空间－时间"函数关系的物理量不同，波函数本身不能作为度量空间及其变化或变化快慢尺度，它只是描述某时某刻粒子在某点出现的几率（幅），所以从波函数也无法直接或间接求出粒子某时某刻的空间位置，所以也就无法得到粒子的"轨道"了.

因而，轨道其实是牛顿力学体系的必然结果：因为研究的对象是（宏观）物体的机械运动，而这种运动本身就是空间随时间的变化，所以必然有确定的轨道.但对量子体系，研究的对象是粒子出现的几率，所以，不仅轨道，连速度、加速度这些牛顿体系中的基本物理量，都是没有意义的，也难以给予合适的定义.

所以，从现在看来，尽管玻尔理论在处理氢原子或类氢离子上所得到的结果与量子理论的结果和实验测量的结果都符合，但仍然没有完全脱离牛顿的物理体系.有人将玻尔理论称为"旧量子论"正是这个原因.但是，玻尔模型是人类历史上第一个成功的量子模型，现在量子论正是在玻尔的基础上发展起来的，其作用不言而喻.而且，玻尔的模型简单、形象、直观，便于描述和理解原子的运动状况，所以，直到现在，人们仍然利用玻尔的一些名词来说明量子力学的结论.例如，对于电子在核外的运动，仍然使用"轨道角动量"一词描述，相应的磁矩仍然称做"轨道磁矩"等，即使是后来新出现的名词，例如"自旋"，其实也是借用机械运动的说法，因为我们知道，"自旋角动量"其实不是我们头脑中球形物体旋转而产生的.我们甚至无法直接测量"轨道角动量"、"自旋角动量"这些我们一直在量子力学中使用的物理量.

只是因为我们观测到了光谱和能级的精细结构，而从电磁学的角度看，使能级和光谱移动的能量只能从磁矩、磁场的相互作用解释，而为了说明磁场、磁矩的起源，带电粒子的角动量是最合适不过的.

所以，在本书中，“轨道角动量”与轨道无关，“自旋角动量”也与自旋无关，它们都是一些从经典体系中借用过来的，用以描述量子体系的名词.

3.7.3 能量和角动量

1. 能量

前面求解方程的过程说明，当电子在中心库仑场中处于束缚态，即系统的能量 $E<0$ 时，哈密顿算符的本征值为 $E_n=-\dfrac{2\pi^2 m_e e^4}{(4\pi\varepsilon_0)^2 h^2}\dfrac{Z^2}{n^2}$，这就是能量本征值，也就是原子的能级.原子的能级仅与量子数 n 有关.

但是，由于 $\hat{H}\Psi_{nlm}=E_n\Psi_{nlm}$，对同一个本征值 E_n，有一系列的本征函数 Ψ_{nlm}，对于同一个 n，l 的取值有 $n-1, n-2, \cdots, 0$，共 n 个；而对于每一个 l，m 的取值有 $-l, -(l-1), \cdots -1, 0, 1, \cdots l-1, l$，共 $2l+1$ 个，则一个本征值 E_n 所对应的本征态 Ψ_{nlm} 的数目共有 $\sum_0^{n-1}(2l+1)=n^2$ 个.也就是说，在同一能量下，可以有许多个不同的运动状态，这种情况被称做**简并**（能量简并），运动状态（量子态）的数目被称做简并度，则这里的简并度为 n^2.

2. 角动量

在本章 3.4.5 节中，我们说明了球坐标系中轨道角动量算符式(3.51)和式(3.52)，即

$$\hat{L}^2=-\hbar^2\left[\frac{1}{\sin\theta}\frac{\partial}{\partial\theta}\left(\sin\theta\frac{\partial}{\partial\theta}\right)+\frac{1}{\sin^2\theta}\frac{\partial^2}{\partial\varphi^2}\right]$$

$$\hat{L}_z=-\mathrm{i}\hbar\frac{\partial}{\partial\varphi}$$

而在本节求解波函数的过程中，我们又导出了式(3.105)和式(3.106)，即

$$-\hbar^2\left[\frac{1}{\sin\theta}\frac{\partial}{\partial\theta}\left(\sin\theta\frac{\partial}{\partial\theta}\right)+\frac{1}{\sin^2\theta}\frac{\partial^2}{\partial\varphi}\right]\mathrm{Y}_{lm}=l(l+1)\hbar^2\mathrm{Y}_{lm}$$

$$-\mathrm{i}\hbar\frac{\partial\mathrm{Y}_{lm}}{\partial\varphi}=m\hbar\mathrm{Y}_{lm}$$

式(3.105)左端正是轨道角动量平方 L^2 的算符，式(3.106)正是轨道角动量在 z 方向分量 L_z 的算符，于是有

$$\hat{L}^2\mathrm{Y}_{lm}=l(l+1)\hbar^2\mathrm{Y}_{lm}\tag{3.121}$$

$$\hat{L}_z \mathrm{Y}_m = m\hbar \mathrm{Y}_m \tag{3.122}$$

由于径向部分与角度无关,所以同样可以得到

$$\hat{L}^2 \Psi_{nlm} = l(l+1)\hbar^2 \Psi_{nlm} \tag{3.123}$$

$$\hat{L}_z \Psi_{nlm} = m\hbar \Psi_{nlm} \tag{3.124}$$

说明在中心库仑势场中,球谐函数 Y_{lm} 或者波函数 Ψ_{nlm} 都是轨道角动量 L^2 和 L_z 的本征函数,而相应的本征值为

$$L^2 = l(l+1)\hbar^2, \quad l = 0,1,2,\cdots,n-1 \tag{3.125}$$

$$L_z = m\hbar, \quad m = -l,\cdots,0,\cdots,l \tag{3.126}$$

而根据式(3.125),轨道角动量为

$$L = \sqrt{l(l+1)}\,\hbar, \quad l = 0,1,2,\cdots,n-1 \tag{3.127}$$

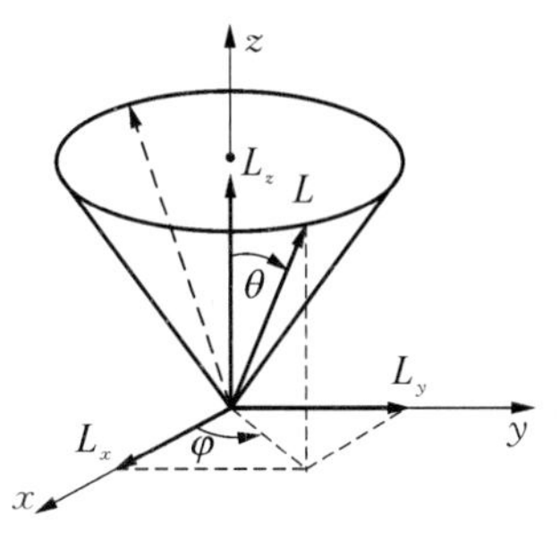

图 3.83 角动量及其 z 分量

上面的结果说明,对于一个量子数 l,电子有一个数值不变的角动量 $L = \sqrt{l(l+1)}\,\hbar$;然而,由于角动量是矢量,其方向并不是唯一的,由于在 z 方向的投影可以有一系列的值 $L_z = m\hbar$,说明该角动量共有 $2l+1$ 个空间取向,或者说,同一个量子数 l,可以有 $2l+1$ 个数值为 $L = \sqrt{l(l+1)}\,\hbar$ 的角动量,见图3.83~图 3.85.

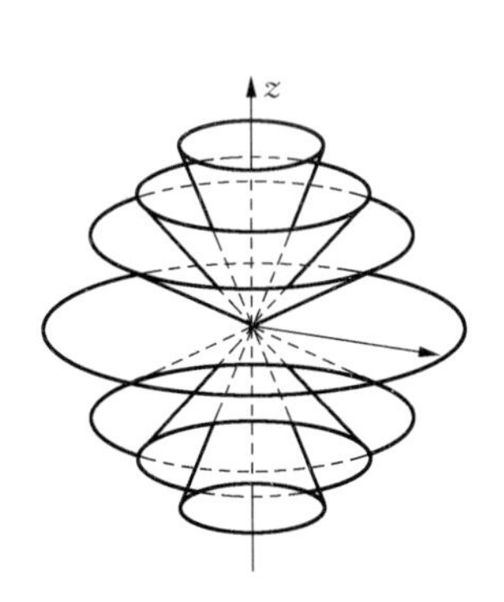

图 3.84 角动量的方向不确定

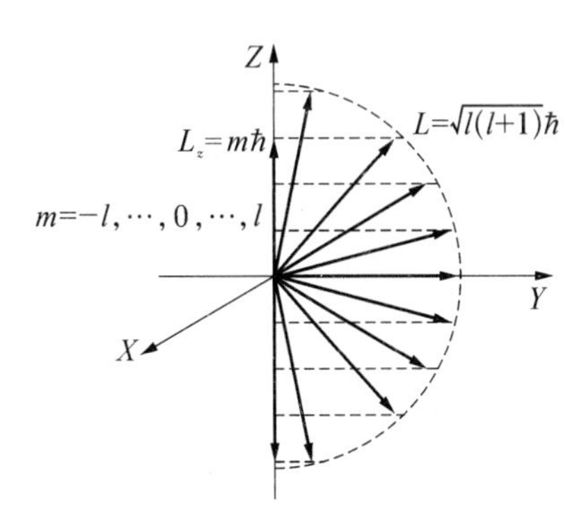

图 3.85 同一量子数 l 有 $2l+1$ 个量子数 m

可以用上述符号 L^2、L 和 L_z 表示轨道角动量,有时也用 p_L^2、p_L 和 p_{Lz} 表示,含义相同.

由于原子核处于坐标原点,如果设核是静止的,则其角动量为 0.因而,计入自旋之后,电子的总角动量就是原子的角动量.

3.7.4 波函数的宇称

所谓宇称，就是函数的空间对称性. 在一维情形下，就是两个对称的点 x 和 $-x$的函数值之间的对称性. 例如，一维简谐振子的波函数 $\psi_n(x)$，当 n 为偶数(even)时，$\psi_n(-x)=\psi_n(x)$，是偶函数，函数具有空间对称性，宇称是偶的；当 n 为奇数(odd)时，$\psi_n(-x)=-\psi_n(x)$，是奇函数，函数具有空间反对称性，宇称是奇的.

一般情况下，所谓函数的宇称，即空间对称性，是指对函数进行**空间反演操作**，即将点(x,y,z)变为$(-x,-y,-z)$后，函数的对称性和反对称性. 如果满足$\psi(-x,-y,-z)=\psi(x,y,z)$，则是偶宇称(或者说具有空间对称性)；如果满足$\psi(-x,-y,-z)=-\psi(x,y,z)$，则是奇宇称(或者说具有空间反对称性).

对于原子中的电子而言，由于往往采用球坐标系表示其波函数，对电子进行空间**反演**操作就是将位矢由 $\boldsymbol{r}$ 变换为 $-\boldsymbol{r}$. 用球坐标的参数表示，就是位置由(r,θ,φ)变换到$(r,\pi-\theta,\pi+\varphi)$，如图 3.86.

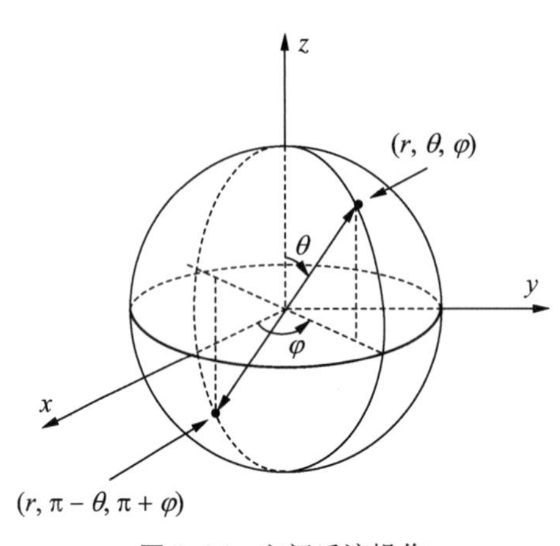

图 3.86　空间反演操作

反演后的波函数如果满足 $\psi_{nlm}(r,\pi-\theta,\pi+\varphi)=\psi_{nlm}(r,\theta,\varphi)$，则称该波函数满足反演对称性，或者波函数的宇称是偶性的；反演后波函数如果满足 $\psi_{nlm}(r,\pi-\theta,\pi+\varphi)=-\psi_{nlm}(r,\theta,\varphi)$，则称该波函数满足反演反对称性，或者波函数的宇称是奇性的.

根据极角波函数 $\Theta_{lm}(\theta)$和方位角波函数 $\Phi_m(\varphi)$的特征可以看出，当量子数 l 为偶数时，波函数是偶宇称的；当量子数 l 为奇数时，波函数是奇宇称的.

宇称是波函数(即原子状态)的一个重要特征，原子辐射跃迁后，其宇称要发生相应的变化. 所以在描述原子的状态时，往往需要注明其宇称的奇偶性.

习　题

3.1　铯的逸出功为 1.9 eV，试求：

(1) 铯的光电效应截止频率及截止波长；

(2) 如果要得到动能为 1.5 eV 的光电子，需要用波长为多少的光照射？

3.2　波长为 0.1 nm 的 X 射线光子的动量和能量各是多少？

3.3　经过 10 kV 电压加速的电子的德布罗意波长是多少？如果用上述电压加速质子，其德布罗意波长又是多少？

3.4　设电子和光子的波长都是 0.4 nm，求：

(1) 两者的动量之比是多少？

(2) 两者的动能之比是多少？

3.5　若一个电子的动能等于其静止能量，求：

(1) 该电子的经典运动速度是多少？

(2) 电子的德布罗意波长是多少？

3.6　将一束细的热中子射到晶体上，产生布拉格衍射，若晶体的晶格常数为 0.18 nm，一级衍射角为 30°，求这样的热中子的能量.

3.7　电子显微镜为了获得较高的分辨本领，通常都使用很高的电压给电子加速，这时由于电子的速度较大，因而必须考虑相对论效应.证明考虑相对论修正之后电子的德布罗意波长为

$$\lambda = \frac{12.26}{\sqrt{U_r}}\,\text{Å}$$

其中 $U_r = U(1 + 0.978 \times 10^{-6}\ \mathrm{U})$，称做相对论修正电压.

3.8　考虑衍射极限，显微镜可分辨的最小线间隔常认为等于入射波长.一般电子显微镜的加速电压为 50 kV，计算这种显微镜的分辨本领；如果将电子以 12.4 GV 的电压加速，这种电子的德布罗意波长又是多少？

3.9　(1) 若一个 100 MeV 的光子被一个质子散射，计算在 90°方向上散射的光子的能量；

(2) 求反冲质子的速度(已知质子的静止能量为 938.3 MeV/c^2)

3.10　波长为 0.071 nm 的 X 射线光子被自由电子散射到 135°的角度上，求散射光子的能量.

3.11　(1) 证明：一个粒子的康普顿波长与其德布罗意波长之比为

$$\sqrt{\left(\frac{E}{E_0}\right)^2 - 1}$$

其中 E 和 E_0 分别是粒子的运动能量和静止能量；

(2) 电子的动能为何值时，其德布罗意波长等于康普顿波长？

3.12 氦氖激光器发出波长为 632.8 nm 的红光,求这种红光光子的能量.

3.13 气体分子在室温下的动能为 0.025 eV,试计算室温下氢分子的德布罗意波长,设氢分子的静止能量为 1 877 MeV.

3.14 分别将波长为 5 000 Å 和 0.1 Å 的光照射到某金属上,求在 90°方向上康普顿散射的波长.

3.15 粒子的约化康普顿波长表示为 $\lambda_C = \dfrac{\hbar}{mc}$,其中 m 为粒子的静止质量.而电子的经典半径 $r_e = \dfrac{e^2}{4\pi\varepsilon_0 m_e c^2}$,其中 m_e 是电子的静止质量.

(1) 分别计算电子的经典半径和约化康普顿波长与氢原子的玻尔半径之比,即 λ_e/a_0 和 r_C/a_0,并以 $\hbar$、c、e 表示;

(2) 根据已知的精细结构常数和玻尔半径的数值,给出 λ_C 和 r_e 的数值;

(3) 计算 π 介子的康普顿波长(π 介子的静止质量为 140 MeV/c^2).

3.16 在大气层的上部由于日光的作用使氧分子解离为氧原子,能引起氧解离的最长波长为 175 nm,求氧分子的束缚能.

3.17 在室温(~25 ℃)时处于热平衡状态的中子被称做"热中子",求:

(1) 热中子的动能和相应的德布罗意波长;

(2) 当热中子束入射到晶格常数为 2.82 Å 的 NaCl 晶体上,求第一级衍射极大的角度.

3.18 设一个电子在距离质子很远处是静止的,在库仑力作用下电子向质子靠近,当两者相距1 m和 0.5 Å 时,相应的德布罗意波长各是多少?

3.19 基态氢原子是否可以吸收可见光?

3.20 带电粒子在威尔逊云室中的轨迹是一小串雾滴,雾滴的线度约为 1 μm,当观察能量为 1 000 eV 的电子径迹时,其动量与经典力学量的相对偏差不小于多少?

3.21 同时确定一个 15 eV 的电子的位置和动量,如位置的误差为 0.1 nm,求动量的不确定范围.

3.22 氢原子的 $2p_{3/2}$ 态的平均寿命是 1.6×10^{-9} s,试求这个状态的能量不确定度(即能级的自然宽度).

3.23 一激发态原子发射光子的波长为 600.0 nm,而光谱线的相对宽度 $\Delta\lambda/\lambda$ 为 10^{-7},求该激发态的寿命.

3.24 有些粒子被限制在线度为 L 的一维匣子中,利用海森伯不确定关系估算它们所具有的最小动能:

(1) 电子,$L = 0.1$ nm;

(2) 电子,$L = 10$ fm;

(3) 中子(静止能量为 940 MeV),$L = 10$ fm;

(4) 质量 $m = 10^{-6}$ g 的粒子,$L = 10^{-6}$ m.

3.25 试证明自由运动的粒子(势能等于 0)的能量可以有连续的值.

3.26 粒子在一维对称势场中运动,势场的形式如右图,即

$$\begin{cases} 0 < x < L, & V = 0 \\ x < 0,\ x > L, & V = V_0 \end{cases}$$

(1) 试推导粒子在 $E < V_0$ 情况下其中能量 E 满足的关系式；

(2) 试利用上述关系式，以图解法证明，粒子的能量只能是一些不连续的值.

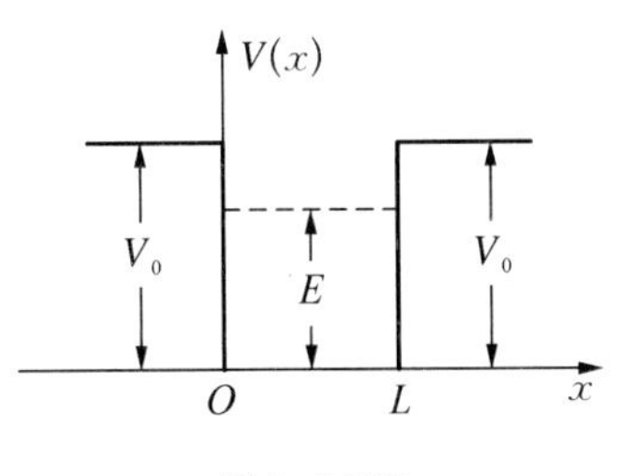

题 3.26 图

3.27　有一粒子，其质量为 m，在一个三维势箱中运动，势箱的长宽高分别为 a、b、c，在势箱外，势能 $V = \infty$；势箱内，势能 $V = 0$. 试算出粒子可能具有的能量.

3.28　金属中的电子在近表面处所受到的势场可以近似地看做阶跃势，试估算 Cu 中的自由电子的穿透深度，设 Cu 的功函数为 4 eV.

3.29　质量为 m 的粒子在一维无限深势阱中运动，它的能量本征函数为 $u(x) = \sin kx$，试计算它的非相对论动能.

3.30　质量为 m 的粒子在一维势场 $V(x) = \frac{1}{2}m\omega^2 x^2$ 中运动，

(1) 写出其定态薛定谔方程；

(2) 已知其哈密顿量的本征函数为

$$u_0(x) = e^{-\left(\frac{m\omega}{2\hbar}\right)x^2},\ u_1(x) = 2\sqrt{\frac{m\omega}{\hbar}}x\,e^{-\left(\frac{m\omega}{2\hbar}\right)x^2}$$

试计算每个本征函数的能量本征值；

(3) 试由不确定关系 $\Delta x \Delta p \sim \hbar$ 证明粒子的最低能量 $\sim \frac{1}{2}\hbar\omega$.

3.31　假如电子被束缚在一个宽度为 1 Å 的无限深势阱中，试计算该电子能量最低的三个能级.

3.32　试问氢原子处于 $n = 2$ 的能级有多少个不同的状态？并列出各个状态的量子数.

3.33　已知氢原子的状态波函数为

$$u_{nlm} = \frac{1}{81\sqrt{6}\pi a_1^{3/2}}\left(\frac{r}{a_1}\right)^2 e^{-r/3a_1}(3\cos^2\theta - 1)$$

试通过对该波函数的分析，确定量子数 n、l、m_l 的值.

3.34　试给出氢原子在基态时电子的平均电势.

3.35　对于氢原子中的 2s 和 2p 电子，分别计算它们进入 $r < 10^{-13}$ cm（即进入原子核内）的概率.

3.36　(1) 计算氢原子 $l = 3$ 量子态角动量矢量的大小；

(2) 给出在外磁场中此原子角动量在磁场方向的分量.

3.37　某粒子的波函数为 $\Psi = N\exp\left(-\frac{|x|}{2a} - \frac{|y|}{2b} - \frac{|z|}{2c}\right)$，求：

(1) 归一化因子 N；

(2) 粒子的 x 坐标在 $(0, a)$ 间的几率；

(3) 粒子的 y 坐标在 $(-b, b)$，同时 z 坐标在 $(-c, c)$ 范围的几率.

4　单电子原子的能级和光谱
——电子的角动量模型

本章要点　碱金属原子光谱的精细结构
电子的自旋　自旋-轨道相互作用

4.1　单电子原子的光谱

4.1.1　单电子原子

1. 氢原子和类氢离子

氢原子是结构最简单的原子，核外只有一个电子，该电子在核的有心力场中运动.在前一章中，我们已经求出了氢原子的波函数及其能级.

除了氢原子之外，还有一些类氢离子，它们除了核电荷数不同之外，结构与氢原子相同，因而可以将氢原子的结果直接应用到这类离子上.

2. 碱金属原子

碱金属是位于元素周期表中第一主族的元素，就是^{3}Li，^{11}Na，^{19}K，^{37}Rb，^{55}Cs，^{87}Fr等.这类原子中，核外的电子不止一个，但化学研究的结果表明，这类原子容易成为+1价的离子，说明这类原子中只有一个价电子，而其他电子比较稳定.从物理的角度看，价电子到核的距离比其他的核外电子要大，因而价电子受到原子核的束缚作用比较小，原子容易失去价电子而成为正离子；其余的电子到原子核的距离较近，受核的束缚作用要强得多，因而这些电子与原子核形成了一个以核为中心的相对稳定的结构，这个结构被称做**原子实**，如图4.1.由于电子的屏蔽作用，原子实对价电子的**有效电荷数**也是+1，从这一点看，碱金属原子与氢原子的结构有些类似.

(1) 原子实

如前所述,碱金属原子中有一个相对稳定的原子实,而价电子处于原子实之外,原子实的有效电荷为 $Z = +1e$. 但是,与氢原子比较,碱金属原子还有其他的特点.

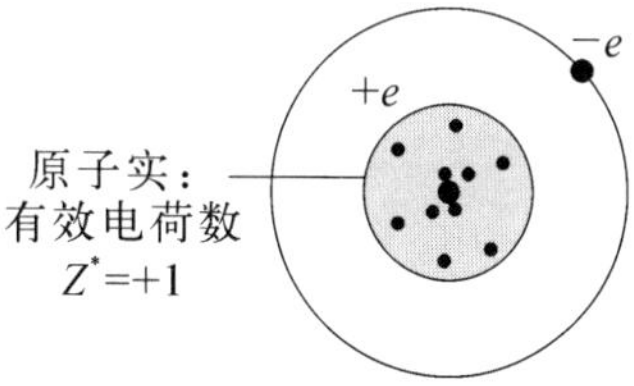

原子实:
有效电荷数
$Z^* = +1$

图 4.1 碱金属原子的原子实

(2) 原子实的极化

总的来看,原子实是一个以核为中心的均匀结构,如果不受外部作用的话,电荷呈球形对称分布,正负电荷中心重合.但实际上,由于受价电子的影响,原子实的正负电荷中心分离,即正电荷中心趋近价电子,而负电荷中心远离价电子,因而导致**原子实的极化**,如图 4.2.

极化的原子实形成了一个电偶极子,对价电子的引力增大,体系势能也相应改变,导致能量降低.价电子距离原子核越近,这种极化的效应越显著,所以,价电子的轨道越小,原子能级降低的幅度越大.

(3) 轨道贯穿

由于原子实比原子核大得多,所以价电子可以从原子实中穿过,这种情况被称做**轨道贯穿**,如图 4.3.

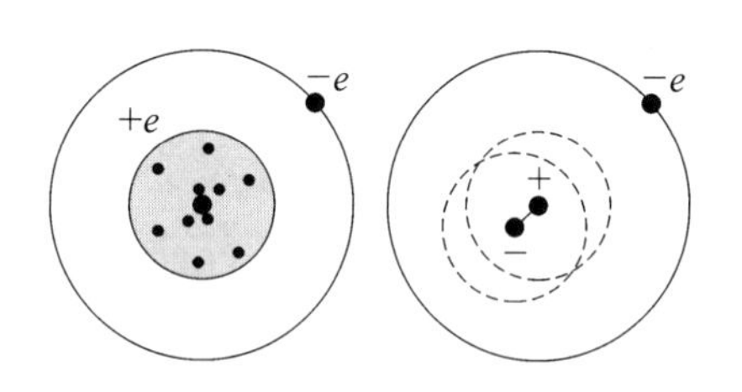

图 4.2 原子实的极化

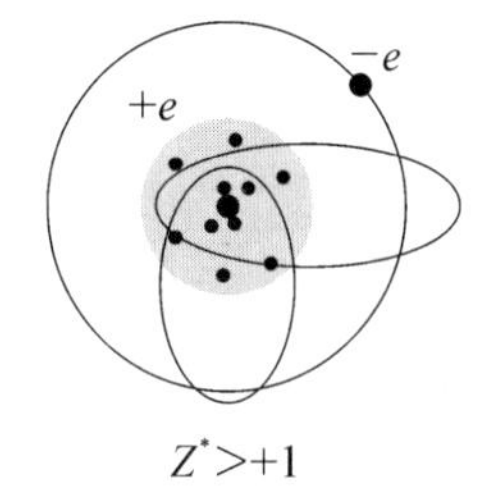

图 4.3 轨道贯穿

当价电子进入原子实内部时,内层电子对原子核的屏蔽作用减小,相当于原子实的有效电荷数增大,即价电子所受到的引力增大,原子体系的能量下降.容易看出,当价电子处于不同的轨道时,原子能量降低的幅度也不同.轨道贯穿效果越明显,能量降低的幅度也越大.

原子实极化和轨道贯穿的效果,都相当于原子实的有效电荷数增大.借用对氢原子波函数研究的结果,价电子的状态可以用量子数表示,主量子数 n 相同时,不同的轨道角动量量子数 l 对应不同的电子轨道.或者说,价电子到核的平均距离随量子数 l 而改变,由于价电子到核的平均距离

$$\bar{r} = \int \Psi^*_{nlm} r \Psi_{nlm} \mathrm{d}^3 r = \frac{n^2 a_1}{Z}\left\{1 + \frac{1}{2}\left[1 - \frac{l(l+1)}{n^2}\right]\right\} = \frac{a_1}{2Z}[3n^2 - l(l+1)]$$

所以，l 越大，$\bar{r}$越小，则上述两种效果越显著，碱金属原子的能量与氢原子相比，下降幅度越大.

但实际测量的结果是，l 越小，能级下降幅度越大，说明不能按经典的方式理解原子中电子到核的平均距离$\bar{r}$. 另外，在原子中还有其他的相互作用.

4.1.2 碱金属原子的光谱与能级

对于氢原子，由于能量简并，能量由主量子数 n 决定. 但是，对于碱金属原子，受原子实极化和轨道贯穿的影响，能量还与量子数 l 有关. 此时能量简并已经解除，即不同运动状态引起的能量下降幅度不同，l 越小，能级越低.

1. 碱金属原子的光谱

实验上测得的锂原子的光谱如图 4.4 所示. 可以看出，锂原子中，有四个相互独立的光谱线系，每一个谱线系都与氢原子的光谱线系相似，是由分立的线状光谱组成，而且可以用里德伯方程表示其波数.

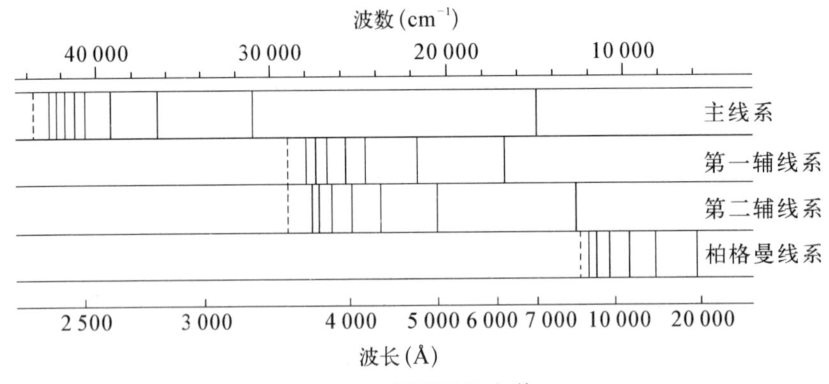

图 4.4 锂原子的光谱

既然碱金属原子的结构与氢原子类似，那么，其光谱项也可以写成下述形式

$$T(n) = \frac{Z^{*2}R_{\mathrm{A}}}{n^2} = \frac{R_{\mathrm{A}}}{(n/Z^*)^2} = \frac{R_{\mathrm{A}}}{n^{*2}} \tag{4.1}$$

式中 Z^* 是原子实的有效电荷数，就是考虑了原子实极化和轨道贯穿之后原子实电荷数的修正值.

相应的能级可表示为：

$$E_n = -\frac{R_{\mathrm{A}}hc}{n^{*2}} \tag{4.2}$$

不妨记 $n^* = n - \Delta n$，其中 Δn 是对量子数 n 的修正值，修正后的量子数 n^* 称做**有效量子数**.

当原子在能级之间跃迁时，所发出的光谱线为

$$\tilde{\nu} = T(m) - T(n) = R_A\left(\frac{1}{m^{*2}} - \frac{1}{n^{*2}}\right) \tag{4.3}$$

对光谱测量的数据进行分析，将量子数修正值 Δn 相同的光谱项归为一类，可得到表 4.1.

表 4.1 锂原子的光谱项与有效量子数(光谱项单位为 cm^{-1})

	量子数	光谱项	$n=2$	3	4	5	6	7	Δn
第二辅线系	$l=0$,s	T n^*	43 484.4 1.589	16 280.5 2.596	8 474.1 3.598	5 186.9 4.599	3 499.6 5.599	2 535.3 6.579	0.40
主线系	$l=1$,p	T n^*	28 581.4 1.960	12 559.9 2.956	7 017.9 3.954	4 472.8 4.954	3 094.4 5.955	2 268.9 6.954	0.05
第一辅线系	$l=2$,d	T n^*		12 202.5 2.999	6 862.5 3.999	4 389.2 5.000	3 046.9 6.001	2 239.4 7.000	0.001
伯格曼线系	$l=3$,f	T n^*			6 855.5 4.000	4 381.2 5.005	3 031.0		0.000
氢原子		T	27 419.4	12 816.4	6 854.8	4 387.1	3 046.6	2 238.3	

图 4.5 是 Na 原子在可见光波段的光谱线，对钠原子的光谱实验数据进行分析，可得到类似的表 4.2，其中列出了与各个量子数相关的光谱项的数值.

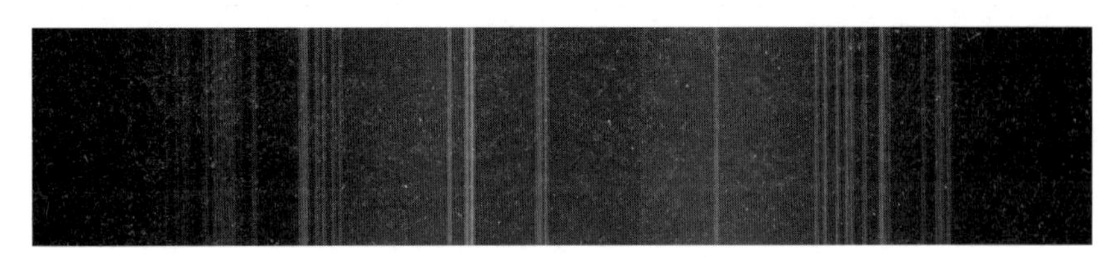

图 4.5 Na 原子在可见光波段的光谱线

表 4.2 钠原子的光谱项与有效量子数(光谱项单位为 cm^{-1})

	量子数	光谱项	$n=3$	4	5	6	7	8	Δn
第二辅线系	$l=0$,s	T n^*	41 441.9 1.627	15 706.5 2.643	8 245.8 3.648	5 073.7 4.651	3 434.9 5.652	2 481.9 6.649	1.36
主线系	$l=1$,p	T n^*	24 492.7 2.117	11 181.9 3.133	6 408.9 4.138	4 152.9 5.141	2 908.9 6.142	2 150.7 7.143	0.86
第一辅线系	$l=2$,d	T n^*	12 274.4 2.990	6 897.5 3.989	4 411.6 4.987	3 059.8 5.989	2 245.0 6.991	1 720.1 7.987	0.01
伯格曼线系	$l=3$,f	T n^*		6 858.6 4.000	4 388.6 5.001	3 039.7 6.008	2 231.0 7.012	1 708.2 8.015	0.00
氢原子		T	12 816.4	6 854.8	4 387.1	3 046.6	2 238.3	1 713.7	

表中各行的 Δn 不同，只能说明这是由于量子数 l 不同而造成的. 因而可以得到，在碱金属原子中，由于简并解除，各个能级除了与主量子数 n 有关之外，还与量子数 l 有关.

为了简单起见，对于不同的量子数 l，按照光谱学的习惯用不同的符号加以标记，$l=0$，记为 s；$l=1$，记为 p；$l=2$，记为 d；$l=3$，记为 f……

据此可得到更详尽的原子能级结构. 表 4.3 和图 4.6 是根据实验得到的锂原子的能级参数.

由于 Z^* 与量子数 l 有关，因而 n^*、m^* 均与 l 有关.

根据对光谱和能级的研究结果，发现锂原子的四个光谱线系及其对应的能级间跃迁(图 4.7)为

表 4.3 锂原子能级(基态为零点)

价电子轨道	锂原子能级 E_{nl}(cm^{-1})	氢原子能级 E_{nl}(cm^{-1})
1s		0.000 0
2s	0.000	82 258.95
2p	14 903.79	82 259.10
3s	27 206.07	97 492.22
3p	30 925.57	97 492.27
3d	31 283.04	97 492.34
4s		102 823.85
4p	36 469.73	102 823.87
4d	36 623.30	102 823.90
4f		102 823.91

$n\mathrm{p}\rightarrow 2\mathrm{s}$，**主线系**(Principal series)

$$_{\mathrm{p}}\tilde{\nu}_n=\frac{R_{\mathrm{A}}}{(2-\Delta s)^2}-\frac{R_{\mathrm{A}}}{(n-\Delta p)^2}$$

$n\mathrm{s}\rightarrow 2\mathrm{p}$，**锐线系**(Sharp series)，或**第二辅线系**(second subordinate series)

$$_{\mathrm{s}}\tilde{\nu}_n=\frac{R_{\mathrm{A}}}{(2-\Delta p)^2}-\frac{R_{\mathrm{A}}}{(n-\Delta s)^2}$$

$n\mathrm{d}\rightarrow 2\mathrm{p}$，**漫线系**(Diffuse series)，或**第一辅线系**(first subordinate series)

$$_{\mathrm{d}}\tilde{\nu}_n=\frac{R_{\mathrm{A}}}{(2-\Delta p)^2}-\frac{R_{\mathrm{A}}}{(n-\Delta d)^2}$$

$n\text{f} \to 3\text{d}$，**基线系**(Fundamental series)，或**柏格曼线系**(Bergmann series)

$$_{\text{f}}\tilde{\nu}_n = \frac{R_{\text{A}}}{(3-\Delta d)^2} - \frac{R_{\text{A}}}{(n-\Delta f)^2}$$

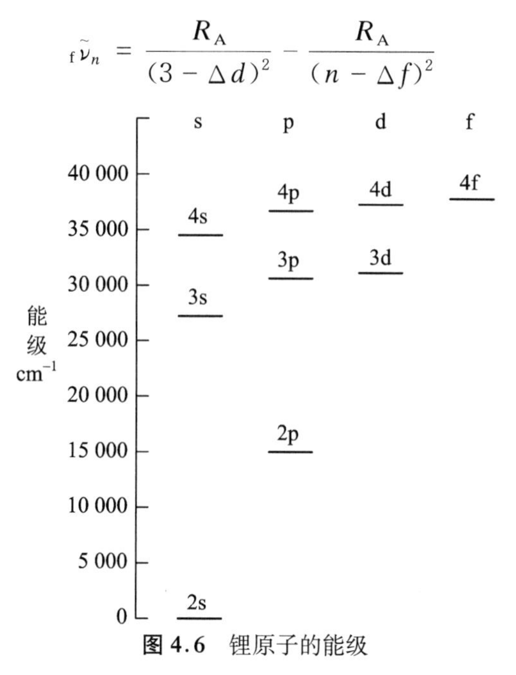

图 4.6 锂原子的能级

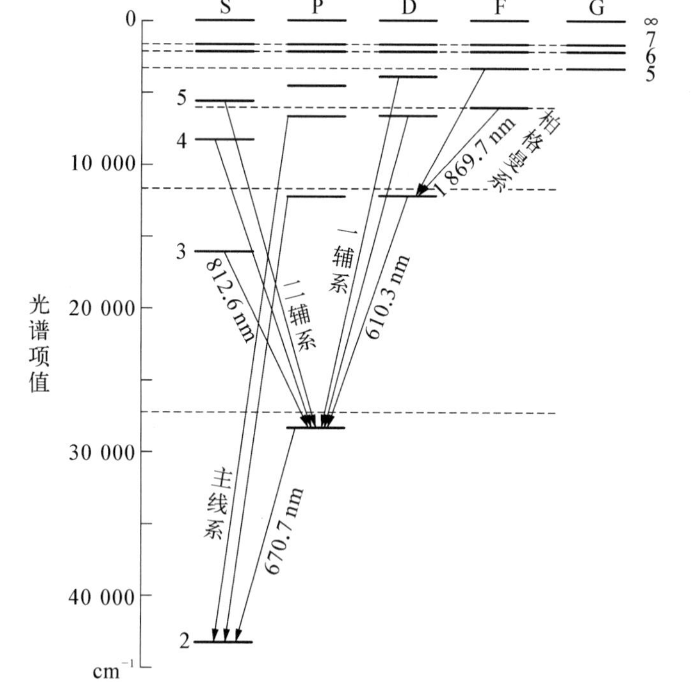

图 4.7 锂原子的能级与光谱线系

有关名词：

线系限：$n=\infty$ 时，各线系的波数，即各线系的最短波长.

共振线：$n\mathrm{p}\rightarrow n\mathrm{s}$ 跃迁的光谱线.

4.1.3 碱金属原子光谱与能级的精细结构

用高分辨率的光谱仪器进一步发现，碱金属光谱的每条线都由二或三条谱线组成，这就是光谱的**精细结构**. 例如，钠原子光谱中著名的黄色 D 线，是主线系的第一条谱线，就包含两条靠得较近的 5 896 Å(D_1 线)和 5 890 Å(D_2 线)两条谱线.

图 4.8 表示的是碱金属原子谱线系精细结构双线和三线的特征.

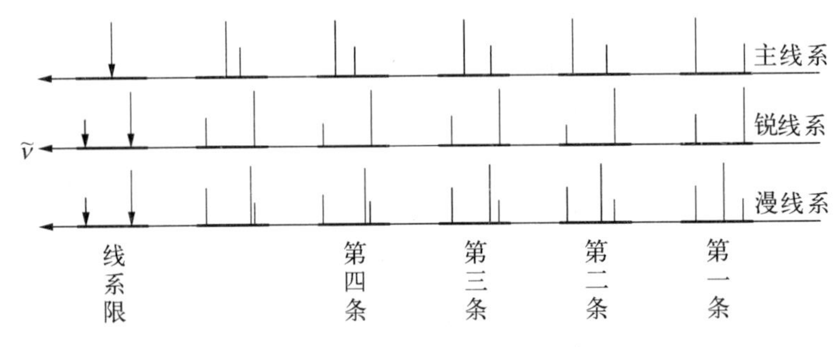

图 4.8 碱金属精细结构双线

通过对精细结构谱线的分析，可以推断其能级应该是双层的，论据如下：

对于锐线系，是 $n\mathrm{s}\rightarrow 2\mathrm{p}$ 的跃迁. 由于是等间隔双线，可以假设 2p 能级是双层的，而 $n\mathrm{s}$ 能级是单层的.

对于主线系，是 $n\mathrm{p}\rightarrow 2\mathrm{s}$ 的跃迁，如果 $n\mathrm{p}$ 能级是双层的，2s 能级是单层的，则这是由于 p 越大的双层能级，其间隔越小，所以光谱双线的波数差越来越小.

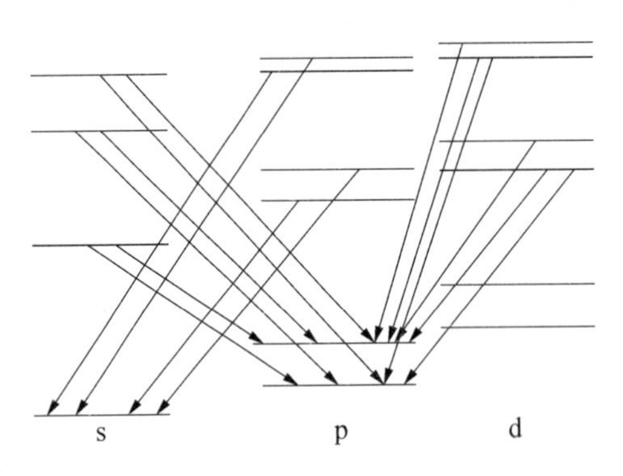

图 4.9 碱金属能级精细结构的推断

对于漫线系，是 $n\mathrm{d}\rightarrow 2\mathrm{p}$ 的跃迁，如果 2p 能级是双层的，而 $n\mathrm{d}$ 能级也是双层的，这样，推断在两两之间应该有 4 种跃迁，似乎应当是 4 条光谱线. 而实际上只有 3 条，说明有一对能级之间不能发生辐射跃迁，即不是任何两个能级间都能发生辐射跃迁，受到选择定则限制，这样也可以解释该谱线系的三线结构.

图 4.9 是根据光谱的精细结构推断的碱金属原子能级的精细结构.

4.2 电子的角动量与电子的自旋

为了解释碱金属光谱和能级的精细结构，我们需要对电子的运动特征作详细的研究.

4.2.1 电子轨道运动的角动量与原子的磁矩

电子具有轨道运动角动量，第3章中的轨道运动角动量 $\boldsymbol{L}$ 也通常以符号 $\boldsymbol{p}_l$ 表示. 电子作轨道运动时，产生一个闭合电流，如图4.10，使原子具有磁矩. 2.6节对电子轨道运动的磁矩作了计算，结果为

$$\boldsymbol{\mu} = -\frac{e\boldsymbol{p}_\phi}{2m_e}$$

按照量子力学的结果，将角动量 $\boldsymbol{p}_\phi$ 以 $\boldsymbol{p}_l$ 表示，则轨道运动的磁矩为

$$\boldsymbol{\mu}_l = -\frac{e\boldsymbol{p}_l}{2m_e} \tag{4.4}$$

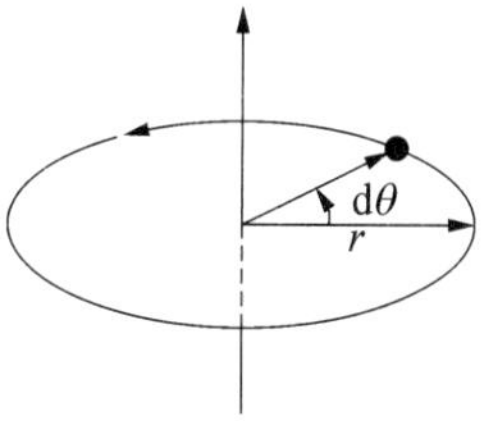

图4.10 电子轨道运动的角动量

轨道运动磁矩的数值为

$$\mu_l = -\frac{ep_l}{2m_e} = -\frac{e}{2m_e}\sqrt{l(l+1)}\,\hbar = \sqrt{l(l+1)}\mu_B \tag{4.5}$$

4.2.2 自旋的引入

从光谱学的实验结果推断，碱金属原子的能级应当具有双层结构. 如果仅仅考虑电子在原子核或原子实的库仑场中的运动，是无法解释这种能级结构的. 因而，1925年，当时还是研究生的两个荷兰人，乌伦贝克(George Eugene Uhlenbeck, 1900～1988)与古德斯密特(Samuel Abraham Goudsmit, 1902～1978，图4.11)大胆地引入了电子**自旋**的假设.

乌伦贝克和古德斯密特曾将写好的论文寄给泡利，泡利回信表示反对. 所以两人便想收回论文，但此时包括他们论文的期刊已印好，无法回收. 于是两人的导师厄伦菲斯特(Paul Ehrenfest, 1880～1933，奥地利物理学家，图4.12)安慰他们说："你们还年轻，有点荒唐，不要紧."但很快，泡利又回信赞同自旋的假设，于是两人才放下心来.

图 4.11 乌伦贝克(左)、克拉莫尔斯与古德斯密特(右)

图 4.12 厄伦菲斯特

1. 电子自旋假设

(1) 自旋角动量

电子具有固定的自旋角动量,表示为

$$p_s = \sqrt{s(s+1)}\,\hbar \tag{4.6}$$

其中 $s = 1/2$.

(2) 自旋角动量的 z 分量

$$p_{s,z} = \pm\frac{1}{2}\hbar = m_s\hbar \tag{4.7}$$

其中 $m_s = +1/2$, **自旋向上**; $m_s = -1/2$, **自旋向下**,如图 4.13 所示.

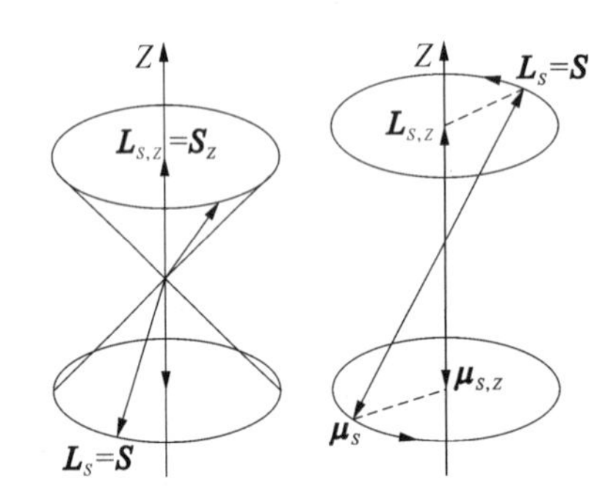

图 4.13 电子自旋角动量及其分量

(3) 自旋磁矩

形式上与轨道角动量的表达式相似,即

$$\mu_s = \frac{e p_s}{m_e} = 2\sqrt{s(s+1)}\mu_B = \sqrt{3}\mu_B \tag{4.8}$$

用矢量表示为

$$\boldsymbol{\mu}_s = -\frac{e\boldsymbol{p}_s}{m_e} \tag{4.9}$$

为了与光谱和能级的实验数据一致,$\boldsymbol{\mu}_s$ 表达式与 $\boldsymbol{\mu}_l$ 表达式相差一个因子 2.

(4) 自旋磁矩的 z 分量

$$\mu_{s,Z} = \mp\mu_B = -2m_s\mu_B \tag{4.10}$$

当自旋向上时，自旋磁矩的分量向下；自旋向下时，自旋磁矩的分量向上.如图 4.14 所示.

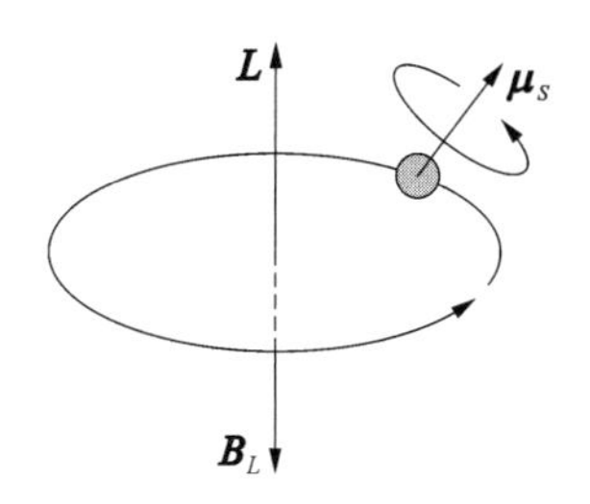

图 4.14　电子自旋磁矩及其分量

自旋角动量通常也可以用矢量符号 $\boldsymbol{s}$ 表示.

2. 自旋的特征

如果假设电子的自旋是一种机械运动，即自旋角动量电子绕其轴线旋转而产生的，将电子看做是半径为 $r_e = 2.8 \times 10^{-15}$ m 的匀质球体，则其转动惯量为 $\frac{2}{5} m_e r_e^2$，机械运动的角动量表达式为 $\frac{2}{5} m_e r_e^2 \omega$，如果角动量为 $\frac{\sqrt{3}}{2}\hbar$，可以算出其表面的切向线速度为 10^{18} m・s^{-1}，远远大于光速，这是无法想象的.

所以，电子的自旋不是机械运动，而是电子的一种**自禀属性**.

我们谈及电子的自旋，就是为了利用其自旋的角动量和自旋磁矩来解释原子内部的能量特点，以及由此而表现出的光谱的特点.引入自旋这样的一个物理量，才能说明光谱和能级的精细结构.

电子自旋所产生的磁矩处于电子做轨道运动而产生的磁场中，两者间有磁相互作用，即自旋-轨道相互作用，这种作用所引起的能量，导致了原子精细结构能级的出现.因而轨道角动量不再守恒，自旋角动量也不守恒.

4.3　自旋-轨道相互作用

4.3.1　电子轨道运动的磁场

电子绕核运动，形成一个闭合的电流，该闭合电流产生磁场.在计算这样的磁场时，可以将电子绕核的运动等效于核绕电子运动，则由此产生的磁场作用于电子上.即电子感受到一个磁场，该磁场的方向与电子轨道角动量的方向一致，如图 4.15.

磁场中的磁矩，受到一个力矩的作用，则自旋的磁矩受到轨道运动磁场的作用. $\boldsymbol{M} = \boldsymbol{\mu}_s \times \boldsymbol{B}$，这是系统内的相互作用力矩，即自旋与轨道间的相互作用，如图 4.16.

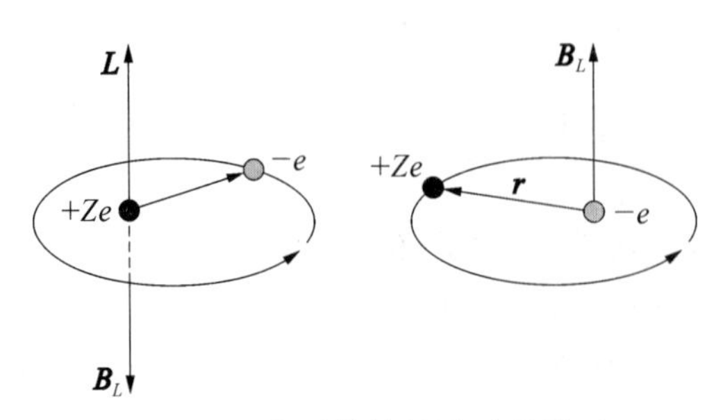

图 4.15 电子绕核的运动等效于核绕电子的运动

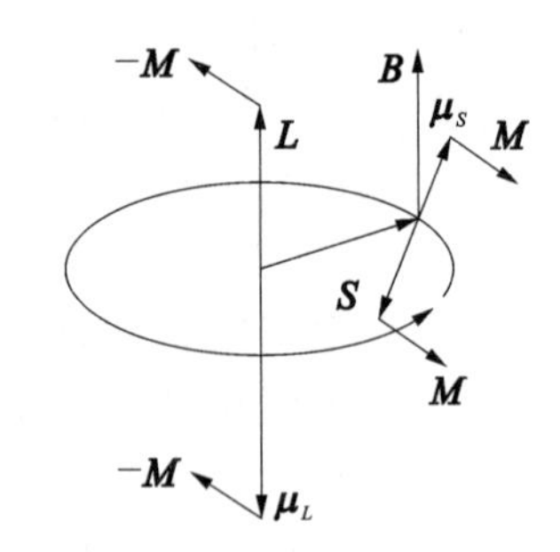

图 4.16 自旋磁矩与轨道磁场间的相互作用

动量矩定理：角动量(动量矩)的改变等于力矩.

$\dfrac{\mathrm{d}\boldsymbol{p}_s}{\mathrm{d}t}=\boldsymbol{M}$，$\dfrac{\mathrm{d}\boldsymbol{p}_l}{\mathrm{d}t}=-\boldsymbol{M}$,故 $\dfrac{\mathrm{d}(\boldsymbol{p}_l+\boldsymbol{p}_s)}{\mathrm{d}t}=-\boldsymbol{M}+\boldsymbol{M}=0$，则 $\boldsymbol{p}_j=\boldsymbol{p}_l+\boldsymbol{p}_s$ 守恒.其中 $\boldsymbol{p}_j$ 为总角动量,通常也用 $\boldsymbol{j}$ 或 $\boldsymbol{J}$ 表示.

力矩的作用,使得轨道和自旋角动量出现转动.但只是自旋角动量和轨道角动量的方向改变,它们的数值并不改变.

轨道运动的磁场可以由**毕奥-萨伐尔**(Biot-Savart)定律计算.

Biot-Savart 定律为

$$\boldsymbol{B}=\frac{\mu_0}{4\pi}\oint\frac{I\mathrm{d}\boldsymbol{l}\times\boldsymbol{r}}{r^3}\tag{4.11}$$

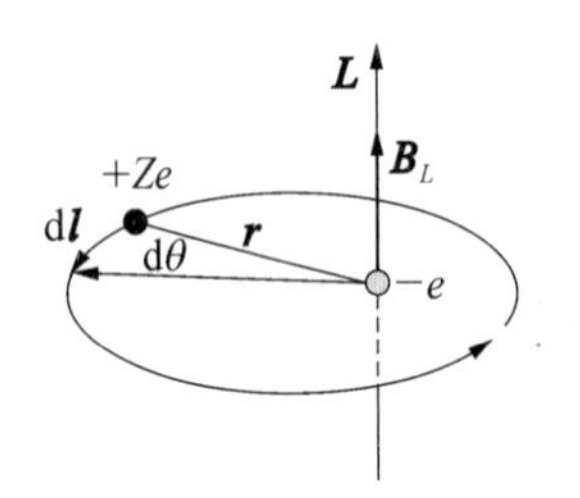

图 4.17 原子核绕电子的轨道运动所产生的磁场

有一些教科书直接给出轨道运动的磁场为 $\boldsymbol{B}=-\dfrac{\mu_0}{4\pi}\dfrac{\boldsymbol{J}\times\boldsymbol{r}}{r^3}$，其中 $\boldsymbol{J}=Ze\boldsymbol{v}$，为电流强度矢量.

本书通过对积分公式的严格计算得出结果.

如图 4.17,回路中的电流强度为 I,电流元 $I\mathrm{d}\boldsymbol{l}$ 到电子的位矢为 $\boldsymbol{r}$,设回路中原子核的速度为 $\boldsymbol{v}$，$\boldsymbol{v}$ 的瞬时方向与 $\mathrm{d}\boldsymbol{l}$ 相同,则先做以下变换

$$I\mathrm{d}\boldsymbol{l}\times\boldsymbol{r}=\frac{Ze}{\tau}\mathrm{d}\boldsymbol{l}\times\boldsymbol{r}=\frac{Ze}{2\pi r}v\mathrm{d}\boldsymbol{l}\times\boldsymbol{r}=\frac{Ze}{2\pi r}\boldsymbol{v}\times\boldsymbol{r}\mathrm{d}l$$

即,将电流元的方向以原子核轨道运动速度的方向表示,于是上述积分公式为

$$\boldsymbol{B}=\frac{\mu_0}{4\pi}\oint\frac{I\mathrm{d}\boldsymbol{l}\times\boldsymbol{r}}{r^3}=\frac{\mu_0}{4\pi}\oint\frac{Ze}{2\pi r^4}\boldsymbol{v}\times\boldsymbol{r}\mathrm{d}l=\frac{\mu_0}{4\pi}\oint\frac{Zem_\mathrm{e}\boldsymbol{v}\times\boldsymbol{r}}{2\pi m_\mathrm{e}r^4}\mathrm{d}l$$

$$=\frac{\mu_0}{4\pi}\frac{Ze}{m_\mathrm{e}}\oint\frac{m_\mathrm{e}\boldsymbol{v}\times\boldsymbol{r}}{2\pi r^4}\mathrm{d}l=\frac{\mu_0}{4\pi}\frac{Ze}{m_\mathrm{e}}\oint\frac{\boldsymbol{p}_l}{2\pi}\frac{r\mathrm{d}\theta}{r^4}$$

$\boldsymbol{p}_l=\boldsymbol{m}_e\boldsymbol{v}\times\boldsymbol{r}$为电子绕核运动,即轨道运动的角动量(角动量的表达式应当为$\boldsymbol{p}_l=\boldsymbol{r}'\times m_e\boldsymbol{v}$,$\boldsymbol{r}'$为核到电子的矢量,此处以电子为坐标原点,$\boldsymbol{r}'=-\boldsymbol{r}$,故$\boldsymbol{r}'\times m_e\boldsymbol{v}=m_e\boldsymbol{v}\times\boldsymbol{r}$).如前所述,该角动量不再守恒,可以看出,$\boldsymbol{p}_l$的大小并不改变,只是方向发生改变,即轨道平面不断地摆动.但是,我们在积分的过程中,坐标系是与电子固连在一起的,所以$\boldsymbol{p}_l$不随θ改变,可以提出积分号之外,即

$$\boldsymbol{B}=\frac{\mu_0}{4\pi}\frac{Ze\boldsymbol{p}_l}{m_e}\frac{1}{2\pi}\oint\frac{\mathrm{d}\theta}{r^3}=\frac{\mu_0}{4\pi}\frac{Ze\boldsymbol{p}_l}{m_e}\frac{1}{\overline{r^3}}=\frac{1}{4\pi\varepsilon_0}\frac{Ze\boldsymbol{p}_l}{m_ec^2}\frac{1}{\overline{r^3}}\tag{4.12}$$

其中

$$\left\langle\frac{1}{r^3}\right\rangle=\frac{Z^3}{a_1^3n^3l(l+1/2)(l+1)}\tag{4.13}$$

可以根据氢原子的波函数算得.

上面的结果是在固定于电子的坐标系中获得的,1926年L. H. Thomas将上述结果转换到固定于原子核的坐标系中,得到的结果为上述结果的1/2.即

$$\boldsymbol{B}=\frac{1}{4\pi\varepsilon_0}\frac{Ze\boldsymbol{p}_l}{2m_ec^2}\left\langle\frac{1}{r^3}\right\rangle\tag{4.14}$$

4.3.2　电子的总角动量

在电子轨道磁场中的自旋磁矩,受到一个力矩的作用.由于

$$\boldsymbol{B}=\frac{1}{4\pi\varepsilon_0}\frac{Ze\boldsymbol{p}_l}{2m_ec^2}\left\langle\frac{1}{r^3}\right\rangle,\quad \boldsymbol{\mu}_s=-\frac{e}{m_e}\boldsymbol{p}_s$$

故相互作用的力矩(动量矩)为

$$\boldsymbol{M}=\boldsymbol{\mu}_s\times\boldsymbol{B}=-\frac{1}{4\pi\varepsilon_0}\frac{Ze^2}{2m_e^2c^2}\frac{1}{\overline{r^3}}\boldsymbol{p}_s\times\boldsymbol{p}_l=-\zeta(r)\boldsymbol{p}_s\times\boldsymbol{p}_l\tag{4.15}$$

其中

$$\zeta(r)=\frac{1}{4\pi\varepsilon_0}\frac{Ze^2}{2m_e^2c^2}\left\langle\frac{1}{r^3}\right\rangle$$

由动量矩定理,体系角动量的改变率等于所受的力矩,即

$$\begin{aligned}\frac{\mathrm{d}\boldsymbol{p}_s}{\mathrm{d}t}&=\boldsymbol{M}=-\zeta(r)\boldsymbol{p}_s\times\boldsymbol{p}_l=\zeta(r)\boldsymbol{p}_l\times\boldsymbol{p}_s\\&=\zeta(r)(\boldsymbol{p}_l+\boldsymbol{p}_s)\times\boldsymbol{p}_s=\zeta(r)\boldsymbol{p}_j\times\boldsymbol{p}_s\end{aligned}$$

其中,$\boldsymbol{p}_j=\boldsymbol{p}_l+\boldsymbol{p}_s$,是电子的**总角动量**,$\zeta(r)\boldsymbol{p}_j=\omega$.则

$$\frac{\mathrm{d}\boldsymbol{p}_s}{\mathrm{d}t}=\boldsymbol{\omega}\times\boldsymbol{p}_s\tag{4.16}$$

同理,有

$$\frac{\mathrm{d}\boldsymbol{p}_l}{\mathrm{d}t}=\boldsymbol{\omega}\times\boldsymbol{p}_l \tag{4.17}$$

容易看出,$\boldsymbol{\omega}$ 就是矢量 $\boldsymbol{p}_l$、$\boldsymbol{p}_s$ 的角速度,式(4.16)和式(4.17)说明,$\boldsymbol{p}_l$、$\boldsymbol{p}_s$ 绕 $\boldsymbol{p}_j$ 以角速度 $\boldsymbol{\omega}$ 旋进,这种运动就是矢量的进动,如图 4.18 和图 4.19.

矢量进动是指矢量只改变方向,不改变大小.就是电子的轨道平面在摆动.

由于

$$\frac{\mathrm{d}\boldsymbol{p}_j}{\mathrm{d}t}=\frac{\mathrm{d}(\boldsymbol{p}_l+\boldsymbol{p}_s)}{\mathrm{d}t}=\boldsymbol{\omega}\times(\boldsymbol{p}_l+\boldsymbol{p}_s)=\zeta(r)\boldsymbol{p}_j\times\boldsymbol{p}_j=0 \tag{4.18}$$

所以 $\boldsymbol{p}_j=\boldsymbol{p}_l+\boldsymbol{p}_s$ 守恒,即,尽管 $\boldsymbol{p}_l$、$\boldsymbol{p}_s$ 不再守恒,但电子的总角动量依然守恒.

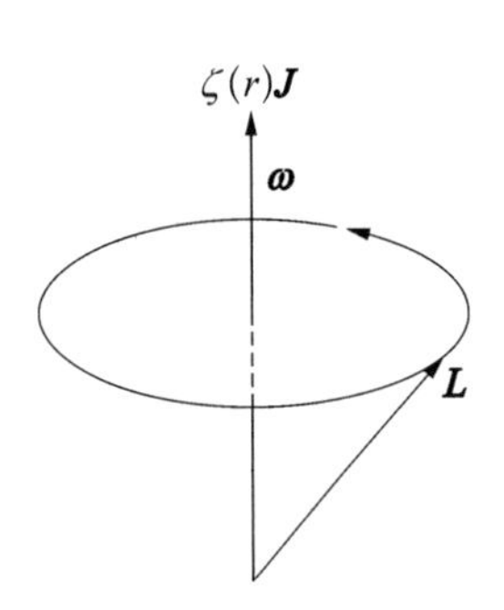

图 4.18 轨道角动量的进动

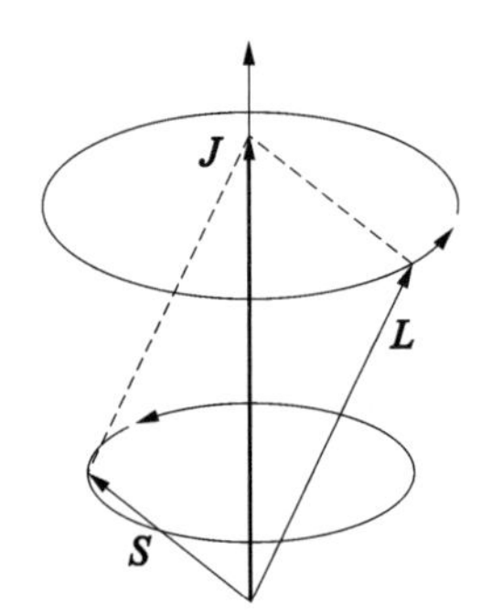

图 4.19 总角动量守恒,轨道和自旋角动量绕总角动量进动

由于习惯上的原因,为了方便,既可以用 $\boldsymbol{p}_l$、$\boldsymbol{p}_s$、$\boldsymbol{p}_j$ 表示电子的角动量,有时也用 $\boldsymbol{L}$、$\boldsymbol{S}$、$\boldsymbol{J}$ 这些矢量符号表示电子的角动量.

从前面的推导过程可以看出,由于电子既有轨道运动,也有自旋运动,则描述电子的波函数必须包含这两种特征,形式上,可以将包含自旋的波函数写做 $\Psi(\boldsymbol{r},\boldsymbol{s})$.由于轨道运动是空间的函数,而自旋运动不是空间的函数,所以轨道运动与自旋运动是两种独立的运动,因而可以通过分离变量,得到

$$\Psi(\boldsymbol{r},\boldsymbol{s})=\Psi(\boldsymbol{r})\chi(\boldsymbol{s}) \tag{4.19}$$

其中 $\Psi(\boldsymbol{r})$是有心力场中电子的波函数,而 $\chi(\boldsymbol{s})$是电子自旋的波函数,根据上一章中对氢原子波函数的分析,可以知道它们分别构成下列本征方程,同时也是下列算符的本征函数,即

$$\hat{L}^2\Psi(\boldsymbol{r})=p_l^2\Psi(\boldsymbol{r}) \tag{4.20}$$

$$\hat{L}_z\Psi(\boldsymbol{r}) = p_{l,z}\Psi(\boldsymbol{r}) \tag{4.21}$$

$$\hat{s}^2\chi(\boldsymbol{s}) = p_s^2\chi(\boldsymbol{s}) \tag{4.22}$$

$$\hat{s}_z\chi(\boldsymbol{s}) = p_{s,z}\chi(\boldsymbol{s}) \tag{4.23}$$

其中，$p_l^2 = l(l+1)\hbar^2$，是力学量 $\hat{L}^2$，即轨道角动量的平方本征值；$p_{l,z} = m_l\hbar$，是力学量 $\hat{L}_z$，即角动量的 z 分量的本征值；$p_s^2 = s(s+1)\hbar^2$，$s = 1/2$，是力学量 $\hat{s}^2$，即自旋角动量平方的本征值；$p_{s,z} = m_s\hbar$，$m_s = \pm 1/2$，是力学量 $\hat{s}_z$，即自旋角动量 z 分量的本征值.

由力学量算符的特征，可以得到

$$\hat{L}^2\Psi(\boldsymbol{r},\boldsymbol{s}) = [\hat{L}^2\Psi(\boldsymbol{r})]\chi(\boldsymbol{s}) = p_l^2\Psi(\boldsymbol{r})\chi(\boldsymbol{s}) = p_l^2\Psi(\boldsymbol{r},\boldsymbol{s})$$

$$\hat{L}_z\Psi(\boldsymbol{r},\boldsymbol{s}) = [\hat{L}_z\Psi(\boldsymbol{r})]\chi(\boldsymbol{s}) = p_{l,z}\Psi(\boldsymbol{r})\chi(\boldsymbol{s}) = p_{l,z}\Psi(\boldsymbol{r},\boldsymbol{s})$$

$$\hat{s}^2\Psi(\boldsymbol{r},\boldsymbol{s}) = \Psi(\boldsymbol{r})[\hat{s}^2\chi(\boldsymbol{s})] = p_s^2\Psi(\boldsymbol{r})\chi(\boldsymbol{s}) = p_s^2\Psi(\boldsymbol{r},\boldsymbol{s})$$

$$\hat{s}_z\Psi(\boldsymbol{r},\boldsymbol{s}) = \Psi(\boldsymbol{r})[\hat{s}_z\chi(\boldsymbol{s})] = p_{s,z}\Psi(\boldsymbol{r})\chi(\boldsymbol{s}) = p_{s,z}\Psi(\boldsymbol{r},\boldsymbol{s})$$

如果将与力学量 $|\boldsymbol{p}_j|^2 = |\boldsymbol{p}_l + \boldsymbol{p}_s|^2$ 相应的算符记为$\hat{J}^2$，则该算符的值必定也是某一力学量的本征值，即必定可以表示为

$$\hat{J}^2\Psi = p_j^2\Psi \tag{4.24}$$

和

$$\hat{J}_z\Psi = p_{j,z}\Psi \tag{4.25}$$

的形式.与量子力学中角动量的结果一致，其本征值为 $p_j^2 = j(j+1)\hbar$，即总角动量为

$$p_j = \sqrt{j(j+1)}\,\hbar \tag{4.26}$$

z 方向的分量为

$$p_{j,z} = m_j\hbar \tag{4.27}$$

由于 $\boldsymbol{p}_j = \boldsymbol{p}_l + \boldsymbol{p}_s$，则总角动量在 z 方向的分量为

$$p_{j,z} = p_{l,z} + p_{s,z} = m_l\hbar + m_s\hbar = (m_l + m_s)\hbar = m_j\hbar \tag{4.28}$$

即

$$m_j = m_l + m_s \tag{4.29}$$

为 $\boldsymbol{p}_j$ 在 z 方向分量的量子数，对量子数进行组合的结果，为

$$j = l+s, l+s-1, \cdots, |l-s| \tag{4.30}$$

由于 $s = \dfrac{1}{2}$，则只有两种组合 $j = l + \dfrac{1}{2}, l - \dfrac{1}{2}$.

可以用一组量子数(n, l, j, s),来描述原子的状态.

4.3.3 自旋-轨道相互作用对能级的影响

角动量之间的关系如图 4.20 所示,可以依据矢量合成算得,

$$J^2 = L^2 + S^2 - 2LS\cos\theta$$

其中

$$\cos\theta = -\frac{J^2 - L^2 - S^2}{2LS}$$

而

$$\boldsymbol{B} = \frac{1}{4\pi\varepsilon_0}\frac{ZeL}{2m_e c^2}\left\langle\frac{1}{r^3}\right\rangle, \quad \boldsymbol{\mu}_s = -\frac{e}{m_e}\boldsymbol{s}$$

自旋磁矩与轨道磁场间的相互作用是一种**磁相互作用**,由此而引起的附加能量(能量改变)为

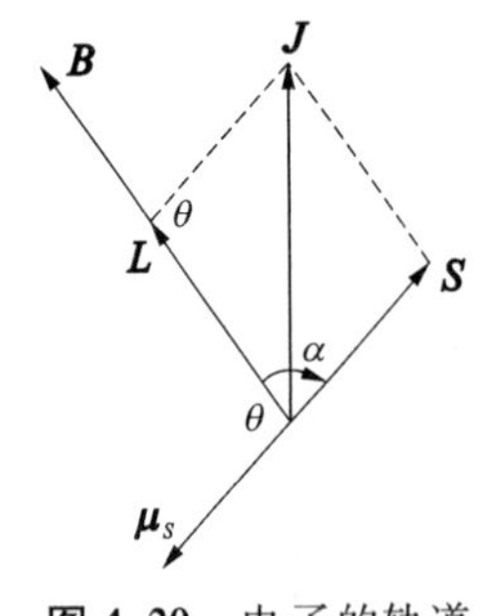

图 4.20 电子的轨道角动量、自旋角动量间的角度关系

$$\begin{aligned}\Delta E_{ls} &= -\boldsymbol{\mu}_s \cdot \boldsymbol{B} = -\mu_s B\cos\theta \\ &= \frac{1}{4\pi\varepsilon_0}\frac{ZeL}{2m_e c^2}\left\langle\frac{1}{r^3}\right\rangle\frac{eS}{m_e}\frac{J^2 - L^2 - S^2}{2LS} \\ &= \frac{1}{4\pi\varepsilon_0}\frac{Ze^2}{2m_e^2 c^2}\left\langle\frac{1}{r^3}\right\rangle\frac{J^2 - L^2 - S^2}{2} \\ &= \frac{1}{4\pi\varepsilon_0}\frac{Ze^2}{2m_e^2 c^2}\frac{Z^3}{a_1^3 n^3 l(l+1/2)(l+1)}\frac{p_j^2 - p_l^2 - p_s^2}{2} \\ &= \frac{Rhc\alpha^2 Z^4}{n^3 l\left(l+\frac{1}{2}\right)(l+1)}\frac{j^{*2} - l^{*2} - s^{*2}}{2} \end{aligned} \tag{4.31}$$

其中,

$$a_1 = \frac{4\pi\varepsilon_0 h^2}{4\pi^2 m_e e^2}, \quad \alpha = \frac{2\pi e^2}{4\pi\varepsilon_0 hc}, \quad R = \frac{2\pi^2 m_e e^4}{(4\pi\varepsilon_0)^2 h^3 c}$$

$$j^* = \sqrt{j(j+1)}, \quad l^* = \sqrt{l(l+1)}, \quad s^* = \sqrt{s(s+1)}$$

只要知道了各个量子数,即只要确定了原子的状态,便可以计算出自旋-轨道相互作用能.可以将上式记为

$$\Delta E_{ls} = a_{nl}\frac{j^{*2} - l^{*2} - s^{*2}}{2} \tag{4.32}$$

其中

$$a_{nl} = \frac{Rhc\alpha^2 Z^4}{n^3 l\left(l + \frac{1}{2}\right)(l + 1)} \tag{4.33}$$

而

$$j^{*2} - l^{*2} - s^{*2} = (l \pm s)(l \pm s + 1) - l(l + 1) - s(s + 1)$$

$$\begin{cases} \overset{j=l+s}{=} (l + s)(l + s + 1) - l(l + 1) - s(s + 1) \\ = l^2 + 2ls + s^2 + l + s - l^2 - l - s^2 - s = 2ls = l \\ \overset{j=l-s}{=} (l - s)(l - s + 1) - l(l + 1) - s(s + 1) \\ = l^2 - 2ls + s^2 + l - s - l^2 - l - s^2 - s \\ = -2(l + 1)s = -(l + 1) \end{cases}$$

从上面计算的结果,可以得到:

当$\alpha < \frac{\pi}{2}$,自旋向上,$j = l + \frac{1}{2}$,自旋-轨道作用引起的磁相互作用能为

$$\Delta E_{ls,\ j=l+1/2} = a_{nl}\frac{l}{2} > 0 \tag{4.34}$$

当$\alpha > \frac{\pi}{2}$,自旋向下,$j = l - \frac{1}{2}$,自旋-轨道作用引起的磁相互作用能为

$$\Delta E_{ls,\ j=l-1/2} = -a_{nl}\frac{l+1}{2} < 0 \tag{4.35}$$

上述两种情形下的能级差为

$$\Delta E = \Delta E_{ls,\ j=l+1/2} - \Delta E_{ls,\ j=l-1/2} = a_{nl}\left(l + \frac{1}{2}\right) \tag{4.36}$$

磁相互作用引起的附加能量以及由此产生的**能级分裂**如图 4.21 所示.

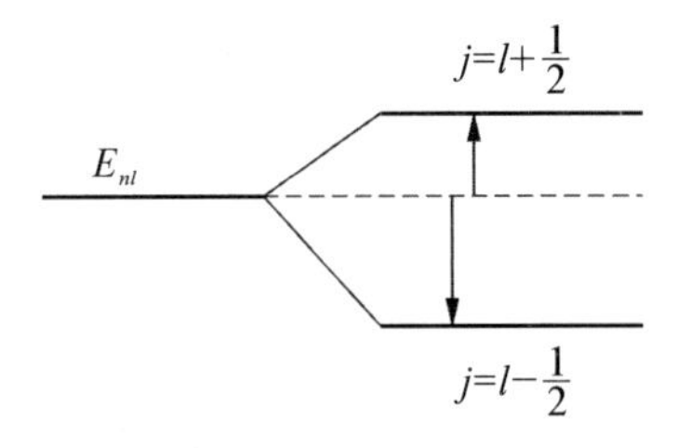

图 4.21 自旋-轨道相互作用的附加能量以及由此导致的能级分裂.

值得注意的是,如果 $l = 0$,则 $j = l \pm s = 0 \pm 1/2$,即由于量子数 j 只能取正数,所以只有 $j = 1/2$,那么,量子数 $l = 0$ 的能级,即 s 能级只能是单层的;而当 $l > 0$ 时,j 的取值为 $j = l + \frac{1}{2}$,以及 $j = l - \frac{1}{2}$,因而相应的能级是双层的.

将 a_{nl} 的表达式(4.33)代入式(4.36)中,得到

$$\Delta E = a_{nl}\left(l+\frac{1}{2}\right)=\frac{Rhc\alpha^2 Z^4}{n^3 l(l+1)} \tag{4.37}$$

说明量子数 n，l 越大，能级分裂越小，单电子原子能级的双层结构，即精细结构如图 4.22 所示.

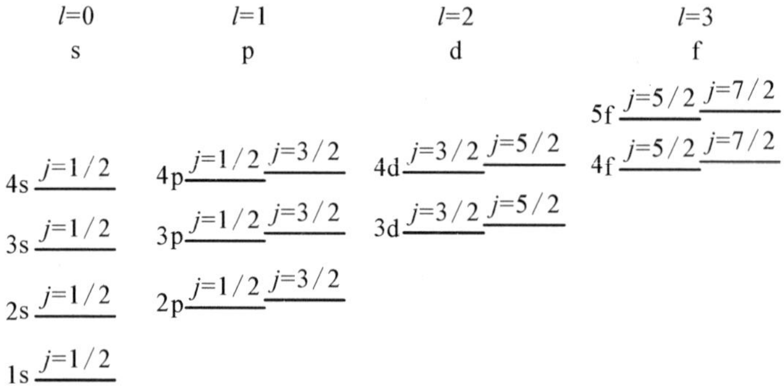

$l=0$ s	$l=1$ p	$l=2$ d	$l=3$ f
			5f $j=5/2$ $j=7/2$
4s $j=1/2$	4p $j=1/2$ $j=3/2$	4d $j=3/2$ $j=5/2$	4f $j=5/2$ $j=7/2$
3s $j=1/2$	3p $j=1/2$ $j=3/2$	3d $j=3/2$ $j=5/2$	
2s $j=1/2$	2p $j=1/2$ $j=3/2$		
1s $j=1/2$			

图 4.22 单电子原子的双层能级结构

4.3.4 原子态的符号表示

原子态是指原子所处的状态. 由前面的分析过程可知，原子的状态可以用一组量子数 n、l、s、j 描述. 不同的量子数反映了原子的不同运动状态. 由于自旋-轨道相互作用使得简并解除，不同的量子数也反映了不同的能量状态.

需要指出的是，在第 3 章中，曾经用波函数 $\psi_{nlm_l}(r,\theta,\varphi)$或一组量子数$(n,l,m_l)$描述原子的状态. 这样的波函数是在仅仅考虑了电子与核的库仑势能条件下求得的，并没有考虑电子的自旋，也没有计入自旋-轨道相互作用，因而只能描述电子的轨道运动状态，而不能反映原子的状态. 由哈密顿方程解得的波函数 $\psi_{nlm_l}(r,\theta,\varphi)$称做**空间波函数**，相应的量子数$(n,l,m_l)$只能描述电子的轨道状态，而不能描述原子的状态. 要描述原子的状态，必须计入自旋－轨道相互作用，这种作用导致具有相同量子数 n、l 的状态具有不同的能量，即产生能级的精细结构分裂，这种分裂是通过不同的 j 值(相同的 n、l)体现的. 因而，原子态的参数中必须包含量子数 n、l、s、j.

为了简洁明了，将上述量子数 n、l、s、j 组成符号，用来描述原子的状态，这就是常用的**原子态**符号. 原子态符号按以下约定组成：

$$n^{2s+1}L_j$$

其中的 L 就是轨道角动量量子数 l 所对应的光谱学符号. l 取不同值时所对应的符号如下：

$$l = 0,\ 1,\ 2,\ 3,\ 4,\ 5,\ 6\cdots$$
$$L = \mathrm{S},\ \mathrm{P},\ \mathrm{D},\ \mathrm{F},\ \mathrm{G},\ \mathrm{H},\ \mathrm{J}\cdots$$

每一种原子态对应原子的一个能级. 例如，氢原子的基态，$n=1$，$s=1/2$，

$l=0,j=1/2$,原子态符号为 $1^2S_{1/2}$;如果 $n=3,s=1/2,l=1,j=1/2、3/2$,相应的符号为 $3^2P_{1/2}$、$3^2P_{3/2}$;当 $l=3$ 时,$j=5/2、7/2$,原子态为 $^2F_{5/2,7/2}$.

宇称也是原子态的一个重要标志,因此,多数情况下,需要在原子态符号中注明宇称的奇偶性.宇称的符号标在 L 的右肩处,偶宇称(even)默认不用标注,奇宇称(odd)标注符号"o".

单电子原子的情况比较简单,宇称的奇偶性由量子数 l 的奇偶性决定,l 为偶数,是偶宇称;l 为奇数,是奇宇称.上述例子中,带有宇称标记的原子态符号分别为 $1^2S_{1/2}$,$3^2P^o_{1/2}$、$3^2P^o_{3/2}$ 和 $^2F^o_{5/2,7/2}$.

但是,作为教材,为了简洁,本书中仅对部分实例和引用的能级数据中原子态的奇偶性予以标注,其他一概不予标注.读者可根据电子的状态判断其宇称的奇偶性.

对于单电子原子,其自旋量子数 s 总是 1/2,所以总有 $2s+1=2$,因而原子态符号左上角的数字也表示多重态的数目.但是,对于单电子中各个 $l=0$ 的 S 态,尽管它们属于 2 重态,但实际上能级只有 1 层.

实验测得的锂原子和钠原子的精细结构能级示于表 4.4 和表 4.5 中.

表 4.4 锂原子的精细结构能级

价电子态	光谱项*	总角动量量子数 j	原子能级(cm^{-1})
2s	^2S	1/2	0.000
2p	$^2P^o$	1/2	14 903.622
		3/2	14 903.957
3s	^2S	1/2	27 206.066
3p	$^2P^o$	1/2	30 925.517
		3/2	30 925.613
3d	^2D	3/2	31 283.018
		5/2	31 283.053
4p	$^2P^o$	1/2	36 469.714
		3/2	36 469.754
4d	^2D	3/2	36 623.297
		5/2	36 623.312
LiⅡ** $1s^2$	$^1S_0$	0	43 487.150

表 4.5 钠原子的精细结构能级

价电子态	光谱项*	总角动量量子数 j	原子能级(cm^{-1})
3s	^2S	1/2	0.000
3p	$^2P^o$	1/2	16 956.172
		3/2	16 973.368
4s	^2S	1/2	25 739.991
3d	^2D	3/2	29 172.839
		5/2	29 172.889
4p	$^2P^o$	1/2	30 266.99
		3/2	30 272.58
4f	$^2F^o$	5/2	34 586.92
		7/2	34 586.92
5p	$^2P^o$	1/2	35 040.38
		3/2	35 042.85
NaⅡ** $2s^2\ 2p^6$	$^1S_0$	0	41 449.451

* "光谱项"一栏中,光谱项右上角为宇称标识,o 表示奇宇称(odd parity),偶宇称(even parity)的标识略去不写.

** 表中最底部一行 LiⅡ、NaⅡ分别代表一次电离的 Li 离子(Li^+)、Na 离子(Na^+).

4.4 单电子跃迁的选择定则

1. 辐射跃迁的条件

原子发光的过程,是释放能量的过程,同样,原子也可以吸收光子.原子发出光子或吸收光子,同时本身的状态也发生改变,这就是原子的跃迁.

与玻尔理论中的定态假设不同,原子跃迁是一个动态过程,这一过程能否发生、发生的几率有多大,都可以通过量子力学的计算而得到.

由于要用到较多的量子力学知识,本书不打算对跃迁的量子理论作详细的说明.但是,从已有的知识,也能对跃迁的条件做出简单的判断.

辐射跃迁(即吸收光子或发射光子)的过程是原子与光子进行能量交换的过程,这一过程当然也可看做是原子与光的电磁场相互作用的过程.简单的原子,由于其正负电荷中心不重合,因而形成一个电偶极子,受到激发时,该偶极子处于激发态,即出现振荡,就可以辐射或吸收电磁波的能量.这种辐射跃迁过程被称做**电偶极辐射**.在激发态的原子中,也可以形成磁偶极子或电四极子等较复杂的结构,磁偶极子、电四极子与电磁波交换能量,也能辐射或吸收光子,相应的辐射跃迁过程则被称做**磁偶极辐射**、**电四极辐射**,等等.在辐射过程中,系统(即原子和光子)必须满足一定的条件.

对于电偶极跃迁而言,要满足以下条件:

(1) 宇称条件

跃迁前后,原子宇称的初末态相反.如果初态是偶宇称,则末态必须是奇宇称;反之亦然.对于单电子原子而言,其宇称由价电子的量子数 l 决定,l 是偶数,为偶宇称;l 是奇数,为奇宇称.

(2) 角动量条件

跃迁前后,系统的角动量(包括光子的角动量)要守恒.辐射跃迁伴随着光子的发射和吸收,而光子的角动量为 $1\ \hbar$,则要求原子的总角动量在跃迁前后相差 $1\ \hbar$.由于原子的角动量是量子化的,$p_j = \sqrt{j(j+1)}\ \hbar$,只能取有限的数值,所以,按照图 4.23 的分析,只能有三种可能的情况:

$j' = j - 1$,原子角动量减小 $1\ \hbar$;

$j' = j + 1$,原子角动量增加 $1\ \hbar$;

$j' = j$,原子的角动量不变,但方向改变.

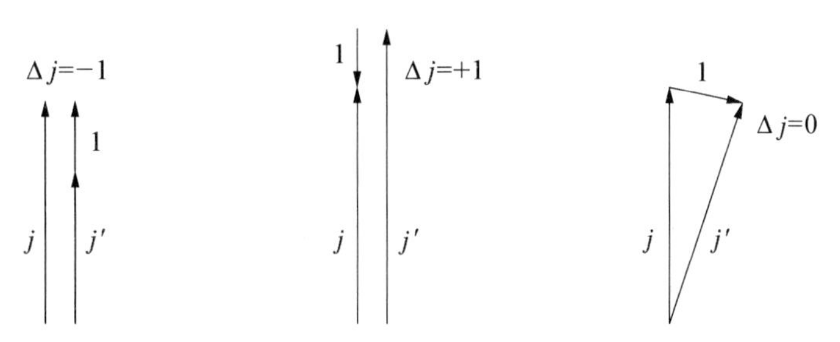

图 4.23 辐射系统的角动量守恒

2. 单电子电偶极辐射跃迁的选择定则

综合宇称条件与角动量条件,可以得到电偶极辐射跃迁的条件为

$$\Delta l = \pm 1 \tag{4.38}$$

$$\Delta j = 0, \pm 1 \tag{4.39}$$

对于主量子数则没有限制.式(4.38)和式(4.39)就是单电子原子电偶极辐射跃迁的**选择定则**.

对于碱金属原子,由于式(4.38)的限制,跃迁只能发生在量子数 l 相差 1 的能级之间,即 s↔p, p↔d, d↔f. 同时,由于式(4.39)的限制,$^2P_{1/2}$ 与 $^2D_{5/2}$、$^2F_{7/2}$ 与 $^2D_{3/2}$ 之间,$\Delta j = \pm 2$,因而辐射跃迁是**禁戒**的.所以上下能级都是双层的,只能发出 3 条谱线.

4.5 氢原子光谱的精细结构

由前面的分析,原子中除了中心力场的库仑作用而产生的能量之外,还有磁相互作用而产生的能量,即每一个能级的能量由多种相互作用产生.氢原子是最简单的原子,核外只有一个电子,没有原子实,因而没有极化和轨道贯穿.

4.5.1 对玻尔能级的相对论和量子力学修正

1. 库仑作用产生的能量

这就是玻尔氢原子理论的结果,因而也被称做**玻尔能级**

$$E_n = -\frac{2\pi^2 m_e e^4}{(4\pi\varepsilon_0)^2 h^2}\frac{Z^2}{n^2} = -\frac{RhcZ^2}{n^2} \tag{4.40}$$

在玻尔能级中,能量仅仅与主量子数 n 有关,玻尔能级构成了氢原子能量的主要

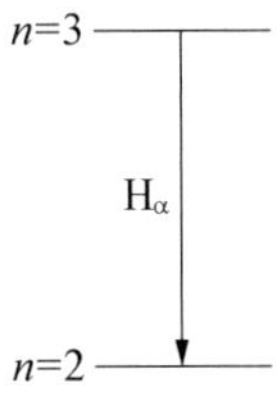

n=3

H_α

n=2

图 4.24　氢原子 H_α 线的能级与跃迁

部分.

以下讨论 H_α 线的精细结构(图 4.24).

2. 相对论效应产生的能量

在原子内部,电子的运动应当采用相对论进行较严格的讨论,用相对论分析得出的结果与采用经典理论得出的结果之间有一定的差异,这就是对能级的相对论修正.

(1) 索末菲的计算结果

索末菲是第一个用相对论对原子能级进行修正的物理学家.本书 2.5.4 节已经对索末菲的工作有详细的论述,这里将一些要点记录如下.

在相对论中,质量和动能的表达式为

$$m = m_0 \frac{1}{\sqrt{1-\frac{v^2}{c^2}}}, \quad T = m_0 c^2\left[\frac{1}{\sqrt{1-\frac{v^2}{c^2}}} - 1\right]$$

记 $\beta = v/c$,则上述两式分别变为

$$m = \frac{m_0}{\sqrt{1-\beta^2}},\ T = m_0 c^2\left(\frac{1}{\sqrt{1-\beta^2}} - 1\right) = (m - m_0)c^2$$

① 在圆轨道下相对论修正

引入精细结构常数 $\alpha = \frac{2\pi e^2}{4\pi\varepsilon_0 hc} = \frac{e^2}{4\pi\varepsilon_0}\frac{1}{\hbar c} = \frac{1}{137.036}$,玻尔能级式(4.40)也可以用精细结构常数表示为

$$E_n = -\frac{m_e c^2}{2}\frac{(Z\alpha)^2}{n^2} \tag{4.41}$$

原子的能量为

$$E \approx -\frac{m_0 c^2}{2}\left(\frac{Z\alpha}{n}\right)^2\left[1 + \frac{1}{4}\left(\frac{Z\alpha}{n}\right)^2\right] \tag{4.42}$$

其中第一项 $-\frac{m_0 c^2}{2}\left(\frac{Z\alpha}{n}\right)^2$ 就是玻尔能级,第二项 $-\frac{m_0 c^2}{8}\frac{Z^4}{n^4}\alpha^2$ 是相对论修正值.

由于相对论效应,每一能级下移,但是没有产生分裂.

② 在椭圆轨道下的相对论修正

在椭圆轨道下,索末菲采用相对论进行计算结果为

$$E \approx -\frac{1}{2}m_e(c\alpha)^2\frac{Z^2}{n^2}\left[1 + \left(\frac{Z\alpha}{n}\right)^2\left(\frac{n}{n_\phi} - \frac{3}{4}\right)\right] \tag{4.43}$$

其中 n_ϕ 为原先的轨道角动量量子数，与量子力学的结果有关系 $n_\phi = l + 1$. 以 $n_\phi = l + 1$ 代入式(4.43)，得到

$$E \approx -\frac{1}{2}m_e(c\alpha)^2\frac{Z^2}{n^2}\left[1+\left(\frac{Z\alpha}{n}\right)^2\left(\frac{n}{l+1}-\frac{3}{4}\right)\right] \tag{4.44}$$

式中第一项为玻尔理论的结果，第二项为相对论修正值，即

$$\Delta E_r = -\frac{Rhc\alpha^2 Z^4}{n^4}\left(\frac{n}{l+1}-\frac{3}{4}\right) \tag{4.45}$$

与圆轨道不同，在椭圆轨道下，量子数 l 不同，原子的能量 E 也不同. 对于主量子数 n，$l = n-1, n-2, \cdots, 1, 0$，共可以取 n 个不同的值，此时简并解除，能级发生分裂，原来的一条谱线分裂为 n 条.

将表达式(4.42)和(4.45)与玻尔能级比较，可见相对论的修正值比玻尔能级小 α^2 的量级，约为 5×10^{-5}，这也就是精细结构常数的物理意义之一.

引入相对论修正后，与氢原子 H_α 线有关的能级变化情况如图 4.25 所示.

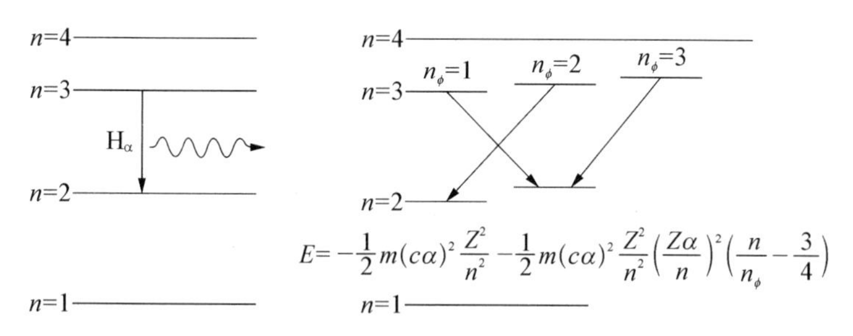

图 4.25　索末菲对氢原子进行相对论修正的结果

索末菲在计算过程中第一次引入了精细结构常数. 而且计算的数值与当时的实验结果符合得很好. 但后来被证明这只是一种巧合，索末菲采用了半经典的轨道运动模型来处理原子的问题，而没有采用量子论，所得到的结果尽管与实际值相当接近，但其物理基础是不对的. 然而，由于索末菲首先想到了对电子运动作相对论修正，又第一个引入了精细结构常数，对后来的物理学家有很大的启发，所以，有人称索末菲的上述工作为**“物理学中最值得庆贺的失败”**.

(2) 海森伯的计算结果

海森伯(Heisenberg)抛弃了轨道模型，重新计算了相对论所引起的能量修正.

相对论的基本关系如下：

质能关系，

$$E_0 = m_0c^2, \quad E = mc^2$$

能量动量关系，

$$E^2 = m_0^2c^4 + p^2c^2$$

则相对论电子的动能为

$$\begin{aligned} T &= E - E_0 = E - m_0c^2 = \sqrt{m_0^2c^4 + p^2c^2} - m_0c^2 \\ &= m_0c^2\left(\sqrt{1 + \frac{p^2}{m_0^2c^2}} - 1\right) \end{aligned} \tag{4.46}$$

由于在量子力学中,没有轨道运动的概念,因而也无法定义电子轨道运动的速度,所以海森伯的推导过程中没有涉及电子的速度.将上述动能的表达式作泰勒展开,得到

$$\begin{aligned} T &= m_0c^2\left[\frac{1}{2}\frac{p^2}{m_0^2c^2} - \frac{1}{8}\left(\frac{p^2}{m_0^2c^2}\right)^2 + \cdots\right] \\ &= \frac{1}{2}\frac{p^2}{m_0} - \frac{1}{8}\frac{p^4}{m_0^3c^2} + \cdots = T_0 + \Delta T \end{aligned} \tag{4.47}$$

其中,$T_0 = \dfrac{1}{2}\dfrac{p^2}{m_0}$ 为非相对论动能;$\Delta T = -\dfrac{1}{8}\dfrac{p^4}{m_0^3c^2} + \cdots$ 为相对论下的动能修正.

将动能修正取到 p^4 项,忽略其他的高次项,即可得到

$$\Delta T \approx -\frac{1}{8}\frac{p^4}{m_0^3c^2} = -\frac{1}{2m_0c^2}\left(\frac{p^2}{2m_0}\right)^2 = -\frac{1}{2m_0c^2}T_0^2 \tag{4.48}$$

由于 $T_0^2 = (E - V)^2$,由此可以得到 ΔT. 但是需要指出的是,在量子力学的计算中,各个量必须以平均值替代.于是

$$\begin{aligned} \Delta E_r &= \Delta T \approx -\frac{1}{2m_0c^2}\langle T_0^2\rangle = -\frac{1}{2m_0c^2}\langle (E - V)^2\rangle \\ &= -\frac{1}{2m_0c^2}\langle E^2 - 2EV + V^2\rangle \end{aligned} \tag{4.49}$$

可以用玻尔能级代替上述能量 E,即

$$E = E_n = -\frac{Ze^2}{4\pi\varepsilon_0}\frac{1}{2n^2}\frac{Z}{a_1} \tag{4.50}$$

势能为

$$\langle V\rangle = -\frac{Ze^2}{4\pi\varepsilon_0}\left\langle\frac{1}{r}\right\rangle = -\frac{Ze^2}{4\pi\varepsilon_0}\frac{1}{n^2}\frac{Z}{a_1} \tag{4.51}$$

上述结论用到了 $\left\langle\dfrac{1}{r}\right\rangle = \dfrac{1}{n^2}\dfrac{Z}{a_1}$.

同样,因为 $\langle \frac{1}{r^2} \rangle = \frac{1}{(l+1/2)n^3}\left(\frac{Z}{a_1}\right)^2$,所以有

$$\langle V^2 \rangle = \langle \frac{Ze^2}{4\pi\varepsilon_0} \rangle^2 \langle \frac{1}{r^2} \rangle = \frac{Ze^2}{4\pi\varepsilon_0} \frac{1}{(l+1/2)n^3}\left(\frac{Z}{a_1}\right)^2 \tag{4.52}$$

于是有

$$\langle E^2 - 2EV + V^2 \rangle = \left(\frac{Ze^2}{4\pi\varepsilon_0}\right)^2\left(\frac{Z}{a_1}\right)^2\left[\left(\frac{1}{2n^2}\right)^2 - 2\frac{1}{2n^2}\frac{1}{n^2} + \frac{1}{(l+1/2)n^3}\right]$$

$$= -\left(\frac{Ze^2}{4\pi\varepsilon_0}\right)^2\left(\frac{Z}{a_1}\right)^2\frac{1}{n^4}\left(\frac{3}{4} - \frac{n}{l+1/2}\right)$$

因而式(4.49)变为

$$\Delta E_r = -\frac{1}{2m_0c^2}\left(\frac{Ze^2}{4\pi\varepsilon_0}\right)^2\left(\frac{Z}{a_1}\right)^2\frac{1}{n^4}\left(\frac{n}{l+1/2} - \frac{3}{4}\right)$$

$$= -\frac{Rhc\alpha^2Z^4}{n^4}\left(\frac{n}{l+1/2} - \frac{3}{4}\right) \tag{4.53}$$

上面推导过程中,利用到 $a_1 = \frac{4\pi\varepsilon_0 h^2}{4\pi^2 m_e e^2}$,$R = \frac{4\pi^3 m_e e^4}{(4\pi\varepsilon_0)^2 h^3 c}$.

式(4.53)就是海森伯相对论修正的结果,由此所引起的能级变化情况如图 4.26 所示.

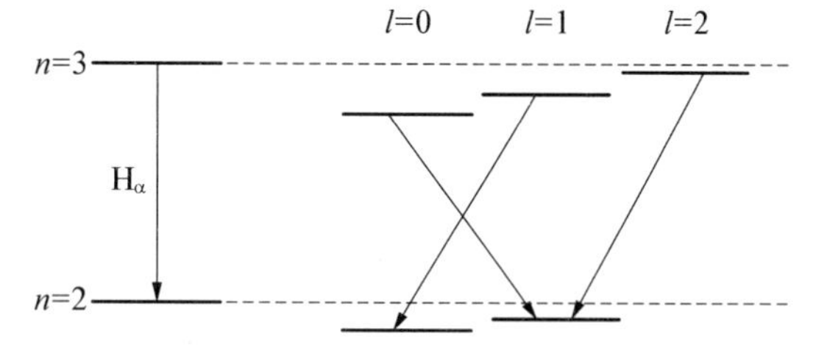

图 4.26 海森伯的相对论修正

海森伯是基于相对论和量子力学的基本思想得到上述结论的,其推导过程是正确的,但结果竟然与实验不符合!

说明仅仅做相对论修正还是不完全的.

(3) 狄拉克的计算结果

如 4.3.3 节所述,狄拉克(Paul Adrien Maurice Dirac, 1902～1984,英国,图 4.27)计算了氢原子中自旋-轨道相互作用,得到由此而引起的磁相互作用能,狄拉克的量子力学的计算结果为(如图 4.28 所示)

$$\Delta E_{ls} = \frac{Rhc\alpha^2Z^4}{n^3 l\left(l+\frac{1}{2}\right)(l+1)} \frac{j^{*2} - l^{*2} - s^{*2}}{2} \tag{4.54}$$

(4) 氢原子能级的精细结构

图 4.27 狄拉克

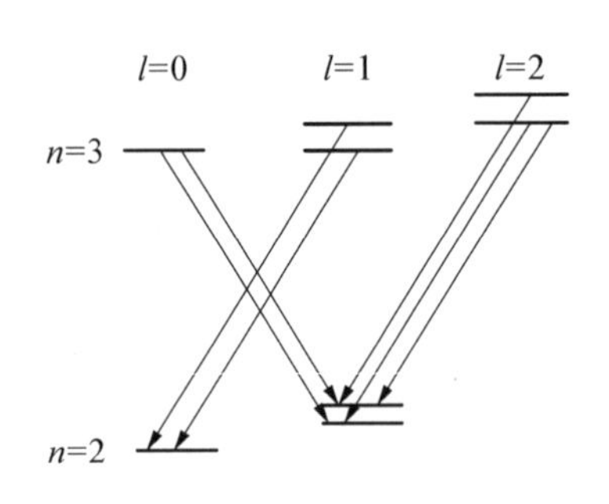

图 4.28 狄拉克自旋-轨道相互作用的修正

氢原子中的能量应当由上述各种作用综合产生.

如果仅仅考虑库仑作用、相对论效应和自旋-轨道相互作用,结合式(4.50)、式(4.53)和式(4.54),则有

$$E_{nls} = E_n + \Delta E_r + \Delta E_{ls}$$
$$= -\frac{RhcZ^2}{n^2} - \frac{RhcZ^2}{n^2}\frac{\alpha^2 Z^2}{n^2}\left[\frac{n}{l+1/2} - \frac{3}{4} - \frac{n}{l(l+1/2)(l+1)}\frac{j^{*2}-l^{*2}-s^{*2}}{2}\right]$$

对中括号内的部分化简,利用 4.3.3 节的结果,其中

$$\frac{j^{*2}-l^{*2}-s^{*2}}{2}\begin{cases}\xlongequal{j=l+s} ls = \dfrac{l}{2} \\ \xlongequal{j=l-s} -(l+1)s = -\dfrac{l+1}{2}\end{cases}$$

则

$$\frac{1}{l+1/2} - \frac{1}{l(l+1/2)(l+1)}\frac{j^{*2}-l^{*2}-s^{*2}}{2}$$
$$\begin{cases}\xlongequal{j=l+s} \dfrac{1}{l+1/2} - \dfrac{1}{2(l+1/2)(l+1)} = \dfrac{2l+1}{(2l+1)(l+1)} = \dfrac{1}{l+1} = \dfrac{1}{j+1/2} \\ \dfrac{1}{l+1/2} - \dfrac{1}{l(l+1/2)(l+1)}\dfrac{j^{*2}-l^{*2}-s^{*2}}{2} \\ \xlongequal{j=l-s} \dfrac{1}{l+1/2} + \dfrac{1}{2l(l+1/2)} = \dfrac{2l+1}{l(l+1)} = \dfrac{1}{l} = \dfrac{1}{j+1/2}\end{cases}$$

最后得到

$$E_{nls}=E_n+\Delta E_r+\Delta E_{ls}=-\frac{RhcZ^2}{n^2}-\frac{Rhc\alpha^2Z^4}{n^3}\left(\frac{1}{j+1/2}-\frac{3}{4n}\right) \tag{4.55}$$

式(4.55)也可以写做

$$E_{nls}=-\frac{m_ec^2}{2}\frac{(Z\alpha)^2}{n^2}\left[1+\frac{\alpha^2Z^2}{n^2}\left(\frac{n}{j+1/2}-\frac{3}{4}\right)\right] \tag{4.56}$$

式(4.55)表明,在考虑了氢原子中库仑作用、相对论效应和自旋-轨道相互作用之后,原子的能级由量子数 n、j 决定,如图 4.29.后两项的能量修正引起能级的分裂,与玻尔能级相差 α^2 量级.

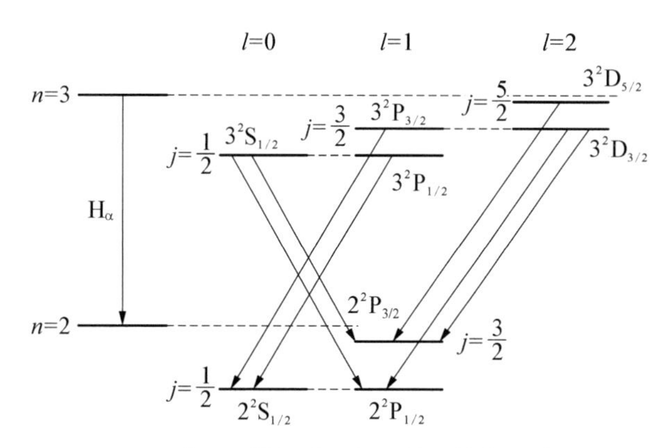

图 4.29 与 H_α 线相关的能级精细结构及其跃迁

这样,由于 $2^2S_{1/2}$与 $2^2P_{1/2}$、$3^2S_{1/2}$与 $3^2P_{1/2}$、$3^2P_{3/2}$与 $3^2D_{3/2}$的能级分别是简并的,H_α 线实际上包含了 5 条光谱线,许多物理学家做了大量精确的光谱学实验对这样的结果进行验证.

由图 4.30 看出,上下两组能级的间隔有着较大的差异.$2^2P_{3/2}$与 $2^2P_{1/2}$、$2^2S_{1/2}$的间隔为 0.364 cm^{-1};$3^2P_{3/2}$与 $3^2S_{1/2}$、$3^2P_{1/2}$的间隔为 0.108 cm^{-1},$3^2D_{5/2}$与 $3^2P_{3/2}$、$3^2D_{3/2}$的间隔为 0.036 cm^{-1}.即下能级($2^2P_{3/2}$与 $2^2P_{1/2}$)的间隔要比上能级($3^2D_{5/2}$与 $3^2D_{3/2}$)的间隔大得多.因而根据光谱线的波数差将其分为两组,第一组的末态能级为 $2^2P_{3/2}$,第二组的末态能级为 $2^2P_{1/2}$.通过测量 $3^2D_{3/2}\to2^2P_{1/2}$(其中也包括 $3^2P_{3/2}\to2^2S_{1/2}$)、$3^2D_{5/2}\to3^2P_{3/2}$的辐射跃迁,就可以比较下能级间隔与上能级间隔,理论上,这两个间隔之差为 0.364 cm^{-1} − 0.036 cm^{-1} = 0.328 cm^{-1}.

但从实验上测得的数值与理论值总是有很小的差异,大约在 0.316～0.320 cm^{-1}之间,比理论值小了 0.010 cm^{-1}左右,尽管只有 3%的偏离,但这绝不可能是实验上的误差所造成的.

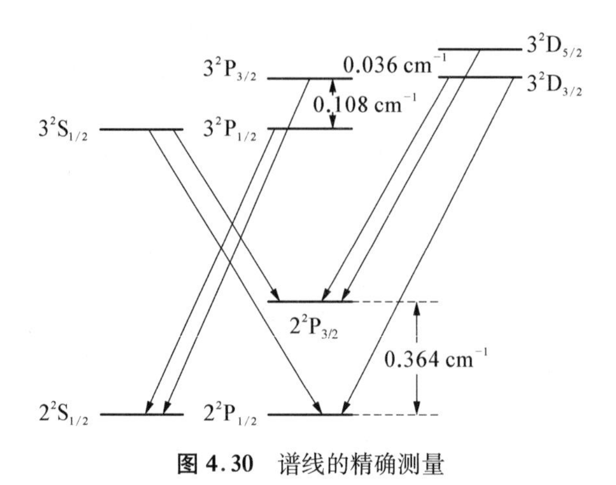

图 4.30 谱线的精确测量

4.5.2 兰姆移位

1947 年，美国物理学家兰姆（Willis Eugene Lamb，Jr，1913～2008）和雷瑟福（R. C. Retherford）用射频波谱学的方法测得 $2^2S_{1/2}$ 的确比 $2^2P_{1/2}$ 高出 1 057.8 MHz，即 0.033 cm^{-1}，这一数值是精细结构双线能级间隔的 1/10，这一点解释了之前实验测量与理论计算的差异①. 后来他们也测得 $3^2S_{1/2}$ 能级比 $3^2P_{1/2}$ 能级高出了 0.010 cm^{-1}. 这一现象，即各个$^2S_{1/2}$能级比同一主量子数的$^2P_{1/2}$能级高，被称做**兰姆移位**（Lamb shift）. 而对于其他 $j > 1/2$ 的能级，难以从实验上测出能级的移位，如图 4.31. 兰姆因此获得了 1955 年的诺贝尔物理学奖.

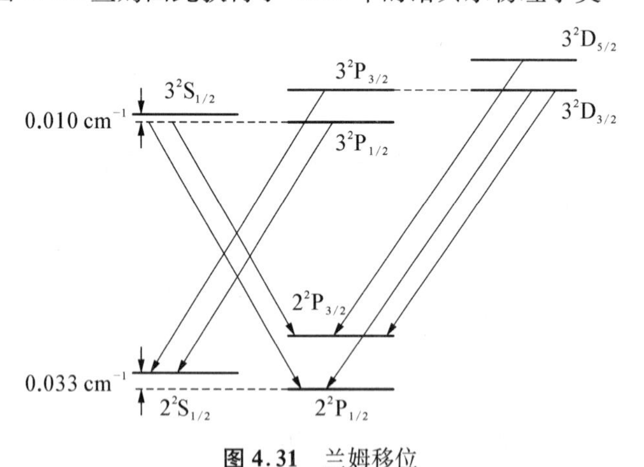

图 4.31 兰姆移位

① Willis E, Lamb, Jr,. Robert C. Retherford. Fine Structure of the Hydrogen Atom by a Microwave Method[J]. Phys. Rev. ,1947, 72: 241～243.

表 4.6 中是实验测得的氢原子能级，从中可以看出 2s、3s、4s 能级都有兰姆移位.

表 4.6 氢原子的精细结构能级

电子态	光谱项	原子能级(cm^{-1})
1 s	$^2S_{1/2}$	0.0000
2p	$^2P_{1/2}$	82 258.9191
	$^2P_{3/2}$	82 259.2850
2s	$^2S_{1/2}$	82 258.954 4
3p	$^2P_{1/2}$	97 492.211 2
	$^2P_{3/2}$	97 492.319 6
3s	$^2S_{1/2}$	97 492.221 7
3d	$^2D_{3/2}$	97 492.319 5
	$^2D_{5/2}$	97 492.355 6
4p	$^2P_{1/2}$	102 823.848 6
	$^2P_{3/2}$	102 823.894 3
4s	$^2S_{1/2}$	102 823.853 0
4d	$^2D_{3/2}$	102 823.894 2
	$^2D_{5/2}$	102 823.909 5
4f	$^2F_{5/2}$	102 823.909 5
	$^2F_{7/2}$	102 823.917 1
5g	$^2G_{7/2}$	105 291.663 7
	$^2G_{9/2}$	105 291.666 1
H*	Limit	109 678.771 7

* 表中最后一行表示基态氢离子的能级.

兰姆移位显示了先前的理论，即狄拉克的相对论量子力学的不足，后来建立的**量子电动力学**，引入了辐射场（即原子发出的光子）与电子之间的相互作用，解释了兰姆移位.

关于兰姆移位的实验测量，将在本书第 6 章中予以介绍.

狄拉克与《量子力学原理》

保罗·狄拉克(Paul Adrien Maurice Dirac)1902年8月8日生于英国的布里斯托尔(Bristol),父亲是瑞士人,母亲是英国人.狄拉克1918年进入布里斯托尔大学学习,取得工程和数学两个学位,后来又在剑桥大学圣约翰学院当数学研究生,1926年获博士学位.次年他成为圣约翰学院的研究员,1932年担任剑桥大学卢卡斯数学讲座(Lucasian Chair of Mathematics)教授.

狄拉克的工作主要在量子力学领域.1925年海森伯提出新的量子力学时,狄拉克就开始了这方面的研究,并且独立地提出了一种数学上的对应,主要是计算原子特性的非对易代数.为此他写了一系列论文,从而逐步形成了他的相对论性电子理论和空穴理论.

1926年,他发现用反对称波函数可以表示全同粒子系统的量子统计法则,这个法则同时也独立地由费米提出,所以被称为费米-狄拉克统计.1927年,狄拉克在讨论辐射的量子理论时引入电磁场的量子化,从而第一次提出了二次量子化理论.这一理论为建立量子场论奠定了基础.1928年狄拉克又提出电子的相对论性运动方程,即所谓狄拉克方程,后来发展成为相对论性量子力学的基础.量子论与相对论经过狄拉克的结合,自然地推出了电子的自旋,并且证明了电子磁矩的存在.狄拉克还赋予真空新的物理意义,并预言了正电子的存在和正负电子对的湮灭.正电子的预言在1932年被安德森证实,电子对的产生和湮灭1933年又被布拉开特和奥恰利尼证实.这样一来,狄拉克的相对论性电子理论不仅提示了反物质的存在,而且对于物理真空也有了新的概念,从而大大加深了人们对物质世界的认识.

狄拉克的工作的重要性就在于,他天才地把狭义相对论引进薛定谔方程,巧妙地把两大理论体系——量子论和相对论成功地统一了起来.这两方面从数学上看不仅彼此是不同的,而且是彼此对立的,却在他的方程中融合到了一起,并且由此得到了许多意想不到的结果,这不能不说是数学和物理高度结合的杰作.

狄拉克在理论物理中还有许多创见.例如,1933年,他提出"磁单极"的假说,这个假说至今还未得到实验证实.1937年他又提出"大数假说".他还对重正化和路径积分等概念的提出作出了自己的贡献.

狄拉克对量子力学的理论基础作了系统的总结,提出了一整套数学表示方法,他利用左矢、右矢、矩阵以及 δ 函数等概念简洁地表述了量子力学中诸量之间的关系,提出了量子力学的变换理论.这些思想在他1930年出版的《量子力学原理》(《Principles of Quantum Mechanics》)一书中得到了清晰准确的阐释.该书的数学表述优美流畅,是量子力学中的经典著作,甚至有人称之为"量子力学的圣经".是狄拉克“一个物理定律必须具有数学美”的完美体现.

狄拉克 1984 年 10 月 20 日逝于佛罗里达的特拉哈斯,享年 82 岁.

值得一提的是,中文版的《量子力学原理》(陈咸亨翻译,喀兴林校正,科学出版社,1965 年)译文准确雅致,是物理学译著中难得的精品.

4.6 原子的超精细结构能级

4.6.1 原子核的角动量与磁矩

原子核由中子和质子构成,理论上讲,这些核子也有各种形式的运动.由于原子核的空间尺度太小,内部过于拥挤,轨道运动难以想象,但核子的自旋却是能够从实验上测量到的,因而,也可以像电子一样,用自旋角动量和相应的自旋磁矩表示核的自旋.

例如,如果核中质子的自旋角动量记为p_I,则

$$p_I = \sqrt{I(I+1)}\,\hbar \tag{4.57}$$

其中 I 为质子的自旋量子数.相应的自旋磁矩为

$$\boldsymbol{\mu}_I = g_I \frac{e}{2m_{\mathrm{p}}} \boldsymbol{p}_I \tag{4.58}$$

其中 m_{p} 为质子的质量,g_I 为表示质子自旋磁矩与自旋角动量之间关系的因子,称做朗德因子.

引入

$$\mu_{\mathrm{N}} = \frac{e\hbar}{2m_{\mathrm{p}}} \tag{4.59}$$

称做**核磁子**.则核磁矩与核自旋的关系为

$$\boldsymbol{\mu}_I = g_I \frac{\mu_{\mathrm{N}} \boldsymbol{p}_I}{\hbar} \tag{4.60}$$

由于质子的质量比电子大得多,因而核磁子比玻尔磁子小得多,核磁矩也比电子的磁矩小得多.

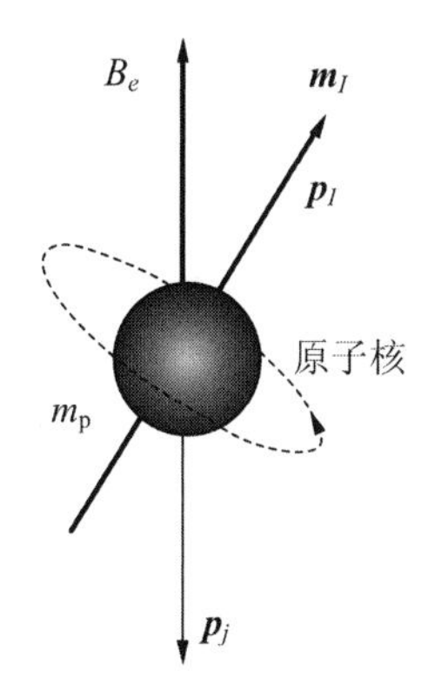

图 4.32 核磁矩及其与电子磁场的相互作用

如图 4.32,由于核磁矩与电子磁场相互作用,电子的总角动量$\boldsymbol{p}_j$ 已不再是守恒量,由此形成的原子的总角动量 $\boldsymbol{p}_F$ 中还包含核的自旋角动量$\boldsymbol{p}_I$,即包含核的自旋的原子的总角动量为$\boldsymbol{p}_F = \boldsymbol{p}_I + \boldsymbol{p}_j$,而且

$$p_F = \sqrt{F(F+1)}\,\hbar \tag{4.61}$$

其中 F 为包含核自旋的原子的总角动量量子数，取值为

$$F = I+J, I+J-1, \cdots, |I-J| \tag{4.62}$$

4.6.2 核磁矩与电子磁场的相互作用

在图 4.33 中，由于 $\boldsymbol{p}_F = \boldsymbol{p}_I + \boldsymbol{p}_j$，根据余弦定理可以得到

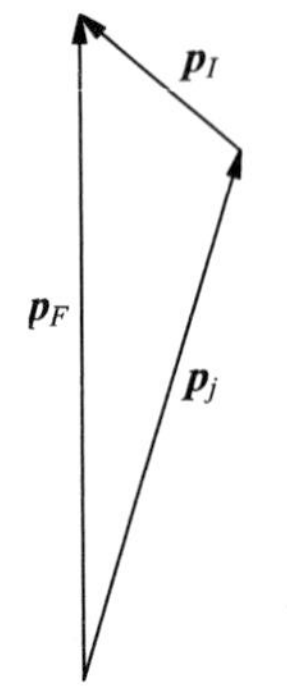

图 4.33 包含核自旋的总角动量

$$\begin{aligned}\boldsymbol{p}_I \cdot \boldsymbol{p}_j &= \frac{\hbar^2}{2}(F^{*2} - j^{*2} - I^{*2}) \\ &= \frac{\hbar^2}{2}[F(F+1) - J(J+1) - I(I+1)]\end{aligned}$$

电子在原子核处所产生的磁场沿着 $-\boldsymbol{p}_j$ 方向，因而核磁矩与原子中电子的磁相互作用能为

$$\Delta E_I = -\boldsymbol{\mu}_I \cdot \boldsymbol{B}_e = A\,\boldsymbol{p}_I \cdot \boldsymbol{p}_j$$

可以用量子数表示为

$$\begin{aligned}\Delta E_I &= \frac{a}{2}(F^{*2} - j^{*2} - I^{*2}) \\ &= \frac{a}{2}[F(F+1) - J(J+1) - I(I+1)]\end{aligned} \tag{4.63}$$

通常 $\Delta E_I \sim (10^{-3} \sim 10^0)\mathrm{cm}^{-1}$，比电子的自旋轨道作用能量要小得多.

4.6.3 原子能级的超精细结构分裂

对于氢原子，根据量子力学的计算，式(4.63)中

$$a = g_I\left(\frac{m_e}{m_p}\right)m_e c^2 \alpha^4 \frac{1}{j(j+1)(2l+1)}\left(\frac{Z}{n}\right)^3 = 2g_I\left(\frac{m_e}{m_p}\right)\frac{\alpha^2 Z}{n}\frac{E_n}{j(j+1)(2l+1)}$$

其中 $E_n = \frac{1}{2}\frac{m_e c^2 \alpha^2 Z^2}{n^2}$ 为玻尔能级，电子与质子的质量之比 $\frac{m_e}{m_p} \sim \frac{1}{1836}$.

上述结果表明氢原子中 a 的数值仅与电子的量子数 n、j 相关.

对于氢原子的 $1^2\mathrm{S}_{1/2}$ 态（基态），$j = 1/2$，而质子的自旋量子数 $I = 1/2$，式(4.63)中，

$$j(j+1) + I(I+1) = \frac{1}{2}\left(\frac{1}{2}+1\right) + \frac{1}{2}\left(\frac{1}{2}+1\right) = \frac{3}{2}$$

但是，包含核自旋的原子的总角动量量子数 F 却有两个取值，即 $F = 1$ 和 0，所以，$F(F+1) = 2$ 或 $F(F+1) = 0$. 这样，由于核磁矩与电子的磁场的相互作用，会引起 $1^2\mathrm{S}_{1/2}$ 能级产生分裂，这就是原子的**超精细结构能级**，分裂后的能级间隔为

$$\Delta E_I = \begin{cases} +\dfrac{a}{4}, & F = 1 \\ -\dfrac{3a}{4}, & F = 0 \end{cases}$$

可见能级间隔比精细结构分裂小至少 3 个数量级，如图 4.34 所示.

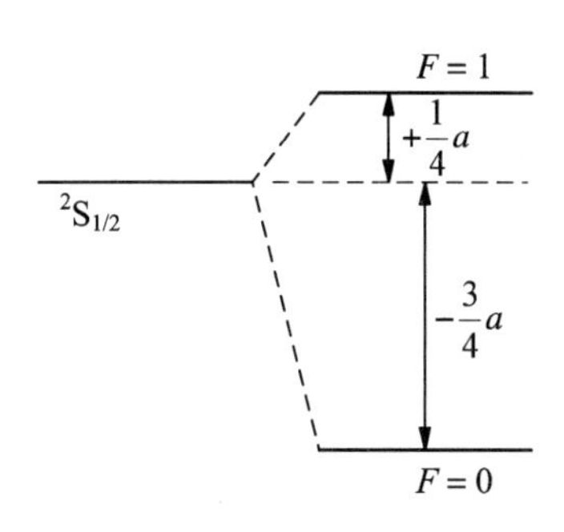

图 4.34 氢原子 $1^2S_{1/2}$能级的超精细结构分裂

超精细结构能级的间隔比可见光子能量低得多，因而不能通过发射或吸收可见光子而在超精细结构能级间跃迁. 但是，这样的能级间隔与 GHz（10^9 Hz）的射频波能量匹配，可以产生共振吸收. 精确的实验测量表明，频率为 $\nu_H = 1.420\ 405\ 751\ 766\ 7(10)$ GHz的射频波可以与基态氢原子产生共振，共振吸收的结果，使核自旋倒转，原子在上述超精细结构能级间跃迁.

除了氢原子之外，基态铯原子和铷原子也存在超精细结构能级，对应的共振吸收频率分别为

$$\nu_{Cs} = 9.192\ 631\ 770\ \text{GHz}$$

$$\nu_{Rb} = 6.834\ 682\ 610\ 904\ 324\ \text{GHz}$$

由于原子核非常稳定，因而共振吸收的频率也非常稳定. 这样的频率可以用作计时的基准. 原子钟就是依据这样的原理制成的.

4.7 斯塔克效应

4.7.1 外电场对原子能级和光谱的影响

从前面各节对原子能级的分析来看，原子的能态主要取决于核外电子与核间的库仑相互作用，而电子运动所产生的磁场以及电子自旋所产生的磁矩之间存在磁相互作用，也对能态产生影响.

如果将原子置于磁场中，电子的轨道磁矩、自旋磁矩都与磁场有相互作用，从而会对原子的能态产生显著的影响，具体表现就是施特恩－格拉赫实验的结果，以及塞曼最先观察到的在磁场中原子光谱的分裂. 但是，在电场中的原子，光谱好像没有什么变化.

在 1913 年，德国物理学家斯塔克（Johannes Stark，1874～1957）在研究极隧射

线(canal ray,即真空放电管中的正离子束,也称阳极射线)时发现,在足够强的电场中($E = 10^7\ \mathrm{V \cdot m^{-1}}$),氢原子的巴尔末谱线看起来都变宽了,经过仔细的测量,证明是氢原子的每一条光谱线产生分裂的结果,而且这些光谱线都是偏振光.这一现象被称做**斯塔克效应**(Stark effect).

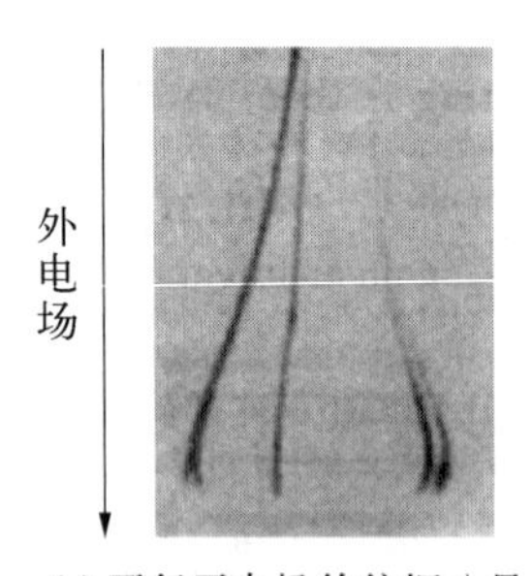

(a) 平行于电场的偏振分量

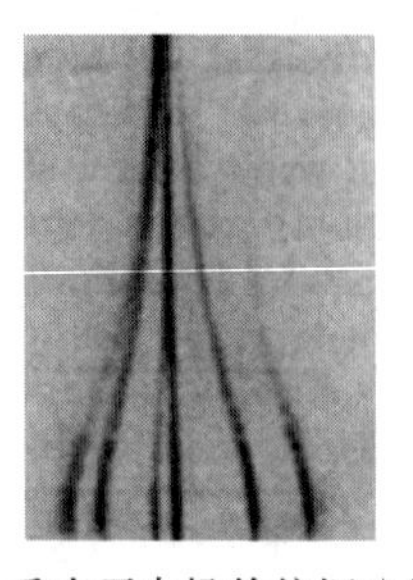

(b) 垂直于电场的偏振分量

图 4.35 氦原子 483.8 nm 谱线在外加电场中分裂

图 4.35 所示为氦原子的 483.8 nm谱线在外加电场中分裂的情况.可以看出,由于外加电场的作用,原本一条谱线分裂为多条,随着外电场的增大,谱线的裂距亦相应增大,在电场强度不是很大时,裂距与外电场基本上成线性关系.但是,当外场大到一定程度后,上述线性关系不再成立.还需要指出的是,这时原子的光谱线具有偏振性,成为平行于电场和垂直于电场的平面偏振光,而且这两种偏振光的分裂也有所不同.

根据氢原子光谱测量计算出的能级分裂结果如图 4.36.

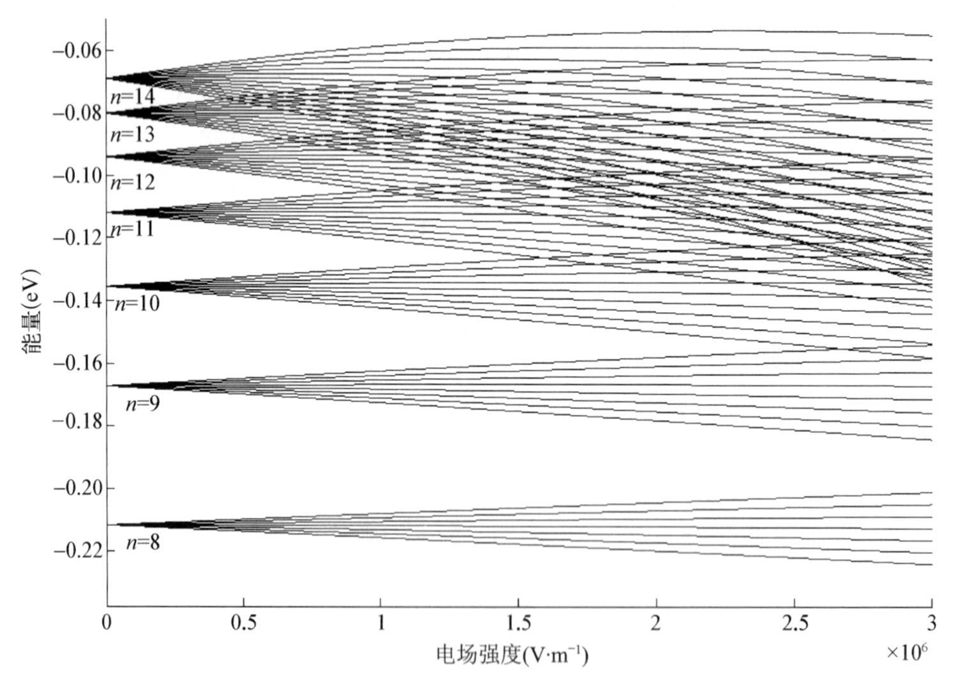

图 4.36 在外电场中氢原子能级的一阶(线性)和二阶(非线性)斯塔克移位

与光谱线移动的规律相似，在外电场不是很强时，能级的移动与电场强度成线性关系，这种移动称做一阶斯塔克移位；当外电场进一步增强时，两者之间不再保持线性关系，而是二次方关系，这种移动被称做二阶斯塔克移位.

由于发现外电场对原子能级和光谱的影响，斯塔克获得了1919年的诺贝尔物理学奖.

4.6.2　斯塔克效应的物理机制

在大多数情况下，原子中电荷的分布并不是严格球对称的，这样一来，原子中正负电荷的中心不重合，因而形成电偶极矩.只不过由于原子很小，而正负电荷中心之间的距离也非常小，所以这种电偶极子的效应在多数情况下并不显著，只有在很强的电场中，电偶极子与外场的相互作用才比较明显.

电偶极矩 $\boldsymbol{p}$ 与外电场 $\boldsymbol{E}$ 之间的相互作用势能可以表示为

$$\Delta E = -\boldsymbol{p}\cdot\boldsymbol{E} = -pE\cos\theta \tag{4.64}$$

其中 θ 为电偶极子与外电场之间的夹角.

采用量子力学，可以计算出上述相互作用对原子能级的影响.

对于固有电偶极矩不等于0的状态，例如氢原子的 $n>1$ 的状态，对于每一个主量子数 n，不同的量子数 l，有不同的附加作用势能，可以算出能级的移动

$$\Delta E \propto E \tag{4.65}$$

这就是线性斯塔克效应，或一阶斯塔克效应.

对于固有电偶极矩等于0的状态，不存在一阶斯塔克效应，这时能级的移动为

$$\Delta E \propto E^2 \tag{4.66}$$

习　题

4.1　已知锂原子主线系光谱中最长的波长为670.7 nm，辅线系的线系限波长为351.9 nm，求锂原子第一激发电势和电离电势.

4.2　Na原子的基态为3S，如果Na原子从4P态向低能级跃迁，在不考虑精细结构的情况下，共可产生几条光谱线？

4.3　Na原子的基态为3S，已知其共振线(第一激发态到基态间跃迁的辐射)波长为589.3 nm，漫线系第一条谱线的波长为819.3 nm，基线系第一条谱线波长为1 845.9 nm，主线系

的线系限波长为 241.3 nm,试由上述数据求 3S、3P、3D、4F 个光谱项的数值.

4.4 Na 原子的共振线(第一激发态到基态间跃迁的辐射)波长为 589.3 nm,辅线系的线系限波长为 408.6 nm,试由上述数据求其电离电势和第一激发电势.

4.5 K 原子的共振线波长为 766.5 nm,主线系线系限波长为 285.8 nm,已知 K 原子的基态为 4S,试求 4S、4P 谱项的量子数修正项 Δs 、Δp 的值各为多少.

4.6 Li 原子的基态为 2S,当把 Li 原子激发到 3P 态后,当 Li 原子从 3P 激发态向低能态跃迁时可能产生哪些谱线(不考虑精细结构)?

4.7 为什么谱项 S 的精细结构总是单层的? 试直接从碱金属光谱的双线规律性和从电子的自旋与轨道相互作用的物理概念两方面分别说明.

4.8 试计算氢原子莱曼系第一条谱线的精细结构分裂的能量差.

4.9 Na 原子光谱中得知其 3D 谱项的项值为 $T_{3D} = 1.2274\times10^6\ \text{m}^{-1}$,试计算该谱项之精细结构裂距.

4.10 原子在热平衡时处于各能级的原子数目是按照玻尔兹曼分布的,即在激发态 E 的原子数$N = N_0 \dfrac{g}{g_0} e^{-(E-E_0)/kT}$,其中 N_0 是处于能量为 E_0 能态的原子数,g 和g_0 为相应能态的统计权重,k 为玻尔兹曼常数.从高温铯原子气体光谱中测出其共振双光谱线 $\lambda_1 = 894.35$ nm、$\lambda_2 = 852.11$ nm 的强度比为 $I_1 : I_2 = 2:3$,试估算该气体的温度,已知相应能级的统计权重为 $g_1 = 2$,$g_2 = 4$.

4.11 从实验上测得铯原子的三组精细结构光谱,如下表,

A 组波数(mm^{-1})	B 组波数(mm^{-1})	C 组波数(mm^{-1})
276.8	680.5	1 118.1
286.6	735.9	1 173.6
332.2	1 258.9	2 177.1
1 086.0	1 314.2	2 195.2
1 090.3	1 518.2	2 571.6
1 141.4	1 573.6	2 579.7
1 432.0	1 657.1	2 764.4
1 434.1	1 712.6	2 768.9
1 487.4		

根据表中的数据画出铯的能级图,并表明与上述谱线相应的跃迁.

4.12 由上题中的数据计算铯原子处在第一激发态时,电子轨道处的磁感应强度.

4.13 图中是 Na 原子 D 双线所对应的能级和跃迁,给出:

(1) 图中各能级的原子态;

(2) 形成能级差 E 的原因；

(3) 导致能级劈裂 ΔE 的原因；

(4) 双线 D_2 与 D_1 的强度之比.

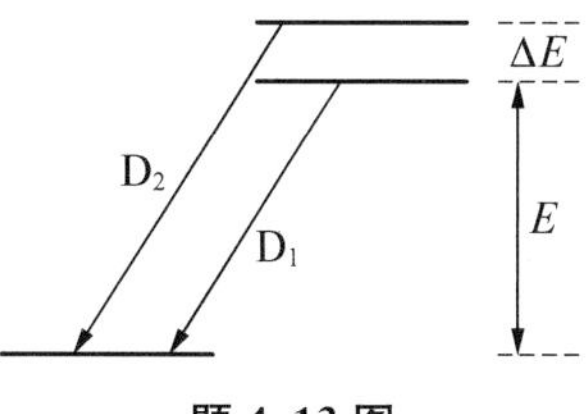

题 4.13 图

4.14　试证明，对于 Ψ_{200} 和 Ψ_{100} 组成的混合态，它的电偶极矩振幅为 0.

4.15　氢原子 2p 能级电偶极辐射的平均寿命是 1.6 ns，试估算一价氦离子的 2p 能级的寿命.

4.16　对于 $l = 1$、$s = 1/2$，计算 $\boldsymbol{l} \cdot \boldsymbol{s}$ 的可能值.

4.17　计算氢原子处于 2p 态时原子核运动在电子轨道处产生的磁场.

4.18　Na 原子的 S、P、D 项的量子修正值 $\Delta S = 1.35$、$\Delta P = 0.86$、$\Delta D = 0.01$. 把谱项表达成 $R(Z-\sigma)^2/n^2$ 形式，其中 Z 是核电荷数. 试计算 3S、3P、3D 项的 σ，并说明 σ 的物理意义.

4.19　波数差为 $39.9\ \mathrm{cm^{-1}}$ 的莱曼系主线双重线，属于哪一种类氢离子？

4.20　原子在两个激发态之间跃迁的结果，产生了波长 $\lambda = 532$ nm 的光谱线，原子在这两个激发态的寿命分别等于 1.2×10^{-8} s 和 2.0×10^{-8} s，试估算这条谱线的自然宽度.

4.21　试计算氢原子基态时的磁矩.

4.22　试求 $^{208}\mathrm{Pb}$ $(Z = 82)$ 的 μ 原子 6p 能级的精细结构裂距（已知 μ 子的质量 $m_\mu = 207m_e$）.

4.23　当 n 和 l 增加时，双重态的裂距迅速减小，试求氢原子中 2p 双重态的裂距与 3d 双重态的裂距之比.

4.24　考虑氢原子的基态和 $n = 2$ 的激发态，

(1) 不考虑精细结构，画出相应的能级图；

(2) 考虑相对论效应后，画出相应的能级图并标明其光谱项符号 (n, l, j)；

(3) 计算相对论修正引起的能级移动和双层能级的间隔；

(4) 考虑兰姆移位后对能级将产生哪些影响？

4.25　氢原子处于 $n = 3$ 的能态，假设由 $n = 3$ 到 $n = 2$、$n = 3$ 到 $n = 1$ 跃迁的电偶极矩是相同的，试估算这两条发射谱线的相对强度.

4.26　试求在 $T = 3\,000$ K 时处在量子数 $n = 2$ 状态的氢原子与处于基态的氢原子的相对数.

5 多电子原子

——电子间的相互作用

本章要点	氦原子的光谱与能级　价电子的耦合 泡利原理与洪德规则　原子的壳层结构

5.1 氦原子的光谱与能级

5.1.1 氦原子

1. 氦元素的发现

氦元素最初并不是在地球上被发现的，1868 年 8 月 8 日，法国天文学家詹森(Pierre Janssen，1824～1907)在印度观测日全食，他在太阳的日珥中发现了一条波长为 587.49 nm 的明亮黄色谱线. 同年 10 月 8 日，英国天文学家罗克耶(Norman Lockyer，1836～1920)证实了詹森的结果，并称其为 D_3 线. 因为这条谱线与已知的钠的两条著名黄色谱线 D_1(589.6 nm)和 D_2(589.0 nm)非常接近，罗克耶认为这是一种存在于太阳中、但在地球上尚未知的物质所发出的，因此依照希腊神话中太阳神赫利俄斯(Helios)的名字将其命名为氦(Helium). 1895 年，英国化学家拉姆塞(William Ramsay，1852～1916)从钇铀矿中分离出一种能发出上述 D_3 线的气体，拉姆塞的分离物经英国物理学家和化学家克鲁克斯(William Crookes，1832～1919)等人的鉴定，被确认是氦. 同年，瑞典化学家克利夫(Per Teodor Cleve，1840～1905)等人也独立地从钇铀矿中分离出足够数量的氦，并精确地测定了它的原子量.

氢原子、类氢离子具有最简单的一类结构，即核外只有一个电子，在原子中的库仑相互作用，也只存在于电子与核之间. 相比于氢原子，氦原子的结构略显复杂，其核外有两个电子,除了每一个电子与原子核之间有库仑相互作用之外,两个电子之间也有相互排斥的库仑相互作用.这种情况下,氦原子的能级要比氢原子复杂.而光谱学实验的结果也说明了这一点.

2. 氦的光谱特征

氦原子的光谱比较复杂,但有着与碱金属原子类似的光谱线系,其光谱都可以归类到S,P,D等光谱线系.对光谱进行分析,发现每一个线系都有两套,就是有两套S线系、两套P线系……,其中的一套是**单重**的,而另一套是**三重**的.

例如,上述的D_3线经高分辨率光谱仪测量,实际上包含三条十分接近的谱线:587.596 nm、587.564 nm和587.560 nm,属于三重漫线系.

3. 氦的能级特征

根据光谱的实验数据,可以推断出氦原子的能级结构如图5.1所示.

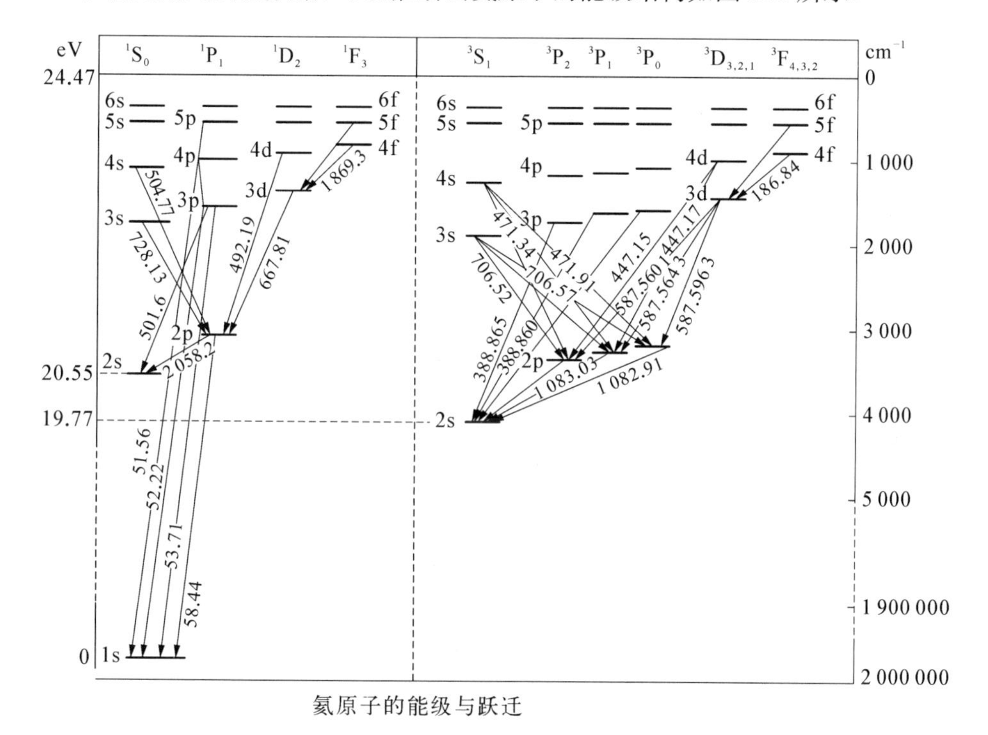

图5.1 氦原子的能级与辐射跃迁

从图5.1可以看出,氦原子的能级有如下几个特点:

(1) 有两套不同的能级.一套是单层的,另一套是三层的.正是由于这个原因,起初认为有两种氦:**正氦**和**仲氦**.正氦具有三重态能级,而仲氦具有单重态能级.在这两套能级内部的跃迁产生了两套相互独立的光谱.而且,这两套能级之间没有辐射跃迁.

(2) 除了能量最低的、比较稳定的基态和能量较高的、不稳定的激发态之外，氦原子中存在几个亚稳态，所谓亚稳态是指这样一些激发态，原子可以在这样的状态存在较长的时间，不容易很快退激发而跃迁到基态. 氦原子的 2^1S_0、2^3S_1 等都是亚稳态，实验测得 2^1S_0 的寿命为 19.5 ms.

(3) 氦原子的基态 1^1S_0 与第一激发态 2^3S_1 之间的能量差很大，达到了 19.77 eV；电离电势也是所有元素中最大的，达到了 25.48 eV.

(4) 单重态中最低的能级是基态 1^1S_0，主量子数 $n = 1$；而三重态中，没有主量子数 $n = 1$ 的能级，最低能级 2^3S_1 的主量子数 $n = 2$.

(5) 属于三重漫线系的 D_3 线，所对应的辐射跃迁为：

587.596 3 nm　　$3^3D_1 \to 2^3P_0$　　相对强度 1

587.564 3 nm　　$3^3D_{1,2} \to 2^3P_1$　　相对强度 3

587.560 1 nm　　$3^3D_{1,2,3} \to 2^3P_2$　　相对强度 5

实际上，$3^3D_{1,2,3}$ 态中三个能级的间隔很小，实验上不容易测出，上述跃迁的结果是依据光谱线的强度和跃迁的选择定则进行分析而得到的.

4. 其他两个价电子原子的光谱

在第二主族的元素中，都有相仿的光谱和能级结构. 以镁为例，它的核外电子数为 12，包含 2 个价电子，其余 10 个电子与镁的原子核构成原子实，镁的原子实与钠的原子实相似，只是有效电荷数为 +2. 镁有同氦类似的两套光谱，其中一套是单重的，另一套是三重的，都可以分为 S 线系、P 线系，等等. 单重主线系光谱处于紫外区，三重主线系光谱处于可见和红外区. 当然镁的能级结构与氦也相似，包含有两套能级，一套是单层的，另一套是三层的，如图 5.2 所示.

从图 5.2 可以看出，三重态的第一辅线系（$^3D \to {}^3P$）、第二辅线系（$^3S \to {}^3P$）和主线系（$^3P \to {}^3S$）中的第一组谱线都有明显的三个成分，说明 $3^3P_{0,1,2}$ 和 $4^3P_{0,1,2}$ 中确实含有 3 个能级，而 $^3D_{1,2,3}$、$^3F_{2,3,4}$ 的三重态能级间隔要小得多，实验上不容易测出来.

5.1.2 价电子间的相互作用

1. 多电子体系的哈密顿方程

在只有一个价电子的情况下，势能的主要部分——库仑作用，仅仅是价电子与原子核或原子实之间的作用；多个价电子的情况下，除了上述作用外，还有价电子之间的库仑排斥作用. 在这种情况下，仅考虑库仑相互作用时，包含 N 个电子的原子体系的哈密顿量为

$$H = \sum_{i=1}^{N} \frac{p_i^2}{2m_e} + \sum_{i=1}^{N}\left(-\frac{Ze^2}{4\pi\varepsilon_0 r_i}\right) + \frac{1}{2}\sum_{i\neq j}^{N} \frac{e^2}{4\pi\varepsilon_0 r_{ij}} \tag{5.1}$$

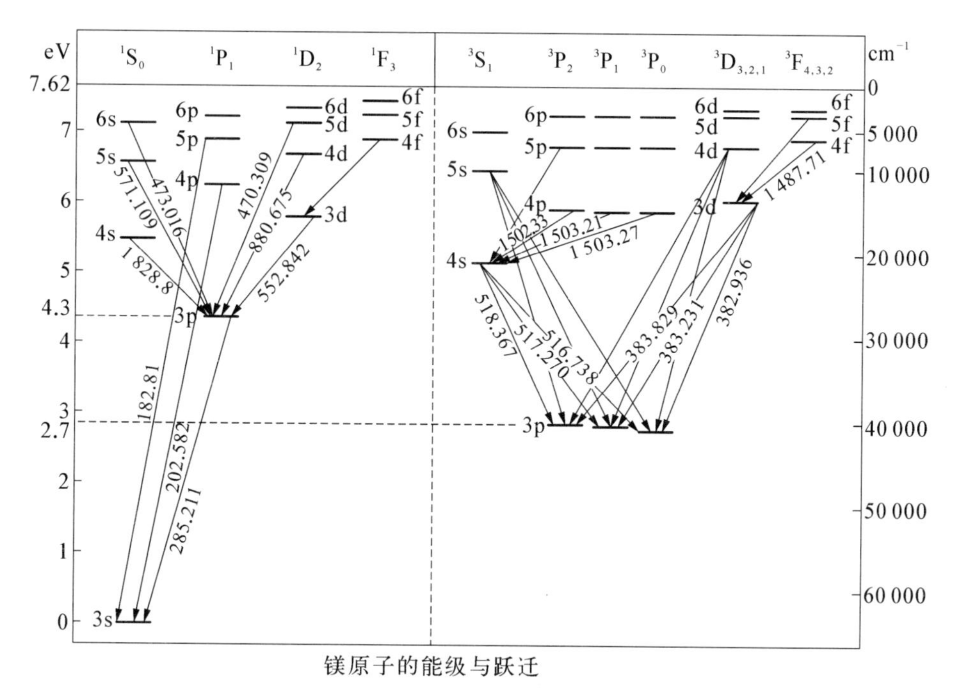

图 5.2　镁原子的能级与辐射跃迁

哈密顿方程为

$$\left(-\frac{\hbar^2}{2m_e}\sum_{i=1}^{N}\nabla_i^2-\sum_{i=1}^{N}\frac{Ze^2}{4\pi\varepsilon_0 r_i}+\frac{1}{2}\sum_{i\neq j}^{N}\frac{e^2}{4\pi\varepsilon_0 r_{ij}}\right)\psi(r_1,r_2,\cdots,r_N)=E\psi(r_1,r_2,\cdots,r_N) \tag{5.2}$$

其中，$r_{ij}=|r_i-r_j|=\sqrt{(x_i-x_j)^2+(y_i-y_j)^2+(z_i-z_j)^2}$，为编号为 i、j 的价电子之间的距离.

对于只有两个核外电子的氦原子，其哈密顿方程为

$$\left(-\frac{\hbar^2}{2m_e}\sum_{i=1}^{2}\nabla_i^2-\sum_{i=1}^{2}\frac{Ze^2}{4\pi\varepsilon_0 r_i}+\frac{e^2}{4\pi\varepsilon_0 r_{12}}\right)\psi(r_1,r_2)=E\psi(r_1,r_2) \tag{5.3}$$

由于方程中含有交叉项 $e^2/4\pi\varepsilon_0 r_{12}$，这个方程也无法用分离变量法求解.所以，即使对于仅有两个价电子的情形，也无法得到哈密顿方程的解析解.

2. 用微扰法求解氦原子的哈密顿方程

对于方程(5.3)可以采用**微扰法**处理，即假设电子之间的相互作用能比较小，作为**微扰项**，即可以将哈密顿量写做

$$\hat{H}=\left(-\frac{\hbar^2}{2m_e}\sum_{i=1}^{2}\nabla_i^2-\sum_{i=1}^{2}\frac{Ze^2}{4\pi\varepsilon_0 r_i}\right)+\frac{e^2}{4\pi\varepsilon_0 r_{12}}=\hat{H}_0+\hat{H}' \tag{5.4}$$

其中

$$\hat{H}_0 = -\frac{\hbar^2}{2m_e}\sum_{i=1}^{2}\nabla_i^2 - \sum_{i=1}^{2}\frac{Ze^2}{4\pi\varepsilon_0 r_i} \tag{5.5}$$

为电子的动能与电子在核的库仑场中的势能之和

$$\hat{H}' = \frac{e^2}{4\pi\varepsilon_0 r_{12}} \tag{5.6}$$

为电子之间的库仑相互作用势能，也就是微扰项.

暂时不考虑微扰项的作用，先求出不含微扰的哈密顿方程的解，则式(5.3)可写做

$$\left[\left(-\frac{\hbar^2\nabla_1^2}{2m_e} - \frac{Ze^2}{4\pi\varepsilon_0 r_1}\right) + \left(-\frac{\hbar^2\nabla_2^2}{2m_e} - \frac{Ze^2}{4\pi\varepsilon_0 r_2}\right)\right]\psi(r_1, r_2) = E\psi(r_1, r_2) \tag{5.7}$$

作变量分离，即 $\psi(r_1, r_2) = \psi(r_1)\psi(r_2)$，则方程化为

$$\frac{1}{\psi(r_1)}\left(-\frac{\hbar^2\nabla_1^2}{2m_e} - \frac{Ze^2}{4\pi\varepsilon_0 r_1}\right)\psi(r_1) + \frac{1}{\psi(r_2)}\left(-\frac{\hbar^2\nabla_2^2}{2m_e} - \frac{Ze^2}{4\pi\varepsilon_0 r_2}\right)\psi(r_2) = E$$

可得到两个方程

$$\left(-\frac{\hbar^2\nabla_1^2}{2m_e} - \frac{Ze^2}{4\pi\varepsilon_0 r_1}\right)\psi(r_1) = E^{(1)}\psi(r_1) \tag{5.8}$$

和

$$\left(-\frac{\hbar^2\nabla_2^2}{2m_e} - \frac{Ze^2}{4\pi\varepsilon_0 r_2}\right)\psi(r_2) = E^{(2)}\psi(r_2) \tag{5.9}$$

以及

$$E = E^{(1)} + E^{(2)} \tag{5.10}$$

上述每一个方程的解都与氢原子相同，每个方程的本征值，即每一组的能量为

$$E_n^{(i)} = -\frac{2\pi^2 m_e e^4}{(4\pi\varepsilon_0)^2 h^2}\frac{Z^2}{n^2} = -\frac{54.4}{n^2}\,\text{eV} \tag{5.11}$$

因而不考虑两个电子之间相互作用情况下，氦原子基态（$n = 1$）的能量为

$$E_0 = -54.4\,\text{eV}\times 2 = -108.8\,\text{eV}$$

而微扰部分的本征函数可以用方程(5.7)的解 $\psi(r_1, r_2)$ 代替，即

$$\hat{H}'\psi(r_1, r_2) = \Delta E\psi(r_1, r_2)$$

当原子处于基态 ψ_0 时，每一个电子的波函数为

$$\psi_0(r_i) = \Phi_{100} = R_{10}Y_{00} = \frac{1}{\sqrt{\pi}}\left(\frac{Z}{a_1}\right)^{3/2} e^{-Zr_i/a_1} \tag{5.12}$$

基态时微扰项的方程为

$$\left(\frac{e^2}{4\pi\varepsilon_0 \hat{r}_{12}}\right)\psi_0(r_1, r_2) = \Delta E_1 \psi_0(r_1, r_2) \tag{5.13}$$

根据已知的基态波函数 $\psi_0(r_1, r_2)$，可以算出电子间的相互作用能为

$$\Delta E_1 = \int \psi_0^* \frac{e^2}{4\pi\varepsilon_0 \hat{r}_{12}}\psi_0 d\tau = \frac{e^2}{4\pi\varepsilon_0}\left\langle\frac{1}{r_{12}}\right\rangle = \frac{5}{4}\frac{e^2}{4\pi\varepsilon_0 a_1} = 34.0\ \text{eV} \tag{5.14}$$

即基态时，氦原子的能量为 $-108.8\ \text{eV} + 34.0\ \text{eV} = -74.8\ \text{eV}$.

一个电子被电离后，氦离子的能量为 $-54.4\ \text{eV}$，由此可以算出氦的电离能为

$$-54.4\ \text{eV} - (-74.8\ \text{eV}) = 20.4\ \text{eV}$$

而实验值为 24.58 eV. 两者之间虽然还有偏差，但已经比较接近了.

由上面的分析可知，求解多电子原子哈密顿方程需要计入电子间的相互作用，因而严格求解几乎是不可能的.

3. 价电子间的磁相互作用

其实，上面的分析也是仅仅考虑了库仑相互作用的结果，在原子内部，还有磁相互作用，如每一个电子自旋-轨道运动之间的磁相互作用势能 $u_{l_i s_i}$，两个电子轨道运动之间的磁相互作用势能 $u_{l_i l_j}$ 以及两个电子自旋运动之间的磁相互作用势能 $u_{s_i s_j}$，还有一个电子的轨道运动与另一个电子的自旋运动之间的磁相互作用势能 $u_{l_i s_j}$，等等，情况是相当复杂的.

包含上述相互作用的哈密顿量应当写做

$$\begin{aligned}
H = & \sum_{i=1}^{N}\frac{p_i^2}{2m_e} + \sum_{i=1}^{N}\left(-\frac{Ze^2}{4\pi\varepsilon_0 r_i}\right) + \frac{1}{2}\sum_{i\neq j}^{N}\frac{e^2}{4\pi\varepsilon_0 r_{ij}} + \sum_{i=1}^{N}u_{l_i s_i} \\
& + \frac{1}{2}\left(\sum_{i\neq j}^{n}u_{l_i l_j} + \sum_{i\neq j}^{N}u_{s_i s_j} + \sum_{i\neq j}^{N}u_{l_i s_j}\right) + \cdots \\
= & \sum_{i=1}^{N}\frac{p_i^2}{2m_e} + \sum_{i=1}^{N}\left(-\frac{Z^* e^2}{4\pi\varepsilon_0 r_i}\right) + \frac{1}{2}\sum_{i\neq j}^{N}\frac{e^2}{4\pi\varepsilon_0 r_{ij}} + U_{LS} + U_{LL} \\
& + U_{SS} + U_{L_i S_j} + \cdots
\end{aligned}$$

因而只能采取近似的方法.

对于价电子间的相互作用，可以采用**耦合**的方法处理.

5.2 两个价电子的耦合

5.2.1 中心力场近似下的角动量

1. 电子组态

多个价电子所处的运动状态,称做**电子组态**.电子组态可以用其中每一个电子的量子数表示,设其中第 i 个电子的状态用量子数表示为 n_il_i,即该电子的主量子数为 n_i,轨道角动量量子数为 l_i,则原子的电子组态可表示为 $n_1l_1n_2l_2\cdots n_il_i\cdots$.

例如对于 He 而言,可以有诸如 1s1s,1s2s,1s2p,2p3d 等各种不同的电子组态.在一般的低能情况下,原子总是尽可能处于能量较低的状态,如基态时,两电子的组态为 1s1s;激发态时,往往是其中仅有一个电子被激发,处于较高的能态,而另一个电子仍处于基态即 1s 态,如 1s2s,1s2p,1s3p 等都是氦原子的激发态.

2. 球对称中心力场近似下的波函数

对于多电子原子体系,首先考虑库仑作用能,哈密顿量如式(5.1),为

$$\hat{H}=\sum_{i=1}^{N}\frac{p_i^2}{2m_e}+\sum_{i=1}^{N}\left(-\frac{Ze^2}{4\pi\varepsilon_0 r_i}\right)+\frac{1}{2}\sum_{i\neq j}^{N}\frac{e^2}{4\pi\varepsilon_0 r_{ij}}$$

其中 $\frac{1}{2}\sum_{i\neq j}^{N}\frac{e^2}{4\pi\varepsilon_0 r_{ij}}$ 是全部电子对之间的库仑斥力作用能之和,通常情况下并不是一个小的作用量,因而不能作为微扰处理.常用的处理方法是采用**中心力场近似**,即引入一个球对称的平均势场,认为原子中的电子是以核为中心呈球对称分布的,这样,每一个电子所受到的其余电子的排斥作用,就可以用这些电子所形成的球对称平均势场对该电子的作用代替.每一个电子所受到的总作用,就等效于原子核的中心势场以及其余 $N-1$ 个电子的球对称平均势场对该电子的作用之和.

记其余 $N-1$ 个电子的球对称平均势场对第 i 个电子的作用势能为 $S(r_i)$,则上式可写做

$$\begin{aligned}\hat{H}&=\sum_{i=1}^{N}\left[\frac{p_i^2}{2m_e}+\left(-\frac{Ze^2}{4\pi\varepsilon_0 r_i}\right)+S(r_i)\right]+\left[\sum_{i\neq j}^{N}\frac{1}{2}\frac{e^2}{4\pi\varepsilon_0 r_{ij}}-\sum_{i=1}^{N}S(r_i)\right]\\&=\hat{H}_0+\hat{H}_1\end{aligned}\tag{5.15}$$

其中

$$\hat{H}_0=\sum_{i=1}^{N}\left[\frac{p_i^2}{2m_e}+\left(-\frac{Ze^2}{4\pi\varepsilon_0 r_i}\right)+S(r_i)\right]=\sum_{i=1}^{N}\left[\frac{p_i^2}{2m_e}+V(r_i)\right]\tag{5.16}$$

$$V(r_i) = -\frac{Ze^2}{4\pi\varepsilon_0 r_i} + S(r_i) \tag{5.17}$$

$$\hat{H}_1 = \sum_{i\neq j}^{N} \frac{1}{2}\frac{e^2}{4\pi\varepsilon_0 r_{ij}} - \sum_{i=1}^{N} S(r_i) \tag{5.18}$$

$\hat{H}_0$ 为零级近似的哈密顿量，其中除了动能之外，另两项都是中心势场，即势能只与电子到原子核的距离有关.

$\hat{H}_1$ 则是库仑排斥能减去球对称平均势能后所剩余的能量，称做剩余库仑相互作用. 由于 $S(r_i)$是排斥作用能，因而 $S(r_i)>0$，所以 $\sum_{i\neq j}^{N} \frac{1}{2}\frac{e^2}{4\pi\varepsilon_0 r_{ij}} - \sum_{i=1}^{N} S(r_i) < \sum_{i\neq j}^{N} \frac{1}{2}\frac{e^2}{4\pi\varepsilon_0 r_{ij}}$，在这种情况下，可以将 $\hat{H}_1$ 作为小量处理. 这样处理，要比直接将 $\sum_{i\neq j}^{N} \frac{1}{2}\frac{e^2}{4\pi\varepsilon_0 r_{ij}}$ 作为修正量效果要好.

采用中心力场近似后，零级哈密顿量的本征方程为

$$\sum_{i=1}^{N}\left[-\frac{\hbar^2}{2m_e}\nabla_i^2 + V(r_i)\right]\psi^{(0)}(r_1, r_1, \cdots, r_N) = E^{(0)}\psi^{(0)}(r_1, r_1, \cdots, r_N) \tag{5.19}$$

式中的势能项只与各个电子到核的距离有关，因而可以分离变量

$$\psi^{(0)}(r_1, r_1, \cdots, r_N) = \prod_{i=1}^{N}\psi_i(r_i) \tag{5.20}$$

可以得到单个电子的薛定谔方程

$$\left[-\frac{\hbar^2}{2m_e}\nabla_i^2 + V(r_i)\right]\psi_i(r_i) = E_i^{(0)}\psi_i(r_i) \tag{5.21}$$

其中

$$E^{(0)} = \sum_{i=1}^{N} E_i^{(0)} \tag{5.22}$$

与氢原子的薛定谔方程相比，式(5.21)中的势能 $V(r_i)$尽管还是静电相互作用，但已经不再是简单的与 r 成反比的库仑势，而是一个球对称的中心势场，因此，该方程的解是一个径向函数与球谐函数的乘积. 与氢原子的波函数类似，这样的波函数仍可以用量子数 n_i，l_i 以及 m_{l_i} 描述，相应的量子数有如下关系：

$$n_i = 0,1,2,\cdots$$
$$l_i = 0,1,2,\cdots,n_i - 1$$
$$m_{l_i} = -l_i, -(l_i - 1), -(l_i - 2), \cdots, (l_i - 1), l_i$$

既然与角度有关的波函数仍然与氢原子的球谐函数相同，则各个电子的角动量仍然可以使用在氢原子中得到的表达式，即

$$p_{l_i} = \sqrt{l_i(l_i+1)}\,\hbar$$

至于电子的自旋，与上述势场无关，依然是

$$p_{s_i} = \sqrt{s_i(s_i+1)}\,\hbar, \qquad s_i = \frac{1}{2}$$

5.2.2 价电子角动量的耦合

1. 价电子间磁相互作用的种类

两个电子各自都有轨道运动和自旋运动，可以分别用量子数表示为 l_1, l_2, s_1, s_2，由于其中任何两种运动间都会引起磁相互作用，即磁场与磁矩间的相互作用，则它们之间的磁相互作用共有以下几种：

① 两个电子自旋运动之间的相互作用，用量子数表示为 $G_1(s_1, s_2)$；

② 两个电子轨道运动之间的相互作用，用量子数表示为 $G_2(l_1, l_2)$；

③ 同一个电子的自旋-轨道运动之间的相互作用，用量子数表示为 $G_3(l_1, s_1)$、$G_4(l_2, s_2)$；

④ 一个电子的自旋运动和另一个电子的轨道运动之间的相互作用，用量子数表示为 $G_5(l_1, s_2)$、$G_6(l_2, s_1)$.

共有 6 种相互作用.

实际上，两个电子间的自旋-轨道相互作用 $G_5(l_1, s_2)$、$G_6(l_2, s_1)$ 比其他的相互作用要弱得多，通常可以忽略；对于其余的 4 种相互作用，可以分不同的情况进行处理，通常采用**角动量耦合**的方法处理.

2. 角动量耦合的一般法则

上述 $G_1(s_1, s_2) \sim G_6(l_2, s_1)$ 相互作用是电子轨道运动和自旋运动所产生的磁场与磁矩间的相互作用，而磁场与磁矩都取决于轨道角动量和自旋角动量，即

$$\mu_l = -\frac{ep_l}{2m_e}, \quad \mu_s = -\frac{ep_s}{m_e}, \quad B_l = \frac{1}{2}\frac{1}{4\pi\varepsilon_0}\frac{Zep_l}{m_e c^2}\frac{1}{r^3}$$

因而，上述磁相互作用，都可以用相关的角动量来表示，于是对相互作用的处理，变成了对角动量的处理.

角动量耦合的过程，就是矢量叠加的过程. 但是，已知的角动量，如 p_l、p_s、p_j，其量值的平方，即 p_l^2、p_s^2、p_j^2 是相应力学量算符的本征值；在 z 方向的分量，即 p_{lz}、p_{sz}、p_{jz} 也是相应力学量算符的本征值. 也就是说，上述的角动量，其状态由相应的量子数 l、s、j 描述. 但是，对于每一个确定的量子数，相应角动量只有两个特

征是可以确定的，即该角动量的数值（的平方）和其在 z 方向的分量，而其他的特征无法确定．因而，在进行耦合时，要采用符合量子力学规律的方法．

例如，两个电子的轨道角动量 p_{l_1}、p_{l_2}，其物理特征如表 5.1．

表 5.1 两个轨道角动量的特征

物理量	量子数	量　值	空间取向数	空间取向量子数
p_{l_1}	l_1	$p_{l_1} = \sqrt{l_1(l_1+1)}\,\hbar$	$2l_1+1$	$m_{l_1} = -l_1, -l_1+1, \cdots, -1, 0, 1, \cdots, l_1-1, l_1$
p_{l_2}	l_2	$p_{l_2} = \sqrt{l_2(l_2+1)}\,\hbar$	$2l_2+1$	$m_{l_2} = -l_2, -l_2+1, \cdots, -1, 0, 1, \cdots, l_2-1, l_2$

也就是说，由量子数 l_1 所确定的 p_{l_1} 的可能状态共有 $2l_1+1$ 个．同样，由量子数 l_2 所确定的 p_{l_2} 的可能状态共有 $2l_2+1$ 个．则 p_{l_1} 与 p_{l_2} 按照矢量方法进行耦合（合成）时，所得到的总角动量 $P_L = p_{l_1} + p_{l_2}$ 的结果肯定不是唯一的，而是有一系列可能的值．

两个电子之间的相互排斥作用力是沿着电子的连线方向，因而会产生力矩作用，作用的结果，导致两个电子的轨道角动量 p_{l_1}、p_{l_2} 都不再是守恒量．但是，由于这种作用是系统内的力矩，总的力矩仍为 0，所以，总的角动量还是守恒的，则耦合之后的总轨道角动量 P_L 也应当具有如下形式：

$$P_L = \sqrt{L(L+1)}\,\hbar \tag{5.23}$$

下面就解决量子数 L 取值的问题．

例如，图 5.3 中所示的两个角动量，不妨设 $l_1 = 2, l_2 = 1$，则它们在空间各有 5 个和 3 个取向．耦合之后的角动量 P_L 也必须具有式（5.23）的特征，而且量子数也必须是 l_1 和 l_2 在 z 方向分量的代数和，所以，在 z 方向，该量子数可取的值应当是从 l_1+l_2 和 l_1-l_2 之间的数，即耦合之后总角动量在 z 方向的分量的量子数 M_L 可以取从 3 到 -3的整数，如图 5.4 可见，量子数 L 必须等于 3，才能满足 $M_L = -3, -2, -1, 0, 1, 2, 3$ 的要求．除此之外，L 也可以等于 2，因为这时 $M_L = -2, -1, 0, 1, 2$，也

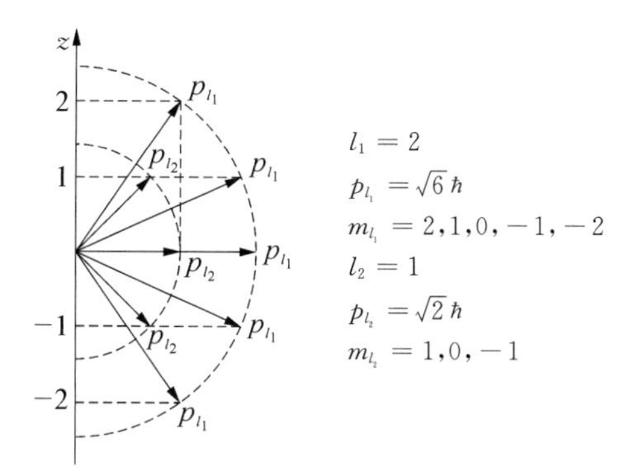

图 5.3 两个角动量耦合所得的角动量

满足对量子数的要求;L 也可以等于 1,相应地,$M_L=-1,0,1$.则由 $l_1=2,l_2=1$ 的两个角动量耦合后,总的角动量应当是 $L=3,2,1=l_1+l_2,l_1+l_2-1,l_1-l_2$.

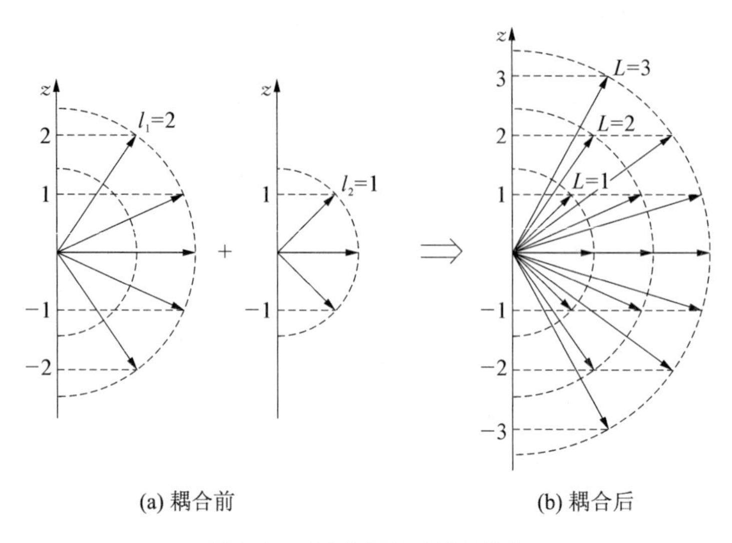

(a) 耦合前　　(b) 耦合后

图 5.4　两个电子角动量的耦合

也可以通过列表的方式研究耦合后的角动量的取值.表 5.2 是 $l_1=2,l_2=1$ 的两个角动量耦合的结果,它们所有的 z 分量两两叠加,所得到的三组结果(−3,−2,−1,0,1,2,3)、(−2,−1,0,1,2)、(−1,0,1)(在表中用不同的阴影表示,下同)分别是总角动量 $L=3,2,1$ 的各个 z 分量.最大的 $L=l_1+l_2$,最小的 $L=l_1-l_2$.

表 5.2　$l_1=2,l_2=1$ 的两个角动量的耦合结果

M_l (m_{l_1} → , m_{l_2} ↓)	−2	−1	0	1	2	$l_1=2$
−1	−3	−2	−1	0	1	
0	−2	−1	0	1	2	
1	−1	0	1	2	3	
$l_2=1$			$L=1$	$L=2$	$L=3$	

两个相等的角动量 $l_1=2,l_2=2$ 耦合结果示于表 5.3 中,依然是最大的 $L=l_1+l_2$,最小的 $L=l_1-l_2$.

表 5.3　两个相等角动量 $l_1=2, l_2=2$ 的耦合结果

M_l (m_{l_1} \ m_{l_2})	-2	-1	0	1	2	$l_1=2$
-2	-4	-3	-2	-1	0	
-1	-3	-2	-1	0	1	
0	-2	-1	0	1	2	
1	-1	0	1	2	3	
2	0	1	2	3	4	
$l_2=1$	$L=0$	$L=1$	$L=2$	$L=3$	$L=4$	

任意两个角动量耦合的结果示于表 5.4 中.

表 5.4　任意两个角动量耦合的结果

M_l (m_{l1} \ m_{l2})	$-l_1$	$-(l_1-1)$	$-(l_1-2)$	…	0	…	l_1-1	l_1
$-l_2$	$-(l_1+l_2)$	$-(l_1+l_2-1)$	$-(l_1+l_2-2)$	…	$-l_2$	…	l_1-l_2-1	l_1-l_2
$-(l_2-1)$	$-(l_1+l_2-1)$	$-(l_1+l_2-2)$	$-(l_1+l_2-3)$	…	$-(l_2-1)$	…	l_1-l_2-2	l_1+l_2-1
$-(l_2-2)$	$-(l_1+l_2-2)$	$-(l_1+l_3-2)$	$-(l_1+l_4-2)$	…	$-(l_2-2)$	…	l_1-l_2-2	l_1+l_2-1
…	…	…	…	…	…	…	…	…
0	$-l_1$	$-(l_1-1)$	$-(l_1-2)$	…	0	…	l_1-1	l_1
…	…	…	…	…	…	…	…	…
l_2-2	$-(l_1-l_2+2)$	$-(l_1-l_2+3)$	$-(l_1-l_2+4)$	…	l_2-2	…	l_1+l_2-3	l_1+l_2-2
l_2-1	$-(l_1-l_2+1)$	$-(l_1-l_2+2)$	$-(l_1-l_2+3)$	…	l_2-1	…	l_1+l_2-2	l_1+l_2-1
l_2	$-(l_1-l_2)$	$-(l_1-l_2-1)$	$-(l_1-l_2-2)$	…	l_2	…	l_1+l_2-1	l_1+l_2
	$L=l_1-l_2$						$L=l_1+l_2-1$	$L=l_1+l_2$

所以,一般情况下,角动量耦合(叠加) $P_L = p_{l_1} + p_{l_2}$ 的结果,总角动量的量子数为

$$L = l_1 + l_2, l_1 + l_2 - 1, l_1 + l_2 - 2, \cdots, |l_1 - l_2| \tag{5.24}$$

3. LS 耦合

如果 $G_1(s_1,s_2),G_2(l_1,l_2)\gg G_3(l_1,s_2),G_4(l_2,s_2)$，即两个电子自旋之间作用较强，同时两个电子的轨道之间作用也较强．则可以先把两个电子的自旋运动合成为一个总的自旋运动，同时两个电子的轨道运动也合成为一个总的轨道运动．总的自旋角动量与总的轨道角动量再合成为一个总的角动量，即

$p_{s_1}+p_{s_2}=P_S$　两个电子的自旋角动量耦合，得到总的自旋角动量

$p_{l_1}+p_{l_2}=P_L$　两个电子的轨道角动量耦合，得到总的轨道角动量

$P_S+P_L=P_J$　总轨道角动量与总自旋角动量耦合，得到原子的总角动量

这种近似的处理方法是由美国天体物理学家罗素(Henry Norris Russell，1877～1957)和桑德斯(F. A. Saunders)最先提出的[①]，因而也称做**罗素-桑德斯耦合**(Russel-Saunders coupling)．由于耦合的过程是由总的轨道角动量和自旋角动量得到总角动量，所以这种类型的耦合也被称做 ***LS* 耦合**(*LS* coupling)．

由于只有内力矩，所以在不考虑自旋-轨道相互作用时，总的自旋角动量 P_S、总的轨道角动量 P_L 都是守恒的．而 p_{s_1} 与 p_{s_2} 分别绕 P_S 进动(旋进)，p_{l_1} 与 p_{l_2} 也分别绕 P_L 进动，如图 5.5．

若考虑自旋-轨道相互作用，P_S、P_L 都不再守恒，这时，总的角动量 P_J 是守恒的，所以，最后是 P_S、P_L 绕着 P_J 进动．

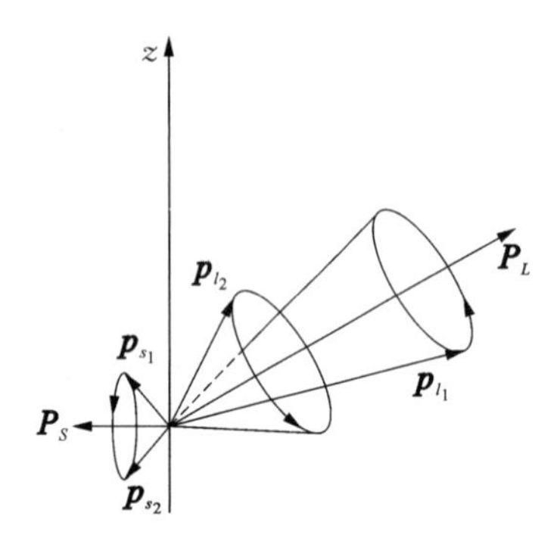

图 5.5　*LS* 耦合过程中的角动量

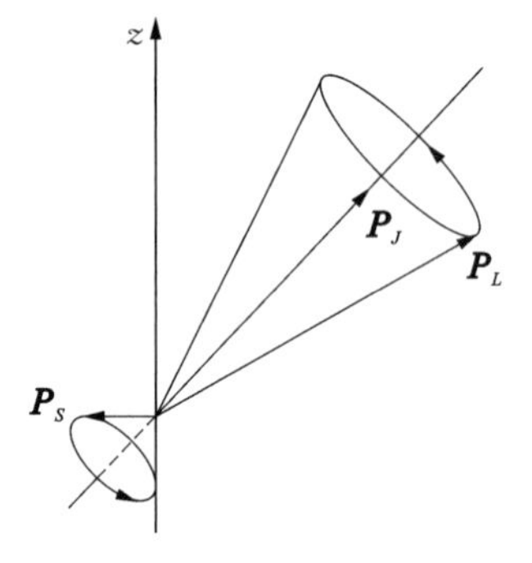

图 5.6　P_S、P_L 绕着 P_J 进动

(1) 自旋角动量的耦合

$$p_{s_1}+p_{s_2}=P_S$$

若不考虑自旋轨道相互作用，则总的自旋角动量也是守恒的，这样，总自旋角动量应当具有下述形式：

① Russell H N，Saunders F A. New Regularities in the Spectra of the Alkaline Earths[J]. Astrophysical Journal，1925，61：38.

$$P_S = \sqrt{S(S+1)}\,\hbar$$

S 为相应的量子数.

按照量子力学,每个电子的自旋角动量在 z 方向的分量可能有两种,为

$$p_{sz} = m_s\,\hbar = \pm\frac{1}{2}\,\hbar$$

但在 xy 方向的分量却无法确定,因而,两个这样的角动量耦合(叠加)后,只能确定总的自旋角动量在 z 方向的分量 P_{SZ}.

$$P_{SZ} = (m_{s_1} + m_{s_2})\,\hbar = M_S\,\hbar \tag{5.25}$$

由于每个自旋角动量可以有向上、向下两种取向,则(耦合)合成后,得到的总自旋角动量,有三种情况,三个在 z 方向的分量依次为:

自旋都向上,即 $m_{s_1} = 1/2, m_{s_2} = 1/2$ 时,

$$M_S = m_{s_1} + m_{s_2} = \frac{1}{2} + \frac{1}{2} = 1$$

自旋一个向上、一个向下,$m_{s_1} = 1/2, m_{s_2} = -1/2$ 时,

$$M_S = m_{s_1} + m_{s_2} = \frac{1}{2} - \frac{1}{2} = 0$$

自旋都向下,$m_{s_1} = -1/2, m_{s_2} = -1/2$ 时,

$$M_S = m_{s_1} + m_{s_2} = -\frac{1}{2} - \frac{1}{2} = -1$$

耦合的结果,得到一个总自旋角动量,其在 z 方向的分量可以取 $\hbar$, 0 和 $-\hbar$,据此,可以判断总自旋角动量 P_S 的情况. 即当 P_S 的量子数为 $S = 1$ 时,其在 z 方向的分量可以有 $M_S = -1, 0, +1$ 三种取值;而当 P_S 的量子数为 $S = 0$ 时,其在 z 方向的分量可以有 $M_S = 0$ 一种取值. 如图 5.7 所示.

自旋角动量的耦合也可以通过列表的方式得到,见表 5.5.

可见,两个电子的总自旋角动量量子数可以由每个电子的自旋量子数得到,即相当于

$$S = s_1 + s_2, s_1 + s_2 - 1, \cdots, |s_1 - s_2| = 1, 0 \tag{5.26}$$

(2) 轨道角动量的耦合

类似地,对于轨道角动量的耦合,有

$$p_{l_1} + p_{l_2} = P_L$$

$$P_L = \sqrt{L(L+1)}\,\hbar$$

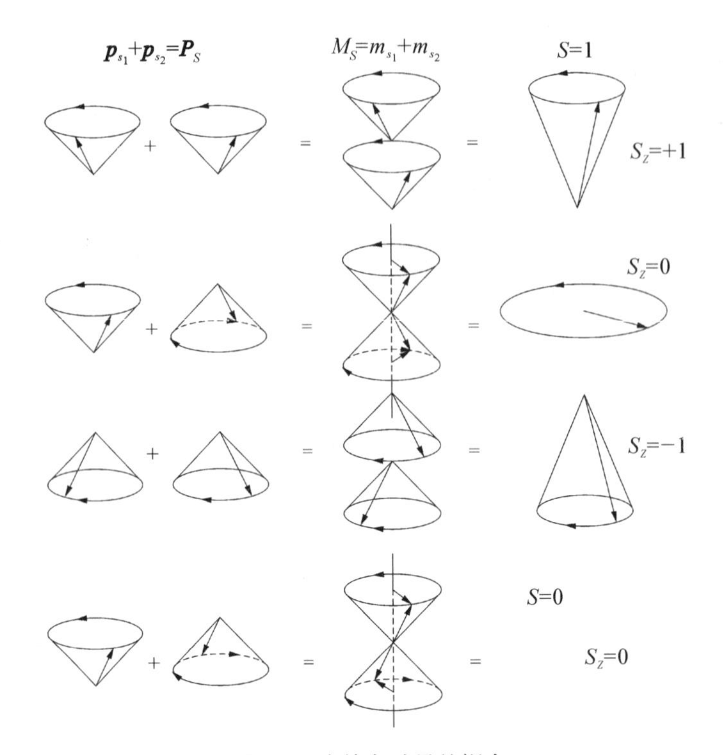

图 5.7 自旋角动量的耦合

表 5.5 两个电子自旋角动量的耦合结果

m_{l_1} / M_L / m_{l_2}	$-\frac{1}{2}$	$\frac{1}{2}$
$-\frac{1}{2}$	−1	0
$\frac{1}{2}$	0	1
	$S=0$	$S=1$

由于 p_{l_1}、p_{l_2} 只有确定的 z 方向分量，所以耦合后，总的轨道角动量只能在 z 方向有确定的值，即

$$P_{Lz} = M_L \hbar = (m_{l_1} + m_{l_2})\hbar$$

由前面的分析，可得总的轨道角动量量子数可取下列数值

$$L = l_1 + l_2, l_1 + l_2 - 1, l_1 + l_2 - 2, \cdots, |l_1 - l_2|$$

(3) 耦合所得总角动量

两个电子的总自旋角动量 P_S 和总轨道角动量 P_L 进一步耦合，形成原子的总

角动量P_J，即$P_J = P_S + P_L$. P_S 与P_L 耦合为P_J 的原则和方法与自旋角动量p_{s_1} 和 p_{s_2}耦合为P_S、轨道角动量p_{l_1}和p_{l_2}耦合为P_L 是相似的.

总角动量的大小为

$$P_J = \sqrt{J(J+1)}\hbar$$

总角动量P_J 是守恒量.其中量子数 J 由自旋量子数S 和轨道量子数L 耦合得到.下面讨论 J 的取值.

如果 $S=0$，则$P_S=0$，$P_J=P_L$，总角动量量子数 $J=L$.

如果 $S=1$，自旋有三个取向，J 有三个取值，最大为 $L+S$，最小为 $L-S$，即 $J=L+1,L,L-1$.

于是由量子数 S 和L 耦合所得到的总角动量量子数J 的取值为

$$J = L+S, L+S-1, \cdots, |L-S| \tag{5.27}$$

在球对称中心力场近似的条件下，耦合之后的波函数由量子数 S、L 和J 确定，所以，与单电子的情形相仿，耦合后所形成的原子态可以用量子数表示为

$$n^{2S+1}L_J$$

两个电子耦合后，若自旋量子数 $S=0$，则自旋角动量为 0，自旋磁矩亦为 0，这时自旋-轨道相互作用能（LS 相互作用）为 0，所以不会产生精细结构能级分裂，因而是单重态.这时总角动量量子数 $J=L$，只有一个取值.

若耦合后自旋量子数 $S=1$，自旋的角动量有三个空间取向，自旋磁矩亦有三个取向.其实，自旋磁矩的取向总是相对于轨道角动量的方向（也是轨道磁场的方向）而言的，对每一个轨道角动量，LS 相互作用产生三个不等的磁相互作用能，分裂为三个精细结构能级，因而是三重态.这时总角动量量子数 $J=L+1,L,L-1$，可以有三个取值.

由此可以看出，量子态符号中，$2S+1$ 是多重态数目的表示.

但是，如果 $L=0$，则轨道磁场为 0，这时也没有 LS 相互作用，三重态的$^3\mathrm{S}$ 实际只有一个能级，$J=1$.

多电子原子态的奇偶性由各个电子的轨道角动量量子数 l_i 的和决定，即$\sum_i l_i$ 为偶数，则原子态是偶宇称；$\sum_i l_i$ 为奇数，原子态是奇宇称.

以下将介绍一些电子组态耦合成原子态的实例.

例1 氦原子中的两个电子，处于基态时，电子组态为 1s1s，即 $1s^2$，受到激发后，可形成 1s2s、1s2p、1s3s、1s3p、1s3d 等组态，讨论上述各电子组态按 LS 耦合方式形成的原子态.

解 1s1s 电子组态，两个电子的量子数分别为$\begin{cases} s_1 = \dfrac{1}{2} \\ l_1 = 0 \end{cases}$，$\begin{cases} s_2 = \dfrac{1}{2} \\ l_2 = 0 \end{cases}$则按照前述

LS 耦合的规则,可得

$$\begin{cases} S=0,1 \\ L=0 \end{cases}$$

$S=0$ 时,$J=L=0$,原子态为 1^1S_0,是单重态;$S=1$ 时,原子态为 1^3S_1,尽管是三重态,但只有一个能级.后面会讲到 1s1s 不能耦合成 1^3S_1,因而基态为 1^1S_0.

1s2s 组态耦合后的原子态为 $^1S_0$ 和 $^3S_1$.与 1s1s 组态不同,1s2s 可以形成三重态 $^3S_1$.由于两个电子的主量子数 n 并不相同,所以往往不用在原子态中标记主量子数 n,但是,同 1s1s 组态相比,1s2s 原子态的能级要高.

也可以列表分析耦合结果,见表 5.6 和表 5.7.

表 5.6　1s2s 组态 LS 耦合后的量子数

L \ S (J)	$S=0$	$S=1$
$L=0$	0	1

表 5.7　1s2s 组态 LS 耦合后的原子态

L \ S ($^{2S+1}L_J$)	$S=0$	$S=1$
$L=0$	$^1S_0$	$^3S_1$

1s2p 组态,两个电子的量子数分别为 $\begin{cases} s_1=\dfrac{1}{2} \\ l_1=0 \end{cases}$,$\begin{cases} s_2=\dfrac{1}{2} \\ l_2=1 \end{cases}$,耦合 $\begin{cases} S=0,1 \\ L=1 \end{cases}$,$S=0$,原子态为 $^1P_1$;$S=1$,$J=2,1,0$,原子态为 $^3P^o_{210}$.

1s3d 组态,两个电子的量子数分别为 $\begin{cases} s_1=\dfrac{1}{2} \\ l_1=0 \end{cases}$,$\begin{cases} s_2=\dfrac{1}{2} \\ l_2=2 \end{cases}$,耦合 $\begin{cases} S=0,1 \\ L=2 \end{cases}$,$S=0$,原子态为 $^1D_2$;$S=1$,$J=3,2,1$,原子态为 $^3D_{321}$.

表 5.8 给出了氦原子的各个原子态以及相应的能级,并列出氢原子的能级作为对比.

表 5.8　氦原子的能级

电子组态	原子态	能量(cm^{-1})	单重态与三重态间的能量差(cm^{-1})	氢原子的电子组态	氢原子的原子态	氢原子的能量(cm^{-1})
1s4f	$^1F_3$	191 452.2	5.6	4f	$^2F_{7/2}$	102 823.92
	$^3F_{432}$	191 446.6			$^2F_{5/2}$	102 823.91
1s4d	$^1D_2$	191 446	2	4d	$^2D_{5/2}$	102 823.91
	$^3D_{321}$	191 444			$^2D_{3/2}$	102 823.89

续 表

电子组态	原子态	能量(cm^{-1})	单重态与三重态间的能量差(cm^{-1})	氢原子的电子组态	氢原子的原子态	氢原子的能量(cm^{-1})
1s4p	$^1P_1$	191 492	276	4p	$^2P_{3/2}$	102 823.89
	$^3P_{210}$	191 216			$^2P_{1/2}$	102 823.85
1s4s	$^1S_0$	190 940	643	4s	$^2S_{1/2}$	102 823.85
	$^3S_1$	190 297				
1s3d	$^1D_2$	186 105	3	3d	$^2D_{5/2}$	97 492.36
	$^3D_{321}$	186 102			$^2D_{3/2}$	97 492.32
1s3p	$^1P_1$	186 209	644	3p	$^2P_{3/2}$	97 492.32
	$^3P_{210}$	185 565			$^2P_{1/2}$	97 492.21
1s3s	$^1S_0$	184 864	1 627	3s	$^2S_{1/2}$	97 492.2
	$^3S_1$	183 237				
1s2p	$^1P_1$	171 135	2 048	2p	$^2P_{3/2}$	82 259.29
	$^3P_{210}$	169 087			$^2P_{1/2}$	82 258.92
1s2s	$^1S_0$	166 277	6 421	2s	$^2S_{1/2}$	82 258.9
	$^3S_1$	159 856				
$1s^2$	$^1S_0$	0		1s	$^2S_{1/2}$	0
	$^3S_1$	不存在				

例2 基态的Ca原子,两个价电子都处于4s状态,即电子组态为$4s^2$.受到激发后,其中一个4s电子跃迁,形成4s4p、3d4s等组态,也可使两个4s电子同时跃迁,形成3d4p等组态.试分析上述各电子组态按*LS*耦合成的原子态.

解 列表5.9分析耦合所形成的各原子态,由于自旋量子数均为1/2,表中不再列出.

表5.9 Ca原子*LS*耦合形成的能级

电子组态	各电子的量子数	量子数S、L	量子数J	原子态
$4s^2$	$l_1=0$ $l_2=0$	$S=0,1$ $L=0$	$S=0,L=0,J=0$ $S=1,L=0,J=1$	$^1S_0$ $^3S_1$(不存在)

续 表

电子组态	各电子的量子数	量子数 S、L	量子数 J	原子态
4s4p	$l_1=0$ $l_2=1$	$S=0,1$ $L=1$	$S=0,L=1,J=1$ $S=1,L=1,J=2,1,0$	${}^1P_1^o$ ${}^3P_{210}^o$
3d4s	$l_1=2$ $l_2=0$	$S=0,1$ $L=2$	$S=0,L=2,J=2$ $S=1,L=2,J=3,2,1$	${}^1D_2$ ${}^3D_{321}$
3d4p	$l_1=2$ $l_2=1$	$S=0,1$ $L=3,2,1$	$S=0\begin{cases}L=3,J=3\\L=2,J=2\\L=1,J=1\end{cases}$ $S=1\begin{cases}L=3,J=4,3,2\\L=2,J=3,2,1\\L=1,J=2,1,0\end{cases}$	${}^1P_1^o,{}^1D_2^o,{}^1F_3^o$ ${}^3P_{210}^o,{}^3D_{321}^o,{}^3F_{432}^o$

图 5.8 表示耦合成的原子态能级.

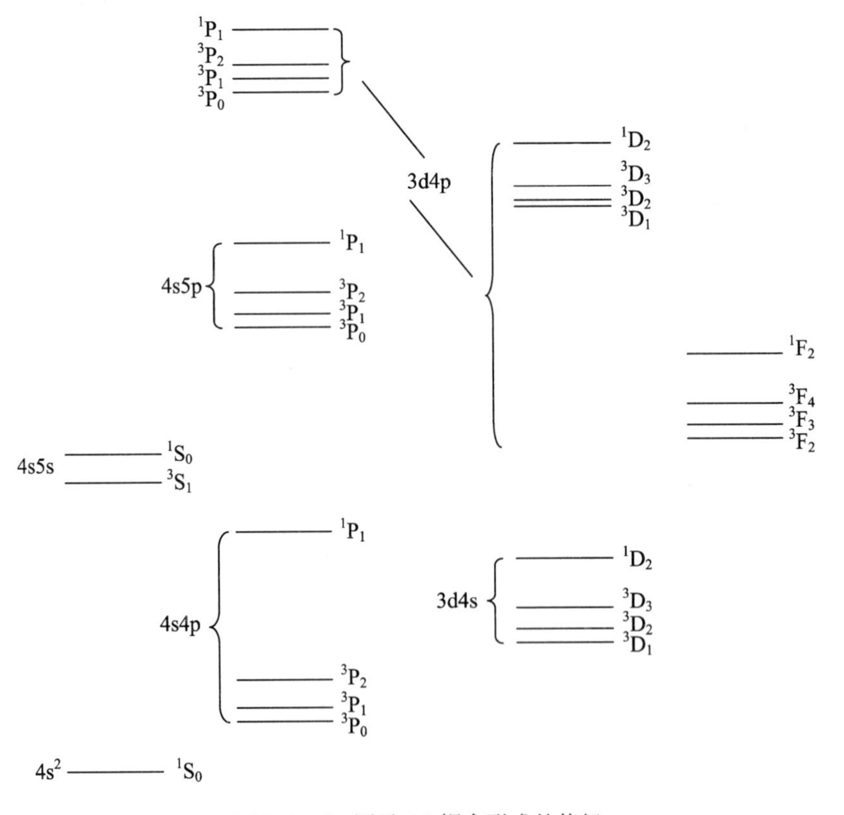

图 5.8 Ca 原子 LS 耦合形成的能级

上述能级中，各个能级的高低次序遵循洪德规则，多重态中各个能级的间隔遵循朗德间隔定则.

4. 洪德规则

1925 年，德国物理学家洪德(Friedrich Hund，1896～1997)根据实验数据提出了判断原子最低能级的规则，这一规则后来被称为**洪德规则**(Hund rule)，表述如下：

从同一电子组态按照 LS 耦合所形成的能级中：

① S 大的能级位置较低；

② S 相同的能级中，L 大的能级位置较低.

在每个多重态中，J 不同，能级位置也不同.

如果 J 大的能级位置较高，称做**正常次序**；如果 J 大的能级位置较低，称做**倒转次序**.

上述 Ca 的多重态中，J 越大，能级越高，是正常次序. 而在 He 的多重态中，J 越大能级越低，见图 5.1，是倒转次序.

5. 朗德间隔定则

德国物理学家朗德(Alfred Landé，1888～1976)导出了能级间隔的规则，称做**朗德间隔定则**(Landé interval rule).

按照 LS 耦合所形成的多重态能级中，相邻能级的间隔与这两个能级有关的 J 值中较大的那个成正比.

对于朗德定则，可以作以下简单的证明.

在 LS 耦合下，自旋-轨道相互作用所引起的附加能量为

$$U_{so} = \xi(L,S)\boldsymbol{L}\cdot\boldsymbol{S} = \frac{1}{2}\xi(L,S)(\boldsymbol{J}^2 - \boldsymbol{L}^2 - \boldsymbol{S}^2)$$

所引起的能级移动为

$$E_J = \frac{1}{2}\xi(L,S)[J(J+1) - L(L+1) - (S+1)S]\hbar^2$$

相邻能级间隔

$$\begin{aligned} E_{J+1} - E_J &= \frac{1}{2}\xi(L,S)[(J+2)(J+1) - J(J+1)]\hbar^2 \\ &= \xi(L,S)(J+1)\hbar^2 \end{aligned} \tag{5.28}$$

实验上测得 Ca 原子中多重态能级相对于基态的位置以及相邻能级间隔如图 5.9 所示，可见，对于 4s4p、3d4s 这些较低的能态，符合得很好，而对于 3d4p、4s5p 等高激发态则有明显的偏离.

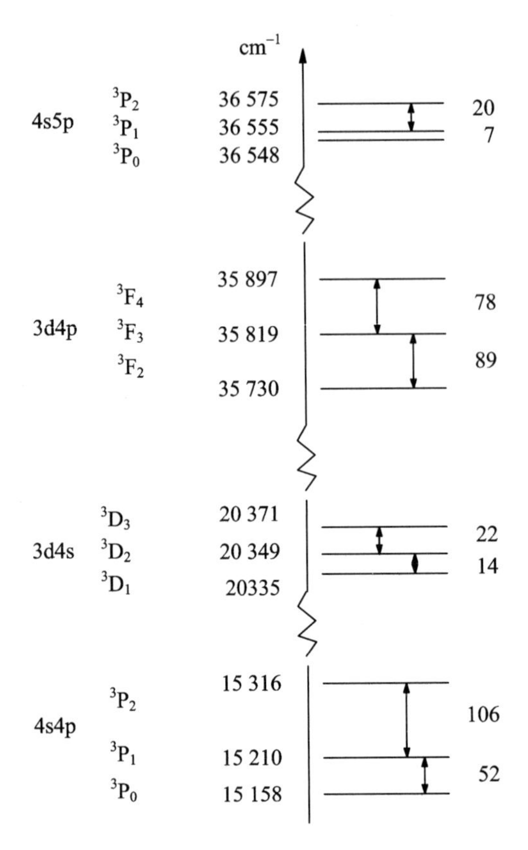

图 5.9 Ca 原子中多重态能级的间隔

6. *jj* 耦合

如果每一个电子本身的自旋-轨道相互作用比较强,即

$$G_3(l_1,s_1),G_4(l_2,s_2)\gg G_1(s_1,s_2),G_2(l_1,l_2)$$

这种情况下,每一个电子的自旋角动量与轨道角动量合成为各自电子的总角动量,两个电子的总角动量合成为原子的总角动量,即可表示为

$p_{l_1}+p_{s_1}=p_{j_1}$,第一个电子的轨道角动量与自旋角动量耦合,得到第一个电子的总角动量;

$p_{l_2}+p_{s_2}=p_{j_2}$,第二个电子的轨道角动量与自旋角动量耦合,得到第二个电子的总角动量;

$p_{j_1}+p_{j_2}=P_J$,两个电子的总角动量耦合,得到原子体系的总角动量.

上述过程如图 5.10 所示,这种耦合方法称做 ***jj* 耦合**.其中

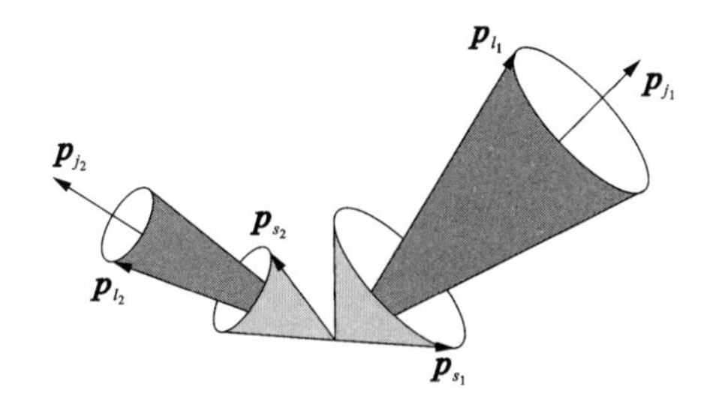

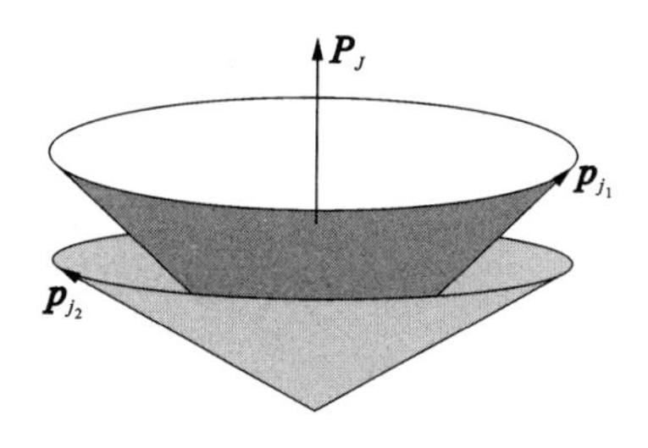

图 5.10 *jj* 耦合的过程

$$\begin{cases} j_1 = l_1 + s, \text{以及}\ l_1 - s = l_1 + 1/2, \text{以及}\ l_1 - 1/2 \\ j_2 = l_2 + s, \text{以及}\ l_2 - s = l_2 + 1/2, \text{以及}\ l_2 - 1/2 \end{cases} \tag{5.29}$$

$$J = j_1 + j_2, j_1 + j_2 - 1, \cdots, |j_1 - j_2| \tag{5.30}$$

例 3 基态铅原子的电子组态为(Xe)$4f^{14}5d^{10}6s^26p^2$，价电子为 $6p^2$，激发态电子组态为6p7p,6p7s,6p6d 等，分析 *jj* 耦合所形成的原子态.

解 6p7p 组态，$l_1 = 1, s_1 = 1/2, j_1 = 1/2, 3/2; l_2 = 1, s_2 = 1/2, j_2 = 1/2, 3/2$.

jj 耦合所形成的原子态的表达方式

$$j_1 = \frac{1}{2}, j_2 = \frac{1}{2} \Rightarrow J = 1,0 \Rightarrow \left(\frac{1}{2}, \frac{1}{2}\right)_{1,0}$$

$$j_1 = \frac{1}{2}, j_2 = \frac{3}{2} \Rightarrow J = 2,1 \Rightarrow \left(\frac{1}{2}, \frac{3}{2}\right)_{2,1}$$

$$j_1 = \frac{3}{2}, j_2 = \frac{1}{2} \Rightarrow J = 2,1 \Rightarrow \left(\frac{3}{2}, \frac{1}{2}\right)_{2,1}$$

$$j_1 = \frac{3}{2}, j_2 = \frac{3}{2} \Rightarrow J = 3,2,1,0 \Rightarrow \left(\frac{3}{2}, \frac{3}{2}\right)_{3,2,1,0}$$

由于两个电子的主量子数 n 不等，因而 $(1/2,3/2)_{2,1}$ 和 $(3/2,1/2)_{2,1}$ 是不一样的. 这样，6p7p 经 *jj* 耦合共有 10 个能级，其中 3 个双重态，1 个四重态.

基态 $6p^2$，由于两个电子的 n、l 都相同，只能耦合成 $(1/2,1/2)_0$、$(3/2,3/2)_{2,1}$ 和 $(3/2,3/2)_{2,0}$，其他的能级不存在.

$$6\text{p}7\text{s}\ \text{组态}, j_1 = 1/2, 3/2, j_2 = 1/2$$

$$(1/2,1/2)^{\circ}_{1,0}, (3/2,1/2)^{\circ}_{2,1}$$

共四个能级.

$$6\text{p}6\text{d}\ \text{组态}, j_1 = \frac{1}{2}, \frac{3}{2}, j_2 = \frac{3}{2}, \frac{5}{2}$$

$$j_1 = \frac{1}{2}, j_2 = \frac{3}{2} \Rightarrow J = 2,1 \Rightarrow \left(\frac{1}{2}, \frac{3}{2}\right)^{\circ}_{2,1}$$

$$j_1 = \frac{1}{2}, j_2 = \frac{5}{2} \Rightarrow J = 3,2 \Rightarrow \left(\frac{1}{2},\frac{5}{2}\right)^{\text{o}}_{3,2}$$

$$j_1 = \frac{3}{2}, j_2 = \frac{3}{2} \Rightarrow J = 3,2,1,0 \Rightarrow \left(\frac{3}{2},\frac{3}{2}\right)^{\text{o}}_{3,2,1,0}$$

$$j_1 = \frac{3}{2}, j_2 = \frac{5}{2} \Rightarrow J = 4,3,2,1 \Rightarrow \left(\frac{3}{2},\frac{5}{2}\right)^{\text{o}}_{4,3,2,1}$$

共 12 个能级.但实际上,Pb 中 6p6d 组态既不是按 *jj* 方式耦合,也不是按 *LS* 方式耦合,而是按另一种 *Jl* 方式耦合.

可见同样的电子组态,*jj* 耦合与 *LS* 耦合得到的能级数目是一样的一样,但状态完全不同.

铅的能级如图 5.11 所示,能级单位为波数 cm^{-1},其中只画出了部分能级,6p6d 是 *Jl* 耦合.

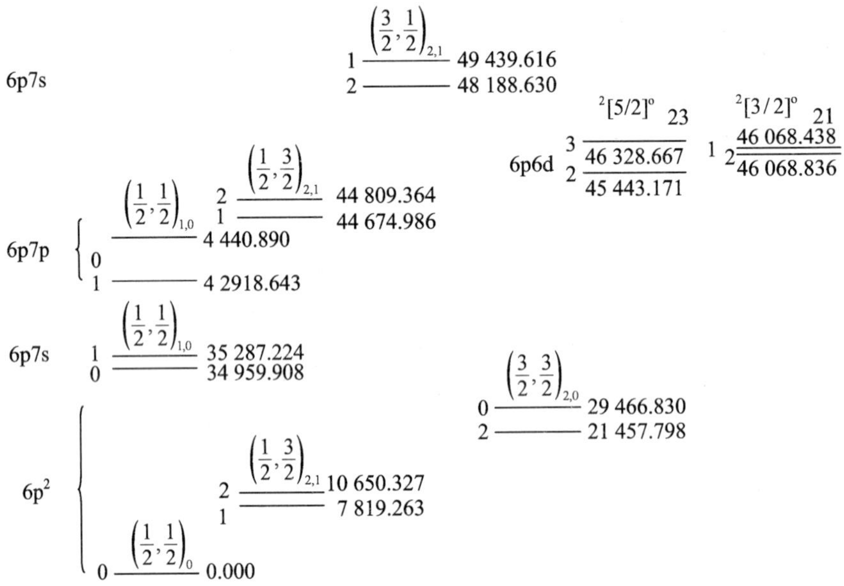

图 5.11 Pb *jj* 耦合成的原子态

核外电子结构与 Pb 相同的铋离子(Bi^+)中,6p6d 是 *jj* 耦合,但是由于两个电子同为 $j = 3/2$ 状态难以耦合,所以只能耦合成四个能级,即 $(1/2,3/2)_{2,1}$, $(3/2,5/2)_{3,2}$.

实际上,原子中电子的角动量往往不是严格的 *LS* 耦合或 *jj* 耦合,例如在碳族元素中,碳、硅、锗、锡、铅的 ps 电子组态所形成的激发态能级如图 5.12 所示.

从图 5.12 中可以看出,C 的 2p3s 组态所形成的能级 ^1P 和 ^3P 是严格的 *LS* 耦合的结果,其中的三重态间隔 40 : 20 = 2 : 1,与朗德间隔定则严格一致.而 Si 的

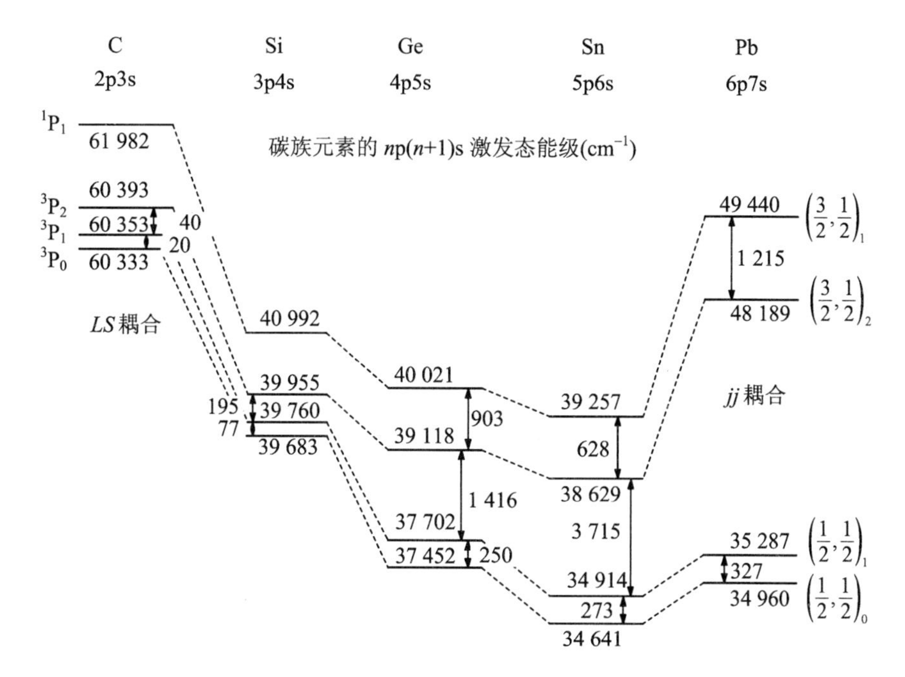

图 5.12 碳族元素各原子 $np(n+1)s$ 组态的不同耦合方式

3p4s 组态所形成的能级中，虽然单重态^1P和三重态^3P比较明显，但三重态间隔 195∶77≠2∶1，能级结构只是近似与 LS 耦合一致. 至于 Ge 的 4p5s 组态和 Sn 的 5p6s 组态所形成的四个能级，与朗德间隔定则相去甚远，尽管如此，说明其中同时存在 LS 耦合和 jj 耦合的因素，但仍用 LS 耦合的原子态符号表示这些能级. 而 Pb 的 6p7s 组态是较典型的 jj 耦合的结果.

事实上，Pb 原子中的电子组态也不全部是 jj 耦合的结果，还有其他形式的耦合，见表 5.10.

表 5.10 Pb 原子各能级的耦合方式级能级次序

电子组态	光谱项	J	能级(cm^{-1})
$6p_{1/2}^2$	$\left(\frac{1}{2},\frac{1}{2}\right)$	0	0.000
$6p_{1/2}6p_{3/2}$	$\left(\frac{1}{2},\frac{3}{2}\right)$	1	7 819.263
		2	10 650.327
$6p_{3/2}^2$	$\left(\frac{3}{2},\frac{3}{2}\right)$	2	21 457.798
		0	29 466.830

续 表

电子组态	光谱项	J	能级(cm^{-1})
$6p_{1/2}7s_{1/2}$	$\left(\frac{1}{2},\frac{1}{2}\right)^{o}$	0	34 959.908
		1	35 287.224
$6p_{1/2}7p_{1/2}$	$\left(\frac{1}{2},\frac{1}{2}\right)$	1	42 918.643
		0	44 400.890
$6p_{1/2}7p_{3/2}$	$\left(\frac{1}{2},\frac{3}{2}\right)$	1	44 674.986
		2	44 809.364
$6p_{1/2}6d$	$^{2}\left[\frac{5}{2}\right]^{o}$	2	45 443.171
		3	46 328.667
$6p_{1/2}6d$	$^{2}\left[\frac{3}{2}\right]^{o}$	2	46 060.836
		1	46 068.438
$6p_{3/2}7s_{1/2}$	$\left(\frac{3}{2},\frac{1}{2}\right)^{o}$	2	48 188.630
		1	49 439.616
$6p_{1/2}8s_{1/2}$	$\left(\frac{1}{2},\frac{1}{2}\right)^{o}$	1	48 686.934
$6p_{1/2}7d$	$^{2}\left[\frac{5}{2}\right]^{o}$	2	52 101.660
		3	5241 2.325
$6p_{1/2}7d$	$^{2}\left[\frac{3}{2}\right]^{o}$	2	52 311.315
		1	52 499.639
PbⅡ ($^{2}P^{o}_{1/2}$)	Limit		59 819.2

其中 $6p_{1/2}6d$ 电子组态，耦合成$^{2}\left[\frac{5}{2}\right]^{o}$、$^{2}\left[\frac{3}{2}\right]^{o}$，这种耦合方式称做 Jl 耦合，表示这种耦合结果的符号称做喇卡符号(Racah's symbol).

5.3 泡利不相容原理

5.3.1 全同粒子与交换对称性

1. 全同粒子

在宏观领域，物体由于外观或者行为的差别，总是可以分辨的.即使是同一类物体，例如同一个流水线上生产的产品，也存在一些细小的差别.但是，在微观领域，情况就有所不同.到目前为止，我们还不能发现两个电子在质量、电荷、自旋等方面有什么差别，在我们看来，这些电子就是全同的.

同样，微观世界中，同一类的光子、原子、分子等也是不可分辨的，我们无法区分一罐纯净的氢气中，甲分子与乙分子有什么不同；同样，我们也不能分辨从氦氖激光器中出射的波长为 543.5 nm 的光子.那么，这些分子、原子、光子就是全同的.

由于我们所处的宏观世界与电子、光子所处的微观世界的差别，我们只能按照微观粒子的表现和特性将其分类.例如，电子就是那些具有相同的质量、电荷、自旋、磁矩的一类微观粒子，这些特征就是电子的内禀属性.因此，内禀属性完全相同的微观粒子，就是**全同粒子**.

2. 全同粒子的交换对称性

全同粒子是不可分辨的，除非它们所处的环境或者状态有所不同.例如，氦原子中的两个电子，如果都处于基态，则我们无法区分这两个电子；当一个在基态 1s，另一个在激发态，例如 2p，我们可以发现这两个电子的状态不同.这时，如果将这两个电子相互交换，对于我们来说，交换前后，整个原子的状态没有任何改变.这种交换前后系统的状态不发生改变的特性，被称做全同粒子的交换对称性.

设有一个两电子体系，用包含自旋特征的坐标将它们分别标记为 q_1、q_2，则这个体系的波函数就可记为 $\Psi(q_1, q_2)$.交换电子之后的波函数为 $\Psi(q_2, q_1)$.交换后，原子的状态不变，那么这两个波函数的几率分布相同，则有

$$|\Psi(q_1,\ q_2)|^2 = |\Psi(q_2,\ q_1)|^2 \tag{5.31}$$

如果波函数都用实函数表示，由上述关系式可以得到

$$\Psi(q_1, q_2) = \Psi(q_2, q_1) \tag{5.32}$$

或者

$$\Psi(q_1, q_2) = -\Psi(q_2, q_1) \tag{5.33}$$

式(5.32)表示交换前后系统的波函数完全相同,满足这种关系的波函数就是**交换对称性波函数**;式(5.33)表示交换前后系统的波函数恰好相反,那么满足这种关系的波函数就是**交换反对称性波函数**.交换对称性和交换反对称性统称做**交换对称性**.式(5.31)就反映了这种交换对称性.

由于全同粒子具有交换对称性,因而全同粒子的波函数就要受到这一普遍原则的限制.

假设上述体系中的两个电子是独立的,不考虑它们之间的相互作用,则可以用分离变量法得出每一个电子的波函数,分别记为 $\Psi_\alpha(q_1)$、$\Psi_\beta(q_2)$. $\Psi_\alpha(q_1)$是表示粒子 1 处于 α 状态的波函数,$\Psi_\beta(q_2)$ 是表示粒子 2 处于 β 状态的波函数,而整个系统的波函数是二者的乘积,即

$$\Psi(q_1,q_2) = \Psi_\alpha(q_1)\Psi_\beta(q_2) \tag{5.34}$$

交换前后的波函数分别为 $\Psi_{\mathrm{I}} = \Psi_\alpha(q_1)\Psi_\beta(q_2)$,$\Psi_{\mathrm{II}} = \Psi_\alpha(q_2)\Psi_\beta(q_1)$,但 Ψ_{I} 和 Ψ_{II} 不一定满足交换对称性.

但下述线形组合一定满足交换对称性和反对称性

$$\Psi_{\mathrm{S}}(q_1,q_2) = \frac{1}{\sqrt{2}}[\Psi_\alpha(q_1)\Psi_\beta(q_2) + \Psi_\alpha(q_2)\Psi_\beta(q_1)] \tag{5.35}$$

$$\Psi_{\mathrm{A}}(q_1,q_2) = \frac{1}{\sqrt{2}}[\Psi_\alpha(q_1)\Psi_\beta(q_2) - \Psi_\alpha(q_2)\Psi_\beta(q_1)] \tag{5.36}$$

由于 $\Psi_{\mathrm{S}}(q_1, q_2) = \Psi_{\mathrm{S}}(q_2, q_1)$,所以式(5.35)是交换对称性波函数,而 $\Psi_{\mathrm{A}}(q_1,q_2) = -\Psi_{\mathrm{A}}(q_2,q_1)$,所以式(5.36)是交换反对称性波函数.

5.3.2 泡利原理

如果全同粒子具有交换反对称性,当这两个粒子处于相同状态 α 时,其波函数为

$$\Psi_{\mathrm{A}}(q_1,q_2) = \frac{1}{\sqrt{2}}[\Psi_\alpha(q_1)\Psi_\alpha(q_2) - \Psi_\alpha(q_2)\Psi_\alpha(q_1)] = 0 \tag{5.37}$$

上式说明,具有交换反对称性的全同粒子,其波函数必定处处为零,即两个全同粒子处于相同状态的几率为 0.这就要求两个具有交换反对称性的全同粒子,不能处于相同状态.

这就是**泡利不相容原理**,也称做**泡利原理**.

这一原理是泡利(Wolfgang E. Pauli,1900~1958,奥地利物理学家,图 5.13)在 1925 年提出的.在此之前,为了解释元素的周期性,特别是碱金属原子光谱的特征,玻尔曾设想电子在原子中的排布存在着某种规律,即每个轨道上只能排列有限数目的电子,例如玻尔认为"我们必须期望第 11 个电子处在钠原子的第 3 个轨道

上”.泡利则认为电子在原子中的状态应该遵循一些更基本的原则,他分析了很多原子的光谱和能级的实验数据,明确地提出了不相容原理.

自旋量子数为半整数,1/2,3/2,…,的粒子称做**费米子**(fermion),具有交换反对称性;自旋量子数为整数的粒子,1,2,3,…,称做**玻色子**(boson),具有交换对称性.

电子 ($s = \hbar/2$) 具有交换反对称性;光子 ($s = 1\hbar$) 具有交换对称性.

泡利原理也可以表述为:多电子系统的波函数必定是交换反对称的.

泡利由于“发现不相容原理,也称做泡利原理”而获得1945年诺贝尔物理学奖.

图5.13 泡利

5.3.3 两电子体系中电子的自旋

原子中的电子,既受到核的库仑作用,同时也有自旋.库仑作用仅与空间位置有关,而自旋是与空间位置无关的特性,所以,可以用相互独立的波函数描述电子的空间分布状态和自旋状态.在不考虑由于自旋轨道等相互作用所引起的磁相互作用的情况下,电子的波函数就是空间波函数(即薛定谔方程的解)与自旋波函数的乘积.以 $u(r)$表示空间波函数,χ 表示自旋波函数,则电子的波函数可表示为 $\Psi = u\chi$.对于两电子体系,就是

$$\Psi(q_1, q_2) = u(q_1, q_2)\chi(1,2)$$

其中 q_1、q_2 是电子的空间坐标.由于按照泡利原理,电子的波函数必须是反对称的,所以,当空间波函数对称时,自旋波函数必须反对称;当空间波函数反对称时,自旋波函数必须对称.

电子只有两个自旋状态,自旋向上($m_s = +1/2$)和自旋向下($m_s = -1/2$).可以将自旋向上以 σ_+ 表示,自旋向下以 σ_- 表示.不考虑自旋之间的相互作用时,两电子体系的自旋波函数就是各个电子的自旋波函数的乘积,则两个电子自旋的组合状态共有如下四种:

$$\sigma_+(1)\sigma_+(2), \quad \sigma_+(1)\sigma_-(2), \quad \sigma_-(1)\sigma_+(2), \quad \sigma_-(1)\sigma_-(2)$$

$\sigma_+(1)\sigma_+(2)$ 表示第一个电子自旋向上,第二个电子自旋向上,$\sigma_-(1)\sigma_+(2)$ 表示第一个电子自旋向下,第二个电子自旋向上,等等.上述4个波函数中,只有 $\sigma_+(1)\sigma_+(2)$、$\sigma_-(1)\sigma_-(2)$ 满足交换对称性的要求,$\sigma_+(1)\sigma_-(2)$ 交换后变为 $\sigma_+(2)\sigma_-(1)$,$\sigma_-(1)\sigma_+(2)$ 交换后变为 $\sigma_-(2)\sigma_+(1)$,都不满足对称性或反对称性的要求,所以不能用来描述电子体系.但是,将上述波函数线形组合后,即可以满足要求,即

$$\chi_{00} = \frac{1}{\sqrt{2}}[\sigma_+(1)\sigma_-(2) - \sigma_-(1)\sigma_+(2)] \tag{5.38}$$

$$\chi_{11} = \sigma_+(1)\sigma_+(2) \tag{5.39}$$

$$\chi_{10} = \frac{1}{\sqrt{2}}[\sigma_+(1)\sigma_-(2) + \sigma_-(1)\sigma_+(2)] \tag{5.40}$$

$$\chi_{1-1} = \sigma_-(1)\sigma_-(2) \tag{5.41}$$

可见,χ_{00}为反对称自旋波函数,而其余3个χ_{11}、χ_{10}和χ_{1-1}都是对称性的自旋波函数.

用自旋算符$\hat{S}^2=\hat{s}^2(1)+2\hat{s}(1)\hat{s}(2)+\hat{s}^2(2)$作用到上述波函数上,可以看出,对于$\chi_{00}$,必有$\hat{S}^2\chi_{00}=0$,而对其他三个波函数,其本征值都不等于零.可见反对称的波函数与对称的波函数代表了不同的多重态.

用算符$\hat{S}_z=\hat{s}_z(1)+\hat{s}_z(2)$作用到上述4个波函数上,可得到

$$\hat{S}_z\chi_{00} = \left\{\left[\left(+\frac{1}{2}\right)+\left(-\frac{1}{2}\right)\right]-\left[\left(-\frac{1}{2}\right)+\left(+\frac{1}{2}\right)\right]\right\}\chi_{00} = 0$$

$$\hat{S}_z\chi_{11} = \left[\left(+\frac{1}{2}\right)+\left(+\frac{1}{2}\right)\right]\chi_{11} = \chi_{11}$$

$$\hat{S}_z\chi_{10} = \left\{\left[\left(+\frac{1}{2}\right)+\left(-\frac{1}{2}\right)\right]+\left[\left(-\frac{1}{2}\right)+\left(+\frac{1}{2}\right)\right]\right\}\chi_{10} = 0$$

$$\hat{S}_z\chi_{1-1} = \left[\left(-\frac{1}{2}\right)+\left(-\frac{1}{2}\right)\right]\chi_{1-1} = -\chi_{11}$$

可见,χ_{00}是总自旋角动量为零的单重态,而χ_{11}、χ_{10}、χ_{1-1}则共同构成三重态,这个三重态在z方向的分量分别是1,0,−1,所以可以断定单重态的量子数$S=0$,因而$M_S=0$,而三重态的量子数$S=1$,才有$M_S=-1,0,1$.

因此,单重态电子的自旋波函数是反对称的,而三重态电子的自旋波函数是对称的.

于是按照前面的分析,对两电子体系,单重态电子的空间波函数一定是对称的,三重态电子的空间波函数一定是反对称的.

两电子体系的包含空间和自旋的反对称波函数可以写做

$$u_S(q_1,q_2)\chi_{00} = \frac{1}{\sqrt{2}}[\psi_\alpha(q_1)\psi_\beta(q_2) + \psi_\alpha(q_2)\psi_\beta(q_1)]\chi_{00} \tag{5.42}$$

或者

$$u_A(q_1,q_2)\begin{cases}\chi_{11}\\ \chi_{10}\\ \chi_{1-1}\end{cases} = \frac{1}{\sqrt{2}}[\psi_\alpha(q_1)\psi_\beta(q_2) - \psi_\alpha(q_2)\psi_\beta(q_1)]\begin{cases}\chi_{11}\\ \chi_{10}\\ \chi_{1-1}\end{cases} \tag{5.43}$$

5.3.4 原子可能的状态

同一个多电子原子中,泡利原理限制了电子的组态数.详细说明如下:

(1) 原子的状态由所有价电子的状态决定,也就是由价电子的量子数决定

(2) 状态的数目

① 每一个(价)电子,描述其状态的量子数有 n,l,m_l,s,m_s,共 5 个量子数.但电子是全同的,所有的 $s=1/2$,所以实际上是 4 个量子数;

② 对一个 n,l 可取 n 个值;

③ 对一个 l,m_l 可取 $2l+1$ 个值;

④ 每一个 m_l,电子的自旋方向 m_s 可以取 2 个值.

每一个 l,对应一个电子的轨道角动量 p_l,也可以说代表一个电子轨道;每一个 m_l,对应角动量 p_l 在 z 方向的一个投影,m_l 的取值有 $2l+1$ 个,表示 p_l 共有 $2l+1$ 个空间取向,也可以说每一个电子轨道有 $2l+1$ 种不同的取向.

m_s 的取值有两个,表示电子的自旋角动量 p_s 可以有两种不同的空间取向.

则在一个量子数为 l 的轨道上,电子可能的状态数共有 $Y=2(2l+1)$ 个.

对于一个 n,所有量子数不同组合 (n,l,m_l,m_s) 的数目为

$$\sum_{l=0}^{n-1}2(2l+1)=2\times\frac{1+2n-1}{2}\times n=2n^2 \tag{5.44}$$

即同一原子中,主量子数为 n 的电子最多可以有 $2n^2$ 个不同的状态.

如果原子中共有 k 个电子,其电子组态为 $n_1l_1n_2l_2n_3l_3\cdots n_kl_k$,且主量子数各不相同,每一个 l_i,包含了 $Y_i=2(2l_i+1)$ 种不同的状态;则这些电子可能的状态数为

$$\prod_{i=1}^{k}Y_i=\prod_{i=1}^{k}2(2l_i+1) \tag{5.45}$$

也就是说,正是由于泡利原理的限制,每一个原子中电子可能的状态数不能是任意的.

泡　利

沃尔夫冈·泡利(Wolfgang Pauli)1900 年 4 月 25 日出生于奥地利维也纳一个犹太人家庭,父亲是医学博士.泡利在中学时就自修物理学,1918 年中学毕业后带着父亲的介绍信到慕尼黑大学找到索末菲,要求不上大学而直接做研究生.索末菲虽没拒绝,但难免有些怀疑.两个月后泡利就发表了一篇关于广义相对论的论文,于是泡利就成为慕尼黑大学最年轻的研究生,1921 年泡利以一篇关于氢分子模型的论文获得博士学位.这一年,索末菲推荐泡利为《数学科学百科全书》撰写了

关于相对论的长篇综述文章.这一作品得到了爱因斯坦本人的高度赞许,至今仍是相对论方面的名著之一.1922 年泡利在哥廷根大学任玻恩的助教,和玻恩就天体摄动理论在原子物理中的应用联名发表论文.当年,玻恩邀请丹麦著名物理学家尼尔斯·玻尔到哥廷根讲学.在讨论中,玻尔了解到了泡利的才能,从此开始了两人之间的长期合作.

他一方面接受了玻尔的原子理论,一方面了解索末菲企图用光谱定律的解释来克服使用动力学模型所遇到的困难.泡利对这两种理论都不满意.泡利仔细研究了碱金属光谱的双重结构,引入了"经典不能描述的双重值"概念,在这基础上概括成一个重要结论,即原子中不能有两个电子具有相同的四个量子数.这就是最初泡利提出的不相容原理.

泡利为创立量子力学作出过许多重要贡献,他虽然失去了直接提出量子力学基本形式的机遇,但他发表了许多有独创性的论文,而且还提出过许多很有创见的批评和见解.他的看法对于海森伯等人创建量子力学起着极其重要的作用.他的许多关于量子力学的综述性文章中,最著名的一篇《波动力学的普遍原理》(1933 年)是量子力学方面的重要文献.

泡利的另一贡献是提出了中微子的概念.为了解释 β 衰变中放出的电子能量所具有的连续谱,他在 1930 年作出过一个大胆的假设,认为原子核在 β 衰变中不仅放出电子,而且还放出一种质量非常小,穿透力却非常大的中性粒子.他当时把它叫做"中子";1932 年,费米把它改称为中微子.泡利这一假说解决了 β 衰变中角动量和能量不守恒的困难,但当时并不能得到实验证实.1933 年,费米根据这种假说提出了 β 衰变理论,1956 年,中微子的预测在实验中得到证实.

泡利在 1935 年为躲避纳粹的迫害到了美国,1940 年受聘为普林斯顿高级研究所的理论物理学访问教授.1946 年重返苏黎世的联邦工业大学.

泡利被公认为理论物理学的天才,他的同行非常重视他的评论,以至于凡是泡利认为是错的,大家都相信那肯定是不正确的.

泡利 1958 年 12 月 15 日在苏黎世逝世.

5.4 等效电子构成的原子态

1. 等效电子

在一个原子中,量子数 n、l 相同的电子称做**等效电子**,或**同科电子**.

例如，在 Mg 原子中，电子的组态为 $1s^2 2s^2 2p^6 3s^2$，其中的两个 1s 电子、2 个 2s 电子、6 个 2p 电子以及 2 个 3s 电子，都各自是等效电子.

2. 泡利原理对等效电子的限制

由于量子数 n、l 已经相同，因而等效电子的量子数 m_l，m_s 不能全部相同，因而比非等效电子所形成的原子态要少得多. 等效电子形成原子态时，必须考虑泡利原理的限制.

3. 等效电子原子态的具体例子

例 4 找出电子组态 $n\mathrm{p}^2$ 所能形成的原子态.

解 np^2 是两个等效 p 电子，$l_1 = l_2 = 1, s_1 = s_2 = 1/2$. 如果不考虑泡利不相容原理，可以按 LS 耦合形成原子态，即

$$L = 2,1,0, \quad S = 1,0$$

于是有

$$S = 1 \text{ 时}, J = \underset{L=2}{(3,2,1)}, \underset{L=1}{(2,1,0)}, \underset{L=0}{(1)}; \quad S = 0 \text{ 时}, J = \underset{L=2}{2}, \underset{L=1}{1}, \underset{L=0}{0}$$

共 10 种原子态，如表 5.11，但其中有些不符合泡利原理.

表 5.11 不考虑泡利原理时 $n\mathrm{p}^2$ 的原子态

	$S = 0$	$S = 1$
$L = 0$	$^1S_0$	$^3S_1$
$L = 1$	$^1P_1$	$^3P_{2,1,0}$
$L = 2$	$^1D_2$	$^3D_{3,2,1}$

由于是等效电子，四个量子数中 n，l 相同，所以只需要用剩余的两个量子数就可以描述电子的状态，即用(m_{l_1}, m_{s_1})描述第一个电子，(m_{l_2}, m_{s_2})描述第二个电子. 这样，将所有可能的组合进行统计，得到表 5.12.

表 5.12 中，电子的组态用量子数的组合$(m_{l_1}{}^{m_{s_1}}, m_{l_2}{}^{m_{s_2}})$表示，当 $m_s = +1/2$ 时，m_l 的右上角标用“+”表示，当 $m_s = -1/2$ 时，m_l 的右上角标用“−”表示.

表 5.12 $n\mathrm{p}^2$ 组态的电子状态

m_{l_1} \ m_{l_2}	m_{s_1} \ m_{s_2}	1	1	0	0	−1	−1
		$\frac{1}{2}$	$-\frac{1}{2}$	$\frac{1}{2}$	$-\frac{1}{2}$	$\frac{1}{2}$	$-\frac{1}{2}$
1	$\frac{1}{2}$	$(1^+, 1^+)$	$(1^+, 1^-)$	$(1^+, 0^+)$	$(1^+, 0^-)$	$(1^+, -1^+)$	$(1^+, -1^-)$
1	$-\frac{1}{2}$	$(1^-, 1^+)$	$(1^-, 1^-)$	$(1^-, 0^+)$	$(1^-, 0^-)$	$(1^-, -1^+)$	$(1^-, -1^-)$
0	$\frac{1}{2}$	$(0^+, 1^+)$	$(0^+, 1^-)$	$(0^+, 0^+)$	$(0^+, 0^-)$	$(0^+, -1^+)$	$(0^+, -1^-)$
0	$-\frac{1}{2}$	$(0^-, 1^+)$	$(0^-, 1^-)$	$(0^-, 0^+)$	$(0^-, 0^-)$	$(0^-, -1^+)$	$(0^-, -1^-)$
−1	$\frac{1}{2}$	$(-1^+, 1^+)$	$(-1^+, 1^-)$	$(-1^+, 0^+)$	$(-1^+, 0^-)$	$(-1^+, -1^+)$	$(-1^+, -1^-)$
−1	$-\frac{1}{2}$	$(-1^-, 1^+)$	$(-1^-, 1^-)$	$(-1^-, 0^+)$	$(-1^-, 0^-)$	$(-1^-, -1^+)$	$(-1^-, -1^-)$

可以看出,在表中的对角线上,两个电子的量子数完全相同,这不符合泡利原理,这些电子组态不能存在,所以要予以剔除.

另外,为了描述方便,我们采用"第一个电子","第二个电子"的说法,但由于电子是全同的,事实上我们无法区分哪个是第一个电子,哪个是第二个电子,所以,在表中,对角线两侧处于对称位置的电子组态也是相同的.

这样,在上面的电子组态列表中,符合泡利原理的组态共有 $(6\times 6-6)/2=15$ 个,而不是 $6\times 6=36$ 个.

原子态只能由剩余的15种电子组态构成.将上述电子组态的表改为以 LS 耦合后的量子数 L、S 表示,如表5.13.剔除其中不符合泡利原理的状态.又由于表示上下,左右对称的,所以,只要绘出表5.13的左上角即可,于是将其简化为表5.14.其中每一个单元格中列出了符合泡利原理的电子组态.

表5.13 $n\mathrm{p}^2$ 组态的电子运动组态

M_S \ M_L	2	1	0	−1	−2
1	$(1^+,1^+)$	$(1^+,0^+)$	$(-1^+,1^+)$ $(0^+,0^+)$	$(-1^+,0^+)$	$(-1^+,-1^+)$
0	$(1^+,1^-)$	$(1^+,0^-)$ $(0^+,1^-)$	$(-1^+,1^-)$ $(0^+,0^-)$ $(1^+,-1^-)$	$(1^+,0^-)$ $(0^+,1^-)$	$(-1^+,-1^-)$
−1	$(1^-,1^-)$	$(1^-,0^-)$	$(-1^-,1^-)$ $(0^-,0^-)$	$(-1^-,0^-)$	$(-1^-,-1^-)$

表5.14 $n\mathrm{p}^2$ 组态的可能的电子运动组态

M_S \ M_L	2	1	0
1		$(1^+,0^+)$	$(-1^+,1^+)$
0	$(1^+,1^-)$	$(1^+,0^-)$ $(0^+,1^-)$	$(-1^+,1^-)$ $(0^+,0^-)$ $(1^+,-1^-)$

将表5.14改作以电子运动组态的数目表示,得到表5.15(a).

表 5.15(a) np^2 组态电子运动组态的数目

M_S \ M_L	2	1	0
1	0	1	1
0	1	2	3

对表 5.15(a)中的量子数及其所表示的状态进行分析,可以看出:

由于 M_L 可能取的最大值为 2,同时,M_S 的取值只能为 0,说明原子态的量子数 L 的最大数值取 2 时,S 的最大数取 0,这时,有 $M_L = 2,1,0,-1,-2,M_S = 0$. 这些状态在表中都有对应的电子运动组态,相应的原子态为$^1\mathrm{D}_2$.

剔除掉$^1\mathrm{D}_2$所对应的运动组态后,表 5.15(a)变为表 5.15(b).

表 5.15(b) 剔除掉$^1\mathrm{D}_2$后的组态数

M_S \ M_L	2	1	0
1	0	1	1
0	0	1	2

这时,M_L 可能取的最大值为 1,同时,M_S 可能取的最大值为 1,说明原子态的量子数 L 能取 1,S 能取 1,这时,有 $M_L = 1,0,-1,M_S = 1,0,-1$. 这些状态在表中也都有对应的电子运动组态,相应的原子态为$^3\mathrm{P}_{2,1,0}$.

再从表 5.15(b)剔除掉$^3\mathrm{P}_{2,1,0}$所对应的运动组态后,表 5.15(b)进一步变为表 5.15(c).

表 5.15(c) 再剔除掉$^3\mathrm{P}_{2,1,0}$后的组态数

M_S \ M_L	2	1	0
1	0	0	0
0	0	0	1

这时,只剩下 $M_L = 0$, 同时 $M_S = 0$ 的运动组态,对应的量子数只能是 $L = 0$, $S = 0$, 原子态为$^1\mathrm{S}_0$.

于是,两个等效 p 电子所能形成的原子态就是$^1\mathrm{D}_2$,$^3\mathrm{P}_{2,1,0}$,和$^1\mathrm{S}_0$,共 2 个单重态和 1 个三重态,即 5 种原子态,远少于 2 个非等效 p 电子所形成的 10 种原子态.

最后对上述过程作一个总结.也可以采用表5.16代替表5.15(a)~(c).由于 LS 耦合形成的原子态是按照量子数 L 和 S 构建的,在表5.14中,M_L 最大值为2,所以 L 的最大值也是2;当 $M_L=2$ 时,对应的 M_S 最大值为0,所以 S 的值也是0.当 $L=2,S=0$ 时,$M_L=2,1,0,M_S=0$,去掉了 $L=2,S=0$ 的组态,剩余的组态数列在表5.16下面的一行.这一行中,M_L 最大值为1,所以 L 的最大值也是1;当 $M_L=1$ 时,对应的 M_S 最大值为1,所以 S 的最大值也是1.当 $L=1,S=1$ 时,$M_L=1,0,M_S=1,0$,去掉了 $L=1,S=1$ 的组态,剩余的组态数接着列在表的下面一行.这一行中,只剩下了 $M_L=0,M_S=0$ 的组态,则只能 $L=0,S=0$.

表5.16 根据电子组态找出原子态

M_S \ M_L	2	1	0	可能的原子态
1 0	0 1	1 2	1 3	$L=2,S=0$ $^1D_2$
1 0	0 0	1 1	1 2	$L=1,S=1$ $^3P_{2,1,0}$
1 0	0 0	0 0	0 1	$L=0,S=0$ $^1S_0$
1 0	0 0	0 0	0 0	

例5 $n\mathrm{d}^2$ 组成的原子态.

解 由于 $l_1=l_2=2$,所以,$m_{l1}=2,1,0,-1,-2,m_{l2}=2,1,0,-1,-2$.同理,$s_1=s_2=1/2$,故 $m_{s_1}=1/2,-1/2,m_{s_2}=1/2,-1/2$

LS 耦合,即 $m_{l_1}+m_{l_2}=M_L,m_{s_1}+m_{s_2}=M_S$.量子数 L 与 M_L、S 与 M_S 的对应关系为:

$$L=4,M_L=4,3,2,1,0,-1,-2,-3,-4$$
$$L=3,M_L=3,2,1,0,-1,-2,-3$$
$$L=2,M_L=2,1,0,-1,-2$$
$$L=1,M_L=1,0,-1$$
$$L=0,M_L=0$$
$$S=1,M_S=1,0,-1$$
$$S=0,M_S=0$$

按照例4的方法,首先得到符合泡利原理的电子组态,如表5.17.

再进一步将表5.17用符合泡利原理的组态数目表示,并从中找出所对应的原子态，直至表中不再有剩余的组态，过程用表 5.18 表示.

表 5.17 符合泡利原理的电子组态

M_S \ M_L	4	3	2	1	0
1	$(2^+,2^+)$	$(2^+,1^+)$	$(1^+,1^+)$ $(2^+,0^+)$	$(1^+,0^+)$ $(2^+,-1^+)$	$(2^+,-2^+)$ $(1^+,-1^+)$ $(0^+,0^+)$
0	$(2^+,2^-)$	$(2^+,1^-)$ $(1^+,2^-)$	$(1^+,1^-)$ $(2^+,0^-)$ $(0^+,2^-)$	$(1^+,0^-)$ $(0^+,1^-)$ $(2^+,-1^-)$ $(-1^+,2^-)$	$(1^+,0^-)$ $(0^+,1^-)$ $(2^+,-1^-)$ $(-1^+,2^-)$ $(2^+,-1^-)$

表 5.18 根据电子组态找出原子态

M_S \ M_L	4	3	2	1	0	可能的原子态
1 0	0 1	1 2	1 3	2 4	2 5	$L=4,S=0$ $^1G_4$
1 0	0 0	1 1	1 2	2 3	2 4	$L=3,S=1$ $^3F_{4,3,2}$
1 0	0 0	0 0	0 1	1 2	1 3	$L=2,S=0$ $^1D_2$
1 0	0 0	0 0	0 0	1 1	1 2	$L=1,S=1$ $^3P_{2,1,0}$
1 0	0 0	0 0	0 0	0 0	0 1	$L=0,S=0$ $^1S_0$
1 0	0 0	0 0	0 0	0 0	0 0	

4. 构建等效电子原子态的斯莱特方法

也可以按照斯莱特(John Clark Slater，1900～1976，美国物理学家、化学家)的方法处理表 5.17 中的电子组态.建立一个平面直角坐标系，以 M_L，M_S 为纵横坐标轴，在每个坐标点(M_L，M_S)上标示出表 5.17 中量子数组合所对应的电子组态的数目.如图 5.14.容易看出，这样的一张斯莱特图可以看做是成四个斯莱特图的叠加，分解后的斯莱特图中，每一个坐标点(M_L，M_S)的状态数目都是 1，这种方法称做**斯莱特方法**.这样所得到的结果与前面的方法完全相同.

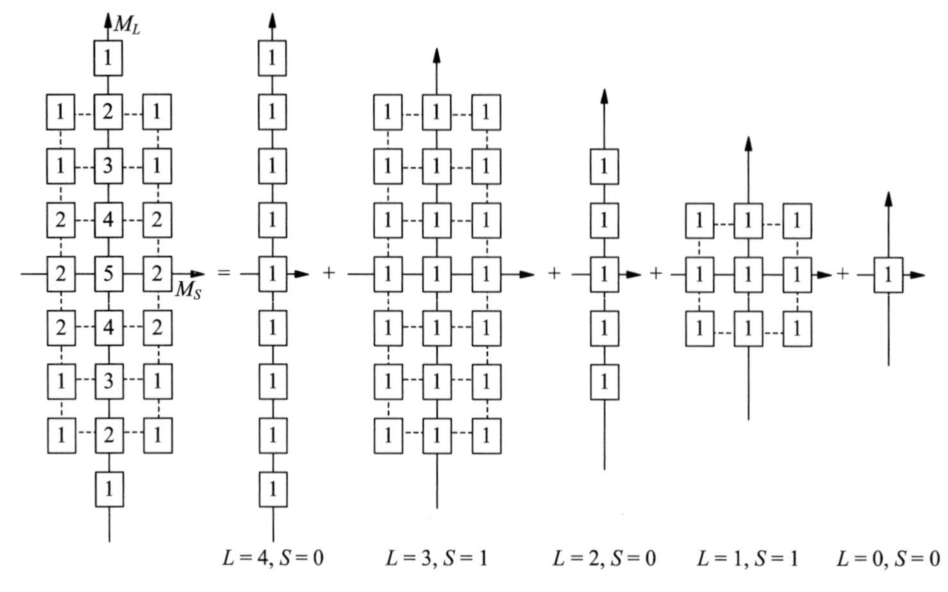

图 5.14 斯莱特方法

5. 两个等效电子构成原子态的简单规则

对上面两个例子进行总结，可以发现，两个等效电子，可能形成的原子态为 $L+S=$ 偶数的状态. 这一点可以从波函数的空间对称性和自旋对称性进行解释.

正如前面所讨论的，自旋波函数对称，空间波函数必须反对称；自旋波函数对称，空间波函数必须反对称.

对两电子体系而言，$S=0$ 的单重态，自旋波函数是反对称的；$S=1$ 的三重态，自旋波函数是对称的. 而空间波函数的对称性由 $(-1)^L$ 表示，L 为偶数，空间波函数是对称的；L 为奇数，空间波函数为反对称的.

因此，在两电子体系中，只有 $L+S=$ 偶数时，整个波函数才是反对称的.

6. 等效电子组态形成原子态的一般规则

对上述等效电子组态形成原子态的方法进行小结如下：

① LS 耦合可能的量子数 L，S；

② 以 M_L，M_S 的数值列表，表中写出每种组合的状态数目. 由于量子数的组合具有对称性，只需写出非负量子数值对应的组态数目即可；

③ 剔除表中不符合泡利原理的组合，写出可能的组态数目；

④ 用 LS 耦合的状态数去拟合表中的状态数，直到将表中的数目全部挑选完毕.

这一规则对多于个等效电子的情况同样适用，在下一节中将通过实例说明.

5.5　复杂原子的能级和光谱

5.5.1　实验观察到的一般规律

根据大量的原子光谱的实验数据，物理学家推算出了原子的能级结构，并从其中总结出了原子光谱和能级结构的一般规律.下面对这些规律进行简单的讨论.

1. 光谱和能级的位移律

实验发现，原子序数为 Z 的电中性原子与原子序数为 $Z+1$ 的原子的正一价离子的光谱和能级相似.例如 H 与 He^{+} 就具有相似的光谱结构和能级结构（当然光谱线的波数和能级的位置的数值是不同的），其他复杂的原子，也有这样的特点.

从原子核外电子分布的特征看，造成这种结果的原因自然是它们具有相同的电子数及电子组态，所以有相同的原子态.

2. 多重性的交替律

按元素周期表的次序交替出现奇数和偶数的多重态.例如，碱金属原子（包括H）光谱的精细结构都是双重的，可以分为第二辅线系、主线系、第一辅线系和漫线系，其能级的精细结构也是双重态，而与其相邻的碱土金属原子（包括 He）的光谱则是单重和三重的，而且单重和三重光谱中都存在第二辅线系、主线系、第一辅线系和漫线系.这当然是由于原子中价电子的数目依次增加并作周期性的变化而形成的，如表 5.19，表中阴影部分为实验上没有观测到的辐射跃迁.

表 5.19　复杂原子光谱和能级的交替律

$_{19}$K	$_{20}$Ca	$_{21}$Sc	$_{22}$Ti	$_{23}$V	$_{24}$Cr	$_{25}$Mn	$_{26}$Fe	$_{27}$Co	$_{28}$Ni	$_{29}$Cu	$_{30}$Zn	$_{31}$Ga
2重	1重 3重	2重 4重	1重 3重 5重	2重 4重 6重	1重 3重 5重 7重	2重 4重 6重 8重	1重 3重 5重 7重	2重 4重 6重	1重 3重 5重	2重 4重	1重 3重	2重

5.5.2 多个价电子形成的原子态

以下通过具体的例子来说明根据复杂原子的电子组态推断其原子态的方法.

例 6 $npn'pn''p$ 的原子态.

解 这是 3 个非等效的 p 电子,电子耦合的过程实际上是角动量叠加的过程,所以,可以先根据其中任意两个电子的量子数将它们的角动量进行耦合,从而得到一系列的原子态,每一个原子态都有确定的角动量,然后再将上述每个原子态的角动量与剩余电子的角动量进行耦合,最终得到整个原子的角动量量子数,据此确定原子的状态.

(1) 先将其中的任意两个电子进行耦合

$npn'p$ 电子组态的耦合: $s_1 = s_2 = 1/2$, 于是 $S_P = 1,0$; $l_1 = l_2 = 1$, 于是 $L_P = 2,1,0$. 这两个电子所形成的原子态为: ${}^1S_0, {}^1P_1, {}^1D_2, {}^3S_1, {}^3P_{2,1,0}, {}^3D_{3,2,1}$.

(2) 再将第三个电子与上述每一个原子态进行耦合

$[{}^1S_0]n''p$: $L_P = 0, l_3 = 1$, 于是 $L = 1$; $S_P = 0, s_3 = 1/2$, 于是 $S = 1/2$. 原子态为 ${}^2P_{3/2,1/2}$;

$[{}^1P_1]n''p$: $L = 2,1,0, S = 1/2$, 原子态为 ${}^2S_{1/2}, {}^2P_{3/2,1/2}, {}^2D_{5/2,3/2}$;

$[{}^1D_2]n''p$: $L = 3,2,1, S = 1/2$, 原子态为 ${}^2P_{3/2,1/2}, {}^2D_{5/2,3/2}, {}^2F_{7/2,5/2}$;

$[{}^3S_1]n''p$: $L = 1, S = 3/2,1/2$, 原子态为 ${}^2P_{3/2,1/2}, {}^4P_{5/2,3/2,1/2}$;

$[{}^3P_{2,1,0}]n''p$: $L = 2,1,0, S = 3/2,1/2$, 原子态为 ${}^2S_{1/2}, {}^2P_{3/2,1/2}, {}^2D_{5/2,3/2}, {}^4S_{3/2}, {}^4P_{5/2,3/2,1/2}, {}^4D_{7/2,5/2,3/2,1/2}$;

$[{}^3D_{3,2,1}]n''p$: $L = 3,2,1, S = 3/2,1/2$, 原子态为 ${}^2P_{3/2,1/2}, {}^2D_{5/2,3/2}, {}^2F_{7/2,5/2}, {}^4P_{5/2,3/2,1/2}, {}^4D_{7/2,5/2,3/2,1/2}, {}^4F_{9/2,7/2,5/2,3/2}$.

需要指出的是,在上述各个原子态中,有一些看起来相同的状态,例如 $[{}^1S_0]n''p$、$[{}^1P_1]n''p$、$[{}^3P_{2,1,0}]n''p$ 和 $[{}^3D_{3,2,1}]n''p$ 组态中都有 2 重态 ${}^2P_{3/2,1/2}$,但是,由于这些 ${}^2P_{3/2,1/2}$ 是由不同的电子组态形成的,所以,它们所对应的能级,即光谱项的数值并不相同,因而需要加以区分.

综合起来,所得到的原子态(光谱项)的项数如表 5.20 所示.

表 5.20 $npn'pn''p$ 形成的原子态

光谱项	${}^2S_{1/2}$	${}^2P_{3/2,1/2}$	${}^2D_{5/2,3/2}$	${}^2F_{7/2,5/2}$	${}^4S_{3/2}$	${}^4P_{5/2,3/2,1/2}$	${}^4D_{7/2,5/2,3/2,1/2}$	${}^4F_{9/2,7/2,5/2,3/2}$
谱项数	2	6	4	2	1	3	2	1

对表 5.20 进行统计,可得到,共有 $(2\times1+6\times2+4\times2+2\times2)+(1\times1+3\times3+2\times4+1\times4)=48$ 个能级.

尽管$^2S_{1/2}$属于2重态,$^4S_{3/2}$属于4重态,但是,由于量子数J只能是正值,所以只有单一的取值$j=1/2$,能级为单重;同样,$^4P_{5/2,3/2,1/2}$属于4重态,但因为只有$J=5/2,3/2,1/2$,3个取值,所以它的能级实际为3重.

例7 $np^2n'p$.

解 这是两个等效p电子和另一个与它们非等效的p电子的电子组态,仿照例6的方法,首先求出两个等效电子的组态.

(1) 等效电子np^2:原子态为$^1S_0$,$^3P_{2,1,0}$,$^1D_2$.

(2) 加上$n'p$,进一步耦合:

$[^1S_0]n'p$: $L=1,S=1/2$, $^2P_{3/2,1/2}$

$[^1D_2]n'p$: $L=3,2,1,S=1/2$, $^2P_{3/2,1/2}$,$^2D_{5/2,3/2}$,$^2F_{7/2,5/2}$

$[^3P_{2,1,0}]n'p$: $L=2,1,0,S=3/2,1/2$, $^2S_{1/2}$,$^2P_{3/2,1/2}$,$^2D_{5/2,3/2}$,$^4S_{3/2}$,$^4P_{5/2,3/2,1/2}$,$^4D_{7/2,5/2,3/2,1/2}$

如表5.21,共10项,21个能级.

表5.21 $np^2n'p$所形成的原子态

光谱项	$^2S_{1/2}$	$^2P_{3/2,1/2}$	$^2D_{5/2,3/2}$	$^2F_{7/2,5/2}$	$^4S_{3/2}$	$^4P_{5/2,3/2,1/2}$	$^4D_{7/2,5/2,3/2,1/2}$
谱项数	1	3	2	1	1	1	1

例8 等效电子np^3.

解 组态中全是等效电子,不能按照前述的逐次耦合方法求原子态,而应当考虑泡利原理的限制,首先找出可能的电子组态,再进一步得出原子态.

3个等效p电子,$l_1=l_2=l_3=1,s_1=s_2=s_3=1/2$,按$LS$耦合后,$L$最大可能取值为3,$S$最大可能取值为3/2,符合泡利原理的组态如表5.22,其中阴影部分为不符合泡利原理的组合.

表5.22 等效电子np^3可能的组态

M_S \ M_L	3	2	1	0
$\frac{3}{2}$	$(1^+,1^+,1^+)$	$(1^+,1^+,0^+)$	$(1^+,1^+,-1^+)$ $(1^+,0^+,0^+)$	$(1^+,0^+,-1^+)$ $(0^+,0^+,0^+)$
$\frac{1}{2}$	$(1^+,1^+,1^-)$	$(1^+,1^+,0^-)$ $(1^+,1^-,0^+)$	$(1^+,1^+,-1^-)$ $(1^+,-1^+,1^-)$ $(1^+,0^+,0^-)$ $(0^+,0^+,1^-)$	$(1^+,0^+,-1^-)$ $(1^+,-1^+,0^-)$ $(-1^+,0^+,1^-)$ $(0^+,0^+,0^-)$

由此得到与各个量子数所对应的组态数,并从其中依次找出对应的原子态,如

表 5.23(a).

表 5.23(a) $n\mathrm{p}^3$ 的原子态

M_S \ M_L	2	1	0	可能原子态
$\frac{3}{2}$	0	0	1	$L=2, S=1/2$
$\frac{1}{2}$	1	2	3	${}^2\mathrm{D}_{5/2,3/2}$
$\frac{3}{2}$	0	0	1	$L=1, S=1/2$
$\frac{1}{2}$	0	1	2	${}^2\mathrm{P}_{3/2,1/2}$
$\frac{3}{2}$	0	0	1	$L=0, S=3/2$
$\frac{1}{2}$	0	0	1	${}^4\mathrm{S}_{3/2}$
$\frac{3}{2}$	0	0	0	
$\frac{1}{2}$	0	0	0	

也可以用另一种挑选原子态的次序，每次先选出 M_S 取最大值的状态，结果如表 5.23(b)，可见，两种方法所得到的结果完全一致.

表 5.23(b) $n\mathrm{p}^3$ 的原子态：另一种选择次序

M_S \ M_L	2	1	0	可能的原子态
3/2	0	0	1	$L=0, S=3/2$
1/2	1	2	3	${}^4\mathrm{S}_{3/2}$
3/2	0	0	0	$L=2, S=1/2$
1/2	1	2	2	${}^2\mathrm{D}_{5/2,3/2}$
3/2	0	0	0	$L=1, S=1/2$
1/2	0	1	1	${}^2\mathrm{P}_{3/2,1/2}$
3/2	0	0	0	
1/2	0	0	0	

例 9 等效电子 $n\mathrm{p}^6$.

解 只有一种电子组态 $(1^+, 1^-, 0^+, 0^-, -1^+, -1^-)$ 符合泡利原理，因而得到 $L=0, S=0$. 所以原子态只能是 ${}^1\mathrm{S}_0$.

例 10 等效电子 nl^k 与 $nl^{2(2l+1)-k}$.

解 对于轨道角动量量子数为 l 的电子,在一个原子中最多只能有$2(2l+1)$个电子.这 $2(2l+1)$个电子两两成对,即按照用量子数组合 $m_l{}^{m_s}$表示电子状态的方式,这些电子的组态只能是$[l^+,l^-,(l-1)^+,(l-1)^-,(l-2)^+,(l-3)^+,\cdots\cdots,-(l-3)^-,-(l-2)^-,-(l-1)^+,-(l-1)^-,-l^+,-l^-]$,所以

$$\sum_{i=1}^{2(2l+1)} m_{l_i} = 0 \tag{5.46}$$

同时也有

$$\sum_{i=1}^{2(2l+1)} m_{s_i} = 0 \tag{5.47}$$

即总的轨道角动量和自旋角动量为 0,则原子的总角动量亦为 0.

由于 $\sum_{i=1}^{k} m_{l_i} + \sum_{i=k+1}^{2(2l+1)} m_{l_i} = 0$, 可得到

$$\sum_{i=1}^{k} m_{l_i} = -\sum_{i=k+1}^{2(2l+1)} m_{l_i} \tag{5.48}$$

同理,因为 $\sum_{i=1}^{k} m_{s_i} + \sum_{i=k+1}^{2(2l+1)} m_{s_i} = 0$, 有

$$\sum_{i=1}^{k} m_{s_i} = -\sum_{i=k+1}^{2(2l+1)} m_{s_i} \tag{5.49}$$

记 $M_{L_k} = \sum_{i=1}^{k} m_{l_i}$,是 k 个等效电子的轨道角动量之和,$M_{S_k} = \sum_{i=1}^{k} m_{s_i}$,是 k 个等效电子的自旋角动量之和,则 $M_{L_{-k}} = \sum_{i=1}^{2(2l+1)} m_{l_i} - \sum_{i=1}^{k} m_{l_i} = 0 - \sum_{i=1}^{k} m_{l_i} = -\sum_{i=1}^{k} m_{l_i}$ 就是原子中有 k 个量子数为 nl 的电子空位时,其余电子的轨道角动量之和,也就是有 $2(2l+1)-k$ 个等效电子时,原子的轨道角动量之和.同理,$M_{S_{-k}} = -\sum_{i=1}^{k} m_{s_i}$,表示 $2(2l+1)-k$ 个等效电子的自旋角动量之和.由式(5.48)和式(5.49),可得到

$$M_{L_{-k}} = -\sum_{i=1}^{k} m_{l_i} = \sum_{i=k+1}^{2(2l+1)} m_{l_i} = M_{L_{2(2l+1)-k}} \tag{5.50}$$

$$M_{S_{-k}} = -\sum_{i=1}^{k} m_{s_i} = \sum_{i=k+1}^{2(2l+1)} m_{s_i} = M_{S_{2(2l+1)-k}} \tag{5.51}$$

对于量子数为 nl 的等效电子,k 个电子与 $2(2l+1)-k$ 个电子(相当于 k 个空位)经过耦合后,轨道角动量和自旋角动量的量子数分别相同,即 L、S 相同,因而量子数 J 也相同,故 k 个电子与 k 个空位,所形成的原子态相同.

例如，等效电子组态 p^5 与 p 的原子态相同，是 $^2P_{3/2,1/2}$；组态 d^9 与 d 的原子态也相同，是 $^2D_{5/2,3/2}$.

但是，尽管原子态的符号是相同的，但组态 p^5 与 p 的能量不同，d^9 与 d 的能量也不同.这是需要注意的，在后面的内容里，将对这一点作详细的讨论.

5.5.3 辐射跃迁的选择定则

原子中存在着一系列量子态能级，原子可以在这些量子态之间跃迁，跃迁总是伴随着能量交换，其中一类重要而常见的能量交换方式就是光的吸收和发射，这种伴随着光发射的跃迁就是辐射跃迁.

在过去一百多年的时间里，人们积累了大量的原子光谱的实验数据，通过对这些数据进行详尽的归类和分析，人们渐渐发现了原子发光的规律，其中重要的一条就是总结出了辐射跃迁产生的条件.人们发现，只有在初态、末态满足一定的条件时，辐射跃迁才能发生，这些条件就是辐射跃迁的选择定则.在第 4 章的 4.4 节中我们讨论了单电子的选择定则，尽管复杂原子体系辐射跃迁的条件比单电子要复杂一些，但也有明确的选择定则.

1. 辐射跃迁产生的条件

(1) 宇称条件：奇⟷偶

所谓宇称，就是原子中电子的空间分布特性，即电子波函数的空间特性.从空间反演对称性看，分为奇宇称和偶宇称.通过对波函数的分析，可以得到如下判断宇称奇偶性的方法：如果原子中各个电子的 l 量子数之和为偶数，则原子的宇称是偶性的；各个电子的 l 量子数之和为奇数，则原子的宇称是奇性的.辐射跃迁只能发生在不同类型的宇称之间，即

$$\text{偶宇称}\left(\sum l_i = \text{偶数}\right) \longleftrightarrow \text{奇宇称}\left(\sum l_i = \text{奇数}\right)$$

(2) 角动量条件：角动量守恒

在辐射跃迁前后，原子与光子共同组成的体系，其角动量应当是不变的.

(3) 自旋类型：相同的自旋类型

辐射跃迁不能发生在不同的自旋类型之间，所谓自旋类型，就是量子态的自旋量子数 S 的类型，由于 $2S+1$ 表示量子态的多重态数，所以，也可以说辐射跃迁只发生在相同的多重态之间.例如 ^2P 与 ^1S 之间没有辐射跃迁，^3D 与 ^2P 之间也不能发生辐射跃迁.

以下将对单电子原子和多电子原子(包括 LS 耦合和 jj 耦合)电偶极辐射跃迁的选择定则分别讨论.

2. 选择定则

(1) 单电子跃迁的选择定则

$$\begin{cases}\Delta l = \pm 1 \\ \Delta j = 0, \pm 1\end{cases}$$

(2) 多电子跃迁的选择定则

LS 耦合

$$\begin{cases}\Delta S = 0 \\ \Delta L = \pm 1, 0 \\ \Delta J = \pm 1, 0 (0 \to 0 \text{ 除外})\end{cases}$$

$J=0$ 时,原子的角动量为 0,而光子具有非零的角动量,由于无法满足角动量守恒,所以 $J'=0 \to J=0$ 的跃迁不能发生.

Jj 耦合

$$\begin{cases}\begin{cases}\Delta J_P = 0 \\ \Delta j = 0, \pm 1\end{cases}, \quad \text{或者} \quad \begin{cases}\Delta J_P = 0, \pm 1 \\ \Delta j = 0\end{cases} \\ \Delta J = 0, \pm 1 (0 \to 0 \text{ 除外})\end{cases}$$

单电子原子都是双重态,所以选择定则中不必写出 $\Delta S = 0$;单电子原子的总角动量 j 都是半整数,不存在 $j=0$ 的情况,因而也不必写出 $j' = 0 \to j = 0$ 除外.

3. 选择定则的实例

(1) 汞原子的能级与光谱

在 2.3 节中,介绍了汞激发和发光的情况.这里通过分析其能级结构来了解光谱线产生的机理.

Hg 是周期表中的第 80 号元素,基态的电子组态为(Xe)$4f^{14}5d^{10}6s^2$,原子态为 $^1S_0$,一个 6s 电子被激发后,可以形成一系列的激发态能级,见表 5.24.

表 5.24 Hg 中的辐射跃迁

相对强度	辐射波长(Å)	跃迁几率($10^8\,s^{-1}$)	组态跃迁	能级跃迁
1 000	1 849.499	7.46	$6s6p \to 6s^2$	$^1P_1^o \to {}^1S_0$
1 000	2 536.517	0.080	$6s6p \to 6s^2$	$^3P_1^o \to {}^1S_0$
250	2 967.280	0.45	$6s6d \to 6s6p$	$(1/2, 3/2)_1 \to {}^3P_0^o$
600	3 650.153	1.3	$6s6d \to 6s6p$	$(1/2, 5/2)_3 \to {}^3P_2^o$
400	4 046.563	0.21	$6s7s \to 6s6p$	$^3S_1 \to {}^3P_0^o$
1 000	4 358.328	0.557	$6s7s \to 6s6p$	$^3S_1 \to {}^3P_1^o$
500	5 460.735	0.487	$6s7s \to 6s6p$	$^3S_1 \to {}^3P_2^o$
200	10 139.76	0.271	$6s7s \to 6s6p$	$^1S_0 \to {}^1P_1^o$

其中 39 412.300 cm^{-1} = 4.887 0 eV，正是 Hg 的第一激发态.

能量较低的组态，都是 *LS* 耦合，而能量较高的组态，多是 *jj* 耦合.

而 Hg 的主要辐射跃迁列于表 5.24 中，图 5.15 是根据实验绘制的跃迁示意图.

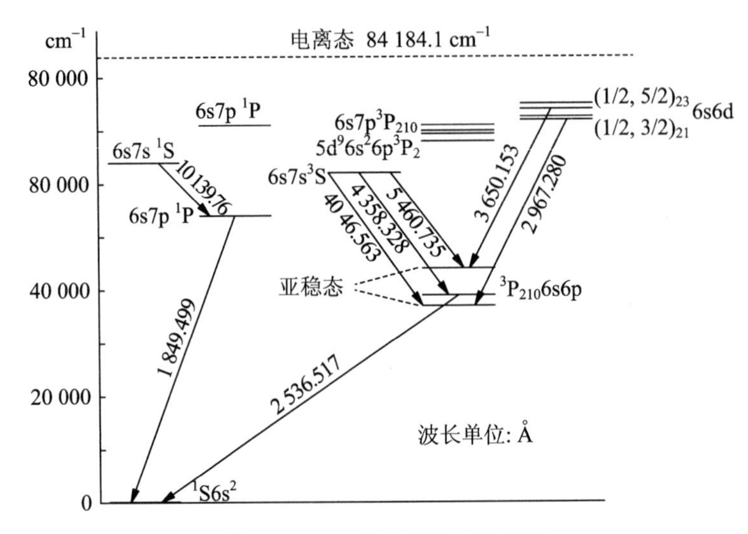

图 5.15 Hg 的电偶极辐射跃迁

从表 5.24 中可以看出，其中的跃迁大多是符合选择定则的 *LS* 耦合组态间的跃迁. 但是，在 6s6p 的三重态 $^3P_1^o$ 和 $6s^2$ 的单重态 $^1S_0$ 之间也发生了跃迁，另外，在 *jj* 耦合的组态和 *LS* 耦合的组态之间也有跃迁，这是不符合选择定则的例外情况，其原因是由于 Hg 原子中电子的数量很大，其他内壳层电子与价电子间的相互作用比较复杂，所以，在形成原子态时，不能仅仅考虑价电子间的相互作用，也就是说，尽管这些能级都用 *LS* 耦合或 *jj* 耦合的方式进行标记，但它们却不是严格地按照 *LS* 耦合或 *jj* 耦合的方式形成的.

能够通过辐射跃迁回到基态，或其他较低能态的能级，是激发态，原子处在这些能级的时间是非常短暂的，往往小于 10^{-8} s. 可以看出，在 6s6p 所形成的 $^3P^o$ 中，只有 $^3P_1^o$ 可以通过辐射跃迁回基态，而另两个 $^3P_0^o$ 和 $^3P_2^o$ 却不能，这两个能级分别是 37 645.080 cm^{-1}/4.668 eV 和 4 4042.977 cm^{-1}/5.461 eV，这些都是 Hg 的亚稳态能级. 原子一旦被激发到亚稳态，可以在这样的状态停留较长的时间，甚至长达 0.1～1s. 处在亚稳态的原子，可以通过其他的方式释放能量，回到基态，例如，与其他原子碰撞，或与容器壁碰撞，等等.

(2) $\Delta L = 0$ 条件下的允许跃迁和禁戒跃迁

将单电子的选择定则与 *LS* 耦合的选择定则进行对比，读者会发现对单电子

原子要求 $\Delta l = \pm 1$，而对通过 LS 耦合的多电子原子，除了 $\Delta L = \pm 1$ 之外，$\Delta L = 0$ 也能发生. 这当然是因为宇称由所有电子的 $\sum l_i$ 决定，L 相同的状态，其 $\sum l_i$ 可以相差 1，因而 $\Delta L = 0$ 时，宇称的奇偶也会变化.

但是，在 LS 耦合的情形下，只有在满足 $\sum l_i = \pm 1$ 的条件下，$\Delta L = 0$ 的跃迁才能发生，而不是所有 $\Delta L = 0$ 的跃迁都能发生. 因为辐射跃迁本质还是电子的跃迁，跃迁前后，原子中的电子组态一定变化，而电子组态的改变，一定要满足 $\Delta \sum l_i = \pm 1$ 的要求.

例如，He 的 1s2p 组态耦合成 $2^3\mathrm{P^o}$，1s3p 组态耦合成 $3^3\mathrm{P^o}$，尽管满足 $\Delta L = 0$，但是，$3^3\mathrm{P} \rightarrow 2^3\mathrm{P}$ 的跃迁不能发生，因为电子 3p→2p 的跃迁是禁戒的. 3p 电子可以跃迁到 2s，即 1s3p→1s2s，这就是 $3^3\mathrm{P} \rightarrow 2^3\mathrm{S}$ 跃迁. 而对于 C 原子，基态电子组态 $2\mathrm{p}^2$ 耦合成 $2^3\mathrm{P}$，激发态电子组态 2p3s 耦合成 $3^3\mathrm{P^o}$，由于电子 3s→2p 的跃迁是允许的，因而 $3^3\mathrm{P^o} \rightarrow 2^3\mathrm{P}$ 的跃迁可以发生，这种情形下，$\Delta L = 0$. 还有，Ti 的基态 $3\mathrm{d}^2 4\mathrm{s}^2$ 可以耦合成 $^3\mathrm{F}_{432}$，激发态 $3\mathrm{d}^2 4\mathrm{s}4\mathrm{p}$ 中，$3\mathrm{d}^2$ 的 $^3\mathrm{F}$ 和 4s4p 的 $^3\mathrm{P^o}$ 也耦合成 $^3\mathrm{F}^{\mathrm{o}}_{432}$，这时，在两个 $^3\mathrm{F}$ 能级间就能产生跃迁，因为这种跃迁本质是 4p→4s 的电子跃迁所引起的. 上述情况示于图 5.16 中.

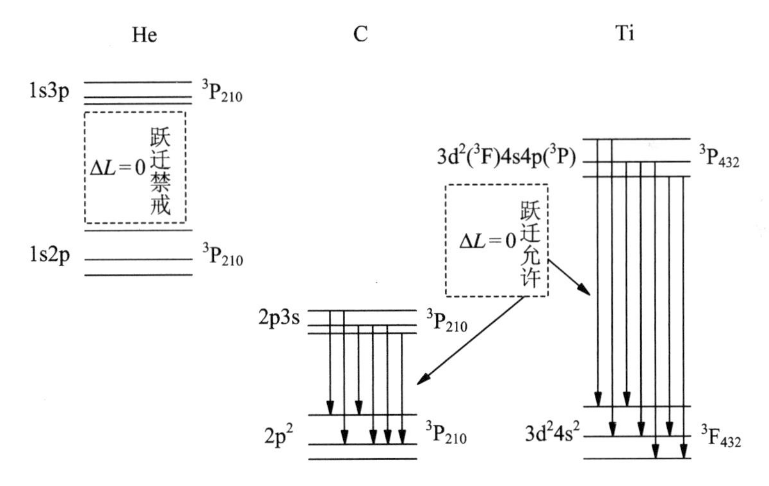

图 5.16 Hg 的电偶极辐射跃迁 He、C 和 Ti 原子中 $\Delta L = 0$ 条件下的允许跃迁和禁戒跃迁

5.6 原子的壳层结构

5.6.1 元素的周期律

到 19 世纪 60 年代,人们已经发现了六十多种元素,并积累了这些元素的许多实验数据,如原子量及其各种元素的化学反应特性等.为寻找元素间的内在联系,俄国化学家门捷列夫(Dmitri Ivanovich Mendeleev,俄语 Дми́трий Ива́нович Менделе́ев,1834～1907)根据原子量的大小,将元素进行分类排列,结果发现元素性质随原子量的递增呈明显的周期变化的规律.门捷列夫于1869 年发表了关于元素周期律的图表和论文,在论文《元素特性和原子量的关系》中,他指出:

① 按照原子量大小排列起来的元素,在性质上呈现明显的周期性.

② 原子量的大小决定元素的特征.

③ 应该预料到许多未知元素的发现,例如类似铝和硅的,原子量位于 65～75 之间的元素.

④ 当我们知道了某些元素的同类元素后,有时可以修正该元素的原子量.

这就是门捷列夫提出的周期律.

1871 年,门捷列夫在其著作《化学原理》中系统地总结了他的研究成果,第一次用周期律的观点全面阐述无机化学.

1870 年和 1871 年,门捷列夫在论文《元素的天然系统及在指明未发现元素的性质上的运用》和《化学元素的周期性》中,根据周期律修正了铟、铀、钍、铯等九种元素的原子量,他还预言了三种新元素及其特性,并暂时取名为类铝、类硼、类硅.

1875 年法国化学家布瓦博德朗在分析比里牛斯山的闪锌矿时发现一种新元素,他命名为镓,并把测得的关于它的主要性质公布了.不久他收到了门捷列夫的来信,门捷列夫在信中指出镓的比重不应该是 4.7,而是 5.9～6.0.当时布瓦博德朗很疑惑,他是唯一手里掌握金属镓的人,门捷列夫是怎样知道它的比重的呢?经过重新测定,镓的比重确实为 5.9.这结果使他大为惊奇.他认真地阅读了门捷列夫的周期律论文后,感慨地说:"我没有什么可说的了,事实证明门捷列夫这一理论的巨大意义."

镓的发现是化学史上第一个事先预言的新元素的发现，它证明了门捷列夫元素周期律的科学性.1880 年瑞典的尼尔森发现了钪，1885 年德国的文克勒发现了锗.这两种新元素与门捷列夫预言的类硼、类硅也完全吻合.门捷列夫的元素周期律再次经受了实践的检验.

表 5.25 所示的是包含人工合成元素在内的元素周期表.

尽管发现元素周期律主要是依据元素的化学性质，但元素的物理性质同样也表现出了周期性.周期表中原子的第一电离电势(图 5.17)和原子半径(图 5.18)等物理性质随着原子序数呈现周期性.

元素的物理、化学性质随着原子序数的变化呈现出周期性的规律.周期性是原子结构规律的表现.

第一个对元素周期表做出物理上的解释的是玻尔.1916～1918 年间，他将元素按照核外电子的组态进行排列，试图从电子排列的周期性解释元素性质的周期律.但是，只有在 1925 年泡利提出了不相容原理之后，才能理解电子周期性排列的原因.

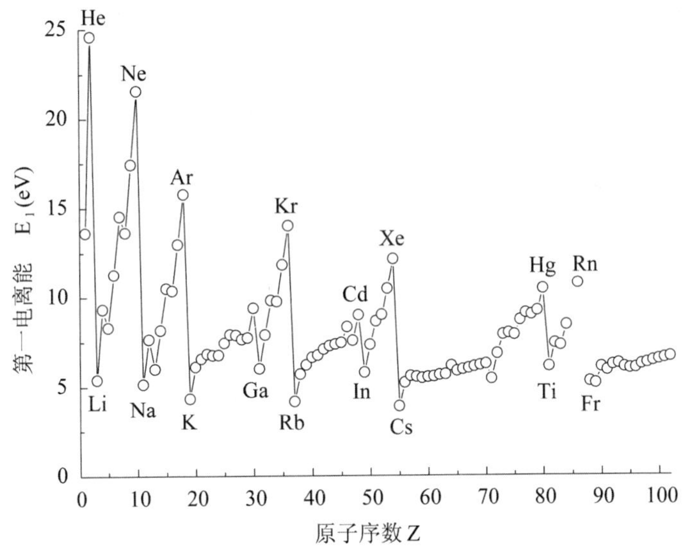

图 5.17 原子的第一电离电势随着原子序数的周期性变化

表 5.25 元素周期表①

原子序数 → 25 Mn ← 元素符号
锰 ← 中文名称
原子量 → 54.93805
124 ← 原子半径(fm)

	ⅠA	ⅡA	ⅢB	ⅣB	ⅤB	ⅥB	ⅦB	ⅧB			ⅠB	ⅡB	ⅢA	ⅣA	ⅤA	ⅥA	ⅦA	ⅧA
1	1H 氢 1.00797 79																	2He 氦 4.002602 128
2	3Li 锂 6.941 152	4Be 铍 9.012182 113.3											5B 硼 10.811 1.17	6C 碳 12.011 0.91	7N 氮 14.00674 0.75	8O 氧 15.9994 0.65	9F 氟 18.9984 0.57	10Ne 氖 20.1797 0.51
3	11Na 钠 22.989768 144.4	12Mg 镁 24.3050 160											13Al 铝 26.981539 1.82	14Si 硅 28.0855 1.46	15P 磷 30.973762 1.23	16S 硫 32.066 1.09	17Cl 氯 35.4527 0.97	18Ar 氩 39.948 0.88
4	19K 钾 39.0983 227	20Ca 钙 40.078 197.3	21Sc 钪 44.955910 160.6	22Ti 钛 47.867 144.8	23V 钒 50.9415 132.1	24Cr 铬 51.9961 124.9	25Mn 锰 54.93805 124	26Fe 铁 55.845 124.1	27Co 钴 58.93320 124.3	28Ni 镍 58.6934 124.6	29Cu 铜 63.546 127.8	30Zn 锌 65.39 133.2	31Ga 镓 69.723 122.1	32Ge 锗 72.61 122.5	33As 砷 74.92159 125	34Se 硒 78.96 117	35Br 溴 79.904 115	36Kr 氪 83.80 189
5	37Rb 铷 85.4678 247.5	38Sr 锶 87.62 215.1	39Y 钇 88.90585 181	40Zr 锆 91.224 160	41Nb 铌 92.90638 142.9	42Mo 钼 95.94 136.2	43Tc 锝 98.9063 135.8	44Ru 钌 101.07 134	45Rh 铑 102.90550 134.5	46Pd 钯 106.42 138	47Ag 银 107.8682 144	48Cd 镉 112.411 148.9	49In 铟 114.818 162.6	50Sn 锡 118.710 140.5	51Sb 锑 112.760 142	52Te 碲 127.60 143.2	53I 碘 126.90447 133.3	54Xe 氙 131.29 218
6	55Cs 铯 132.90543 265.4	56Ba 钡 137.327 217.3	57~71 镧系	72Hf 铪 178.49 156.4	73Ta 钽 180.9479 143	74W 钨 183.5 137.0	75Re 铼 186.207 137.0	76Os 锇 190.2 135	77Ir 铱 192.22 135.7	78Pt 铂 195.09 138	79Au 金 196.9665 144	80Hg 汞 200.59 160	81Tl 铊 204.37 170.4	82Pb 铅 207.2 175.0	83Bi 铋 208.9804 155	84Po 钋 209 167	85At 砹 210 -	86Rn 氡 222 -
7	87Fr 钫 223 270	88Ra 镭 226.0254 223	89~103 锕系	104Rf 𬬻 261 -	105Db 𬭊 262 -	106Sg 𬭳 263 -	107Bh 𬭛 262 -	108Hs 𬭶 265 -	109Mt 鿏 265 -	110Ds 𫟼 - -	111 Rg - -	112 Uub	113 Uut	114 Uuq	115 Uup	116 Uuh	117 Uus	118 Uuo

镧系	57La 镧 140.12 182.5	58Ce 铈 140.115 182.5	59Pr 镨 140.90765 182.8	60Nd 钕 144.24 182.1	61Pm 钷 144.9127 181.0	62Sm 钐 150.36 180.2	63Eu 铕 151.965 204.2	64Gd 钆 157.25 180.2	65Tb 铽 158.9253 178.2	66Dy 镝 162.50 177.3	67Ho 钬 164.93032 176.6	68Er 铒 167.26 175.7	69Tm 铥 168.93421 174.6	70Yb 镱 173.04 194	71Lu 镥 174.967 173.4
锕系	89Ac 锕 (227) 187.8	90Th 钍 232.0381 179.8	91Pa 镤 231.0359 160.6	92U 铀 238.029 138.5	93Np 镎 237.0482 131	94Pu 钚 (244) 131	95Am 镅 (243) 184	96Cm 锔 (247) 170	97Bk 锫 (247) -	98Cf 锎 (251) ~186	99Es 锿 (254) ~186	100Fm 镄 (257) -	101Md 钔 (258) -	102No 锘 (259) -	103Lr 铹 (260) -

① 原子量和原子半径数值取自 A Periodic Table of Elements，Los Alamos National Laboratory.

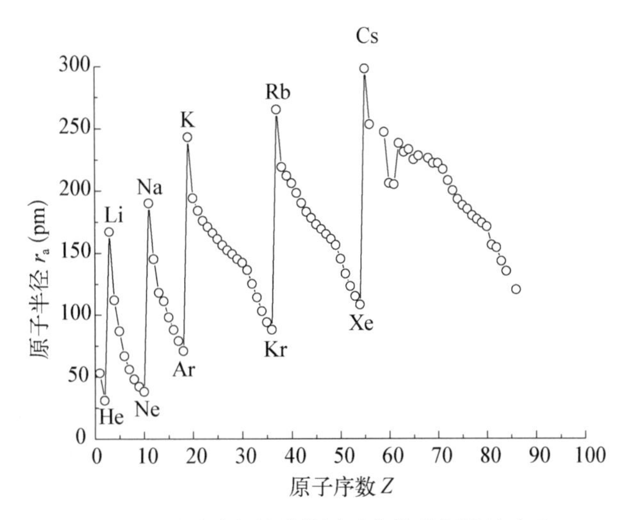

图 5.18 原子半径随着原子序数的周期性变化

5.6.2 核外电子的壳层

1. 量子数的含义及电子运动状态的描述

① 主量子数 n:电子距核远近,或者电子轨道大小.

② 轨道角动量量子数 l:轨道形状.

③ 轨道取向量子数(磁量子数)m_l:轨道的空间取向.

④ 自旋取向量子数 m_s:电子自旋取向.

其实,在原子中并没有所谓的电子轨道,上文中借用轨道这一名词,只是为了叙述的方便和形象.

当主量子数为 n 时,电子到核的平均距离为

$$\bar{r} = \int \psi_{nlm}^{*} r \psi_{nlm} \mathrm{d}^3 r = \frac{n^2 a_1}{Z}\left\{1 + \frac{1}{2}\left[1 - \frac{l(l+1)}{n^2}\right]\right\} \tag{5.52}$$

而原子的能量为

$$E_n = -\frac{2\pi^2 me^4}{(4\pi\varepsilon_0)^2 h^2}\frac{Z^2}{n^2}$$

所以,首先可以按照 n 的不同,将核外电子分类.为此,首先引入了**壳层**的概念.

壳层:主量子数 n 相同的电子构成壳层.

同一壳层的电子,到核的距离相差不大.

由于电子的状态以及原子的能量还与量子数 l 相关,因此,又可以定义**次壳层**.

次壳层:同一壳层中角量子数 l 相同的电子,构成次壳层,也称做**支壳层**.

根据量子数的特征及泡利原理，可以看出：

每一个次壳层中，可以有 $2l+1$ 个轨道，而电子在每一个轨道上，可以有 2 种不同的自旋方向，因而每一个次壳层中，电子的状态数最多为 $2(2l+1)$ 种，也就是该次壳层中最多可以有 $2(2l+1)$ 个电子. 前面的例题告诉我们，填满电子的次壳层，由于 $S=0$，$L=0$，原子态只能是 $^1S_0$，即该壳层的角动量为 0，磁矩也为 0.

每一个轨道上，可以有两个自旋方向相反的电子.

按照泡利原理，由于电子的四个量子数不能全部相同，因而对于每一个主量子数，电子的状态数是有限的.

主量子数为 n 的壳层中，电子最多可以有

$$\sum_{l=0}^{n-1} 2(2l+1) = 2n^2 \tag{5.53}$$

种不同的状态，也就是说，其中最多可以有 $2n^2$ 个电子.

各个壳层和次壳层可以容纳的电子数如表 5.26.

表 5.26　各个壳层和次壳层可以容纳的电子数

壳层，n	1	2		3			4				5					6					
最多电子数 $2n^2$	2	8		18			32				50					72					
次壳层，l	0	0	1	0	1	2	0	1	2	3	0	1	2	3	4	0	1	2	3	4	5
最多电子数 $2(2l+1)$	2	2	6	2	6	10	2	6	10	14	2	6	10	14	18	2	6	10	14	18	22

5.6.3　基态原子的电子组态

基态是指能量最低的原子态. 原子态由原子中核外电子的组态决定，各种不同的电子组态，形成不同的原子态. 核外电子的组态改变，原子态也会作相应的改变. 由前面的叙述可知，同一种电子组态，也可以形成一系列不同的原子态. 所谓基态，就是在由各种可能的电子组态形成的所有原子态中，能量最低的原子态.

处于元素周期表中不同位置的元素，其原子所具有的核外电子数不同，因而电子组态也各不相同. 以下对各个周期元素的核外电子组态以及原子的基态作简单的讨论.

表 5.27 中列出了各种元素原子的电子组态、原子基态以及电离能的数据.

表 5.27 基态原子的电子组态

序号	符号	名称(英)	名称(汉)	电子组态	原子基态	电离能(eV)
1	H	Hydrogen	氢	1s	$^2S_{1/2}$	13.598 4
2	He	Helium	氦	$1s^2$	$^1S_0$	24.587 4
3	Li	Lithium	锂	(He)2s	$^2S_{1/2}$	5.391 7
4	Be	Beryllium	铍[pí]	(He)$2s^2$	$^1S_0$	9.322 7
5	B	Boron	硼	(He)$2s^2 2p$	$^2P_{1/2}$	8.298 0
6	C	Carbon	碳	(He)$2s^2 2p^2$	$^3P_0$	11.260 3
7	N	Nitrogen	氮	(He)$2s^2 2p^3$	$^4S_{3/2}$	14.534 1
8	O	Oxygen	氧	(He)$2s^2 2p^4$	$^3P_2$	13.618 1
9	F	Fluorine	氟	(He)$2s^2 2p^5$	$^2P_{3/2}$	17.422 8
10	Ne	Neon	氖	(He)$2s^2 2p^6$	$^1S_0$	21.564 6
11	Na	Sodium	钠	(Ne)3s	$^2S_{1/2}$	5.139 1
12	Mg	Magnesium	镁	(Ne)$3s^2$	$^1S_0$	7.646 2
13	Al	Aluminum	铝	(Ne)$3s^2 3p$	$^2P_{1/2}$	5.985 8
14	Si	Silicon	硅	(Ne)$3s^2 3p^2$	$^3P_0$	8.151 7
15	P	Phosphorous	磷	(Ne)$3s^2 3p^3$	$^4S_{3/2}$	10.486 7
16	S	Sulfur	硫	(Ne)$3s^2 3p^4$	$^3P_2$	10.360 0
17	Cl	Chlorine	氯[lǜ]	(Ne)$3s^2 3p^5$	$^2P_{3/2}$	12.967 6
18	Ar	Argon	氩	(Ne)$3s^2 3p^6$	$^1S_0$	15.759 6
19	K	Potassium	钾	(Ar)4s	$^2S_{1/2}$	4.340 7
20	Ca	Calcium	钙	(Ar)$4s^2$	$^1S_0$	6.113 2
21	Sc	Scandium	钪[kàng]	(Ar)$3d4s^2$	$^2D_{3/2}$	6.561 5
22	Ti	Titanium	钛	(Ar)$3d^2 4s^2$	$^3F_2$	6.828 1
23	V	Vanadium	钒	(Ar)$3d^3 4s^2$	$^4F_{3/2}$	6.746 3
24	Cr	Chromium	铬[gè]	(Ar)$3d^5 4s$	$^7S_3$	6.766 5
25	Mn	Manganese	锰	(Ar)$3d^5 4s^2$	$^6S_{5/2}$	7.434 0
26	Fe	Iron	铁	(Ar)$3d^6 4s^2$	$^5D_4$	7.902 4
27	Co	Cobalt	钴	(Ar)$3d^7 4s^2$	$^4F_{9/2}$	7.881 0
28	Ni	Nickel	镍	(Ar)$3d^8 4s^2$	$^3F_4$	7.639 8
29	Cu	Copper	铜	(Ar)$3d^{10} 4s$	$^2S_{1/2}$	7.726 4
30	Zn	Zinc	锌	(Ar)$3d^{10} 4s^2$	$^1S_0$	9.394 2
31	Ga	Gallium	镓[jiā]	(Ar)$3d^{10} 4s^2 4p$	$^2P_{1/2}$	5.999 3
32	Ge	Germanium	锗[zhě]	(Ar)$3d^{10} 4s^2 4p^2$	$^3P_0$	7.899 4
33	As	Arsenic	砷	(Ar)$3d^{10} 4s^2 4p^3$	$^4S_{3/2}$	9.788 6
34	Se	Selenium	硒	(Ar)$3d^{10} 4s^2 4p^4$	$^3P_2$	9.752 4
35	Br	Bromine	溴	(Ar)$3d^{10} 4s^2 4p^5$	$^2P_{3/2}$	11.813 8
36	Kr	Krypton	氪	(Ar)$3d^{10} 4s^2 4p^6$	$^1S_0$	13.999 6

续 表

序号	符号	名称(英)	名称(汉)	电 子 组 态	原子基态	电离能(eV)
37	Rb	Rubidium	铷[rú]	(Kr)5s	$^2S_{1/2}$	4.177 1
38	Sr	Strontium	锶[sī]	(Kr)$5s^2$	$^1S_0$	5.694 9
39	Y	Yttrium	钇[yǐ]	(Kr)$4d5s^2$	$^2D_{3/2}$	6.217 3
40	Zr	Zirconium	锆[gào]	(Kr)$4d^2 5s^2$	$^3F_2$	6.633 9
41	Nb	Niobium	铌[ní]	(Kr)$4d^4 5s$	$^6D_{1/2}$	6.758 9
42	Mo	Molybdenum	钼	(Kr)$4d^5 5s$	$^7S_3$	7.092 4
43	Tc	Technetium	锝[dé]	(Kr)$4d^5 5s^2$	$^6S_{5/2}$	7.228
44	Ru	Ruthenium	钌[liǎo]	(Kr)$4d^7 5s$	$^5F_5$	7.360 5
45	Rh	Rhodium	铑[lǎo]	(Kr)$4d^8 5s$	$^4F_{9/2}$	7.458 9
46	Pd	Palladium	钯[bǎ]	(Kr)$4d^{10}$	$^1S_0$	8.336 9
47	Ag	Silver	银	(Kr)$4d^{10} 5s$	$^2S_{1/2}$	7.576 2
48	Cd	Cadmium	镉[gé]	(Kr)$4d^{10} 5s^2$	$^1S_0$	8.993 8
49	In	Indium	铟[yīn]	(Kr)$4d^{10} 5s^2 5p$	$^2P_{1/2}$	5.786 4
50	Sn	Tin	锡	(Kr)$4d^{10} 5s^2 5p^2$	$^3P_0$	7.343 9
51	Sb	Antimony	锑[tī]	(Kr)$4d^{10} 5s^2 5p^3$	$^4S_{3/2}$	8.608 4
52	Te	Tellurium	碲[dì]	(Kr)$4d^{10} 5s^2 5p^4$	$^3P_2$	9.009 6
53	I	Iodine	碘	(Kr)$4d^{10} 5s^2 5p^5$	$^2P_{3/2}$	10.451 3
54	Xe	Xenon	氙[xiān]	(Kr)$4d^{10} 5s^2 5p^6$	$^1S_0$	12.129 8
55	Cs	Cesium	铯[sè]	(Xe)6s	$^2S_{1/2}$	3.893 9
56	Ba	Barium	钡	(Xe)$6s^2$	$^1S_0$	5.211 7
57	La	Lanthanum	镧[lán]	(Xe)$5d6s^2$	$^2D_{3/2}$	5.577 0
58	Ce	Cerium	铈[shì]	(Xe)$4f5d6s^2$	$^1G_4$	5.538 7
59	Pr	Praseodymium	镨[pǔ]	(Xe)$4f^3 6s^2$	$^4I_{9/2}$	5.464
60	Nd	Neodymium	钕[nǚ]	(Xe)$4f^4 6s^2$	$^5I_4$	5.525 0
61	Pm	Promethium	钷[pǒ]	(Xe)$4f^5 6s^2$	$^6H_{5/2}$	5.58
62	Sm	Samarium	钐[shān]	(Xe)$4f^6 6s^2$	$^7F_0$	5.643 7
63	Eu	Europium	铕[yǒu]	(Xe)$4f^7 6s^2$	$^8S_{7/2}$	5.670 4
64	Gd	Gadolinium	钆[gá]	(Xe)$4f^7 5d6s^2$	$^9D_2$	6.149 8
65	Tb	Terbium	铽[tè]	(Xe)$4f^9 6s^2$	$^6H_{15/2}$	5.863 8
66	Dy	Dysprosium	镝[dī]	(Xe)$4f^{10} 6s^2$	$^5I_8$	5.938 9
67	Ho	Holmium	钬[huǒ]	(Xe)$4f^{11} 6s^2$	$^4I_{15/2}$	6.021 5
68	Er	Erbium	铒[ěr]	(Xe)$4f^{12} 6s^2$	$^3H_6$	6.107 7
69	Tm	Thulium	铥[diū]	(Xe)$4f^{13} 6s^2$	$^2F_{7/2}$	6.184 3
70	Yb	Ytterbium	镱[yì]	(Xe)$4f^{14} 6s^2$	$^1S_0$	6.254 2
71	Lu	Lutetium	镥[lǔ]	(Xe)$4f^{14} 5d6s^2$	$^2D_{3/2}$	5.425 9

续 表

序号	符号	名称(英)	名称(汉)	电子组态	原子基态	电离能(eV)
72	Hf	Hafnium	铪[hā]	(Xe)$4f^{14}5d^2 6s^2$	$^3F_2$	6.825 1
73	Ta	Tantalum	钽[tǎn]	(Xe)$4f^{14}5d^3 6s^2$	$^4F_{3/2}$	7.549 6
74	W	Tungsten	钨[wū]	(Xe)$4f^{14}5d^4 6s^2$	$^5D_0$	7.864 0
75	Re	Rhenium	铼[lái]	(Xe)$4f^{14}5d^5 6s^2$	$^5S_{5/2}$	7.833 5
76	Os	Osmium	锇[é]	(Xe)$4f^{14}5d^6 6s^2$	$^5D_4$	8.438 2
77	Ir	Iridium	铱[yī]	(Xe)$4f^{14}5d^7 6s^2$	$^4F_{9/2}$	8.967 0
78	Pt	Platinum	铂[bó]	(Xe)$4f^{14}5d^9 6s$	$^3D_3$	8.958 8
79	Au	Gold	金	(Xe)$4f^{14}5d^{10}6s$	$^2S_{1/2}$	9.225 5
80	Hg	Mercury	汞	(Xe)$4f^{14}5d^{10}6s^2$	$^1S_0$	10.437 5
81	Tl	Thallium	铊[tā]	(Xe)$4f^{14}5d^{10}6s^2 6p$	$^2P_{1/2}$	6.108 2
82	Pb	Lead	铅	(Xe)$4f^{14}5d^{10}6s^2 6p^2$	$^3P_0$	7.416 7
83	Bi	Bismuth	铋[bì]	(Xe)$4f^{14}5d^{10}6s^2 6p^3$	$^4S_{3/2}$	7.285 5
84	Po	Polonium	钋[pō]	(Xe)$4f^{14}5d^{10}6s^2 6p^4$	$^3P_2$	8.416 7
85	At	Astatine	砹[ài]	(Xe)$4f^{14}5d^{10}6s^2 6p^5$	$^2P_{3/2}$	9.5
86	Rn	Radon	氡	(Xe)$4f^{14}5d^{10}6s^2 6p^6$	$^1S_0$	10.748 5
87	Fr	Francium	钫[fāng]	(Rn)$7s$	$^2S_{1/2}$	4.072 7
88	Ra	Radium	镭[léi]	(Rn)$7s^2$	$^1S_0$	5.278 4
89	Ac	Actinium	锕[ā]	(Rn)$6d7s^2$	$^2D_{3/2}$	5.17
90	Th	Thorium	钍[tǔ]	(Rn)$6d^2 7s^2$	$^3F_2$	6.306 7
91	Pa	Protactinium	镤[pú]	(Rn)$5f^2 6d7s^2$	$^4K_{11/2}$	5.89
92	U	Uranium	铀[yóu]	(Rn)$5f^3 6d7s^2$	$^5L_6$	6.194 1
93	Np	Neptunium	镎[ná]	(Rn)$5f^4 6d7s^2$	$^6L_{11/2}$	6.265 7
94	Pu	Plutonium	钚[bù]	(Rn)$5f^6 7s^2$	$^7F_0$	6.026 2
95	Am	Americium	镅[méi]	(Rn)$5f^7 7s^2$	$^8S_{7/2}$	5.973 8
96	Cm	Curium	锔[jú]	(Rn)$5f^7 6d7s^2$	$^9D_2$	5.991 5
97	Bk	Berkelium	锫[péi]	(Rn)$5f^9 7s^2$	$^6H_{15/2}$	6.197 9
98	Cm	Californium	锎[kāi]	(Rn)$5f^{10}7s^2$	$^5I_8$	6.281 7
99	Es	Einsteinium	锿[āi]	(Rn)$5f^{11}7s^2$	$^4I_{15/2}$	6.42
100	Fm	Fermium	镄[fèi]	(Rn)$5f^{12}7s^2$	$^3H_6$	6.50
101	Md	Mendelevium	钔[mén]	(Rn)$5f^{13}7s^2$	$^2F_{7/2}$	6.58
102	No	Nobelium	锘[nuò]	(Rn)$5f^{14}7s^2$	$^1S_0$	6.65
103	Lr	Lawrencium	铹[láo]	(Rn)$5f^{14}6d7s^2$	$^2D_{5/2}$	
104	Rf	Rutherfordium	𬬻[lú]	(Rn)$5f^{14}6d^2 7s^2$	$^3F_2$?	6.0 ?
105	Db	Dubnium	𬭊[dù]			

续 表

序号	符号	名称(英)	名称(汉)	电子组态	原子基态	电离能(eV)
106	Sg	Seaborgium	𨭎			
107	Bh	Bohrium	𨨏			
108	Hs	Hassium	𨭆			
109	Mt	Meitnerium	䥑			
110	Ds	Darmstadtium	鐽			
111	Rg	Roentgenium				

1. 第一周期

第一周期中只有H、He两种元素，H只有1个电子，在基态时，电子态是1s，所以基原子态是$^2S_{1/2}$. 基态He的电子组态为$1s^2$，2个电子都是1s，按照泡利原理，即原子态为$^1S_0$.

2. 第二周期

第二周期中，Li、Be各有3、4个电子，其中2个电子在第一壳层. 基态时，其余的电子填充在第二壳层的2s次壳层，电子组态分别是$1s^22s^1$和$1s^22s^2$，原子态为$^2S_{1/2}$和$^1S_0$.

其他从B开始到Ne的6种元素，2s次壳层已填满，电子只能依次填充在2p次壳层，电子组态为$1s^22s^22p^1$～$1s^22s^22p^6$，它们的基态由这些等效p电子的组态决定. p^1所形成的原子态可以有$^2P_{1/2}$和$^2P_{3/2}$两种，到底哪个能量更低呢？关于等效电子所形成的原子态，可以根据**洪德附加定则**进行判断.

对等效电子的洪德附加定则：nl次壳层最多可以容纳$2(2l+1)$个电子，如果次壳层中的电子数小于半满，则量子数J最小的原子态能量最低，这一情况被称做**正常次序**；如果次壳层中的电子数大于半满，则量子数J最大的原子态能量最低，这一情况被称做**倒转次序**(或**反常次序**).

所以，p^1所形成的基原子态为$^2P_{1/2}$.

按照上述定则，可以推断出该周期其他元素的基态.

3. 第三周期

从Na到Ar的8种元素，第一和第二壳层已填满，则电子开始填充第三壳层，即依次填充3s次壳层和3p次壳层，它们基态的情况与第二周期相似.

在该壳层中还包含有3d次壳层，当3p次壳层填满后，电子似乎应该开始进入3d次壳层，也就是说，第三周期应当还有另外10种元素. 然而，对元素化学性质的研究显示，第三周期只有8种元素，而且，光谱学研究的结果也表明，当3p次壳层填满后，其余的电子并没有进入3d次壳层. 第19号元素K的基态是$^2S_{1/2}$，只能是

4s 组态所形成的,说明电子先填充 4s 次壳层.

4. 第四周期

共有从$_{19}$K 到$_{36}$Kr 18 种元素.对照表 5.18,在这一周期中,电子应当是填充了 s、p、d 三个次壳层.但是,如前所述,光谱测量的结果,不仅证实 K 的基态是$^2S_{1/2}$,也证实了 Ca 的基态是$^1S_0$,说明在这一周期中,电子首先填充 4s 次壳层.

$_{21}$Sc 的基态是$^2D_{3/2}$,可以推断电子组态为[Ar]$4s^2 3d^1$,说明电子开始填充 3d 次壳层.即 3d 态的能量比 4s 态要高,所以电子在填满 4s 之后,才开始填充 3d.

上述结论不是凭空想出来的,而是基于光谱学实验的结果.这类实验就是对等电子体系的光谱进行研究和比较.

所谓等电子体系,就是具有相等的核外电子数的原子和离子.比如 Ca^+,Sc^{2+},Ti^{3+},V^{4+},Cr^{5+},Mn^{6+} 等,核外电子数都是 19,与 K 原子的电子数相等,它们就构成了一个等电子体系,按照光谱学的约定,分别记做 KⅠ,CaⅡ,ScⅢ,TiⅣ,VⅤ,CrⅥ,MnⅦ.

上述等电子体系中的原子和离子都是单电子原子,因而其光谱项与碱金属原子相同,可以表示为 $T = RZ^{*2}/n^2$,其中 Z^* 为原子实的有效电荷数,上述各个原子和离子的 Z^* 是各不相同的,因而记做 $Z^* = Z - \sigma$,σ 是针对不同原子的修正值.将光谱项的表达式变为

$$\sqrt{\frac{T}{R}} = \frac{1}{n}(Z - \sigma) \tag{5.54}$$

如果分别以 $\sqrt{\frac{T}{R}}$、Z 为直角坐标系的纵横坐标,把上述等电子体系光谱项的实验数据作图,则可以得到斜率为 $1/n$ 的直线.这样的图称做**莫塞莱图**,图 5.19 就是上述等电子体系的莫塞莱图.

从图中可以看出,其中四条直线,分别对应于 4^2S、4^2P、4^2D 和 4^2F,它们的斜率基本相同,这当然是由于这些谱项的主量子数 n 相同的缘故,而与 3^2D 对应的一条直线的斜率则明显大于上述直线,这些都与理论分析的结果相一致.值得注意的是,$Z<20$,3^2D 项比 4^2S 项的值小,$20<Z<21$ 的区间,两直线相交,$Z>21$,3^2D 项比 4^2S 项的值大.由于能级与光谱项的关系是 $E = -hcT$,说明对于 KⅠ 和 CaⅡ,3^2D 能级高于 4^2S 能级,即 3d 组态的能量高于 4s 组态的能量;对于 ScⅢ,TiⅣ,VⅤ,CrⅥ,MnⅦ 等,3^2D 能级低于 4^2S 能级,即 3d 组态的能量低于 4s 组态的能量.所以电子总是先填充 4s 态,再依次填充 3d 态.当 3d 次壳层接近半满和全满时,组态的能量通常是较低的,所以,对于 Cr 和 Cu,最后一个

电子填在 3d 次壳层，而不是 4s 次壳层. 最后一个电子填充在 3d 态的元素是过渡金属.

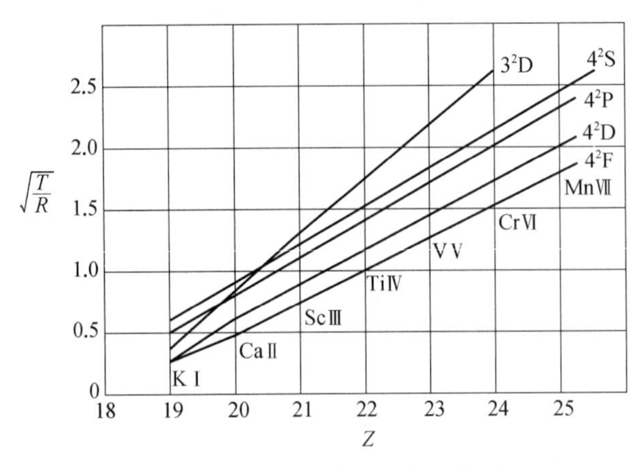

图 5.19 等电子体系的莫塞莱图

从$_{31}$Ga 开始直至$_{36}$Kr 的六种元素，由于 $n=3$ 的壳层和 4s 次壳层都已填满，电子依次填充在 4p 次壳层.

5. 第五周期

从$_{37}$Rb 开始，$n=4$ 的壳层中 4p 次壳层已填满，但 4d、4f 还是空的. 但由于 5s 组态的能量较低，所以电子开始填充 5s 次壳层. 同第四周期相似，5s 填满后，填充 4d，然后是 5p，直至$_{54}$Xe，5p 次壳层填满，第五周期结束. 第五周期也有 18 种元素.

6. 第六周期

从$_{55}$Cs 开始，电子首先填充 6s 次壳层，至$_{56}$Ba，6s 次壳层填满. 由于这时 4f、5d 还是空的，而 4f 组态的能量比 5d 要低，所以，6s 填满后，开始填充 4f，从$_{57}$La 直到$_{70}$Yb，电子填充 4f 次壳层，最后一个电子填在 4f 次壳层的元素称做镧系，属于稀土金属. 在 4f 之后，电子依次填充 5d，然后是 6p，直至$_{86}$Rn，是第六周期的最后一种元素.

7. 第七周期

第七周期的情况与第六周期相似，从$_{87}$Fr 开始，电子首先填充 7s，7s 填满后，有两种元素（$_{89}$Ac 和$_{90}$Th）先填充 6d，然后从$_{91}$Pa 开始，主要填充 5f（锕系）. 第七周期只有 5 种元素，从$_{88}$Ra～$_{92}$U 是天然存在的，$_{87}$Fr 的半衰期只有 14 min，可以在核裂变过程中产生. 其余的 93 号之后的元素都是人工制造的. $_{93}$Np～$_{111}$Rg 等 19 种元素已经获得正式命名. 112 号之后的元素除了有符号，也逐渐被正式命名，目前已制造出 118 号元素，符号为$_{118}$Uuo.

通过对7个周期的元素电子组态和原子态的分析，可以看出，按照能量最低原则，基态原子中电子的填充是按照以下顺序进行的：

1s,2s2p,3s3p,4s3d4p,5s4d5p,6s4f5d6p,7s6d(只有2种)5f6d

8. 稀土元素

$_{57}$La～$_{70}$Yb，属于镧系，其核外电子组态主要为(Xe)$4f^{1\sim14}6s^2$，或者可以表示为[Xe]$4f^{1\sim14}5d^{0\sim1}6s^2$[其中，$_{57}$La是(Xe) 5d $6s^2$，$_{58}$Ce是(Xe)$4f^3 5d6s^2$，$_{64}$Gd是(Xe)$4f^7 5d6s^2$]，它们的价电子都是4f电子. 这些原子4f之内的壳层都是完整的，而4f之外的壳层，即5s5p6s都已填满. 所以价电子4f、5d在内壳层中，填满的外壳层对4f、5d价电子形成了很好的屏蔽.

这样，当这些原子处于凝聚态材料中时，由于完整外壳层电子的屏蔽，价电子受周围其他原子的作用很小，因而仍可以保持独立原子的许多特性，例如发光依然是很细的线谱，等等. 所以，含有稀土元素的材料具有很好的发光特性、磁性，等等.

5.6.4 原子的基态

1. 确定原子基态的一般原则

在基态时，原子的能量是最低的，不同的原子，其基态是各不相同的. 在推断原子的基态时，要考虑以下几个方面：

(1) 电子组态决定原子的状态，即能态

(2) 核外电子排列的原则：

① 泡利原理

② 能量最低原则

(3) 电子排布次序(由光谱测量定出)

1s,2s2p,3s3p,4s3d4p,5s4d5p,6s4f5d6p,7s5f6d…

(4) 在次壳层内，按洪德定则，S大能级低

电子的自旋平行时，该次壳层能量低.

(5) 基态的电子组态

按照洪德规则，同一电子组态所形成的原子态中，量子数S越大，能量越低；L越大，能量越低. 而原子态的量子数，实际上反映了该状态的角动量. 多个电子的角动量耦合时，是各个电子的z方向分量进行叠加，即

$$M_L = \sum_{l_i} m_{l_i}, \quad M_S = \sum_{s_i} m_{s_i}$$

而M_L是L的z分量，M_S是S的z分量，即可以由M_L推算L的取值，由M_S推算

S 的取值.所以,求基态的过程,就是从原子的电子组态求出最大的 M_L 和 M_S,继而得到量子数 L 和 S,从而得到原子态 $^{2S+1}L_J$. 再根据洪德附加规则,求出其中能量最低的状态.

与量子数对应的原子态符号列于表 5.28 中.

表 5.28　与量子数 L 对应的原子态(光谱项)符号

量子数 L	0	1	2	3	4	5	6	7	8	……
原子态符号	S	P	D	F	G	H	I	K	L	……

2. 基态举例

例 11　讨论 $_{19}$K 的基态.

解　K 是碱金属原子,只有一个未填满的次壳层,价电子为 $4s^1$,所以基态为 $^2S_{1/2}$.

例 12　讨论 $_{23}$V 的基态.

解　钒的电子组态为(Ar)$3d^3 4s^2$,3d 次壳层未填满,价电子为 $3d^3$.

按照洪德规则,量子数 S 和 L 最大时,原子的能量最低.

自旋量子数 S 取决于所有电子的自旋量子数之和,由于 $M_S = \sum_{i=1}^{k} m_{s_i}$,而 S 等于最大的 M_S,所以当自旋尽量平行时,才能取得最大的 S. 而 L 取决于所有电子轨道量子数之和,同样 $M_L = \sum_{i=1}^{k} m_{l_i}$,所以,只有当所有电子的轨道角动量量子数尽量取最大值时,才能得到最大的 L.

对于同一次壳层的等效电子,还要考虑泡利原理的限制.

对于 $3d^3$ 来说,该次壳层最多可容纳 10 个电子,其中 5 个电子自旋平行,所以最大的 $S = M_S = 1/2 + 1/2 + 1/2 = 3/2$.

由于各电子的量子数 m_l 不能相同,因而最大的 $L = M_L = 2 + 1 + 0 = 3$.

于是 $S = 3/2, L = 3$,可能的原子态为 $^4F_{9/2,7/2,5/2,3/2}$.

按洪德附加规则,由于次壳层的电子数小于半满,能级为正常次序,多重态中 J 最小的能量最低.

因而 $_{23}$V 的基态为 $^4F_{3/2}$.

也可以将上述分析的结果用图 5.20 表示.

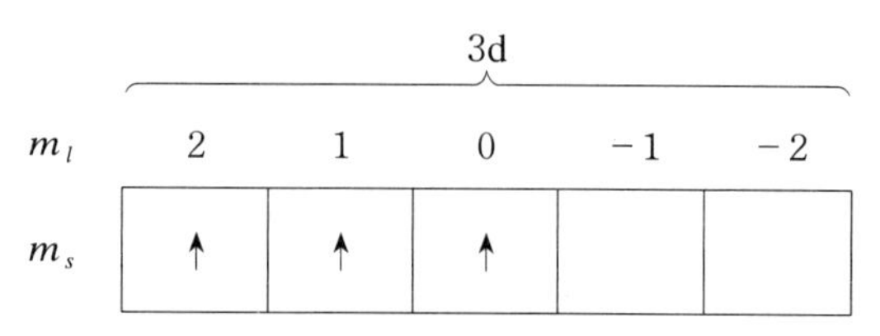

图 5.20 基态$_{23}$V的电子态

例 13 $_{45}$Rh 的基态.

解 电子组态为(Kr) $4d^8 5s$,对于价电子 $4d^8$,按照洪德定则:

$$M_S = \frac{1}{2}\times 5 + \left(-\frac{1}{2}\right)\times 3 = 1,\quad M_L = (2+1+0-1-2)+2+1+0 = 3$$

再与 5s 耦合,$M_S = 1 + 1/2 = 3/2$,$M_L = 3 + 0 = 3$.

于是 $S = 3/2$,$L = 3$,可能的原子态为$^4F_{9/2,7/2,5/2,3/2}$.

能级为倒转次序,J 取最大值,于是基态为$^4F_{9/2}$.

上述分析结果如图 5.21 所示.

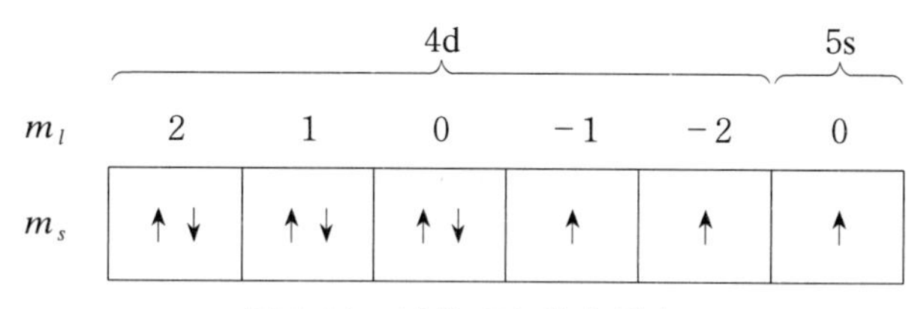

图 5.21 基态$_{45}$Rh 的电子态

例 14 $_{68}$Er 的基态.

解 $_{68}$Er 电子组态为$(Xe)4f^{12}6s^2$,价电子是 12 个 4f 电子,而 f 次壳层排满需 14 个电子,所以最大的自旋量子数为 $S = M_S = \left(\frac{1}{2}\right)\times 7 + \left(-\frac{1}{2}\right)\times 5 = \left(\frac{1}{2}\right)\times 2 = 1$,同时,最大的 $L = M_L = (3+2+1+0-1-2-3)+3+2 = 5$.

所以可能的原子态为$^3H_{6,5,4}$,但由于次壳层中电子数超过半满,所以能级为倒转次序,于是基态为$^3H_6$.

如图 5.22 所示.

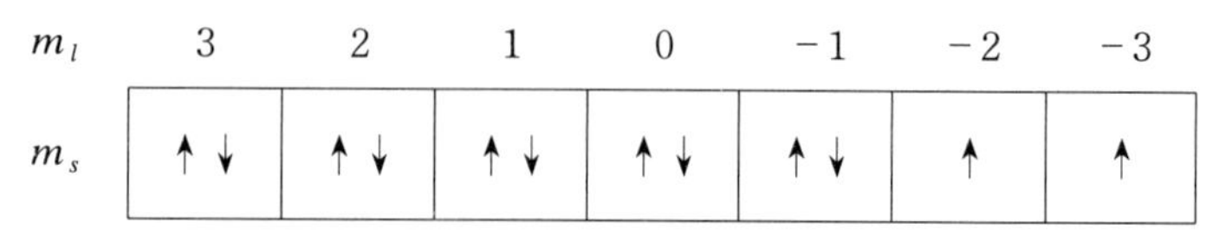

图 5.22 基态$_{68}$Er 的电子态

本题利用了例10的结果，即，等效电子 k 个电子与 k 个空位，所形成的原子态相同.

例15 ${}_{91}$Pa 的基态.

解 ${}_{91}$Pa 的电子组态为(Ru)$5f^2 6d7s^2$，其中，价电子为 $5f^2 6d$，按照前述方法，可得最大的 S 和 L 分别为

$$M_S = \frac{1}{2} \times 3 = \frac{3}{2}, \quad M_L = 3 + 2 + 2 = 7$$

能级为正常次序，$J_{\min} = 7 - 3/2 = 11/2$，于是基态为 ${}^4K_{11/2}$.

如图5.23所示.

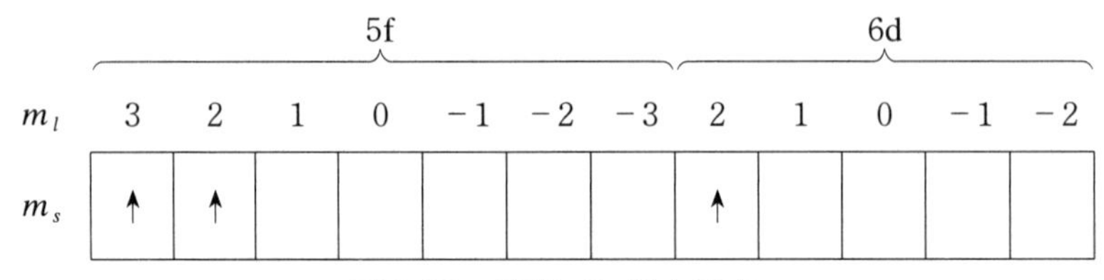

图5.23 基态 ${}_{91}$Pa 的电子态

例16 ${}_{58}$Ce 的基态.

解 ${}_{58}$Ce 是镧系元素中的第2个，基态时，电子组态为(Xe)$4f5d6s^2$，价电子是一个4f和一个5d，所以很容易得到最大的 $S = 1/2 \times 2 = 1$，$L = 3 + 2 = 5$，如图5.24.

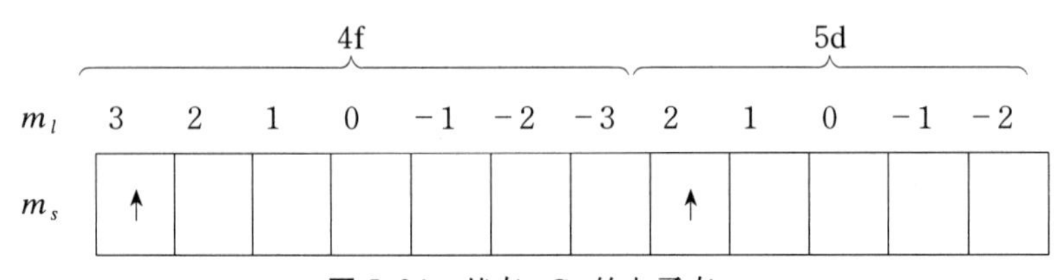

图5.24 基态 ${}_{58}$Ce 的电子态

由于无论4f还是5d，电子数都小于半满，能级是正常次序. 而最小的量子数 $J = 1$，所以基态应为 ${}^3H_4$.

但是，查阅资料后，读者会注意到，有些文献和手册中注明Ce的基态为 ${}^3H_4$，但有些文献和手册中却注明Ce的基态为 ${}^1G_4$，这绝不是什么印刷错误. 事实上，4f5d组态可以耦合成单重态 ^{1}HGFDP 和三重态 ^{3}HGFDP，从光谱测量的实验结果推测，Ce的基态能级更像是单重的 ${}^1G_4$，而不像是三重的 ${}^3H_4$.

5.7 激光增益介质中的能级

激光的英文缩写为 Laser，全称是 Light Amplification by Stimulated Emission of Radiation，就是**辐射的受激发射的光放大**，是基于爱因斯坦辐射理论发明的一种具有很好的相干性并能够实现自我放大的光输出.

要获得激光必须要在两个能够进行辐射跃迁的能级之间实现粒子数反转，使处在上能级的粒子数多于下能级的粒子数. 因而与激光相关的往往是三能级或四能级系统，如图 5.25 所示.

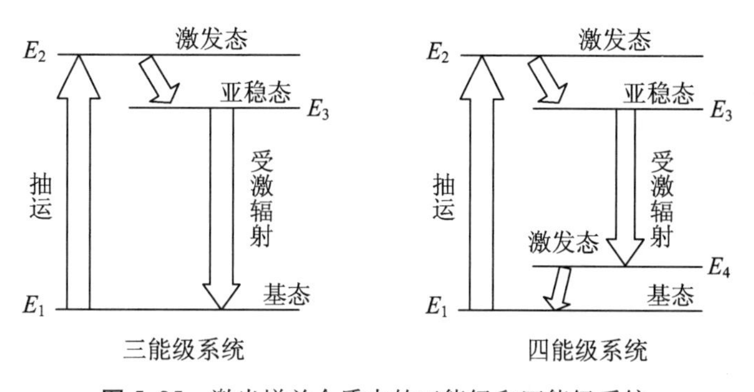

图 5.25 激光增益介质中的三能级和四能级系统

粒子受到激发后会跃迁到能量较高的能级，这些能级被称做激发态. 粒子在各个激发态能级停留的平均时间被称做能级寿命. 激发态的寿命通常为 $10^{-11}\sim10^{-8}$ s，有些激发态的能级寿命很长，粒子被激发到这些能级后，可以较长时间地停留在这些能级上，这些激发态被称做亚稳态. 亚稳态的寿命通常可达 $10^{-3}\sim10^{0}$ s. 经过积累后，可以有大量的粒子处于亚稳态.

三能级系统中包含基态 E_1、激发态 E_2 和亚稳态 E_3. 按照玻尔兹曼分布律，在通常的平衡条件下，能量越高的粒子越少. 如果依靠外部提供的高密度能量（例如强光、强电场，等等）将大量基态 E_1 的粒子抽运到激发态 E_2，被抽运到激发态的粒子瞬间通过无辐射跃迁的方式到达亚稳态 E_3，并在 E_3 上积累，使得 E_3 上粒子数比基态 E_1 上的粒子数还多，这样，就在 E_3 和 E_1 之间实现了粒子数反转. 在能量 $h\nu = E_3 - E_1$ 的激发光的作用下，粒子从 E_3 跃迁到 E_1，并发出能量为 $h\nu$ 的光辐射，这一过程就是“受激辐射”. 同时，基态 E_1 上的粒子也会吸收激发光而跃迁到 E_3，这就是所谓的“受激吸收”.受激辐射和受激吸收是同时进行的两个相反的过程,受激吸收使入射的激发光减弱,而受激辐射使射入的激发光增强.由于这时 E_3 上的粒子数比 E_1 上的粒子数多,因而受激辐射远远大于受激吸收,所以输出的辐射比输入的辐射强,激发光被放大,这就是**辐射的受激发射的光放大**,就是**激光**.受激辐射过程中所发出的光波与入射的激发光有相同的频率、相位、方向和偏振,因而激光具有很好的相干性.当然,激发光往往是普通的光源发出的非平行的非单色光,本身是不相干的,要通过激光器中的谐振腔和布儒斯特窗,只保留其中特定波长、特定偏振方向、沿轴向传播的相干成分,这样的相干成分通过受激辐射被放大,才能成为具有很好相干性的光输出.上述具有三能级系统能够实现粒子数反转的发光材料就是激光增益介质.

具有四能级系统的发光材料也能用作激光增益介质,其中相关能级除了基态 E_1、激发态 E_2 和亚稳态 E_3 之外,还有一个激发态 E_4.跃迁到 E_4 的粒子可以很快回到基态,E_4 基本是空的,因而更容易在亚稳态 E_3 和激发态 E_4 之间实现粒子数反转,受激辐射也发生在 E_3 和 E_4 之间.

下面介绍几种常见的激光增益介质中的能级.

5.7.1 氩离子激光

氩原子的电子组态为[Ne]$3s^2 3p^6$,各个次壳层都是满的,基态是 $^1S_0$.成为正一价离子后,基态的电子组态为[Ne]$3s^2 3p^5$,形成双重态能级 $^2P_{1/2,3/2}$.若其中的一个3p 电子被激发到 3d、4s、4p、4d、5s 等轨道,也可形成一系列的激发态.

例如,[Ne]$3s^2 3p^4 3d$ 组态,$3p^4$ 电子可经 LS 耦合成 ^1S,^1D,^3P 能级,进一步与 3d 电子耦合,可形成如下能级:

$3p^4[^1S]3d$ 组态,可形成如下能级:$^2D_{5/2,3/2}$,$3p^4[^1D]3d$:$^2P_{3/2,1/2}$,$^2D_{5/2,3/2}$,$^2F_{7/2,5/2}$,$^2G_{9/2,7/2}$,$3p^4[^3P]3d$:$^2P_{3/2,1/2}$,$^2D_{5/2,3/2}$,$^2F_{7/2,5/2}$,$^4P_{5/2,3/2,1/2}$,$^4D_{7/2,5/2,3/2,1/2}$,$^4F_{9/2,7/2,5/2,3/2}$,$^4G_{11/2,9/2,7/2,5/2}$;

[Ne]$3s^2 3p^4 4s$ 组态,可形成如下能级:$3p^4[^1S]4s$:$^2S_{1/2}$,$3p^4[^1D]4s$:$^2D_{5/2,3/2}$,$3p^4[^3P]4s$:$^2P_{3/2,1/2}$,$^4P_{5/2,3/2,1/2}$;

[Ne]$3s^2 3p^4 4p$ 组态,可形成如下能级:$3p^4[^1S]4p$:$^2P_{3/2,1/2}$,$3p^4[^1D]4p$:$^2P_{3/2,1/2}$,$^2D_{5/2,3/2}$,$^2F_{7/2,5/2}$,$3p^4[^3P]4p$:$^2S_{1/2}$,$^2P_{3/2,1/2}$,$^2D_{5/2,3/2}$,$^4S_{1/2}$,$^4P_{5/2,3/2,1/2}$,$^4D_{7/2,5/2,3/2,1/2}$.

表 5.29 是实验上测得的氩离子各电子组态的能级.

表 5.29 氩离子能级

电子组态	谱项	量子数 J	能级(cm^{-1})	电子组态	谱项	量子数 J	能级(cm^{-1})
$3s^2 3p^5$	$^2P^o$	3/2	0.0000	$3s^2 3p^4(^3P)3d$	^2D	3/2	150 474.990 0
		1/2	1 431.583 1			5/2	151 087.312 8
$3s3p^6$	^2S	1/2	108 721.53	$3s^2 3p^4(^3P)4p$	$^4P^o$	5/2	155 043.162 2
$3s^2 3p^4(^3P)3d$	^4D	7/2	132 327.362 1			3/2	155 351.120 9
		5/2	132 481.207 1			1/2	155 708.108 0
		3/2	132 630.728 1	$3s^2 3p^4(^3P)4p$	$^4D^o$	7/2	157 234.020 0
		1/2	132 737.704 1			5/2	157 673.413 6
$3s^2 3p^4(^3P)4s$	^4P	5/2	134 241.739 2			3/2	158 167.800 3
		3/2	135 085.996 0			1/2	158 428.108 7
		1/2	135 601.733 6	$3s^2 3p^4(^3P)4p$	$^2D^o$	5/2	158 730.299 7
$3s^2 3p^4(^3P)4s$	^2P	3/2	138 243.644 2			3/2	159 393.385 0
		1/2	139 258.338 4	$3s^2 3p^4(^3P)4p$	$^2P^o$	1/2	159 706.533 4
$3s^2 3p^4(^3P)3d$	^4F	9/2	142 186.315 7			3/2	160 239.428 0
		7/2	142 717.096 7	$3s^2 3p^4(^1D)4p$	$^2F^o$	5/2	170 401.016 8
		5/2	143 107.680 4			7/2	170 530.404 1
		3/2	143 371.436 5	$3s^2 3p^4(^1D)4p$	$^2P^o$	3/2	172 213.880 0
$3s^2 3p^4(^1D)4s$	^2D	3/2	148 620.141 1			1/2	172 816.292 6
		5/2	148 842.467 4	Ar Ⅲ($^3P_2$)	Limit		222 848.3

在氩离子中,3p 电子被激发到 5s 和 4d,然后跃迁到 4p,$3p^4 4p$ 组态可形成多个亚稳态能级,4p 电子跃迁到 3s,可以很快回到基态.$3p^4 4p$ 组态的能级与 $3p^4 4s$ 组态所形成的多个激发态能级之间达到粒子数反转,即可实现激光输出.

$3p^4 4p$ 组态向 $3p^4 4s$ 组态跃迁发出很多条激光谱线,其中较强的是表 5.30 中的七条.

表 5.30 氩离子激光的七条强辐射谱线

上能级	下能级	波长(nm)	相对功率
$3s^23p^4(^3P)4p:{}^2S_{1/2}$	$3s^23p^4(^3P)4s:{}^2P_{1/2}$	457.9	0.35
$3s^23p^4(^3P)4p:{}^2D^o_{3/2}$	$3s^23p^4(^3P)4s:{}^2P_{3/2}$	472.7	0.30
$3s^23p^4(^3P)4p:{}^2P^o_{3/2}$	$3s^23p^4(^3P)4s:{}^2P_{1/2}$	476.5	0.75
$3s^23p^4(^3P)4p:{}^2D^o_{5/2}$	$3s^23p^4(^3P)4s:{}^2P_{3/2}$	488.0	1.50
$3s^23p^4(^3P)4p:{}^2D^o_{3/2}$	$3s^23p^4(^3P)4s:{}^2P_{1/2}$	496.5	0.70
$3s^23p^4(^3P)4p:{}^4D^o_{5/2}$	$3s^23p^4(^3P)4s:{}^2P_{3/2}$	514.5	2.00
$3s^23p^4(^3P)4p:{}^4D^o_{3/2}$	$3s^23p^4(^3P)4s:{}^2P_{3/2}$	528.7	0.34

上述谱线的跃迁也可以用图 5.26 表示.

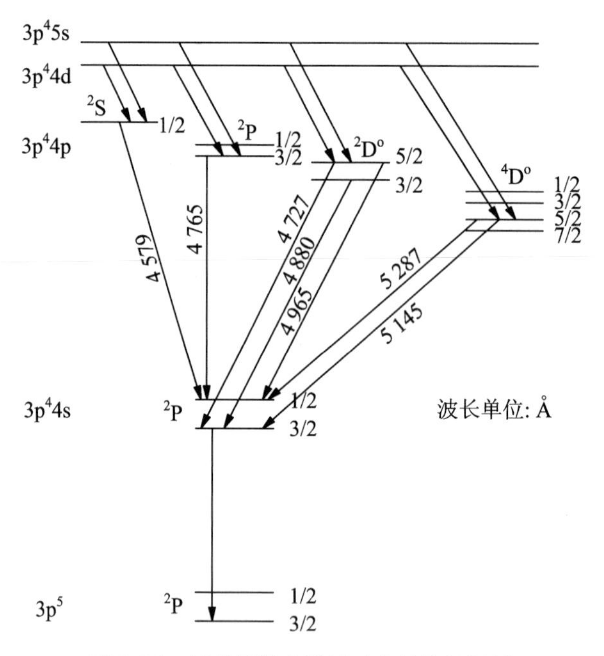

图 5.26 氩离子激光谱线对应的能级跃迁

5.7.2 氦氖激光

氦氖激光器输出的激光是由氖原子跃迁产生,氦原子的作用是将氖原子激发.基态 Ne 的电子组态为(He)$2s^22p^6$,基态能级为 2^1S_0,一个 2p 电子被激发后,

按 Jl 耦合方式形成的电子组态和能级表 5.31.

表 5.31 氖原子的能级

电子组态	原子态	量子数 J	能级(cm^{-1})	电子组态	原子态	量子数 J	能级(cm^{-1})
$2p^6$	1S	0	0.00	$2p^5(2P^o_{1/2})4s$	$^2[1/2]^o$	0	159 379.993 5
$2p^5(^2P^o_{3/2})3s$	$^2[3/2]^o$	2	134 041.840 0			1	159 534.619 6
		1	134 459.287 1	$2p^5(2P^o_{3/2})3d$	$^2[1/2]^o$	0	161 509.630 5
$2p^5(2P^o_{1/2})3s$	$^2[1/2]^o$	0	134 818.640 5			1	161 524.173 9
		1	135 888.717 3	$2p^5(2P^o_{3/2})3d$	$^2[7/2]^o$	4	161 590.341 2
$2p^5(2P^o_{3/2})3p$	$^2[1/2]$	1	148 257.789 8			3	161 592.120 0
		0	150 917.430 7	$2p^5(2P^o_{3/2})3d$	$^2[3/2]^o$	2	161 607.260 9
$2p^5(2P^o_{3/2})3p$	$^2[5/2]$	3	149 657.039 3			1	161 636.617 5
		2	149 824.221 5	$2p^5(2P^o_{3/2})3d$	$^2[5/2]^o$	2	161 699.661 3
$2p^5(2P^o_{3/2})3p$	$^2[3/2]$	1	150 121.592 2			3	161 701.448 6
		2	150 315.861 2	$2p^5(2P^o_{1/2})3d$	$^2[5/2]^o$	2	162 408.653 6
$2p^5(2P^o_{1/2})3p$	$^2[3/2]$	1	150 772.111 8			3	162 410.173 6
		2	150 858.507 9	$2p^5(2P^o_{1/2})3d$	$^2[3/2]^o$	2	162 419.981 8
$2p^5(2P^o_{1/2})3p$	$^2[1/2]$	1	151 038.452 4			1	162 435.678 0
		0	152 970.732 8	$2p^5(2P^o_{1/2})4p$	$^2[1/2]$	0	164 285.887 2
$2p^5(2P^o_{3/2})4s$	$^2[3/2]^o$	2	158 601.115 2	$2p^5(2P^o_{3/2})4d$	$^2[7/2]^o$	4	167 000.031 7
		1	158 795.992 4	Ne Ⅱ	$2P^o$	3/2	173 929.75

除了基态之外,Ne 的各个激发态都是 Jl 耦合.

He 的基态为 $1s^2$,所形成的能级为 1^1S_0,加速电子将组态激发成 1s2s,原子态为 2^1S_0 和 2^3S_1,这两个亚稳态不能通过辐射跃迁回到 1^1S_0,所以是亚稳态.但被激发的 He 与 Ne 碰撞,则可以将 Ne 激发.如表 5.32 所示.

表 5.32 受激发氦原子与氖原子间的能量传递

He			Ne		
电子组态	原子态	能级(cm^{-1})	电子组态	原子态	能级(cm^{-1})
1s2s	$^1S_0$	166 277.440 3	$2p^5(2P^o_{1/2})5s$	$^2[1/2]^o$	166 656.511 4
			$2p^5(2P^o_{1/2})3p$	$^2[3/2]$	150 858.507 9
	$^3S_1$	159 855.974 5	$2p^5(2P^o_{3/2})4s$	$^2[3/2]^o$	158 795.992 4
			$2p^5(2P^o_{3/2})3p$	$^2[3/2]$	150 121.592 2

受激 Ne 的主要辐射跃迁见表 5.33,其中 Ne 的 5s→4p 跃迁,发出 3.39 μm 的辐射,5s→3p 跃迁,发出 632.8 nm 的辐射,4s→3p 跃迁,发出 1.15 μm 的辐射,4p、3p 跃迁到 3s,然后通过壁垒碰撞回到基态.

表 5.33 氖原子的激光谱线及相应的跃迁

波长(nm)	电子跃迁	原子态跃迁	$J_k \to J_i$
3 392.5	$2s^2\,2p^5(^2P^o_{1/2})5s \to 2s^2\,2p^5(^2P^o_{1/2})4p$	${}^2\left[\frac{1}{2}\right]^o \to {}^2\left[\frac{3}{2}\right]^o$	1→2
632.816 4	$2s^2\,2p^5(^2P^o_{1/2})5s \to 2s^2\,2p^5(^2P^o_{1/2})3p$	${}^2\left[\frac{1}{2}\right]^o \to {}^2\left[\frac{3}{2}\right]^o$	1→2
1 152.5019 4	$2s^2\,2p^5(^2P^o_{3/2})4s \to 2s^2\,2p^5(^2P^o_{3/2})3p$	${}^2\left[\frac{3}{2}\right]^o \to {}^2\left[\frac{3}{2}\right]$	1→1

氦氖之间的能量传递和氖的激光输出可用图 5.27 表示.

5.7.3 氦镉激光

氦镉激光的工作方式与氦氖激光相似,固态金属镉在加热炉(称镉炉)中受热成镉原子蒸气,受到电子碰撞激发的氦原子再碰撞镉,将其激发和电离.

两条主要的激光谱线,441.563 nm 来自镉离子中 5s→5p 的跃迁,而 325.25240 nm 来自镉原子 7s→5p 的跃迁.

表 5.34 是镉离子中的激光能喙,表 5.35 是镉原子中的激光能级,能级间的跃迁如图 5.28.

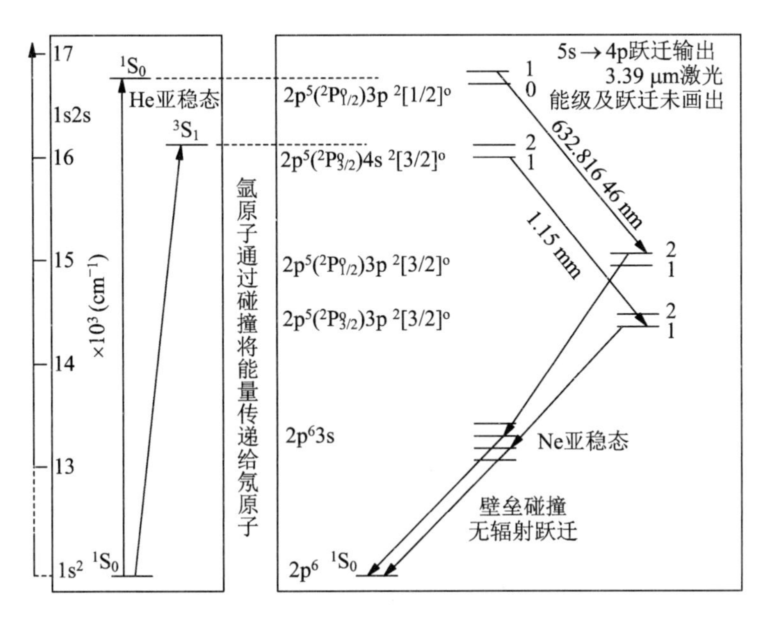

图 5.27 氦氖激光的激发及跃迁

表 5.34 镉离子(Cd Ⅱ)中的激光能级

电子组态	原子态	量子数 J	能级(cm^{-1})
$4d^{10}5s$	^2S	1/2	0.00
$4d^{10}5p$	$^2P^o$	1/2	44 136.08
		3/2	46 618.55
$4d^95s^2$	^2D	5/2	69 258.91
		3/2	74 893.66

表 5.35 镉原子(Cd Ⅰ)中的激光能级

电子组态	原子态	量子数 J	能级(cm^{-1})
$5s^2$	^1S	0	0.000
5s5p	$^3P^o$	0	30 113.990
		1	30 656.087
		2	31 826.952
5s7s	^3S	1	62 563.435
	^1S	0	63 086.896

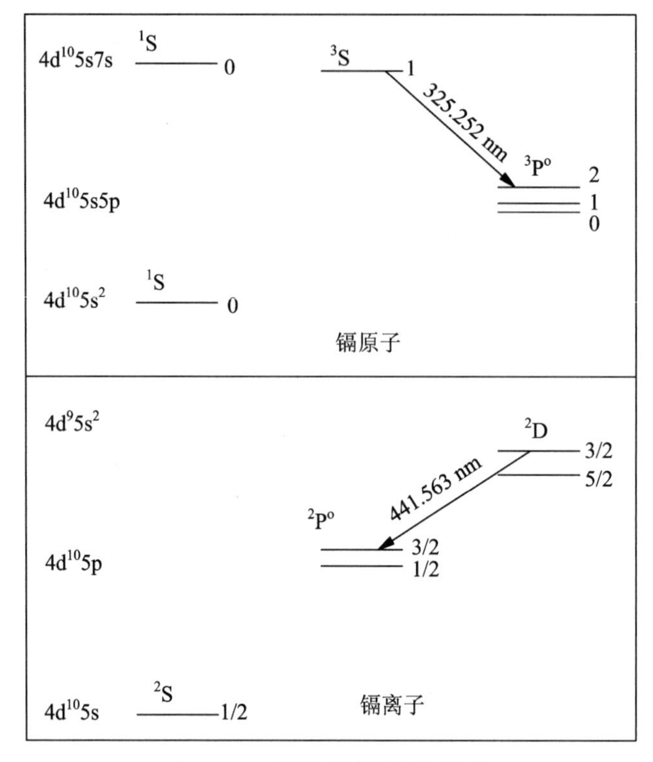

图 5.28 氦镉激光谱线的跃迁

5.8 X 射 线

5.8.1 X 射线的产生及其性质

1. X 射线的发现

X 射线是伦琴"偶然"发现的. 1895 年,在德国维尔茨堡大学任教授的伦琴开始研究由赫兹、希托夫(Johann Wilhelm Hittorf)、克鲁克斯、特斯拉(Nikola Tesla)以及勒纳德等物理学家所研制的不同种类真空放电管的外部效应. 11 月初,他使用一个带有薄铝窗的勒纳德管做放电实验,铝窗是为了让阴极射线从玻璃管中射出. 为了保护铝窗不被感应线圈(他使用的是伦科夫感应线圈)的高压脉冲损坏,他用纸板盖住真空管. 在放电的过程中,他观察到从铝窗发出的射线使一块涂有铂氰酸钡[$BaPt(CN)_6$]的纸片发出了荧光.他设想,比勒纳德管厚得多的希托夫-克鲁克斯玻璃管也能引起这种效应.8 日傍晚,伦琴开始验证他的设想,他用黑纸板将希托夫-克鲁克斯放电管仔细地包裹严实,然后开始放电,以确认没有光透过纸板.这时,他注意到在距离放电管一米开外处有荧光闪现,多次重复,依然如此.于是他划燃一根火柴,结果发现荧光来自那片他准备用于下一步实验的铂氰酸钡荧光屏.

伦琴推断可能是一种新的射线导致了铂氰酸钡的发光.当天是星期五,于是他利用整个周末重复上述实验并记录了实验结果.随后的几个星期,他吃住在实验室,研究这种新射线的各种特性,并将这种未知的射线命名为"X 射线"(X-ray).伦琴发现,X 射线可以穿过包括铅在内的多种物质,他还看到了 X 射线穿过他身体后在荧光屏上显现的骨骼影像.1895 年 12 月 22 日,他为他夫人的手拍摄了历史上第一张 X 射线照片(图5.29),当伦琴夫人看到清晰的手骨时,忍不住惊叫道:"我见到了自己死后的模样!"

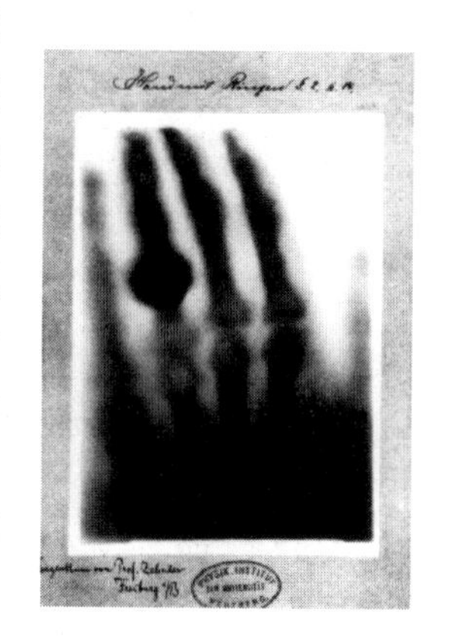

图 5.29 伦琴夫人手骨X 射线照片

发现 X 射线 50 天之后,即 1895 年 12 月 28 日,伦琴向德国维尔茨堡物理学医学学会递交了论文《关于一种新的射线》;1896 年 1 月 5 日,一家奥地利报纸报道了伦琴的新发现.X 射线发现为伦琴赢得了巨大的声誉,包括德国在内的不少国家将 X 射线命名为伦琴射线.

X 射线的发现在当时引起了极大的轰动,不仅许多科学家听到这个消息后立刻放下手头的工作开始研究 X 射线,就连社会公众也对这种射线的来源和功效兴趣盎然.

这是人类第一次发现来自物质内部的不可见辐射,受到伦琴的启发,科学家开始了对物质内部微观结构的研究,很快发现了其他种种不可见辐射,如物质的放射性、α 射线、β 射线、γ 射线等,这些研究工作很快导致了原子结构的发现.

因而可以说,伦琴在 1895 年的发现,揭开了近代物理学研究的序幕,标志着原子时代的开始.

除了用于科学研究,X 射线广泛应用于各个领域,特别是医学诊断(图 5.30).

2. X 射线管

X 射线管就是真空二极管,结构如图 5.31 所示,灯丝是阴极,阳极是某种金属,也称做**靶极**.当两极间的电压足够高时,阴极射线轰击到阳极上,就会发出 X 射线.

早期都是用克鲁克斯管产生 X 射线,现在广泛使用的 X 射线管是库利吉

(William David Coolidge)在1913年对克鲁克斯管的改进,所以也称做库利吉管或热阴极管(图5.32).库利吉管具有很好的真空度(达到10^{-4} Pa,或10^{-6} Torr),阴极用螺旋形钨丝做成,并接在一个加热回路上.

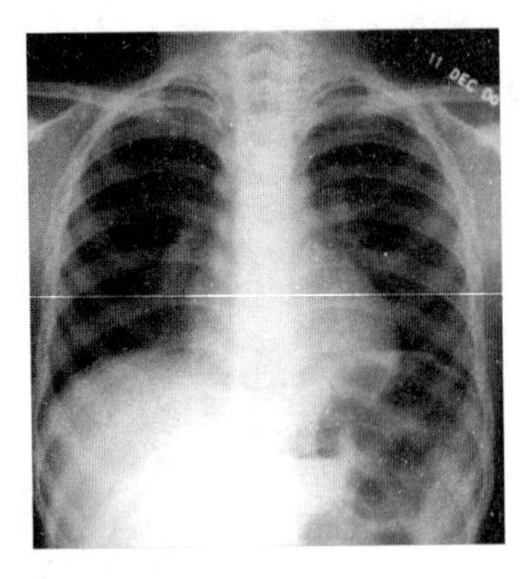

(a) X射线胸透照片

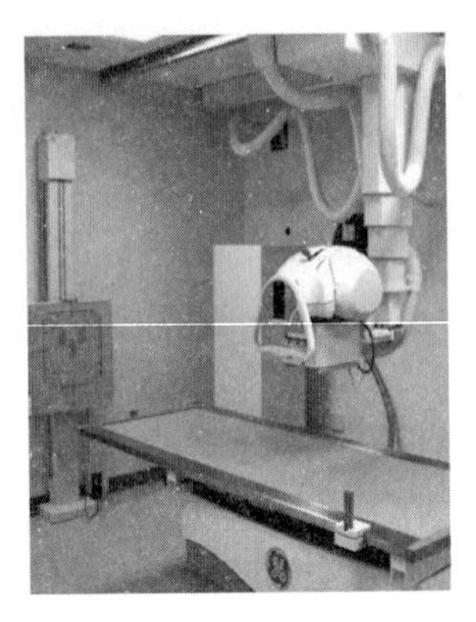

(b) 医用X光机

图5.30

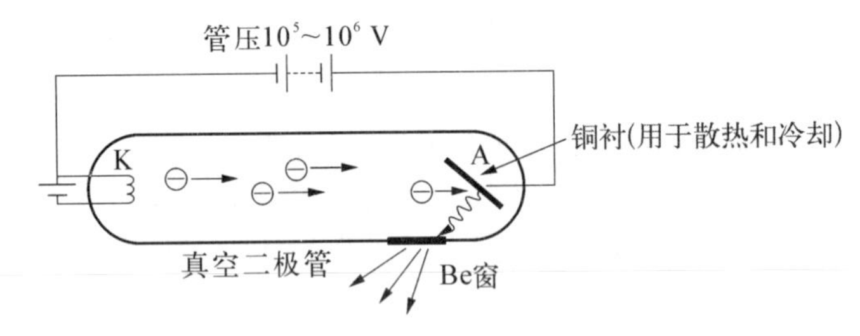

K:灯丝,阴极,发射电子
A:阳极,靶,受加速电子轰击发出X射线

图5.31 X射线管的结构

X射线管的管壁通常以玻璃制成,如图5.33,也有金属或陶瓷的密封管,为了引出X射线,管壁上用很轻的金属材料铍(Be)做透射窗口,称做**铍窗**.

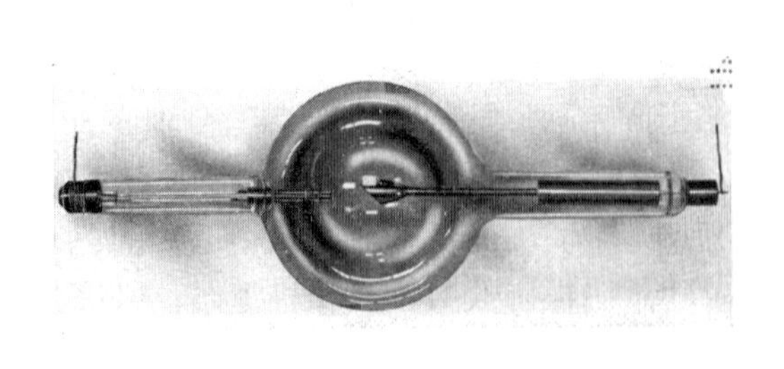

图5.32 库利吉管

图5.33 现在的X射线管

现在的 X 射线管,管压很高,通常是几万伏到几十万伏.阳极在电子束流的轰击下,温度很高,因而都要对其进行散热和冷却处理,所以阳极的靶材料都做在厚厚的铜衬上,便于散热.多数 X 射线管还要用冷却水对阳极降温.后来出现了**转靶** X 射线管,如图 5.34,阳极绕一根轴不断地转动,则电子束轮流轰击靶的不同位置,可以有效控制靶的温度,提高了 X 射线管的发射功率.

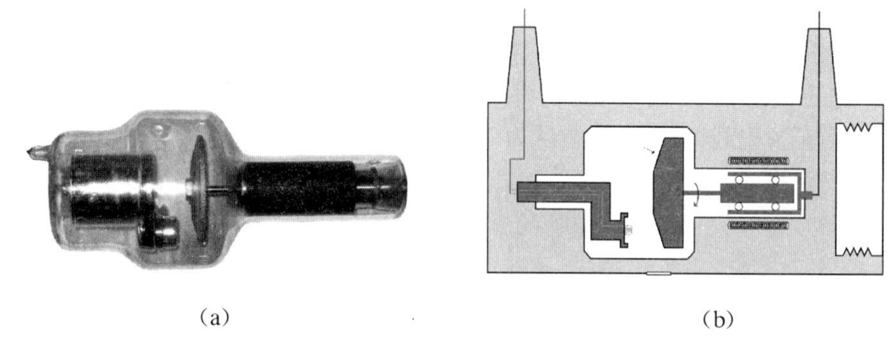

(a) (b)

图 5.34 转靶 X 射线管(a)及其结构示意图(b)

3. X 射线的性质

1906 年,巴克拉(Charles Glover Barkla,1877～1944,英国物理学家)采用**双散射**实验装置(图 5.35)发现了 X 射线的偏振特性,从而证明 X 射线是横波.

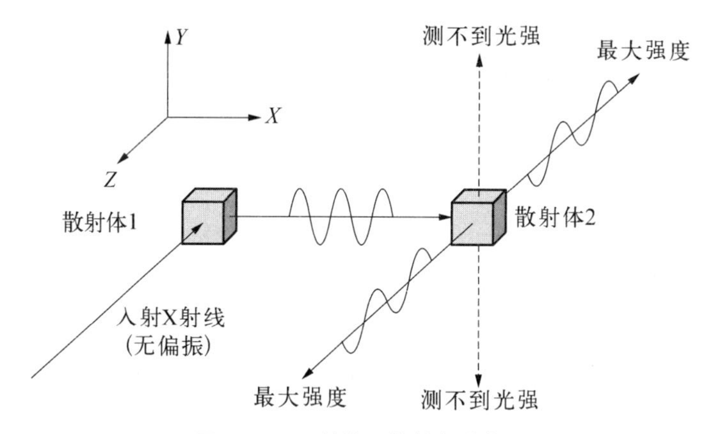

图 5.35 X 射线双散射实验装置

巴克拉由于对 X 射线性质的研究,特别是发现元素的 X 射线特征辐射(即 X 射线的标识谱)获得了 1917 年的诺贝尔物理学奖.

1912 年,根据劳厄(Max von Laue,1879～1960,德国物理学家)的建议,Paul Knipping 和 Walter Fredrich 发现了 X 射线在晶体中的衍射,证明了 X 射线是电磁波,并首次测量了 X 射线的波长.

同一年，布拉格父子（Sir William Henry Bragg，1862～1942；William Lawrence Bragg，1890～1971，英国）发现了X射线在晶体中衍射的规律，并得到了著名的布拉格公式.

利用X射线在晶体中的衍射，可以测量晶体的晶格常数，确定晶体的结构，也可以反过来标定X射线的波长.

劳厄和布拉格分别由于“发现X射线在晶体中的衍射”和“利用X射线对晶体结构进行分析”而分别获得1914年和1915年的诺贝尔物理学奖.

从电磁波谱看，X射线处于γ射线和真空紫外光之间，如图5.36.实际上，难以明确规定X射线的边界，通常认为X射线的波长范围是0.001～10 nm.其中波

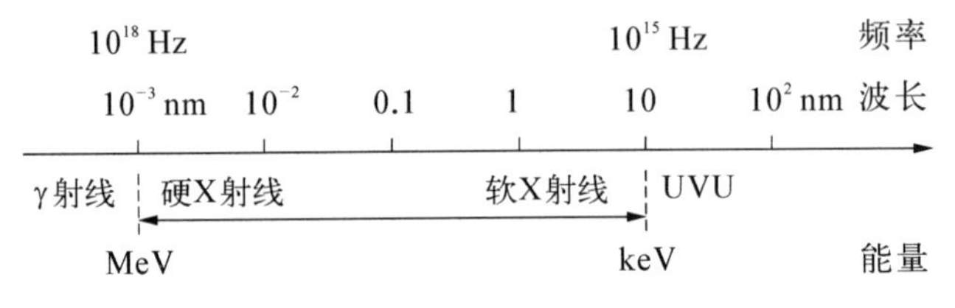

图 5.36 X射线波长范围

长较短的部分，由于穿透能力很强，被称做**硬X射线**，波长较长的部分被称做**软X射线**.

由于X射线波长的特性，它具有显著的波粒二象性.其波动性的表现是，具有很好的干涉、衍射、散射、反射、折射等特性.而其粒子性的表现则是，能够电离气体、引起光电效应、有明显的康普顿效应、荧光效应、可以做单光子记录等.

5.8.2 X射线的连续谱

研究发现，从X射线管发出的射线由带状的**连续谱**（白光）和细锐的线状谱（**特征谱**、**标识谱**）组成，如图5.37.

连续谱的范围很广，在不同的电压下，强度和波长范围都不一样，但都存在一个由管压决定的短波限λ_0.λ_0随管压的升高而变短，与阳极靶的材料无关.

短波限λ_0的存在，说明连续谱产生的机制是**轫致辐射**（也称**刹车辐射**）：即高速电子由于碰到阳极靶，突然减速，而将其动能全部或部分转化为辐射（X射线），这时

$$eU = h\nu_0 \tag{5.55}$$

于是得到短波限为

$$\lambda_0 = \frac{c}{\nu_0} = \frac{hc}{h\nu_0} = \frac{hc}{eU}$$

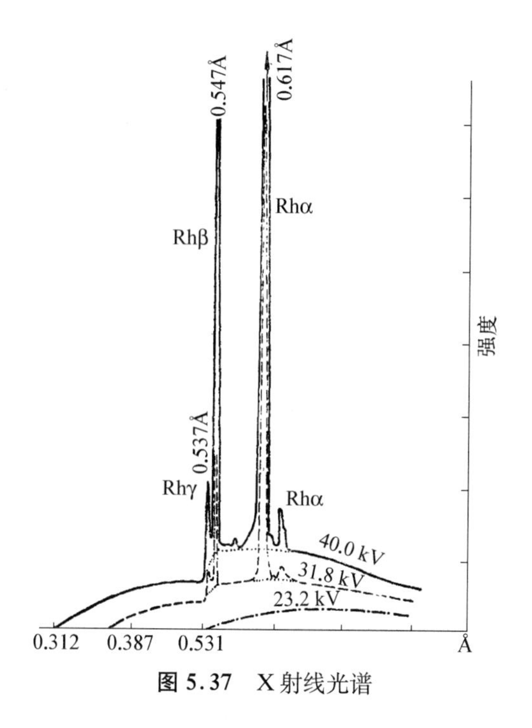

图 5.37 X射线光谱

即

$$\lambda_0 = 1\,239.810\ \mathrm{nm} \cdot U^{-1} \approx 12.4\ \mathrm{k\mathring{A}} \cdot U^{-1} \tag{5.56}$$

5.8.3 X射线的标识谱

当加在X射线管上的电压达到一定值时，可以产生的细锐线状光谱，称做标识谱.标识谱与阳极靶材有关，每一种元素都有一套自己的特定波长的X射线谱线系，所以这些线谱也是元素的特征谱.

每一种元素的特征谱都可以分为几个谱线系，按辐射硬度（波长的长短）记为K线系、L线系、M线系、N线系……

表5.36列出了某些元素的特征谱线.

表 5.36 某些常用靶材元素K线系的特征谱线 （单位：Å）

靶材	Fe	Ni	Cu	Zr	Mo
K_{β_1}	0.175 66	0.150 01	0.139 222	0.070 173	0.063 229
K_{β_2}	0.174 42	0.148 86	0.138 109	0.068 993	0.062 099
K_{α_1}	0.193 604	0.165 791	0.154 056	0.078 593	0.070 930
K_{α_2}	0.193 998	0.166 175	0.154 439	0.079 015	0.071 359

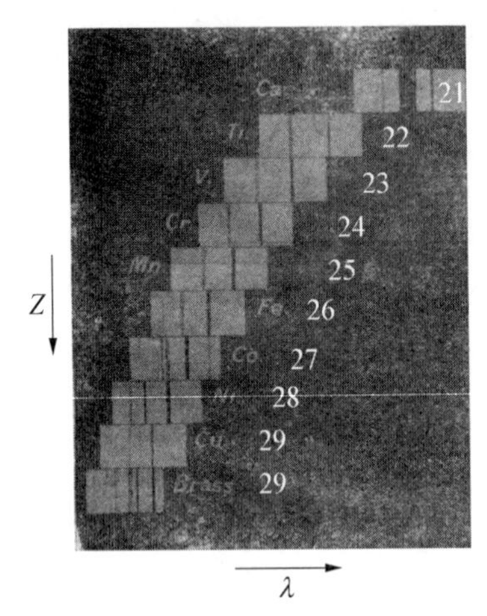

图 5.38 K线系特征辐射按波长排列

1. 莫塞莱定律

1913年,英国年轻的物理学家莫塞莱(H. G. J. Moseley,1887～1915)测量了一系列元素的K线系,发现它们只是波长不同,但有相似的结构.他将这些光谱照片按原子序数上下排列起来,同时在横向将波长对齐,则发现不同元素的谱线依次位移,如图5.38.

莫塞莱进一步以实验中测得的各个元素K线系的频率的平方根$\sqrt{\nu}$为横坐标,以原子序数Z为纵坐标作图,结果发现得到的几乎都是直线①(图5.39).

根据这些结果,并受到同一年玻尔发表的关于氢原子模型文章的启发,莫塞莱写出了各元素K线系波数$\tilde{\nu}$与原子序数间的关系

$$\tilde{\nu} = R(Z-1)^2\left(\frac{1}{1^2}-\frac{1}{2^2}\right) \tag{5.57}$$

这就是**莫塞莱定律**,其中R为里德伯常数.

通过对从Al到Au共67种元素的研究,X射线标识谱显示了如下的规律:

① 不同元素的相应谱线位置依次变化,没有周期性——非价电子跃迁辐射;

② 谱线系的结构与元素所处的化学环境无关——可能是内壳层电子受到外层电子的屏蔽,可以推断由内壳层电子跃迁产生.

与里德伯方程比较,发现K线系X射线表达式中与原子序数相关的因子是$(Z-1)$,而不是Z,由此可以推断这是电子屏蔽的结果,谱线是由内壳层电子跃迁产生的.后来,有人对L_{β_1}线系进行研究,结果发现也符合莫塞莱定律

$$\tilde{\nu} = R(Z-7.4)^2\left(\frac{1}{2^2}-\frac{1}{3^2}\right) \tag{5.58}$$

2. 标识谱的发射机理

(1) K线系:如图5.40,由于$n=1$壳层的一个电子被电离,从而产生一个空位,同时原子被激发到电离态高能级,按照玻尔理论,这时被电离的原子体系的能量是

$$E_1 = hcR(Z-1)^2 \tag{5.59}$$

---

① Moseley H G J. The High Frequency Spectra of the Elements[J]. M. A. Phil. Mag., 1913, 26: 1024; 1914, 27: 703.

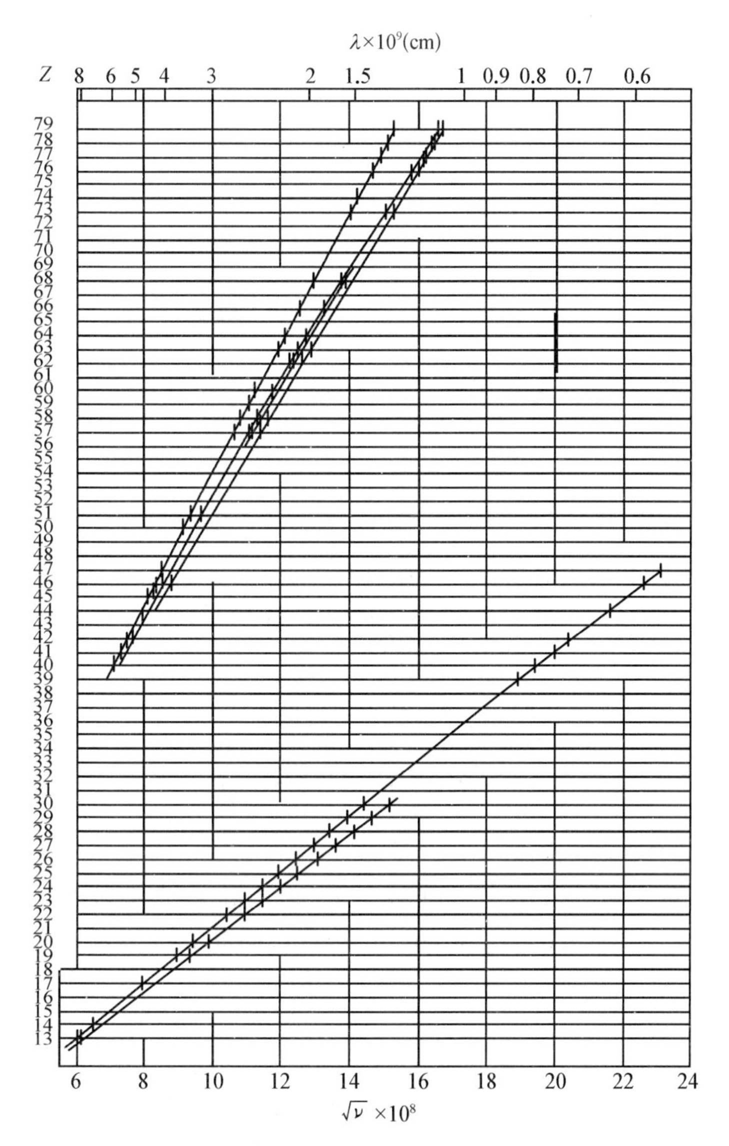

图 5.39 莫塞莱绘制的 K 线系图线

其中,由于 $n=1$ 壳层的一个电子受到了另一个电子的屏蔽,所以中心力场的有效电荷数为 $Z-1$.

原子被电离后,处于不稳定的激发态,另一个壳层(设主量子数为 m)的电子很容易跃迁过来填充空位,从而在 m 壳层留下一个空位,这样的电离态的能量为

$$E_2 = hcR\frac{(Z-\sigma)^2}{m^2} \tag{5.60}$$

其中 $Z-\sigma$ 是考虑内壳层电子对 m 壳层电子屏蔽效应的有效电荷数.

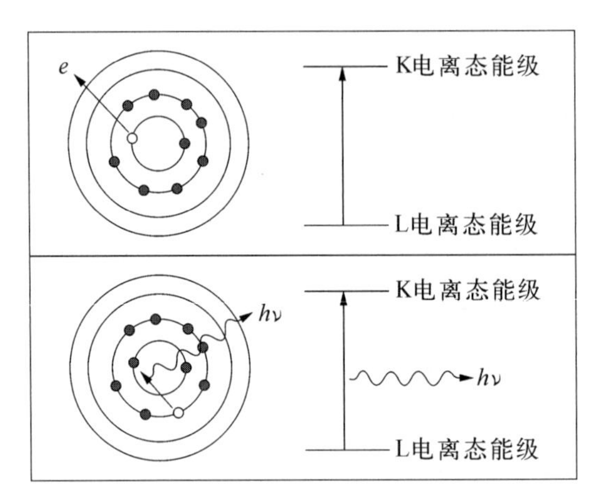

图 5.40 内壳层电子跃迁产生特征 X 辐射示意图

跃迁过程中,辐射出的光子能量为

$$\Delta E = E_1 - E_2 = hcR\left[\frac{(Z-1)^2}{1^2} - \frac{(Z-\sigma)^2}{m^2}\right]$$

如果 $m=2$,则显然 $\sigma \sim 1$,则放出的光子波数为

$$\tilde{\nu} \sim R(Z-1)^2\left(\frac{1}{1^2} - \frac{1}{2^2}\right)$$

这就是 K 线系的莫塞莱定律.

(2) L 线系:$n=2$ 壳层一个电子被电离产生空位,更外壳层的电子跃迁填补此空位,从而发出光子.对于 L_{β_1} 系,是 $m=3$ 壳层的电子补空,所以有效电荷数为 $Z-7.4$.

3. 电离态能级

相对于使价电子激发的能量而言,将内壳层电子电离的能量要大得多,所以原子被电离后的辐射大多处于 X 射线波段,这时可以不考虑其他电子,特别是价电子被激发的情况.以下详细讨论电离态的能级和跃迁.

K 壳层 ($n=1$) 电子为 $1s^2$,当其中一个电子被电离后,电子组态为 1s,状态为 $^2S_{1/2}$,标记为 K,这是最高的电离态能级.

L 壳层 ($n=2$) 的电子为 $2s^2 2p^6$,如果 2s 电子被电离,则电离态为 $^2S_{1/2}$,标记为 L_{I};如果 1 个 2p 电子被电离,则电离态为 $^2P_{1/2,3/2}$,按照洪德规则,由于电子组态为 $2p^5$,所以能级是倒转次序,$^2P_{1/2}$ 能级在上,标记为 L_{II},$^2P_{3/2}$ 能级在下,标记为 L_{III}.2s 电离态比 2p 电离态能量要高.

M 壳层（$n=3$）的电子组态为 3s3p3d，其中 s、p 电离态的情况与 L 壳层类似，按能级从高到低的次序标记为 M_{I}、M_{II}、M_{III}；d 的电离态能级为 $^2D_{5/2,3/2}$，$^2D_{3/2}$ 能级稍高，标记为 M_{IV}，$^2D_{5/2}$ 能级最低，标记为 M_{V}.

对于 N（$n=4$）、O（$n=5$）等壳层，都可以按照上面的确定各自的电离态.

上面分析的结果如图 5.41 所示，这是 Cd（电子组态为 $1s^2 2s^2 2p^6 3s^2 3p^6 3d^{10} 4s^2 4p^6 4d^{10} 5s^2$）的电离态，图中左边标出了各个电离态的能量，单位是 cm^{-1}.

图 5.41 是按照原子电离态能量的高低次序画出的，如果从电子跃迁的角度看，也可以按照电子状态的变化画出能级图. 例如，电子从 2p 跃迁到 1s，就是原子从电离态 K 跃迁到 L_{II}，因此，电子跃迁的能级图与电离态的能级图上下的次序恰好是相反的，如图 5.42.

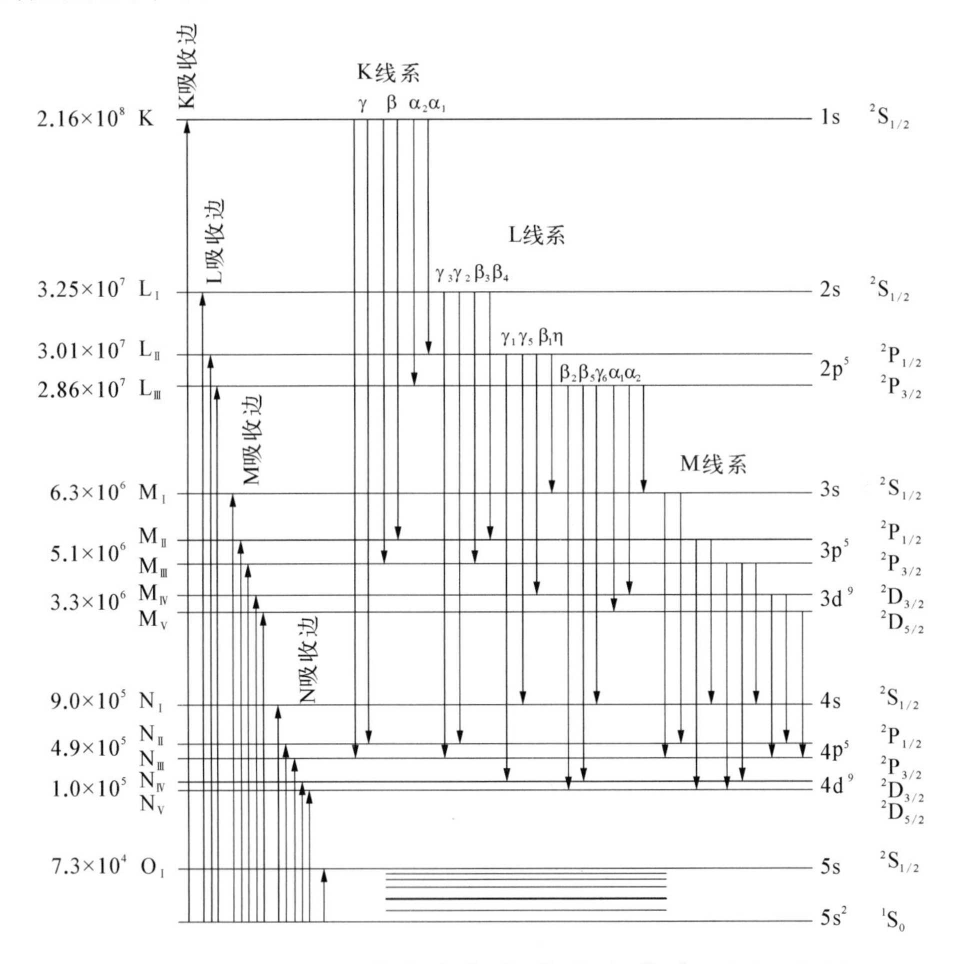

图 5.41 $_{48}$Cd（电子组态为 $1s^2 2s^2 2p^6 3s^2 3p^6 3d^{10} 4s^2 4p^6 4d^{10} 5s^2$）的各个电离态能级

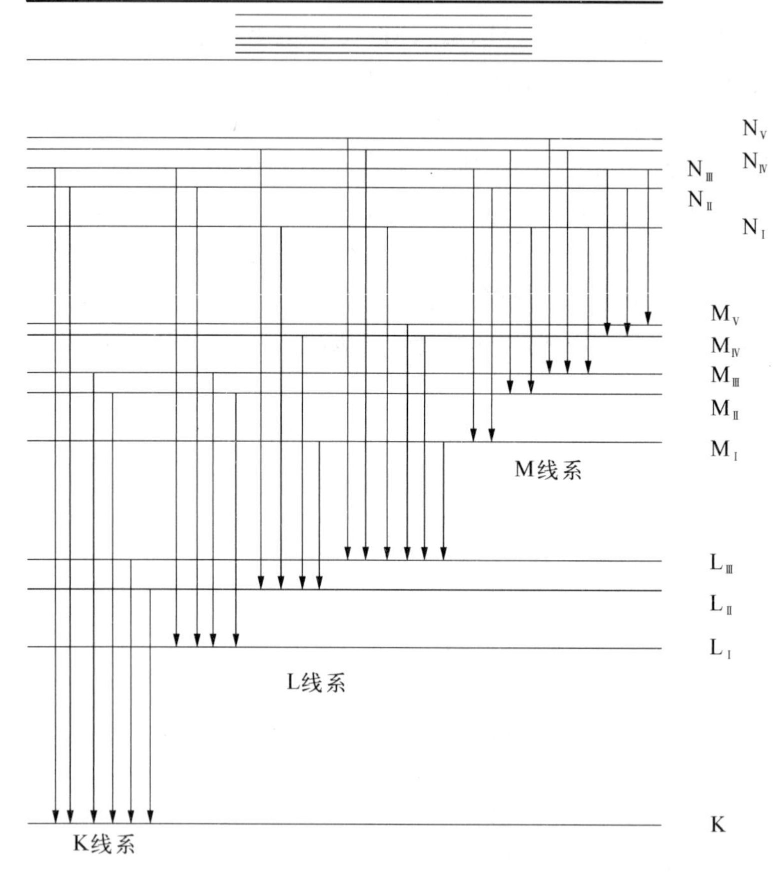

图 5.42 电子跃迁产生 X 射线的能级图

4. 标识谱的选择定则

标识谱的选择定则是：

$$\begin{cases}\Delta L = \pm 1 \\ \Delta J = 0,\ \pm 1\end{cases}$$

5. 标识谱的符号表示

内壳层电子在不同的壳层间跃迁，产生 X 射线标识谱. 标识谱的符号根据电子初态和末态标记. 例如，凡是电子末态在 K 壳层辐射，都记为 K－X 射线；凡是电子末态在 L 壳层的辐射，都记为 L－X 射线，等等，以此类推. 由于每一壳层的电子又分别属于不同的次壳层，所以，又进一步将辐射细分为 K_α，K_β，K_γ…. 表 5.37 中给出了标记方法，图 5.41、图 5.42 中也能查到某些谱线的标记.

表 5.37 X射线特征谱线的符号

谱线符号 末态 / 初态	K	L_{I}	L_{II}	L_{III}
L_{I}				
L_{II}	K_{α_2}			
L_{III}	K_{α_1}			
M_{I}			L_{η}	L_1
M_{II}	K_{β_2}	L_{β_4}		
M_{III}	K_{β_1}	L_{β_3}		
M_{IV}			L_{β_1}	L_{α_2}
M_{V}				L_{α_1}
N_{I}	K_{γ_2}	L_{γ_2}	L_{γ_5}	L_{β_3}
N_{II}	K_{γ_1}	L_{γ_3}		L_{β_3}
N_{III}			L_{γ_1}	
N_{IV}				L'_{β_2}
N_{V}				L_{β_2}
N_{VI}				
N_{VII}				

表 5.38 列出了某些元素的各个电离态能级(也称做吸收边,将在后面介绍)与特征辐射能量.

6. 俄歇效应

在某些情况下,电子跃迁填补内壳层空位时,不发射出 X 射线光子,而是使内壳层的另一个电子被电离脱离原子,这种情况称为**俄歇效应**(Auger effect),被电离出的电子称为**俄歇电子**.这一效应首先在 1923 年被法国科学家俄歇(P. Auger)发现.

由于电子很容易再次被其他原子俘获,所以只有表面处原子发出的俄歇电子才能从材料中射出,所以该效应被用作材料表面成分和结构的研究,有专门设计的俄歇电子谱仪测量从材料中逸出的俄歇电子的能谱.

表 5.38 某些元素的吸收边与特征辐射能量

（单位:keV）

	$_{26}$Fe	$_{27}$Co	$_{28}$Ni	$_{29}$Cu	$_{40}$Zr	$_{74}$W	$_{75}$Re
K	7.111 999 99	7.709 000 11	8.333 000 18	8.979 000 09	17.997 999 2	69.524 002 1	71.676 002 5
L_{I}	0.842 000 008	0.929 000 02	1.011 999 96	1.100 000 02	2.532 000 06	12.097 999 6	12.524 999 6
L_{II}	0.719 900 012	0.793 299 973	0.871 999 979	0.952 000 022	2.306 999 92	11.541 999 8	11.956 999 8
L_{III}	0.706 799 984	0.778 100 014	0.855 000 019	0.931 999 981	2.223 000 05	10.204 000 5	10.534 000 4
M	0.093 999 996 8	0.101 000 004	0.112 999 998	0.119 999 997	0.430 999 994	2.818 000 08	2.930 999 99
K_{α}	6.402 999 88	6.929 999 83	7.477 000 24	8.046 999 93	15.774 000 2	59.310 001 4	61.131 000 5
K_{β}	7.057 000 16	7.649 000 17	8.263 999 94	8.904 000 28	17.666 000 4	67.233 001 7	69.297 996 5
L_{α}	0.	0.	0.	0.	2.042 000 06	8.395 999 91	8.651 000 02
L_{β}	0.	0.	0.	0.	2.124 000 07	9.670 000 08	10.008 000 4

处于电离态时，电子向内壳层跃迁的过程中，既可以发出 X 射线，也可能放出俄歇电子. 为此，人们专门研究了上述两种过程发生概率的相对大小，并引入了各个壳层的**荧光产额**这一概念.

例如 K 壳层荧光产额的定义是

$$\omega_K = \frac{n_{K-X}}{n_{K-H}} \tag{5.61}$$

其中，n_{K-H} 是 K 层产生的空穴数，n_{K-X} 是 K 层出现空位后产生的 X 射线光子数. 则荧光产额 ω_K 就是 K 壳层有了空穴后产生 X 射线的几率，$1-\omega_K$ 就是产生俄歇电子的几率.

5.7.4 X 射线的吸收

射线通过一定厚度的材料后，由于两者间的相互作用，强度（透射出的光子数）将会减小，减小的一个主要原因是由于吸收.

1. 材料对 X 射线的普遍吸收

强度为 I 的射线经过厚度为 $\mathrm{d}x$ 的一个薄层后，强度变化了 $\mathrm{d}I$. 如图 5.43，由于射线被介质吸收，强度减小，所以 $\mathrm{d}I$ 为负值. 如果强度的变化与介质厚度是线性关系，即

$$\mathrm{d}I = -\mu I \mathrm{d}x$$

可以得到

$$I = I_0 \mathrm{e}^{-\mu x} \tag{5.62}$$

这就是吸收的线性规律，其中 μ 为线性吸收（衰减）系数.

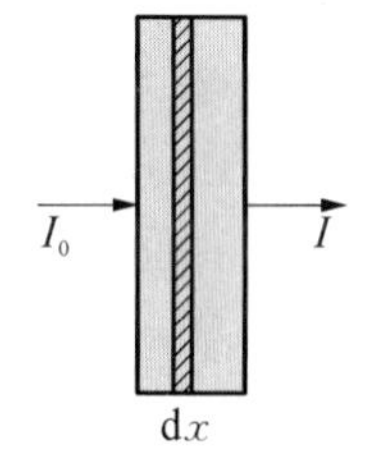

图 5.43 介质对射线的线性吸收

2. 衰减的原因

(1) 散射：射入介质中的光子，在与介质中带电粒子相互作用的过程中，偏离了最初的入射方向，这就是散射. 与大量粒子的作用，每一次小的散射将累积起来.

散射是造成衰减的一种因素，如果散射造成的衰减是线性的，则可以用一个系数表示，记为 σ，就是散射系数.

(2) 吸收（真吸收）：如果入射到介质中的光子能量被其中的原子所吸收，则可以用吸收系数表示这一效果，记为 τ，就是吸收系数.

如果只考虑这两种主要的原因，则式(5.62)中的衰减系数可写做

$$\mu = \tau + \sigma \tag{5.63}$$

有时对射线的衰减不做细分，统统称为吸收.

3. 吸收系数

上述吸收系数 τ 所表示的是经过单位厚度的介质后被吸收的强度.由于强度是能量密度,即单位面积的光通量,所以,根据强度的定义,也可以将上述吸收系数 τ 看做是通过单位面积下单位长度或单位体积介质后的吸收.

上述吸收系数除以单位体积中的原子数,即得到每个原子的吸收系数,即

$$\tau_a = \frac{\tau}{\rho N_A / A} \tag{5.64}$$

其中,ρ 为质量密度;A 为原子量;N_A 为阿伏伽德罗常数.

τ 除以单位体积的质量,即得到单位面积下单位质量物质的吸收系数

$$\tau_m = \frac{\tau}{\rho} \tag{5.65}$$

实验测量发现原子吸收系数与介质和波长的关系为

$$\tau_a = CZ^4\lambda^3 \tag{5.66}$$

其中 C 为常数

$$\tau_m = \tau_a \frac{N_A}{A} = \frac{CN_A}{A} Z^4\lambda^3 = C' \frac{Z^4}{A}\lambda^3 \tag{5.67}$$

式(5.66)和式(5.67)是介质对 X 射线普遍吸收的规律,即波长越短,吸收系数越小,穿透能力越强,因而短波 X 射线“硬度”高,介质的原子序数高,对 X 射线的吸收强,所以重元素对 X 射线吸收强得多,通常以铅等重金属作 X 射线防护.

铅的质量吸收系数与波长的关系如图 5.44 所示,其中光滑的曲线表示介质对 X 射线的普遍吸收的情况.如果以 $\sqrt[3]{\tau_m}$ 即 $\sqrt[3]{\tau/\rho}$ 为纵坐标,则曲线变为直线,如图 5.45所示.

4. 吸收边

同加速电子使内壳层电子电离一样,X 射线也能使原子电离,然后跃迁到一系列的电离态.当入射 X 射线的能量与原子电离态到基态的能级差匹配,原子强烈吸收入射的 X 射线,如图 5.41 左边的情况.在吸收曲线上,表现为突然上升.这些位置,称做 X 射线的**吸收边**(也称**吸收限**).这是电离吸收,即 X 射线使原子电离,是与发射相反的过程,不受选择定则的限制.

K 边:使 1s 电离,只有 1 个吸收边;

L_{I} 边:使 2s 电子电离;L_{II} 、L_{III} 边,使 2p 电子电离,共有 3 个吸收边;

$M_{\mathrm{I}} \sim M_{\mathrm{V}}$ 边:使 $n=3$ 的电子电离,共 5 个吸收边;

……

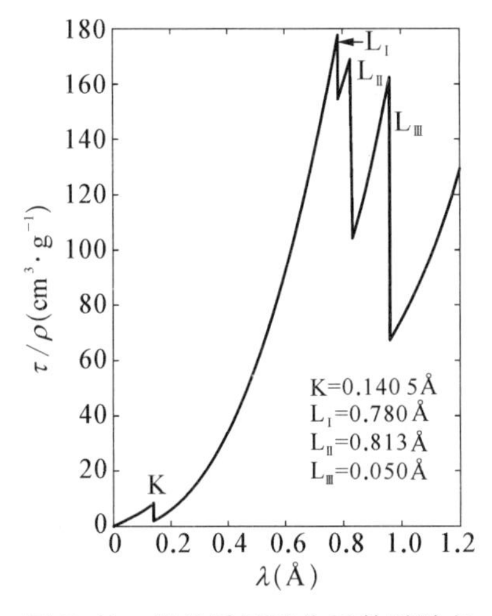

图 5.44 铅的质量吸收系数随波长的变化

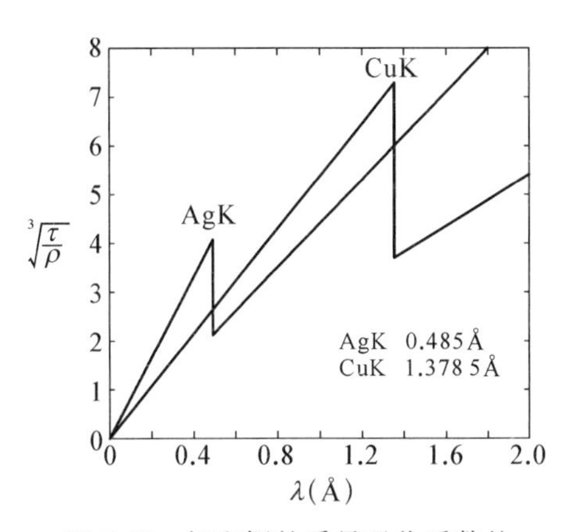

图 5.45 银和铜的质量吸收系数的三次方根与波长的关系

莫塞莱

亨利·莫塞莱(Henry Gwyn Jeffreys Moseley,图 5.46)1887 年 11 月 23 日生于英格兰多塞特郡的韦茅斯,父亲是牛津大学的生理学和解剖学教授.

莫塞莱 1906 年进入牛津大学的三一学院(Trinity College,Oxford,图 5.46).毕业后与欧内斯特·卢瑟福共同工作于曼彻斯特大学.第一年他主要致力于教学工作,几年后完成教学任务的莫塞莱全力投身于科研.

图 5.46 莫塞莱

1913 年莫塞莱采用布拉格 X 射线光谱仪研究不同元素的 X 射线的标识谱,发现不同元素所产生的特征 X 射线的波长不同.他把测得五十多个元素所产生的特征 X 射线按波长排列在一起,发现可以用一个极其简单的数学公式表示谱线波数与原子序数间的关系,这就是莫塞莱定律.莫塞莱还发现研究了等电子体系光谱线的特征.

1914 年他离开了曼彻斯特,回到牛津继续他的研究.在第一次世界大战爆发后,他加入英国军队的皇家工程师军团(Corps of Royal Engineers).1919年8月10日,在与奥斯曼帝国的加里波利战役中不幸阵亡,年仅27岁.

科学界公认,若非英年早逝,莫塞莱应与巴克拉共享1917年的诺贝尔物理学奖.他的工作被瑞典乌普沙拉(Uppsala)大学的卡尔·西格巴恩(Karl Manne Georg Siegbahn)进一步发展,西格巴恩1924年由于X射线光谱学的研究被授予诺贝尔物理学奖.

5.8.5 X射线医学成像

伦琴夫人的手骨照片是第一张X射线医学照片,X射线成像是非常重要的医学诊断技术.

1. X射线透视与成像

这是最基本的X射线透射医学影像,利用透射X射线形成.由于不同物质对X射线吸收的差异,生命体中不同的组织,例如骨骼、肌肉、体液、血管等,对X射线的吸收也不同;同一种组织,密度不同,吸收也不同.因而,生命体的生理结构就通过透射光的强弱分布反映出来.

X射线也能对生命体造成累加的、不可逆转的损伤,高剂量辐射的伤害尤为严重,因而医用X射线的强度较弱,每人次使用的时间也限制严格.

X射线能使一些物质发出可见光,用这些物质可以做成X射线荧光显示屏,X射线也可以使照相底版曝光.

骨骼由于密度较大,对X射线吸收较强,所以只有较强的入射光才能有显著的透射.由于不能用强光长时间照射,所以对骨骼诊断往往用照相法,拍摄一张X射线照片.

其他器官可以使较弱的X射线透射,辐射强度较低,因而可以采用显示屏成像的方式观察一段时间的动态过程,作出更准确的诊断.肺部、心脏、血管等器官的诊断往往采用这种方式.

2. X射线CT

CT是Computerized tomography的缩写,意为计算机断层成像术.X射线CT就是利用计算机程序对扫描X射线的透射强度进行处理,从而获得生命体某一个断层图像的技术.

CT的原理可以用图5.47表示,使一束很细的沿水平方向入射,竖直X射线扫过一个截面,并逐点记录透射光强,即可得到该截面竖直方向的吸收密度.使光束转到竖直方向,再水平扫过该截面,根据逐点记录的透射光强,又可得到该截面水平方向的吸收密度.将上述信息进行综合处理,即可得到该截面上各点的吸收情况,从而判断该截面上各点的组织结构特征.

为了使 X 射线信号反映组织结构的特征，要通过解剖的方法积累大量数据，并将这些信息编制成 X 射线强度与解剖学结构关联的数据库，存入与 CT 联机的电脑中.这样，将 X 射线信号输入电脑，即可由电脑数据库合成为该断层的解剖学图像.

X 射线 CT 主要用于诊断脑部病变，可对脑组织的肿瘤、积水等症状进行判断(图 5.48).由于颅骨较薄，因而所用 X 射线强度很低.

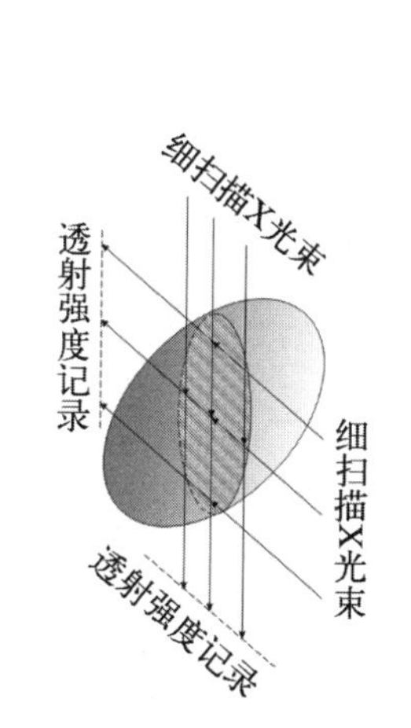

图 5.47　X 射线扫描示意

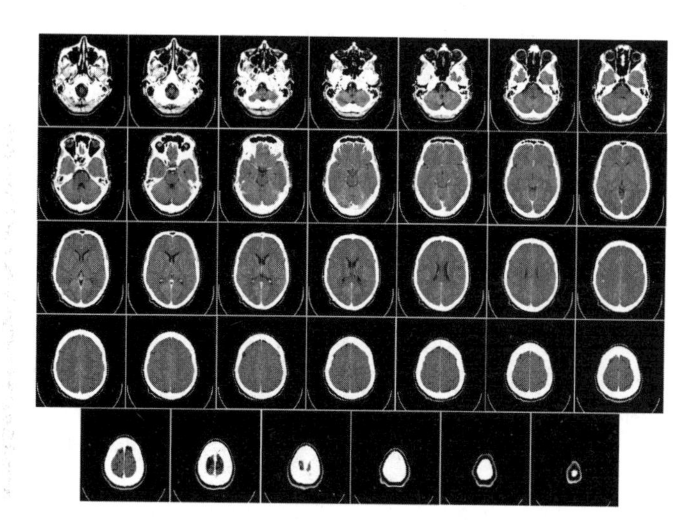

图 5.48　人脑 X 射线 CT 影像

尽管 X 射线 CT 是一种高级的检测手段，但辐射对生命体的伤害依然难以避免，患者对此应有清醒的认识，医疗机构也不应为了赚取昂贵的费用而滥用.

除了 X 射线 CT 之外，还有核磁共振 CT、pet-CT 等将物理信号与解剖学结构关联从而进行医学成像的技术.从物理学的角度看，这些技术的原理并不复杂，但需要大量的数据积累，只有技术开发者与医疗机构长期合作，才能使之成为现实.

习　题

5.1　氦原子中电子的结合能是 24.5 eV，要使该电子的两个电子逐一电离，总共需要多少能量?

5.2 He原子的两个电子处在2s3p组态，在 *LS* 耦合下可能形成的原子态有哪几种？用原子态的符号表示之.

5.3 已知He原子的两个电子分别被激发到2p和3d轨道，其所构成的原子态为^3D，这两个电子的轨道角动量之间的夹角和自旋角动量之间的夹角各是多少？

5.4 求$^3F_2$态的总角动量和轨道角动量之间的夹角.

5.5 计算$^4D_{3/2}$的 $\boldsymbol{L}$ · .

5.6 对于量子数 $S = 1/2, L = 2$，计算 $\boldsymbol{L} \cdot \boldsymbol{S}$ 的可能取值.

5.7 锌($_{30}$Zn)原子的最外壳层的电子有两个，基态时这两个电子的组态为$4s^2$，如果其中一个电子被激发到较高能量的轨道：

(1) 5s；

(2) 4p.

试求出在 *LS* 耦合的情况下，上述两种电子组态的原子态，画出相应的能级图，从(1)和(2)的情况所形成的激发态向低能级跃迁分别各有几种光谱辐射？

5.8 试以两个价电子 $l_1 = 2$ 和 $l_2 = 3$ 为例，证明不论是 *LS* 耦合还是 *jj* 耦合，都给出同样数目的可能状态.

5.9 利用 *LS* 耦合、泡利原理和洪德定则来确定碳(Z = 6)、氮(Z = 7)原子的基态.

5.10 已知He原子的一个电子被激发到2p轨道，而另一个电子还在1s轨道，试作出能级跃迁图来说明可能出现哪些光谱线的跃迁.

5.11 Ca原子的能级是单重和三重结构，三重结构中 J 大的能级高，其锐线系的三重线的频率 $\nu_2 > \nu_1 > \nu_0$，其频率间隔为 $\Delta\nu_1 = \nu_1 - \nu_0, \Delta\nu_2 = \nu_2 - \nu_1$，试求其频率间隔的比值 $\Delta\nu_2/\Delta\nu_1$.

5.12 Pb原子基态的两个价电子都在6p轨道.若其中一个价电子被激发到7s轨道，而其价电子间相互作用属于 *jj* 耦合.问此时Pb原子可能有那些状态？

5.13 有两种原子，在基态时其电子壳层是这样填充的：

(1) $n = 1$壳层、$n = 2$壳层和3s次壳层都填满，3p次壳层填了一半；

(2) $n = 1$壳层、$n = 2$壳层、$n = 3$壳层及4s、4p、4d次壳层都填满.

试问这是哪两种原子？

5.14 原子的3d次壳层按泡利原理一共可以填多少个电子？为什么？

5.15 原子中能够有下列量子数相同的最大电子数是多少？

(1) n、l、m_l；

(2) n、l；

(3) n.

5.16 试从实验得到的等电子体系KⅠ、CaⅡ等的莫塞莱图解，说明为什么在钾原子中新增的电子不填在3d而填在4s次壳层，又在钪原子中新增的电子填在3d而不填在4s次壳层.

5.17 证明：一个次壳层全部填满的原子的基态必定是$^1S_0$.

5.18 基态Be原子中的电子组态是$1s^2 2s^2$，若其中一个2s电子被激发到3p态，按照 *LS* 耦合可以形成哪些原子态？画出相应的能级图，并指出可能的辐射跃迁.如果上述电子被激发到2p态，结果又如何？

5.19 写出下列原子基态的原子态(1) $_{15}$P；(2) $_{17}$Cl；(3) $_{18}$Ar.

5.20　写出碳原子基态的电子组态，并给出可能的原子态.

5.21　分别写出硫原子($Z=16$)和铁原子($Z=26$)的基态电子组态，并根据洪德定则确定基态的原子态.

5.22　分别以 LS 耦合和 jj 耦合写出 3p3f 电子组态的原子态，并证明它们具有相等的状态数.

5.23　写出两个等效和非等效的 d 电子可能形成的原子态.

5.24　写出下列光谱项所表示的原子态的量子数，并指出哪些原子态是不存在的：$^2S_{3/2}$、$^3D_2$、$^5P_3$.

5.25　试画出从^4D到^4P态的所有可能的电偶极辐射跃迁.

5.26　求出电子组态 $1s^22s^22p^53p^1$ 在 LS 耦合下所有可能的谱项，并以原子态符号表示.

5.27　某种原子服从 LS 耦合，它的一个五重态中相邻能级间隔之比为 1∶2∶3∶4(按能量增加的次序)试确定这些能级的量子数 S、L、J.

5.28　电子组态 $1s^22s^22p^2$，可以形成哪些原子态？基态是什么？

5.29　碳原子的某一激发态为三重结构，三层精细能级分别比基态高出 60 333 cm^{-1}、60 353 cm^{-1}、60 393 cm^{-1}：

(1) 已知碳原子为 LS 耦合，试确定这些精细结构能级的量子数 S、L、J；

(2) 碳原子的基态也是三重结构，其量子数 J 分别为 0,1,2，试给出这两个态的精细结构能级图，标明相应的能级符号，并画出可能的电偶极辐射跃迁.

5.30　如果原子中电子的状态以量子数 n、l、s、j、m 表示，试求 $n=3$ 的壳层上最多可以容纳多少个电子？

5.31　证明 $l=1$ 的次壳层上有 5 个电子时的角动量与只有 1 个电子时相同.

5.32　某 X 光机的高压为 10^5 V，问发射光子的最大能量为多大？算出发射 X 光的最短波长.

5.33　已知 Cu 的 K_α 线波长是 0.154 2 nm，以此 X 射线与 NaCl 晶体自然面成 $15°50'$ 角入射而得第一级极大. 试求 NaCl 的晶体常数 d.

5.34　铝(Al)被高速电子束轰击而产生的连续 X 光谱的短波限为 0.5 nm. 问这时是否也能观察到其标识谱 K 线系？

5.35　已知 Al 和 Cu 对于波长 $\lambda=0.07$ nm 的 X 光的质量吸收系数分别是 0.5 $m^2\cdot kg^{-1}$ 和 5.0 $m^2\cdot kg^{-1}$，Al 和 Cu 的密度分别是 2.7×10^3 $kg\cdot m^{-3}$ 和 8.93×10^3 $kg\cdot m^{-3}$. 现若分别单独用 Al 板或 Cu 板作挡板，要使波长为 0.07 nm 的光的强度减至原来的 1%，问要选用多厚的 Al 板或 Cu 板？

5.36　为什么在 X 光吸收谱光谱中 K 系带的边缘是简单的，L 系带是三重的，M 带是五重的？

5.37　试证明 X 光标识谱和碱金属原子光谱有相仿的结构.

5.38　硼原子的电离能是 8.3 eV，它的 1s 电子的结合能是 253.9 eV. 若用电子轰击硼靶，电子至少要有多大的动能才能产生 KX 射线.

5.39　已知某元素的 K_αX 射线的能量是 6.375 keV，问这是哪种元素？

5.40　X 射线管的加速电压为 45 kV 时，发射的最短波长是多少？

5.41 X射线管的加速电压从10 kV增加到20 kV时，发射谱的K_α线与短波限的波长差增加到2倍，问阳极是由哪种材料构成的？

5.42 测得钨的X射线K吸收限是0.178 2 Å，试求K壳层的电子能量E_k，如果将钨原子的核外电子逐个电离，只剩下一个电子与原子核构成类氢离子，试求该离子的基态能量E_1.说明为什么E_k和E_1不同.

5.43 已知镍的K_α线的波长为1.66 Å，K_β线的波长为1.50 Å，K吸收限为1.49 Å.

(1) 确定镍的原子序数Z；

(2) 用高能电子轰击镍靶，若要观察到L_α线，电子的动能至少要多大？这时产生的连续X射线谱的短波限是多少？

5.44 根据下表中所给的数据，求：

元　素	K壳层束缚能(keV)	K_α(keV)	K_β(keV)
Zr	17.996	15.7	17.7
Nb	18.986	16.6	18.6
Mo	20.000	17.4	19.6

(1) 上述元素的L壳层束缚能；

(2) Zr的原子序数.

5.45 用Mo的K_α线特征X射线，在NaCl天然晶体的晶面上反射，当掠射角为7.27°时，产生一级衍射极大，已知晶体的密度为2 165 kg·m^{-3}，求其晶格常数和阿伏伽德罗常量.

5.46 用钨的K_α线(E = 59.1 keV)照射真空中的银，由银表面飞出的电子的能量有55.8 keV、33.7 keV、21.6 keV和18.8 keV，分别指出产生这些电子的物理过程(已知银的K吸收限$E=25.4$ keV，L吸收限$E=3.3$ keV，M吸收限$E=0.5$ keV).

5.47 (1) 已知钨的K吸收边是0.017 8 nm，K线系的波长为λ_{K_α} = 0.021 0 nm；λ_{K_β} = 0.018 4 nm；λ_{K_γ} = 0.017 9 nm. 画出钨的能级并给出其K,L,M,N壳层的能级；

(2) 试给出激发钨的L线系的最低能量以及L线的波长.

5.48 X射线通过铝片，每片厚0.4 cm.当X射线分别通过0,1,2,3和4片时，用盖革计数器测得的计数分别是：8×10^3 min^{-1}，4.7×10^3 min^{-1}，2.8×10^3 min^{-1}，1.65×10^3 min^{-1}和9.7×10^2 min^{-1}，试计算铝的线吸收系数.

6 磁场中的原子

本章要点　原子的磁矩　顺磁共振　塞曼效应

6.1 原子的磁矩

6.1.1 原子的有效总磁矩

1. 原子磁矩产生的原因

原子中的电子都是处于运动状态的,电子的运动可以用轨道角动量和自旋角动量描述.带电粒子的运动会产生磁效应,即会产生磁场和磁矩.在第2章和第4章中已经说明了电子的运动所产生的磁场和磁矩与角动量之间的关系.

需要指出的是,原子核中的质子也带电荷,因而质子的运动也会使原子核带有磁矩,则整个原子的磁矩就是其中电子磁矩与核磁矩的体现.但是,由于质子的质量比电子大得多,因而其角动量和磁矩都比电子要小得多,在很多情况下,即不需要考虑能级和光谱的超精细结构时,可以不计核的磁矩,而只考虑所有核外电子的磁矩即可.

电子的磁矩有以下特点:

(1) 包括轨道磁矩 μ_l 和自旋磁矩 μ_s.

(2) 满壳层、满次壳层的电子,总磁矩等于0.

满次壳层中,电子都是成对的.量子数为 l 的次壳层,其中电子的轨道角动量 p_l 共有 $2l+1$ 个空间取向,即磁量子数 $m_l=-l,-(l-1),\cdots,-1,0,1,\cdots,l-1,l$,$p_l$ 在 z 方向的分量分别为 $p_{l_z}^{m_l}=m_l\hbar$,则总的轨道角动量在 z 方向的分量 $P_{L_z}=\sum\limits_{m_l=-l}^{l}p_{l_z}^{m_l}=\sum\limits_{m_l=-l}^{l}m_l\hbar=0$.而对于每一个磁量子数 m_l,自旋磁量子数 m_s

只能有两个不同的取值，即 $m_s = 1/2$ 或者 $m_s = -1/2$，成对的电子，其总自旋角动量在 z 方向的分量为 $P_{S_z} = \sum\limits_{m_s=-\frac{1}{2},\frac{1}{2}} p_{s_z}^{m_s} = (-1/2+1/2)\hbar = 0$.

由于磁矩与角动量一一对应，满次壳层的电子的总轨道角动量和总自旋角动量都等于 0，则它们的总轨道磁矩和总自旋磁矩也都等于 0，即总的磁矩等于 0.

(3) 只需要考虑未满次壳层中电子的磁矩，即只需要考虑价电子的磁矩即可.

对于不同的情况，要分别计算.

单电子原子，即未满次壳层中只有一个电子，则该电子的总磁矩就是原子的磁矩；多电子原子，角动量要进行耦合，所以还要针对不同的耦合类型，采取不同的方法进行计算.

以下分别讨论不同类型原子的磁矩.

2. 单电子原子的有效总磁矩

单个未成对电子，其轨道角动量记为 $\boldsymbol{p}_l$，自旋角动量记为 $\boldsymbol{p}_s$，相应的磁矩分别记为 $\boldsymbol{\mu}_l$、$\boldsymbol{\mu}_s$，磁矩与角动量之间的关系为

$$\boldsymbol{\mu}_l = -\frac{e}{2m_e}\boldsymbol{p}_l \tag{6.1}$$

$$\boldsymbol{\mu}_s = -\frac{e}{m_e}\boldsymbol{p}_s \tag{6.2}$$

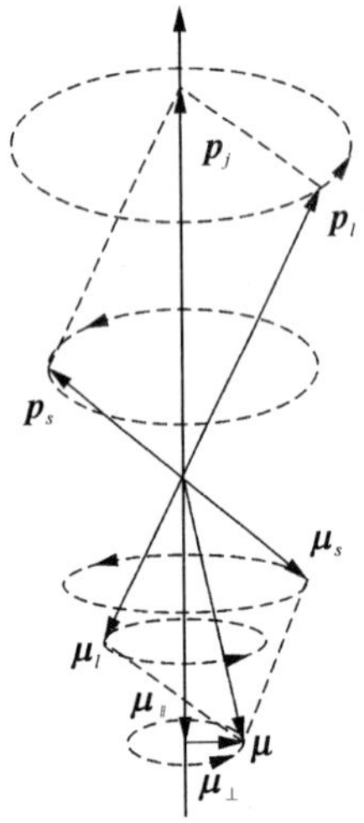

由于电子带有负电荷，所以磁矩的方向与角动量的方向相反.

上述两角动量合成为电子的总角动量 $\boldsymbol{p}_j$. 在没有外场作用的情况下，总角动量 $\boldsymbol{p}_j$ 是守恒量，其方向和大小都不改变，而轨道角动量 $\boldsymbol{p}_l$ 和自旋角动量 $\boldsymbol{p}_s$ 则分别绕着总角动量 $\boldsymbol{p}_j$ 旋进（进动）. 上述物理过程可以用数学表达式表示为

$$\boldsymbol{p}_l + \boldsymbol{p}_s = \boldsymbol{p}_j \tag{6.3}$$

轨道磁矩 $\boldsymbol{\mu}_l$ 和自旋磁矩 $\boldsymbol{\mu}_s$ 合成为一个总磁矩 $\boldsymbol{\mu}$，即

$$\boldsymbol{\mu}_l + \boldsymbol{\mu}_s = \boldsymbol{\mu} \tag{6.4}$$

如图 6.1 所示.

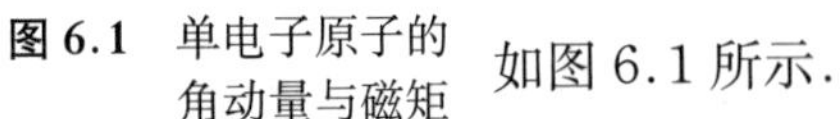

图 6.1 单电子原子的角动量与磁矩

从图 6.1 中可以看出，由于 $\boldsymbol{\mu}_l : \boldsymbol{\mu}_s \neq \boldsymbol{p}_l : \boldsymbol{p}_s$，所以总磁矩 $\boldsymbol{\mu}$ 与总角动量 $\boldsymbol{p}_j$ 并不平行，总磁矩 $\boldsymbol{\mu}$ 也绕总角动量 $\boldsymbol{p}_j$ 旋进（进动）.

可以将 $\boldsymbol{\mu}$ 正交分解，得到

$$\boldsymbol{\mu} = \boldsymbol{\mu}_\perp + \boldsymbol{\mu}_{/\!/} \tag{6.5}$$

其中$\boldsymbol{\mu}_{\perp} \perp \boldsymbol{p}_j$，$\boldsymbol{\mu}_{/\!/} /\!/ \boldsymbol{p}_j$. 由于$\boldsymbol{\mu}$绕$\boldsymbol{p}_j$旋转，所以$\boldsymbol{\mu}_{\perp}$对外的总效果等于0. 因而原子的**有效总磁矩**为

$$\boldsymbol{\mu}_j = \boldsymbol{\mu}_{/\!/} \tag{6.6}$$

6.1.2 朗德 g 因子

为了使磁矩与角动量间有统一的表达式，引入了**朗德 g 因子**（Landè g factor）. 即将式(6.1)和式(6.2)形式上统一为

$$\boldsymbol{\mu}_l = -\frac{e}{2m_e}\boldsymbol{p}_l = -g_l\frac{e}{2m_e}\boldsymbol{p}_l \tag{6.7}$$

$$\boldsymbol{\mu}_s = -\frac{e}{m_e}\boldsymbol{p}_s = -g_s\frac{e}{2m_e}\boldsymbol{p}_s \tag{6.8}$$

可以看出，其中$g_l = 1$，$g_s = 2$.

需要说明的是，最初乌伦贝克和古德斯密特引入电子自旋假设时，为了与已有的实验结果一致，认为自旋磁矩与自旋角动量之间应当满足上述关系式(6.8). 狄拉克从量子力学也导出了自旋磁矩与自旋角动量的关系，与乌伦贝克和古德斯密特的假设一致，随后的实验也证实了自旋的朗德因子$g_s = 2$. 但到1947年，美国物理学家库什（Polykarp Kusch，1911～1993）通过精确的实验测量发现，电子的自旋磁矩与狄拉克的理论结果之间有一定的偏差，电子自旋的朗德因子应当表示为$g_s = 2(1+a)$，其中a表示实际的朗德因子与狄拉克理论值的偏差，称做**反常磁矩**，当时测得$a \approx 1.15\times 10^{-3}$①. 库什因为精确测量了电子的磁矩而获得1955年诺贝尔物理学奖.

量子力学无法解释反常磁矩的出现，后来发展了量子电动力学，考虑了电子所产生的电磁场对电子本身作用，由此计算得到的$g_s/2 = 1+a$的理论值为

$$\frac{g_s}{2} = 1 + a = 1.001\,159\,653\,122(29)$$

而最新的实验值为②

$$\frac{g_s}{2} = 1 + a = 1.001\,159\,652\,180\,85(76)$$

1. 单电子原子的朗德因子

对于总磁矩，引入朗德因子后，相应的表达式也应当具有形式

---

① Kusch P, Foley H M. Phys. Rev., 1947, 72:1256; 1948, 73:412; 1948, 74: 250.

② Odom B, Hanneke D, D'Urso B, Gabrielse G. New Measurement of the Electron Magnetic Moment Using a One-Electron Quantum Cyclotron[J]. Physical Review Letters, 2006, 97(3): 030801.

$$\boldsymbol{\mu}_j = -g_j \frac{e}{2m_e}\boldsymbol{p}_j \tag{6.9}$$

那么式(6.9)中的朗德因子 $g_j = ?$

从图 6.1 中,不难看出,$\boldsymbol{\mu}_j$ 为 $\boldsymbol{\mu}$ 在 $\boldsymbol{p}_j$ 方向上的投影,因而可以得到

$$\begin{aligned}\boldsymbol{\mu}_j &= \left(\boldsymbol{\mu}\cdot\frac{\boldsymbol{p}_j}{p_j}\right)\frac{\boldsymbol{p}_j}{p_j} = (\boldsymbol{\mu}_l\cdot\boldsymbol{p}_j + \boldsymbol{\mu}_s\cdot\boldsymbol{p}_j)\frac{\boldsymbol{p}_j}{p_j^2} \\ &= \left(-g_l\frac{e}{2m_e}\boldsymbol{p}_l\cdot\boldsymbol{p}_j - g_s\frac{e}{2m_e}\boldsymbol{p}_s\cdot\boldsymbol{p}_j\right)\frac{\boldsymbol{p}_j}{p_j^2} = -g_j\frac{e}{2m_e}\boldsymbol{p}_j\end{aligned}$$

所以

$$g_j = \frac{g_l\boldsymbol{p}_l\cdot\boldsymbol{p}_j + g_s\boldsymbol{p}_s\cdot\boldsymbol{p}_j}{p_j^2}$$

而由矢量合成法则

$$\boldsymbol{p}_l\cdot\boldsymbol{p}_j = \frac{p_l^2 + p_j^2 - p_s^2}{2},\quad \boldsymbol{p}_s\cdot\boldsymbol{p}_j = \frac{p_s^2 + p_j^2 - p_l^2}{2}$$

所以

$$\begin{aligned}g_j &= \frac{p_l^2 + p_j^2 - p_s^2}{2p_j^2} + \frac{p_s^2 + p_j^2 - p_l^2}{p_j^2} = 1 + \frac{p_j^2 - p_l^2 + p_s^2}{2p_j^2} \\ &= 1 + \frac{j^{*2} - l^{*2} + s^{*2}}{2j^{*2}}\end{aligned} \tag{6.10}$$

其中

$$s = \frac{1}{2},\quad j = l + \frac{1}{2}$$

或

$$j = l - \frac{1}{2},\quad j^{*2} = j(j+1),\quad l^{*2} = l(l+1),\quad s^{*2} = s(s+1)$$

2. 多电子原子的有效总磁矩

(1) LS 耦合的朗德因子

由于耦合的过程可以表示为 $\boldsymbol{P}_L + \boldsymbol{P}_S = \boldsymbol{P}_J$,则朗德因子形式上与单电子一样,因而有

$$g_{LS} = 1 + \frac{J^{*2} - L^{*2} + S^{*2}}{2J^{*2}} \tag{6.11}$$

其中

$$J^{*2} = J(J+1),\quad L^{*2} = L(L+1),\quad S^{*2} = S(S+1)$$

所以,根据耦合之后所形成的原子态,可以得到 g 因子的数值.

某些特例：

如果 $S=0$，则 $J=L$，$g_{LS}=1+(L^{*2}-L^{*2})/2L^{*2}=1$，即单重态的 g 因子为 1；

如果 $L=0$，则 $J=S$，$g_{LS}=1+(S^{*2}+S^{*2})/2S^{*2}=2$，即 S 态的 g 因子为 2.

(2) Jj 耦合的朗德因子

如果原子共有 $p+1$ 个价电子，设前 p 个电子耦合之后，有效总磁矩已知，为

$$\boldsymbol{\mu}_{J_P}=-g_{J_P}\frac{e}{2m_e}\boldsymbol{P}_{J_P}$$

第 $p+1$ 个电子的磁矩可以按单电子求出，记为

$$\boldsymbol{\mu}_j=-g_j\frac{e}{2m_e}\boldsymbol{p}_j$$

参见图 6.2，$\boldsymbol{\mu}_{J_P}$ 与 $\boldsymbol{\mu}_j$ 合成所形成的有效总磁矩为

$$\boldsymbol{\mu}_J=\left[(\boldsymbol{\mu}_{J_P}+\boldsymbol{\mu}_j)\cdot\frac{\boldsymbol{P}_J}{P_J}\right]\frac{\boldsymbol{P}_J}{P_J}=-g_{Jj}\frac{e}{2m_e}\boldsymbol{P}_J$$

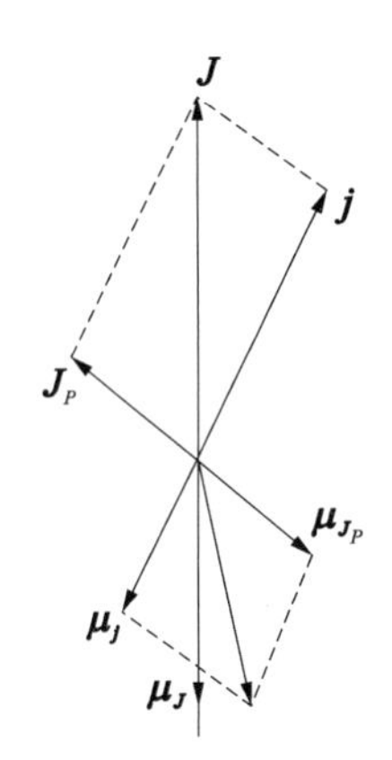

图 6.2　Jj 耦合的朗德因子

则

$$\begin{aligned}g_{Jj}&=\frac{(\boldsymbol{\mu}_{J_P}+\boldsymbol{\mu}_j)\cdot\boldsymbol{P}_J}{P_J^2}=\frac{g_P\boldsymbol{P}_{J_P}\cdot\boldsymbol{P}_J+g_j\boldsymbol{p}_j\cdot\boldsymbol{P}_J}{P_J^2}\\&=g_P\frac{P_J^2+P_{J_P}^2-p_j^2}{P_J^2}+g_j\frac{P_J^2+p_j^2-P_{J_P}^2}{P_J^2}\\&=g_P\frac{J^{*2}+J_P^{*2}-j^{*2}}{2J^{*2}}+g_j\frac{J^{*2}+j^{*2}-J_P^{*2}}{2J^{*2}}\end{aligned}\tag{6.12}$$

其中 J 为总共 $p+1$ 个电子 Jj 耦合后所得的总角动量量子数；J_P 为前 p 个电子耦合后所得总角动量量子数；j 为第 $p+1$ 个电子(最后一个)的总角动量量子数.

6.2　外磁场中的原子

6.2.1　外磁场对原子的作用

如 2.6.2 节所述，具有磁矩的原子在外磁场中，会受到力和力矩的作用，即

$$\boldsymbol{F}=\nabla(\boldsymbol{\mu}_J\cdot\boldsymbol{B})\tag{6.13}$$

$$\boldsymbol{\Gamma} = \boldsymbol{\mu}_J \times \boldsymbol{B} \tag{6.14}$$

力矩的作用，使得总角动量 $\boldsymbol{P}_J$ 绕外磁场 $\boldsymbol{B}$ 旋进（进动），这种进动称做**拉莫尔进动**. $\boldsymbol{P}_J$ 绕外磁场 $\boldsymbol{B}$ 旋进（进动）的角速度可以按以下方法求得（图 6.3）

$$\mathrm{d}P_J = P_J \sin\beta \,\mathrm{d}\theta, \quad \frac{\mathrm{d}P_J}{\mathrm{d}t} = P_J \sin\beta \frac{\mathrm{d}\theta}{\mathrm{d}t} = P_J \sin\beta\omega$$

也可以用矢量式表示

$$\frac{\mathrm{d}\boldsymbol{P}_J}{\mathrm{d}t} = \boldsymbol{\omega} \times \boldsymbol{P}_J = \boldsymbol{\Gamma} = \boldsymbol{\mu}_J \times \boldsymbol{B} \tag{6.15}$$

如图 6.4，由于拉莫尔进动，产生了一个附加的角动量 $\Delta\boldsymbol{P}_{J,Z}$，使得原子在 $\boldsymbol{B}$ 方向的总角动量改变. 记磁矩与外磁场间的夹角为 α，可以看出

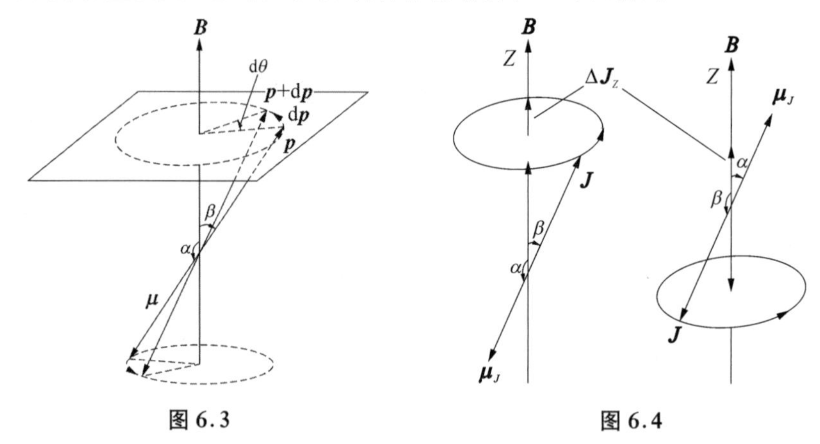

图 6.3　　　　图 6.4

$\alpha > \pi/2$，角动量方向向上，$\Delta\boldsymbol{P}_{J,Z}$ 方向向上，总角动量增大，原子能量增大；

$\alpha < \pi/2$，角动量方向向下，$\Delta\boldsymbol{P}_{J,Z}$ 方向向上，总角动量减小，原子能量减小. 由于拉莫尔进动所引起的附加能量，即磁矩与外磁场作用而产生的附加能量为

$$\Delta E = -\boldsymbol{\mu}_J \cdot \boldsymbol{B} \tag{6.16}$$

6.2.2 外磁场中原子能级的分裂

磁矩 $\boldsymbol{\mu}_J$ 在外磁场 $\boldsymbol{B}$ 的作用下，产生了如式(6.16)所表示的磁相互作用能，将磁矩的表达式 $\boldsymbol{\mu}_J = -g_J \dfrac{e}{2m_\mathrm{e}}\boldsymbol{P}_J$ 代入式(6.16)，得到

$$\Delta E = g\frac{e}{2m_\mathrm{e}}\boldsymbol{P}_J \cdot \boldsymbol{B} = g\frac{eB}{2m_\mathrm{e}}P_{J,z}$$

其中 $P_{J,z}$ 为总角动量在磁场方向的分量.

依据量子力学的原则，在外磁场中，原子的总角动量 $P_J = \sqrt{J(J+1)}\,\hbar$ 的空

间取向是量子化的，或者说总角动量在磁场方向的分量是量子化的，如图 6.5，即

$$P_{J,Z} = M\hbar \tag{6.17}$$

其中 $M = -J, -J+1, \cdots, J-1, J$，共有 $2J+1$ 个不同的取值.

则附加能量为

$$\Delta E = Mg\frac{e\hbar}{2m_e}B = Mg\mu_B B \tag{6.18}$$

说明原子在磁场中，会产生能级的进一步分裂，如图 6.6 所示. 分裂后的能级间隔为 $g\mu_B B$.

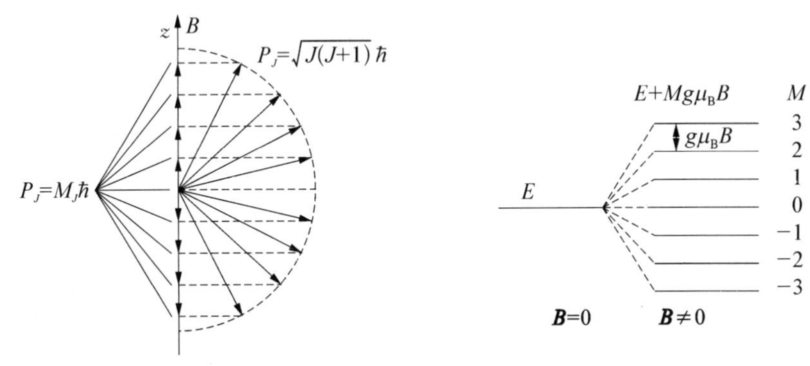

图 6.5 外磁场中角动量的空间取向量子化

图 6.6 在磁场中原子能级的进一步分裂

6.2.3 对施特恩-格拉赫实验的解释

施特恩-格拉赫实验中，在电炉内使 Ag 蒸发，具有初速度的 Ag 原子从电炉中逸出，通过两个狭缝后，成为一个细束. Ag 原子束通过一个具有梯度的磁场后，分为偏离原来方向的两束.

设原子的状态为$^{2S+1}L_J$，则其磁矩共有 $2J+1$ 个空间取向，在 z 方向梯度为 $\frac{\mathrm{d}B}{\mathrm{d}z}$ 的磁场中，受到沿 z 方向的磁场力为 $F_z = \mu \cdot \frac{\mathrm{d}B}{\mathrm{d}z}e_z = \mu_z\frac{\mathrm{d}B}{\mathrm{d}z}$.

横向速度为 v 的原子，经过长度为 L 的非均匀磁场后，按照式(2.73)，Ag 原子偏离原轨迹的位移为

$$S = \frac{1}{2M_{Ag}}\frac{\mathrm{d}B}{\mathrm{d}z}\left(\frac{L}{v}\right)^2\mu_z$$

其中，$\mu_z = \mu_{J_z} = -g\frac{e}{2m_e}P_{J,z} = -g\frac{e}{2m_e}M\hbar = -gM\mu_B$，$\mu_z$ 为磁矩在 z 方向，即磁场方向的分量. 于是有

$$S = \frac{1}{2M_{Ag}}\frac{\mathrm{d}B}{\mathrm{d}z}\left(\frac{L}{v}\right)^2 Mg\mu_B \tag{6.19}$$

Ag 原子的基态为$^2S_{1/2}$,由于 $J = 1/2$,所以 $M = -1/2, +1/2$,分为两束.

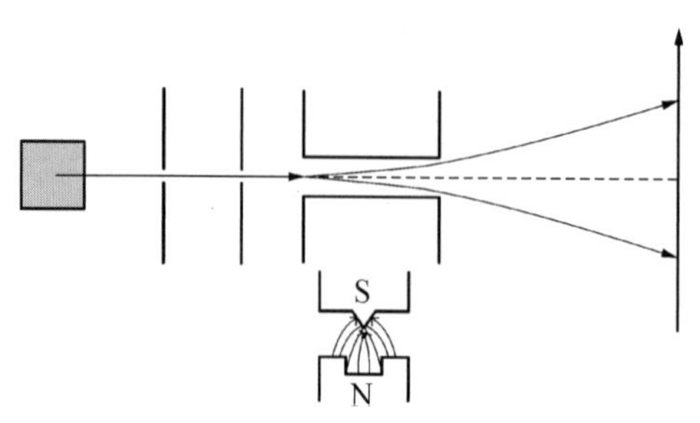

图 6.7 对施特恩-格拉赫实验的解释,进入磁场的 Ag 原子分为方向不同的两束

状态为$^{2S+1}L_J$的原子束,其磁距共有 $2J+1$ 个空间取向,在上述施特恩-格拉赫型磁场中,取向不同的原子受到的纵向作用力不同,因而共对称地分为 $2J+1$ 束.如果分子也有磁矩,在磁场中的运动特征与原子相似,具有磁矩的分子束通过上述磁场也有纵向偏移.

利用式(6.2.7),只要测量出原子束、分子束的纵向位移 S,就可以可算出原子、分子的磁矩.这就是施特恩最先发明的测量磁矩的原子束、分子束实验方法.利用这种方法,施特恩不仅测量了原子、分子的磁矩,也测量了质子的磁矩.

以施特恩的方法为基础,又进一步发展起了利用磁共振测量磁矩的技术.

6.2.4 顺磁共振

具有磁矩的原子在外磁场中出现能级分裂 $\Delta E = Mg\mu_B B$,但能级的裂距 $\Delta E = g\mu_B B \sim \mu_B B$ 较小,比可见波段光子的能量小很多,但可以与射频波段(radio frequency,简称 RF,频率 3 Hz～300 GHz)的电磁波相匹配,即

$$h\nu = g\mu_B B \tag{6.20}$$

当电磁波射入处于磁场中的原子,式(6.20)满足时,电磁波能量被吸收,于是出现共振.称为**电子顺磁共振**(electron paramagnetic resonance,缩写为 EPR)或**电子自旋共振**(electron spin resonance,缩写为 ESR).

可以估算一下与上述能级间隔所匹配的电磁波的波长,得到

$$\lambda = \frac{hc}{g\mu_B B} = \frac{0.02}{gB}\ (\text{m})$$

如果 $B = 1\ \text{T}, g = 2$,则 $\lambda \approx 2\ \text{cm}$,即电磁波差不多是厘米波段的.

实验研究表明,对于处于自由态的原子,其中若含有未成对的单电子,即对于单电子原子来说,自旋磁矩,即自旋向上和向下所产生的能级差,对能级分裂的贡献是主要的,甚至占到 99%以上,而轨道磁矩的贡献却很少.因而可以用图 6.8 表

示能级劈裂与外磁场的关系.特别是对于S态的原子,由于轨道磁矩为0,原子的总磁矩就是电子的自旋磁矩.发生顺磁共振时,电子自旋方向改变.相当于从自旋$+1/2$的状态跃迁到自旋$-1/2$的状态.

顺磁共振的实验装置如图6.9所示,样品放在磁极S、N间的微波谐振腔C中,G为电磁波发生器,D为电磁波探测器,发生器和探测器通过波导腔与谐振腔相连通.发出的电磁波通过波导腔进入谐振腔,探测器测量被样品吸收后电磁波的强度,结果由记录器R记录.

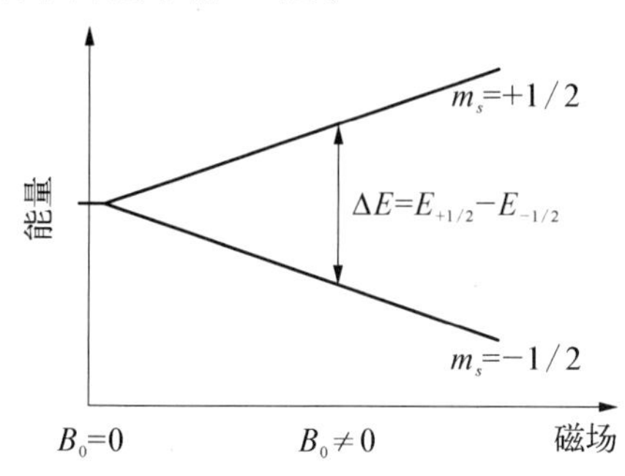

图6.8　自旋磁矩引起的能级劈裂

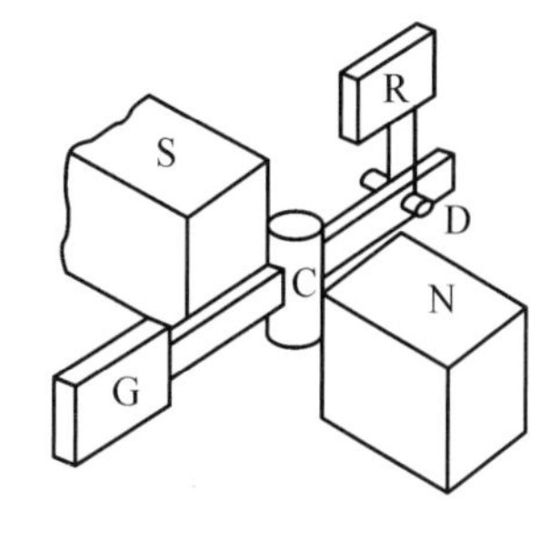

图6.9　顺磁共振的实验装置示意图

可以采用两种方式进行顺磁共振实验:

① 固定电磁场的强度,改变电磁波的频率,这种方法称做**扫频法**;

② 固定电磁波的频率,改变电磁场的强度,这种方法称做**扫场法**.

当磁场的强度B、电磁波的频率ν满足共振条件时,电磁波被强烈吸收,可以测量到共振吸收峰.$\Delta E = h\nu$就是在磁场中能级劈裂的间隔.根据式$h\nu = g\mu_B B$,可以测量此时原子(通常是基态的)的朗德g因子.

处于自由状态的原子,由于没有环境因素的影响,在磁场中能级的劈裂是等间隔的,因而顺磁共振实验中,如果吸收发生在相邻的能级之间,则只有一个共振吸收峰(图6.10).图6.11为自由电子的共振吸收峰,为了准确显示吸收的情况,磁共振仪器通常还显示吸收曲线的一阶微商,因而也可以用吸收曲线的一阶微商作为共振吸收谱.而实际上,只要能级间隔与电磁波的能量匹配,不相邻的能级间也可以产生共振吸收.所以,共振吸收峰也可以是一系列等间隔的波谱线,但是由于这时磁场强度或者电磁波频率要成倍数改变,在实验上并不容易做到.

但是,对于凝聚态的样品,由于顺磁原子中电子的运动要受到其周围近邻原子的作用,能级的劈裂有时是不等间隔的,因而会出现几个共振吸收峰,如图6.12～图6.15.每一个共振吸收峰对应一个能级间隔.出现几个共振吸收峰的情形,有时被称做波谱的精细结构,可以反映原子受到近邻原子作用的情况,可以用来研究分子结构和凝聚态物质的结构.

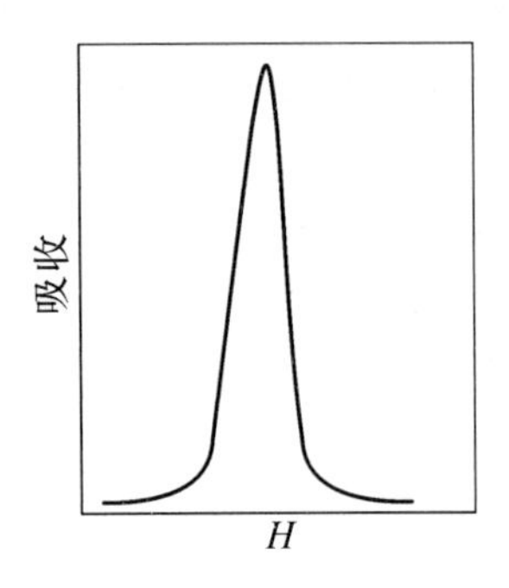

图 6.10 原子只有一个共振吸收峰

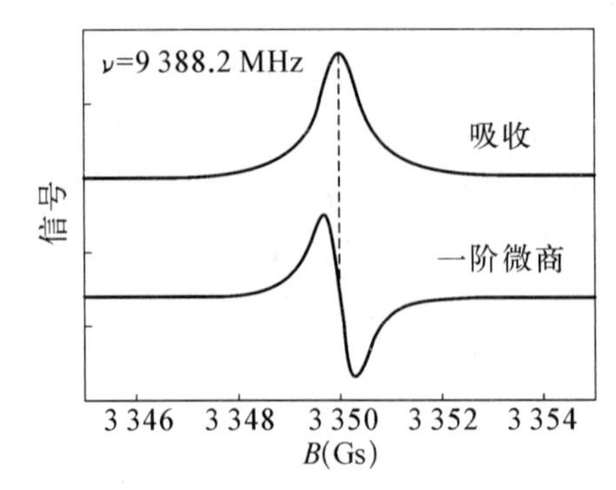

6.11 自由电子的共振吸收曲线及其一阶微商

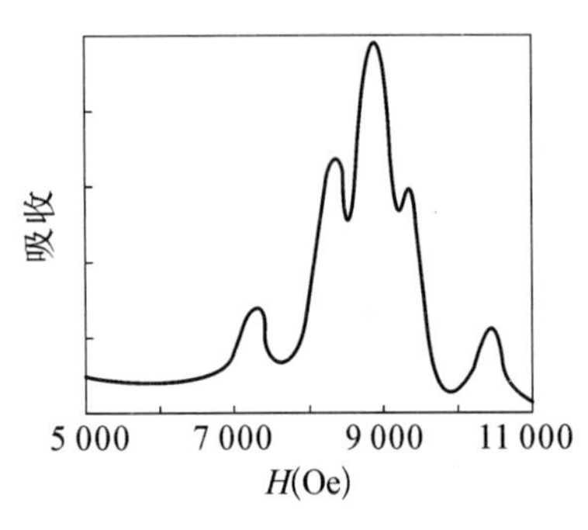

图 6.12 $NH_4(CrSO_4)_2 \cdot 12H_2O$

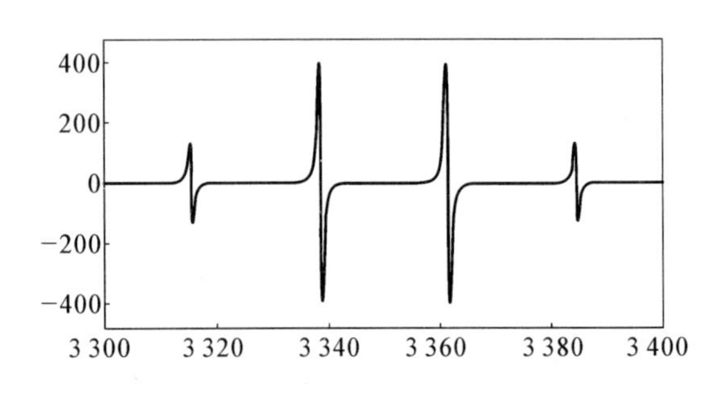

图 6.13 CH_3基团的共振吸收谱

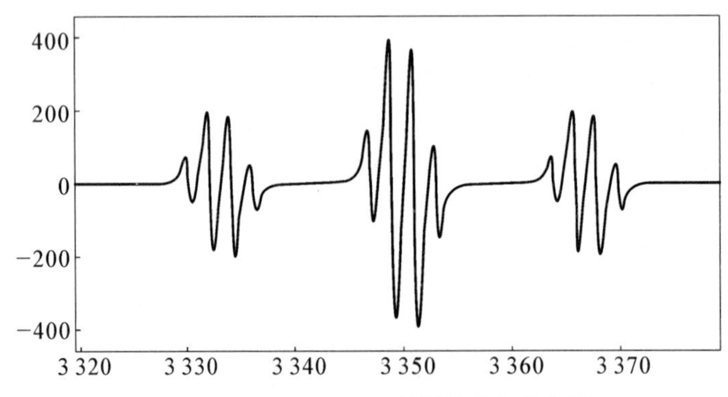

图 6.14 $H_2C(OCH_3)$ 基团的共振吸收谱

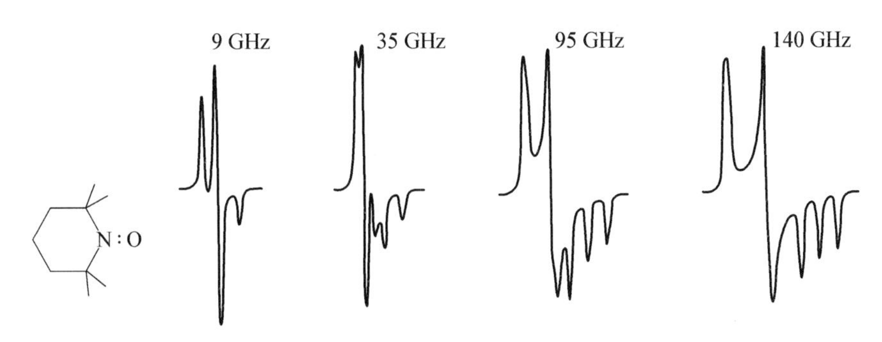

图 6.15　硝基氧的共振吸收谱随着频率的增大,谱线的分辨率提高

6.2.5　核磁共振

在原子内部,由于核磁矩的影响,会产生附加的能量,由此会导致原子能级的超精细结构分裂.但由于核磁矩只有电子的磁矩的千分之一,所以超精细结构能级的裂距很小.在外磁场中,上述每一个超精细结构能级会进一步分裂,只要磁场足够强,能级的裂距还是可以测量到的.图 6.16 显示 Mn^{2+} 的一个顺磁共振吸收峰包含有 6 个靠得很近的吸收峰,这就是核磁矩引起的原子能级进一步分裂的结果,这一现象称做**核磁共振**(Nuclear magnetic resonance,缩写为 NMR).与电子的磁矩类似,核磁矩在外磁场中的取向也是量子化的.如果核的角动量量子数为 I,则磁矩在外磁场中可以有 $2I+1$ 个取向,上述结果表明,Mn^{2+} 的原子核的量子数为 $I=5/2$.

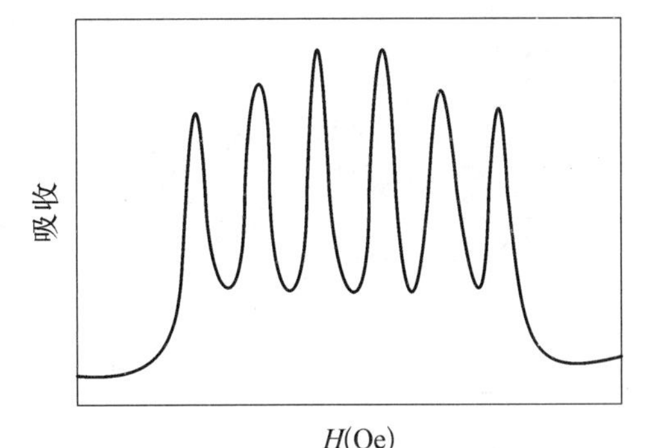

图 6.16　水中 Mn^{2+} 的核磁共振

由于核磁矩所造成的能级分裂只有电子磁矩所引起的能级分裂的千分之一,因而核磁共振所用的电磁波的频率也只有电子顺磁共振所用电磁波的频率的千分之一左右.核磁共振技术广泛应用于医学诊断、生物化学研究等领域.

测量生物组织某一截面的核磁共振,记录核磁共振信号的强弱等特征,再利用计算机合成出该截面的解剖学图像,就是**核磁共振** CT.核磁共振技术已在医学诊断中获得成功的应用.

原则上所有自旋不为零的核元素都可以用于成像.由于生物组织含有大量的水和碳氢化合物,所以在核磁共振 CT 测量中,首选氢核作为成像元素.NMR 信号强度与样品中氢核密度有关,各种组织间含水比例不同,即含氢核数的多少不同,则 NMR 信号强度有差异.利用这种差异作为特征量,把各种组织分开,这就是氢核密度的核磁共振图像.

不同组织之间、正常组织与该组织中的病变组织之间氢核密度以及弛豫时间 T_1、T_2这三个参数的差异,是 MRI 用于临床诊断最主要的物理基础.

有些不同的生物组织对 X 射线的吸收相差不大,用 X 射线 CT 无法区分,就可以用核磁共振 CT 进行诊断,而且,相对于 X 射线,核磁共振对生命体的损伤几可忽略.图 6.17 所示为人体器官的核磁共振 CT 图像.

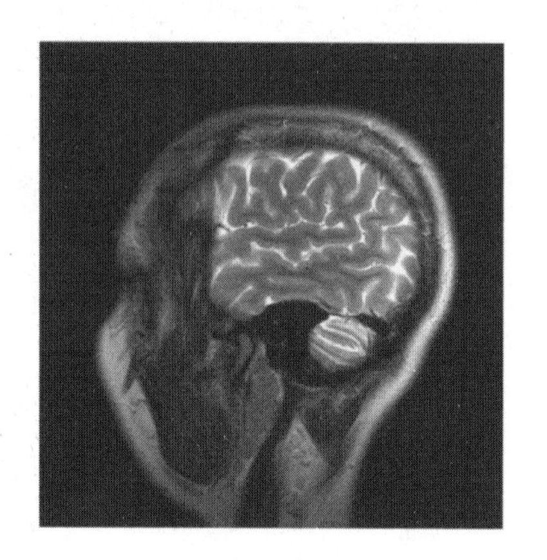

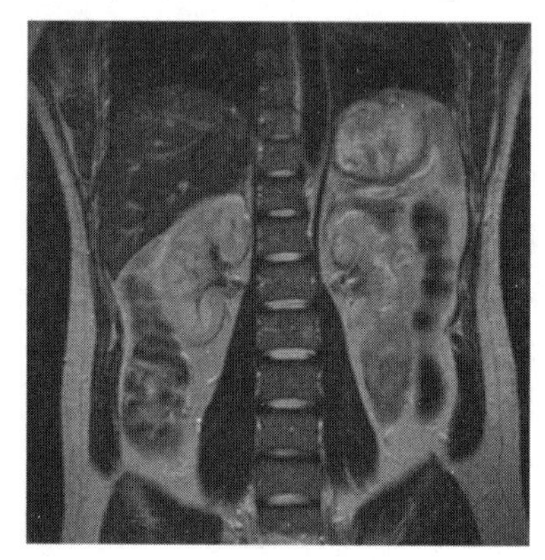

图 6.17 人脑纵切面和人体腹部冠状切面的核磁共振影像

6.2.6 分子束磁共振实验

图 6.18 是原子束、分子束磁共振实验装置,在两个方向相反的施特恩-格拉赫型磁铁 A 、B 之间有一匀强磁场 C,磁场 C 处可以输入射频电磁波.

从加热炉中溢出的原子,方向和速度按热学规律分布.先通过狭缝 S_1 进行筛选,通过 S_1 进入 A,磁矩取向量子化,并且受到纵向的磁场力.磁矩向上的原子受到向上的作用力,磁矩向下的原子受到向下的作用力.因而取向和初速度不同的原子,其运动轨迹各不相同.例如,初速度向上、磁矩向上的原子,轨迹是向上的抛物线,进一步向上偏离轴线.初速度向上、磁矩向下的原子,由于具有向下的加速度,轨迹是先上后下的抛物线.但是,由于通过 S_1 的原子,速度的大小和方向分布在一定的范围中,因而,这些原子中也只有少量能恰好通过狭缝 S_2.

通过狭缝 S_2 进入 C 中的原子只有对称的两束,一束是速度向上磁矩却向下,另一束是速度向下磁矩却向上.C 中是匀强磁场,原子不受力,原子束沿直线进入磁场 B.在 B 中,速度向上的原子,磁矩向下,原子受到向下的磁场力,沿着先

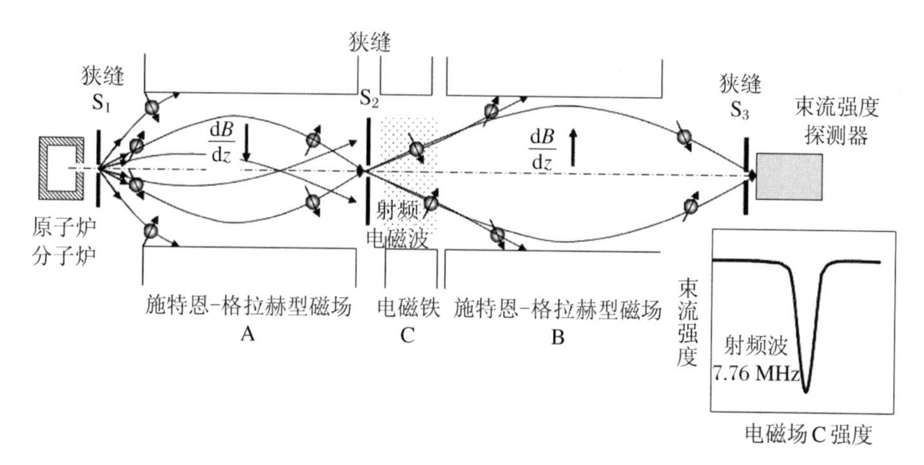

图 6.18 原子束磁共振实验装置及原理(图中箭头表示原子磁矩的方向)

上后下的抛物线运动,其中一部分恰好可以通过狭缝 S_3.而对称的一束,也能通过狭缝 S_3.通过狭缝 S_3 的粒子强度被束流探测器记录.若在 C 中输入射频波,当满足磁共振条件时,原子跃迁,磁矩的方向改变.例如,本来磁矩向下的原子,变成磁矩向上,在 B 中受到向上的力,于是不能通过狭缝 S_3,探测器中的束流迅速下降.

这种方法,由于对原子束进行了两次筛选,因而对原子、分子、原子核磁矩测量的精度相对于施特恩-格拉赫方法和单纯的磁共振方法大大提高.反常磁矩正是利用这种方法测量出来的,兰姆移位测量的原理也与此类似.原子束磁共振实验是物理学中精度最高的测量手段之一.

核磁共振最初是在 1938 年由拉比(Isidor Isaac Rabi,1898～1988)在分子束实验中发现的,后来,在 1946 年,布洛赫(Felix Bloch, 1905～1983)、珀塞尔(Edward Mills Purcell,1912～1997)发现了固体液体的核磁共振现象.拉比获得了 1944 年的诺贝尔物理学奖,布洛赫与珀塞尔则分享了 1952 年的诺贝尔物理学奖.

6.3 塞曼效应

6.3.1 现象

磁场中的光源,其光谱线将发生分裂,原来的一条谱线分裂为多条,且均为偏振光. 这一现象由荷兰人塞曼于 1896 年最先发现，称做**塞曼效应**（Zeeman effect）. 图 6.19 显示了 Zn 的光谱线在外磁场中分裂的情况.

例如，将镉光源放在如图 6.20 的磁场中，可以发现镉的红色谱线 6438.47 Å 发生分裂. 从垂直于磁场的方向观察，该谱线分裂为 3 条，分别标记为 σ^-、π、σ^+，都

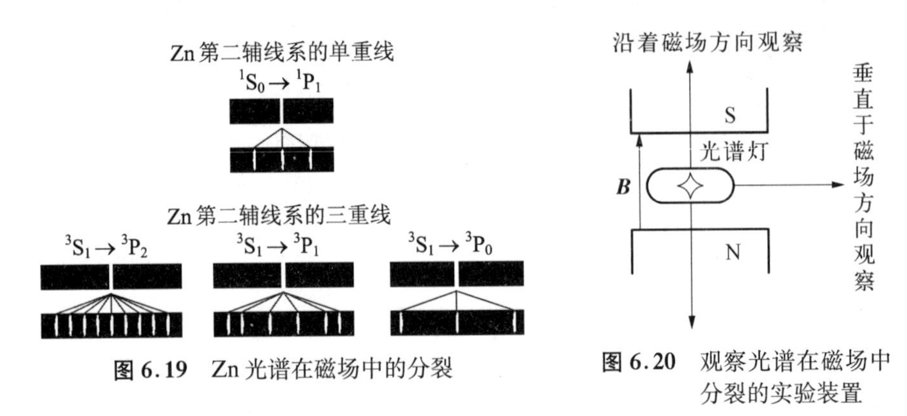

图 6.19 Zn 光谱在磁场中的分裂

图 6.20 观察光谱在磁场中分裂的实验装置

是平面偏振光，其中 π 的偏振沿着磁场方向，而 σ^-、σ^+ 的偏振垂直于磁场方向. π 线仍在原来的波长位置，而 σ 线分别位于两侧，到 π 线的波数差相等. 沿着磁场方向观察，则只有 σ^-、σ^+ 两条线，看不到 π 线. 而且 σ^-、σ^+ 是旋转方向相反的圆偏振光，如图 6.21.

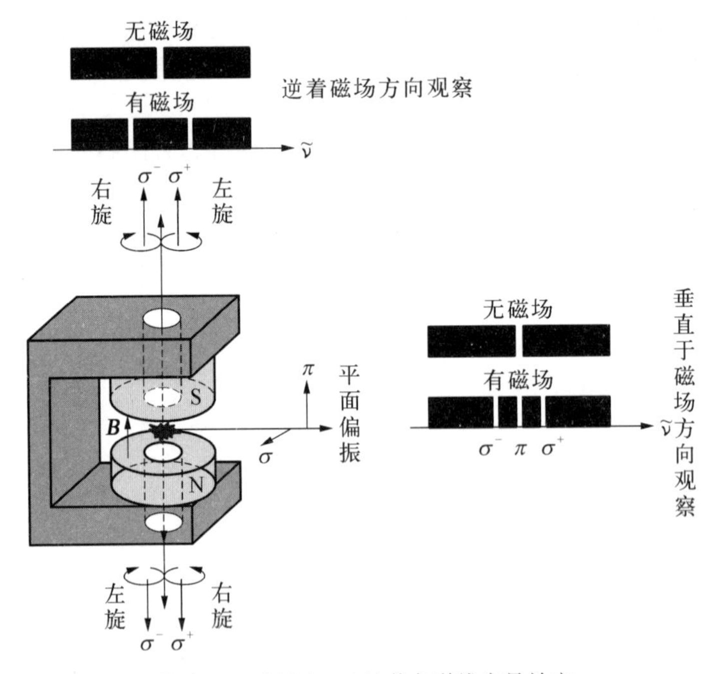

图 6.21 磁场中 Cd 的黄色谱线塞曼效应

如果将钠灯放在磁场中,钠的黄光 D_1 线(5 895.93 Å)和 D_2 线(5 889.96 Å)都将发生分裂,在垂直于磁场的方向上观察,D_1 线分裂为 4 条,而 D_2 分裂为 6 条,如图 6.22.沿着磁场方向观察,则只能看到 σ 线,分别为 2 条和 4 条.偏振情况与 Cd 的谱线相同.

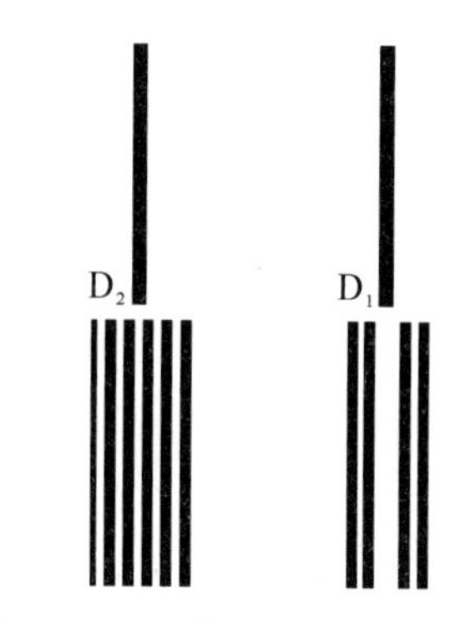

图 6.22 垂直于磁场方向观察到 Na 双线在磁场中的反常塞曼效应.其中 589.6 nm 的谱线分裂成 4 条,589.0 nm 的谱线分裂成 6 条

值得注意的是,镉的谱线分裂后,有一条在原位,而且谱线间隔相等,而钠的谱线分裂后,没有在原位出现,而且 D_1 线分裂后,不是等间隔的.所以,前者被称做**正常塞曼效应**(normal Zeeman effect),而后者被称做**反常塞曼效应**(anomalous Zeeman effect).

6.3.2 解释

洛伦兹是第一个对塞曼效应做出解释的,当时还没有量子力学,因而洛伦兹只能解释正常塞曼效应.塞曼和洛伦兹由于研究了磁场对辐射现象影响,而获得了 1902 年的诺贝尔物理学奖.

以下是基于量子理论对塞曼效应的解释.

设原来的辐射跃迁发生在两个能级 E_1、E_2 之间,即 $h\nu = hc\tilde{\nu} = E_2 - E_1$,$E_2$ 为上能级(跃迁前的状态,即初态),E_1 为下能级(跃迁后的状态,即末态).

1. 磁场中能级的分裂

加上外磁场后,每一个能级都出现分裂,即

$$E_2 \rightarrow E_2 + \Delta E_2 = E_2 + M_2 g_2 \mu_B B$$
$$E_1 \rightarrow E_1 + \Delta E_1 = E_1 + M_1 g_1 \mu_B B$$

分裂之后的能级间隔为

$$\begin{aligned}(E_2 + \Delta E_2) - (E_1 + \Delta E_1) &= (E_2 + M_2 g_2 \mu_B B) - (E_1 + M_1 g_1 \mu_B B) \\ &= (E_2 - E_1) + (M_2 g_2 \mu_B B - M_1 g_1 \mu_B B) \\ &= h\nu + (M_2 g_2 - M_1 g_1)\mu_B B \\ &= hc\tilde{\nu} + hc\Delta\tilde{\nu}'\end{aligned}$$

即在外磁场中,上下能级的间隔为

$$E_2' - E_1' = hc\tilde{\nu} + (M_2 g_2 - M_1 g_1)\mu_B B \tag{6.21}$$

与没有磁场时相比,新增的能级间隔为

$$hc\Delta\tilde{\nu}' = (M_2g_2 - M_1g_1)\mu_B B \tag{6.22}$$

2. 光谱移动

新增的能级间隔导致光谱线相对于没有磁场时出现移动，即

$$\Delta\tilde{\nu}' = (M_2g_2 - M_1g_1)\frac{\mu_B B}{hc} = (M_2g_2 - M_1g_1)\mathscr{L} \tag{6.23}$$

其中

$$\mathscr{L} = \frac{\mu_B B}{hc} \tag{6.24}$$

称做洛伦兹单位(Lorentz unit).

3. 跃迁选择定则

在外磁场中，辐射跃迁要满足以下条件

$$\Delta M = M_2 - M_1 = 0, \pm 1 \tag{6.25}$$

当 $\Delta J = 0$ 时，$M_2 = 0 \rightarrow M_1 = 0$ 除外. 下面对一些元素的塞曼效应做简单的说明和计算.

(1) Cd 的红色谱线

波长为 6 438.47 Å，是$[5s5d]^1D_2 \rightarrow [5s5p]^1P_1$间的跃迁. 由于 $S = 0, J = L$，因而 $g_1 = g_2 = 1$，在磁场中分裂后，上下能级具有相等的裂距，如图 6.23. 这就是正常塞曼效应.

为了具体计算光谱线移动的波数 $\Delta\tilde{\nu}'$，需要知道式(6.23)中 $M_2g_2 - M_1g_1$ 的数值，通常有一个简洁的方法进行计算，如图 6.24，分行写出量子数 M、初态 M_2g_2、末态 M_1g_1，然后按照选择定则进行运算，即可得到 $M_2g_2 - M_1g_1$ 的数值. 这样得到的图称做格罗春(Grotrain)图.

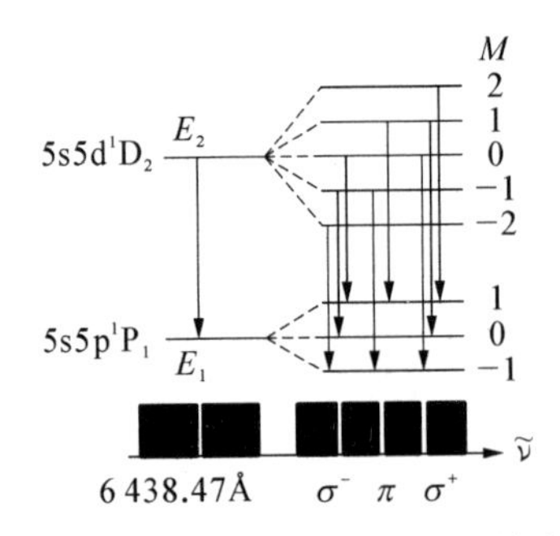

图 6.23 Cd 红色谱线的塞曼效应

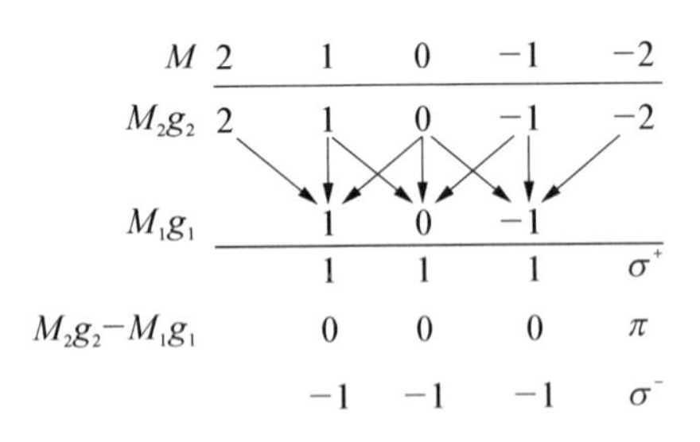

图 6.24 格罗春图

图 6.25 给出了 Na 双线所对应的能级及塞曼分裂情况. 当时被认为是反常塞曼效应，最初并没有图中所示的跃迁所对应的能级，这些量子态是在有了玻尔模

型，以及乌仑贝克和古德斯密特提出自旋假设后才被人们所认识到的. 以下给出解释.

图 6.25　Na 双线的塞曼分裂

(2) Na, D_1 线(5 895.93 Å)

$$[3p]^2P_{1/2} \to [3s]^2S_{1/2}$$

$$g_1 = 1 + \frac{(1/2)(1+1/2) - 0(1+1) + (1/2)(1+1/2)}{2(1/2)(1+1/2)} = 1 + 1 = 2$$

$$g_2 = 1 + \frac{(1/2)(1+1/2) - 1(1+1) + (1/2)(1+1/2)}{2(1/2)(1+1/2)} = 1 - \frac{1}{3} = \frac{2}{3}$$

由于 g 因子不相等，因而上下两能级的裂距不相等，依据格罗春图计算，跃迁后，共有 4 条光谱线，如图 6.26.

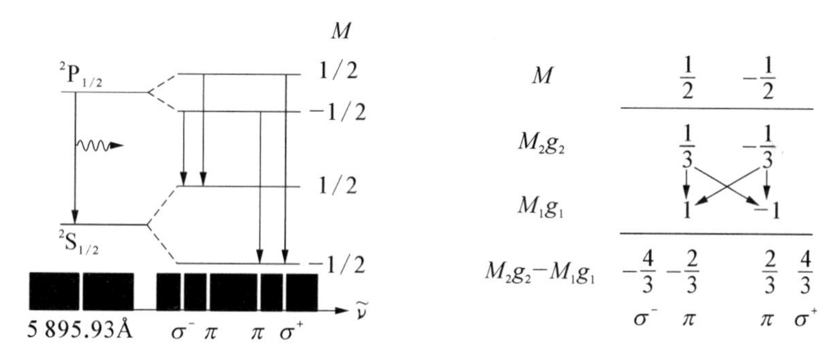

图 6.26　Na D_1 线的塞曼效应

(3) Na, D_2 线(5 889.96 Å)

$$[3p]^2P_{3/2} \to [3s]^2S_{1/2}$$

$$g_1 = 2$$

$$g_2 = 1 + \frac{(3/2)(3/2+1) - 1(1+1) + (1/2)(1/2+1)}{2(3/2)(3/2+1)} = 1 + \frac{1}{3} = \frac{4}{3}$$

同样，由于 g 因子不相等，因而上下两能级的裂距不相等，跃迁后，共有 6 条光谱线，如图 6.27.

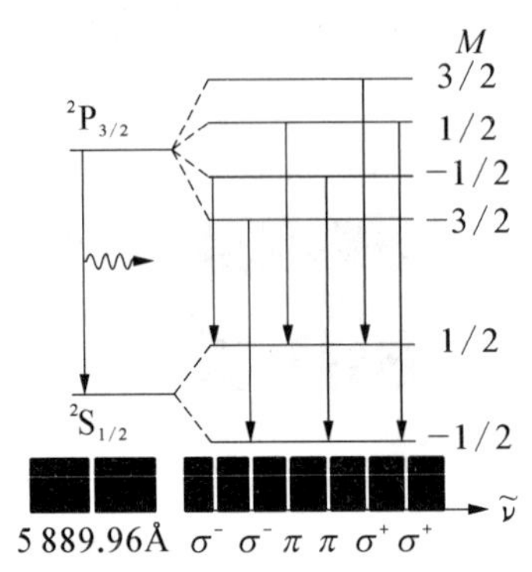

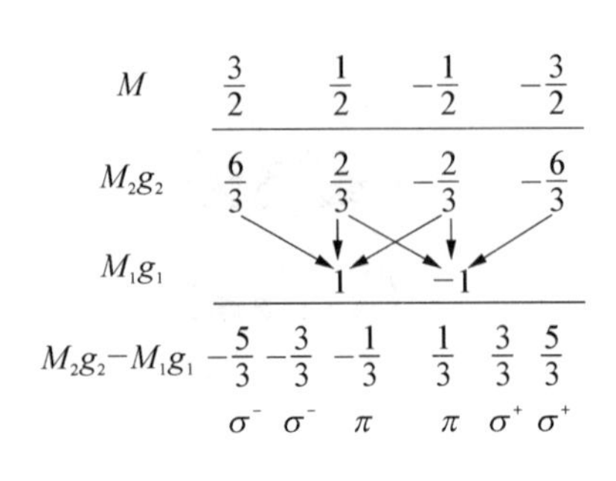

图 6.27 Na D_2 线的塞曼效应

与 Cd 的能级相比，Na 双线初末态朗德因子不同，两者塞曼效应（即正常、反常）的差别，就是由此造而成的.

4. 光谱线的偏振特性

为了解释塞曼效应中光的偏振态，必须从角动量守恒出发. 光子角动量为 1 $\hbar$，即光子的自旋量子数为 1. 针对选择定则，有三种不同的情况：

(1) $\Delta M = M_2$(初) $- M_1$(末) $= +1$

跃迁后，原子的角动量在磁场方向上减少 1 $\hbar$，即 z 方向上减少 1 $\hbar$，所以要求跃迁所发出的光子的角动量在磁场方向上，即光子在 z 方向上的角动量为 1 $\hbar$.

光子的角动量是由于其电矢量的旋转产生的，因而在逆着 $+z$ 方向观察，为左旋圆偏光 σ^+.

(2) $\Delta M = M_2 - M_1 = -1$

跃迁后，原子的角动量在磁场方向上，即 z 方向上增加 1 $\hbar$；跃迁所发出的光子的角动量在磁场方向上，即光子在 z 方向上的角动量为 -1 $\hbar$. 在逆着 $+z$ 方向观察，为右旋圆偏光 σ^-.

在 xy 平面观察，绕 z 轴旋转的电矢量为平面偏振光，这就是 σ 成分.

图 6.28 显示了 $\Delta M = \pm 1$ 时，塞曼谱线的偏振情况.

(3) $\Delta M = M_2$(初) $- M_1$(末) $= 0$

跃迁后，原子在磁场方向上的角动量不变，则光子角动量必垂直于 z 轴，如图 6.29. 相应的电矢量分解为 z 方向的 E_z 和 xy 平面内的 E_{xy}；xy 平面内的电矢量 E_{xy} 因相互叠加而消失，最后，仅仅剩下 z 方向的电矢量. 在垂直于磁场方向观察时，可以接收到沿着 z 方向偏振的平面光，为 π 成分；由于光是横波，所以只能沿着与 z 轴垂直方向传播，在 z 方向观察不到.

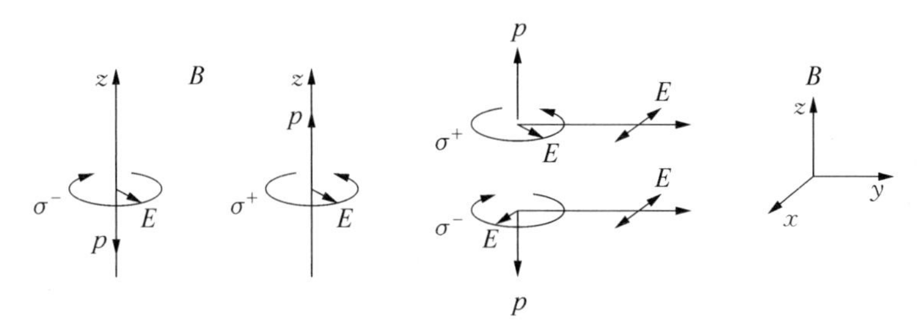

图 6.28 $\Delta M = \pm 1$ 时,塞曼谱线的偏振

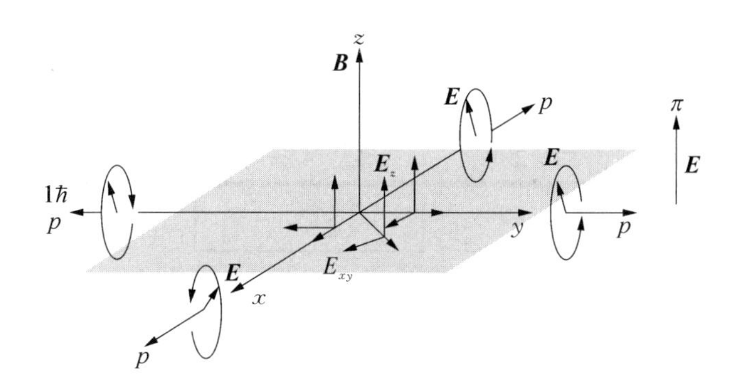

图 6.29 $\Delta M = 0$ 时,塞曼谱线的偏振

5. 正常塞曼效应与反常塞曼效应

1896 年,塞曼最初发现光谱线的分裂是等间隔的,即波数差相等;1897 年 12 月,英国科学家普雷斯顿(T. Preston)的报告称,在很多实验中观察到光谱线有时并非分裂成 3 条,间隔也不尽相同.人们把这种现象称为反常塞曼效应,将塞曼原来发现的现象称为正常塞曼效应.反常塞曼效应的机制在其后二十余年时间里一直没能得到很好的解释,困扰了一大批物理学家.

其实,正常效应是因为 $S = 0$,单重态,因而 $g_1 = g_2 = 1$,上下能级分裂的间隔相等.如果是多重态,$S \neq 0, g_1 \neq g_2$,上下能级分裂的间隔不相等.在提出自旋假设后,上述问题自然解决.

6.3.3 兰姆移位的实验测量

如图 6.30 为实验装置.在钨丝中将氢气加热至 2 500 ℃,这时部分氢分子已离解成基态的氢原子.在氢原子运动的路径上用加速电子对其进行轰击,则可以使氢原子由基态 $1^2S_{1/2}$ 跃迁至 $2^2S_{1/2}$、$2^2P_{1/2}$、$2^2P_{3/2}$ 等激发态.$2^2P_{1/2}$、$2^2P_{3/2}$ 等寿命 τ 极短,只有 1.6×10^{-9} s,可以很快跃迁回基态 $1^2S_{1/2}$,而 $2^2S_{1/2}$ 由于不能通过辐射跃迁回基态 $1^2S_{1/2}$,是亚稳态,寿命 τ 长达 1/7 s. 进入射频腔的氢原子,有 $2^2S_{1/2}$ 和 $1^2S_{1/2}$ 两种状态. 若腔中不输入射频波,则 $2^2S_{1/2}$ 和基态的原子通过射频腔后打在钨靶上. $2^2S_{1/2}$ 态原子的能量为 10.2 eV,钨的功函数为 4.55 eV,则可以从钨靶中打出电子,被回路测量到. 若在腔中输入射频波,由于磁共振,$2^2S_{1/2}$ 原子跃迁至 $2^2P_{3/2}$,并迅速回到基态 $1^2S_{1/2}$,基态氢原子不能从钨靶中打出电子,回路中电流迅速降低. 根据磁共振时磁场和频率,即可测量出 $2^2S_{1/2}$ 态与 $2^2P_{3/2}$ 态的能级差,从而推算出 $2^2S_{1/2}$ 态相对于 $2^2P_{1/2}$ 态的微小移位.

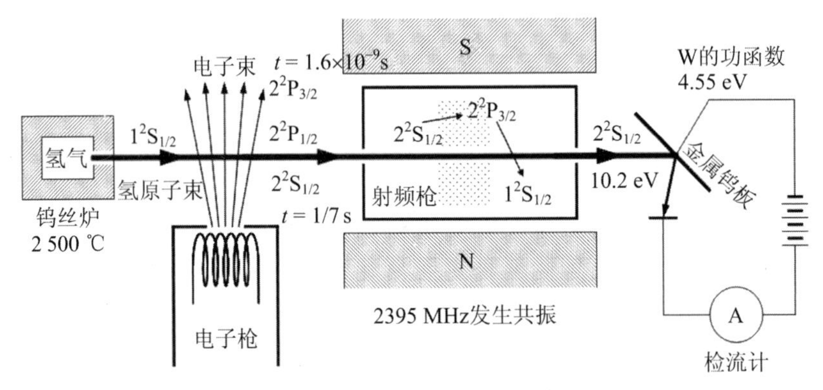

图 6.30 兰姆所采用的实验装置

实际上,$2^2S_{1/2}$ 与 $2^2P_{3/2}$ 之间的能级差很大,不可能与射频波共振. 兰姆巧妙地利用了在磁场中原子能级的塞曼劈裂,如图 6.31. 在磁场中 $2^2S_{1/2}$ 劈裂为二,而 $2^2P_{3/2}$ 劈裂为四. $2^2S_{1/2}$ 的朗德因子为 2, $M=1/2$,塞曼能级向上移动 $Mg\mu_B B=\mu_B B$;$2^2P_{3/2}$ 的朗德因子为 4/3,$M=-1/2$, 塞曼能级向下移动 $Mg\mu_B B=$

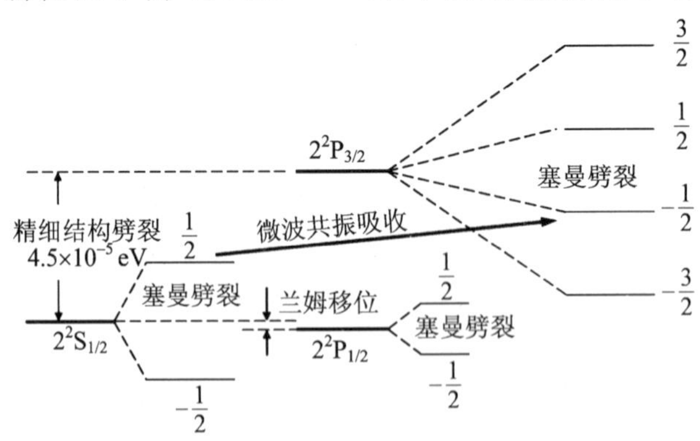

图 6.31 原子能级的塞曼劈裂及共振跃迁

$-2/3\mu_B B$. 磁场导致两能级间隔减小,因而可以在上述两塞曼能级之间实现共振跃迁.

图 6.32 是兰姆测量到的检流计中电流强度与磁场强度间的关系,从中可以明显看出共振吸收的特征.图是共振时频率随磁场的变化,两者是很好的线性关系,将图中的直线外推至 $B=0$,即可根据对应的频率算出能级间隔.

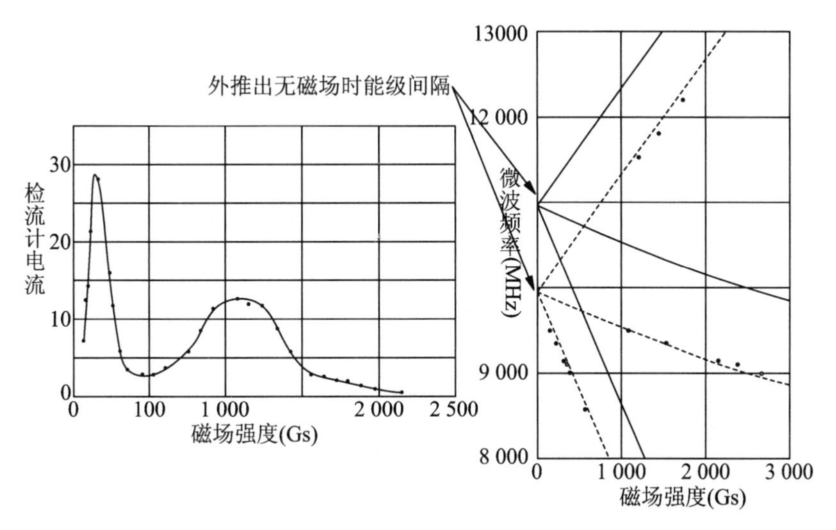

图 6.32 兰姆移位的实验测量结果

6.4 帕邢-巴克效应

6.4.1 强磁场中的原子

如果原子中的核外电子受外界的影响较小,电子的轨道角动量 $\boldsymbol{p}_l$ 与自旋角动量 $\boldsymbol{p}_s$ 合成为总角动量 $\boldsymbol{p}_j$,而且 $\boldsymbol{p}_l$、$\boldsymbol{p}_s$ 绕着 $\boldsymbol{p}_j$ 进动.相应地,其轨道磁矩 $\boldsymbol{\mu}_l$ 与自旋磁矩 $\boldsymbol{\mu}_s$ 合成为总磁矩 $\boldsymbol{\mu}_j$.这就是我们所熟悉的自旋-轨道耦合.如图 6.33 和图 6.34.在这种情况下,通过计算 g 因子,可以确定原子的有效总磁矩.但是,如果外磁场足够强,就会对电子的运动产生显著的影响,这时,上述"自旋-轨道耦合"不再适用.由于外磁场对电子的 $\boldsymbol{\mu}_l$、$\boldsymbol{\mu}_s$ 作用,使得电子的 $\boldsymbol{p}_l$、$\boldsymbol{p}_s$ 绕着外磁场 $\boldsymbol{B}$ 进动,无法合成为总角动量 $\boldsymbol{p}_j$ 如图6.35,则能级分裂的情况将会有所不同.

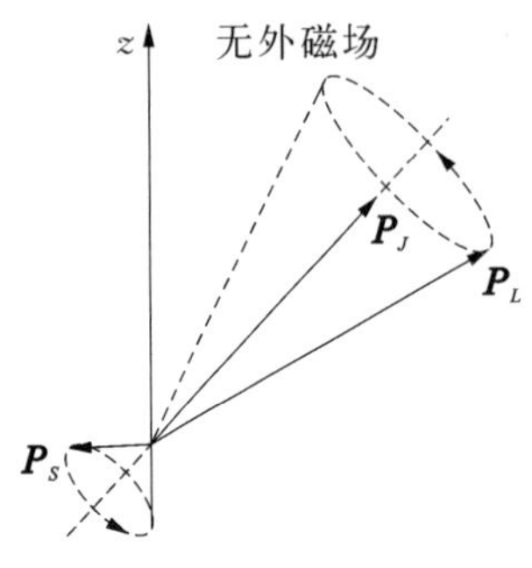

图 6.33 自旋-轨道耦合

这时,由于此相互作用而产生的附加能量是自旋磁矩和轨道磁矩各自与外磁场作用的和,即

$$\Delta E = \Delta E(\boldsymbol{l}, \boldsymbol{B}) + \Delta E(\boldsymbol{s}, \boldsymbol{B}) = -\boldsymbol{\mu}_l \cdot \boldsymbol{B} - \boldsymbol{\mu}_s \cdot \boldsymbol{B}$$

$$= \frac{e}{2m_e}(g_l \boldsymbol{p}_l + g_s \boldsymbol{p}_s) \cdot \boldsymbol{B} \tag{6.26}$$

与弱磁场下的结果相比较,容易看出,当时轨道磁矩 $\boldsymbol{\mu}_l$ 与自旋磁矩 $\boldsymbol{\mu}_s$ 合成为总磁矩 $\boldsymbol{\mu}_j$,而总磁矩 $\boldsymbol{\mu}_j$ 是所谓的"有效总磁矩",即 $\boldsymbol{\mu} = \boldsymbol{\mu}_l + \boldsymbol{\mu}_s$ 中与总角动量 $\boldsymbol{p}_j$ 平行的分量 $\boldsymbol{\mu}_{//}$,而其中与 $\boldsymbol{p}_j$ 垂直的分量 $\boldsymbol{\mu}_{\perp}$ 互相抵消了.但是,在强场下,实际上 $\boldsymbol{\mu} = \boldsymbol{\mu}_l + \boldsymbol{\mu}_s$ 的过程不能发生,而是 $\boldsymbol{\mu}_l$、$\boldsymbol{\mu}_s$ 各自独立地与外磁场 $\boldsymbol{B}$"耦合",因而所产生的磁相互作用能与弱场下是不同的.

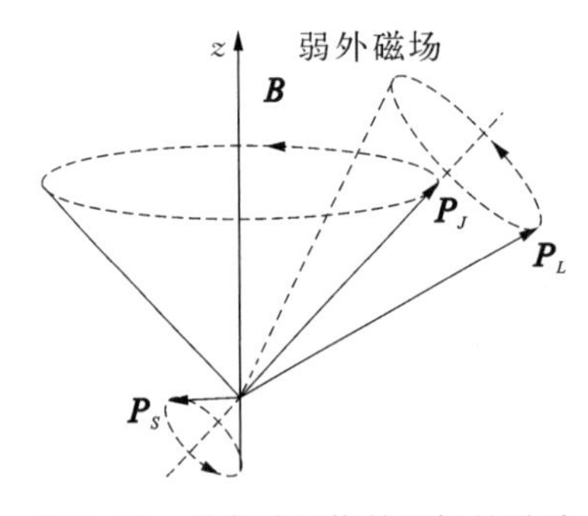

图 6.34 总角动量绕外磁场的进动

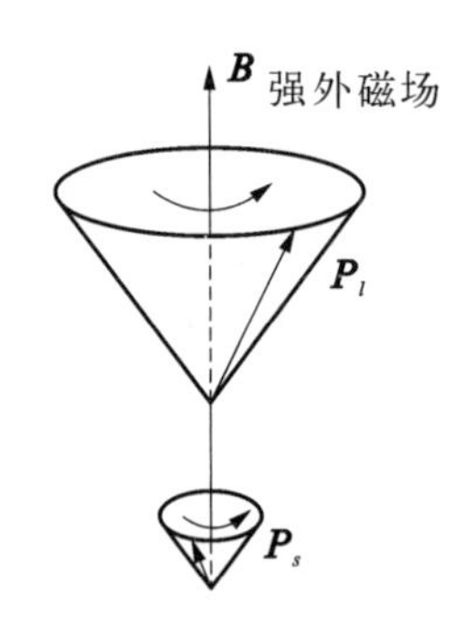

图 6.35 自旋-轨道耦合解除

6.4.2 强磁场中能级的分裂与辐射跃迁

角动量在外磁场 $\boldsymbol{B}$ 方向上的投影为 $p_{l,z} = m_l \hbar$, $p_{s,z} = m_s \hbar$,将其代入式(6.26)中,并注意到 $g_l = 1$, $g_s = 2$,可以得到

$$\Delta E = (m_l + 2m_s)\frac{e\hbar B}{2m_e} \tag{6.27}$$

这就是在强外磁场中能级的裂距.而辐射跃迁的选择定则为

$$\Delta m_l = 0, \pm 1, \quad \Delta m_s = 0 \tag{6.28}$$

例如,对于 Na 原子的 D 线,是由于电子从 3p 跃迁到 3s 产生的.没有磁场时,自旋角动量与轨道角动量耦合之后,形成的能级为 $^2P_{1/2,3/2}$、$^3S_{1/2}$,跃迁产生 D_1、D_2 线;在弱的外磁场中,自旋-轨道耦合依然存在,由于塞曼分裂,D_1 线分裂为 4 条,D_2 线分裂为 6 条,这是反常塞曼效应;而在强的外磁场中,由于自旋-轨道耦合解除,已经不能形成 $^2P_{1/2,3/2}$、$^3S_{1/2}$ 能级,而要依照式(6.27)形成新的能级,并按照式

(6.28)的选择定则进行跃迁.这时,3p 态电子的轨道角动量与自旋角动量共有 6 种组合,形成 5 个能级,而 3s 态电子共可形成 2 个能级,对应的辐射跃迁有 6 种,但是由于下能级间隔为上能级间隔的 2 倍,因而光谱线只有 3 条,如图 6.36,这就是原子在强磁场中的**帕邢-巴克效应**(Paschen-Back effect).

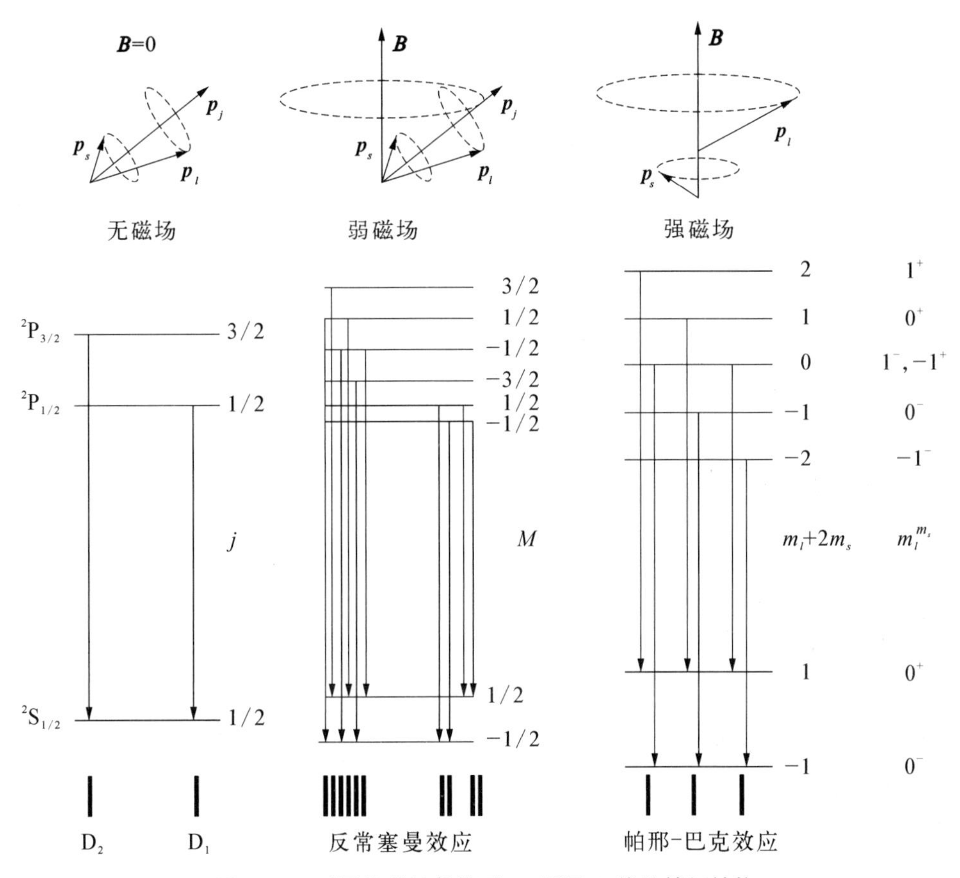

图 6.36 不同外磁场条件下 Na 原子 D 线的精细结构

习 题

6.1 计算基态银原子在地磁场中拉莫尔进动的频率,已知地磁场 $B = 4 \times 10^{-5}$ T.

6.2 已知 $s = 1/2$、$j = 5/2$、$g = 6/7$,试写出原子态,并以符号标识.

6.3 在施特恩-格拉赫实验里，窄银原子束通过不均匀磁场而射到屏上，已知磁场区域长度为10 cm，屏到磁场边缘的距离为20 cm，银原子速度 $v=300\ \text{m}\cdot\text{s}^{-1}$，问当磁场强度的梯度值为多大时，原子束在屏上的裂距可达到2 mm？

6.4 一束自由电子经过一个 $B=5\,000\ \text{Gs}$ 的均匀磁场，试问自旋"平行"和"反平行"于磁场的电子能量相差多少？哪种电子的能量较大？

若用与上述能量差相应的光子照射电子，会引起电子的"自旋反转"跃迁，此现象称做"电子自旋共振"，试求能引起共振的光子的频率和波长. 基态铯原子在1.0 T的外磁场中塞曼劈裂的能量是多少？如果要使电子的自旋方向改变，需要外加电磁场的频率及波长是多少？

6.5 (1) 给出氢原子2P态在弱外磁场中能级分裂的情况，画图说明；

(2) 证明在极强磁场中2P能级分裂为5个.

6.6 计算氢原子2P态由于 LS 相互作用而引起的能量差. 若在外磁场中引起能级分裂，相邻能级差为 4.5×10^{-4} eV，求外磁场的强度.

6.7 已知钒原子的基态为 $^4F_{3/2}$，

(1) 钒原子束在不均匀的磁场中将分裂为几束？

(2) 求基态钒原子的有效总磁矩 μ_J.

6.8 已知铁原子(基态为 ^5D)束在横向不均匀磁场中分裂为9束，问铁原子的 J 值为多少？其总磁矩为多少？如果上述铁原子通过磁场时的速度为 $v=10^3\ \text{m}\cdot\text{s}^{-1}$，铁的原子量为55.85，磁极的范围为 $L_1=0.03\,\text{m}$，磁极到屏的距离为 $L_2=0.10\,\text{m}$，磁场的横向梯度为 $\text{d}B/\text{d}y=10^3\ \text{Wb}\cdot\text{m}^{-2}\cdot\text{m}^{-1}$，试求屏上偏离最远的两束原子之间的距离 d.

6.9 已知He原子的 $^1P_1\to{}^1S_0$ 跃迁的光谱线在磁场中分裂为3条光谱线，其间距为 $\Delta\tilde{\nu}=0.467\ \text{cm}^{-1}$，试计算所加磁场的磁感应强度.

6.10 Li的漫线系的一条谱线($3^2D_{3/2}\to2^2P_{1/2}$)在磁场中将分裂为几条光谱线？试作出相应的能级跃迁图.

6.11 在平行于磁场方向观察到某光谱线的正常塞曼效应分裂的两谱线间波长差为 $\Delta\lambda=0.040$ nm，所加的磁场为 $B=2.5\ \text{Wb}\cdot\text{m}^{-2}$，试计算该光谱线原来的波长.

6.12 氦原子光谱中波长为667.81 nm([1s3d] $^1D_2\to$[1s2p] $^1P_1$)及706.51 nm([1s3s] $^3S_1\to$[1s2p] $^3P_0$)的两条光谱线，在磁场中发生塞曼效应时各分裂为几条？分别作出能级跃迁图.

6.13 Na原子从 $3^2P_{1/2}\to3^2S_{1/2}$ 跃迁发出的光谱线波长为589.6 nm，在 $B=2.5\ \text{Wb}\cdot\text{m}^{-2}$ 的磁场中发生塞曼效应而分裂，从垂直于磁场的方向观察，能看到几条光谱线？其中波长最长和最短的两条光谱线的波长各为多少？

6.14 Na原子 3P → 3S 跃迁的精细结构为两条光谱线，波长分别为589.593 nm和588.996 nm，这就是Na的 D_1 和 D_2 线. 试求出原能级 $^2P_{3/2}$ 在磁场中分裂后的最低能级与 $^2P_{1/2}$ 分裂后的最高能级相合并时所需要的磁感应强度 B.

6.15 气态铊原子在 $^2P_{1/2}$ 态，当磁场调到 $B=0.2\ \text{Wb}\cdot\text{m}^{-2}$ 时，观察到顺磁共振现象，问此时微波发生器的频率是多少？

6.16 钾原子在 $B=0.3\ \text{Wb}\cdot\text{m}^{-2}$ 的磁场中，当交变电磁场的频率为 8.4×10^9 Hz时，观察到顺磁共振，试计算钾原子的朗德因子，并指出原子处在何种状态.

6.17 氩原子($Z=18$)的基态为 $^1S_0$，钾原子($Z=19$)的基态为 $^2S_{1/2}$，钙原子($Z=20$)的基态

为$^1S_0$，钪原子($Z=21$)的基态为$^2D_{3/2}$. 问这些原子中哪些是顺磁性的，哪些是抗磁性的，为什么？

6.18 (1) 已知下列元素的原子态：钒(^4F)，锰(^6S)和铁(^5D)，这些原子束在施特恩-格拉赫实验中分裂为4、6、9束，试计算它们在磁场方向上磁矩的最大值；

(2) 一个单重态在$B_0=0.5$ T的外磁场中能级的分裂值为1.4 cm^{-1}，写出这个态的谱项.

6.19 在磁场中钙原子的一条422.7 nm的谱线呈现正常塞曼效应. 求$B=3$ T时，分裂谱线的频率差和波长差.

6.20 钠原子从$3^2P_{1/2}$向$3^2S_{1/2}$跃迁的光谱线波长为589.6 nm在$B=2.5$ Wb·m^2的磁场中发生塞曼分裂，问从垂直于磁场方向观察，其分裂为几条谱线？求出波长最大和最小的两条光谱线的波长.

6.21 将镉光源放在8.6 mT的磁场中，在垂直于磁场方向上测量光谱时，观察到镉的红线分裂为3条谱线，其频率间隔为120 MHz，试计算电子的荷质比.

6.22 分析Cd原子波长为6 438 Å的谱线($^1D_2$到$^1P_1$跃迁产生)的塞曼效应，说明各谱线的偏振态，并分别讨论在垂直和平行于磁场方向进行观察的结果.

6.23 试确定氢原子朗德因子的取值范围.

6.24 锌原子$^3S_1$到$^3P_0$跃迁的一条光谱线，在1.00 T的外磁场中发生塞曼分裂，问：从垂直于磁场方向观察，分裂为几条？画出格罗春图，算出相邻两谱线的波数差，这是否属于正常塞曼效应？

6.25 由于核磁矩的超精细作用使得氢原子的基态能量发生劈裂，试给出它的能级图，并表示出它的总角动量量子数F.

6.26 (1) 以一个简单的模型来估算氢原子基态时电子运动所产生的磁场，设电子作圆轨道运动，轨道半径为r运动的速率为v，试计算该电子在质子处产生的磁场B；

(2) 质子的磁矩和它的自旋方向平行，磁矩为$\mu=2.8\mu_N$，其中$\mu_N=e\hbar/2M_p$，M_p是质子的质量，试证明使质子磁矩反向所需要的能量为

$$\Delta E = 2.8\frac{e^2}{4\pi\varepsilon_0}\frac{\hbar v}{M_p c^2 r^2}$$

并估算当氢原子处于基态时，该能量的大小.

7 分子的结构和光谱

本章要点　原子间的键联　双原子分子的振动光谱和转动光谱　拉曼散射

物质能够以原子的形式存在，例如在高温下，处于气态的金属 Na、Ag，以及惰性气体，等等. 但是，我们所接触到的许多物质，多数都是以分子的形式存在的，如气体中的 O_2（氧气）、N_2（氮气）、CO_2（二氧化碳）等等，液体中的 H_2O（水）、C_2H_5OH（乙醇）等等. 在固态物质中，原子之间的距离较近，结合较密切，但其中也有相对独立的分子，如 NaCl 等. 分子也是物质结构的一个层次，物质的物理化学性质通过分子体现出来.

7.1 原子间的键联与分子的形成

原子之间由于有相互结合力而形成分子. 原子之间的结合，称做**化学键**（chemical bond），包括离子键、共价键、金属键，还有范德瓦耳斯键，等等.

实际上，化学键主要是原子之间的库仑相互作用力. 原子的内壳层电子被原子核所束缚，而处于最外层的价电子，由于内壳层电子对核的屏蔽作用，所受到核的束缚力要弱得多. 原子之间形成化学键时，主要是价电子参与成键.

7.1.1 原子的电离能与亲和势

按照泡利原理，原子中的核外电子是分层排布的. 主量子数 n 不同的电子形成不同的**壳层**，在同一壳层中所有主量子数为 n 的电子，角动量量子数 l 可以取不同的数值，$l = 0, 1, 2, \cdots, n-1$，其中 l 相同的电子，到原子核的距离比较接近，因而形成**次壳层**.泡利原理指出,量子数为 l 的次壳层,最多可以排布 $2(2l+1)$ 个电子.当次壳层具有排满的电子时,原子的能量较低,即该次壳层比较稳定.如果次壳层的电子没有排满,则不是很稳定,处在没有排满的次壳层上的电子,就是**价电子**.例如,当次壳层的电子数少于半满,原子比较容易失去价电子,使该次壳层变为较稳定的结构;当次壳层的电子数大于半满,原子倾向于俘获一个或多个电子,使该次壳层的电子排满,从而变得比较稳定.

使原子失去一个电子,就是要使该电子脱离原子对它的束缚,因而要给原子提供一定的能量,这就是原子的**电离能**(ionization energy),也称做**电离电势**(ionization potential).

表 7.1 列出了一些化学元素的电离能,从中可以看出,不同的元素,其电离能有较大的差异,因而在形成分子时,情况也各不相同.

表 7.1 化学元素的电离能(eV)

元素	E_1	E_2	元素	E_1	E_2	元素	E_1	E_2
$_{1}$H	13.598 44		$_{19}$K	4.340 66	31.63	$_{37}$Rb	4.177 13	27.285
$_{2}$He	24.587 41	54.417 78	$_{20}$Ca	6.113 16	11.871 72	$_{38}$Sr	5.694 84	11.030 13
$_{3}$Li	5.391 72	75.640 18	$_{21}$Sc	6.561 44	12.799 67	$_{39}$Y	6.217	12.24
$_{4}$Be	9.322 63	18.211 16	$_{22}$Ti	6.828 2	13.575 5	$_{40}$Zr	6.633 90	13.13
$_{5}$B	8.298 03	25.154 84	$_{23}$V	6.746 3	14.66	$_{41}$Nb	6.758 85	14.32
$_{6}$C	11.260 30	24.383 32	$_{24}$Cr	6.766 64	16.485 7	$_{42}$Mo	7.092 43	16.16
$_{7}$N	14.534 14	29.601 3	$_{25}$Mn	7.434 02	15.639 99	$_{43}$Tc	7.28	15.26
$_{8}$O	13.618 06	35.117 30	$_{26}$Fe	7.902 4	16.187 8	$_{44}$Ru	7.360 50	16.76
$_{9}$F	17.422 82	34.970 82	$_{27}$Co	7.881 0	17.083	$_{45}$Rh	7.458 90	18.08
$_{10}$Ne	21.564 54	40.963 28	$_{28}$Ni	7.639 8	18.168 84	$_{46}$Pd	8.336 9	19.43
$_{11}$Na	5.139 08	47.286 4	$_{29}$Cu	7.726 38	20.292 40	$_{47}$Ag	7.576 24	21.49
$_{12}$Mg	7.646 24	15.035 28	$_{30}$Zn	9.394 05	17.964 40	$_{48}$Cd	8.993 67	16.908 32
$_{13}$Al	5.985 77	18.828 56	$_{31}$Ga	5.999 30	20.514 2	$_{49}$In	5.786 36	18.869 8
$_{14}$Si	8.151 69	16.345 85	$_{32}$Ge	7.900	15.934 62	$_{50}$Sn	7.343 81	14.632 25
$_{15}$P	10.486 69	19.769 4	$_{33}$As	9.815 2	18.633	$_{51}$Sb	8.64	16.530 51
$_{16}$S	10.360 01	23.337 9	$_{34}$Se	9.752 38	21.19	$_{52}$Te	9.009 6	18.6
$_{17}$Cl	12.967 64	23.814	$_{35}$Br	11.813 81	21.8	$_{53}$I	10.451 26	19.131 3
$_{18}$Ar	15.759 62	27.629 67	$_{36}$Kr	13.999 61	24.359 85	$_{54}$Xe	12.129 87	21.209 79

续 表

元素	E_1	E_2	元素	E_1	E_2	元素	E_1	E_2
$_{55}$Cs	3.893 90	23.157 45	$_{71}$Lu	5.425 85	13.9	$_{87}$Fr	4.0727	
$_{56}$Ba	5.211 70	10.003 90	$_{72}$Hf	6.825 07	14.9	$_{88}$Ra	5.278 92	10.147 16
$_{57}$La	5.577 0	11.060	$_{73}$Ta	7.89		$_{89}$Ac	5.17	12.1
$_{58}$Ce	5.538 7	10.85	$_{74}$W	7.98		$_{90}$Th	6.08	11.5
$_{59}$Pr	5.464	10.55	$_{75}$Re	7.88		$_{91}$Pa	5.89	
$_{60}$Nd	5.525 0	10.73	$_{76}$Os	8.7		$_{92}$U	6.194 05	
$_{61}$Pm	5.55	10.90	$_{77}$Ir	9.1		$_{93}$Np	6.265 7	
$_{62}$Sm	5.643 7	11.07	$_{78}$Pt	9.0	18.563	$_{94}$Pu	6.06	
$_{63}$Eu	5.670 4	11.241	$_{79}$Au	9.225 67	9.225	$_{95}$Am	5.993	
$_{64}$Gd	6.150 0	12.09	$_{80}$Hg	10.437 50	18.756	$_{96}$Cm	6.02	
$_{65}$Tb	5.863 9	11.52	$_{81}$Tl	6.108 29	20.428	$_{97}$Bk	6.23	
$_{66}$Dy	5.938 9	11.67	$_{82}$Pb	7.416 66	15.032 2	$_{98}$Cf	6.30	
$_{67}$Ho	6.021 6	11.80	$_{83}$Bi	7.289	16.69	$_{99}$Es	6.42	
$_{68}$Er	6.107 8	11.93	$_{84}$Po	8.416 71		$_{100}$Fm	6.50	
$_{69}$Tm	6.184 31	12.05	$_{85}$At			$_{101}$Md	6.58	
$_{70}$Yb	6.254 16	12.176 1	$_{86}$Rn	10.748 50		$_{102}$No	6.65	

由表中可以看出,第Ⅰ主族、第Ⅱ主族的元素(除氢、氦)以及其他一些金属元素,电离能较低,因而较容易失去价电子,这些原子就是**正电性原子**.而第Ⅵ主族、第Ⅶ主族的元素,电离能要高得多.

不足半满的次壳层,获得一个电子,结构就会变得更加稳定,即原子的能量变得更低.原子俘获电子,所释放出的能量,就是原子的**电子亲和能**(electron affinity,也称**电子亲和势**).表 7.2 列出了元素的电子亲和能数据(原子的电子亲和能是指在 0.0 K 下的气相中,原子和电子反应生成负离子时所释放的能量).

表 7.2 原子的电子亲和能

元素	E(eV)	元素	E(eV)	元素	E(eV)
^{1}H	0.754 593	^{3}H	0.754 195	$_3$Li	0.618 0
^{2}H	0.754 209	$_2$He		$_4$Be	

续 表

元素	E(eV)	元素	E(eV)	元素	E(eV)
$_{5}$B	0.277	$_{29}$Cu	1.235	$_{53}$I	3.059 038
$_{6}$C	1.262 9	$_{30}$Zn		$_{54}$Xe	
$_{7}$N		$_{31}$Ga	0.3	$_{55}$Cs	0.471 626
$_{8}$O	1.461 110 3	$_{32}$Ge	1.233	$_{56}$Ba	0.15
$_{9}$F	3.401 190	$_{33}$As	0.81	$_{57}$La	0.5
$_{10}$Ne		$_{34}$Se	2.020 670	$_{58}$Ce～$_{71}$Lu	
$_{11}$Na	0.547 926	$_{35}$Br	3.363 590	$_{72}$Hf	0
$_{12}$Mg		$_{36}$Kr		$_{73}$Ta	0.322
$_{13}$Al	0.441	$_{37}$Rb	0.485 92	$_{74}$W	0.851
$_{14}$Si	1.385	$_{38}$Sr	0.11	$_{75}$Re	0.15
$_{15}$P	0.746 5	$_{39}$Y	0.307	$_{76}$Os	1.1
$_{16}$S	2.077 104	$_{40}$Zr	0.426	$_{77}$Ir	1.565
$_{17}$Cl	3.612 69	$_{41}$Nb	0.893	$_{78}$Pt	2.128
$_{18}$Ar		$_{42}$Mo	0.746	$_{79}$Au	2.308 63
$_{19}$K	0.501 47	$_{43}$Tc	0.55	$_{80}$Hg	
$_{20}$Ca	0.018 4	$_{44}$Ru	1.05	$_{81}$Tl	0.2
$_{21}$Sc	0.188	$_{45}$Rh	1.137	$_{82}$Pb	0.364
$_{22}$Ti	0.079	$_{46}$Pd	0.557	$_{83}$Bi	0.946
$_{23}$V	0.525	$_{47}$Ag	1.302	$_{84}$Po	1.9
$_{24}$Cr	0.666	$_{48}$Cd		$_{85}$At	2.8
$_{25}$Mn		$_{49}$In	0.3	$_{86}$Rn	
$_{26}$Fe	0.151	$_{50}$Sn	1.112	$_{87}$Fr	0.46
$_{27}$Co	0.662	$_{51}$Sb	1.07	$_{88}$Ra	
$_{28}$Ni	1.156	$_{52}$Te	1.970 8	$_{89}$Ac～$_{103}$Lr	

可见,金属原子的电子亲和能很小,而第Ⅵ主族、第Ⅶ主族原子的电子亲和能要大得多,因而,这些电子容易俘获一个电子而使自身的能量更低,结构更稳定.这些原子就是**负电性原子**.

7.1.2 离子键

有些原子的价电子比较容易脱离原子,而另一些原子则比较容易俘获电子,当这两类原子靠得较近时,由于相互作用,其中一个原子的价电子就转移到另一个原子上,这时,两个原子都变为离子,一个由于失去电子而变为正离子,而另一个由于俘获电子变为负离子,两者之间的库仑引力作用,使它们紧密地结合在一起,从而形成分子.分子中这种类型的结合就是**离子键**(ionic bond,化学上称为 electrovalent bond),也称做**盐键**.离子键基本上是金属离子与非金属离子间结合的主要方式,金属给出电子成为阳离子(cation),非金属获得电子成为阴离子(anion),容易形成离子键的正负离子,如表 7.3.

表 7.3 常见的阳离子和阴离子

阳离子				阴离子			
名称	符号	名称	符号	名称	符号	名称	符号
简单阳离子				简单阴离子			
Aluminium	Al^{3+}	Iron(Ⅲ)	Fe^{3+}	Arsenide	As^{3-}	Iodide	I^-
Barium	Ba^{2+}	Lead(Ⅱ)	Pb^{2+}	Azide	N_3^-	Nitride	N^{3-}
Beryllium	Be^{2+}	Lead(Ⅳ)	Pb^{4+}	Bromide	Br^-	Oxide	O^{2-}
Caesium	Cs^+	Lithium	Li^+	Chloride	Cl^-	Phosphide	P^{3-}
Calcium	Ca^{2+}	Magnesium	Mg^{2+}	Fluoride	F^-	Sulfide	S^{2-}
Chromium(Ⅱ)	Cr^{2+}	Manganese(Ⅱ)	Mn^{2+}	Hydride	H^-	Peroxide	O_2^{2-}
Chromium(Ⅲ)	Cr^{3+}	Manganese(Ⅲ)	Mn^{3+}	氧酸根			
Chromium(Ⅵ)	Cr^{6+}	Manganese(Ⅳ)	Mn^{4+}	Arsenate	AsO_4^{3-}	Iodate	IO_3^-
Cobalt(Ⅱ)	Co^{2+}	Manganese(Ⅶ)	Mn^{7+}	Arsenite	AsO_3^{3-}	Nitrate	NO_3^-
Cobalt(Ⅲ)	Co^{3+}	Mercury(Ⅱ)	Hg^{2+}	Borate	BO_3^{3-}	Nitrite	NO_2^-
Copper(Ⅰ)	Cu^+	Nickel(Ⅱ)	Ni^{2+}	Bromate	BrO_3^-	Phosphate	PO_4^{3-}
Copper(Ⅱ)	Cu^{2+}	Nickel(Ⅲ)	Ni^{3+}	Hypobromite	BrO^-	Hydrogen phosphate	HPO_4^{2-}

续 表

阳离子				阴离子			
名称	符号	名称	符号	名称	符号	名称	符号
简单阳离子				氧酸根			
Copper(Ⅲ)	Cu^{3+}	Potassium	K^+	Carbonate	CO_3^{2-}	Dihydrogen phosphate	$H_2PO_4^-$
Gallium	Ga^{3+}	Silver	Ag^+	Hydrogen carbonate	HCO_3^-	Permanganate	MnO_4^-
Gold(Ⅰ)	Au^+	Sodium	Na^+	Chlorate	ClO_3^-	Phosphite	PO_3^{3-}
Gold(Ⅲ)	Au^{3+}	Strontium	Sr^{2+}	Perchlorate	ClO_4^-	Sulfate	SO_4^{2-}
Helium	He^{2+}	Tin(Ⅱ)	Sn^{2+}	Chlorite	ClO_2^-	Thiosulfate	$S_2O_3^{2-}$
Hydrogen	H^+	Tin(Ⅳ)	Sn^{4+}	Hypochlorite	ClO^-	Hydrogen sulfate	HSO_4^-
Iron(Ⅱ)	Fe^{2+}	Zinc	Zn^{2+}	Chromate	CrO_4^{2-}	Sulfite	SO_3^{2-}
阳离子集团				Dichromate	$Cr_2O_7^{2-}$	Hydrogen sulfite	HSO_3^-
Ammonium	NH_4^+	Nitronium	NO_2^+	有机酸			
Hydronium	H_3O^+	Mercury(Ⅰ)	Hg_2^{2+}	Acetate	$C_2H_3O_2^-$	Oxalate	$C_2O_4^{2-}$
				Formate	HCO_2^-	Hydrogen oxalate	$HC_2O_4^-$
				其他			
				Hydrogen sulfide	HS^-	Cyanate	OCN^-
				Telluride	Te^{2-}	Thiocyanate	SCN^-
				Amide	NH_2^-	Cyanide	CN^-

例如,NaCl、$CaCl_2$ 等都是具有离子键的分子.NaCl 中离子键的成键过程可以表示为

$$Na \rightarrow Na^+ + e, \quad Cl + e \rightarrow Cl^-, \quad Na^+ + Cl^- \rightarrow NaCl$$

其中 Na^+ 的核外电子排布为 $1s^22s^22p^6$,具有 Ne 的稳定结构,而 Cl^- 的核外电子排布为 $1s^22s^22p^63s^23p^6$,具有 Ar 的稳定结构.Na^+ 和 Cl^- 由于相互吸引的库仑作用力,使两者尽量靠近.但是,当两离子靠近时,核外电子的运动区域(即所谓"**电子云**")会相互重叠,相互重叠的电子云有排斥作用,同时,两个原子核之间也有排斥力.当上述库仑引力和斥力达到**平衡**时,两离子体系的能量最低,就形成一种较为稳定的结构,从而构成分子.

实验表明,使 Na 原子失去一个 3s 电子而变为 Na^+ 离子需要 5.14 eV 的能量(这就是 Na 的**电离电势**),而 Cl 原子获得一个电子填充其 3p 轨道而变为 Cl^- 离子所释放出的能量为 3.61 eV(这是 Cl 的**电子亲和势**),所以 Na 原子的一个 3s 电子转移到 Cl 原子的 3p 轨道需要 5.14 eV − 3.61 eV = 1.53 eV 的能量(这是两原子相距很远时计算的结果).上述两离子由于相互吸引而靠近,离子 Na^+ 和 Cl^- 间的**库仑势能**可以用图 7.1 中的曲线表示.当两离子间距较大时,势能接近于 0;当距离为 1.1 nm 时,势能为 −1.3 eV;进一步靠近时,势能则进一步降低,而同时两核间的斥力也逐渐增大;当距离为 0.236 nm 时,引力和斥力达到平衡,而此时势能最低,为 −5.78 eV;此后,若距离再减小,斥力迅速增大,势能也迅速增大.所以,在距离为 0.236 nm 处,Na^+ 和 Cl^- 离子结合为稳定的分子.实际上,在晶态的 NaCl 中,由于晶体内部环境的作用,Na^+ 和 Cl^- 间的平衡距离为 0.28 nm.

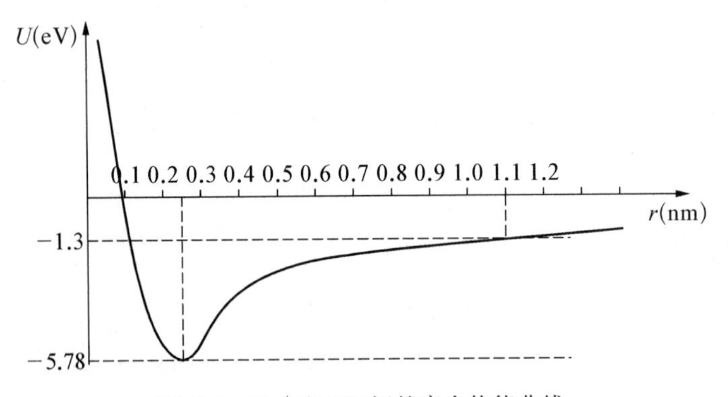

图 7.1 Na^+ 和 Cl^- 间的库仑势能曲线

上述过程中,两离子结合为稳定分子时的势能(−5.78 eV)与自由态离子的势能(1.5 eV)和为 4.25 eV,这就是该离子键的**结合能**(binding energy),也称做离子键的**键能**.

分子的结合能,也称做**解离能**,可以表示为

$$E = E^{+} + E^{-} - \frac{e^{2}}{4\pi\varepsilon_{0} r} + C\,\frac{\mathrm{e}^{-ar}}{r} \tag{7.1}$$

上式中,E^+、E^- 分别是原子的电离能、亲和势,$-e^2/4\pi\varepsilon_0 r$ 为库仑势能,而 $C\mathrm{e}^{-ar}/r$ 为**泡利排斥能**,泡利排斥能不是简单的静电斥力,主要是由于泡利原理所引起的,即当两离子距离较远时,它们的电子波函数没有重叠,是各自独立的,因而不受泡利原理的限制,其电子可以有相同的量子数;两离子逐渐靠近时,由于电子波函数的重叠,则会使电子进入较高的能量状态,就相当于有一种排斥力.泡利排斥能中的两个常数 C 和 a 需要根据实验数据确定.如果测得键长(即分子中的原子处于平衡位置时的距离),即可估算出泡利能.表 7.4 给出了某些离子键分子的成键数据.

表 7.4 一些离子键分子的成键数据 (能量单位: eV,长度单位: nm)

分 子	正离子的电离能	负离子的亲和势	解离能	离子间距(键长)	平衡时的库仑能	平衡时的泡利排斥能
NaCl	5.14	3.62	4.27	0.236	6.10	0.31
NaF	5.14	3.41	5.38	0.193	7.46	0.35
KCl	4.34	3.62	4.49	0.267	5.39	0.19
KBr	4.34	3.37	3.94	0.282	5.11	0.20

7.1.3 共价键

大多数的分子中,原子并没有失去价电子而变为离子,而是共有一部分价电子.不同原子的两个价电子结合成一个电子对,这样的一个电子对就是一个单键,这样的键就是**共价键**(covalent bond),或者**原子键**.

例如,氢分子 H_2 中,两个氢原子的 1s 电子被两个原子核共有,形成一个**单键**;氮原子 N_2 中,每个原子有 3 个 2p 价电子,形成分子时,三对 2p 电子形成三个单键;氯化氢(HCl)分子中,H 的 1s 电子和 Cl 的 3p 电子结合为一个单键,图 7.2 中给出了一些共价键分子.

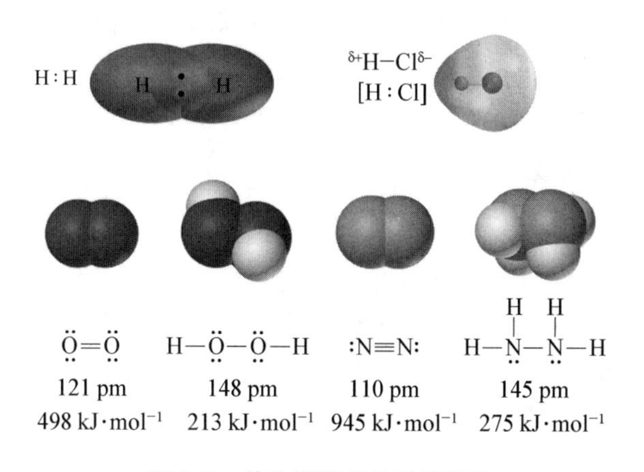

图 7.2 共价键形成分子示意图

但是,在某些情况下,也有不成对的价电子所成的共价键,此时,只有一个电子被分子中的原子核共有,例如,分子离子 H_2^+ 中,两个 H 原子核共有一个电子,这就是**单电子键**;而氦离子分子 He_2^+ 中,是两个 He 原子核共有 3 个电子,这就是**三电子键**.

氢分子离子 H_2^+ 是最简单的具有共价键的分子,可以利用已有的量子力学的知识对它进行简单的讨论.

如图 7.3,在氢分子离子的情况下,一个电子被两个 H 原子核共有,相当于一个电子与两个质子组成一个体系.系统的势能为

$$U = \frac{e^2}{4\pi\varepsilon_0}\left(\frac{1}{R} - \frac{1}{r_1} - \frac{1}{r_2}\right) \tag{7.2}$$

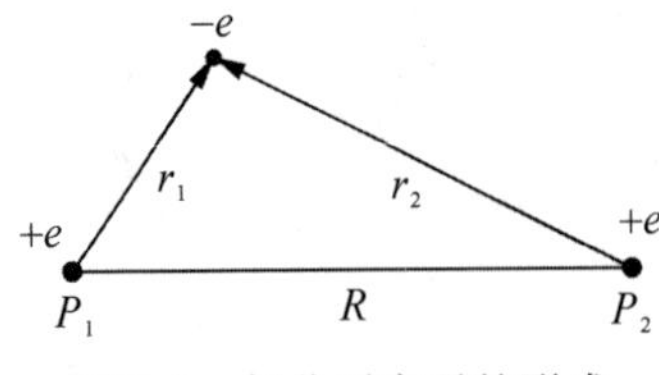

图 7.3 氢分子离子的形成

其中 R 为两质子间的距离,而 r_1、r_2 分别为电子到两质子间的距离.

也可以将上述离子分子看做是一个氢原子 H 和一个氢离子 H^+ 的结合,极端的情况则是两个质子靠得很近,形成一个原子核,此时相当于一个氦离子 He^+.而分子离子 H_2^+ 则是上述两种情况中间的一种,即分立的 $H + H^+$ 与 He^+ 之间的一种情况.

要计算上述分子离子的能量,可以按下述方法. H 和 H^+ 距离较远时,相互间没有作用能,离子 H^+ 由于只是单个质子,故势能为 0,而原子 H 的基态势能为 $-R_A hc$,其中 R_A 为里德伯常数. 对于 He^+ 离子,是类氢离子,基态时的势能为 $-Z^2 R_A hc = -4R_A hc$.

可以认为两个原子核是固定的,即两核间距 R 为常数,两原子核的库仑作用能不变.不考虑核的动能,而只考虑电子的动能,则该分子离子的哈密顿量为

$$\hat{H} = \frac{p^2}{2m_e} - \frac{e^2}{4\pi\varepsilon_0}\left(\frac{1}{r_1} + \frac{1}{r_2} - \frac{1}{R}\right) \tag{7.3}$$

而已知氢原子 1s 态的波函数为

$$\Psi_{1s} = R_{10} Y_{00} = \frac{1}{\sqrt{\pi}}\left(\frac{Z}{a_1}\right)^{3/2} e^{-Zr/a_1} \xlongequal{Z=1} \frac{1}{\sqrt{\pi}}\left(\frac{1}{a_1}\right)^{3/2} e^{-r/a_1} \tag{7.4}$$

在基态的该分子离子中,一个 1s 电子为两个氢原子核共有,如果分别计单独有一个核时的波函数为 Ψ_1、Ψ_2,则两核共有电子时的波函数为上述两波函数的线性叠加,得到对称和反对称的波函数为

$$\Psi_g = \frac{1}{\sqrt{2}}(\Psi_1 + \Psi_2) \tag{7.5}$$

$$\Psi_u = \frac{1}{\sqrt{2}}(\Psi_1 - \Psi_2) \tag{7.6}$$

H_2^+ 对称和反对称的波函数如图 7.4 所示.电子的几率分布,即波函数的平方如图 7.5 所示,相应的能量表示为图 7.6.相应的密度分布如图 7.7 所示.其中对称的波函数(即偶函数)为**成键态**(bonding state),而反对称波函数(即奇函数)为**反**

键态(anti-bonding state).

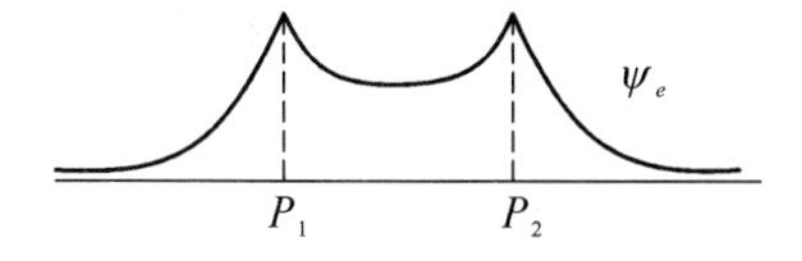

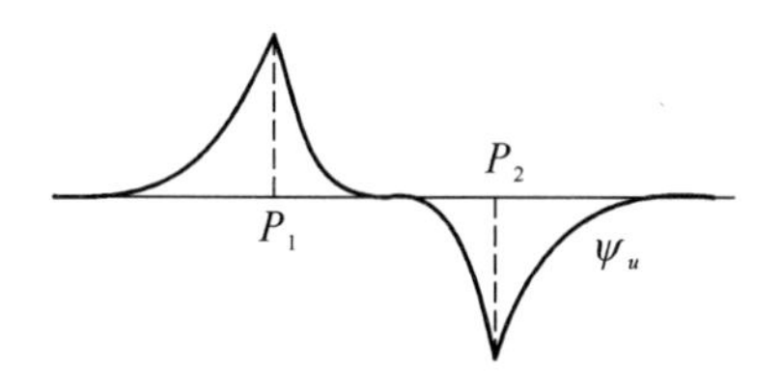

图 7.4 H_2^+ 对称和反对称的波函数

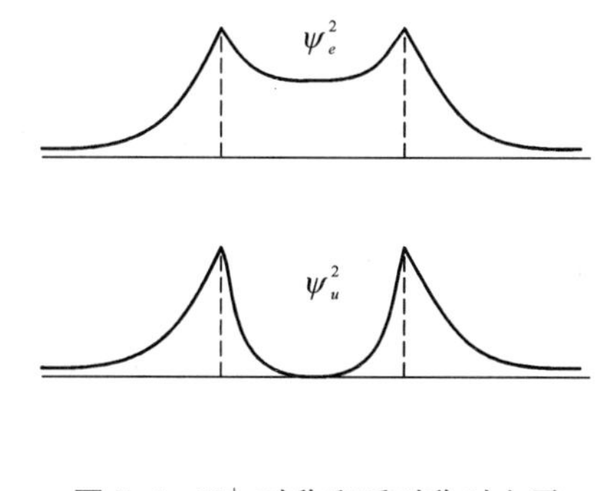

图 7.5 H_2^+ 对称和反对称时电子几率分布

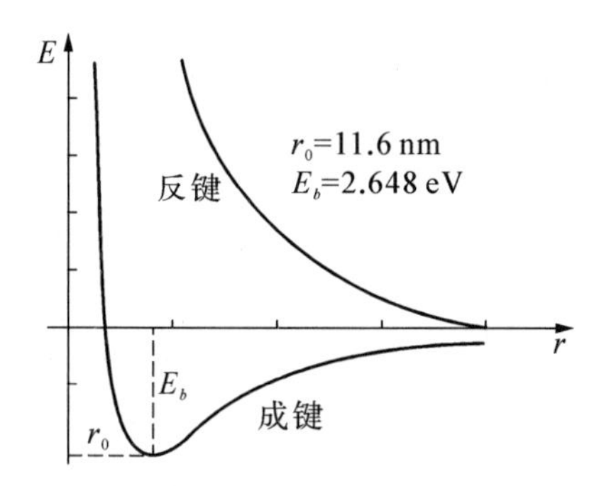

图 7.6 H_2^+ 成键和反键的能量

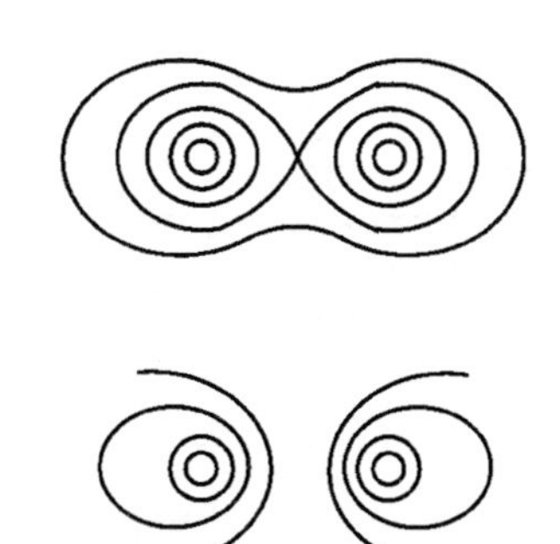

图 7.7 H_2^+ 成键和反键时电子的密度分布

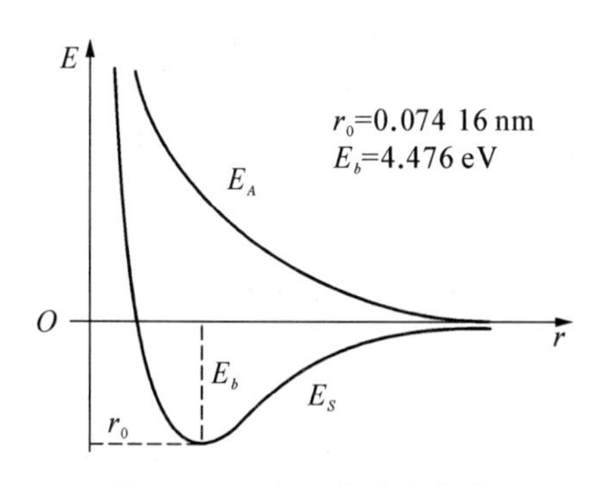

图 7.8 氢分子的势能曲线

在成键情况下,波函数的能量较低,而且在某个距离处有一个负的极小值,这就是两个原子核稳定的平衡距离,此时电子处于两核之间. 而反键态,电子无法处于两核中间的某一位置,因而不利于成键,如图 7.6. 氢分子的势能曲线示于图 7.8.

表 7.5 中给出了一些共价键的参数.

表 7.5 一些共价键的参数

键 联	键长(pm)	键能(kJ·mol^{-1})	键 联	键长(pm)	键能(kJ·mol^{-1})
H			N		
H—H	74	436	N—H	101	391
H—C	109	413	N—C	147	308
H—N	101	391	N—N	145	170
H—O	96	366	N≡N	110	945
H—F	92	568	O		
H—Cl	127	432	O—H	96	366
H—Br	141	366	O—C	143	360
C			O—O	148	145
C—H	109	413	O═O	121	498
C—C	154	348	F, Cl, Br, I		
C═C	134	614	F—H	92	568
C≡C	120	839	F—F	142	158
C—N	147	308	F—C	135	488
C—O	143	360	Cl—H	127	432
C—F	135	488	Cl—C	177	330
C—Cl	177	330	Cl—Cl	199	243
C—Br	194	288	Br—H	141	366
C—I	214	216	Br—C	194	288
C—S	182	272	Br—Br	228	193
S			I—H	161	298
C—S	182	272	I—C	214	216
			I—I	267	151

7.1.4 金属键

金属中,价电子容易脱离核的束缚而变为自由电子,而内部满壳层和满次壳层的电子则依然被核束缚,形成离子.可以看做离子处于自由电子的气体(电子气)中,这样就形成了**金属键**(metallic bond).关于金属键的详细情况,在固体物理中将会有具体的分析.

7.1.5　范德瓦耳斯键

非极性原子由于核外电子的运动，会形成瞬间的电偶极子，这样的瞬间电偶极子间的作用力就是**范德瓦耳斯力**(van der Waals force)，所以非极性的原子可以通过范德瓦耳斯力而形成键联，这就是**范德瓦耳斯键**(van der Waals bond). 由于这种力要弱得多，因而结合能很小，通常只有 0.01～0.1 eV 的数量级. 例如 Hg_2 就是范德瓦耳斯键. 在这种键联中，原子间的距离通常较大.

7.2　分子的能级与光谱概述

分子的能量状态当然由分子的运动状态决定，根据已有的知识，可以想到，其中的运动主要由下面几部分组成：

(1) 分子中各个原子外壳层电子的运动，即价电子或成键电子的运动. 这些电子不同的运动状态，使原子处于不同的能量状态，即不同的能级，则由这些电子的运动所形成的能级就是分子的**电子能级**，记为 E_e. 这些电子能级之差与原子的能级差相仿. 分子可以在不同的电子能级之间跃迁，辐射跃迁所发出的光谱线大多处于紫外光和可见光的波段.

(2) 分子中各个原子核及其周围束缚电子的振动. 这种振动的情况非常复杂，是多种振动方式的叠加. 同时，振动是量子化的，即由于振动，形成了一系列的量子化的**振动能级**，记为 E_v. 单纯的振动能级之间的间隔相比于电子能级，要小得多. 如果分子的电子态不变，而仅仅是在振动能级间进行辐射跃迁，其光谱处于近红外波段，波长为几个微米的数量级.

(3) 分子的转动. 这是分子整体的转动，是绕分子质心的转动，这种转动的能量也是量子化的，形成一系列**转动能级**，记为 E_r. 但转动能级的间隔比振动能级的间隔还要小得多，相当于毫米或厘米波长的数量级.

综上所述，分子的能量主要由以下三部分组成：

$$E = E_e + E_v + E_r$$

而且

$$\Delta E_e \gg \Delta E_v \gg \Delta E_r$$

分子中上述各能级的情况如图 7.9 所示. 分子在同一组转动能级之间跃迁时，所发出的光谱处于远红外波段，这就是分子的纯转动光谱. 而若跃迁发生在一对振动能级之间，由于每一振动能级上又各有一系列的转动能级，则实际上也包含了相应的振动上的转动能级间的跃迁，由于转动能级间隔很小，则上述跃迁是处于近红外波段的光谱带，由一组密集的光谱线组成．同样，一对电子能级间的跃迁，还包含了其中振动能级间的跃迁，这又是处于紫外和可见波段的光谱带．不同电子能级间的辐射跃迁，形成很多不同的光谱带系．因而，分子的光谱多是带状光谱．

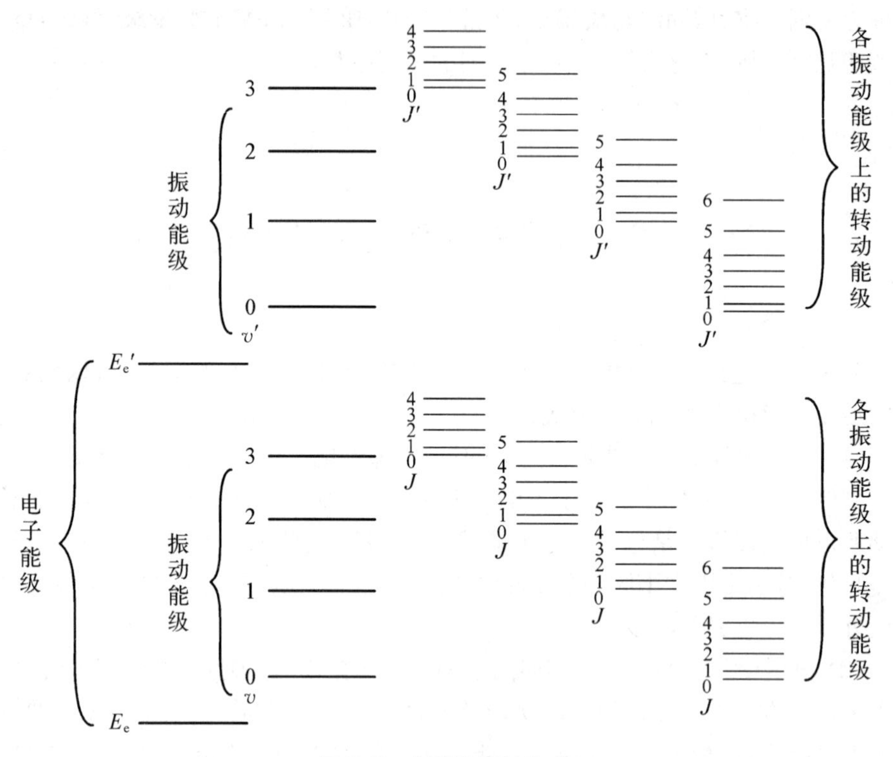

图 7.9 分子的能级构成

7.3 双原子分子的电子态

原子的状态取决于其核外电子的运动特征，或者说，可以根据核外电子的角动量(轨道运动角动量、自旋角动量、总角动量)确定原子的状态．分子的状态也可以根据分子中电子的运动特征决定，但是，分子的情况却复杂得多，由于不再是球对称的中心力场，所以角动量不再守恒．

不参与成键的电子被各自的原子核所束缚，而且这些电子往往是满壳层或满次壳层的，是分子中的稳定结构．而最外壳层的电子被各个核共有，参与成键，分子的状态，即电子态取决于这些电子．

分子中电子的运动状态，即电子的波函数可以由分立原子中电子的波函数构造，例如，可以将原子的轨道（atomic orbital，AO）波函数经过线性组合（linear combination of atomic orbitals，LCAO）而得到分子的轨道（molecular orbital，MO）波函数．

最简单的是双原子分子，两个原子核的连线是分子的对称轴，电荷分布相对于该分子轴是对称的．即电子所受的库仑力总是指向分子轴，所以电子所受的力矩总是与分子轴垂直，因而电子的角动量在该轴上的分量是守恒的．按照量子力学的原理，上述角动量可以写做

$$p_{Lz} = m_l \hbar \tag{7.7}$$

其中，$m_l = -l, -(l-1), \cdots, l-1, l$.

在轴对称的电场中，轴向投影相等而方向相反的两个轨道角动量所对应的能量相等，于是，当$|m_l|$值相同时，系统的能量相同，因而可以用$|m_l|$代表电子的状态．记为

$$\lambda = |m_l| \tag{7.8}$$

分子的电子态可以用符号表示为

m_l	0	± 1	± 2	± 3	± 4	…
λ	0	1	2	3	4	…
电子态	σ	π	δ	φ	γ	…

分子中各个电子的轨道角动量合成为总的轨道角动量．双原子分子中，由于每一个电子的轨道角动量已经是不确定的，则分子的总轨道角动量也是无法确定的．而总的轨道角动量沿分子轴方向的分量依然是守恒量，记做

$$P_{Lz} = \Lambda \hbar \tag{7.9}$$

其中的量子数由各个电子的量子数 m_{li} 得到，即 $\Lambda = \left| \sum_i m_{li} \right|$.

不同的量子数 Λ 值，代表分子处于不同的状态，分子的状态可以记做

Λ	0	1	2	3	4	…
分子态	Σ	Π	Δ	Φ	Γ	…

电子的自旋并不受电场的影响，仍是可以确定的量，因而各个电子的自旋角动

量合成为总的自旋角动量，记做

$$P_S = \sqrt{S(S+1)}\,\hbar$$

其中总的自旋量子数与单个原子的总自旋量子数一致.

由于电子绕分子轴的轨道运动产生磁场，磁场的方向与分子轴平行.该磁场作用于总自旋，导致总自旋角动量在分子轴上的分量是量子化的，而且绕分子轴旋进.则总自旋在分子轴上的分量为

$$P_{Sz} = M_S\hbar \tag{7.10}$$

在分子中，量子数 M_S 用 Σ 表示，即

$$\Sigma = -S, -(S-1), \cdots, S-1, S$$

上述沿分子轴方向的轨道与自旋角动量合成为分子在轴上的总的角动量，表示为

$$P_z = \Omega\hbar \tag{7.11}$$

其中 Ω 由 Λ 和 Σ 得到，即

$$\Omega = |\Lambda + \Sigma|$$

$$\Lambda + \Sigma = \Lambda + S, \Lambda + S - 1, \cdots, \Lambda - S$$

共有 $2S+1$ 个数值.

分子中，由于自旋磁矩与绕轴的轨道运动所形成的磁场的相互作用，会引起附加的能量，该能量为

$$\Delta E = -\mu_S \cdot B_L = -\mu_S B_L \cos\theta$$

其中 μ_S 为自旋磁矩，而 B_L 为电子绕分子轴做轨道运动所产生的磁场，θ 为磁矩与磁场间的夹角.该能量与上述磁矩、磁场的大小成正比，上述磁矩、磁场又与相关的角动量量子数 Σ、Λ 成正比，因而可以得到

$$\Delta E = K\Sigma\Lambda \tag{7.12}$$

其中 K 是常数.可见由于上述磁矩、磁场的相互作用，分子的能级将分裂为 $2S+1$ 层.

基于上述分析，分子的状态也可以用量子数标记，可表示为

$$^{2S+1}\Lambda_{\Lambda+\Sigma}$$

例如，$\Lambda = 1, S = 3/2$，这是一个四重态，因为 $\Sigma = -3/2, -1/2, 1/2, 3/2, \Lambda + \Sigma = -1/2, 1/2, 3/2, 5/2$，则分子态为

$$^4\Pi_{-\frac{1}{2}}, {}^4\Pi_{\frac{1}{2}}, {}^4\Pi_{\frac{3}{2}}, {}^4\Pi_{\frac{5}{2}}$$

如果 $\Lambda = 0$，则没有分子轴方向的磁场，没有磁场与磁矩间的相互作用，即对于 Σ 态，能级总是单层的.

双原子分子在不同的状态之间可以进行辐射跃迁，电偶极辐射跃迁的选择定

则是

$$\begin{cases}\Delta\Lambda = 0,\ \pm 1 \\ \Delta S = 0\end{cases} \tag{7.13}$$

7.4　双原子分子的振动光谱

双原子分子的势能曲线如图 7.10 所示，两原子核间的距离为 r_e 时，势能最低，这就是两核间的平衡距离. 当绝对温度不等于 0 时，原子核不可能处于静止状态，当距离 $r<r_e$ 时，核间的排斥力大于吸引力；当距离 $r>r_e$ 时，核间的吸引力大于排斥力. 因而，原子核会在平衡位置附近作振动. 振幅由分子的总能量决定. 当总能量不是很大时，则振幅也很小. 可以将平衡位置附近的势能曲线近似为抛物线，则这种振动近似于**简谐振动**.

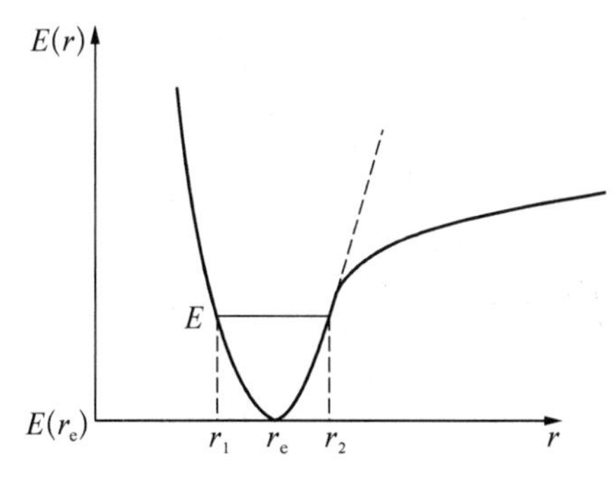

图 7.10　双原子分子的势能曲线

7.4.1　双原子分子的振动能级

双原子分子的振动能量可以在平衡位置附近作泰勒展开

$$E(r) = E(r_e) + \frac{\mathrm{d}E(r)}{\mathrm{d}r}(r - r_e) + \frac{1}{2}\frac{\mathrm{d}^2E(r)}{\mathrm{d}r^2}(r - r_e)^2 + \cdots \tag{7.14}$$

其中 $\mathrm{d}E(r)/\mathrm{d}r = 0$. 记**回复力常数**为

$$k = \frac{\mathrm{d}^2E(r)}{\mathrm{d}r^2} \tag{7.15}$$

因而在二级近似下，得到

$$E(r) = E(r_e) + \frac{1}{2}\frac{\mathrm{d}^2E(r)}{\mathrm{d}r^2}(r - r_e)^2 = E(r_e) + \frac{1}{2}k\Delta r^2 \tag{7.16}$$

这就是**简谐振子**的情形，如图 7.11 所示，而简谐振子的量子化能量为

$$E_v=\left(v+\frac{1}{2}\right)\hbar\omega=\left(v+\frac{1}{2}\right)hf \tag{7.17}$$

其中，$\omega=\sqrt{\frac{k}{\mu}}$，$f=\frac{1}{2\pi}\sqrt{\frac{k}{\mu}}$ 为经典简谐振子的振动频率，$\mu=\frac{m_1m_2}{m_1+m_2}$ 为分子的约化质量，$v=0,1,2,\cdots$ 是振动的量子数.

但实际上双原子分子的势能曲线不是抛物线，双原子分子也不是简谐振子，其振动能量更准确的表达式为

$$E_v=\left(v+\frac{1}{2}\right)a-\left(v+\frac{1}{2}\right)^2 b \tag{7.18}$$

式中，$a\gg b$，$a=\hbar\omega$，且 a、b 都是常数. 则实际的振动能级并不是等间隔的，随着 v 的增大，能级间隔逐渐减小，如图 7.12.

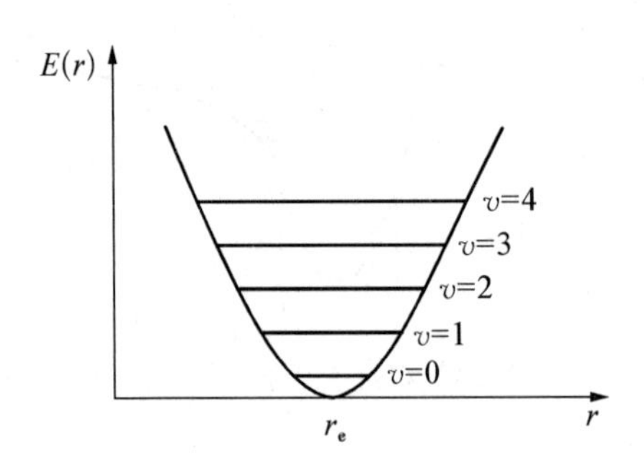

图 7.11 简谐近似下双原子分子的振动能级

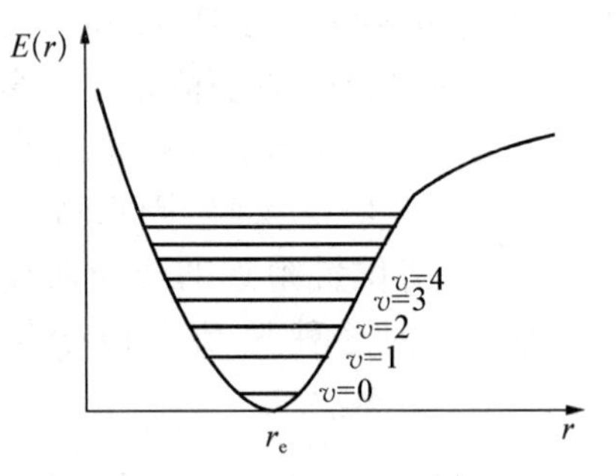

图 7.12 双原子分子的振动能级

7.4.2 双原子分子的振动光谱

1. 纯振动光谱

分子在同一电子态中的振动能级间跃迁，所发出的光谱线为

$$\begin{aligned}\tilde{\nu}&=\frac{1}{\lambda}=\frac{E_{v2}-E_{v1}}{hc}\\&=\frac{1}{hc}\left\{\left[\left(v_2+\frac{1}{2}\right)a-\left(v_2+\frac{1}{2}\right)^2 b\right]-\left[\left(v_1+\frac{1}{2}\right)a-\left(v_1+\frac{1}{2}\right)^2 b\right]\right\}\\&=\frac{1}{hc}\left[(v_2-v_1)a-(v_2^2-v_1^2+v_2-v_1)b\right]\end{aligned}$$

整理后即得到

$$\tilde{\nu} = (v_2 - v_1)\tilde{\nu}_0 - (v_2 - v_1)(v_2 + v_1 + 1)x\tilde{\nu}_0 \tag{7.19}$$

其中，$\tilde{\nu}_0 = a/hc = hf/hc = f/c = 1/\lambda$ 是与振子的经典频率对应的波数，$x = b/a$. 近似情况下，可以略去第二项，则得到

$$\tilde{\nu} = (v_2 - v_1)\tilde{\nu}_0 = \Delta v\tilde{\nu}_0 \tag{7.20}$$

辐射跃迁时，量子数的变化可以是

$$\Delta v = 1,2,3,\cdots \tag{7.21}$$

于是

$$\tilde{\nu} = \tilde{\nu}_0, 2\tilde{\nu}_0, 3\tilde{\nu}_0, \cdots$$

例如，CO 在红外波段的辐射波长为 $\lambda = 4.67\ \mu\text{m}$、$2.35\ \mu\text{m}$、$1.58\ \mu\text{m}$ 等光谱带，相应的波数比近似为 1 : 2 : 3，这就是 CO 的纯振动光谱，HCl 在红外有一个 $\lambda = 3.46\ \mu\text{m}$ 的谱带，也是纯振动光谱.

如果是简谐振子，纯振动能级间的跃迁有以下的选择定则

$$\Delta v = v_2 - v_1 = \pm 1 \tag{7.22}$$

如果基态分子吸收光子而跃迁到激发态，则为

$$h\nu = E_{\text{v}} - E_0 = \left[\left(v + \frac{1}{2}\right)a - \left(v + \frac{1}{2}\right)^2 b\right] - \left[\frac{1}{2}a - \left(\frac{1}{2}\right)^2 b\right]$$

$$= va\left(1 - \frac{b}{a}\right) - v^2 a\frac{b}{a}$$

吸收光子的波数为

$$\tilde{\nu} = \frac{h\nu}{hc} = \frac{va\left(1 - \frac{b}{a}\right) - v^2 a\frac{b}{a}}{hc} = v\tilde{\nu}_0(1 - x) - v^2 x\tilde{\nu}_0 \tag{7.23}$$

上式也可以表示为

$$\tilde{\nu} = C_1 v - C_2 v^2 \tag{7.24}$$

其中 $C_1 = \tilde{\nu}_0 - x\tilde{\nu}_0$，$C_2 = x\tilde{\nu}_0$

通过测量振动光谱，可拟合出 C_1、C_2，然后可以算出与分子相关的参数. 例如，对 HCl 分子，测得 $C_1 = 2\,937.36\ \text{cm}^{-1}$，$C_2 = 51.6\ \text{cm}^{-1}$，于是 $\tilde{\nu}_0 = 2\,988.96\ \text{cm}^{-1}$，$k = 516\ \text{N}\cdot\text{m}^{-1}$.

2. 包含电子跃迁的振动光谱

这是两个不同的电子能级上的振动能级间的跃迁. 两个电子能级的势能曲线

以及各个电子能级上的振动能级如图 7.13 所示,由于是不同的势能曲线,所以回复力常数 k 也不同,因而 a、b 也不相同.则辐射跃迁过程表示为

$$\tilde{\nu}=\frac{1}{\lambda}=\frac{(E_{e2}+E_{v2})-(E_{e1}+E_{v1})}{hc}=\frac{(E_{e2}-E_{e1})+(E_{v2}-E_{v1})}{hc}$$

$$=\tilde{\nu}_e+\frac{1}{hc}\left\{\left[\left(v_2+\frac{1}{2}\right)a_2-\left(v_2+\frac{1}{2}\right)^2 b_2\right]-\left[\left(v_1+\frac{1}{2}\right)a_1-\left(v_1+\frac{1}{2}\right)^2 b_1\right]\right\}$$

$$=\tilde{\nu}_e+\left[\left(v_2+\frac{1}{2}\right)\tilde{\nu}_{02}-\left(v_2+\frac{1}{2}\right)^2 x_2\tilde{\nu}_{02}\right]-\left[\left(v_1+\frac{1}{2}\right)\tilde{\nu}_{01}-\left(v_1+\frac{1}{2}\right)^2 x_1\tilde{\nu}_{01}\right]$$

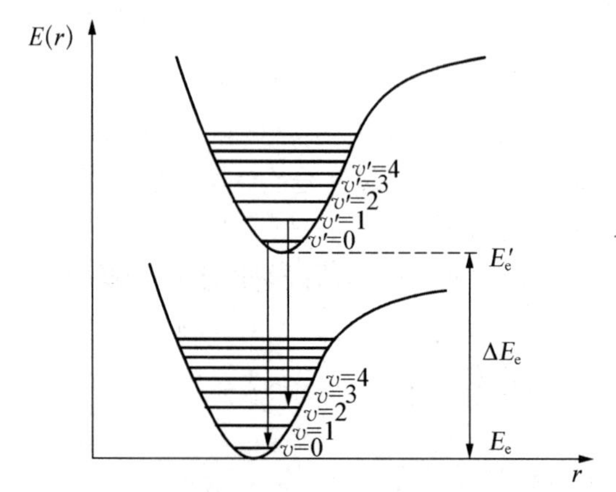

图 7.13 两个不同的电子能级上的振动能级间的跃迁

如果忽略高阶小量,则得到

$$\tilde{\nu}=\tilde{\nu}_e+\left(v_2+\frac{1}{2}\right)\tilde{\nu}_{02}-\left(v_1+\frac{1}{2}\right)\tilde{\nu}_{01} \tag{7.25}$$

在不同电子能级上的振动能级间的跃迁,既有吸收过程,也有辐射过程,如图 7.14 所示.

吸收的过程,是基态(即正常态)的分子吸收光子而跃迁到激发态的过程,即

$$v_1=0\rightarrow v_2$$

而辐射的过程则是激发态的分子向下跃迁到各个低能级的过程,即

$$v_2\rightarrow v_1$$

所以发射谱要比吸收谱复杂得多.

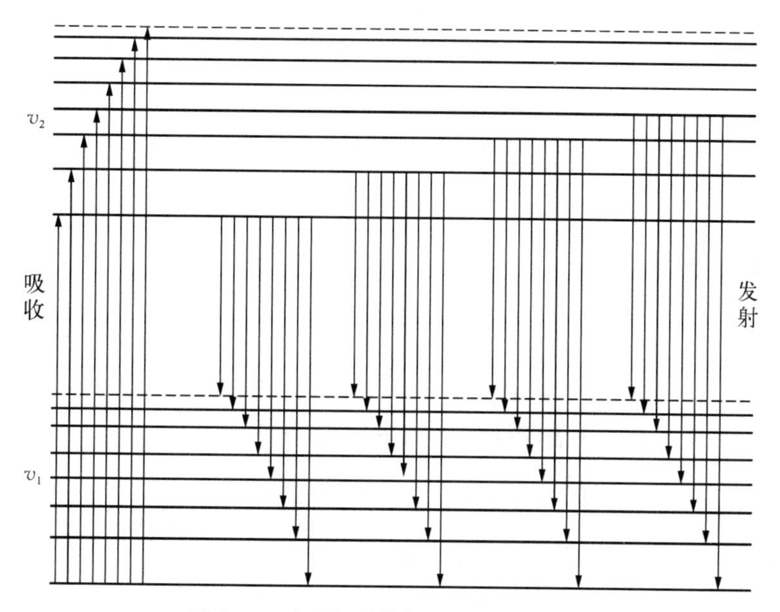

图 7.14 电子振动能级的吸收与发射谱

7.5 双原子分子的转动光谱

7.5.1 双原子分子的转动能级

如图 7.15,双原子分子的转动,是绕其质心的转动,即转动轴通过质心且垂直于连接两原子核的直线(即分子轴).按照经典力学,分子的**转动惯量**为

$$I = m_1 r_1^2 + m_2 r_2^2 = \frac{m_1 m_2}{m_1 + m_2} r^2 = \mu r^2 \tag{7.26}$$

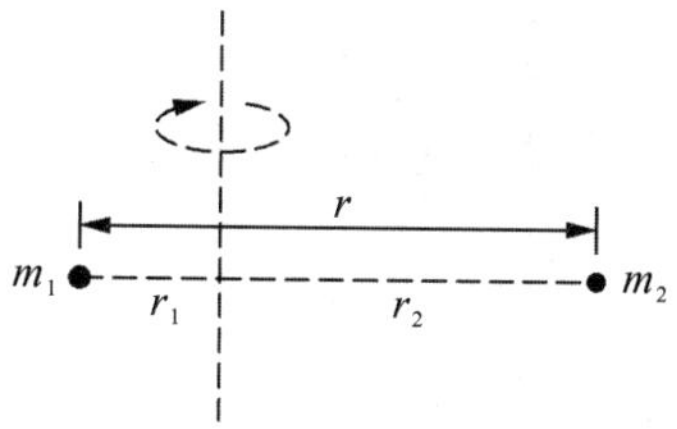

其中 $r = r_1 + r_2$ 为分子中两原子间距,μ 为约化质量.

图 7.15 双原子分子的转动

转动的能量为

$$E_r = \frac{1}{2}I\omega^2 = \frac{P^2}{2I} \tag{7.27}$$

式中 P 为双原子分子转动的角动量.

按量子力学,上述转动的角动量是量子化的,为

$$P = \sqrt{J(J+1)}\,\hbar, \qquad J = 0,1,2,3,\cdots$$

于是转动的能量为

$$E_r = \frac{h^2}{8\pi^2 I}J(J+1) \tag{7.28}$$

当 $J = 0,1,2,3,\cdots$ 时,$J(J+1) = 0,2,6,12,\cdots$, 即转动能级的间隔为 $h^2/8\pi^2 I$ 的 2,4,6,8, … 倍,则相邻能级间隔为(图 7.16)

$$\Delta E_r = E_r(J) - E_r(J-1) = \frac{h^2}{8\pi^2 I}2J \tag{7.29}$$

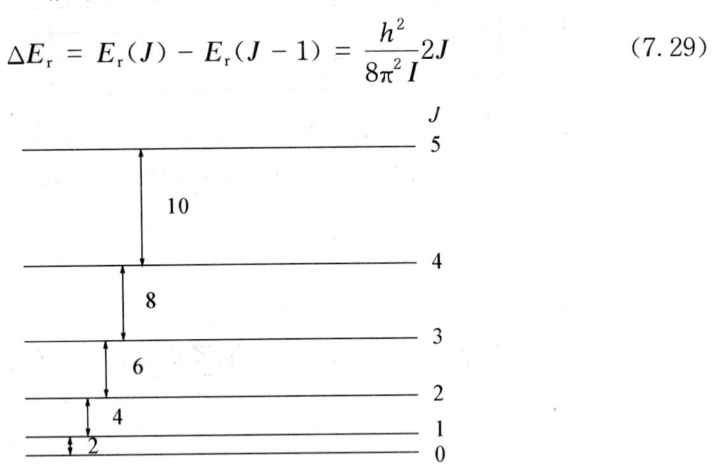

图 7.16 转动能级

7.5.2 双原子分子的转动光谱

1. 纯转动光谱

如图 7.17,辐射跃迁只能在邻近的转动能级之间发生,即跃迁的选择定则为

$$\Delta J = 1$$

于是

$$\begin{aligned}&J_2(J_2+1) - J_1(J_1+1)\\&= (J_1+1)(J_1+2) - J_1(J_1+1)\\&= 2(J_1+1) = 2J_2\end{aligned}$$

$$\tilde{\nu}_r = \frac{h}{8\pi^2 Ic}2J_2 = 2BJ_2 \tag{7.30}$$

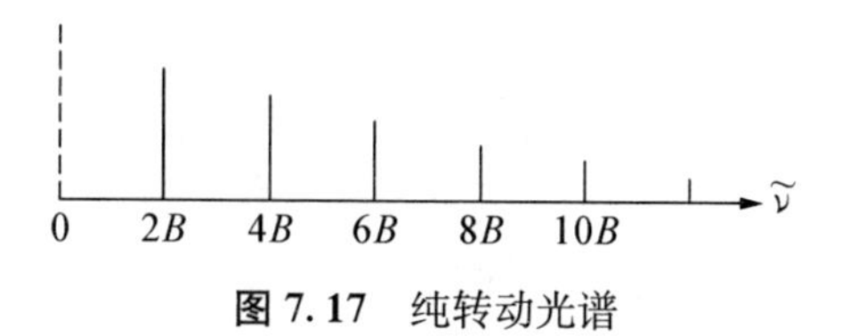

图 7.17　纯转动光谱

其中，

$$B = \frac{h}{8\pi^2 Ic} \tag{7.31}$$

称为**转动常数**.相邻谱线间隔为

$$\Delta\tilde{\nu}_r = \frac{h}{8\pi^2 Ic}[2J_2 - 2(J_2 - 1)] = \frac{2h}{8\pi^2 Ic} \tag{7.32}$$

是等间隔的光谱线.

纯转动能级间辐射跃迁的光谱处于远红外和微波波段.例如，HCl 的远红外吸收谱中，测得 $B = 10.34\ \text{cm}^{-1}$，而其红外波段的纯振动能级间的辐射跃迁，例如 $v = 0$ 到 $v = 1$，间隔为 2 885.9 cm^{-1}（即 $\lambda = 3.46\ \mu\text{m}$）.转动能级的间隔比振动能级的间隔要小得多.

根据从光谱测得 B 值，可以依据 $B = \dfrac{h}{8\pi^2 Ic}$ 计算出分子的转动惯量，进而得到两原子核间的距离 r.由上述实验数据得到 HCl 中的核间距为 $r = 1.29 \times 10^{-8}\ \text{cm} = 12.9\ \text{nm}$.

实际上，分子不是刚体，当转动较快时，两原子核间的距离要发生改变，即此时核间还有吸引力（拉力），当转动达到平衡时，转动所产生的离心力与拉力相等，即

$$\mu\omega^2 r = k(r - r_e) \tag{7.33}$$

其中 ω 为转动的角速度.由式(7.33)可得到

$$r - r_e = \frac{\mu\omega^2 r}{k} = \frac{P^2}{\mu k r^3}$$

由于 $r \approx r_e$，所以 $P^2/\mu k r^4 = (r - r_e)/r \ll 1$.

体系的总能量为

$$E_r(J) = \frac{P^2}{2\mu r^2} + \frac{1}{2}k(r - r_e)^2 = \frac{P^2}{2\mu r_e^2} - \frac{P^4}{2\mu^2 k r_e^6}$$

将转动角动量的表达式代入，得到

$$E_r(J) = \frac{\hbar^2}{2\mu r_e^2}J(J+1) - \frac{\hbar^4}{2\mu^2 k r_e^6}J^2(J+1)^2$$

因而较准确的转动能级的表达式可写做

$$E_r(J) = hc[BJ(J+1) - DJ^2(J+1)^2] \tag{7.34}$$

其中 $B = \hbar/4\pi\mu r_e^2 c$，$D = \hbar^3/4\pi\mu^2 k r_e^6 c$，$D$ 为修正项.

则辐射跃迁 $(J_2 \rightarrow J_1 = J_2 - 1)$ 所发出的谱线波数为

$$\tilde{\nu}_r = 2BJ_2 - 4DJ_2^3 \tag{7.35}$$

而分析光谱数据所得到的经验公式为

$$\tilde{\nu}_r = \alpha J_2 - \beta J_2^3 \tag{7.36}$$

与上述公式一致，即

$$\alpha = 2B = \frac{\hbar}{2\pi\mu r_e^2 c} = \frac{\hbar}{2\pi I c}$$

$$\beta = 4D = \frac{\hbar^3}{\pi\mu^2 k r_e^6 c} = \frac{\hbar^3}{\pi I^2 r_e^2 k c}$$

对于HCl分子，实验测得的数据为 $\alpha = 2\,079.4\ \mathrm{m^{-1}}$，$\beta = 0.16\ \mathrm{m^{-1}}$，可见 $\beta \ll \alpha$. 一般，对于较小的量子数 J，非刚性效应所引起的修正项可以忽略，只有较大的量子数 J 才有必要考虑非刚性效应所引起的修正项.

2. 振动转动光谱带

这是不同振动能级上的转动能级间的跃迁，跃迁前后，分子的振动、转动状态都发生改变. 由于能级差基本由振动能级间隔决定，所以其光谱位于近红外波段，通常用吸收的方法测得.

辐射跃迁可以表示为

$$\begin{aligned}\tilde{\nu} = \frac{1}{\lambda} &= \frac{(E_{v2} + E_{r2}) - (E_{v1} + E_{r1})}{hc} \\ &= \frac{(E_{v2} - E_{v1}) + (E_{r2} - E_{r1})}{hc} \\ &= \tilde{\nu}_v + B_2 J_2(J_2+1) - B_1 J_1(J_1+1)\end{aligned}$$

设 $B_2 \approx B_1$，则得到

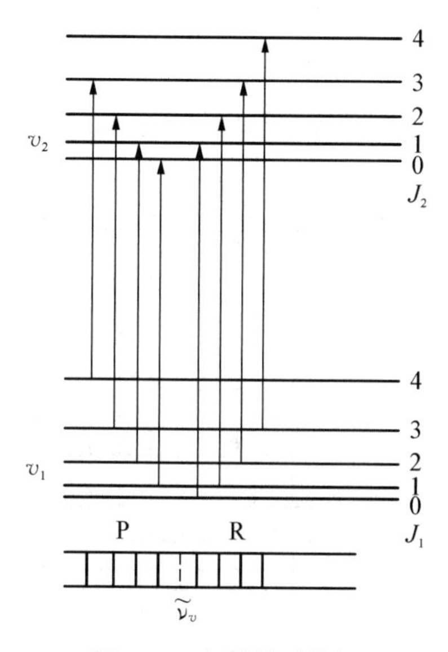

图 7.18 振动转动能级

$$\tilde{\nu} \approx \tilde{\nu}_v + B[J_2(J_2+1) - J_1(J_1+1)] \tag{7.37}$$

转动能级的跃迁发生在 $\Delta J = \pm 1$ 之间，见图 7.18. 其中 $J_2 = J_1 + 1$ 时所产生的一系列谱线称做 R 支，波数为

$$\tilde{\nu} \approx \tilde{\nu}_v + 2BJ_2, \qquad J_2 = 1,2,3,\cdots$$

$J_2 = J_1 - 1$ 的一系列谱线称做 P 支，其波数为

$$\tilde{\nu} \approx \tilde{\nu}_v - 2BJ_1, \qquad J_1 = 1,2,3,\cdots$$

其中 $\tilde{\nu}_v$ 为两振动能级差所对应的波数，称做谱带的基线波数. P 支、R 支对称地分布在 $\tilde{\nu}_v$ 的两侧，由于谱线中没有 $\tilde{\nu}_v$，则此位置出现空缺. 图 7.19 为 HCl 分子在近红外区的 1—0 谱带，可以从光谱图上很容易确定 $\tilde{\nu}_v$ 的位置，并分辨 P 支、R 支.

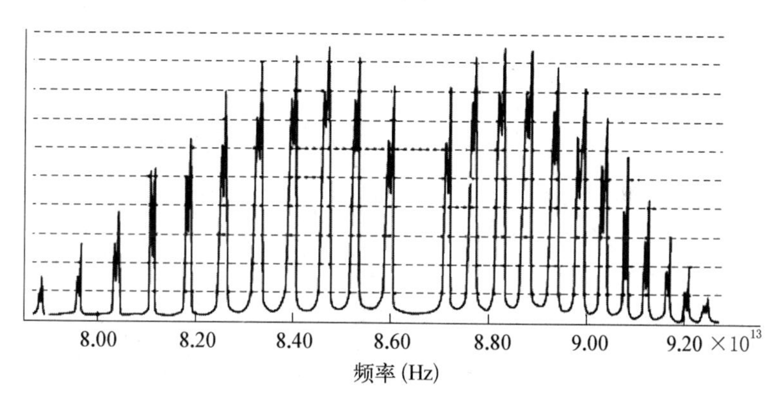

图 7.19 HCl 分子在近红外区的 1—0 谱带

3. 电子谱带的振动转动结构

如果电子能量、振动能量、转动能量都发生改变，则跃迁产生电子振动转动谱带，该谱带在可见和紫外波段. 此时的跃迁过程为

$$\begin{aligned}\tilde{\nu} = \frac{1}{\lambda} &= \frac{(E_{e2} + E_{v2} + E_{r2}) - (E_{e1} + E_{v1} + E_{r1})}{hc} \\ &= \frac{(E_{e2} - E_{e1}) + (E_{v2} - E_{v1}) + (E_{r2} - E_{r1})}{hc} \\ &= \frac{\Delta E_e + \Delta E_v}{hc} + \frac{E_{r2} - E_{r1}}{hc}\end{aligned}$$

$$= \tilde{\nu}_0 + B_2 J_2(J_2 + 1) - B_1 J_1(J_1 + 1)$$

如图 7.20 所示，此时由于是属于不同电子能级的转动能级，所以，B_1、B_2 相差较大，不能按等值处理.

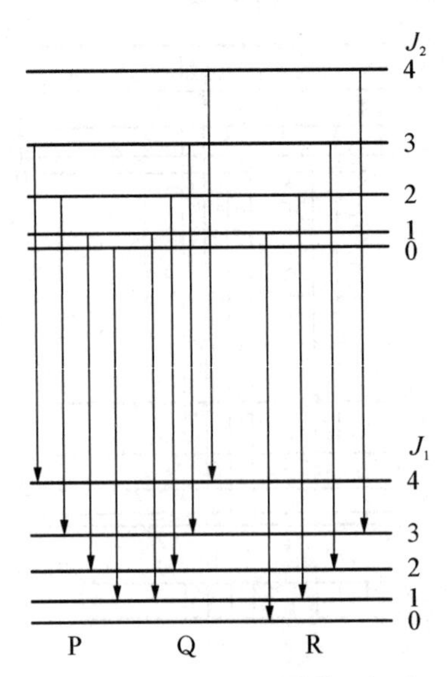

图 7.20 分子电子谱带的振动转动能级结构

J 的选择定则是

$$\Delta J = \pm 1, 0 (0 \text{ 到 } 0 \text{ 除外})$$

由于上述选择定则，谱带中的谱线分为三支(图 7.21).

P 支，$J_2 = J_1 - 1$，其波数为

$$\tilde{\nu} \approx \tilde{\nu}_0 - (B_2 + B_1)J_1 + (B_2 - B_1)J_1^2, \quad J_1 = 1,2,3,\cdots$$

Q 支，$J_2 = J_1$，其波数为

$$\tilde{\nu} \approx \tilde{\nu}_0 + (B_2 - B_1)J_1 + (B_2 - B_1)J_1^2, \quad J_1 = 1,2,3,\cdots$$

R 支，$J_2 = J_1 + 1$，其波数为

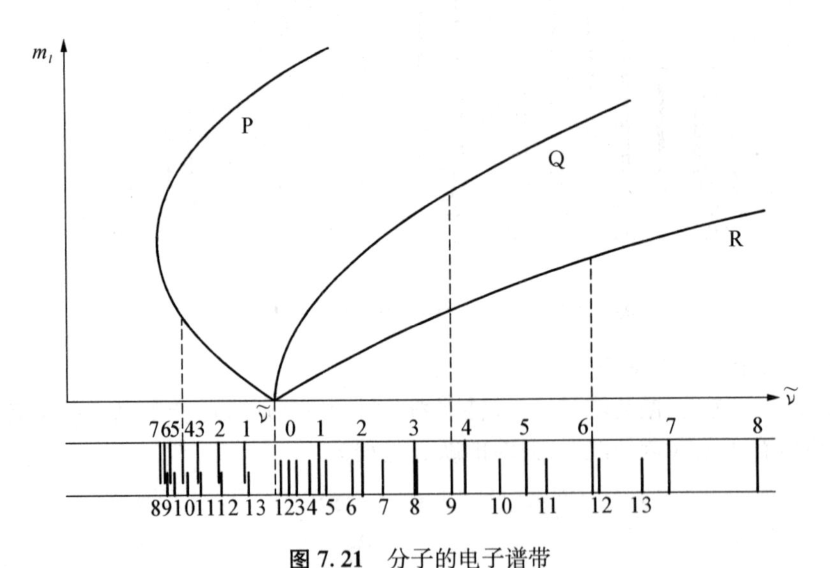

图 7.21 分子的电子谱带

$$\tilde{\nu} \approx \tilde{\nu}_0 + (B_2 + B_1)J_2 + (B_2 - B_1)J_2^2, \qquad J_2 = 1,2,3,\cdots$$

由上面的推导可见，光谱线的波数是整数 J 的二次函数，即是抛物线. 将实验上测得的数据画图表示，则可以得到三支抛物线，用这种方法，可以对分子的电子

谱带进行分析.

表 7.6 列出的是通过分子光谱的研究而测定的一些双原子分子基态的数据.

表 7.6 双原子分子基态的数据

分子	转动常数 $B_e(\mathrm{cm}^{-1})$	核间距离 $r_e(10^{-3}\mathrm{cm})$	振动基频 $\nu_0(\mathrm{cm}^{-1})$	离解能 $D_e(\mathrm{eV})$
H_2	68.809	0.741 66	4 395.24	4.476 3
H_2^+	29.8	1.06	2 297	2.648 1
O_2	1.445 666	1.207 398	1 580.361	5.080
N_2	2.010	1.094	2 359.61	9.756
Cl_2	0.243 8	1.988	564.9	2.475
I_2	0.037 36	2.666 0	214.57	1.541 7
HF	20.939	0.917 1	4 138.52	6.40
HCl	10.590 9	1.274 60	2 989.74	4.430
HI	6.551	1.604 1	2 309.53	3.056 4
CO	1.931 4	1.128 2	2 170.21	1.108
SO	0.708 9	1.493 3	1 123.73	5.146

7.6 拉曼散射

7.6.1 斯托克斯线与反斯托克斯线

光与介质中的分子相互作用,将会发生散射.其中一部分散射光与入射光波长相同,这种散射称做**相干散射**或**瑞利散射**(Rayleigh scattering),除此之外,还有与入射光波长不同的**非相干散射**.实验研究发现,如果入射光的波数为$\tilde{\nu}_0$,则散射光的波数可以表示为

$$\tilde{\nu}_1 = \tilde{\nu}_0 - \tilde{\nu}_i \quad 以及 \quad \tilde{\nu}_2 = \tilde{\nu}_0 + \tilde{\nu}_i$$

即散射光中，有一部分的波长增大了，产生了**红移**，相当于光子的能量减少；也有一部分波长减小了，出现**蓝移**，相当于光子的能量增大. 红移的谱线称做**斯托克斯线**（或称做**红伴线**），蓝移的谱线称做**反斯托克斯线**（或称做**蓝伴线**）. 实验表明，反斯托克斯线的强度要弱得多，图 7.22 显示了 CCl_4 分子的拉曼散射光谱，横坐标是散射线相对于入射线移动的波数，纵坐标为相对光强.

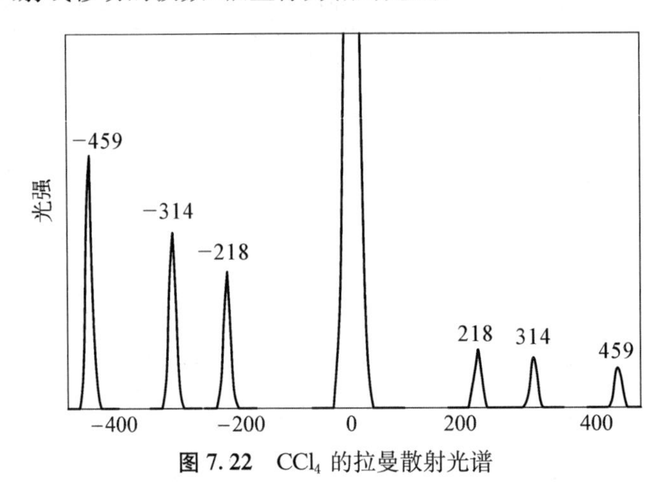

图 7.22 CCl_4 的拉曼散射光谱

$\tilde{\nu}_i$ 与入射光的波数无关，只决定于散射物，实验测量表明，由于散射所引起的光谱线移动的能量差与分子的振动能级或转动能级间隔对应，说明这种过程实际上是由散射物分子的振动能级和转动能级决定的.

这一现象最先为印度科学家拉曼（C. V. Raman，1888～1970）所发现，被称做**拉曼散射**（Raman scattering），或**拉曼效应**（Raman effect）. 拉曼因此获得 1930 年诺贝尔物理学奖. 由于散射光谱可以用入射光的波数与另一波数的和或差表示，所以这种散射也被称做**组合散射**.

拉曼效应通常可以理解为由于入射光与分子相互作用，将一部分能量传递给分子，使分子在振动能级或转动能级间跃迁，而散射光由于损失了部分能量而发生红移，这就是斯托克斯过程；如果分子从分子的较高振动转动能级向低能级跃迁，同时将能量传递给入射光子，则入射光由于吸收了这一部分能量而发生蓝移，这就是反斯托克斯过程.

但是，按量子力学，其中能量传递的过程不能这样，即光子只能被整个吸收. 于是，其过程可以这样描述（见图 7.23）：处于正常态 E_0 的分子由于吸收一个入射光子（$h\nu$），发生跃迁，但是并没有跃迁到一个真实的能级上，而是跃迁到一个中间态 E_γ，量子力学中称之为“**虚能级**”，随后，迅速从该虚能级向下跃迁到某个激发态 E_i，同时发出一个光子，这就是散射光. 这时分子的能量就等于上述激发态和正常态的能级之差，即 $E_i = E_\gamma - E_0$，这就是**斯托克斯过程**，相对于入射光，散射光的能量要小一些，即 $h\nu_1 = h\nu_0 - E_1$，于是出现红移；如果分子本来处于激发态 E_1，吸收入射光子后，先跃迁到中间态 $E_{\gamma'}$，然后再回到正常态，并发出一个光子，这一过程中，发出的光子能量比入射光子能量大，即 $h\nu_2 = h\nu_0 + E_i$，因而出现蓝移，就是**反斯托克斯过程**.

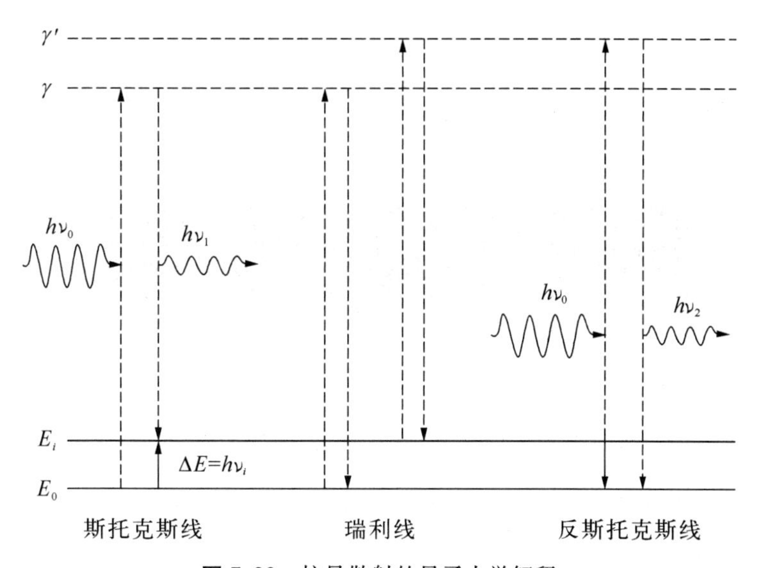

图 7.23 拉曼散射的量子力学解释

斯托克斯过程为 $h\nu_1 = h\nu_0 - \Delta E$，散射光红移

$$h\nu_i = \Delta E = E_i - E_0$$

反斯托克斯过程为 $h\nu_2 = h\nu_0 + \Delta E$，散射光蓝移

$$h\nu_i = \Delta E = E_i - E_0$$

根据玻尔兹曼分布率，温度为 T 时，两能级上的分子数(即**布居数**)之比为

$$\frac{N_i}{N_0} = \frac{g_i}{g_0}\mathrm{e}^{-(E_i - E_0)/kT} \tag{7.38}$$

其中 g_i、g_0 分别为分子在 E_i、E_0 能态的简并度. 对于振动能级而言 $g_i = g_0 = 1$，由于 $\Delta E = E_i - E_0 \gg kT$，于是 $N_i \ll N_0$，即在平衡状态下，处于激发态的分子数比基态(正常态)的分子数要少得多，因而参与斯托克斯过程的分子要比参与反斯托克斯过程分子多得多，于是斯托克斯线的强度要远远大于反斯托克斯线.

7.6.2 拉曼光谱

如果拉曼散射是发生在振动能级之上的，则由于振动能级基本上是等间隔的，所以相应的斯托克斯线和反斯托克斯线也是等间隔的.

如图 7.24 所示,射向 HCl 分子的入射光波长为 $\lambda_0 = 253.65$ nm,有一条散射光波长为 $\lambda_1 = 273.70$ nm. 两者波数差为

$$\Delta \tilde{\nu} = \frac{1}{253.65 \times 10^{-7}} - \frac{1}{273.70 \times 10^{-7}} = 2\,886 \text{ cm}^{-1}$$

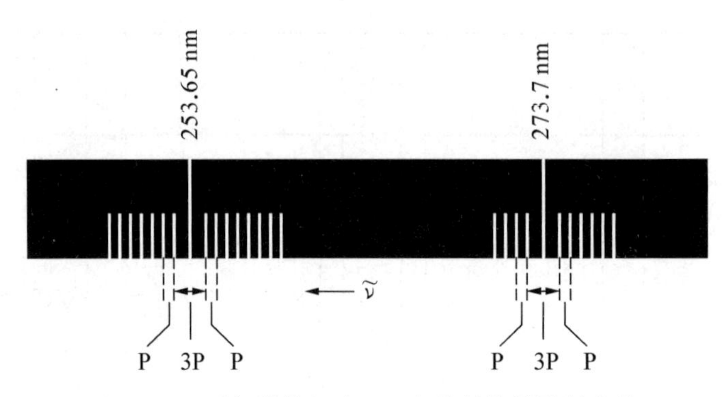

图 7.24 汞灯谱线经过 HCl 气体的拉曼散射光谱

这正是 HCl 分子的红外振动谱线. 因此,上述 $\lambda_1 = 273.70$ nm 散射线就是发生在振动能级上的拉曼散射.

但是,对于发生在转动能级上的拉曼散射过程,由于转动能级的间隔与转动量子数 J 成正比,所以,得到散射光与入射光的波数差为

$$\tilde{\nu}_J - \tilde{\nu}_0 = \pm \left(\frac{3}{2} + J\right)p \tag{7.39}$$

而两相邻散射线的波数差为

$$\tilde{\nu}_{J+1} - \tilde{\nu}_J = p \tag{7.40}$$

位于中心处的两条散射线,即第一条斯托克斯线和第一条反斯托克斯线之间的波数差为

$$\tilde{\nu}_{J=0} - \tilde{\nu}_{J'=0} = 3p$$

对于 HCl,测得 $p = 41.64 \text{ cm}^{-1}$,这一数值接近于 HCl 分子转动常数的 4 倍,即 $p = 4B$,于是有

$$\tilde{\nu}_J - \tilde{\nu}_0 = \pm (6 + 4J)B = \pm 6B, \pm 10B, \pm 14B, \cdots \tag{7.41}$$

可以得到振动转动跃迁的选择定则为

$$\Delta J = 0, \pm 2 \tag{7.42}$$

所以拉曼散射的转动跃迁是宇称不变的跃迁,跃迁仅发生在相同的宇称之间.

HCl 红外谱带与拉曼散射谱线的比较如图 7.25 所示.

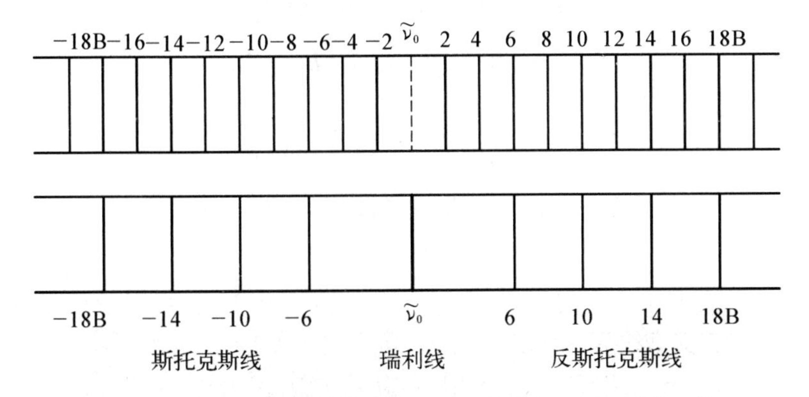

图 7.25 HCl 红外谱带(上)与拉曼散射谱线(下)间隔的比较

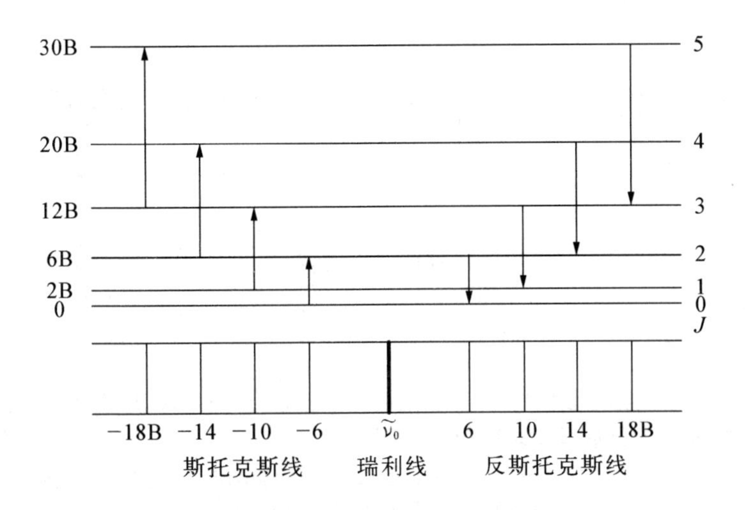

图 7.26 拉曼散射中转动能级和光谱

在每一条振动拉曼线两侧都有转动拉曼线.如图 7.26 所示.由于转动能级间隔较小,所以各个转动能级上都有显著的布居,因而转动能级的斯托克斯线与反斯托克斯线的强度接近.上述振动拉曼谱线称做**大拉曼位移谱线**,对应的跃迁为$\Delta\nu=1$.而转动拉曼谱线称做**小拉曼位移谱线**.

振动转动跃迁的拉曼光谱为

$$\tilde{\nu}=\tilde{\nu}_0+B_2J_2(J_2+1)-B_1J_1(J_1+1) \tag{7.43}$$

根据拉曼转动跃迁的选择定则,可以得到振动转动拉曼光谱分为 3 支

$$\Delta J=J_2-J_1=2,\quad \text{S 支}$$

$$\tilde{\nu}=\tilde{\nu}_0+6B_2+(5B_2-B_1)J_1+(B_2-B_1)J_1^2 \tag{7.44}$$

其中，$J_1 = 0,1,2,\cdots$

$$\Delta J = J_2 - J_1 = 0, \quad \text{Q 支}$$

$$\tilde{\nu} = \tilde{\nu}_0 + (B_2 - B_1)J_1 + (B_2 - B_1)J_1^2 \tag{7.45}$$

其中，$J_1 = 0,1,2,\cdots$

$$\Delta J = J_2 - J_1 = -2, \quad \text{O 支}$$

$$\tilde{\nu} = \tilde{\nu}_0 + 2B_2 - (3B_2 + B_1)J_1 + (B_2 - B_1)J_1^2 \tag{7.46}$$

其中，$J_1 = 2,3,4,\cdots$

对于振动能级0、1间的跃迁，上述转动常数相差不大，可以近似认为 $B_2 = B_1$，于是上述三支谱线为

$$\tilde{\nu}_S = \tilde{\nu}_0 + 2B(2J_1 + 3)$$

$$\tilde{\nu}_Q = \tilde{\nu}_0$$

$$\tilde{\nu}_O = \tilde{\nu}_0 - 2B(2J_1 - 1)$$

这时，Q 支所有的谱线几乎重合在一起，无法辨认. 而 S 支、O 支则分布于两侧.

习　题

7.1　已知 K 的电离能为 4.3 eV，Cl 的电子亲和势为 3.62 eV，KCl 分子的平衡距离为 0.279 nm，根据这些数据估算 KCl 分子的解离能.

7.2　对于 HF 分子，HCl 分子，HBr 分子和 HI 分子的振动能级的间隔分别为 3 958.4 cm^{-1}，2 885.6 cm^{-1}，2 559.3 cm^{-1}，2 230.0 cm^{-1}，计算这些分子的键力常数.

7.3　$^{127}\text{I}^{35}\text{Cl}$ 的谱常数为 $\tilde{\nu}_o = 384.18\ \text{cm}^{-1}$，$\tilde{x}_e\tilde{\nu}_o = 1.465\ \text{cm}^{-1}$，该分子的解离能是 2.153 eV，计算：

(1) 在 $\nu=0$ 和 $\nu=1$ 之间跃迁的谱线的波数；

(2) 在 $\nu=1$ 和 $\nu=2$ 之间跃迁的谱线的波数；

(3) 分子位势曲线的深度.

7.4　试证明双原子分子相邻振动能级之间跃迁时发射光的频率与两核间固有振动频率一致，假设两原子间相互作用为弹性力.

7.5　已知 HCl 的势阱深度为 5.33 eV，$\tilde{\nu}_o = 2\,989.7\ \text{cm}^{-1}$，$\tilde{x}\tilde{\nu}_o = 52.05\ \text{cm}^{-1}$，试估算

(1) HCl 分子的解离能；

(2) DCl 分子的解离能（$m_D = 2.014$ u）.

7.6　HI 分子的振动能级 $\nu=0$ 到 $\nu=1$ 的跃迁，相应的频率是 6.69×10^{13} Hz，NO 分子相应

能级跃迁的频率为 5.63×10^{13} Hz,计算两种分子的键力常数和振动幅度.

7.7　氢分子的解离能是 4.5 eV,假定分子的振动模式是简谐振动,振动角频率为 8.277×10^{14} rad · s^{-1},求相应于解离能 4.5 eV 的振动量子数.

7.8　Morse 势

$$U(R)=U_0[1-e^{-\beta(R-R_0)}]^2$$

可以用来描述双原子分子的振动,其中 U_0、β 和 R_0 可以根据实验数据得到,试证明:

(1) R_0 就是核间的平衡距离,而 U_0 是两个原子相距很远时的位势;

(2) 在 R_0 附近,Morse 势可近似为简谐势,力常数 $k=m\omega^2=2U_0\beta^2$;

(3) 已知氢分子的 $R_0=0.074$ nm 解离能为 4.52 eV,力常数 $k=573$ eV/m,求相应的 Morse 势参数.

7.9　HCl 分子有一个近红外谱带,其相邻的几条谱线的波数分别是:2 925.78 cm^{-1},2 906.25 cm^{-1},2 865.09 cm^{-1},2 843.56 cm^{-1},2 821.49 cm^{-1},试求这个谱带的基线波数和这种分子的转动惯量.

7.10　Cl 原子的两同位素 ^{35}Cl 和 ^{37}Cl 分别与 H 原子化合成两种分子 $H^{35}Cl$ 和 $H^{37}Cl$,试求这两种分子的振动光谱中相应光谱带基线的频率 ν_0 之比.

7.11　HBr 分子的远红外吸收光谱是一些 $\Delta\tilde{\nu}=16.94$ cm^{-1} 的等间隔光谱线,试求 HBr 分子的转动惯量及原子核间的距离,已知 H 和 Br 的原子量分别为 1.008 和 79.92.

7.12　一个双原子分子的 $J=5$ 到 $J=6$ 的吸收谱线的波长为 1.35 cm,计算:

(1) $J=0$ 到 $J=1$ 的转动吸收谱线的波长;

(2) 计算分子的转动惯量.

7.13　对 HCl 分子,其核间距为 $R_e=0.127\,46$ nm,计算

(1) 转动谱常数 B;

(2) $J=0, 1, 2, 3, 4, 5$ 的转动能级的能量;

(3) 在 300 K 时这 5 个态的相对布居.

7.14　HF 分子的转动常数为 $B=20.95$ cm^{-1},计算

(1) HF 分子的核间距;

(2) 分别给出氢的两种同位素的氟化物(DF、TF)分子转动谱线的间隔.

7.15　光在 HF 分子上组合散射使某谱线产生波长为 267.0 nm 和 343.0 nm 两条伴线,试由此计算该分子的振动频率和两原子间所作用的准弹性力的弹性系数 k 值.已知 H 的原子量为 1.008,F 的原子量为 19.00.

7.16　Cl_2 分子的振动拉曼谱中,有一组斯托克斯线,间隔为 0.975 2 cm^{-1},反斯托克斯线的间隔也是这么大,求 Cl_2 分子的键长.

7.17　入射光的波数为 20 487 cm^{-1},求 N_2 的 $J=2$ 到 0 的散射斯托克斯线的波数,已知 N_2 的核间距是 109.76 pm.

7.18　氧分子的键长为 120.75 pm,拉曼谱仪用的入射光波数为 20 623 cm^{-1},求在瑞利线附近的 2 条斯托克斯线和 3 条反斯托克斯线的波数.

7.19　怎样解释分子的组合散射有下列两个特点:

(1) 波长短的伴线比波长长的伴线的强度弱；

(2) 随着散射体温度的升高，波长短的伴线强度明显增强而波长的伴线的强度几乎不变.

7.20　试求 D_2 分子的拉曼散射谱的 O 支中两相邻谱线的强度比，说明强度大的谱线所对应的转动量子数的奇偶性.

8 原子核物理概论

本章要点　原子核的基本情况　核模型　放射性衰变　核反应　核能

自从1897年汤姆孙发现电子并提出了原子的模型之后，对原子结构的实验和理论研究就开始了.1911～1913年间，卢瑟福根据α粒子散射实验的结果，提出了原子的核式模型，即原子是由处于中心的原子核与核外电子构成的，原子核的体积很小，带有与核外电子等量的正电荷.这一模型至今还被认为是正确的.

建立在核式模型基础上的玻尔理论，以及后来的量子理论，对原子的能级和光谱的实验结果进行了有效的分析，这些理论着重讨论了核外电子的运动规律，对原子核的运动较少涉及.但长期以来，对原子核的实验和理论研究一直没有停止过，并取得了许多重大的成果.

作为一个整体，原子的性质当然取决于核与核外电子的整体状态.但是实验研究表明，原子的化学性质、原子的光谱特征等主要取决于核外电子的状况，这可以从两个方面来理解：一方面，对同一种原子，当核外电子的状态发生改变，则原子的上述性质也会发生相应的改变；另一方面，对于不同的原子，当核外电子的状况相同或相似时，则原子的上述性质也相似，这也就是元素周期律的原因，也是同一周期原子具有大致相同的能级和光谱结构的原因.

当然，原子核的状态对原子上述性质的影响也是显而易见的，例如原子光谱的超精细结构、核磁共振等现象就是核状态的表现.但是，由于改变核的状态所需要的能量比改变核外电子状态所需要的能量大得多，所以，在一般的低能状态下，可以不考虑原子核的影响.

尽管对原子核的研究已经进行多年，而且，与核外电子的研究相比，这方面所投入的人员和资金都是巨大的，但是由于原子核的几何尺度仅有不到原子的万分之一，而且原子核的运动、结构又远比人们最初想象的要复杂得多，所以，直到目前，人们对原子核的认识还是相当有限的.由于难以从实验上全面了解原子核的情况,因而有关原子核的理论体系既不完整也不精确.关于原子核的理论,多是对实验结果的总结和由此所得到的半经验的公式.

8.1 原子核的基本情况

实验一直是研究原子核的重要手段,本节首先介绍一些重要的探测器.

8.1.1 粒子探测器

1. 荧光探测器

从原子中发出的各种粒子,都具有较高的能量,这些粒子打到其他物质上,会使其中的原子激发,某些原子受激后则会发出荧光,利用这种性质可以探测粒子.其实,伦琴就是注意到铂氰酸钡[$BaPt(CN)_6$]发出荧光而发现了 X 射线.

用可以发光的材料做成荧光屏,根据荧光屏发光的情况判断有无射线.有的荧光材料发光的寿命很短,一旦停止激发,发光也立即终止,这种材料是闪烁发光材料,通常是晶体.用闪烁晶体可以探测和记录粒子的数目.

射线在空气中,由于不断与分子碰撞,会损失一部分动能.经过一定的距离后,粒子由于损失了全部动能而无法继续前进.这样,根据粒子在一定温度和压强下的空气中飞行过的距离,可以测量出粒子所具有的动能(能量).实际上,也可以将一定厚度的其他材料等效为标准空气层的厚度,从而测量粒子所具有的能量.

2. 粒子径迹探测器

(1) 云室

云室(cloud chamber)是早期的核辐射探测器,也是最早的带电粒子径迹探测器.1896 年由英国物理学家威尔逊(Charles Thomson Rees Wilson,1869～1959)发明,又称**威尔逊云室**.如图 8.1,云室的下底是可上下移动的活塞,上盖是透明的.实验时,在云室内加适量酒精,使其中充满酒精的饱和蒸汽.然后使活塞迅速下移,室内气体由于迅速膨胀而降低温度.这时高能粒子射入,在经过的路径上产生离子,过饱和气以离子为核心凝结成小液滴,从而显示出粒子的径迹.威尔逊为云室增设了拍摄带电粒子径迹的照相设备,使它成为研究射线的重要仪器.1911 年他首先用云室观察到并照相记录了 α 和 β 粒子的径迹.图 8.2 显示了粒子在云室中的径迹.

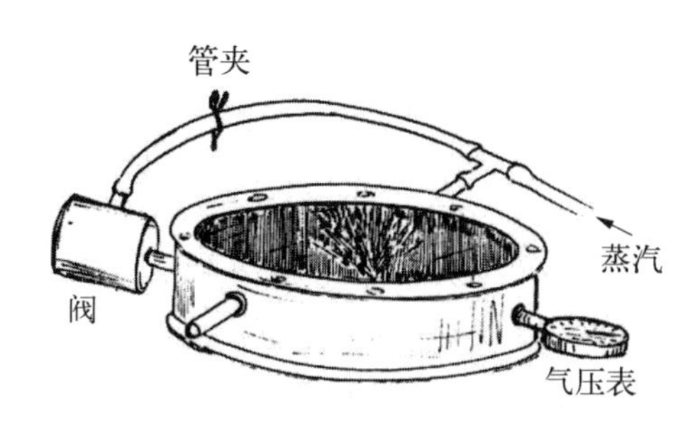

图 8.1 云室

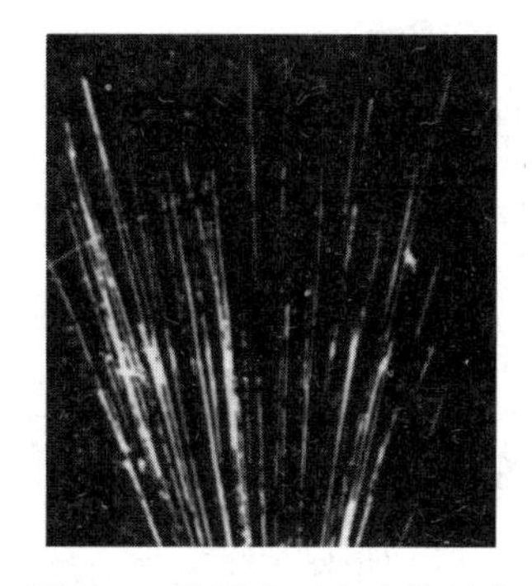

图 8.2 粒子在云室中的径迹

云室中的气体大多是空气或氩气，蒸汽大多是乙醇或甲醇.根据径迹上小液滴的密度或径迹的长度可测定粒子的速度；将云室和磁场联用，根据径迹的曲率和弯曲方向可测量粒子的动量和电性，从而可确定粒子的性质.1896 年威尔逊用当时新发现的 X 射线照射云室中的气体，观察到 X 射线穿过之处空气被电离，带电离子会形成细微的水滴，显示出 X 射线的运动轨迹.在历史上，云室对粒子物理起过重大作用，曾用它发现了 e^{+}、μ^{-}、K^{+0}、Λ 和 Ξ^{-} 等粒子.威尔逊因为发明云室而获得 1927 年诺贝尔物理学奖.

后来布莱克特(Patrick M. S. Blackett，1897～1974)对威尔逊云室做了重要改进，将盖革计数器与云室联合运用，当盖革计数器探测到粒子时，就启动照相机拍摄云室的照片.

由于云室灵敏时间短，工作效率低等原因，目前在核物理实验中已很少应用.但在高能物理，特别是在宇宙射线研究中，膨胀云室仍不失为一种有用的探测工具.

(2) 气泡室

气泡室(bubble chamber)是探测高能带电径迹的另一种有效的手段，1952 年由格拉塞(Donald Arthur Glaser，1926～)所发明.格拉塞因此获得了 1960 年度诺贝尔物理学奖.它曾在 20 世纪 50 年代以后一度成了高能物理实验的最风行的探测设备，为高能物理学创造了许多重大发现的机会.

气泡室是由一密闭容器组成，容器中盛有工作液体，液体在特定的温度和压力下进行绝热膨胀，由于在一定的时间间隔内(例如 50 ms)处于过热状态，液体不会马上沸腾，这时如果有高速带电粒子通过液体，在带电粒子所经轨迹上不断与液体原子发生碰撞而产生低能电子，因而形成离子对，这些离子在复合时会引起局部发热，从而以这些离子为核心形成胚胎气泡，经过不短于 0.3 ms(一般为 1 ms)之后，气泡逐渐长大，就可以对它进行照相.这时把这一连串气泡拍摄下来，就得到了高能带电粒子的径迹底片.照相结束后，立即(在沸腾之前)再压缩工作液体，使粒子

图 8.3 一对中性 Λ 粒子和反 Λ 粒子在气泡室中产生和衰变的照片

径迹气泡消失，从而使整个系统回到原先的状态，并进入下一个工作循环. 工作液可用液氢或液氘，需在甚低温下工作，也可用液态碳氢有机物，如丙烷、乙醚等，可在常温下工作. 大型气泡室容积可达 20 m^3. 图 8.3 是粒子在气泡室中的径迹照片.

气泡室的原理和膨胀云室有些类似，可以看成是膨胀云室的逆过程，但却更为简便快捷. 它兼有云室和乳胶的优点. 它和云室都可以按人们的意志在特定的时间间隔里靠特定的方法，以带电粒子为核心使气体凝结为液体，或者使液体蒸发形成气泡，从而留下粒子的径迹. 它和乳胶相同的地方在于工作物质本身即可当做靶子. 气泡室的优点更多，它的空间和时间分辨率高、工作循环周期短、本底干净、径迹清晰，可反复操作. 但也有不足之处，那就是扫描和测量时间还嫌太长，体积有限，而且甚为昂贵，不适应现代粒子能量越来越高、作用截面越来越小的要求. 用气泡室发现了 Σ^0，Ξ^0，Σ^+，Ω^- 等粒子以及几百种共振粒子. 它还可用于探测各种类型粒子的衰变.

整个气泡室装置包括室本体及真空系统、压缩 - 膨胀系统、安全系统、热交换恒温系统、照明及照相系统、控制系统. 由于物理测量的要求，还需要有一个庞大的磁铁系统(一般的常规磁铁或超导磁体). 后来又发展出了低温泡室、重液泡室、全息照相泡室、混合泡室等具有不同特性和功能的气泡室.

(3) 核乳胶

核乳胶(nuclear emulsion)是一种能记录单个带电粒子径迹的特制乳胶，它由普通照相乳胶发展而来. 其主要成分是溴化银微晶体和明胶的混合物.

射线能使照相乳胶感光，从而记录下粒子在其中的径迹. 1939～1945 年间，英国科学家鲍威尔(Cecil Frank Powell，1903～1969)与其合作者提高了乳胶的灵敏度并增加了乳胶的厚度，使带电粒子通过乳胶时产生电离，乳胶在显影后呈现的黑色晶粒，显示出带电粒子通过乳胶时留下的径迹. 如果事先用一系列已知能量和类别的带电粒子入射到核乳胶上，测得径迹长度 - 能量关系，则测量任一已知粒子径迹长度，就可以定出该粒子的能量. 粒子在乳胶中运动，同原子碰撞而多次散射，改变运动方向，径迹常有折曲. 根据径迹颗粒密度的大小和折曲程度，可以判别粒子种类并测定它们的速度. 中性粒子不能直接形成径迹，但是它们可以产生次级带电粒子. 通过对这些次级带电粒子径迹的测量，可以推算中性粒子的能量和数量.

由于宇宙射线具有很大的能量，当它们进入大气层并与大气层中的粒子发生碰撞时,失去能量并产生次级宇宙射线.鲍威尔等人设想将感光乳胶应用于宇宙射线的研究,他们把装有感光照片的气球放到高空中去记录宇宙射线的径迹.经过多次实验,他们拍摄了大量的宇宙射线在不同高度穿过乳胶的底片,并对底片中粒子留下的轨迹进行了仔细的分析.图 8.4 是粒子在乳胶中的径迹照片.

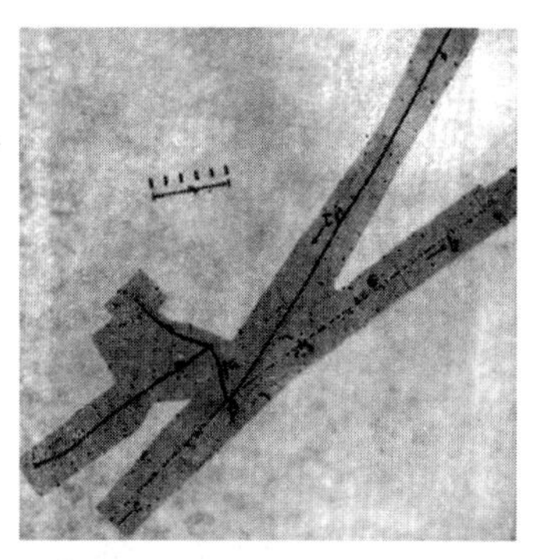

图 8.4 乳胶中 π 介子的轨迹

1947 年 10 月,鲍威尔等人发表了题为《关于乳胶照相中慢介子轨迹的观测报告》的论文,全面总结了他们的宇宙射线实验结果,正式宣布他们发现了新粒子,并命名其为 π 介子.同时,他们指出,π 介子可以衰变为另一种介子(μ 介子)和中微子.经过详细的计算,得知 π 介子和 μ 介子的质量分别为电子质量的 273 倍和 207 倍.鲍威尔因发展了用以研究核过程的照相乳胶记录法并用此方法发现了 π 介子而获得了 1950 年度诺贝尔物理学奖.μ 介子的发现,开创了物理学的一个新的分支学科——粒子物理学,鲍威尔被誉为粒子物理学之父.核乳胶成为粒子物理学强有力的研究工具,曾用核乳胶陆续发现了 π 介子、K^+ 介子、K^- 介子以及 Σ^+ 超子、反超子等新粒子, 并对许多基本粒子的性质进行了大量研究.

核乳胶作为核物理实验中的径迹探测器,其优点是体积小、轻便、能将高能粒子的径迹永久保存等.其独特的空间分辨率用于研究极短寿命粒子,常用于高空宇宙射线和基本粒子的研究;其缺点是根据径迹测量粒子能量时精确度较低.核乳胶技术近几十年来仍然在核探测领域发挥着作用,在高山宇宙线观测站,或者把核乳胶室装载在高空气球或火箭上进行原初宇宙线的测量.

8.1.2 物质的放射性

在伦琴发现 X 射线的启发下,很多科学家试图研究和发现新射线.1896 年 3 月,贝克勒尔(Antoine Henri Becquerel,1852～1908,法国物理学家)发现,与双氧铀硫酸钾盐放在一起但包在黑纸中的感光底版被感光了.他推测这可能是因为铀盐发出了某种未知的辐射.同年 5 月,他又发现纯铀金属板也能产生这种辐射,从而确认了这种射线是从铀中发出的.居里夫妇后来将这一现象称为**"放射性"**(radioactivity),这是第一次发现了天然放射性.居里夫妇 1898 年发现放射性元素钍、钋和镭.贝克勒耳和居里夫妇因在放射性方面的深入研究和杰出贡献,共同获得了 1903 年度诺贝尔物理学奖.

卢瑟福 1898 年发现铀和铀的化合物所发出的射线有两种不同类型:一种是易被吸收的,他称之为 **α 射线**(alpha ray),实际上是氦的原子核;另一种有较强的穿透能力，他称之为**β射线**(beta ray)，实际上是电子组成的.1900年法国化学家维拉尔(Paul Ulrich Villard，1860～1934)在研究铀和镭的放射性时，又发现具有更强穿透本领的第三种射线**γ射线**(Gamma ray)，这是一种波长极短的电磁辐射.

物质的放射性以及发出的各种射线，后来成为核物理研究的重要手段.

8.1.3 原子核的构成

1. 质子的发现

1919年，担任卡文迪许教授的卢瑟福发现，用α粒子轰击氮，能释放出氢离子①.

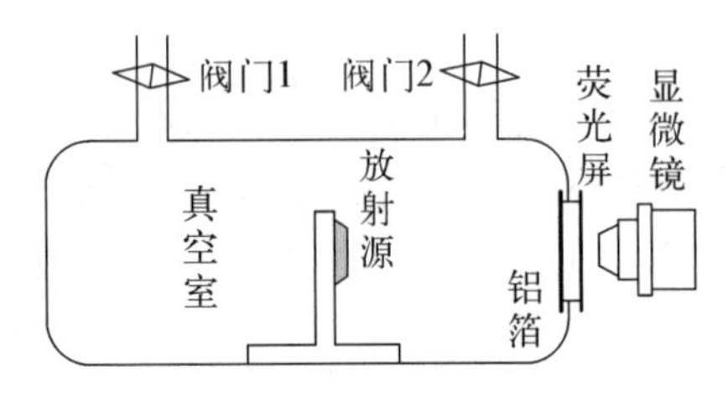

图8.5 卢瑟福发现质子的实验装置

卢瑟福使用的实验装置如图8.5所示，真空容器中有可以发出α粒子的放射源，在窗口的一侧放有铝箔，另一侧是荧光屏.如果有粒子透过铝箔射到荧光屏上，则可以通过显微镜观察到荧光屏上的闪烁.卢瑟福实验中所用的放射源是RaC′，它所发出的α射线在标准空气中的射程是7 cm，一定厚度的铝箔可以等效于标准空气层的厚度.适当选取铝箔的厚度，使容器抽成真空后，α粒子恰好被铝箔吸收而不能透过.然后打开阀门，向真空室中通入氮气，这时，观察到了荧光屏上的闪烁；把氮气换成氧气或二氧化碳，又观察不到闪烁.实验测得α射线在标准氮气中的射程可达到40 cm(这是由于从氮核中打出了质子).这表明闪烁一定是α粒子击中氮核后产生的新粒子透过铝箔引起的.卢瑟福把这种粒子引进电场和磁场中，根据它在电场和磁场中的偏转，测出了它的电荷和质量，确定它就是氢离子，即$^1_1$H.

卢瑟福分析，上述实验可能有两种不同的过程，即

$$^{14}_{7}\mathrm{N} + ^{4}_{2}\mathrm{He} \rightarrow ^{18}_{9}\mathrm{F} \rightarrow ^{17}_{8}\mathrm{O} + ^{1}_{1}\mathrm{H}$$

或

$$^{14}_{7}\mathrm{N} + ^{4}_{2}\mathrm{He} \rightarrow ^{13}_{6}\mathrm{C} + ^{4}_{2}\mathrm{He} + ^{1}_{1}\mathrm{H}$$

由于反应的产物太少，无法作有效的化学分析或光谱分析，于是当时在卢瑟福实验

---

① Rutherford E. Collision of Alpha Particles with Light Atoms I. Hydrogen[J]. Phil Mag, 1919, ser 6, xxxvii: 537～61.

Ⅱ. Velocity of the Hydrogen Atoms[J]. Phil Mag, 1919, ser 6, xxxvii: 562～71.

Ⅲ. Nitrogen and Oxygen Atoms[J]. Phil Mag, 1919, ser 6, xxxvii: 571～80.

Ⅳ. An Anomalous Effect in Nitrogen[J]. Phil Mag, 1919, ser 6, xxxvii: 581～87.

室工作的布莱克特将威尔逊云室进行了改进.在 1924 年,布莱克特以 1 张/15 秒的速度拍摄了 23 000 多张 α 粒子轰击氮的照片,记录了 415 000 多条粒子的径迹,他发现其中细的是 α 粒子,粗的是较重的原子.布莱克特注意到其中有 8 条出现了分叉,如图 8.6,表明一个较重的原子分成了两个粒子.这就说明,α 粒子与氮复合形成了氟,复合后的氟再发射一个氢离子(即氢原子核)而变为氧.即上述第一式所反映的过程.布莱克特由于改进了威尔逊云室以及后来在核物理和宇宙线领域的发现,获得了 1948 年诺贝尔物理学奖.

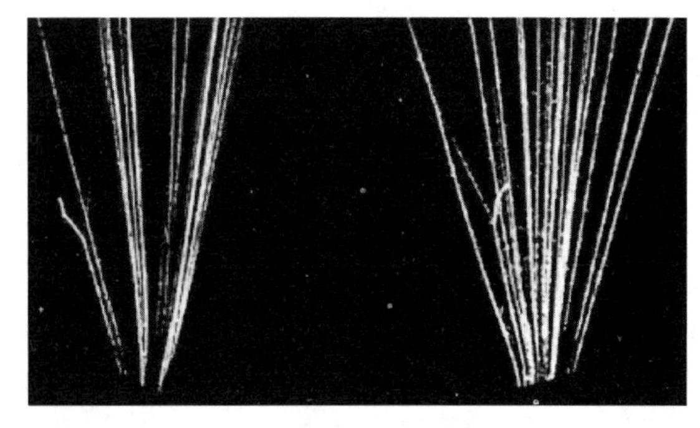

图 8.6 布莱克特拍摄的证实质子反应过程的云室径迹

氢离子就是氢的原子核.这是由于 α 粒子将氮原子核击碎而释放出来的.由于氢原子核是最轻的核,所以其他原子核应当是由这样的氢原子核组成的,卢瑟福将氢的原子核称为质子(proton),以符号$^1_1$p 表示.

2. 中子的发现

由于从原子中可以发出 β 射线,而 β 射线是由电子组成的,所以在当时,人们认为原子核是由质子与电子构成的.质量数为 A 的原子核,包含 A 个质子和 $A-Z$ 个电子,这就是原子核的**质子-电子模型**.这样虽然可以解释原子的电中性以及原子的质量,但也面临着以下困难:

第一,由于核的大小只有 fm(1 fm = 10^{-15} m)的量级,根据量子力学的不确定关系,可以算出被束缚在核内的电子的动能为 $\langle E_{\mathrm{k}}\rangle_{\min}=\dfrac{\hbar^2}{8m(\Delta x)^2}$,对这一结果做简单的估算,则发现 $\dfrac{\hbar^2}{8m_{\mathrm{e}}(\Delta x)^2}=\dfrac{1}{8(\Delta x)^2}\dfrac{(\hbar c)^2}{m_{\mathrm{e}}c^2}=\dfrac{1}{8(\Delta x)^2}\dfrac{(197\ \mathrm{fm}\cdot\mathrm{MeV})^2}{0.511\ \mathrm{MeV}}\approx\dfrac{10^5}{(\Delta x)^2}\ \mathrm{fm}^2\cdot\mathrm{MeV}$,通常情况下会超过 GeV 的量级,而核中的电场不足以将能量如此高的电子束缚在原子核内,而且,如果假设 β 射线就是来源于核中的电子,则其能量也应该与上述量级相当,但实验上从来没有发现能量这样高的 β 射线;

第二,由于可以通过对原子的超精细结构光谱的分析而得到原子核的自旋,实验表明,只有一个质子的氢原子的核自旋量子数为 1/2,对于氘核,应当是由两个质子和一个电子构成,则核的总自旋量子数应当为 1/2 或 3/2,而实验发现,氘核的自旋量子数为 1.

1930 年,波特(Walther Bothe,1891～1957,德国,由于发现"符合方法"而获

得 1954 年诺贝尔物理学奖)和他的学生贝克(H. Becker)用 Po 发出的 α 粒子轰击金属铍(Be),发现会产生一种穿透本领极强的中性射线,他们认为这是 γ 射线. 1932 年,约里奥-居里夫妇(Frederic Joliot-Curie,1900～1958;Irene Joliot-Curie,1897～1956)对波特发现的射线作了进一步的研究,结果发现这种射线打在石蜡上,会发射出质子. 对质子在标准空气中的射程进行测量,可以算出质子的能量为 5.2 MeV. 他们认为这是由于上述射线与石蜡中的质子发生了散射,将质子打出,就像康普顿效应中 X 射线将电子从石墨中打出一样. 由此他们推算出上述射线(即他们认为的 γ 射线)的能量为 50 MeV. 这样的能量比当时已知的所有放射源所发出的 γ 射线的能量都大得多. 当在卢瑟福实验室工作的查德威克(图 8.7)读到了居里夫妇的论文并将结果告诉卢瑟福时,卢瑟福表示根本不相信. 卢瑟福一直认为原子核中存在一种质量与质子接近的中性粒子,但苦于没有实验上的证据. 于是查德威克在居里夫妇实验的基础上又进行了更仔细深入的研究①. 他首先采用图 8.8 的装置测量 Be 射线使物质电离的情况. 图中左侧是一个放有 Po 放射源和 Be 的容器,右侧是一个电离室,其中可以分别充入氮氢等气体,电离室的窗口前可以放各种材料做成的薄片,也可以放石蜡. Po 发出的 α 粒子轰击 Be,使其发出射线,这种射线打到电离室前的材料上,从其中打出质子,质子进入电离室,与其中气体的原子核发生碰撞,由于碰撞过程中能量和动量的传递,原子核产生反冲运动,反冲的原子核导致气体电离,产生离子对,电离室与放大器、示波器相连,就可以测量出所产生的离子对的数目. 由这一数据可以计算出反冲原子核的能量,进而按照碰撞过程中动量守恒、能量守恒的原理计算出进入电离室的质子的动能,查德威克算得质子的速度为$3.3\times10^9\ \text{cm}\cdot\text{s}^{-1}$,相应的能量为 5.7 MeV.

查德威克也用膨胀云室测量了 Be 射线与原子核碰撞使得原子核产生的反冲,膨胀云室中反冲原子的径迹可以用照片记录,根据径迹的长度可以计算出反冲原子的最大速度和动能,从而计算出 Be 射线的量子动能. 结果是,氮原子的反冲速度至少为 $4\times10^8\ \text{cm}\cdot\text{s}^{-1}$,相应的能量为 1.2 MeV. 在这种情况下,如果认为 Be 射线是 γ 射线(查德威克称之为量子辐射),则其能量要高达 55 MeV 或 90 MeV. 而且,反冲原子越重,γ 射线的能量就越大,这显然是不对的.

因此,查德威克认为 Be 射线是一种质量与质子接近、净电荷为 0 的粒子,正如卢瑟福 1920 年在 Bakerian 的演讲中所讨论的"中性粒子",就是**中子**(neutron). 实验显示 Be 射线就是中子. 从石蜡中打出的质子的最大速度为 $3.3\times10^9\ \text{cm}\cdot\text{s}^{-1}$,这也就是与质子碰撞的中子的最大速度,按这一结果计算,氮原子 $4.4\times10^8\ \text{cm}\cdot\text{s}^{-1}$ 的速度,相应的能量为 1.4 MeV,在空气中的射程为 3.3 mm,可以产生 40 000 个离子

① Chadwick J. The Existence of a Neutron[J]. Proc. Roy. Soc. (London), 1932, A136: 692～708.

对.类似地,氩原子可获得 0.54 MeV 的能量,产生 15 000 个离子对,这都与实验符合得很好.因此证明了中子的存在,中子的质量是 1.005～1.008 u.

由于中子的质量比质子和电子的质量之和略小,因此查德威克进一步设想中子是由一个质子和一个电子以紧密结合的方式组成,是一个很小的电偶极子.而原子核是由质子、中子和 α 粒子(甚至有可能是 Urey 所发现的氢的同位素的原子核)构成.

图 8.7 查德威克

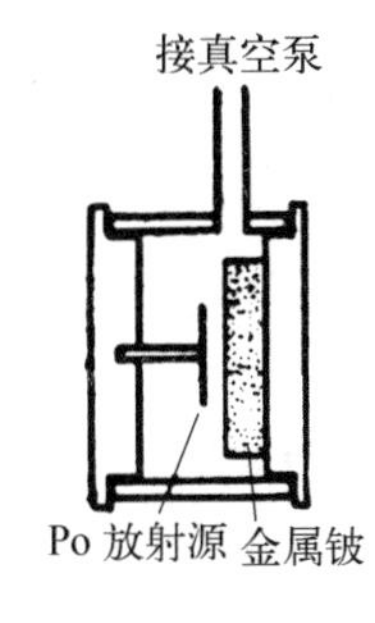

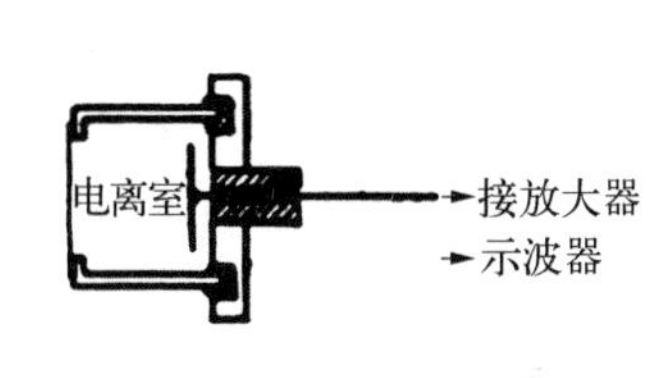

图 8.8 查德威克发现中子的实验装置

后来的研究显示,无法证明中子含有质子和电子,而且也证明 α 粒子可以分裂,并不是构成原子核的基本单元.因而海森伯提出:原子核是由质子和中子这两种粒子组成.

查德威克由于发现中子而获得 1935 年诺贝尔物理学奖.

8.1.4 原子核的大小

可以用卢瑟福的 α 粒子散射实验测量原子核的大小,即让动能尽可能大的 α 粒子射向金属箔,根据测量到的散射角最大的 α 粒子来计算粒子到原子核的最近距离,以此作为原子核的大小.当然,也可以用其他的高能粒子代替 α 粒子进行实验,或者利用其他方法测量原子核的大小.

由于散射实验表明原子核的形状是球形的,因而可以用球半径表示原子核的大小.不同的原子,核的大小不同,**核半径**与原子的质量数(原子量)之间的关系可以用经验公式表示为

$$R = r_0 A^{1/3} \tag{8.1}$$

式中 r_0 是一个常数.由于实验上是通过粒子散射的方式来测量原子核的半径的,所以结果只能反映核与入射粒子间的相互作用情况,因而根据相互作用的不同,核半径有两种定义.

(1) **核力作用半径**:实验表明,当入射 α 粒子的动能足够高时,α 粒子的散射

不符合卢瑟福散射公式，说明当α粒子与核的距离很近时，粒子与原子核之间的作用除了库仑斥力之外，还有很强的吸引力，这种吸引力被称做核力.实验表明，核力是一种短程作用力，有一个作用半径，在作用半径之外，核力几乎等于0.目前测量到的核力的作用半径为 $r_0 \sim 1.4 \times 10^{-15}\ \text{m} = 1.4\ \text{fm}$.

(2) **电荷分布半径**：根据实验的结果，可以推算出原子核内电荷分布的情况.原子核中电荷密度与到核中心的距离有关，在原子核的中央部分，电荷密度没有明显的变化，而靠近边缘部分，电荷密度逐渐降低，因此，将电荷密度从90%下降到10%的区域称做**原子核的边界**，而电荷密度为中心处密度50%处的距离称做原子核的半径，则电荷分布半径为

$$R = (1.1 \sim 1.2) \times A^{1/3}\ \text{fm} \tag{8.2}$$

由此可以计算出原子核的质量密度为

$$\rho = \frac{M}{V} = \frac{Am_{\text{N}}}{\frac{4}{3}\pi R^3} = \frac{m_{\text{N}}}{\frac{4}{3}\pi r_0^3} \tag{8.3}$$

其中 m_{N} 是一个核子的平均质量，$m_{\text{N}} = 1.66 \times 10^{-27}\,\text{kg}$，由此可以算出，$\rho = 1.4 \times 10^{17}\,\text{kg} \cdot \text{m}^{-3}$，这一数值比地球上密度最大的物质要大 10^{13} 倍，而且可以看出，不同的原子核，其密度几乎是相同的.

据最新的报道，Argonne-Chicago-GANIL-Windsor (Canada)-Los Alamos 等五个单位的研究团队利用能量为1 GeV的 ^{13}C 来轰击碳靶来制造 ^{8}He 原子.他们利用 ^{4}He、^{6}He、^{8}He 的原子光谱中的些微差距来确定这些同位素的电荷半径.结果发现，^{8}He 的电荷半径为1.95 fm，小于 ^{6}He 的2.068 fm①.

上述实验中，^{8}He 含有2个质子和6个中子，由此算得该原子核的质量密度为 $4.23 \times 10^{17}\ \text{kg} \cdot \text{m}^{-3}$.

对于我们来说，这样大的质量密度是惊人的，因为地球上物质的质量密度最大的也就是在 $10^4\ \text{kg} \cdot \text{m}^{-3}$ 量级.这当然是由于原子的质量集中在原子核的缘故.原子大小的量级是 10^{-10} m，则原子核的体积只有原子体积的 10^{-15}，所以核的质量密度比原子的质量密度大 10^{15} 倍也就不足为怪了.

8.1.5 原子核的电荷与质量

1. 原子核的电荷

原子是电中性的，原子核中的每个质子带有一个单位的正电荷，而中子是电中性的.原子核所带的总的正电荷数与其核外电子所带的总的负电荷数相等.

---

① Mueller P, Sulai I A, Villari A C C, et al. Nuclear Charge Radius of ^{8}He[J]. Phys. Rev. Lett., 2007, 99: 252501.

2. 原子核的质量

经过仔细的实验测量，已经知道了原子核中各种核子的质量. 其中质子的质量为

$$m_p = 1.672\,621\,71(29) \times 10^{-27}\ \text{kg}$$

中子的质量为

$$m_n = 1.674\,927\,29(28) \times 10^{-27}\ \text{kg}$$

除了可以用标准单位制表示微观粒子的质量之外，在原子的范围内，还常常采用**原子质量单位**(atomic mass unit)，即规定碳的同位素中性原子(即**碳-12**，含有6个质子和6个中子)处于基态时的静止质量为12个原子质量单位(12 u)，则可以算出

$$1\ \text{u} = 1.660\,540\,2(10) \times 10^{-27}\ \text{kg}$$

按照这一规定，则质子和中子的质量也可表示为

$$m_p = 1.007\,276\,466\,88(13)\,\text{u}$$

$$m_n = 1.008\,664\,915\,6(6)\,\text{u}$$

每个原子核的质量应当等于其中所有质子与中子的质量之和. 但实际上，由于核子之间有结合能，核的质量要小于其中所有核子的质量和. 例如，一个质子与一个中子的质量之和为

$$m_p + m_n = 2.015\,942\ \text{u}$$

而氘核的质量为

$$m_d = 2.013\,552\ \text{u}$$

它们之间的质量相差

$$m_p + m_n - m_d = 0.002\,390\ \text{u}$$

按照**爱因斯坦质能方程**(mass-energy equivalence) $E = mc^2$，也可以将上述质量用相应的能量表示，即

$$1\ \text{u} = 931.494\,043\ \text{MeV}/c^2$$

$$m_p = 938.272\,03(8)\ \text{MeV}/c^2$$

$$m_n = 939.565\,36(8)\ \text{MeV}/c^2$$

$$m_d = 1875.628\,0(53)\ \text{MeV}/c^2$$

于是氘核中质子与中子的结合能为

$$m_p + m_n - m_d = 2.225\ \text{MeV}$$

精确的实验已经证明，质子与中子结合成氘核时，释放出2.225 MeV的能量；当用能量为2.225 MeV的光子(γ射线)照射氘核时，一个氘核会分裂为中子和质子.

实际上，原子的质量也比组成该原子的所有质子、中子、电子的质量要小，而分

子的质量要小于组成分子的原子的质量之和.

氢原子的质量为

$$m_{\mathrm{H}} = 1.007\,94\ \mathrm{u} = 938.890\ \mathrm{MeV}/c^2$$

电子的质量为

$$m_{\mathrm{e}} = 0.510\,998\,918(44)\ \mathrm{MeV}/c^2$$

可以看出

$$m_{\mathrm{H}} < m_{\mathrm{p}} + m_{\mathrm{e}}$$

在很多情况下,可以直接用能量表示质量,例如,常说电子的质量是0.511 MeV,这时,不必再特别提及质能关系中的光速因子 c^{-2}.

8.1.6 核素

原子核由质子和中子组成,质子、中子就被海森伯称做**核子**(nucleon).不同的质子和中子的组合,可以构成不同的原子核,例如**同位素**(isotope)就是具有相同质子数而不同中子数的原子.每一种原子核即核中质子和中子的组合就是一种**核素**(nuclide).

每一种核素可以用符号 ${}_{Z}^{A}\mathrm{X}_{N}$ 表示,其中 N 为中子数,Z 为质子数,$A=N+Z$ 为核子数,即质量数,而 X 为元素的符号.

核素由于构成上不同的特点,被分为几类,如表 8.1.

表 8.1 各种类型的核素

名　　称	特　　征	实　例
同位素(isotopes)	具有相等的质子数,不同的中子数	${}^{12}_{6}\mathrm{C}$, ${}^{13}_{6}\mathrm{C}$
同中子素(isotones)	具有相等的中子数,不同的质子数	${}^{13}_{6}\mathrm{C}$, ${}^{14}_{7}\mathrm{N}$
同量异位素(isobars)	具有相等的质量数	${}^{17}_{7}\mathrm{N}$, ${}^{17}_{8}\mathrm{O}$, ${}^{17}_{9}\mathrm{F}$
镜像核(mirror nuclei)	中子数与质子数互换	${}^{3}_{1}\mathrm{T}$, ${}^{3}_{2}\mathrm{He}$
同核异能素(nuclear isomers)	质量数、中子数相同,而能级结构不同	${}^{99}_{43}\mathrm{Tc}$, ${}^{99m}_{43}\mathrm{Tc}$

在各种核素中,质子数相等的核素,即同位素,它们的物理和化学性质几乎相同,但是却是完全不同的核,因而核性质有着很大的差别.

可以将各种核素按照质子数 - 中子数的不同制成一张图表,这就是核素图(nuclide chart).核素图的横坐标通常是中子数 N,纵坐标通常是质子数 Z,如图 8.9.

目前在核素图上,共有 2 000 多个核素,其中包含有天然核素 300 多个(其中 280 种是稳定的核素,60 多种是寿命很长的放射性核素),人工制造的核素 1 600 多种(都是放射性核素).

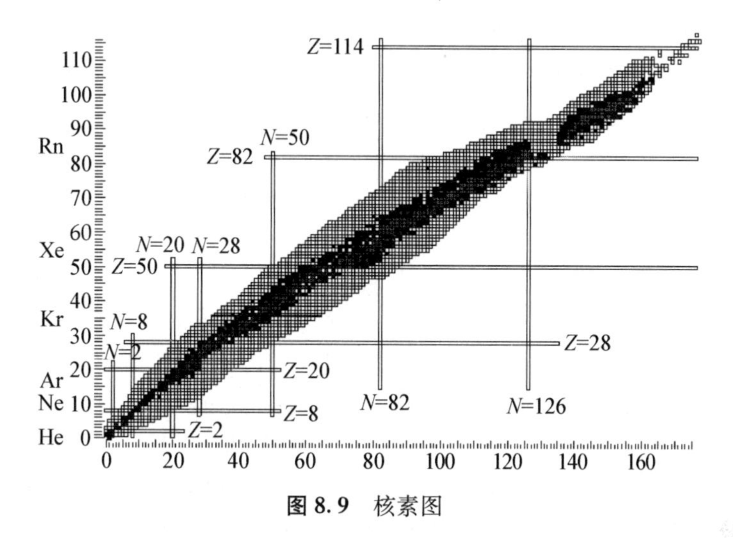

图 8.9 核素图

从核素图中可以看出,稳定的核素几乎都处于一条光滑的曲线上,或位于这条光滑曲线的两侧,这就是**核素的稳定区**.对于轻核,上述曲线与 $N=Z$ 的直线重合,即稳定核素多是 $N=Z$ 的核素;对于重核,上述曲线向 $N>Z$ 方向逐渐偏移,说明较重的稳定核中,中子数渐多于质子数.

8.1.7 原子核的结合能

核子结合为原子核时,会有能量释放,这就是**原子核的结合能**,按照爱因斯坦质能关系,结合能可以根据所有核子的质量和与原子核的质量的差别计算出来,即

$$B(Z,\ A)=[Zm_{\mathrm{p}}+(A-Z)m_{\mathrm{n}}-m(Z,\ A)]c^2 \tag{8.4}$$

式中,$B(Z,\ A)$为核的结合能,Zm_{p} 为 Z 个质子的质量和,$(A-Z)m_{\mathrm{n}}$ 为$(A-Z)$个中子的质量和,$m(Z,\ A)$为原子核的质量.

由于已知的大多是原子的质量,而原子的质量中包括电子的质量,所以,利用上式计算结合能时,$m(Z,\ A)$用原子的质量代替,而 Zm_{p} 用 Z 个氢原子的质量 $m(^1\mathrm{H})$代替.

一般地,**原子的结合能**等于核质量 $m(Z,\ A)$加核外电子的质量减去该**原子的质量** $M(Z,\ A)$,所以可以得到

$$m(Z,\ A)=M(Z,\ A)-Zm_{\mathrm{e}}+B(Z)/c^2 \tag{8.5}$$

其中 $B(Z)$为${}^A_ZX_N$原子的结合能.考察氢原子的情况,由于**氢原子的结合能** $B(^1\mathrm{H})/c^2$等于质子的质量 m_{p} 加上电子的质量 m_{e} 减去氢原子的质量 $m(^1\mathrm{H})$,于是可以得到

$$Zm_{\mathrm{p}}=Zm(^1\mathrm{H})-Zm_{\mathrm{e}}+ZB(^1\mathrm{H})/c^2 \tag{8.6}$$

将式(8.5)和式(8.6)代入式(8.4),则得到

$$B(Z,\ A) = [ZM(^1\mathrm{H}) + (A - Z)m_{\mathrm{n}} - M(Z,\ A)]c^2 + ZB(^1\mathrm{H}) - B(Z)$$

而 $B(^1\mathrm{H}) = 13.6\ \mathrm{eV}$,$B(Z,\ A) \approx 15.73Z^{7/3}\mathrm{eV}$,相对于原子核的结合能都是很小的数值,可以忽略,于是得到

$$B(Z,\ A) = [ZM(^1\mathrm{H}) + (A - Z)m_{\mathrm{n}} - M(Z,\ A)]c^2 = \Delta M(Z,\ A)c^2 \tag{8.7}$$

式中

$$\Delta M(Z,\ A) = ZM(^1\mathrm{H}) + (A - Z)m_{\mathrm{n}} - M(Z,\ A) \tag{8.8}$$

为组成原子核的核子的质量和与该原子核的质量之差,称做原子核的**质量亏损**(defect of mass).根据质量亏损的数据,可以方便地算出原子核的结合能 $B(Z,\ A)$.

下表选自 Nuclear Wallet Cards 2005, 7th Edition, Brookhaven National Laboratory(http://www.nndc.bnl.gov/wallet/).其中列出了一些原子核的数据.表中所给的 Δ 是所谓**“质量过剩”**(mass excess),即($M_{\mathrm{a}} - AM_{\mathrm{u}}$),其中 M_{a} 为原子的质量,即 $M(Z,\ A)$;AM_{u} 为核子数乘以核子的质量,M_{u} 就是原子质量单位.所以不能从质量过剩直接计算原子核的结合能.但是,知道了质量过剩,就知道了原子质量,因而可以根据式(8.8)很容易算地出质量亏损.

表 8.2 一些核素的实验数据

同位素			自旋宇称	Δ(MeV)	同位素			自旋宇称	Δ(MeV)
Z	X	A			Z	X	A		
0	n	1	1/2+	8.071			13	1/2−	3.125
1	H	1	1/2+	7.289			14	0+	3.020
		2	1+	13.136	7	N	14	1+	2.863
		3	1/2+	14.950			15	1/2−	0.101
		4	2−	25.9	8	O	16	0+	−4.737
2	He	3	1/2+	14.931			17	5/2+	−0.808
		4	0+	2.425			18	0+	−0.781
3	Li	6	1+	14.087	9	F	19	1/2+	−1.487
		7	3/2−	14.908	24	Cr	50	0+	−50.26
4	Be	9	3/2−	11.347			52	0+	−55.417
5	B	10	3+	12.051			53	3/2−	−55.285
		11	3/2−	8.668			54	0+	−56.933
6	C	12	0+		25	Mn	55	5/2−	−57.711

续 表

同位素			自旋宇称	Δ(MeV)	同位素			自旋宇称	Δ(MeV)
Z	X	A			Z	X	A		
26	Fe	54	0+	−56.253			82	0+	−80.59
		56	0+	−60.605			83	9/2+	−79.982
		57	1/2−	−60.180			84	0+	−82.431
		58	0+	−62.153			86	0+	−83.266
27	Co	59	7/2−	−62.228	55	Cs	133	7/2+	−88.071
		60	5+	−61.649			134	4+	−86.891
28	Ni	58	0+	−60.227			135	7/2+	−87.582
		60	0+	−64.472			136	5+	−86.339
		61	3/2−	−64.221			137	7/2+	−86.546
		62	0+	−66.746			138	3−	−82.887
		64	0+	−67.099	56	Ba	130	0+	−87.262
29	Cu	63	3/2−	−65.58			132	0+	−88.435
		65	3/2−	−67.264			134	0+	−88.950
30	Zn	64	0+	−66.004			135	3/2+	−87.851
		66	0+	−68.899			136	0+	−88.887
		67	5/2−	−67.880			137	3/2+	−87.721
		68	0+	−70.007			138	0+	−88.262
		70	0+	−69.565	57	La	138	5+	−86.525
36	Kr	78	0+	−74.180			139	7/2+	−87.231
		80	0+	−77.893					

续 表

同位素			自旋宇称	Δ(MeV)	同位素			自旋宇称	Δ(MeV)
Z	X	*A*			*Z*	X	*A*		
83	Bi	209	9/2−	−18.259			235	7/2−	40.921
		210	1−	−14.792			236	0+	42.446
		211	9/2−	−11.858			237	1/2+	45.392
84	Po	208	0+	−17.47			238	0+	47.309
		209	1/2−	−16.366			239	5/2+	50.574
		210	0+	−15.953	93	Np	237	5/2+	44.873
		211	9/2+	−12.433			238	2+	47.456
		212	0+	−10.369			239	5/2+	49.312
		213	9/2+	−6.653			240	(5+)	52.31
88	Ra	221	5/2+	12.964			240M	(1+)	52.31
		222	0+	14.321			241	5/2+	54.26
		223	3/2+	17.235	94	Pu	238	0+	46.165
		224	0+	18.827			239	1/2+	48.590
		225	1/2+	21.994			240	0+	50.127
		226	0+	23.669			241	5/2+	52.956
		227	3/2+	27.179			241M		55.156
		228	0+	28.942			241M		55.156
92	U	234	0+	38.147			242	0+	54.718

上述结合能 $B(Z,A)$除以原子核中核子的数目 A,所得到的结果称为核子的**平均结合能**,也称做**比结合能**(specific binding energy).图 8.10 就是根据实验和理论计算画出的核子的比结合能曲线.

从图中可以看出,当核子数很小时($A<30$),比结合能随着 A 的增大明显增

大，然后进入一个缓慢增长区（50＜A＜120），到达最大值之后，开始缓慢下降，这一区域的比结合能大约为 8 MeV/Nu，其中 Nu 是核子数，最大的数值大约为 8.5 MeV/Nu. A＞120 的原子核，比结合能要小于 8 MeV/Nu. 结合能的数值越大，表示核子间的结合越紧密，即原子核的能量越低. 也就是各个独立的核子结合为原子核时，所释放出的能量越大. 所以，如果重核分裂为两个中等质量的核，或两个轻核聚合成为一个质量较大的核，将会释放出明显的能量，例如^{2}H 的比结合能约为 1.11 MeV/Nu，^{235}U 的比结合能约为 7.6 MeV/Nu. 核武器以及核能的利用，都是基于这样的事实.

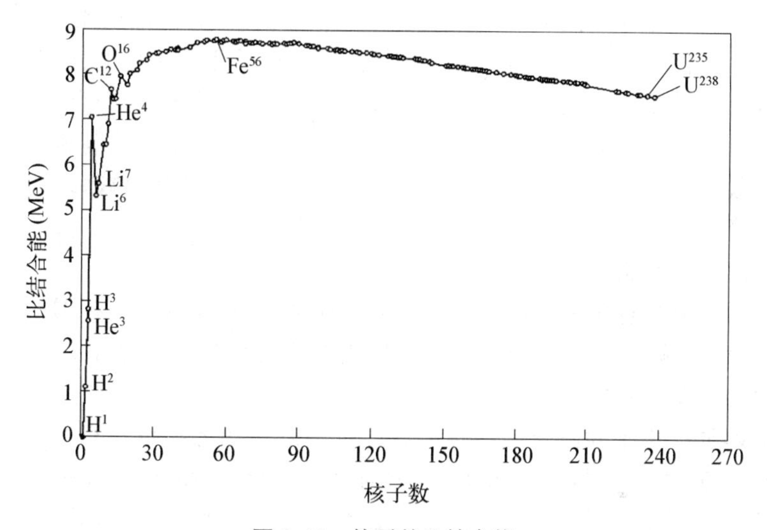

图 8.10　核子的比结合能

8.2　核　　力

原子核由质子和中子组成，实验表明，核子之间的结合是很强的，原子核的密度可以达到 10^{14} g · cm^{-3}，这说明在核子之间存在着很强的吸引力，这就是**核力**.

8.2.1　核力的特性

通过用各种实验方法对核力进行研究，发现核力主要有以下性质：

1. 核力是短程力

在原子核之外的区域，没有发现核力的存在，例如，在 α 粒子散射实验中，当 α

粒子与核之间的距离只有 10^{-14} m 时，两者之间的作用仍然是库仑斥力，没有受到核力的影响. 这说明核力只存在于几个飞米的范围内. 另外，对于核子数很大的重核，较稳定的核素是那些中子数多于质子数的核素，说明核力的作用范围有限，当核子间隔较大时，核力已不足以克服库仑斥力将其结合在一起，所以只有中子数较多，从而库仑斥力小得多的核素才是稳定的. 这些证据足以说明核力是一种**短程作用力**.

2. 核力具有饱和性

另外的实验事实是，如果核力是一种与库仑力相似的长程作用力，可以作用于核内每一个核子上，则核子的结合能应正比于核子的成对数，即正比于 $A(A-1)$，即正比于 A^2，但实验的结果却是结合能正比于 A，即正比于核的体积. 这就说明核力仅仅是近邻核子之间的短程作用力，而且具有**饱和性**. 这一点，与液体分子之间的相互作用类似，液体分子，例如水分子、乙醇分子，由于具有极性而在分子之间产生氢键，这是一种范德瓦耳斯力，只能作用于近邻有限数目的分子，具有饱和性.

3. 核力是一种强相互作用力

与自然界中普遍存在的万有引力和库仑力相比，核力要大得多. 质子之间距离很近，所以库仑斥力是相当大的，而核力却能将质子紧紧地束缚在一起，说明核力比库仑力大得多. 可以作一个估算，核子之间由于万有引力而产生的势能只有 10^{-36} MeV，质子中子间由于自旋磁矩而产生的磁作用势能也只有 0.03 MeV，当质子间距离为 2 fm 时，库仑排斥势能为 0.72 MeV，而核子间的结合能约为 8 MeV，所以核力比万有引力、库仑力都大得多，实验表明，核力比库仑力大 100 倍以上. 是一种**强相互作用力**.

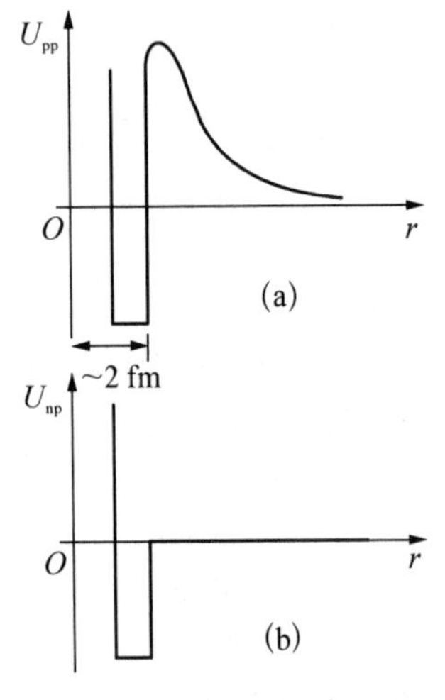

图 8.11 核子间的作用势能

4. 核力与电荷无关

实验表明，质子与质子之间、质子与中子之间、中子与中子之间的近程相互作用是相似的，说明核力与核子所带的电荷无关.

5. 核力在极短程范围内存在斥心力

实验证明，当核子之间靠得很近时，有很大的排斥力. 例如，从质子与质子的散射实验结果，可以推算出两者之间的相互作用势能如图 8.11 所示. 即当核子间距为 0.8～2 fm 时，有相互吸引力；如果间距小于0.8 fm，则相互间有排斥力；间距大于 10 fm，就超出了核力的作用范围.

6. 核力有少量的非中心力成分

从实验事实推断，核力主要是有心力，除此之外，还有较微弱的非有心力，非有心力的强度与核子间的距离等因素有关，目前还不是特别清楚.

8.2.2 核力的介子理论

万有引力、库仑力都是通过场起作用的.以前，我们并没有仔细深入地探讨这类力的起源，而通常认为这类力是一种超距作用.但是，现在有一种观点，或者说，从量子电动力学出发，可以认为带电粒子之间的相互作用是交换“**虚光子**”的结果.

例如，两个运动的电子，由于相互之间库仑力的作用，各自的运动状态都会发生改变.可以设想，两者之间的相互作用是这样进行的：其中一个电子发射出一个光子，因而电子由于反冲而改变了原有的运动状态；发出的光子被另一个电子吸收，因而该电子的运动状态也被改变，如图8.12.两个电子不断通过交换光子，就可以实现相互作用.在上述过程中任一时刻，动量是守恒的，但两个电子所组成的体系是能量守恒的，因而这种光子不满足能量守恒条件，所以是虚光子.

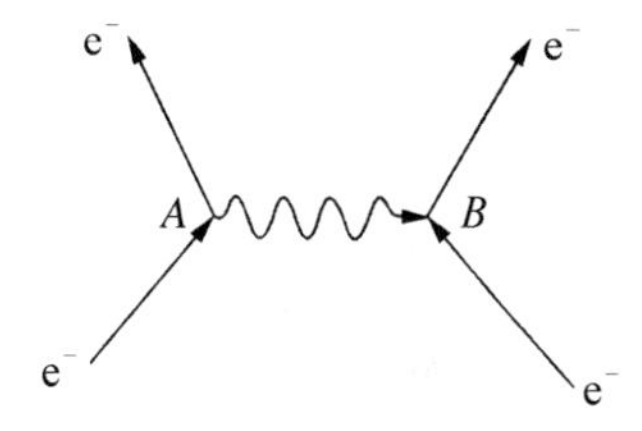

图 8.12 两个电子通过交换虚光子实现相互作用

1935 年，日本物理学家汤川秀树(1907～1981)提出了核力的**介子理论**，他认为同带电粒子交换虚光子类似，核力也是一种交换力，即核子之间通过交换一种媒介粒子而发生相互作用.设一个核子所释放的虚粒子在经过一段距离 Δx 后被另一个核子吸收，这一时间间隔为 Δt，设虚粒子以光速 c 前进，则它所经过的路程最大为 $c\Delta t$.根据不确定关系，在这一段时间内，虚粒子的最大能量为

$$\Delta E = \frac{\hbar}{\Delta t} = \frac{\hbar c}{\Delta x}$$

如果这些能量全部转化为虚粒子的静止能量，即

$$\Delta E = mc^2$$

可以得到

$$m = \frac{\hbar}{\Delta xc}$$

如果是电磁相互作用，力程为无限大，即 $\Delta x = \infty$，则得到 $m = 0$，即虚粒子的静止质量为 0，这就是光子.

对于核子之间的相互作用，力程 Δx 是有限的数值，例如，$\Delta x = 2$ fm，得到 $\Delta E = 100$ MeV，约为电子静止质量的 200 倍.由于它的质量介于质子和电子之间，故被称做**介子**.

后来人们试图从实验上找到这种介子.在 1936～1937 年间，找到了 μ 介子，它

的质量为 $207m_e$,但是后来发现它与核子的相互作用很弱,不参与强相互作用,这不可能是汤川所预言的介子. 到 1947 年,人们终于找到了参与强相互作用的 π 介子,并发现 π 介子分为三种,分别记为 π^+、π^-、π^0,质量分别为 $m(\pi^+) = m(\pi^-) = 273.3m_e$, $m(\pi^0) = 264m_e$.

可以用图 8.13 表示上述三种介子在强相互作用中所起的作用.

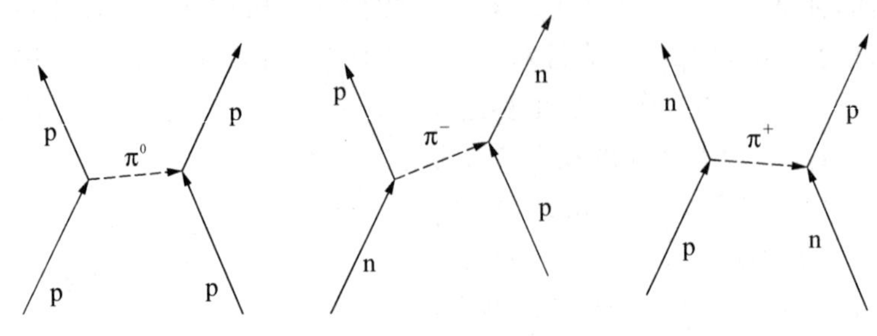

图 8.13 π 介子传播核力

8.3 核　矩

8.3.1 核自旋

通过对原子光谱的超精细结构实验研究,证实了原子核也有自旋. 实际上,在电子自旋假设提出的同时,泡利就提出了一个假设,即原子核作为一个整体,应当具有自旋.

查德威克发现中子之后,人们对于原子核的自旋有了全面正确的认识. 实验研究表明,中子和质子都是**费米子**,与电子一样具有 $\hbar/2$ 的固有自旋角动量,原子核的角动量就是质子和中子轨道角动量与自旋角动量之和.

当原子核处于基态时,所有偶偶核(质子数和中子数都是偶数的原子核)的自旋都为 0,所有奇偶核(质子数和中子数一个是偶数、另一个是奇数的原子核)的自旋都是半整数,所有奇奇核(质子数和中子数都是奇数的原子核)自旋都是整数.

8.3.2 核子的磁矩

由于质子带有正电荷,可以很自然地想到,质子具有磁矩,按照前面对磁矩与角动量关系的描述,质子的磁矩可以表示为

$$\mu_{p,s} = (l + g_{p,s}s)\frac{e\hbar}{2m_p} \tag{8.9}$$

其中 l 为质子的轨道角动量，s 为质子的自旋角动量，因子 $e\hbar/2m_p$ 与电子磁矩表达式中的因子形式相同，只是将电子质量换成了质子的质量，所以通常将其记为

$$\mu_N = \frac{e\hbar}{2m_p} \tag{8.10}$$

称做核的**玻尔磁子**，或**核磁子**(nuclear magneton).

如果将质子看做与电子除了质量和电荷符号不同而其他方面都相同的费米子的话，则可以很自然地想到，朗德因子 $g_{p,s} = 2$，但实验上测量的结果为 $g_{p,s} = 5.586$.

中子由于是电中性的，其轨道磁矩和自旋磁矩均应当为0，但实验结果显示，中子也有磁矩.由于无法说明轨道磁矩的起源，所以就认为这是中子的自旋磁矩.测量的结果为

$$\mu_{n,s} = g_{n,s}\frac{e\hbar}{2m_n} \tag{8.11}$$

其中，$g_{n,s} = -3.82$.

这只能理解为，虽然中子的净电荷为0，但是其中有电荷分布，自旋的结果，磁矩的方向与角动量的方向相反，这一点与电子类似.

上述结果表明，不能简单地将质子和中子看做是点粒子，它们一定有着一定的内部结构.

由于费米子在 z 方向磁矩的投影为 $\pm 1/2$，所以一般物理常数表中所给的核子磁矩的数据都是上述数值的一半，即

$$\mu_{p,s} = 2.79285\mu_N$$
$$\mu_{n,s} = -1.91304\mu_N$$

8.3.3 核的磁偶极矩

由于核子的自旋磁矩，原子核也具有相应的**核磁矩**(nuclear magnetic moment)，原子核的磁矩是**磁偶极矩**(magnetic dipole moment).与电子磁矩的表达形式相一致，核磁矩的表达式可以写做

$$\mu_I = g_I\frac{e\hbar}{2m_p}I = g_I\mu_N I \tag{8.12}$$

其中 g_I 为核的朗德因子，I 为核的角动量 P_I(包括轨道角动量与自旋角动量)量子数.核磁矩在 z 方向的投影为

$$\mu_{I,z} = g_I \mu_N m_I \tag{8.13}$$

其中 $m_I = -I, -(I-1), \cdots, I-1, I$,共有 $2I+1$ 个不同的取值,表明核磁矩在空间共有 $2I+1$ 个不同的取向.

例如,氘核中含有一个质子和一个中子,如果要计算基态(S 态)时氘核的磁矩,则应当是 $\mu_{p,s} + \mu_{n,s} = 2.79285\mu_N - 1.91304\mu_N = 0.87981\mu_N$. 但实验测量的结果是 $0.857438\mu_N$. 这只能说明处于基态时,氘核有轨道磁矩,由此推断,基态时的氘核除了 S 态之外,还有 4%的 D 态.

核磁矩与磁场间相互作用的能量为

$$U_I = -\boldsymbol{\mu}_I \cdot \boldsymbol{B} = g_I m_I \mu_N B \tag{8.14}$$

由此而产生的超精细结构能级间隔为

$$\Delta U_I = g_I \mu_N B \tag{8.15}$$

由于核磁子 μ_N 只有玻尔磁子 μ_B 的 1/1 860.36,所以上述能级间隔是非常小的.

可以通过测量原子的超精细结构光谱,计算出核磁矩,也可以通过核磁共振,得到核磁矩的数值.

8.3.4 核的电四极矩

对原子核超精细结构光谱以及其他性质实验研究的结果,表明仅仅考虑核的磁偶极矩并不完全,其中还有**电四极矩**(electric quadrupole moment)而产生的附加能量.而电四极矩的产生是由电荷的空间分布决定的,这就说明原子核中的电荷分布并不是球对称的.

实验上并没有测量到核的电偶极矩,这说明原子核中,电荷的分布是轴对称的.由于电四极矩的存在,说明电荷应当是旋转椭球形对称分布的.

如图 8.14,对于对称轴上距离椭球中心为 r 的点,电势为

$$U = \frac{1}{4\pi\varepsilon_0}\int_V \frac{\rho(x', y', z')}{R} \mathrm{d}V' \tag{8.16}$$

由于 $R^2 = r^2 + r'^2 - 2rr'\cos\theta$,注意到对于原子核内部的点$(x', y', z')$,总能满足 $r' \ll r$,于是 $R = r\sqrt{1 + \left(\frac{r'}{r}\right)^2 - \frac{2r'}{r}\cos\theta} \approx r\sqrt{1 - \frac{2r'}{r}\cos\theta}$.

$$U \approx \frac{1}{4\pi\varepsilon_0}\left[\frac{1}{r}\int_V \rho \mathrm{d}V' + \frac{1}{r^2}\int_V \rho r'\cos\theta \mathrm{d}V' + \frac{1}{r^3}\int_V \frac{1}{2}(3\cos^2\theta - 1)\rho r'^2 \mathrm{d}V' + \cdots\right]$$

上式中第 1 项为中心点电荷产生的势能,第 2 项为电偶极矩,第 3 项为电四极矩,忽略高次项,定义电四极矩为

$$Q = \frac{1}{e}\int_V (3\cos^2\theta - 1)\rho r'^2 \mathrm{d}V' = \frac{1}{e}\int_V (3z'^2 - r'^2)\rho \mathrm{d}V'$$

对于具有旋转椭球对称分布的电荷,电四极矩为

$$Q = \frac{\rho}{e}\int_V (3z'^2 - r'^2)\mathrm{d}V' = \frac{2}{5}(c^2 - a^2)$$

其中 a 为旋转对称半轴,c 为对称轴的半轴如图 8.15 所示.

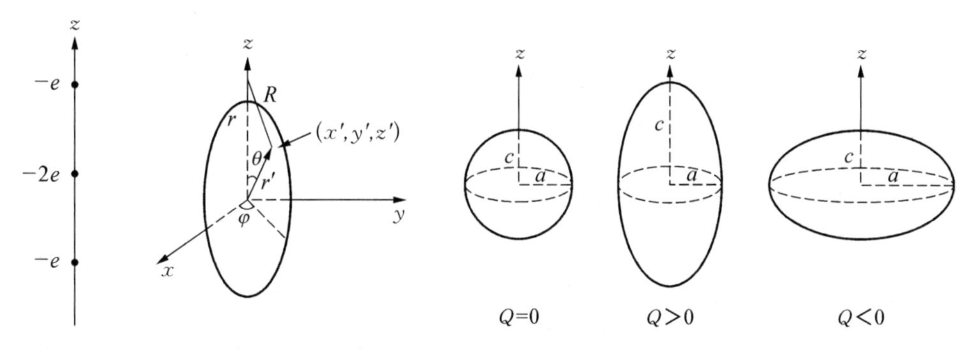

图 8.14　电四极矩产生的物理模型　　**图 8.15**　电荷分布与电四极矩

实验测量的一些核素的磁偶极矩和电四极矩列于表 8.3 中.

表 8.3　一些核素的磁偶极矩和电四极矩

核素	磁矩(μ_N)	电四极矩(b)	核素	磁矩(μ_N)	电四极矩(b)
n	−1.913 1	0	^{7}Li	+3.256 43	−0.040 6
^{1}H	+2.792 85	0	^{12}C	0	0
^{2}H	+0.857 4	+0.002 8	^{13}C	+0.702 41	0
^{3}H	+2.978 96	0	^{14}N	+0.403 76	+0.019 3
^{3}He	−2.127 62	0	^{176}Lu	+3.169	+4.92
^{4}He	0	0	^{235}U	−0.38	+4.55
^{6}Li	+0.822 05	−0.000 8	^{241}Pu	−0.638	+5.6

8.4 原子核结构的模型

为了从理论上研究原子核的情况，长期以来，人们根据已有的实验事实建立了关于原子核的物理模型.这些模型都是对原子核情况的模拟，有的比较简单，有的相对复杂.由于对原子核的情况并没有完全了解，所以目前人们通常都是综合考虑各种模型，以对原子核有一个较全面的描述.

8.4.1 费米气体模型

该模型由维斯科夫（V. Weisskopf）根据固体中电子运动的费米气体模型提出，费米（Enrico Fermi，1901～1954）在这个模型中，将核子看做一群与气体分子相仿的组合，每一个核子都被限制在球形的体积中运动，每一个核子都受到其他核子的作用，总的效果相当于在一个平均势场中运动.可以简单地将这个势场视做三维的方势阱，势阱的半径比原子核的半径略大.在原子核内部，势阱在各处的深度相等，可以用图 8.16 表示.

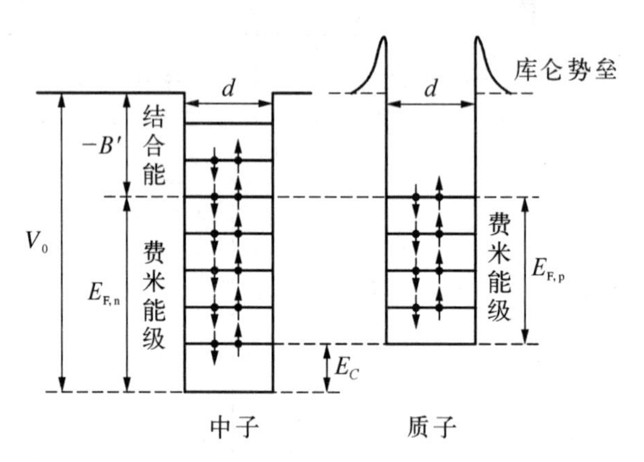

图 8.16 基于费米模型的中子和质子的方势阱和能级

由于质子和中子都是费米子，按照泡利原理，原子核中不能有两个量子数完全相等的核子.由于每个核子可以有两个相反的自旋方向，所以每一个动量态最多可以有两个同类的核子.可以将质子和中子分别考虑.在这个模型中，核子处在一系列不同的能级上，在不考虑磁相互作用的条件下，从能量最低的能级起，每一个能级上，各有两个同类核子.基态时，除了最高能级和空位，其他能级应当是被填满的.在核子中,因为除了最高能级之外,各个能级都被填满,因此核子的状态不再改变,所以就没有因为相互碰撞而交换能量的情况发生.这就说明核子的自由程大于原子核的半径,也就是说,在原子核内部,核子是自由运动的.

设核子处于边长为 d 的立方势阱中,按照我们在第3章中讨论的结果,则其能量为

$$E_{n_1,n_2,n_3}=\frac{h^2}{8md^2}(n_1^2+n_2^2+n_3^2) \tag{8.17}$$

其中 n_1、n_2、n_3 都是正整数.

可见每一个能量状态下,n_1、n_2、n_3 的取值可以有多种,例如,(n_1,n_2,n_3)都取最小值时,即(1,1,1)表示核子的每一个核子都处于基态,则原子核处于基态.但是,第1激发态的组合却有(2,1,1)、(1,2,1)和(1,1,2)3种,它们都具有相同的能量,所以是**简并**(degeneration)的.每一个正整数的组合(n_1,n_2,n_3)代表一种运动**模式**,能量越高,同一能量下组合(n_1,n_2,n_3)的方式越多,即**简并度**(degeneracy)越高.

以下我们计算在某一能量 E_F(这就是所谓的**费米能级**)下的模式数,即能量等于和小于 E_F 的正整数组合(n_1,n_2,n_3)数.这时,有

$$n_1^2+n_2^2+n_3^2\leqslant\frac{8md^2}{h^2}E_F \tag{8.18}$$

则模式数就是半径为 $\sqrt{\dfrac{8md^2}{h^2}E_F}$ 的球体中整数点的个数.仿照我们推导瑞利-金斯公式的方法,可以得到满足上述条件的数目为

$$\frac{1}{8}\,\frac{4\pi}{3}\left(\frac{8md^2}{h^2}E_F\right)^{3/2}$$

考虑到每一个核子有两种自旋取向,于是能量小于等于上述费米能级的中子数为

$$N_{F,n}=\frac{\pi}{3}\left(\frac{8m_nd^2}{h^2}E_F\right)^{3/2} \tag{8.19}$$

而原子核的体积可以表示为 $4\pi R_0^3/3=4\pi r_0^3A/3$,其中的 r_0 为核半径常数(1.20 fm),A 为核子数.所以可以得到中子的费米能级,也就是中子的最大动能为

$$E_{F,n}=\frac{\hbar^2}{2m_nr_0^2}\left(\frac{9\pi N_{F,n}}{4A}\right)^{2/3} \tag{8.20}$$

相应的动量为

$$p_{\rm n} = \sqrt{2m_{\rm n}E_{\rm F,\,n}} = \frac{\hbar}{r_0}\left(\frac{9\pi N_{\rm F,\,n}}{4A}\right)^{1/3} \tag{8.21}$$

同理,质子的费米能级,也就是质子的最大动能为

$$E_{\rm F,\,p} = \frac{\hbar^2}{2m_{\rm p}r_0^2}\left(\frac{9\pi N_{\rm F,\,p}}{4A}\right)^{2/3} \tag{8.22}$$

相应的动量为

$$p_{\rm p} = \sqrt{2m_{\rm p}E_{\rm F,\,p}} = \frac{\hbar}{r_0}\left(\frac{9\pi N_{\rm F,\,p}}{4A}\right)^{1/3} \tag{8.23}$$

可以按照下式计算出每个核子的平均动能

$$\bar{\varepsilon} = \frac{\int_0^{N_{\rm F}} E{\rm d}N}{\int_0^{N_{\rm F}} {\rm d}N} = \frac{3}{5}\left(\frac{p_{\rm F}^2}{2m}\right) = \frac{3}{10}\frac{\hbar^2}{mr_0^2}\left(\frac{9\pi N_{\rm F}}{4A}\right)^{2/3} \tag{8.24}$$

当质子数与中子数相等时, $N_{\rm F} = A/2$, 式(8.24)变为

$$\bar{\varepsilon}_{\rm F,\,0} = \frac{3}{10}\frac{\hbar^2}{mr_0^2}\left(\frac{9\pi}{8}\right)^{2/3} = \frac{3}{5}\frac{\hbar^2}{2mr_0^2}\left(\frac{9\pi}{8}\right)^{2/3} = \frac{3}{5}\varepsilon_{\rm F} \tag{8.25}$$

其中

$$\varepsilon_{\rm F} = \frac{\hbar^2}{2mr_0^2}\left(\frac{9\pi}{8}\right)^{2/3} \tag{8.26}$$

称做**费米能**(Fermi energy).

原子核的平均动能为

$$\bar{E}(Z,\,N) = N\varepsilon_{\rm n} + Z\varepsilon_{\rm p} = \frac{3}{10m}(Np_{\rm F,\,n}^2 + Zp_{\rm F,\,p}^2)$$

由于中子和质子的质量非常接近,所以不再区分,则有

$$\bar{E}(Z,\,N) = \frac{3}{10}\frac{\hbar^2}{mr_0^2}\left(\frac{9\pi}{4}\right)^{2/3}\left[\frac{N^{5/3}+Z^{5/3}}{A^{2/3}}\right] \tag{8.27}$$

可以看出式(8.27)当 $Z = N$ 时有极小值,即

$$\bar{E}(Z = N) = \frac{3}{10}\frac{\hbar^2}{mr_0^2}\left(\frac{9\pi}{8}\right)^{2/3}A = \frac{3}{5}A\varepsilon_{\rm F} \tag{8.28}$$

说明这种核比较稳定.而在 $Z = N = A/2$ 附近,即 $Z - N = \delta$ 时,将中子数、质子

数表示为

$$N=\frac{1}{2}A\left(1-\frac{\delta}{A}\right) \quad 和 \quad Z=\frac{1}{2}A\left(1+\frac{\delta}{A}\right)$$

将式(8.27)展开,得到

$$\bar{E}(Z, N) = \frac{3}{10}\frac{\hbar^2}{mr_0^2}\left(\frac{9\pi}{8}\right)^{2/3}\left[A + \frac{5}{9}\frac{(N-Z)^2}{A} + \cdots\right] \tag{8.29}$$

其中第二项

$$\Delta E(Z, N) = \frac{1}{6}\frac{\hbar^2}{mr_0^2}\left(\frac{9\pi}{8}\right)^{2/3}\frac{(N-Z)^2}{A}$$

$$= \frac{5}{9}\bar{\varepsilon}_{F,0}\frac{(N-Z)^2}{A} = a_{Sym}\frac{(N-Z)^2}{A} \tag{8.30}$$

其中

$$a_{Sym} = \frac{1}{3}\frac{\hbar^2}{2mr_0^2}\left(\frac{9\pi}{8}\right)^{2/3} = \frac{1}{3}\varepsilon_F \tag{8.31}$$

将参数代入式(8.26),计算的结果为 38 MeV,所以 $a_{Sym} = 12.7$ MeV 而实验测量的结果应当是 $a_{Sym} = 23.2$ MeV.

8.4.2 液滴模型

由于核力具有短程性、饱和性,核子只与其周围的几个粒子之间有相互作用.这一点与液体中的分子很相似.另外,原子核的体积与核子数 A 成正比,即体积与质量成正比,说明原子核的密度是不变的,这一点也与液体的情况很相似,所以,可以用液滴模拟原子核的情况,这就是原子核的**液滴模型**(nuclear liquid drop model).

液滴模型最先是由伽莫夫(George Gamow,1904～1968,前苏联-美国科学家)提出的.1936 年,尼尔斯·玻尔用这个模型计算了核反应截面,并由此说明了一些核现象;1939 年玻尔和惠勒(John Archibald Wheeler,1911～2008,美国)用液滴模型成功地解释了核裂变;德国物理学家魏扎克(Carl von Weizsäcker,1912～2007)则建立了液滴模型中完整的质量公式.

在原子核中,核子的数密度是均匀的,原子核是不可压缩的,这是核力的特性,则核的结合能与总的质量成正比,即

$$E_V = a_V A \tag{8.32}$$

由于原子核的半径与核子数 A 的立方根 $A^{1/3}$ 成正比，所以这一项也称做**体积能**(Volume energy).

式中系数 a_V 要比近邻核子间的结合能 E_b(～40 MeV)小一些，因为还要减去核子的动能，按费米气体模型，稳定核($Z=N$)中每个核子的动能约为 $3\varepsilon_F/5$，于是可以估算出

$$a_V = E_b - \frac{3}{5}\varepsilon_F \sim 17\ \mathrm{MeV}$$

与实验测量的结果相去不远. 根据测量结果拟合出的值为 $a_V = 15.835$ MeV.

由于处在核表面的核子受到表面张力的作用，因此这一作用也对核的结合能有贡献，这一项称做**表面能**(Surface energy)

$$E_S = -a_S A^{2/3} B_S \tag{8.33}$$

其中 B_S 是与原子核的形状有关的参数. 由实验上拟合出的系数为 $a_S = 18.33$ MeV.

由于核中每一对质子间的库仑排斥能将使核子间的结合能减小，所以

$$E_C = -a_C \frac{Z(Z-1)}{A^{1/3}} B_C \tag{8.34}$$

这一项称做**库仑作用能**(Coulomb Energy)，B_C 也与原子核的形状有关的参数. 拟合得到 $a_C = 0.714$ MeV.

由于泡利原理的限制，成对的中子或质子具有更低的能量，而未成对的核子能量较高，当核子数偏离 $N=Z$ 时，会导致能量增加，于是这一部分能量为

$$E_A = -a'_A \frac{\left(\frac{A}{2}-Z\right)^2}{A} = -a_A \frac{(N-Z)^2}{A} \tag{8.35}$$

这一项称做**对称能**(Asymmetry energy)，也称做**泡利排斥能**(Pauli Energy)，$a_A = 23.20$ MeV. 这一项与费米气体模型中的式(8.30)是一致的.

由于偶偶核比较稳定，成对的中子、质子倾向于使核的能量降低，所以不成对的核子会导致核能量的增加，这一部分能量为

$$E_P = \delta(A, Z) = a_P \delta A^{-1/2} \tag{8.36}$$

这一项称做**奇偶能**(Pairing energy). 这一项的具体表达式为

$$\delta(A, Z) = \begin{cases} +\delta_0 & N、Z\ \text{均是偶数}(A\ \text{自然也是偶数}) \\ 0 & N、Z\ \text{中一偶数一奇数}(A\ \text{自然也是奇数}) \\ -\delta_0 & N、Z\ \text{均是奇数}(A\ \text{自然是偶数}) \end{cases}$$

其中 $\delta_0 = a_P/A^{1/2}$，而拟合出 $a_P = 11.2$ MeV.

综合考虑上述各个因素后而得到的结合能公式为

$$B(Z, A) = a_V A - a_S A^{2/3} B_S - a_C \frac{Z(Z-1)}{A^{1/3}} B_C - a_A \frac{(N-Z)^2}{4A} + \delta(A, Z) \tag{8.37}$$

这就是魏扎克 1935 年首先提出的半经验质量公式(the semi-empirical mass formula).

表 8.4 是根据测量核质量的实验结果拟合出的系数，可以看出，拟合的结果依赖于所采用的拟合方法.

表 8.4 根据实验结果拟合出的系数 (单位：MeV)

参　数	最小二乘法 (Least-squares fit)	Wapstra①	Rohlf②
a_V	15.8	14.1	15.75
a_S	18.3	13	17.8
a_C	0.714	0.595	0.711
a_A	23.2	19	23.7
a_P	12	n/a	n/a
δ (偶-偶)	n/a	−33.5	+11.18
δ (偶-奇)	n/a	0	0
δ (奇-奇)	n/a	+33.5	−11.18

实验结果表明，上述半经验质量公式对重核符合得相当好，而对于轻核，偏差较大，特别是对于 ^{4}He. 这主要是因为上述公式没有考虑核的壳层结构，因而，对于轻核，采用计入壳层结构的模型所得到的结果要好得多.

8.4.3 壳层模型

实验数据显示，原子核的性质随着核子数的增加而呈现出某种周期性的变化，例如，质子数 Z 和中子数 N 等于 2，8，20，28，50，82 和 126 的原子核，看起来具有特殊的地位. 因而把上面这些数称做"**幻数**"(magic numbers).

① Wapstra A H. Atomic Masses of Nuclides[M]. Springer, 1958

② Rohlf J W. Modern Physics from aα to Z0[M]. Wiley, 1994

(1) Z 和 N 等于 2 和 8 的原子核,$^4_2$He 和$^{18}_8$O,比邻近的原子核要稳定得多.其他的核,如$^{40}_{20}$Ca 和$^{208}_{82}$Pb,也很稳定.这些中子数或质子数为幻数的核,被称做**"幻核"**(magic nuclei),而 N 和 Z 都是幻数的核,即所谓的**"双幻核"**(double magic nuclei).也发现了**"半幻数"**(semimagic number),例如 $Z = 40$.

(2) 偶数 $Z(Z > 32)$ 的稳定元素中,除了$^{88}_{50}$Sr、$^{138}_{82}$Ba、$^{140}_{82}$Ce 以外,没有一种同位素的含量超出该种元素的总量一半以上很多.

从上述事实推断,2,8,20,28,50,82 和 126 这些数字必定代表完整的壳层.

为了从理论上获得这些幻数,起初人们假设核子在一个介于方势阱和谐振子势能之间的平均势场中,后来又加入了一个相对论的自旋-轨道项,这样做仍然不能与实验的结果一致.

例如,在谐振子模型 $V = m\omega^2 r^2/2$ 下,能级 n 的简并度为$(n+1)(n+2)/2$,考虑自旋后,简并度为$(n+1)(n+2)$,则能级(也就是壳层)n 所对应的核子数,即幻数为

$$\sum_{k=0}^{n}(k+1)(k+2) = \frac{(n+1)(n+2)(n+3)}{3}$$

据此算出的幻数为 2,8,20,40,70,112….例如前 6 个壳层中的核子数列于表 8.5.

表 8.5 前 6 个壳层的核子数

壳 层	n	l	$2(2l+1)$	幻 数
1	0	0	2	2
2	1	1	6	8
3	2	0,2	12	20
4	3	1,3	20	40
5	4	0,2,4	30	70
6	5	1,3,5	42	112

后来,利用三维谐振子再加上自旋-轨道相互作用项,经过计算得到了幻数.这就是梅耶(Maria Goeppert-Mayer,1906 ～1972)和简森(J. Hans D. Jensen,1907～1973)在 1949 年提出的**原子核的壳层模型**(nuclear shell model).

加入自旋-轨道相互作用项之后,体系的状态用量子数 j、m_j 以及**宇称**(parity)描述.对于每一个 j,m_j 的取值共有 $2j+1$ 个.宇称取决于$(-1)^l$,l 为偶数时,是偶宇称;l 为奇数时,是奇宇称.这样,前 6 个壳层中的核子数列于表 8.6.

表 8.6　前 6 个壳层的量子数和宇称

壳　层	n	j	$2j+1$	宇　称	幻　数
1	0	1/2	2	偶	2
2	1	1/2,3/2	6	奇	8
3	2	1/2,3/2,5/2	12	偶	20
4	3	1/2,3/2,5/2,7/2	20	奇	40
5	4	1/2,3/2,5/2,7/2,9/2	30	偶	70
6	5	1/2,3/2,5/2,7/2,9/2,11/2	42	奇	112

这样就得到了幻数 2,8,20,40,70,112,也与事实不符.

同电子的情况相似,核子自旋-轨道相互作用产生的能量为

$$\Delta E_j = C\boldsymbol{l}\cdot\boldsymbol{s} = \frac{C}{2}\left[j(j+1) - l(l+1) - \frac{3}{4}\right]$$

$$= \begin{cases} \dfrac{Cl}{2} & j = l + \dfrac{1}{2} \\ -\dfrac{C(l+1)}{2} & j = l - \dfrac{1}{2} \end{cases}$$

由实验上测定的常数值约为

$$C = -24A^{-2/3}(\mathrm{MeV})$$

分裂后形成的能级间隔为

$$\Delta E = \Delta E_{j-1/2} - \Delta E_{j+1/2} = -\left(l + \frac{1}{2}\right)C$$

分裂间隔随着 l 增大而增大,而且,与电子能级的分裂,核能级的分裂间隔相当大.这种情况下,各个壳层的核子数及幻数、宇称等列于表 8.7 中.

表 8.7　计入核子自旋-轨道相互作用后的量子数

壳　层	n	j	状态数 $2j+1$	宇　称	幻　数
1	0	1/2	2	偶	2
2	1	1/2,3/2	6	奇	8
3	2	1/2,3/2,5/2	12	偶	20
4	3	7/2	8	奇	28
5	3,4	1/2,3/2,5/2;　9/2	22	偶	50
6	4,5	1/2,3/2,5/2,7/2;　11/2	32	奇	82
7	5,6	1/2,3/2,5/2,7/2,9/2;　13/2	44	偶	126
8	6,7	1/2,3/2,5/2,7/2,9/2, 11/2;　15/2	58	奇	184

根据上述壳层模型推算出的核子能级如图 8.17.

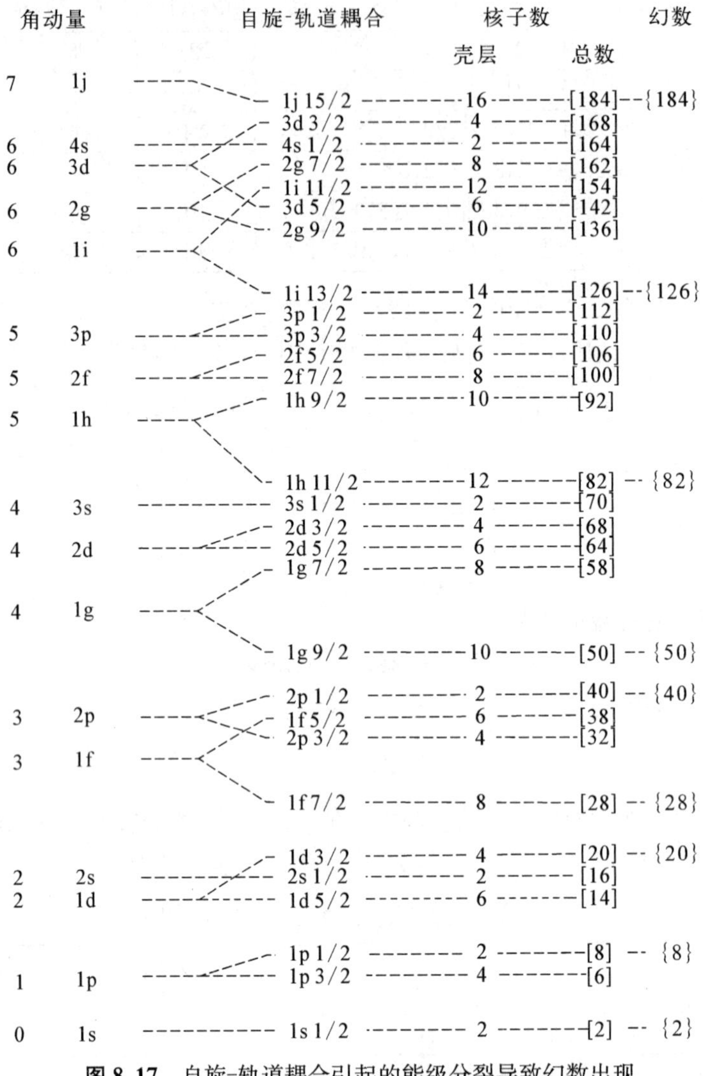

图 8.17 自旋-轨道耦合引起的能级分裂导致幻数出现

8.4.4 集体模型

壳层模型可以相当好地解释大多数核基态的自旋和宇称,对核的基态磁矩也可得到与实验大致相符的结果,但对电四极矩的预计与实验值相差甚大.这是因为在原子核中,大量的核子相互吸引而形成一个集体,这一集体也会有运动,例如核会有集体的振动、会有变形,因此导致原子核处在一个变化的势场中.所以,全面考虑核中单个核子的运动以及集体的运动,才能对原子核的情况作出比较全面的描述.这就是原子核的**集体运动模型**(collective motion model),也称做**综合模型**.

集体模型是1953年由奥格·玻尔(Aage Bohr,尼尔斯·玻尔之子,1922～2009)和莫特森(Ben Roy Mottelson,1926～)提出的.在他们之前,雷恩沃特(Leo James Rainwater,1917～1986,美国)在1950年就曾指出:具有大的电四极矩的核素,其核不会是球形的,而是会产生永久的变形.因为原子核内大部分核子都在核心,核心也就占有大部分电荷,因此即使出现小的形变,也会导致产生相当大的四极矩.在这一思想的基础上,奥格·玻尔和莫特森提出了集体模型.

他们指出,不仅要考虑核子的单个运动,还要考虑到核子的集体运动.集体模型实际上是对原子核中单粒子运动和集体运动进行统一描写的一种唯象理论.

如果认为原子核是一个永久变形的轴对称椭球(设对称轴为 z 轴),则核绕 x 轴或 y 轴的转动,将会产生附加的能量,形成核转动能级.即使是球形核,也会由于集体的振动而产生振动能级.

奥格·玻尔、莫特森和雷恩沃特由于发现了原子核中集体运动和粒子运动之间的关系以及在此基础上发展了原子核结构的理论而获得了1975年的诺贝尔物理学奖.

壳层模型和集体模型各有成功之处,把两种模型综合起来,可以更全面地解释各种原子核的实验事实.

8.5 放射性核衰变

一些原子序数较高的重元素,其原子核不很稳定,可以自发地放射出射线而转变为另一种元素的原子核,这种现象称做**放射性衰变**(radioactive decay).还有一些人工制造的原子核,也具有放射性.

8.5.1 放射性衰变的一般规律

1. 放射性衰变的模式

自从1896年贝克勒耳发现铀的放射性以来,人们已经发现了多种放射性衰变的模式,见表8.8.

表 8.8 各种放射性衰变模式

衰变模式 (Mode of decay)	参与衰变的粒子 (Participating particles)	子核或剩余核 (Daughter nucleus)
	释放出核子的衰变	
α 衰变 (Alpha decay)	放出 α 粒子,即氦核($A=4$, $Z=2$)	($A-4$, $Z-2$)
质子放射,p 衰变 (Proton emission)	放出质子	($A-1$, $Z-1$)
中子放射 (Neutron emission)	放出中子	($A-1$, Z)
双质子放射 (Double proton emission)	同时放出 2 个质子	($A-2$, $Z-2$)
自发裂变 (Spontaneous fission)	核自发分裂为 2 个或更多个更小的原子核以及其他粒子	
结团衰变 (Cluster decay)	放出比 α 粒子大或小的核子结团(A_1, Z_1),例如^{14}C放射	($A-A_1$, $Z-Z_1$) + (A_1, Z_1)
	各种 β 衰变	
β^- 衰变 (Beta-Negative decay)	放出 1 个电子,同时放出 1 个反中微子(antineutrino)	(A, $Z+1$)
β^+ 衰变 (Positron emission, also Beta-Positive decay)	放出 1 个正电子(positron)同时放出 1 个中微子(neutrino)	(A, $Z-1$)
电子俘获 (Electron capture)	原子核俘获 1 个核外(轨道)电子,同时放出 1 个中微子,并使剩余核处于不稳定激发态	(A, $Z-1$)
双 β^- 衰变 (Double beta decay)	放出 2 个电子 2 个反中微子	(A, $Z+2$)
双电子俘获 (Double electron capture)	原子核俘获 2 个核外(轨道)电子,同时放出 2 个中微子,并使剩余核处于不稳定激发态	(A, $Z-2$)

续 表

衰变模式 (Mode of decay)	参与衰变的粒子 (Participating particles)	子核或剩余核 (Daughter nucleus)
各种β衰变		
正电子发射电子俘获 (Electron capture with positron emission)	原子核俘获1个核外(轨道)电子,同时放出1个正电子2个中微子	$(A, Z-2)$
双β^+发射 (Double positron emission)	放出2个正电子2个中微子	$(A, Z-2)$
同一核能级间跃迁的衰变		
γ衰变 (Isomeric transition)	释放1个高能光子,即γ粒子(gamma ray)	(A, Z)
内转换 (Internal conversion)	原子核将能量传给核外(轨道)电子,使其电离	(A, Z)

衰变发生之前的原子核被称做**母核**(parent nucleus),发生衰变之后的核则被称做**子核**(daughter nucleus).

2. 放射性的指数衰变律

原子核发生衰变后,将变为其他的核,同时放出粒子.单位时间内发生衰变的原子核数$-\mathrm{d}N$与现存的原子核数成正比,即在Δt时间内核衰变的数目为

$$-\mathrm{d}N = \lambda N \mathrm{d}t \tag{8.38}$$

其中λ是比例常数.对上式积分得到

$$N(t) = N_0 \mathrm{e}^{-\lambda t} \tag{8.39}$$

N_0就是$t = 0$时刻原子核的数目.将式(8.38)改写为

$$\lambda = \frac{-\mathrm{d}N/\mathrm{d}t}{N}$$

表示单位时间内发生衰变的原子核在所有原子核中所占的比例,因此比例常数λ就是一个原子核单位时间内发生衰变的几率,λ的量纲是1/[时间],被称做**衰变常数**(decay constant).

放射性衰变的指数律是一个统计规律,它可以反映出某种放射性核素在某一时刻衰变的几率,但却无法预言到底是哪一个核在什么时候发生衰变.

3. 半衰期

数量为 N 的某种放射性核素，经过一定的时间后，数量将会减少. 减少到原有数量一半所需要的时间，被称为**半衰期**(half life period)，通常记为 $T_{1/2}$. 根据式(8.39)，可以得到 $1/2 = e^{-\lambda T_{1/2}}$，于是有

$$T_{1/2} = \frac{\ln 2}{\lambda} = \frac{0.693}{\lambda} \tag{8.40}$$

不同的核素，具有不同的衰变常数，即半衰期，而且每一种核素的半衰期几乎不会因为环境和时间的改变而出现变化. 这一点对于其应用是十分有利的.

例如，目前我们估算地球年龄就用了放射性衰变的方法. 地球上的铀矿中含有 ^{235}U 和 ^{238}U 这两种放射性同位素，其中 ^{235}U 的半衰期(0.70×10^9 年)要比 ^{238}U(4.5×10^9 年)短一些. 现在地球上的铀矿中 ^{238}U 占到 99.3%，而 ^{235}U 仅占 0.72%. 如果假设在地球刚刚生成时，这两种核素的含量是相等的(如果地球是以"大爆炸"或其他剧烈的方式生成的，这种假设是合理的)，则可以得到

$$\frac{N_{235}}{N_{238}} = \frac{e^{-\lambda_{235}t}}{e^{-\lambda_{238}t}} = e^{(\lambda_{238}-\lambda_{235})t}$$

$$t = \frac{1}{\lambda_{235}-\lambda_{238}}\ln\frac{N_{238}}{N_{235}} = \frac{1}{\ln 2/T_{1/2}(U_{235}) - \ln 2/T_{1/2}(U_{238})}\ln\frac{N_{238}}{N_{235}} = 5.9\times10^9\ \text{a}$$

其中符号 a 在放射性衰变中代表"年". 地球已经存在(指从开始形成至今)了约 6 亿年.

4. 平均寿命

同一类放射性核素中，有的先发生衰变，而有的后发生衰变，存在的时间各不相同. 但从统计的角度，可以计算它们的**平均寿命**(mean lifetime). 设开始时刻，即 $t=0$ 时刻核素的数目为 N_0，在 t 时刻附近 Δt 时间间隔内有 ΔN 个核素衰变，则这些 ΔN 个核素的总寿命就是 $\Delta Nt = -\mathrm{d}Nt = \lambda Nt\,\mathrm{d}t$，由于从 $t=0$ 到 $t=\infty$ 一直有衰变发生，于是每一个核素的平均寿命就是

$$\tau = \frac{\int_0^\infty \lambda Nt\,\mathrm{d}t}{N_0} = \frac{\int_0^\infty \lambda N_0 e^{-\lambda t}t\,\mathrm{d}t}{N_0} = -\int_0^\infty t\,\mathrm{d}e^{-\lambda t} = \int_0^\infty e^{-\lambda t}\,\mathrm{d}t,$$

即

$$\tau = \frac{1}{\lambda} = \frac{T_{1/2}}{\ln 2} = 1.44\,T_{1/2} \tag{8.41}$$

平均寿命比半衰期要长一些. 经过时间 τ 后，剩余的核素为

$$N(\tau)=N_0e^{-\lambda\tau}=\frac{N_0}{e}=37\%N_0 \tag{8.42}$$

约为原来的37%.

放射性核素的半衰期、平均寿命与衰变常数λ实际上是相互关联的，是核素放射性的重要特征.大量的实验研究证明，同一种核素的λ是不变的，也没有两种核素的λ是一样的.因此，λ是确定和区分放射性核素的特征参量，可以用作它们的"指纹".

5. 放射性定年法(radioactive dating)

在常见同位素中，例如碳-11、氧-15和氮-13的半衰期只有几分钟或几小时，而碳-14的半衰期却长达5 730年.正是由于半衰期如此之长，使得碳-14成为考古学中测定生物体(无论植物或动物)年代的重要手段.

地球一直受到宇宙射线的辐射，这些射线轰击大气层中的原子核，产生大量的次级中子，而这些中子与大气层中的氮发生反应，将氮-14变为碳-14，即

$$n+{}^{14}_{7}N\rightarrow{}^{14}_{6}C+p$$

碳-14经历一个β^-的衰变过程

$${}^{14}_{6}C\rightarrow{}^{14}_{7}N+e^-$$

经过长期的过程，大气层中各种核素的含量基本处于平衡状态，即碳-14与碳-12的含量基本保持不变，两者之比为$1.3\times10^{-12}:1$.植物由于光合作用而吸收大气中的二氧化碳，而二氧化碳中既包含碳-12也包含碳-14，食草动物食用植物活体，食肉动物则食用其他动物，因而在动植物的存活期，其体内碳-14和氮-14的比例与大气层中一样.当生物死亡后，新陈代谢过程停止，不再摄入包括碳-14在内的元素.在生物遗骸中，碳-14的含量由于衰变而不断减少，但碳-12、氮-14保持恒定，所以，通过测量碳-14与碳-12或氮-14的比例，就可以确定生物遗骸的年代.这种方法被称做^{14}C**鉴年法**(radiocarbon dating)，最先由美国物理化学家利比(Willard Frank Libby，1908～1980)提出，他也因此获得1960年的诺贝尔化学奖.当然，由于碳-14的半衰期长达5 730年，所以这种方法的精度和范围受到限制，对于100～30 000年间的样本，测量结果比较可信.图8.18是^{14}C鉴年法的一个实例.

图8.18 科学家通过^{14}C鉴年法，确定法国拉斯科岩洞中的这个绘画具有1.7～1.6万年的历史

用^{14}C鉴年时，先从对象上取一部分，

然后设法测定其中的碳含量 N_C，并测量其中${}^{14}C$单位时间内放出的电子数，即 $A(t) = -dN^{14}C/dt$，这就是核素的衰变率.而 $-dN^{14}C/dt = \lambda N^{14}C(t)$，由此得到 $N^{14}C(t) = A(t)/\lambda$，其中 $N^{14}C(t)$ 为目前样品中${}^{14}C$的数量. 可以计算出样品中${}^{14}C$的浓度为 $n^{14}C(t) = N^{14}C(t)/N_C = A(t)/\lambda$.而生物死亡时体内${}^{14}C$的浓度 $n^{14}C(0) = N^{14}C(0)/N_C$ 就是大气中${}^{14}C$的浓度，为已知值，因此

$$\frac{n^{14}C(t)}{n^{14}C(0)} = \frac{\dfrac{N^{14}C(t)}{N_C}}{\dfrac{N^{14}C(0)}{N_C}} = \frac{N^{14}C(t)}{N^{14}C(0)}$$

根据式(8.39)，核素衰变的时间为

$$t = \frac{1}{\lambda}\ln\frac{N_0}{N(t)} = \frac{1}{\lambda}\ln\frac{N^{14}C(0)}{N^{14}C(t)} = \frac{1}{\lambda}\ln\frac{n^{14}C(t)}{n^{14}C(0)} = \frac{1}{\lambda}\ln\frac{\dfrac{1}{\lambda}A(t)}{\dfrac{N^{14}C(0)}{N_C}},$$

即

$$t = \frac{T_{1/2}}{\ln 2}\ln\left[\frac{\dfrac{T_{1/2}}{\ln 2}A(t)}{n^{14}C(0)}\right] \tag{8.43}$$

因此可以很容易计算年代 t.

但是，上述结果并不能直接作为年代的数据，而是还要经过一定的校准. 原因是大气层中${}^{14}C$的浓度由于受到多种因素的影响而有起伏变化(图 8.19). 例如地磁场的变化会影响到宇宙射线密度，天气的变化也会使得地球表面和海洋中含碳物质释放碳的速度，等等. 除了这些自然因素，人为因素的影响也不可忽略，18 世纪的工业革命之后至 1950 年间，二氧化碳的释放量剧增，导致大气层中${}^{14}C$的浓度持续下降；1950～1960 年间大规模的核试验几乎使大气层中${}^{14}C$的浓度增加一倍，等等. 因而要根据用其他方法独立得到的数据进行校正，例如树木年轮、深海沉积物、湖泊沉积物泥纹、珊瑚标本以及洞穴岩溶物等. 图 8.20 所示的偏离直线的曲线就是针对${}^{14}C$鉴年法的校正曲线.

通常采用 1950 年监测到的${}^{14}C$浓度为基准，而鉴定的年代都是早于 1950 年的时间，因而通常将年代记为 t(BP)，其中 BP 是 Before Present 的缩写，系指 1950 年.

${}^{14}C$鉴年法的先驱利比所采用的${}^{14}C$的半衰期为 $5\,568 \pm 30$ a，这被称做**利比半衰期**(Libby half-life)，而后来剑桥大学的一个研究组得到了更精确的数值，为 $5\,730 \pm 40$ a，被称做**剑桥半衰期**(Cambridge half-life). 但这对结果没有影响，因为

在校正的过程中半衰期可以被消掉.现在实验室仍然采用利比的参数作年代鉴定，这是为了避免与之前发表的结果冲突.

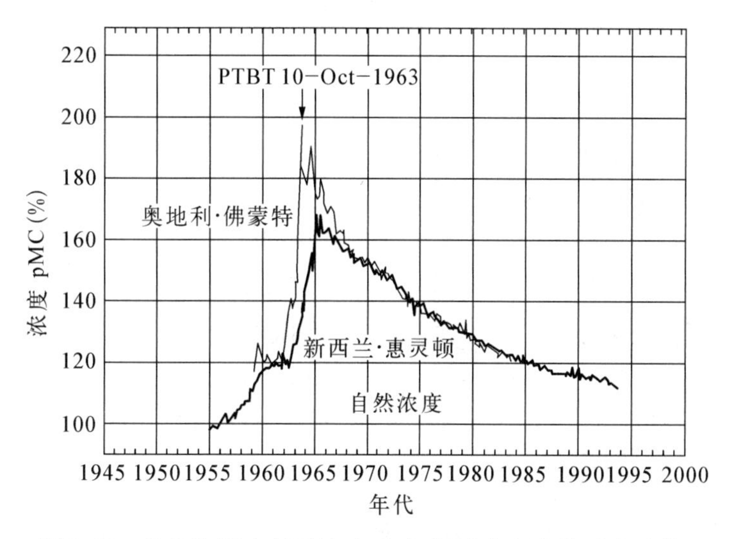

图 8.19 南半球(地点新西兰)与北半球(地点奥地利)大气中 ^{14}C 含量监测结果,其中 1965 年的核试验使得北半球中 ^{14}C 浓度几乎比南半球多一倍

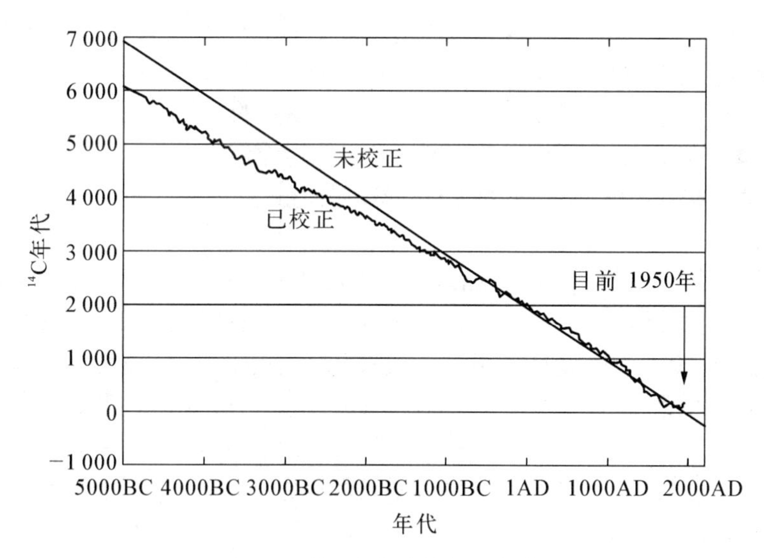

图 8.20 ^{14}C 鉴年法的校正曲线

6. 放射性活度

放射性物质在单位时间内发生衰变的原子核数 $-\mathrm{d}N/\mathrm{d}t$ 被称为该物质的**放射性活度**(activity),也称为**放射性强度**,用 A 标记,即

$$A = \frac{-\mathrm{d}N}{\mathrm{d}t} = \lambda N_0 \mathrm{e}^{-\lambda t} = A_0 \mathrm{e}^{-\lambda t} \tag{8.44}$$

其中 $A_0 = \lambda N_0$,即决定放射性强弱的量是 λ 与 N 的乘积,既与放射性的强弱有关,还与放射性物质的数量有关.

放射性活(强)度的单位是**居里**(Ci),其定义为

$$1\ \mathrm{Ci} = 3.7 \times 10^{10}\ \text{次核衰变 / 秒}$$

1 Ci 的最原始定义就是 1 g ^{236}Ra 在 1 s 内的放射性衰变数.还有其他单位

$$1\ \mathrm{mCi} = 3.7 \times 10^{7}\ \text{次核衰变 / 秒}$$

$$1\ \mu\mathrm{Ci} = 3.7 \times 10^{4}\ \text{次核衰变 / 秒}$$

此外,还有一种放射性强度单位——**贝可**(Bq),定义为

$$1\ \mathrm{Bq} = 1\ \text{次核衰变 / 秒}$$

贝可与居里的换算关系为

$$1\ \mathrm{Ci} = 3.7 \times 10^{10}\ \mathrm{Bq}$$

除了上述单位之外,还有另外的表示放射性的单位,如**伦琴**(R)、**拉德**(rad)、**戈瑞**(Gr)等.这些单位表示了放射线对其他物质所产生的效果,例如:

1 R = 使 1 kg 空气中产生 2.58×10^{-4} C 电量的辐射剂量

1 rad = 1 g 受照射物质吸收 100 erg 的辐射能量

1 Gr = 1 kg 受照射物质吸收 1 J 的辐射能量

7. 放射系

放射性元素在经过一次衰变后,得到的元素往往仍然是不稳定的,所以还将继续衰变下去,直至成为一种稳定的元素为止,这样的**级联反应**(或**衰变链**,decay chain)就构成了一个**放射系**(radioactive series).例如 ^{238}U 的级联反应为:

(不稳定核素)$^{238}\mathrm{U} \to {}^{234}\mathrm{Th} \to {}^{234}\mathrm{U} \to {}^{234}\mathrm{Pa} \to {}^{230}\mathrm{Th} \to {}^{226}\mathrm{Ra} \to {}^{222}\mathrm{Rn} \to \cdots \to {}^{206}\mathrm{Pb}$(稳定核素)

已知有三种天然的放射系,是铀系、钍系、锕系,以及一种人工放射系,镎系.这四种放射系用图 8.21~图 8.24 表示.

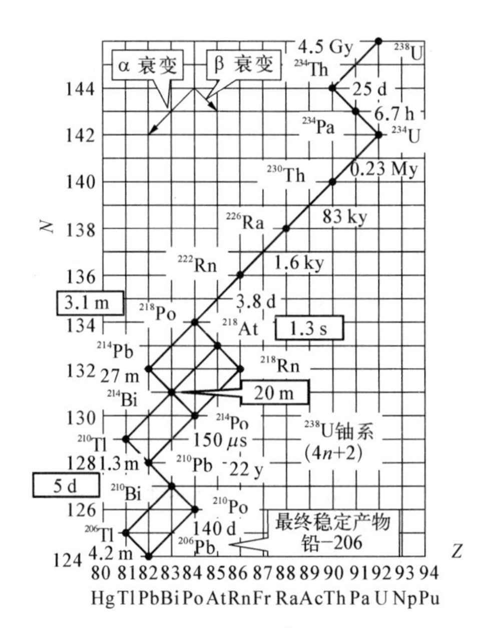

图 8.21　铀系

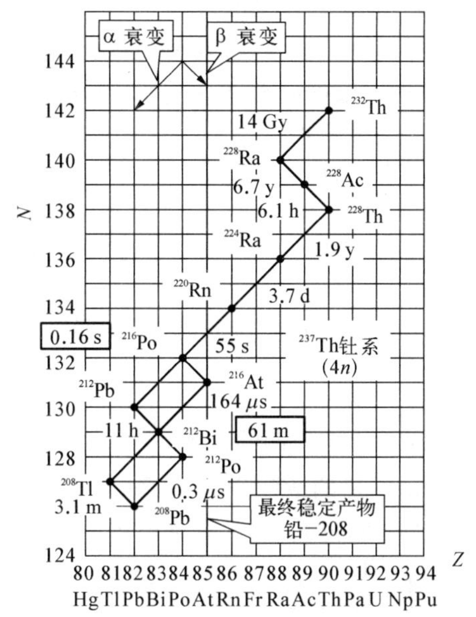

图 8.22　钍系

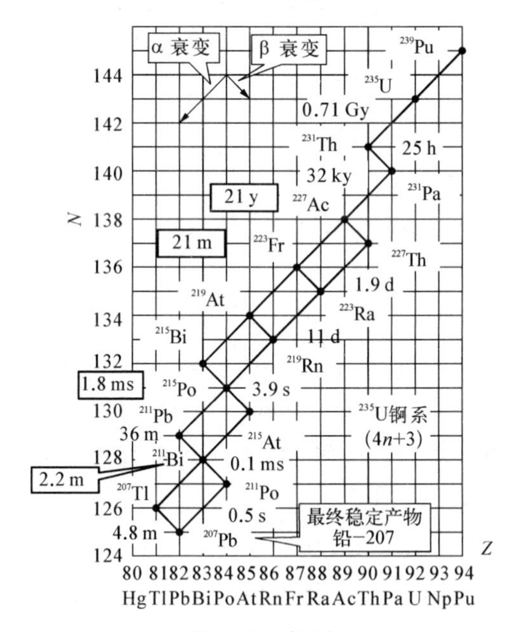

图 8.23　锕系

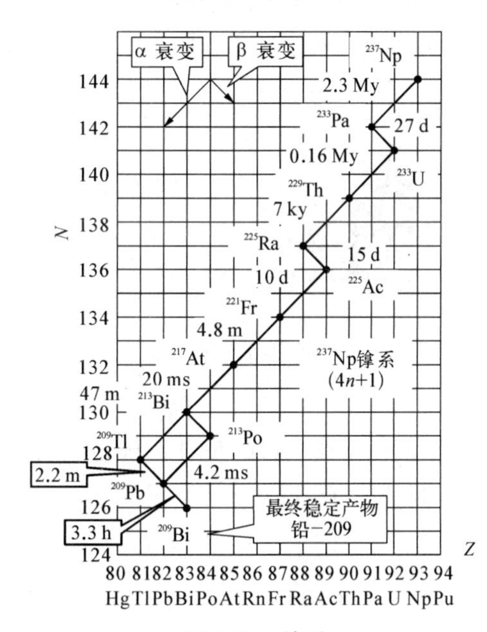

图 8.24　镎系

8. 半衰期的测定

可以用粒子计数器测出单位时间内核衰变的数目,即放射性活度随时间的变化,就可以根据放射性衰变的指数律求出核的半衰期.

由于 $\frac{-\mathrm{d}N}{\mathrm{d}t} = \lambda N = \lambda N_0 \mathrm{e}^{-\lambda t}$,所以

$$\ln\left(\frac{-\mathrm{d}N}{\mathrm{d}t}\right) = \ln(\lambda N_0) - \lambda t \tag{8.45}$$

根据测量到的放射性活度 $\frac{-\mathrm{d}N}{\mathrm{d}t}$ 随时间 t 的变化,即可求出 λ,进而得到半衰期 $T_{1/2}$.

对于长半衰期的核素,例如 $^{238}\mathrm{U}$,$T_{1/2} = 4.5 \times 10^9$ a,由于放射性活度非常小,1 mg 的 $^{238}\mathrm{U}$ 的活度为 $A = 740$ 个 α 粒子 · min^{-1}. 因而如果测量时间较短的话,统计误差就比较大. 为了得到比较准确的数值,要进行较长时间的计数.

8.5.2 α 衰变

α 衰变是指原子核在衰变过程中放出 α 粒子的过程. α 粒子就是 He 的原子核,即 ${}_2^4\mathrm{He}$,包含两个质子和两个中子(图 8.25). 核素放出一个 α 粒子后,其核电荷数减少 2,质量数减少 4. α 衰变的过程可以表示为

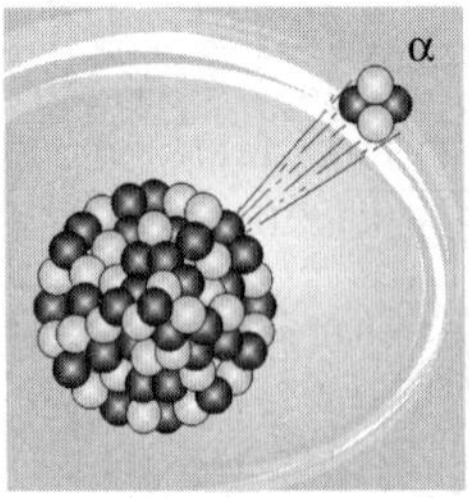

$$ {}_Z^A\mathrm{X} \rightarrow {}_{Z-2}^{A-4}\mathrm{Y} + \alpha \tag{8.46}$$

例如 ${}_{92}^{238}\mathrm{U} \rightarrow {}_{90}^{234}\mathrm{Th} + \alpha$

图 8.25 α 衰变:原子核放出 1 个 α 粒子

设衰变前母核 X 是静止的,则由于体系能量守恒,可以得到

$$m_{\mathrm{X}}c^2 = m_{\mathrm{Y}}c^2 + m_\alpha c^2 + E_\alpha + E_{\mathrm{r}}$$

其中 E_α 为 α 粒子的能量,即衰变中放出的 α 粒子的动能;E_{r} 为子核 Y 的**反冲能**(recoil energy),即由于放出 α 粒子而使子核获得的反冲动能;m_{X}、m_{Y}、m_α 分别为母核、子核、α 粒子的静止质量. 将 $E_\alpha + E_{\mathrm{r}}$ 定义为 α **衰变能**(decay energy)E_{d},则

$$E_{\mathrm{d}} = E_\alpha + E_r = (m_{\mathrm{X}} - m_{\mathrm{Y}} - m_\alpha)c^2 \tag{8.47}$$

由于核素表所给出的质量都是原子的质量,则可以将上述核质量转换为原子质量

$$m_{\mathrm{X}} = M_{\mathrm{X}} - Zm_{\mathrm{e}}$$
$$m_{\mathrm{Y}} = M_{\mathrm{Y}} - (Z-2)m_{\mathrm{e}}$$
$$m_\alpha = M_{\mathrm{He}} - 2m_{\mathrm{e}}$$

上面各式忽略了电子与原子核之间的结合能.于是得到

$$E_{\mathrm{d}} = [M_{\mathrm{X}} - (M_{\mathrm{Y}} + M_{\mathrm{He}})]c^2 \tag{8.48}$$

例如,对于衰变 $^{210}\mathrm{Po} \rightarrow {}^{206}\mathrm{Pb} + \alpha$

$$M(^{210}\mathrm{Po}) = 209.9829\ \mathrm{u}$$
$$M(^{206}\mathrm{Pb}) = 205.9745\ \mathrm{u}$$
$$M(^{4}\mathrm{He}) = 4.0026\ \mathrm{u}$$

算出衰变能为 5.402 MeV.

通常可以由实验上测得的 α 动能按以下方法计算出子核的反冲能,并进一步得到衰变能.

由于衰变前母核静止,于是动量守恒为

$$m_{\mathrm{Y}} v_{\mathrm{Y}} = m_{\alpha} v_{\alpha} \tag{8.49}$$

子核的反冲能为

$$E_r = \frac{1}{2} m_{\mathrm{Y}} v_{\mathrm{Y}}^2 = \frac{1}{2} m_{\alpha} v_{\alpha}^2 \frac{m_{\alpha}}{m_{\mathrm{Y}}} = \frac{m_{\alpha}}{m_{\mathrm{Y}}} E_{\alpha} \tag{8.50}$$

衰变能为

$$E_{\mathrm{d}} = E_{\alpha} + E_{\mathrm{r}} = \left(1 + \frac{m_{\alpha}}{m_{\mathrm{Y}}}\right) E_{\alpha} \approx \left(1 + \frac{4}{A-4}\right) E_{\alpha} = \frac{A}{A-4} E_{\alpha} \tag{8.51}$$

α 粒子由于具有动能,因而有一定的穿透能力,在介质中通过的距离就是 α 粒子的**射程**. α 粒子初始动能大,则射程大;所穿过的介质密度小,射程大.因而可以通过测量 α 粒子在标准空气中的射程来推算其初始动能,也可以将一定厚度的其他介质(例如金属箔)等效于一定厚度的标准空气进行测量,早期对 α 粒子动能的测量都是这样进行的.但这种方法的精度,即能量分辨率很低.

由于 α 粒子穿过空气(或其他气体)时能够使之电离,产生离子对(即等离子体),离子对通过电路复合可以产生电脉冲,所以也可以通过测量电脉冲的强度获得 α 粒子的能量,这样的分辨率可以达到 1%～2%.

现在主要是利用 α 磁谱仪来精确测量 α 粒子的动能.由于 α 粒子带电,所以通过让 α 粒子在磁场中偏转的方法测定其能量,但是 α 粒子的质量比电子大 7 000 多倍,因而磁谱仪中需要的磁场很强,导致价格很高,其能量分辨率可以高达 10^{-4}.

实验中测量到的 α 粒子的动能通常是分立的,如图 8.26、图 8.27 所示.

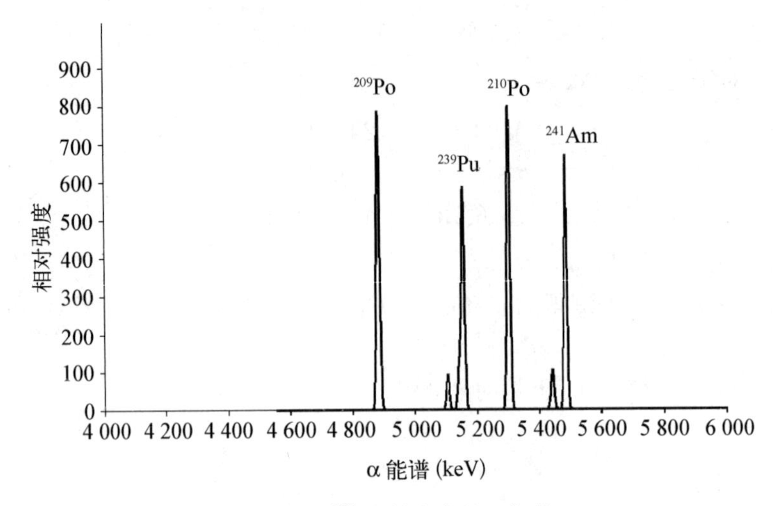

图 8.26 ^{209}Po 等核素的 α 能谱

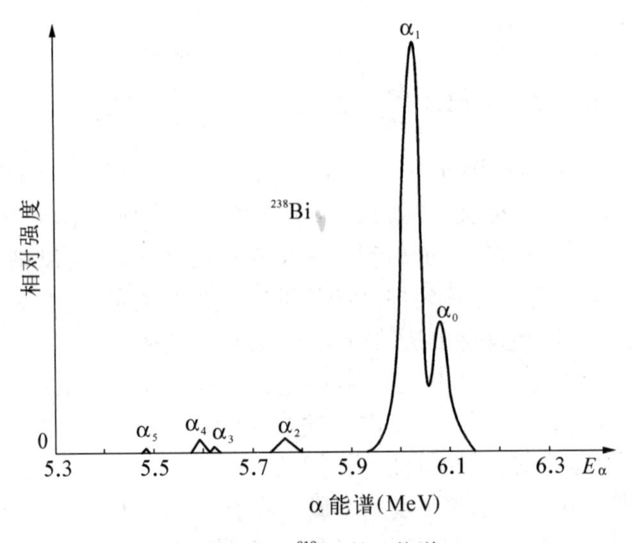

图 8.27 ^{212}Bi 的 α 能谱

同一种核素在衰变过程中所放出的往往分为能量不同的几组，这当然是由于原子核具有分立能级的结果. 表 8.9 给出了不同核素在 α 衰变中放出的 α 粒子的能量以及子核的反冲能.

表 8.9 一些核素在 α 衰变中放出的 α 粒子的能量以及子核的反冲

	E_α(MeV)	E_r(MeV)		E_α(MeV)	E_r(MeV)
^{210}Po			^{241}Am		
α_1	4.517	8.697×10^{-2}	α_{26}	5.389	9.017×10^{-2}
α_2	5.304	1.021×10^{-1}	α_{28}	5.443	9.106×10^{-2}
^{226}Ra			α_{30}	5.486	9.178×10^{-2}
α_1	4.160	7.431×10^{-2}	α_{31}	5.512	9.223×10^{-2}
α_2	4.191	7.487×10^{-2}	α_{32}	5.545	9.277×10^{-2}
α_3	4.340	7.753×10^{-2}	^{226}Th		
α_4	4.601	8.219×10^{-2}			
α_5	4.784	8.547×10^{-2}	α_4	6.028	1.077×10^{-1}
^{239}Pu			α_5	6.040	1.079×10^{-1}
α_{48}	5.106	8.615×10^{-2}	α_6	6.099	1.090×10^{-1}
α_{50}	5.144	8.680×10^{-2}	α_7	6.234	1.114×10^{-1}
α_{51}	5.157	8.701×10^{-2}	α_8	6.337	1.132×10^{-1}

根据测量的结果，可以画出所谓的**衰变纲图**(decay scheme). 图 8.28 是^{226}Ra 的衰变纲图，图 8.29 则给出了 ^{210}Po 的 α 衰变纲图. 图中的一些水平直线表示衰变过程中核素的能级高低，以带箭头的直线表示衰变过程，如果是 α 衰变、β^+ 衰变，由于衰变后 Z 减小，故箭头向左；对于 β^- 衰变，衰变后 Z 增大，箭头向右；γ 衰变则箭头竖直向下. 图中可以进一步标明衰变能量(通常是所放出的粒子的动能，即磁谱仪测量的能谱数值).

8.5.3 β 衰变

β 衰变是指原子核在衰变过程中放出电子的过程. 其中，又可分为 β^- 衰变(放出负电子，图 8.30)、β^+ 衰变(放出正电子)、电子俘获(原子核俘获核外电子，例如 K 轨道电子)等.

原子核放出一个电子后，其质量几乎不变，而核电荷数增加 1.

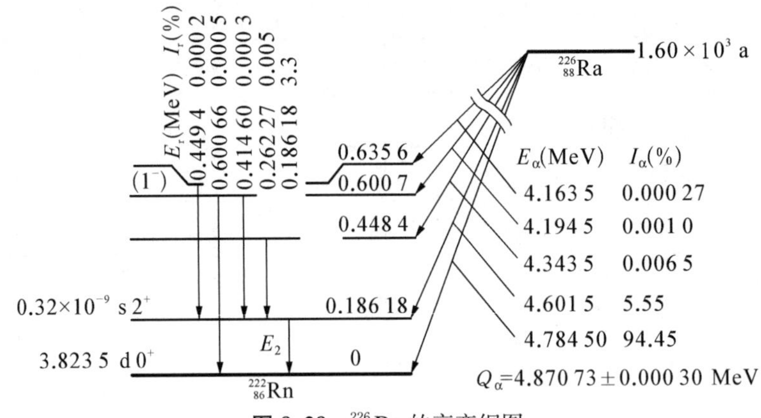

图 8.28 ^{226}Ra 的衰变纲图

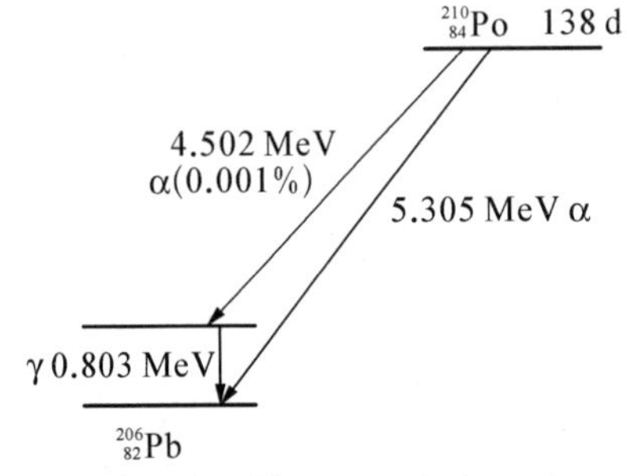

图 8.29 ^{210}Po 的 α 衰变纲图

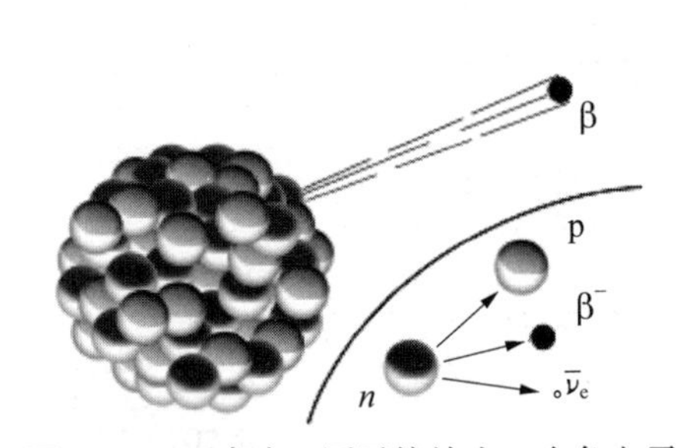

图 8.30 β^- 衰变：原子核放出一个负电子

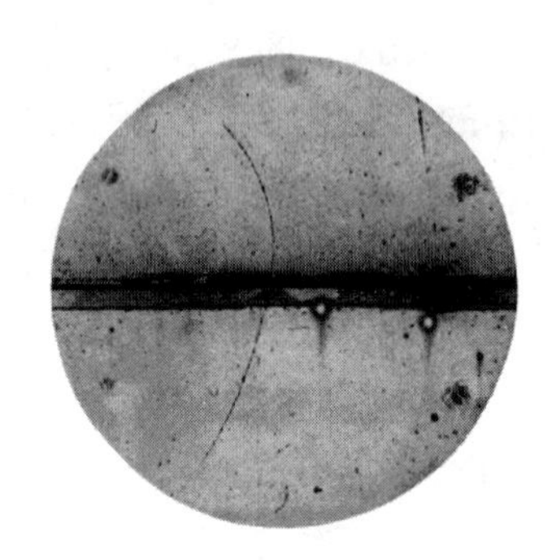

图 8.31 1932 年安德森所拍摄的正电子照片

最初发现的 β 射线是由电子组成的，但 1930 年，狄拉克根据他所建立的相对论量子力学，指出**正电子**(positron 或 antielectron)存在的可能性. 1932 年，美国物理学家安德森(Carl David Anderson，1905～1991)在对宇宙射线的研究中首次发现了正电子，图 8.31 就是安德森所拍摄的显示正电子径迹的云室照片①. 图中一个粒子从下面射入磁场，穿过中间的铅板后继续前进，由于损失了能量，径迹的半径减小. 通过仔细的计算，证实这就是狄拉克所预言的正电子，它具有和电子相同的质量和自旋，带有与电子等量的正电荷，是电子的反粒子. 安德森由于发现了正电子而获得 1936 年的诺贝尔物理学奖.

通过对 β 射线能谱的仔细研究，人们发现，β 粒子的能量(以及动量)都是连续

① Anderson C D. The Positive Electron[J]. Physical Review，1933，43 (6)：491～494.

的(图 8.32、图 8.33),而不像 α 粒子能谱那样是分立的,而且,每种核素发出的 β 电子都有一个明显的最大动能(截止能量).

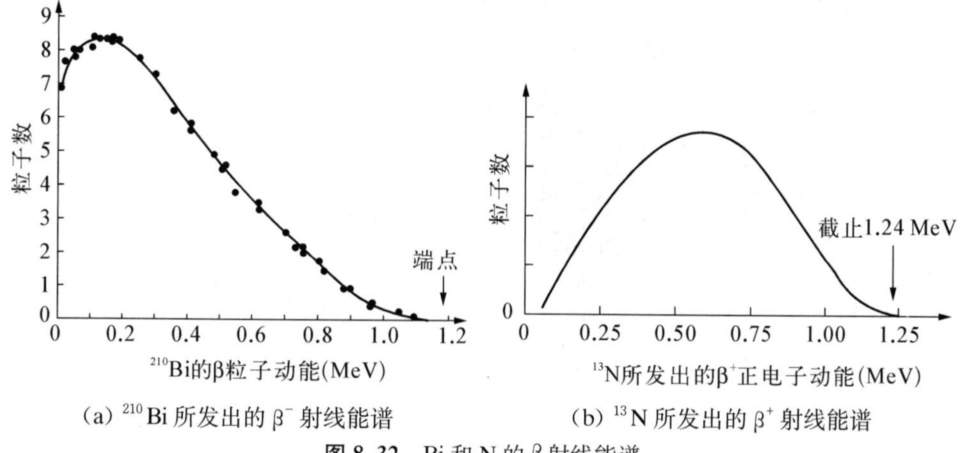

(a) ^{210}Bi 所发出的 β^- 射线能谱　　(b) ^{13}N 所发出的 β^+ 射线能谱

图 8.32　Bi 和 N 的 β 射线能谱

在解释 β 衰变的机制时,除了 β 粒子的连续能谱与核的分立能级无法对应之外,还有一点就是在原子核中本来是没有电子的,只有质子和中子,那么电子是从何而来的呢? 对此,泡利提出了自己的假设,他在 1930 年指出:在 β 衰变的过程中,伴随着电子的发射,同时也放出了一个很轻的中性粒子,这一中性粒子由于既不带电也没有质量,因而不能从实验上测得.费米接受了泡利的观点,将这种粒子称做**“中微子”**(neutrino).

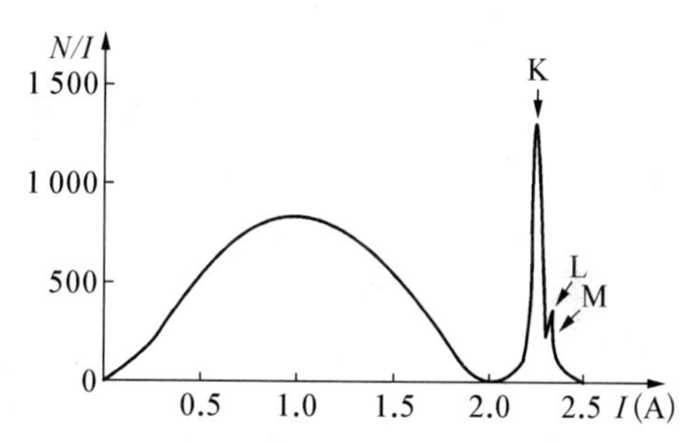

图 8.33　^{137}Cs 所发出的 β^- 射线动量谱,其中横坐标是 β 磁谱仪电磁铁线圈的电流,与 β 粒子动量成正比

1942 年,当时正在浙江大学的物理学家王淦昌(1907～1998)提出了用 β 俘获方法测量中微子的建议①.1956 年,美国科学家柯万(Clyde Cowan,1919～1974)和莱因斯(Frederick Reines)等人利用美国 SRS 核工厂反应堆产物中 β 衰变,首次观测到了中微子诱发的反应②,即

① Want Kan Chang. A Suggestion on the Detection of the Neutrino[J]. Physical Review, 1942, 61(1-2): 97.

② Cowan C L, Reines Jr F, et al. Detection of the Free Neutrino: a Confirmation[J]. Science, 1960, 124:103.

$$\bar{\nu}_e + p \rightarrow n + e^+$$

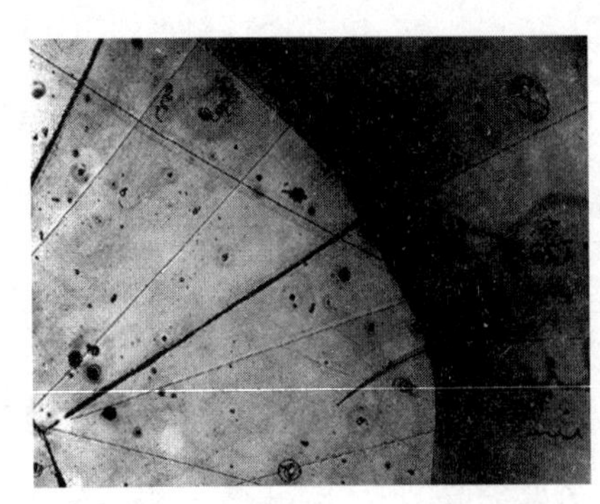

图 8.34 在气泡室中观察到的中微子撞击质子的照片，从位于照片右方的撞击点发出 3 条径迹

其中反中微子($\bar{\nu}_e$)轰击质子，产生了一个中子和一个正电子. 图 8.34 就是首次观察到中微子的照片. 由于中微子的质量非常小，将其和其他一些很轻的粒子(包括电子)都归类于**"轻子"**(lepton). 1995 年，莱因斯被授予诺贝尔物理学奖(柯万已于 1974 年去世)，以表彰他与柯万发现中微子并在轻子物理实验中开创性的贡献. 当年该奖同时授予另一位发现 τ 轻子的美国科学家佩尔(Martin Lewis Perl，1927 年出生).

现在，认为 β 衰变过程中，核内的质子和中子相互转化，同时放出电子和中微子.

β^- 衰变是核内 1 个中子转化为质子，放出负电子和反中微子，可以表示为

$$n \rightarrow p + e^- + \bar{\nu}_e, \quad 即 \quad {}^A_Z X \rightarrow {}_{Z+1}^{\ A} Y + e^- + \bar{\nu}_e$$

例如 ${}^{137}_{55}Cs \rightarrow {}^{137}_{56}Ba + e^- + \bar{\nu}_e$ 其中${}^A X$、${}^A Y$ 是等量异位素.

衰变能可以表示为

$$E_d(\beta^-) = [m_X - (m_Y + m_e)]c^2 = [M_X - M_Y]c^2$$

当母核质量大于子核，才能发生衰变.

图 8.35 是 ${}^{198}_{79}Au \rightarrow {}^{198}_{80}Hg + e^- + \bar{\nu}_e$ 的 β^- 衰变纲图. 由于衰变所放出的 β^- 粒子动能是连续分布的，所以，很多图中并未标注 β^- 粒子的能量，而只是标注了与子核各个能级对应的分支比.

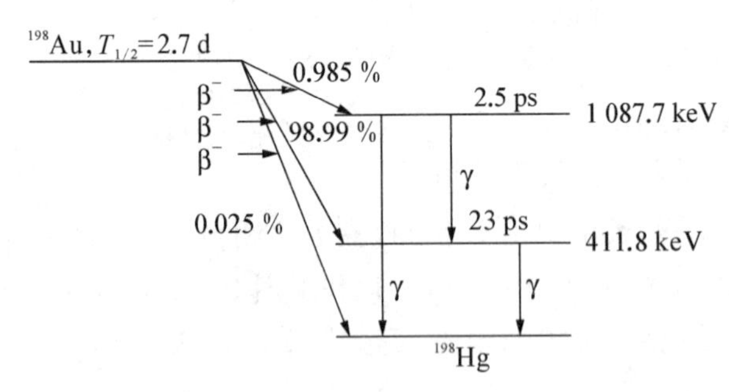

图 8.35 ${}^{198}_{79}Au \rightarrow {}^{198}_{80}Hg + e^- + \bar{\nu}_e$ 的 β^- 衰变纲图

β^+ 衰变则是核内 1 个质子转化为中子，放出正电子和中微子，可以表示为

$$p \rightarrow n + e^+ + \nu_e, \quad 即 \quad {}^A_Z X \rightarrow {}_{Z-1}^{\ A} Y + e^+ + \nu_e$$

例如 ${}_{11}^{22}\mathrm{Na} \rightarrow {}_{10}^{22}\mathrm{Ne} + \mathrm{e}^{+} + \nu_{\mathrm{e}}$.

衰变能可以表示为

$$E_{\mathrm{d}}(\beta^{-}) = [m_{\mathrm{X}} - (m_{\mathrm{Y}} + m_{\mathrm{e}})]c^{2} = (M_{\mathrm{X}} - M_{\mathrm{Y}} - 2m_{\mathrm{e}})c^{2}$$

例如 ${}_{11}^{22}\mathrm{Na} + \mathrm{e}^{-} \rightarrow {}_{10}^{22}\mathrm{Ne} + \nu_{\mathrm{e}}$，如图 8.36，其中标注的是各个 β^{+} 粒子的最大动能.

而轨道**电子俘获**(electron capture，即 EC，有时被称做**反 β 衰变**，inverse beta decay)是原子核俘获一个核外电子(内壳层电子被俘获的几率最大，例如 K 俘获，记做 K-capture；L 俘获，记做 L-capture 等)，同时核内一个质子转化为中子，可以表示为

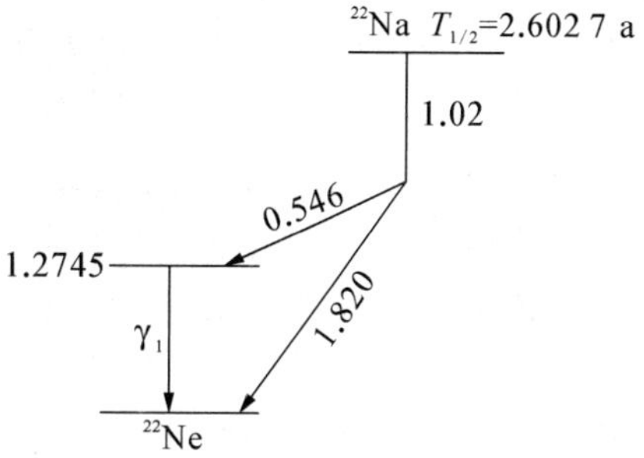

$$\mathrm{p} + \mathrm{e}^{-} \rightarrow \mathrm{n} + \nu_{\mathrm{e}},$$

即

$${}_{Z}^{A}\mathrm{X} + \mathrm{e}^{-} \rightarrow {}_{Z-1}^{\ \ A}\mathrm{Y} + \nu_{\mathrm{e}}$$

图 8.36　${}_{11}^{22}\mathrm{Na} + \mathrm{e}^{-} \rightarrow {}_{10}^{22}\mathrm{Ne} + \nu_{\mathrm{e}}\beta^{+}$ 衰变纲图

例如 ${}_{13}^{26}\mathrm{Al} + \mathrm{e}^{-} \rightarrow {}_{12}^{26}\mathrm{Mg} + \nu_{\mathrm{e}}$，${}_{28}^{59}\mathrm{Ni} + \mathrm{e}^{-} \rightarrow {}_{27}^{59}\mathrm{Co} + \nu_{\mathrm{e}}$，${}_{19}^{40}\mathrm{K} + \mathrm{e}^{-} \rightarrow {}_{18}^{40}\mathrm{Ar} + \nu_{\mathrm{e}}$ 等.

由于轨道电子被俘获，因而在内壳层产生一个电子空位，从而会导致原子跃迁到高激发电离态，再跃迁回基态，就会发射 **X 射线**(X-ray photon)或**俄歇电子**(Auger electrons). 可以据此判断核内电子俘获的发生.

EC 过程的衰变能为

$$E_{\mathrm{d}}(\mathrm{EC}) = (m_{\mathrm{X}} + m_{\mathrm{e}} - m_{\mathrm{Y}})c^{2} - W = (M_{\mathrm{X}} - M_{\mathrm{Y}})c^{2} - W$$

其中 W 为轨道电子在原子中的结合能.

当母核与子核的质量差大于被俘获电子的结合能时，EC 过程才能发生. 当两核质量差比较大，最靠近核的 K 电子会被俘获；但是，如果母核与子核的质量差比较小时，L 电子被俘获. 表 8.10 列出了能够发生 EC 的核素.

表 8.10　一些可以发生电子俘获的核素

核　素	$T_{1/2}$	核　素	$T_{1/2}$	核　素	$T_{1/2}$
$^{7}\mathrm{Be}$	53.28 d	$^{41}\mathrm{Ca}$	1.03×10^{5} a	$^{49}\mathrm{V}$	337 d
$^{37}\mathrm{Ar}$	35.0 d	$^{44}\mathrm{Ti}$	52 a	$^{51}\mathrm{Cr}$	27.7 d
$^{53}\mathrm{Mn}$	3.7×10^{6} a	$^{56}\mathrm{Ni}$	6.10 d	$^{68}\mathrm{Ge}$	270.8 d
$^{57}\mathrm{Co}$	271.8 d	$^{67}\mathrm{Ga}$	3.260 d	$^{72}\mathrm{Se}$	8.5 d

正电子与负电子碰撞，两者都将消失，而产生 γ 光子，高能情况下还会产生其他粒子，这就是**正负电子湮灭**(Electron-positron annihilation). 多数情况下，能量不是很高的正负电子湮灭产生一对 γ 光子，用反应式表示为

$$e^{+}+e^{-}\rightarrow\gamma+\gamma$$

正负电子湮灭可用于医学上的肿瘤诊断，这就是 pet-CT(Positron Emission Computed Tomography，即正电子发射计算机断层扫描成像术).

葡萄糖中含有 C、N、O、F 等元素，而它们的同位素 ^{11}C、^{13}N、^{15}O、^{18}F 等能够发生 β^{+} 衰变. 将这些核素注入葡萄糖中，再将葡萄糖通过静脉输入患者体内. 由于衰变出的正电子迅速与负电子湮灭而产生一对 γ 光子，因而上述核素可以作为葡萄糖在人体中的示踪剂. 与正常组织相比，肿瘤所消耗的葡萄糖要多得多，因而有肿瘤的地方，核素密度高，正负电子湮灭而发出 γ 光子剂量也大. 探测并记录 γ 光子，利用计算机进行数据处理，即可合成肿瘤组织的解剖学图像，作出准确的诊断. 由于上述核素在葡萄糖中浓度很低，且发出的正电子能量较低，所以湮灭后的 γ 光子的能量不高，剂量也很低，对人体的伤害有限.

图 8.37 就一幅是 pet-CT 图片，其中左上为 X 射线 CT，左下、右上为 pet-CT 的彩色、黑白影像，右下显示亮点在人体中的位置.

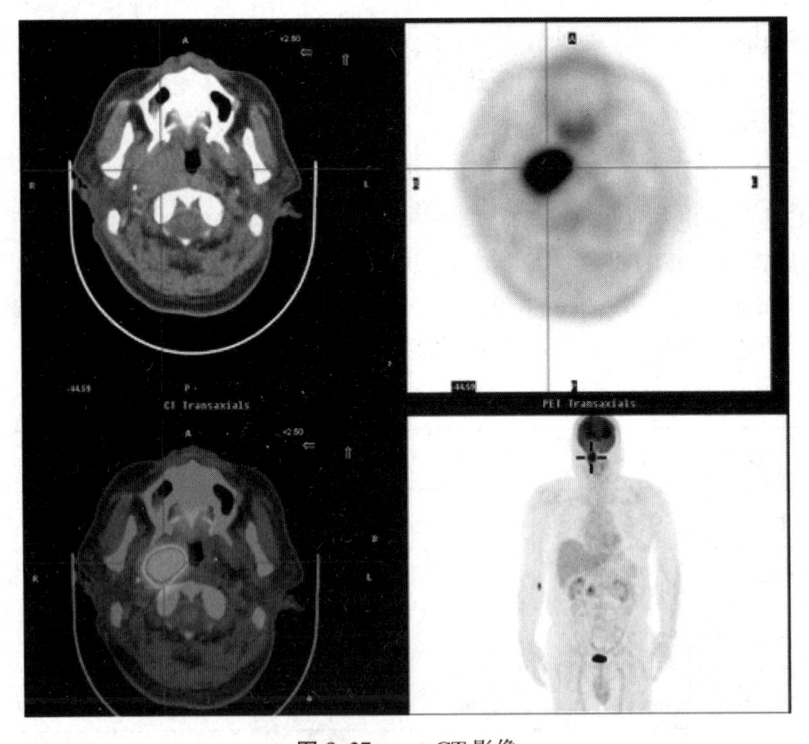

图 8.37　pet-CT 影像

8.5.4 γ衰变

γ衰变中,原子核放出波长很短的电磁波,这就是γ射线.γ射线就是光子,不带电,静止质量也为0.原子核放出一个γ光子后,其电荷不变,质量仅有十分微小的变化.如图8.38.

1. γ衰变的机制

γ射线往往是伴随着α射线和β射线放出的.这是因为,母核经过α衰变或β衰变后,往往处于子核的激发态,子核从激发态跃迁到基态,就会放出光子.γ光子波长很短,通常小于10 pm($1\ \mathrm{pm}=10^{-12}\ \mathrm{m}$),光子能量可达100 keV～10 MeV,但宇宙中有些来自极其遥远的类星体的γ光子的能量可高达80 GeV,甚至到达500 GeV.在电磁波谱上,硬X射线会与γ射线的波长交叠.但是,区分这两种射线,不是依据其波长,而是依据产生的机制.

图8.38 γ衰变,原子核放出光子

例如^{60}Co衰变到^{60}Ni的过程中,先经历一个β^-衰变,成为^{60}Ni的激发态,再衰变为^{60}Ni基态,同时放出γ射线,即

$$^{60}\mathrm{Co}\rightarrow{}^{60}\mathrm{Ni}^{*}+\mathrm{e}^{-}+\bar{\nu}_{\mathrm{e}}+\gamma_1,\quad {}^{60}\mathrm{Ni}^{*}\rightarrow{}^{60}\mathrm{Ni}+\gamma_2$$

其中$*$表示核的激发态,衰变纲图示于图8.39.另一个例子是^{241}Am经α衰变到^{237}Np的过程也伴有γ衰变,如图8.40.这是复杂得多的衰变过程,由于子核^{237}Np有多个激发态,所以共有7个不同波长的γ光子发出.图中能级的单位为MeV.

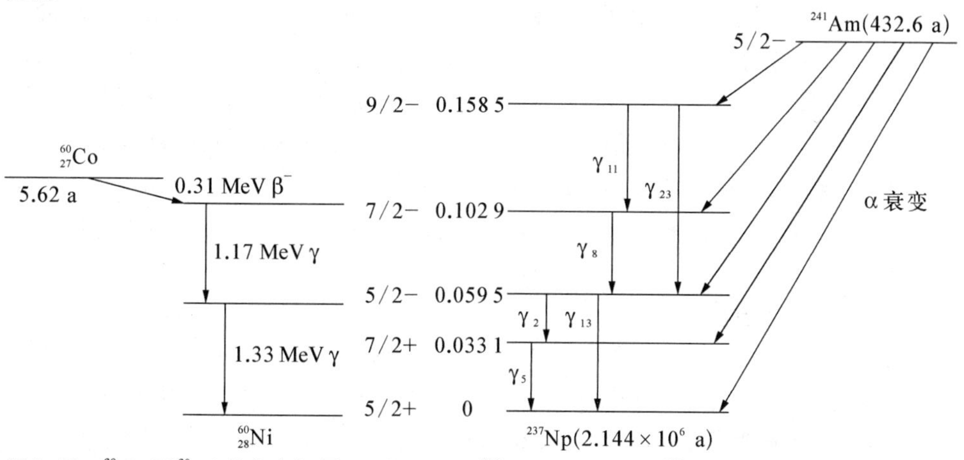

图8.39 ^{60}Co到^{60}Ni的衰变纲图　**图8.40** ^{241}Am经α衰变到^{237}Np所伴随的γ光子发射

图 8.41 中给出了一些核素的 γ 射线光谱.

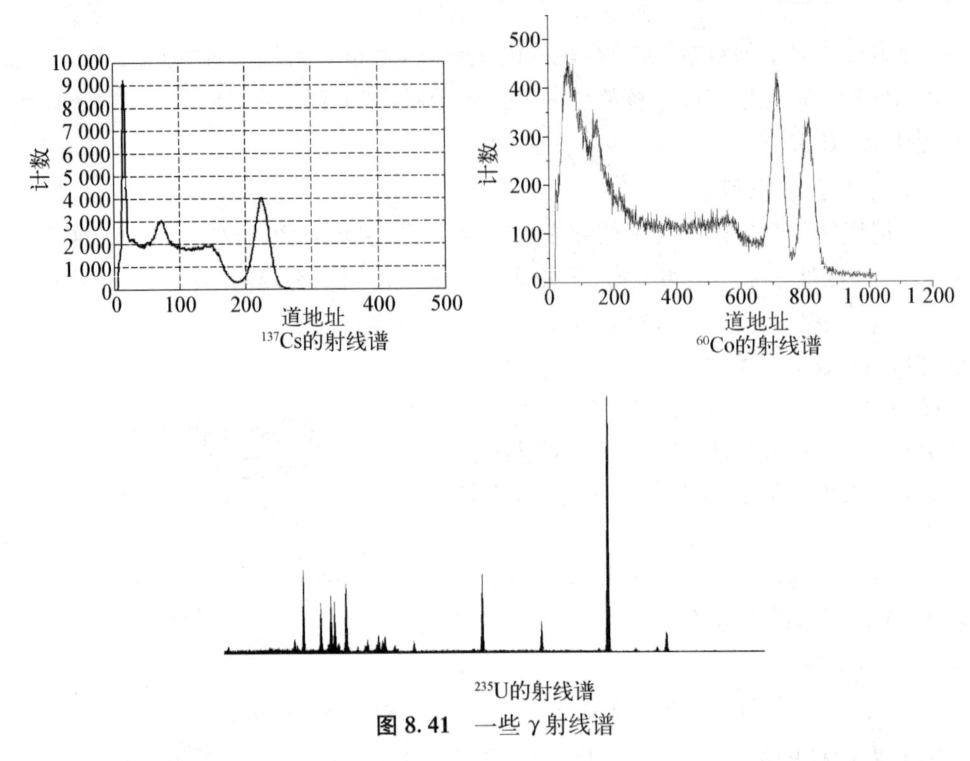

图 8.41 一些 γ 射线谱

2. 内转换

在有些情况下,激发态原子核向基态跃迁时,并不放出 γ 光子,而是将能量直接传递给核外电子,使核外电子从原子中被电离,这种现象被称做**内转换**(internal conversion,IC),所释放的电子被称做**内转换电子**(internal conversion electron).

3. 同质异能素

绝大多数子核的激发态寿命非常短,通常只有 10^{-14} s,但也有少数子核的激发态寿命比较长.由于这样的子核可以较长时间处于激发态,因而被称做基态核的"**同质异能素**"(isobars),也称**同量异位素**.例如^{113m}In 的半衰期为 104 m,而^{91m}Nb 的半衰期长达 62 d.核素符号左上角的 m 标志,就是这种核素的同质异能素的表示.

4. 穆斯堡尔效应

激发态原子核既然可以发出 γ 光子而跃迁到低激发态或基态,那么同类的处于基态或者其他激发态的原子核也应该可以吸收 γ 光子而跃迁到高激发态,即发生所谓的"**共振吸收**"(resonance absorption).然而,这一现象却长期无法在实验上观察到.

后来人们意识到，这是由于 γ 光子能量较高，所以也具有很高的动量，当原子核放出 γ 光子时，由于动量守恒而产生明显的反冲，使得 γ 光子的能量漂移，即 γ 光子的能量实际上要小于原子核的能级间隔；当 γ 光子撞击原子核时，也会使得核产生反冲，从而使 γ 光子又损失一部分能量，所以共振吸收不能发生. 上述过程可以表示如下：

对于发射核，能量守恒为 $E_d = E_\gamma + E_r$；对于吸收核，能量守恒为 $E'_d + E_r = E_\gamma$. 因而能级为 E_d 的原子核发出的 γ 光子，只能被能级为 E'_d 的原子核吸收，这时吸收能级就要比发射能级小 $2E_r$，而不能被同种核所吸收，如图 8.42.

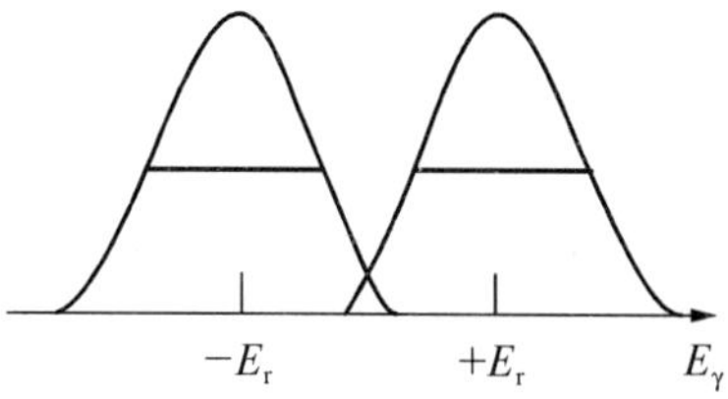

图 8.42 发射和吸收的反冲导致的 γ 光子能量漂移

但实际上，能级和光谱都具有如图 8.42 中所示的自然宽度. 如果能级的自然宽度记为 Γ，当 $\Gamma > E_r$ 时，发射和吸收的能级有一定的交叠，则共振吸收还是可以发生的.

1957 年，德国科学家穆斯堡尔（Rudolf Ludwig Mössbauer，1929～2011）想到，如果把发射核与吸收核都固定起来，就可以实现共振吸收. 其实，固定的方法很简单，就是把原子核制备在固体当中. 这样一来，核的反冲就变得很小，图 8.42 中吸收和发射谱就会出现重叠，共振吸收就可以发生. 他使用 ^{191}Os 晶体作放射源. ^{191}Os 经衰变到达 ^{191}Ir 的激发态，^{191}Ir 的激发态可以发出能量为 129 keV 的 γ 射线. 用 ^{191}Ir 晶体作吸收体，并将它们冷却到 88 K，观察到了共振吸收现象，图 8.43 为无反冲 γ 光子共振吸收装置示意图. 这种无反冲的 γ 共振吸收被称做"**穆斯堡尔效应**"（Mössbauer effect）. 除了 ^{191}Ir 外，他还观察到了 ^{187}Re、^{177}Hf、^{166}Er 等原子核的无反冲共振吸收. 穆斯堡尔因此获得 1961 年的诺贝尔物理学奖.

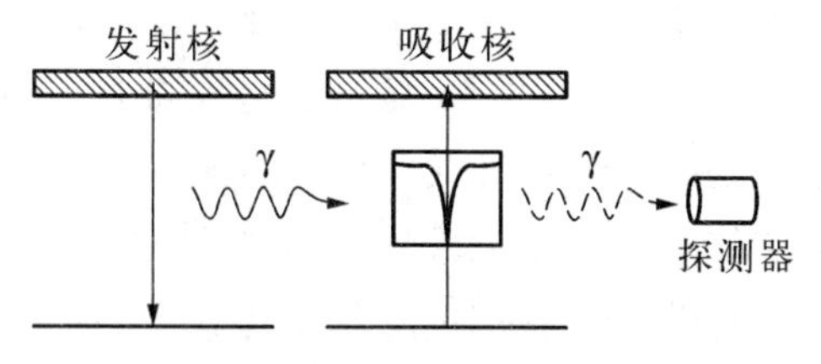

图 8.43 无反冲 γ 光子共振吸收装置示意图

穆斯堡尔效应对环境的依赖性很高. 细微的环境条件差异会对穆斯堡尔效应产生显著的影响. 在实验中，为减少环境带来的影响，需要利用多普勒效应对 γ 射线光子的能量进行细微的调制. 具体做法是令 γ 射线辐射源和吸收体之间具有一定的相对速度 v，通过调整 v 的大小来略微调整 γ 射线的能量，使其达到共振吸收，即吸收率达到最大，透射率达到最小. 透射率与相对速度之间的变化曲线叫做**穆斯堡尔谱**（Mössbauer spectroscopy).图 8.44 是^{57}Fe 的共振吸收谱.应用穆斯堡尔谱可以清楚地检查到原子核能级的移动和分裂,进而得到原子核的超精细场、原子的价态和对称性等方面的信息.应用穆斯堡尔谱研究原子核与核外环境的超精细相互作用的学科叫做**穆斯堡尔谱学**.

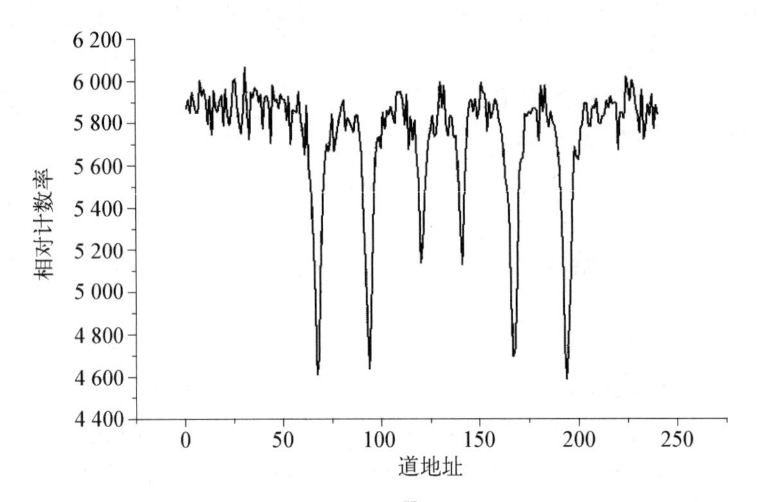

图 8.44 使用多道分析仪测量的^{57}Fe 的穆斯堡尔共振吸收谱图.呈现 6 个吸收峰.横轴是道地址,代表相对速度.纵轴是相对计数率

对于一些寿命比较长的核能级,其所发出的 γ 谱线的宽度极窄,例如无反冲的^{57}Fe* 的 14.4 keV 的 γ 谱线, $\Gamma/E_d \sim 3\times10^{-13}$;^{67}Zn 的 93.3 keV 的 γ 谱线, $\Gamma/E_d \sim 10^{-15}$;^{107}Ag 的 93 keV 的 γ 谱线,$\Gamma/E_d \sim 10^{-22}$, 等等,所以有着很高的能量分辨率,可以用来精确地测定原子核的能级.例如,当原子在固体中的环境不同时,固体对原子核的束缚程度也不同,即这时原子核发射和吸收 γ 光子的反冲能也不同,因而测量到的穆斯堡尔吸收谱线会有所不同.由于 γ 谱线的宽度极窄,所以这些微小的变化也能反映出来.图 8.45 显示的是在接触反应过程中不同阶段的 Sb_2O_3 中^{121}Sb 的穆斯堡尔吸收谱线: 1 是未煅烧的 Sb_2O_3;2 是 1 000 ℃时的 Sb_2O_3;3 是经过催化的 Sb_2O_3.图中横坐标是吸收和反冲的速度.图 8.46 则是不同周期的 U/Fe多层膜中 ^{57}Fe 的吸收谱,这些细微的变化用其他手段是难以测量出来的.

现在,已经在固体和黏稠液体中实现了穆斯堡尔效应,可以用作发射核和吸收核的元素有 40 多种元素的 90 多种同位素,其中的跃迁有 110 多个,其中效果较好的是图 8.47 所示周期表中用阴影标志的 15 种元素.然而大部分同位素只能在低温下才能实现穆斯堡尔效应,有的需要使用液氮甚至液氦对样品进行冷却.在室温下只有^{57}Fe、^{119}Sn、^{151}Eu 三种同位素能够实现穆斯堡尔效应.其中^{57}Fe 的 14.4 keV 跃迁是人们最常用的,也是研究最多的谱线.

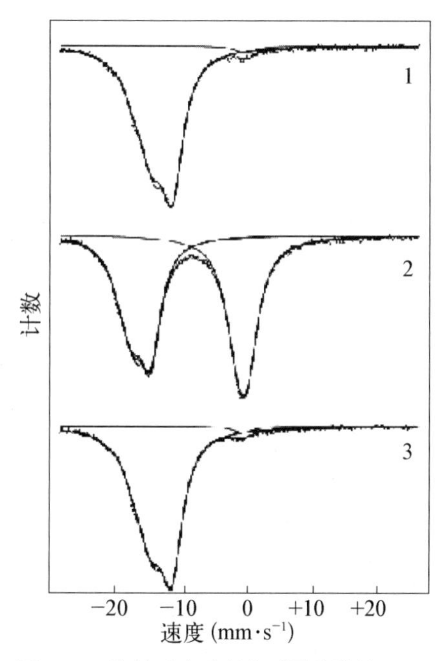

图 8.45　接触反应过程中不同阶段的 Sb_2O_3 中 ^{121}Sb 的穆斯堡尔吸收谱线

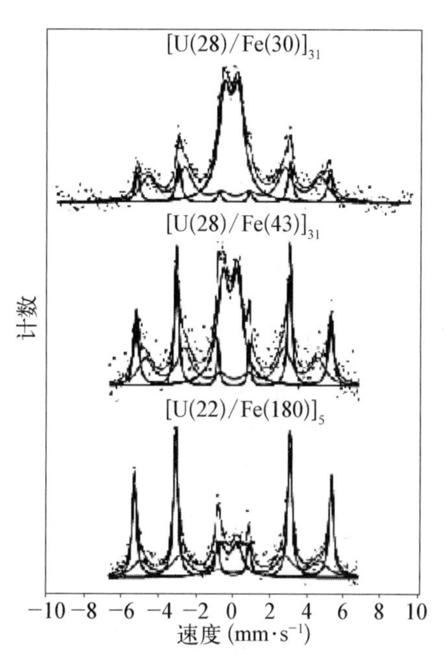

图 8.46　不同周期的 U/Fe 多层膜中 ^{57}Fe 的吸收谱

H																	He
Li	Be											B	C	N	O	F	Ne
Na	Mg											Al	Si	P	S	Cl	Ar
K	Ca	Sc	Ti	V	Cr	Mn	**Fe**	Co	Ni	Cu	Zn	Ga	Ge	As	Se	Br	Kr
Rb	Sr	Y	Zr	Nb	Mo	Tc	**Ru**	Rh	Pd	Ag	Cd	In	**Sn**	**Sb**	**Te**	**I**	Xe
Cs	Ba	La	Hf	Ta	**W**	Re	Os	**Ir**	Pt	**Au**	Hg	Tl	Pb	Bi	Po	At	Rn
Fr	Ra	Ac															
			Ce	Pr	Nd	Pm	Sm	**Eu**	**Gd**	Tb	**Dy**	Ho	**Er**	Tm	**Yb**	Lu	
			Th	Pa	U	**Np**	Pu	Am	Cm	Bk	Cf	Es	Fm	Md	No	Lr	

图 8.47　用于穆斯堡尔效应的元素

8.6 核反应

原子核的放射性衰变是一种自发的变化过程，在这一过程中，原子核放出粒子而发生变化. 与自发性衰变不同的过程是，原子核受到一个高能粒子的撞击时，也会发生变化，放出一个或几个粒子，这一过程就是核反应，如图 8.48.

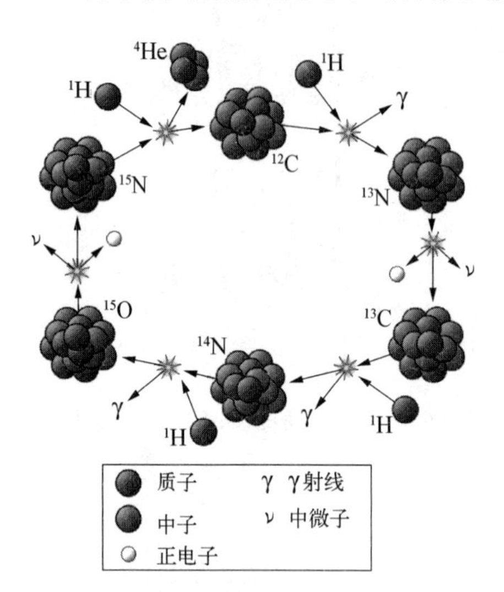

图 8.48 核反应

原子核反应是一种受激变化的过程，能够激发原子核反应的粒子有中子、质子、氘核、α 粒子、γ 光子等. 通常可以直接利用天然放射性物质中的 α 粒子和 γ 光子进行核反应，质子和氘核可以从粒子加速器中产生，中子既可以由天然放射性产生，也可以通过加速粒子间接产生.

第一个人工核反应是由卢瑟福在 1919 年进行的. 他使用 RaC′(即^{130}Po)的 α 射线轰击空气中的 N 原子核，这一反应过程可以表示为

$$^{14}_{7}N + ^{4}_{2}He \rightarrow ^{17}_{8}O + ^{1}_{1}H$$

另一个核反应的例子是 1932 年由科克饶夫特(J. D. Cockroft)与华尔顿(E. T. S. Walton)利用加速的质子撞击锂进行的，即

$$^{7}_{3}Li + ^{1}_{1}H \rightarrow ^{4}_{2}He + ^{4}_{2}He$$

还有一些热中子引起的反应，见表 8.11.

表 8.11 中子轰击导致的核反应

(n, α)	(n, p)
$^{6}Li + n \rightarrow T + \alpha$	$^{3}He + n \rightarrow T + p$
$^{10}B + n \rightarrow ^{7}Li + \alpha$	$^{7}Be + n \rightarrow ^{7}Li + p$
$^{17}O + n \rightarrow ^{14}C + \alpha$	$^{14}N + n \rightarrow ^{14}C + p$
$^{21}Ne + n \rightarrow ^{18}O + \alpha$	$^{22}Na + n \rightarrow ^{22}Ne + p$
$^{37}Ar + n \rightarrow ^{34}S + \alpha$	

快中子反应 $^{9}Be + n \rightarrow 2\alpha + 2n$ 中，一个中子可以产生两个中子；另一个快中子反应的例子是 $^{7}Li + n \rightarrow T + \alpha + n$.

实验研究表明，在核反应的过程中，下列物理量是守恒的① 电荷；② 核子数；③ 总质量以及与之关联的总能量；④ 动量；⑤ 角动量；⑥ 宇称，等等.

8.6.1 反应能与 Q 方程

在核反应中释放的能量称做**反应能**，反应能与反应前后粒子的质量和动能有关. 记反应能为 Q，$Q>0$ 的反应称做**放能（热）反应**，$Q<0$ 的反应称做**吸能（热）反应**. 可以将核反应的过程用下列方程表示

$$A + a = B + b \tag{8.52}$$

其中 A 为反应前的靶核，a 为入射粒子，B 为剩余核，b 为出射粒子. 将上述粒子的动能依次记为 E_A、E_a、E_B、E_b，静止质量依次记做 M_A、M_a、M_B、M_b. 设反应前粒子都处于基态，则反应过程中的能量守恒可表示为

$$M_Ac^2 + E_A + M_ac^2 + E_a = M_Bc^2 + E_B + M_bc^2 + E_b \tag{8.53}$$

将**反应能**定义为反应后的总动能减去反应前的总动能，于是

$$Q = (E_B + E_b) - (E_A + E_a) = [(M_A + M_a) - (M_B + M_b)]c^2 \tag{8.54}$$

所以，反应能 Q 也等于反应前的总质量（能量）与反应后的总质量（能量）之差，就是粒子在核反应过程中所释放出的能量.

例如，对于氘核撞击锂的核反应

$$^{6}_{3}Li + ^{2}_{1}H \rightarrow ^{4}_{2}He + ^{4}_{2}He$$

可以计算出

$$M_A + M_a = 6.015\ u + 2.014\ u = 8.029\ u$$

$$M_B + M_b = 2 \times 4.0026\ u = 8.0052\ u$$

$$Q = 8.029\ u - 8.0052\ u = 0.0238\ u = 0.0238 \times 931.49\ MeV = 22.4\ MeV$$

这是一个放能反应. 同样可以算得 $^{7}_{3}Li + ^{1}_{1}H \rightarrow ^{4}_{2}He + ^{4}_{2}He$ 反应的 Q 值是17.35 MeV.

表 8.12 中列出了一些反应过程中的反应能.

表 8.12 一些核反应中 Q 的测量值 （单位：MeV）

核反应	Q 值	核反应	Q 值
$^{2}H(n, \gamma)^{3}H$	6.257 ± 0.004	$^{9}Be(p, \alpha)^{6}Li$	2.132 ± 0.006
$^{2}H(d, p)^{3}H$	4.032 ± 0.004	$^{10}B(n, \alpha)^{7}Li$	2.793 ± 0.003

续 表

核 反 应	Q 值	核 反 应	Q 值
$^{6}Li(p, \alpha)\,^{3}H$	4.016 ± 0.005	$^{10}B(p, \alpha)\,^{7}Be$	1.148 ± 0.003
$^{6}Li(d, p)\,^{7}Li$	5.020 ± 0.006	$^{12}C(n, \gamma)\,^{13}C$	4.948 ± 0.004
$^{7}Li(p, n)\,^{7}Be$	-1.645 ± 0.001	$^{13}C(p, n)\,^{13}N$	-3.003 ± 0.002
$^{7}Li(p, \alpha)\,^{4}He$	17.337 ± 0.007	$^{14}N(p, n)\,^{14}C$	-0.627 ± 0.001
$^{9}Be(n, \gamma)\,^{10}Be$	6.810 ± 0.006	$^{14}N(n, \gamma)\,^{15}N$	10.833 ± 0.007
$^{9}Be(\gamma, n)\,^{8}Be$	-1.666 ± 0.002	$^{18}O(p, n)\,^{18}F$	-2.453 ± 0.002
$^{9}Be(d, p)\,^{10}Be$	4.585 ± 0.005	$^{19}F(p, \alpha)\,^{16}O$	8.124 ± 0.007

本表中，采用核反应的简单表示法，其中逗号前为反应前的粒子，逗号后为反应后的粒子；括号内为反应前后的小粒子.

在实验室中，反应前的靶核通常都是静止的，即 $E_A = 0$，于是反应能为

$$Q = E_B + E_b - E_a \tag{8.55}$$

如果知道了反应前后的核质量，则可以计算反应能；如果无法确定反应后的剩余核，则可以通过测量粒子的动能计算反应能. 入射粒子和出射粒子的动能 E_a、E_b 是容易测量的，但反应后的剩余核由于质量较大，其动能 E_B 不容易测量. 不过，可以通过动量守恒计算得到.

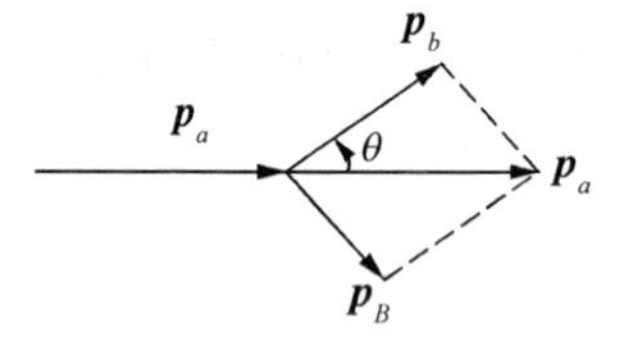

图 8.49 反应过程中动量守恒

如图 8.49，由动量守恒，可以得到

$$\boldsymbol{p}_a = \boldsymbol{p}_b + \boldsymbol{p}_B \tag{8.56}$$

即

$$p_B^2 = p_a^2 + p_b^2 - 2p_a p_b \cos\theta$$

将其中的动量用动能表示，即得到

$$2M_B E_B = 2M_a E_a + 2M_b E_b - 4\sqrt{M_a M_b E_a E_b}\cos\theta$$

整理后，就是

$$E_B = \frac{M_a}{M_B}E_a + \frac{M_b}{M_B}E_b - 2\frac{\sqrt{M_a M_b E_a E_b}}{M_B}\cos\theta \tag{8.57}$$

代入式(8.55)，于是有

$$Q = \left(1 + \frac{M_b}{M_B}\right)E_b - \left(1 - \frac{M_a}{M_B}\right)E_a - 2\frac{\sqrt{M_a M_b E_a E_b}}{M_B}\cos\theta \tag{8.58}$$

这就是核反应的 Q **方程**.

下面简单讨论一下核反应的**阈能**.

所谓阈能,是指为了实现原子核反应,撞击粒子所必须具有的最低能量.对于放能反应,原则上不需要额外的能量,即放能反应的阈能为 0;对于吸能反应,则应当通过撞击粒子来提供反应的阈能.

在实验室坐标系中,吸热反应的阈能就等于反应过程中所吸收的热量,即 $-Q$,再加上反应后粒子的动能,这是由于系统反应过程中动量守恒所要求的.如果采用质心坐标系,系统的动量保持为 0,则阈能就等于 $-Q$.利用实验室坐标系与质心坐标系之间的换算关系,可以得到在实验室坐标系中反应的阈能为

$$E = -Q\frac{M_a + M_A}{M_A} \tag{8.59}$$

8.6.2 反应截面

由于并不是每一个入射粒子都能与靶核发生有效的碰撞,只有碰到靶核且能量高于阈能的入射粒子才能引起核反应,因而引入了反应截面的概念.

设 σ 是被入射粒子撞击的靶上每一个原子核挡住入射粒子的有效截面,当 n 个粒子入射到一薄层物质上(即靶上原子核前后不互相遮挡),由于被挡住而发生反应的数目为 $\mathrm{d}n$,则

$$\frac{\mathrm{d}n}{n} = N\sigma\mathrm{d}x \tag{8.60}$$

其中 N 为靶中原子核的体积数密度,即单位体积靶材中原子核的数目,$\mathrm{d}x$ 是薄层的厚度.将式(8.60)改写一下,成为

$$\sigma = \frac{\mathrm{d}n}{nN\mathrm{d}x} \tag{8.61}$$

右端分子代表引起反应的入射粒子数,分母则是入射粒子总数乘以单位面积下的靶核数.可以看出,σ 表示了反应发生的几率,由于 σ 具有面积的量纲,所以称做**反应截面**(nuclear reaction cross section).对于反应截面,常用的单位是"靶恩"(barn),简称为"靶",符号为 b,定义是

$$1\ \mathrm{b} = 10^{-28}\ \mathrm{m}^2$$

有时也用"毫靶"作单位,其定义是

$$1\ \mathrm{mb} = 10^{-3}\ \mathrm{b} = 10^{-31}\ \mathrm{m}^2$$

虽然依照定义,反应截面 σ 似乎可以通过原子核的大小算得,但是,从实验上测量的数据往往与核截面有明显的差异,而且,对于不同的入射粒子,同一种原子

核的反应截面相差很大.不过,这些数据都可以从专业的手册或网站查到.例如,http://www.nndc.bnl.gov/sigma为美国布鲁克海文国家实验室的核物理数据中心查询反应截面的网页.在该网站中,还可以查得其他有关的核物理数据.

8.7 核裂变

8.7.1 核裂变的发现及其特点

核裂变(nuclear fission)是指一个较重的原子核在核反应中分裂为两个较轻的其他原子核.

核裂变是在1938年被时任德国柏林恺撒·威廉化学研究所(Kaiser Wilhelm Institute for Chemistry)主任的德国化学家奥托·哈恩(Otto Hahn,1879～1968)与合作者弗里茨·斯特拉斯曼(Fritz Strassmann,1902～1980)最先确认的.在此之前,由于意识到中子因不带电荷而较容易越过核势垒与核发生作用,有些物理学家开始了中子轰击原子核的实验研究.意大利物理学家恩里科·费米(Enrico Fermi,1901～1954)1934年曾发表了用中子轰击铀核,得到一种半衰期为13 min的放射性产物的实验结果;1938年,法国的伊伦·约里奥-居里用中子轰击铀,得到了一种半衰期为3.5 h的放射性产物.不过,费米和居里等人一直认为受到轰击的铀核只是发生了衰变,产生了诸如^{231}Ra、^{231}Ac等,只有哈恩第一个采用化学的方法证明了上述反应的产物中有钡和镧(后来证实镧是氪经过β^-衰变产生的),如图8.50.对于这样的实验结果,作为化学家的哈恩心存疑虑,就在报告他的工作之前,写信告诉了一位女物理学家迈特纳(Lise Meitner,1878～1968).迈特纳是出生于奥地利的犹太人,在获得维也纳大学的物理学博士学位后,就一直与哈恩合作.1938年,奥地利并入德国,迈特纳为了躲避纳粹的迫害而逃到了瑞典,但哈恩一直与她进行科学讨论.当迈特纳收到哈恩的来信时,正好她的外甥、当时在玻尔研究所工作的弗里胥前去探望她,于是两人一同讨论了哈恩的实验结果.迈特纳用玻尔的液滴模型解释了这一过程,认为是一个重核分裂成了两个轻核,“裂变”(fission)一词就是她从细

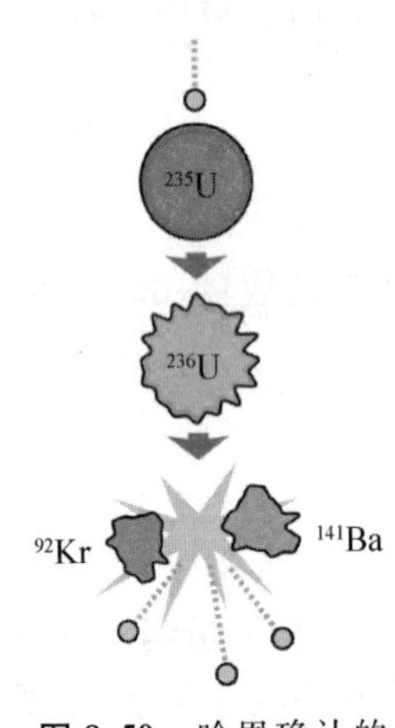

图8.50 哈恩确认的核裂变

胞分裂那里借用的名词.他们各自报告了实验和理论分析的结果[①][②].哈恩因此获得1944年诺贝尔化学奖.

裂变的过程是原子核吸收中子后,形成了一个复核,由于复核处于高激发态,不稳定,所以容易裂开.用慢中子轰击^{235}U的反应过程可以用下式表示

$$^{235}_{92}\mathrm{U} + ^{1}_{0}\mathrm{n} \rightarrow ^{236}_{92}\mathrm{U} \rightarrow \mathrm{X} + \mathrm{Y} \tag{8.62}$$

上述核反应中,还伴随有中子的发射,通常会产生2~3个中子.其实,铀核分裂为钡和氪只是其中的一种裂变方式,后来从实验上已经观察到了铀的60多种裂变产物的组合方式,而且这些产物往往是不稳定的核素,还要经历过一系列的衰变过程,最后变为稳定的核素.图8.51给出了^{235}U裂变产物的产额,图8.52还画出了^{239}Pu、^{233}U以及U和Pu的混合物等其他的核素裂变产物的相对产额.可以看出,在质量A为85~105和130~150的区间,产额是最高的,而等分的情况却很少.虽然也曾观察到裂变后分为3个碎块的情况,但发生的几率很少.

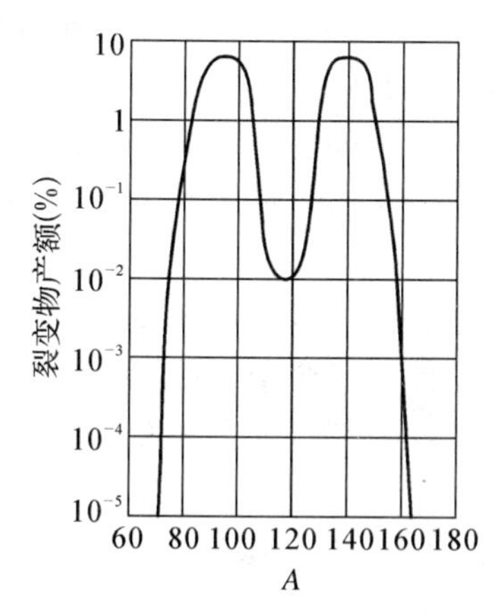

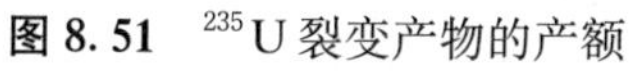
图 8.51 ^{235}U裂变产物的产额

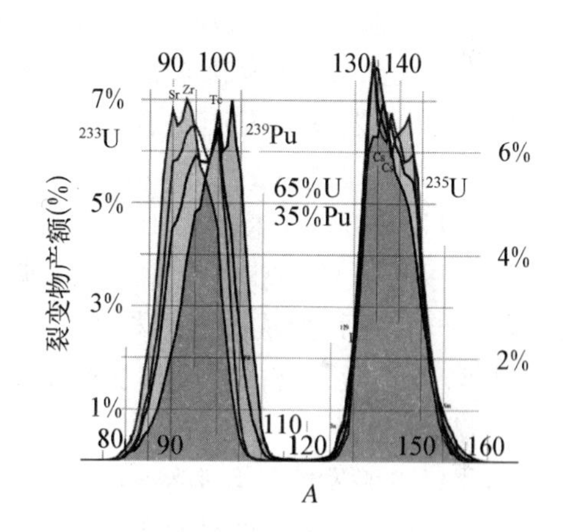

图 8.52 ^{239}Pu、^{233}U以及U和Pu的混合物裂变相对产额

在一个重核裂变为两个较轻核的过程中,所释放出的能量是很大的.查看图8.10的比结合能曲线,$A=236$处,比结合能约为7.6 MeV,分裂后,以^{144}Ba和^{89}Kr为例,约为8.7 MeV和8.2 MeV,再减去两个中子的动能约为10 MeV,则每个核裂变释放出的能量为$144\times8.7+89\times8.2-236\times7.6-10\sim179$ MeV.比较准确的计算可以利用质能关系根据反应方程算得.上面的反应方程为

---

① Hahn O, Strassmann F. Über den Nachweis und das Verhalten der bei der Bestrahlung des Urans mittels Neutronen entstehenden Erdalkalimetalle (On the detection and characteristics of the alkaline earth metals formed by irradiation of uranium with neutrons)[J]. Naturwissenschaften, 1939, 27(1): 11~15.

② Lise Meitner, Frisch O R. Disintegration of Uranium by Neutrons: a New Type of Nuclear Reaction [J]. Nature, 1939, 143(3615): 239~240.

$$n + {}^{235}U \rightarrow {}^{144}Ba + {}^{89}Kr + 3n \tag{8.63}$$

$$Q = M({}^{235}U) - [M({}^{144}Ba) + M({}^{89}Kr) + 2M(n)]$$

$$Q = 235.043\,925 - (143.910\,095 + 88.905\,856 + 2 \times 1.008\,665)$$
$$= 0.210\,644\ (u) = 196.2\ (MeV)$$

一般地,可以认为1个铀核裂变放出200 MeV的能量,包括2个裂变核与平均2.5个中子的动能,还有放射出的各种射线(主要是γ射线)的能量.这样算起来,1 kg铀全部裂变释放的能量为5.3×10^{26} MeV,约合8×10^{13} J,比1 kg梯恩梯炸药爆炸释放的能量(4.19×10^{6} J)约大2 000万倍,相当于2 500 t标准煤的燃烧热.

8.7.2 实现核裂变的主要方式

1. 核裂变的机制

如果用原子核的液滴模型分析裂变的原因,当原子核从球形变为椭球形时,体积不变而表面积增大,因而表面势能增大、库仑势能减小,总的效果是势能增大,也就是说,当核发生形变,变为椭球形时,又会重新回到球形,成为比较稳定的状态.所以一般情况下不容易自发产生裂变(spontaneous fission,简写SF).实际上,也发现了核自发裂变的情况,只是几率非常小,例如,^{235}U自发裂变的半衰期为10^{17} a,^{239}Pu自发裂变的半衰期为10^{15} a.

但是,如果原子核俘获一个中子后,就成为**复合核**(compound nucleus).如^{235}U俘获一个中子后,形成的复合核为^{236}U;^{238}U俘获一个中子后,形成的复合核为^{239}U,等等.处于激发态的复合核会产生振荡、改变形状,如果激发能足够大,将会导致复合核的分裂.

例如,^{235}U的激发能是5.1 MeV,^{236}U的激发能是6.0 MeV.而^{235}U俘获一个中子成为复合核^{236}U,放出的结合能是6.8 MeV,这一能量足以使^{236}U发生分裂.所以,^{236}U只需要俘获一个能量不高的中子,即所谓**热中子**(thermal neutron,指室温下与环境达到热平衡态的中子,能量为kT,在300 K温度下,能量为0.025 eV,速度为2 200 km·s^{-1},也称**慢中子**,slow neutron),即可发生裂变.但是,^{238}U的激发能为5.8 MeV,^{239}U的激发能为6.3 MeV,而^{238}U俘获一个中子成为复合核^{239}U,放出的结合能只有5.3 MeV,小于^{239}U的激发能,因而不足以使^{238}U发生裂变.要想使^{238}U发生裂变,必须提高入射中子的能量,达到1 MeV以上,使其成为所谓的**快中子**(fast neutron).

2. 链式反应

当^{235}U被1个热中子轰击后,产生裂变并同时释放出2~3个中子,如果附近还有^{235}U,则这些中子击中^{235}U后,又使其裂变,并产生第二代中子,继续导致周围的^{235}U发生裂变并放出第三代中子,不断继续这一过程,如果中子没有损失,裂变反应将持续下去，并不断加强，直至全部的^{235}U都发生裂变为止.这种反应过程就是**链式反应**(chain reaction)，如图8.53所示.由于每一次裂变并放出中子的过程在10^{-12} s内即可完成，所以如果有足够多的^{235}U，而反应过程又不加控制的话，将在瞬间释放出巨大的能量，形成**核爆炸**(nuclear explosion).

由于核裂变中产生的中子，动能多在5 MeV的量级，是快中子.快中子与铀核撞击，反应截面比热中子小得多，约为1/200，所以，要实现链式反应，一种方法是要有足够多的^{235}U集中在一起，使其线度大于中子的平均自由程，或者使用反射中子的材料将其包裹起来，形成中子反射层，这样一来，只要反应物达到所谓**临界体积**(critical volume)，链式反应就能发生，与临界体积对应的质量就是**临界质量**(critical mass).对于^{235}U，其临界体积的球半径不过2.4 cm，临界质量约为1 kg；另一种方法是将快中子减速，成为热中子，从而能够引发并持续链式反应.

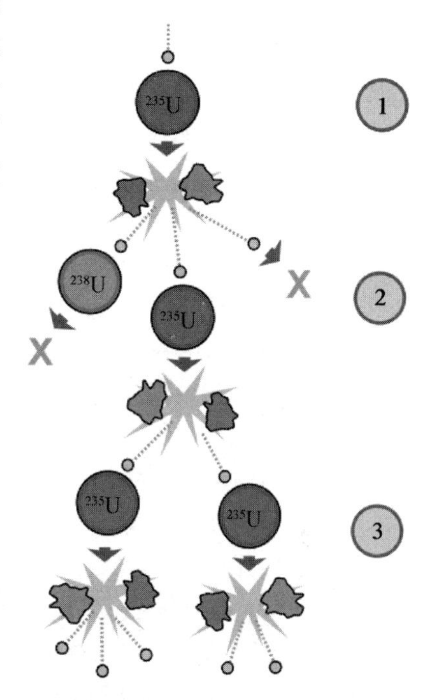

图8.53 核裂变的链式反应

除了^{235}U，^{239}Pu也能在热中子的轰击下发生链式反应.这些元素都被称做**核燃料**(nuclear fuels).天然铀矿中，^{235}U仅占0.72%，其余99.27%的是^{238}U，而且将^{235}U从铀矿中分离提纯需要复杂的设备和大量的资金.而^{239}Pu在地球上并非天然存在，最初是由美国的西博格(G.T. Seaporg)、麦克米伦(E.M. McMillan)等于1940年末和1941年初，在回旋加速器中发现的.后来在天然铀矿中也发现了痕量的^{239}Pu，这实际上是^{238}U通过下述过程产生的：

$$n + {}^{238}U \rightarrow {}^{239}U \rightarrow {}^{239}Np + e^{-1} + \bar{\nu}_e$$
$${}^{239}Np \rightarrow {}^{239}Pu + e^{-1} + \bar{\nu}_e$$

快中子轰击^{238}U可以得到^{239}Pu，这倒是为^{238}U的利用提供了极好的途径.^{239}Pu的半衰期为24 110 a，在裂变反应中放出能量和中子的情况与^{235}U相似.^{235}U的半衰期为703.8×10^6 a，^{239}Pu，^{235}U自发衰变都以α衰变为主.

3. 核反应堆

利用链式反应的装置之一就是**核反应堆**(nuclear reactor，也称**原子反应堆**)，这是一种可控的链式反应装置.将核燃料、**中子减速剂**(neutron moderator， neutron poisons)与**冷却剂**(coolant)放在一起,就构成了反应堆的**堆芯**(nuclear reactor core).核燃料可以用**浓缩铀**(enriched uranium,即经过提纯,^{235}U 含量较高的铀,根据国际原子能机构的定义,^{235}U 丰度为 3%的为核电站发电用**低浓缩铀**,丰度大于 80%的铀为**高浓缩铀**,其中丰度大于 90%的称为武器级高浓缩铀,主要用于制造核武器),也可以是天然铀;中子减速剂主要是轻水或重水、固态石墨或液态金属,其中重水同时起冷却剂的作用.控制链式反应的速度(及控制中子增值速度)是依靠**控制棒**(control rods)实现的,控制棒用硼或镉制成,它们对快中子有很大的吸收截面,通过插入或拔出控制棒来改变反应堆中中子的增值速度.为防止中子的外泄,将堆芯用中子反射层包围起来,中子反射层多用石墨和铍制成.反应中产生的能量将其中的循环水加热产生蒸汽,即可利用.

如果按反应类型将核反应堆分类,则利用热中子的称做**热核反应堆**(thermal reactors).其中用轻水作减速剂的,称**轻水堆**(light water moderated reactor);用重水减速剂的,称**重水堆**(heavy water reactor).由于轻水对中子的吸收截面很大,所以轻水堆使用^{235}U 含量为 3%低浓缩铀钚作燃料;重水对中子的吸收截面小,因而重水堆中快中子很多,快中子可以引起^{238}U 的裂变反应,所以重水堆也可以使用天然铀作燃料.大多数**核电站**都使用这种类型的热核反应堆.还有一种使用快中子的反应堆,称做**快中子堆**(fast neutron reactors).这种反应堆没有中子减速剂,使用浓缩铀或钚作引发链式反应,释放出的快中子轰击^{238}U,引发^{238}U 的裂变.这种反应堆的核废料很少,但建造复杂、运行成本高.

核反应堆不仅可以作为能源使用,由于核裂变反应中产生了大量的放射性同位素、中子、各种射线以及轻子,还是科学研究的重要基地.同时,由于可以将^{238}U 变为^{239}Pu,所以,也是核燃料的工厂.

4. 核武器

由于核裂变是在第二次世界大战时期被发现的,而且这一事件又发生在纳粹德国,由于担心希特勒首先掌握拥有核武器,在多名科学家的建议下,美国启动了“曼哈顿工程”(Manhattan project).尽管这一工程中最先取得的成就是实现了链式反应的人工控制,但这一工程的目的还是要研制原子弹.曼哈顿工程集中投入了大量的人力和财力,并动员了全美国优秀的科学家.终于在 1945 年 7 月 6 日试爆了第一颗原子弹.

原子弹也是依靠链式反应爆炸的,由于用作军事目的,所以重量轻、体积小、反应激烈、威力巨大.因而原子弹是用高纯的浓缩铀(^{235}U)或钚(^{239}Pu)制成.原子弹中,浓缩的核燃料分成两块,每一块不到链式反应的临界体积;但是,如果将两块合在一起,则到达临界状态,立刻爆炸,将巨大的能量瞬间释放,造成罕见的破坏.主要有两种方法将两块燃料合在一起.一种是将两块燃料分开置于圆筒形弹体的两侧，在弹体中引爆炸药，将它们推到一起，这是所谓的"枪法"(gun method)；另一种在球形核燃料周围布满炸药，一同封装于弹体内. 当炸药引爆时，产生的压强将核燃料向中心压缩，这时其中原子核的密度迅速提高，导致中子的平均自由程变短，因而可以达到链式反应的临界体积，这是所谓的"内爆法"(implosion-type).

美国第一颗试爆的就是用内爆法引燃的钚弹. 当时，纳粹德国已经灭亡，但不可一世的日本还在太平洋战场上苦苦挣扎. 美国政府既不愿意牺牲自己士兵的生命，也不愿意白白浪费纳税人的钱. 于是，在1945年8月6日，向日本的广岛投下了一颗绰号为"小男孩"(Little Boy)的原子弹(图8.54)，这是一颗枪式铀弹，爆炸威力约为14 000 t梯恩梯当量. 8日又向长崎投下了另一枚绰号为"胖子"(Fat Man)的内爆钚弹(图8.55)，爆炸威力约为20 000 t梯恩梯当量. 发动了侵略战争的日本人终于自食其果，一周后即宣布无条件投降.

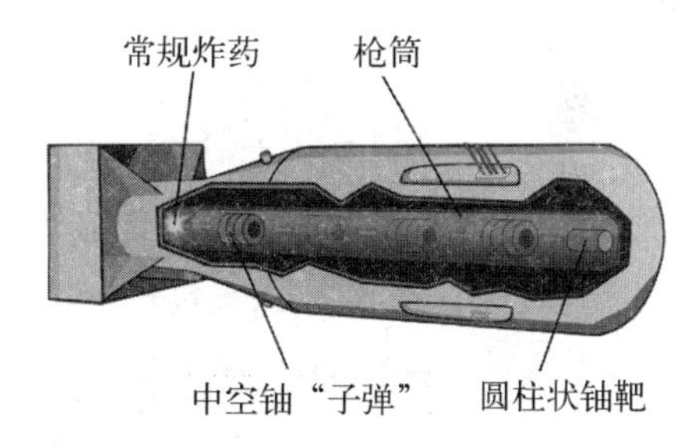

图8.54 "小男孩"及其"枪法"引爆装置

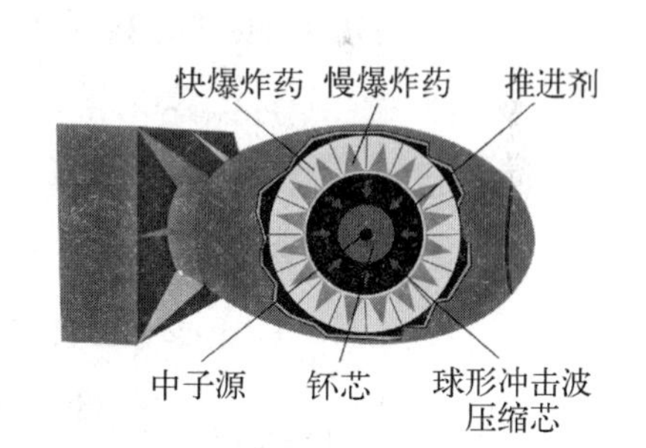

图8.55 "胖子"及其"内爆法"引爆装置

8.8 核 聚 变

8.8.1 核聚变的能量

核聚变(nuclear fusion)是两个或多个轻原子核聚合为一个较大等质量原子核的反应.从比结合能曲线可以看出,质量很小的原子核,其比结合能较小,而质量中等的原子核,比结合能要大得多.所以如果轻核聚变为质量较大的原子核,所释放出的能量相当可观.这一点从表 8.12 也能看出.另外几个已经在实验室观察到的核聚变反应及其所产生的能量为:

$$ {}_1^2\mathrm{D} + {}_1^3\mathrm{T} = {}_2^4\mathrm{He}(3.5\ \mathrm{MeV}) + \mathrm{n}(14.1\ \mathrm{MeV}) \tag{8.64}$$

$$ {}_1^2\mathrm{D} + {}_1^2\mathrm{D} = \begin{cases} {}_1^3\mathrm{T}(1.01\ \mathrm{MeV}) + \mathrm{p}(3.02\ \mathrm{MeV}) \\ {}_2^3\mathrm{He}(0.82\ \mathrm{MeV}) + \mathrm{n}(2.45\ \mathrm{MeV}) \end{cases} \tag{8.65}$$

$$ {}_1^2\mathrm{D} + {}_2^3\mathrm{He} = {}_2^4\mathrm{He}(3.6\ \mathrm{MeV}) + \mathrm{p}(14.7\ \mathrm{MeV}) \tag{8.66}$$

$$ {}_1^3\mathrm{T} + {}_1^3\mathrm{T} = {}_2^4\mathrm{He} + 2\mathrm{n} + 11.3\ \mathrm{MeV} \tag{8.67}$$

$$ {}_2^3\mathrm{He} + {}_2^3\mathrm{He} = {}_2^4\mathrm{He} + 2\mathrm{p} + 12.9\ \mathrm{MeV} \tag{8.68}$$

$$ {}_2^3\mathrm{He} + {}_1^3\mathrm{T} = \begin{cases} {}_2^4\mathrm{He} + \mathrm{p} + \mathrm{n} + 12.1\ \mathrm{MeV} \\ {}_2^4\mathrm{He}(4.8\ \mathrm{MeV}) + {}_1^2\mathrm{D}(9.5\ \mathrm{MeV}) \\ {}_2^4\mathrm{He}(0.5\ \mathrm{MeV}) + \mathrm{n}(1.9\ \mathrm{MeV}) + \mathrm{p}(11.9\ \mathrm{MeV}) \end{cases} \tag{8.69}$$

$$ {}_1^2\mathrm{D} + {}_3^6\mathrm{Li} = \begin{cases} 2{}_2^4\mathrm{He} + 22.4\ \mathrm{MeV} \\ {}_2^3\mathrm{He} + {}_2^4\mathrm{He} + \mathrm{n} + 2.56\ \mathrm{MeV} \\ {}_3^7\mathrm{Li} + \mathrm{p} + 5.0\ \mathrm{MeV} \\ {}_4^7\mathrm{Be} + \mathrm{n} + 3.4\ \mathrm{MeV} \end{cases} \tag{8.70}$$

$$ \mathrm{p} + {}_3^6\mathrm{Li} = {}_2^4\mathrm{He}(1.7\ \mathrm{MeV}) + {}_2^3\mathrm{He}(2.3\ \mathrm{MeV}) \tag{8.71}$$

$$ {}_2^3\mathrm{He} + {}_3^6\mathrm{Li} = 2{}_2^4\mathrm{He} + \mathrm{p} + 16.9\ \mathrm{MeV} \tag{8.72}$$

$$ \mathrm{p} + {}_5^{11}\mathrm{B} = 3{}_2^4\mathrm{He} + 8.7\ \mathrm{MeV} \tag{8.73}$$

上述都是轻元素的核聚变反应,以氢的同位素氘、氚的聚合,以及与其他轻元素的聚合反应为主,反应中所放出的能量,虽然都不及一个^{235}U 核的裂变能量,但它们的质量比^{235}U 小得多,所以如果按单个核子计算的话,比^{235}U 要大 4 倍左右.

还要指出的是,核裂变的燃料是重元素,在地球上的储量并不高,但氢及其同位素的储量是极高的,海水中氘的含量约为氢的 1/6 700,如果全部提取出来,经核聚变可转化为 10^{25} kW·h 的能量,足以供地球上的人类消耗上百亿年.而且聚变反应既没有辐射也没有核废料产生,要安全清洁得多.

但是,由于聚变反应要将两个原子核聚合在一起,而当两个都带正电荷的原子核靠得很近时,排斥力迅速增大,也就是说,要克服一个很高的库仑势垒才能聚合.例如,两个氘核距离为 1.51 fm(这是氘核的半径)时,相互间的库仑排斥势可以达到 942 keV.还不仅如此,因为如果将一个加速的氘核射向靶中的氘核,还要与电子碰撞,而与电子碰撞的散射截面比与氘核碰撞的反应截面要大得多(10^{-21} cm^2/10^{-26} cm^2 = 10^6),入射的氘核将能量都损失在与电子的散射中,只有百万分之一的氘核能够与靶中的氘核起反应,因而无法使用加速器将一个氘核注入到另一个氘核内.采取让两个加速氘核对撞的方法也不可能,因为氘核间偏转角等于 90°的库仑散射截面为 10^{-22}cm^2,也比反应截面大 10^4 倍,所以对撞的粒子都被散射到其他方向,不可能发生聚合.

因此,在进行了各种理论和实验上的尝试之后,人们接受了这样的现实:只有让轻元素处于极高的温度下,它们的原子核由于作剧烈的热运动,相互碰撞,才有可能实现聚合,发生聚变.如果氘核热运动的动能达到 10 keV,相应的温度是 10^8 K,所以核聚变也被称做**热核反应**(thermonuclear reaction, thermonuclear fusion).在这样高的温度下,所有的原子都处于等离子态,即电子全部脱离原子核的束缚,等量的正电荷与负电荷以气体的形式存在.

8.8.2 核聚变的条件

由于热核反应的温度极高,不仅反应物处于等离子态,一旦反应物接触容器壁,也会立刻使容器处于等离子态.这样一来,就会有容器壁中原子序数很高的元素进入反应物,而这样的元素做高速热运动,会大量以电磁辐射的形式辐射能量,从而使反应物的温度迅速降低,导致聚变停止.劳森判据(Lawson criterion)指出了发生核聚变的极限条件.所以,不能让等离子态的反应物与其他物体接触,而需要将其**约束**(confine)在一个空间中.主要有以下约束方式:

1. 重力约束(gravitational confinement)

依靠重力(万有引力)将等离子体约束在一起,这是恒星中核聚变的主要约束方式,但是在地球上是不能实现的.

2. 磁约束(magnetic confinement)

由于等离子体是带电的运动粒子,因而可以用强磁场控制其运动,同时,运动的电荷也产生磁场,该磁场又产生一种箍缩力,将等离子体限制在一个固定的区域内.

3. 惯性约束(inertial confinement)

如果让聚变反应物在极短的时间内达到极高的温度,由于反应物的惯性,它们还没有来得及分散开来,聚变反应就完成了,所以,惯性约束其实就是不加约束.

实现惯性约束,就是要在瞬间提供巨大的能量,实用的方法,一是利用核裂变,即将轻核与原子弹放在一起,利用原子弹爆炸的能量引发核聚变,这就是氢弹的原理,但这样的反应过于剧烈,无法作为能源利用.另一种方法是利用强激光对反应物加热,为了控制聚变,每次反应所释放的能量不能太大,就是参与反应的原子核数量不能太多.可以将气态的氘、氚充入一个直径不超过毫米的小球,制成靶丸,然后以强激光照射,实现聚变反应.在照射过程中,必须使靶丸各个方向均匀加热和受力,所以要求多路功率相等的激光从各个方向同时射到靶丸上,这就是激光约束核聚变.

目前世界上最大激光聚变装置是位于美国加利福尼亚州劳伦斯-利弗莫尔国家实验室(NIF).NIF 将 192 条激光束集中于一个花生米大小的、装有重氢燃料的靶上.每束激光发射出持续大约十亿分之三秒、蕴涵 180 万焦耳能量的脉冲紫外光.NIF 的目标是在 2010 年实现聚变反应,并达到平衡点.2010 年 9 月 29 日,NIF 成功完成首次完整的点火演练,192 束激光束激中燃料球靶,强大的能量立即将燃料球裂毁,大约有 10 万亿中子从靶室中涌出.这次点火演练中的激光脉冲能量只有其完全能量的 75%左右.此外,低温冷却的燃料球并没有充满最理想的燃料.在真正聚变点火之前的这一两年内,NIF 将每个月都进行一次类似的综合点火.

习　题

8.1 $^1_1$H 和 $^1_0$n 的质量分别是 1.007 825 2 u 和 1.008 665 4 u,算出 $^{12}_{6}$C 中每个核子的平均结合能($1\ \mathrm{u}=931.5\ \mathrm{MeV}/c^2$).

8.2 设 $r_0=1.45$ fm,计算下列各原子核的半径

$^4_2$He, $^{107}_{47}$Ag, $^{238}_{92}$U.

8.3 从下列各粒子的质量数据中选用需要的数值,算出 $^{30}_{14}$Si 中每个核子的平均结合能

e: 0.000 548 u; $^1_0$n: 1.008 665 u; $^1_1$H: 1.007 825 u; $^2_1$H: 2.014 102 u; $^{30}_{14}$Si: 29.973 786 u.

8.4 试计算 $^3_1$H、$^3_2$He、$^4_2$He 的比结合能,已知其原子量分别为 3.016 050 u、3.016 029 u、4.002 603 u, $M(^1\mathrm{H})=1.007\ 825$ u, $M(\mathrm{n})=1.008\ 665$ u.

8.5　已知$^{34}_{16}S$的原子量为33.967 865 u，求其质量亏损和比结合能.

8.6　核力在原子核大小的距离内是很强的吸引力，它克服了质子间的库仑斥力而使核子结合成原子核，所以在原子核中核力的作用超过了库仑斥力的作用，设核中质子间距离为10^{-15} m，试计算核中两质子间库仑斥力的大小.

8.7　根据壳模型给出$^{63}_{29}Cu$、$^{64}_{29}Cu$的核基态的自旋和宇称.

8.8　试由壳模型求$^{7}_{3}Li$核基态的自旋.

8.9　根据核模型给出$^{9}_{4}Be$、$^{14}_{7}N$、$^{37}_{17}Cl$核基态的自旋和宇称.

8.10　$^{232}_{90}Th$放射α粒子成为$^{228}_{88}Ra$，从含1 g $^{232}_{90}Th$的一片薄膜测得每秒放射4 100个α粒子，试证明$^{232}_{90}Th$的半衰期为1.4×10^{10} a.

8.11　可以从古生物遗骸中$^{14}_{6}C$的含量推算古生物到现在的时间t，设ρ是古生物遗骸中$^{14}_{6}C$与$^{12}_{6}C$存量之比，ρ_0是空气中$^{14}_{6}C$与$^{12}_{6}C$存量之比，试推算出下列公式：

$$t = T_{1/2}\frac{\ln(\rho_0/\rho)}{\ln 2}$$

式中$T_{1/2}$是$^{14}_{6}C$的半衰期.

8.12　地球上天然铀中铀-238的含量为99.27%，铀-235的含量为0.72%，它们都具有α放射性.半衰期分别为4.5×10^{9} a和7.05×10^{8} a，可以认为在元素形成的初始时刻，它们的含量是相同的，据此估算地球的年龄.

8.13　活体树木中每克碳的计数是每分钟16.1±0.3个，用计数效率为(5.4±0.14)%的探测器来测量考古样品，木样品中含碳8 g，用探测器测得每分钟计数(9.5±0.1)个，而没有样品时的本底计数为$(5.0\pm0.1)\,\mathrm{min}^{-1}$，已知$^{14}C$的半衰期为5 730 a，试估算此样品的年代.

8.14　试由β稳定线的经验公式分别确定^{57}Ni和^{140}Xe经β衰变生成的β稳定性核素，并分别写出它们的β衰变链.

8.15　氚衰变的半衰期为12.33 a，求1 mol氚发出β^-粒子的强度.

8.16　样品中含RaE(即核素$^{210}_{88}Bi$)4.0 mg，它的半衰期为5.01 d，放出的β^-粒子的平均能量为0.33 MeV，试求样品中的能量辐射率.

8.17　实验测得^{210}Po的α粒子的动量为5.3 MeV，求其衰变能.

8.18　利用核素质量，计算$^{3}_{1}H\to^{3}_{2}He$反应的β谱的最大能量.

8.19　$^{130}_{52}Te$可以经双β^-衰变生成$^{130}_{54}Xe$，计算这两种核素基态的能量差.

8.20　(1) 已知$^{137}_{55}Cs$核具有β^-放射性，它所放出的两组电子的最大能量分别为1.176 MeV和0.515 MeV，同时放出γ射线，能量为0.661 MeV.说明这一过程，并画出衰变纲图；

(2) 已知$^{137}_{56}Ba$核外K层电子的电离能$E_K=37$ keV，L壳层电子的电离能为$E_L=6$ keV，试给出内转换电子的能量；

(3) 实验探测到31 keV的X射线，说明其来源.

8.21　已知^{235}U每次衰变放出一个α粒子，实验测得1 mg ^{238}U每分钟发射740个α粒子，试计算^{238}U的半衰期.

8.22　算出$^{7}_{3}Li(p,\alpha)^{4}_{2}He$的反应能，已知有关同位素的质量为：$^{1}_{1}H$，1.007 825 u；$^{4}_{2}He$，4.002 603 u；$^{7}_{3}Li$，7.015 999 u.

8.23 在8.22题的反应中,如果以1 MeV的质子打击Li,问在垂直于质子束的方向上观测到$^4_2$He的能量有多大?

8.24 计算$^{27}_{13}$Al的核半径及对α粒子的位垒;若动能分别为5.3 MeV和8.6 MeV的α粒子射向核,给出它们的最近距离.

8.25 试计算核反应$^{16}_{8}O+d\to ^{17}_{8}O+p$释放出的能量,已知$M(^{16}O)=15.994\,915$ u,$M(^{17}O)=16.999\,133$ u,$M(^2H)=2.014\,102$ u.

8.26 计算1 g^{235}U裂变时全部释放的能量约等于多少煤在空气中燃烧,取煤的燃烧热为33×10^6 J·kg^{-1}.

8.27 计算下列各反应中消耗1 g氘所放出的能量等于多少煤在空气中燃烧所释放的热能:

(1) DT反应;

(2) DD反应.

8.28 包围等离子体的磁通量密度是2 Wb·m^{-2},算出被围等离子体的压强.

8.29 ^{113}Cd核吸收热中子的截面为$\sigma_a=210\,00$ b(1 b=10^{-24} cm^2),现已知镉的密度为8.7 g·cm^{-3},若要使中子束的强度减到0.01%,要用多厚的镉片?

8.30 设一大湖容量为20 500 km^3,计算水中全部的氘原子可释放的聚变能,已知氘的丰度为0.015 6%.

8.31 实验测得$^{241}_{95}$Am原子光谱的超精细结构由6条光谱线组成,已知相应的原子能级的电子总角动量大于核的自旋,试求$^{241}_{95}$Am核的自旋.

8.32 用均匀磁场质谱仪测量某一单电荷正离子,离子先在电势差为1 000 V的电场中被加速然后在1 000 Gs的磁场中偏转,测得离子的轨道半径为18.2 cm,试求:

(1) 离子的速度;

(2) 离子的质量;

(3) 离子的质量数.

8.33 入射氘核的能量为0.150 MeV,发生$^3_1H(d,n)^4_2He$反应,问在90°方向上和0°方向上出射的中子能量是多大?

8.34 $^3_1H(p,n)^3_2He$是常用作中子源的一种反应,反应的值为0.764 MeV,试计算

(1) 阈能;

(2)当入射质子动能为1.120 MeV时,在30°方向上出射的中子的能量.

附录1　物理学常数表

1. 基本物理学常数(Table of universal constants)

名　　称	符号或定义	量　　值	相对标准不确定度
真空中光速 speed of light in vacuum	c	$2.99792458\times10^{8}\,\mathrm{m\cdot s^{-1}}$	准确(定义)
真空磁导率 magnetic constant	$\mu_0=4\pi\times10^{-7}$	$12.566370614\cdots\times10^{-7}\,\mathrm{N\cdot A^{-2}}$	准确(定义)
真空介电常量 electric constant	$\varepsilon_0=(\mu_0c^2)^{-1}$	$8.85418781762\cdots\times10^{-12}\,\mathrm{F\cdot m^{-1}}$	准确(定义)
库仑常量 Coulomb's constant	$\kappa=(4\pi\varepsilon_0)^{-1}$	$8.9875517874\times10^{9}\,\mathrm{N\cdot m^2\cdot C^{-2}}$	准确(定义)
万有引力常量 Newtonian constant of gravitation	G	$6.67384(80)\times10^{-11}\,\mathrm{m^3\cdot kg^{-1}\cdot s^{-2}}$	1.2×10^{-4}
阿伏伽德罗常量 Avogadro's number	N_A	$6.02214129(27)\times10^{23}\,\mathrm{mol^{-1}}$	4.4×10^{-8}
玻尔兹曼常量 Boltzmann constant	k_B	$1.3806488(13)\times10^{-23}\,\mathrm{J\cdot K^{-1}}$	9.1×10^{-7}
普朗克常量 Planck's constant	h	$6.62606957(29)\times10^{-34}\,\mathrm{J\cdot s}$	4.4×10^{-8}
约化普朗克常量 reduced Planck constant (Dirac's constant)	$\hbar=h/2\pi$	$1.054571726(47)\times10^{-34}\,\mathrm{J\cdot s}$	4.4×10^{-8}

续 表

名　　称	符号或定义	量　　值	相对标准不确定度
基本电荷 elementary charge	e	$1.602\,176\,565(35)\times10^{-19}$ C	2.2×10^{-8}
电子静止质量 electron mass	m_e	$9.109\,382\,91(40)\times10^{-31}$ kg $=0.510\,998\,928(11)$ MeV/c^2	4.4×10^{-8} 2.2×10^{-8}
电子荷质比 electron charge to mass quotient	$-e/m_e$	$-1.758\,820\,088(39)\times$ 10^{11} C·kg^{-1}	2.2×10^{-8}
质子静止质量 proton mass	m_p	$1.672\,621\,777(74)\times10^{-27}$ kg $=938.272\,046(21)$ MeV	4.4×10^{-8} 2.2×10^{-8}
质子荷质比 proton charge to mass quotient	e/m_p	$9.578\,833\,58(21)\times10^{7}$ C·kg^{-1}	2.2×10^{-8}
质子-电子质量比 proton-electron mass ratio	m_p/m_e	$1\,836.152\,672\,45(75)$	4.1×10^{-10}
中子静止质量 neutron mass	m_n	$1.674\,927\,351(74)\times10^{-27}$ kg $=939.565\,379(21)$ MeV/c^2	4.4×10^{-8} 2.2×10^{-8}
中子-电子质量比 neutron-electron mass ratio	m_n/m_e	$1838.683\,660\,5(11)$	5.8×10^{-10}
原子质量单位 atomic mass unit	u	$1.660\,538\,921(73)\times10^{-27}$ kg $=931.494\,061(21)$ MeV/c^2	4.4×10^{-8} 2.2×10^{-8}
电子经典半径 classical electron radius	$r_e=h\alpha/m_e c$	$2.817\,940\,3267(27)\times10^{-15}$ m	9.7×10^{-10}
玻尔半径 Bohr radius	$a_0=r_e\alpha^{-2}$	$0.529\,177\,210\,92(17)\times10^{-10}$ m	3.2×10^{-10}
玻尔磁子 Bohr magneton	$\mu_B=e\hbar/2m_e$	$927.400\,968(20)\times10^{-26}$ J·T^{-1} $5.788\,381\,806\,6(38)\times$ 10^{-5} eV·T^{-1}	2.2×10^{-8} 6.5×10^{-10}
核磁子 nuclear magneton	$\mu_N=e\hbar/2m_p$	$5.050\,783\,53(11)\times10^{-27}$ J·T^{-1} $3.152\,451\,260\,5(22)\times$ 10^{-8} eV T^{-1}	2.2×10^{-8} 7.1×10^{-10}
电子磁矩 electron magnetic moment	μ_e	$-928.476\,430(21)\times$ 10^{-26} J·T^{-1}	2.2×10^{-8}

续　表

名　　称	符号或定义	量　　值	相对标准不确定度
质子磁矩 proton magnetic moment	μ_p	$1.410\,606\,743(33)\times 10^{-26}$ J·T^{-1}	2.4×10^{-8}
中子磁矩 neutron magnetic moment	μ_n	$-0.966\,236\,47(23)\times 10^{-26}$ J·T^{-1}	2.4×10^{-7}
精细结构常量 fine-structure constant	$\alpha=e^2/4\pi\varepsilon_0\hbar c$	$7.297\,352\,5698(24)\times10^{-3}$	3.2×10^{-10}
	α^{-1}	$137.035\,999\,074(44)$	
里德伯常量 Rydberg constant	R_∞	$10\,973\,731.568\,539(55)$ m^{-1}	5.0×10^{-12}
电子朗德 g 因子 electron g factor	g_e	$-2.002\,319\,304\,361\,53(53)$	2.6×10^{-13}
质子朗德 g 因子 proton g factor	g_p	$5.585\,694\,713(46)$	8.2×10^{-9}
中子朗德 g 因子 neutron g factor	g_n	$-3.826\,085\,45(90)$	2.4×10^{-7}
氘核朗德 g 因子 deuteron g factor	g_d	$0.857\,438\,230\,8(72)$	8.4×10^{-9}
康普顿波长 Compton wavelength	λ_C	$2.426\,310\,238\,9(16)\times10^{-12}$ m	6.5×10^{-10}
电子伏特 electron volt	eV	$1.602\,176\,565(35)\times10^{-19}$ J	2.2×10^{-8}
电子旋磁比 electron gyromagnetic ratio	γ_e	$1.760\,859\,708(39)\times10^{11}$ s^{-1}·T^{-1}	2.2×10^{-8}
质子旋磁比 proton gyromagnetic ratio	γ_p	$2.675\,222\,005(63)\times10^{8}$ s^{-1}·T^{-1}	2.4×10^{-8}
中子旋磁比 neutron gyromagnetic ratio	γ_n	$1.832\,471\,79(43)\times10^{8}$ s^{-1}·T^{-1}	2.4×10^{-7}
磁通量子 magnetic flux quantum	$\Phi_0=h/2e$	$2.067\,833\,758(46)\times10^{-15}$ Wb	2.2×10^{-8}
电导量子 conductance quantum	$G_0=2e^2/h$	$7.748\,091\,734\,6(25)\times10^{-5}$ S	3.2×10^{-10}
反电导量子 inverse conductance quantum	$G_0^{-1}=h/2e^2$	$12\,906.403\,721\,7(42)$ Ω	3.2×10^{-10}

续　表

名　　称	符号或定义	量　　值	相对标准不确定度
斯特藩-玻尔兹曼常量 Stefan-Boltzmann constant	$\sigma = \pi^2 k_B^4/60\hbar^3 c^2$	$5.670\,373(21)\times 10^{-8}\,\mathrm{W\cdot m^{-2}\cdot K^{-4}}$	3.6×10^{-6}
韦恩位移常量 Wien displacement law constant	$b=\lambda_{max}T$	$2.897\,772\,1(26)\times10^{-3}\,\mathrm{m\cdot K}$	9.1×10^{-7}
法拉第常量 Faraday constant	$F=N_A e$	$96\,485.336\,5(21)\,\mathrm{C\cdot mol^{-1}}$	2.2×10^{-8}
洛喜密脱常量 Loschmidt constant ($T=273.15\,\mathrm{K}, p=101.325\,\mathrm{kPa}$)	$n_0=N_A/V_m$	$2.686\,780\,5(24)\times10^{25}\,\mathrm{m^{-3}}$	9.1×10^{-7}
标准大气压 standard atmosphere	atm	101 325 Pa	准确(定义)
普适气体常量 molar gas constant	R	$8.314\,462\,1(75)\,\mathrm{J\cdot mol^{-1}\cdot K^{-1}}$	9.1×10^{-7}

* * 标准不确定度(standard uncertainty):测量结果的估计标准偏差

* * * 相对标准不确定度(relative standard uncertainty):标准不确定度与测量值之比

* * * * 数据取自 2010 CODATA recommended values(http://physics.nist.gov/constants)

2. 组合物理学常量

组合物理量	量　　值	标准单位量值
$\dfrac{e^2}{4\pi\varepsilon_0}$	1.44 fm·MeV	$2.307\times10^{-28}\,\mathrm{J\cdot m}$
$m_e c^2$	0.511 MeV	$8.199\times10^{-14}\,\mathrm{J}$
hc	1.240 nm·keV	$1.989\times10^{-25}\,\mathrm{J\cdot m}$
$\hbar c$	197 fm·MeV	$3.164\times10^{-26}\,\mathrm{J\cdot m}$

附录2 原子基态能量(电离能)

(单位：eV)

	ⅠA	ⅡA	ⅢB	ⅣB	ⅤB	ⅥB	ⅦB	ⅧB			ⅠB	ⅡB	ⅢA	ⅣA	ⅤA	ⅥA	ⅦA	ⅧA
1	1H 氢 13.5984																	2He 氦 24.5874
2	3Li 锂 5.3917	4Be 铍 9.3227											5B 硼 8.298	6C 碳 11.2603	7N 氮 14.5341	8O 氧 13.6181	9F 氟 17.4228	10Ne 氖 21.5645
3	11Na 钠 5.1391	12Mg 镁 7.6462											13Al 铝 5.9858	14Si 硅 8.1517	15P 磷 10.4867	16S 硫 10.36	17Cl 氯 12.9676	18Ar 氩 15.7596
4	19K 钾 4.3407	20Ca 钙 6.1132	21Sc 钪 5.4615	22Ti 钛 6.8281	23V 钒 6.7462	24Cr 铬 6.7665	25Mn 锰 7.434	26Fe 铁 7.9024	27Co 钴 7.881	28Ni 镍 7.6398	29Cu 铜 7.7254	30Zn 锌 9.3942	31Ga 镓 5.9993	32Ge 锗 7.8994	33As 砷 9.7886	34Se 硒 9.7524	35Br 溴 11.8138	36Kr 氪 13.9996
5	37Rb 铷 4.1771	38Sr 锶 5.6949	39Y 钇 6. 2173	40Zr 锆 6.6339	41Nb 铌 6.7589	42Mo 钼 7.0924	43 Tc 锝 7.28	44Ru 钌 7.3605	45 Rh 铑 7.4589	46Pd 钯 8.3359	47Ag 银 7.5762	48Cd 镉 8.9938	49In 铟 5.7854	50Sn 锡 7.3439	51Sb 锑 8.6084	52Te 碲 9.0096	53I 碘 126.90447 133.3	54Xe 氙 12.1298
6	55Cs 铯 3.8939	56Ba 钡 5.2117	57~71 镧系	72Hf 铪 6.8251	73Ta 钽 7.5496	74W 钨 7.864	75Re 铼 7.8335	76Os 锇 8.4382	77Ir 铱 8.967	78Pt 铂 8.9587	79Au 金 9.2255	80Hg 汞 10.4375	81Tl 铊 6.1082	82Pb 铅 7.4167	83Bi 铋 7.2856	84Po 钋 8.417	85At 砹 10.4513	86Rn 氡 10.7485
7	87Fr 钫 4.0727	88Ra 镭 5.279	89~103 锕系	104Rf 𬬻 5.4259	105 Db	106 Sg	107 Bh	108 Hs	109 Mt	110 Ds	111 Rg	112 Uub	113 Uut	114 Uuq	115 Uup	116 Uuh	117 Uus	118 Uuo

镧系	57La 镧 5.5769	58Ce 铈 5.5387	59Pr 镨 5.473	60Nd 钕 5.525	61Pm 钷 5.582	62Sm 钐 5.6437	63Eu 铕 5.6704	64Gd 钆 6.1501	65Tb 铽 5.8638	66Dy 镝 5.9389	67Ho 钬 6.0215	68Er 铒 6.1077	69Tm 铥 6.1843	70Yb 镱 6. 2542	71Lu 镥 5.4259
锕系	89Ac 锕 5.17	90Th 钍 6.08	91Pa 镤 5.88	92U 铀 6.05	93Np 镎 6.19	94Pu 钚 6.06	95Am 镅 6	96Cm 锔 6.02	97Bk 锫 6.23	98Cf 锎 6.3	99Es 锿 6.42	100Fm 镄 6.5	101Md 钔 6.58	102No 锘 6.65	103Lr 铹 -

附录3 基态原子的电子组态

	ⅠA	ⅡA	ⅢB	ⅣB	ⅤB	ⅥB	ⅦB	Ⅷ B			ⅠB	ⅡB	ⅢA	ⅣA	ⅤA	ⅥA	ⅦA	ⅧA
1	1H 1s																	2He $1s^2$
2	3Li [He] 2s	4Be [He] $2s^2$											5B [He] $2s^22p$	6C [He] $2s^22p^2$	7N [He] $2s^22p^3$	8O [He] $2s^22p^4$	9F [He] $2s^22p^5$	10Ne [He] $2s^22p^6$
3	11Na [Ne] 3s	12Mg [Ne] $3s^2$											13Al [Ne] $3s^23p$	14Si [Ne] $3s^23p^2$	15P [Ne] $3s^23p^3$	16S [Ne] $3s^23p^4$	17Cl [Ne] $3s^23p^5$	18Ar [Ne] $3s^23p^6$
4	19K [Ar] 4s	20Ca [Ar] $4s^2$	21Sc [Ar] 3d $4s^2$	22Ti [Ar] $3d^2$ $4s^2$	23V [Ar] $3d^3$ $4s^2$	24Cr [Ar] $3d^5$ 4s	25Mn [Ar] $3d^5$ $4s^2$	26Fe [Ar] $3d^6$ $4s^2$	27Co [Ar] $3d^7$ $4s^2$	28Ni [Ar] $3d^8$ $4s^2$	29Cu [Ar] $3d^{10}$ 4s	30Zn [Ar] $3d^{10}$ $4s^2$	31Ga [Ar] $3d^{10}$ $4s^2$ 4p	32Ge [Ar] $3d^{10}$ $4s^2$ $4p^2$	33As [Ar] $3d^{10}$ $4s^2$ $4p^3$	34Se [Ar] $3d^{10}$ $4s^2$ $4p^4$	35Br [Ar] $3d^{10}$ $4s^2$ $4p^5$	36Kr [Ar] $3d^{10}$ $4s^2$ $4p^6$
5	37Rb [Kr] 5s	38Sr [Kr] $5s^2$	39Y [Kr] 4d $5s^2$	40Zr [Kr] $4d^2$ $5s^2$	41Nb [Kr] $4d^4$ 5s	42Mo [Kr] $4d^5$ 5s	43 Tc [Kr] $4d^5$ $5s^2$	44Ru [Kr] $4d^7$ 5s	45 Rh [Kr] $4d^8$ 5s	46Pd [Kr] $4d^{10}$	47Ag [Kr] $4d^{10}$ 5s	48Cd [Kr] $4d^{10}$ $5s^2$	49In [Kr] $4d^{10}$ $5s^2$ 5p	50Sn [Kr] $4d^{10}$ $5s^2$ $5p^2$	51Sb [Kr] $4d^{10}$ $5s^2$ $5p^3$	52Te [Kr] $4d^{10}$ $5s^2$ $5p^4$	53I [Kr] $4d^{10}$ $5s^2$ $5p^5$	54Xe [Kr] $4d^{10}$ $5s^2$ $5p^6$
6	55Cs [Xe] 6s	56Ba [Xe] $6s^2$	57~71 镧系	72Hf [Xe] $4f^{14}$ $5d^2$ $6s^2$	73Ta [Xe] $4f^{14}$ $5d^3$ $6s^2$	74W [Xe] $4f^{14}$ $5d^4$ $6s^2$	75Re [Xe] $4f^{14}$ $5d^5$ $6s^2$	76Os [Xe] $4f^{14}$ $5d^6$ $6s^2$	77Ir [Xe] $4f^{14}$ $5d^7$ $6s^2$	78Pt [Xe] $4f^{14}$ $5d^9$ 6s	79Au [Xe] $4f^{14}$ $5d^{10}$ 6s	80Hg [Xe] $4f^{14}$ $5d^{10}$ $6s^2$	81Tl [Xe] $4f^{14}$ $5d^{10}$ $6s^2$ $6p^1$	82Pb [Xe] $4f^{14}$ $5d^{10}$ $6s^2$ $6p^2$	83Bi [Xe] $4f^{14}$ $5d^{10}$ $6s^2$ $6p^3$	84Po [Xe] $4f^{14}$ $5d^{10}$ $6s^2$ $6p^4$	85At [Xe]$4f^{14}$ $5d^{10}$ $6s^2$ $6p^5$	86Rn [Xe] $4f^{14}$ $5d^{10}$ $6s^2$ $6p^6$
7	87Fr [Rn]7s	88Ra [Rn]$7s^2$	89~103 锕系	104 Rf	105 Ha	106 Sg	107 Bh	108 Hs	109 Mt	110 Ds	111 Rg	112 Uub	113 Uut	114 Uuq	115 Uup	116 Uuh	117 Uus	118 Uuo

镧系	57La [Xe] $5d6s^2$	58Ce [Xe] $4f5d6s^2$	59Pr [Xe] $4f^36s^2$	60Nd [Xe] $4f^46s^2$	61Pm [Xe] $4f^56s^2$	62Sm [Xe] $4f^66s^2$	63Eu [Xe] $4f^76s^2$	64Gd [Xe] $4f^75d6s^2$	65Tb [Xe] $4f^96s^2$	66Dy [Xe] $4f^{10}6s^2$	67Ho [Xe] $4f^{11}6s^2$	68Er [Xe] $4f^{12}6s^2$	69Tm [Xe] $4f^{13}6s^2$	70Yb [Xe] $4f^{14}6s^2$	71Lu [Xe] $4f^{14}5d6s^2$
锕系	89Ac [Rn] $6d7s^2$	90Th [Rn] $6d^27s^2$	91Pa [Rn] $5f^26d7s^2$	92U [Rn] $5f^36d7s^2$	93Np [Rn] $5f^46d7s^2$	94Pu [Rn] $5f^67s^2$	95Am [Rn] $5f^77s^2$	96Cm [Rn] $5f^76d7s^2$	97Bk [Rn] $5f^97s^2$	98Cf [Rn] $5f^{10}7s^2$	99Es [Rn] $5f^{11}7s^2$	100Fm [Rn] $5f^{12}7s^2$	101Md [Rn] $5f^{13}7s^2$	102No [Rn] $5f^{14}7s^2$	103Lr

附录4 原子的基态

	IA	IIA	IIIB	IVB	VB	VIB	VIIB	VIIIB			IB	IIB	IIIA	IVA	VA	VIA	VIIA	VIIIA
1	1H 氢 $^{2}S_{1/2}$																	2He 氦 $^{1}S_{0}$
2	3Li 锂 $^{2}S_{1/2}$	4Be 铍 $^{1}S_{0}$											5B 硼 $^{2}P_{1/2}$	6C 碳 $^{3}P_{0}$	7N 氮 $^{4}S_{3/2}$	8O 氧 $^{3}P_{2}$	9F 氟 $^{2}P_{3/2}$	10Ne 氖 $^{1}S_{0}$
3	11Na 钠 $^{2}S_{1/2}$	12Mg 镁 $^{1}S_{0}$											13Al 铝 $^{2}P_{1/2}$	14Si 硅 $^{3}P_{0}$	15P 磷 $^{4}S_{3/2}$	16S 硫 $^{3}P_{2}$	17Cl 氯 $^{2}P_{3/2}$	18Ar 氩 $^{1}S_{0}$
4	19K 钾 $^{2}S_{1/2}$	20Ca 钙 $^{1}S_{0}$	21Sc 钪 $^{2}D_{3/2}$	22Ti 钛 $^{3}F_{2}$	23V 钒 $^{4}F_{3/2}$	24Cr 铬 $^{7}S_{3}$	25Mn 锰 $^{6}S_{5/2}$	26Fe 铁 $^{5}D_{4}$	27Co 钴 $^{4}F_{9/2}$	28Ni 镍 $^{3}F_{4}$	29Cu 铜 $^{2}S_{1/2}$	30Zn 锌 $^{1}S_{0}$	31Ga 镓 $^{2}P_{1/2}$	32Ge 锗 $^{3}P_{0}$	33As 砷 $^{4}S_{3/2}$	34Se 硒 $^{3}P_{2}$	35Br 溴 $^{2}P_{3/2}$	36Kr 氪 $^{1}S_{0}$
5	37Rb 铷 $^{2}S_{1/2}$	38Sr 锶 $^{1}S_{0}$	39Y 钇 $^{2}D_{3/2}$	40Zr 锆 $^{3}F_{2}$	41Nb 铌 $^{6}D_{1/2}$	42Mo 钼 $^{7}S_{3}$	43 Tc 锝 $^{6}S_{5/2}$	44Ru 钌 $^{5}F_{5}$	45 Rh 铑 $^{4}F_{9/2}$	46Pd 钯 $^{1}S_{0}$	47Ag 银 $^{2}S_{1/2}$	48Cd 镉 $^{1}S_{0}$	49In 铟 $^{2}P_{1/2}$	50Sn 锡 $^{3}P_{0}$	51Sb 锑 $^{4}S_{3/2}$	52Te 碲 $^{3}P_{2}$	53I 碘 $^{2}P_{3/2}$	54Xe 氙 $^{1}S_{0}$
6	55Cs 铯 $^{2}S_{1/2}$	56Ba 钡 $^{1}S_{0}$	57~71 镧系	72Hf 铪 $^{3}F_{2}$	73Ta 钽 $^{4}F_{3/2}$	74W 钨 $^{5}D_{0}$	75Re 铼 $^{6}S_{5/2}$	76Os 锇 $^{5}D_{4}$	77Ir 铱 $^{4}F_{9/2}$	78Pt 铂 $^{3}D_{3}$	79Au 金 $^{2}S_{1/2}$	80Hg 汞 $^{1}S_{0}$	81Tl 铊 $^{2}P_{1/2}$	82Pb 铅 $^{3}P_{0}$	83Bi 铋 $^{4}S_{3/2}$	84Po 钋 $^{3}P_{2}$	85At 砹 $^{2}P_{3/2}$	86Rn 氡 $^{1}S_{0}$
7	87Fr 钫 $^{2}S_{1/2}$	88Ra 镭 $^{1}S_{0}$	89~103 锕系	104Rf 𬬻	105 Db	106 Sg	107 Bh	108 Hs	109 Mt	110 Ds	111 Rg	112 Uub	113 Uut	114 Uuq	115 Uup	116 Uuh	117 Uus	118 Uuo

镧系	57La 镧 $^{2}D_{3/2}$	58Ce 铈 $^{1}G_{4}$	59Pr 镨 $^{4}I_{9/2}$	60Nd 钕 $^{5}I_{4}$	61Pm 钷 $^{6}H_{5/2}$	62Sm 钐 $^{7}F_{0}$	63Eu 铕 $^{8}S_{7/2}$	64Gd 钆 $^{9}D_{2}$	65Tb 铽 $^{6}H_{15/2}$	66Dy 镝 $^{5}I_{8}$	67Ho 钬 $^{4}I_{15/2}$	68Er 铒 $^{3}H_{6}$	69Tm 铥 $^{2}F_{7/2}$	70Yb 镱 $^{1}S_{0}$	71Lu 镥 $^{2}D_{3/2}$
锕系	89Ac 锕 $^{2}D_{3/2}$	90Th 钍 $^{3}F_{2}$	91Pa 镤 $^{4}K_{11/2}$	92U 铀 $^{5}L_{6}$	93Np 镎 $^{6}L_{11/2}$	94Pu 钚 $^{7}F_{0}$	95Am 镅 $^{8}S_{7/2}$	96Cm 锔 $^{9}D_{2}$	97Bk 锫 $^{6}H_{15/2}$	98Cf 锎 $^{5}I_{8}$	99Es 锿 $^{4}I_{15/2}$	100Fm 镄 $^{3}H_{6}$	101Md 钔 $^{2}F_{7/2}$	102No 锘 $^{1}S_{0}$	103Lr 铹

附录5 常用物质密度表

$(1\ g \cdot cm^{-3} = 1\ 000\ kg \cdot m^{-3} = 1\ t \cdot m^{-3})$

名　称	密度 $(10^3\ kg \cdot m^{-3})$	名　称	密度 $(10^3\ kg \cdot m^{-3})$	名　称	密度 $(10^3\ kg \cdot m^{-3})$
固　　体					
玻璃	2.60	纯铝	2.70	铁	7.86
锌	7.10	纯铜	8.90	黄铜	8.80
银	10.50	铅	11.40	金	19.30
铂	21.45	软木	0.25		
液　　体					
水	1.00	冰	0.92	酒精	0.79
汽油	0.75	水银(汞)	13.60		
气体(0℃,标准大气压下)					
空气	0. 001 29	氧气	0. 001 43	氮气	0. 001 25
氢气	0. 000 09	二氧化碳	0. 001 98	一氧化碳	0. 001 25
煤气	0. 000 60	氦气	0. 000 18	氖气	0. 000 90
氟气	0. 001 696	氩气	0. 001 78	臭氧(O_3)	0. 002 14
氙气	0. 005 89	氡气	0. 009 73	氨气	0. 000 77
氯气	0. 003 21	溴	0. 007 14	氧化氮	0. 001 34
氯化氢	0. 001 64	甲烷	0. 000 78	乙炔	0. 001 17
硫化氢	0. 001 54	乙烷	0. 001 36		

附录6 1900～2011年诺贝尔物理学奖

年代	获 奖 者	国籍	获 奖 原 因
1901	威廉·伦琴(Wilhelm Conrad Röntgen)	德国	发现著名的X射线
1902	亨得里克·洛伦兹(Hendrik A. Lorentz) 彼德·塞曼(Pieter Zeeman)	荷兰 荷兰	关于磁场对辐射现象影响的研究
1903	亨利·贝可勒尔(Henri Becquerel)	法国	发现天然放射性
	皮埃尔·居里(Pierre Curie) 玛丽亚·居里(Marie Curie)	法国 法国	对放射性现象的研究
1904	瑞利(Lord Rayleigh)	英国	对重要气体密度的研究和发现氩
1905	菲利普·勒纳德(Philipp Lenard)	德国	对阴极射线的研究
1906	约瑟夫·汤姆孙(J.J. Thomson)	英国	对气体导电理论和实验的研究
1907	阿尔伯特·迈克尔孙(Albert A. Michelson)	美国	发明精密光学仪器并用其进行光谱和度量学研究
1908	加布里埃尔·李普曼(Gabriel Lippmann)	法国	利用干涉原理进行照相实现了彩色再现
1909	古列尔莫·马可尼(Guglielmo Marconi) 布劳恩(Ferdinand Braun)	意大利 德国	发明和改进无线电报
1910	范德瓦耳斯(Johannes Diderik van der Waals)	荷兰	对于气体、液体状态方程的研究
1911	威廉·维恩(Wilhelm Wien)	德国	发现热辐射定律
1912	尼尔斯·达伦 Gustaf Dalén	瑞典	发明用于航标灯和浮标中与气体收集器联合使用的自动调节装置
1913	海克·昂尼斯(Heike Kamerlingh Onnes)	荷兰	关于低温下物体性质的研究和制成液态氦

续　表

年代	获　奖　者	国籍	获　奖　原　因
1914	马克斯·冯·劳厄(Max von Laue)	德国	发现 X 射线在晶体中的衍射
1915	威廉·亨利·布拉格(William Bragg) 威廉·劳伦斯·布拉格(Lawrence Bragg)	英国 英国	用 X 射线对晶体结构的研究
1916	未颁奖		
1917	查尔斯·巴克拉(Charles Glover Barkla)	英国	发现元素的特征 X 辐射
1918	马克斯·普朗克(Max Planck)	德国	提出能量子,推动物理学的进步
1919	约翰尼斯·斯塔克(Johannes Stark)	德国	发现极隧射线的多普勒效应以及光谱线在电场作中的劈裂
1920	夏尔·纪尧姆(Charles Edouard Guillaume)	瑞士	发现镍钢合金的反常现象并用于精密物理测量
1921	阿尔伯特·爱因斯坦(Albert Einstein)	德国 瑞士	对理论物理学的贡献,特别是发现光电效应的规律
1922	尼尔斯·玻尔(Niels Bohr)	丹麦	关于原子结构以及原子辐射的研究
1923	罗伯特·密立根(Robert A. Millikan)	美国	对基本电荷的测量和光电效应的研究
1924	曼内·西格巴恩(Manne Siegbahn)	瑞典	对 X 射线光谱的研究
1925	詹姆斯·弗兰克(James Franck) 古斯塔夫·赫兹(Gustav Hertz)	德国 德国	发现原子和电子的碰撞规律
1926	让·佩林 Jean Baptiste Perrin	法国	对物质不连续结构的研究并发现沉积平衡
1927	阿瑟·康普顿 Arthur H. Compton,	美国	发现以其姓氏命名的效应
	查尔斯·威尔逊(C. T. R. Wilson)	英国	发现了使蒸汽凝结以显示带电粒子径迹的方法
1928	欧文·理查森(Owen Willans Richardson)	英国	研究热离子现象,并提出理查森定律
1929	路易·德布罗意(Louis de Broglie)	法国	发现了电子的波动性
1930	钱德拉塞卡拉·拉曼(Sir Venkata Raman)	印度	研究光散射并发现拉曼效应

续　表

年代	获　奖　者	国籍	获　奖　原　因
1931	未颁奖		
1932	维尔纳·海森伯(Werner Heisenberg)	德国	创建量子力学,导致发现氢的同素异形体
1933	薛定谔 Erwin Schrödinger	奥地利	创建新形式的原子理论体系
	保罗·狄拉克 Paul A.M. Dirac	英国	
1934	未颁奖		
1935	詹姆斯·查德威克 James Chadwick	英国	发现中子
1936	维克托·赫斯 Victor F. Hess	奥地利	发现宇宙射线
	卡尔·安德森 Carl D. Anderson	美国	发现正电子
1937	克林顿·戴维孙 Clinton Davisson 乔治·汤姆孙 George Paget Thomson	美国 英国	发现电子在晶体中衍射的实验现象
1938	恩里科·费米 Enrico Fermi	意大利	发现由中子照射产生的新放射性元素并用慢中子实现核反应
1939	欧内斯特·劳伦斯 Ernest Lawrence	美国	发明回旋加速器,并获得人工放射性元素
1940～1942	未颁奖		
1943	奥托·施特恩 Otto Stern	美国	发展了分子射线方法,发现质子磁矩
1944	伊西多·拉比 Isidor Isaac Rabi	美国	发明了记录核磁场的共振方法
1945	沃尔夫冈·泡利 Wolfgang Pauli	奥地利	发现泡利不相容原理
1946	珀西·布里奇曼 Percy W. Bridgman	美国	发明极端高压装置,并在高压物理学领域作出发现
1947	爱德华·阿普尔顿 Edward V. Appleton	英国	高层大气物理性质的研究,发现阿普顿层(电离层)
1948	帕特里克·布莱克特 Patrick M. S. Blackett	英国	改进威尔逊云室,以及由此在核物理和宇宙射线领域的发现
1949	汤川秀树 Hideki Yukawa	日本	根据核力理论预言了介子的存在

续　表

年代	获　奖　者	国籍	获　奖　原　因
1950	塞西尔·鲍威尔 Cecil Powell	英国	发展了研究原子核过程的照相方法，并发现 π 介子
1951	考克罗夫特 John Cockcroft 恩斯特·沃尔顿 Ernest T.S. Walton	英国 爱尔兰	用人工加速粒子轰击原子产生原子核嬗变
1952	布洛赫 Felix Bloch 珀塞尔 E. M. Purcell	美国 美国	发展了核磁精密测量的新方法
1953	弗里茨·泽尼克 Frits Zernike	荷兰	发展相位反衬方法，特别是发明相衬显微镜
1954	马克斯·玻恩 Max Born	英国	对量子力学中的基础研究，特别是对波函数的统计解释
	瓦尔特·波特 Walther Bothe	德国	发明了符合方法
1955	威利斯·兰姆 Willis E. Lamb	美国	对氢原子的精细结构的研究
	波利卡普·库什 Polykarp Kusch	美国	对电子磁矩的精确测定
1956	威廉·肖克利 William B. Shockley 约翰·巴丁 John Bardeen 沃尔特·布喇顿 Walter H. Brattain	美国 美国 美国	及对半导体的研究，发现晶体管效应（放大效应）
1957	杨振宁 Chen Ning Yang 李政道 Tsung-Dao Lee	中国 中国	发现弱相互作用下宇称不守恒，从而导致有关基本粒子的重大发现
1958	切连科夫 Pavel A. Cherenkov 伊利亚·弗兰克 Il'ja M. Frank 伊戈尔·塔姆 Igor Y. Tamm	前苏联 前苏联 前苏联	发现并解释切连科夫效应
1959	埃米利奥·塞格雷 Emilio Gino Segrè 欧文·张伯伦 Owen Chamberlain	美国 美国	发现反质子
1960	唐纳德·阿瑟·格拉塞 Donald A. Glaser	美国	发现气泡室，取代了威尔逊的云雾室
1961	罗伯特·霍夫施塔特 Robert Hofstadter	美国	关于电子对原子核散射的先驱性研究，并由此发现原子核的结构
	鲁道夫·穆斯堡尔 Rudolf Mössbauer	德国	从事 γ 射线的共振吸收现象研究并发现了穆斯堡尔效应
1962	列夫·朗道 Lev Landau	前苏联	关于凝聚态物质，特别是液氦的开创性理论

续 表

年代	获 奖 者	国籍	获 奖 原 因
1963	尤金·维格纳 Eugene Wigner	美国	发现基本粒子的对称性及支配质子与中子相互作用的原理
	格佩特-梅耶 Maria Goeppert-Mayer J·汉斯·D·詹森 J. Hans D. Jensen	美国 德国	提出原子核的壳层结构
1964	查尔斯·哈德·汤斯 Charles H. Townes	美国	在量子电子学领域的基础研究成果，为微波激射器激光器的发明奠定理论基础
	尼古拉·巴索夫 Nicolay G. Basov 普罗霍罗 Aleksandr M. Prokhorov	前苏联 前苏联	发明微波激射器
1965	朝永振一郎 Sin-Itiro Tomonaga 施温格 Julian Schwinger 费曼 Richard P. Feynman	日本 美国 美国	在量子电动力学方面取得对粒子物理学产生深远影响的研究成果
1966	阿尔弗雷德·卡斯特勒 Alfred Kastler	法国	发明并发展用于研究原子内光磁共振的双共振方法
1967	汉斯·贝特 Hans Bethe	美国	核反应理论方面的获奖原因，特别是关于恒星能源的发现
1968	阿尔瓦雷斯 Luis Alvarez	美国	发展氢气泡室技术和数据分析，发现大量共振态
1969	盖尔曼 Murray Gell-Mann	美国	对基本粒子的分类及其相互作用的发现
1970	汉尼斯·阿尔文 Hannes Alfvén	瑞典	磁流体动力学的基础研究和发现，及其在等离子物理富有成果的应用
	路易·欧仁·费利克斯·奈耳 Louis Néel	法国	关于反磁铁性和铁磁性的基础研究和发现
1971	丹尼斯·伽柏 Dennis Gabor	英国	发明并发展全息照相法
1972	约翰·巴丁 John Bardeen 利昂·库珀 Leon N. Cooper 约翰·罗伯特·施里弗 Robert Schrieffer	美国 美国 美国	创立 BCS 超导微观理论
1973	江崎玲于奈 Leo Esaki 伊瓦尔·贾埃弗 Ivar Giaever	日本 美国	发现半导体和超导体的隧道效应
	布赖恩·约瑟夫森 Brian D. Josephson	英国	提出并发现通过隧道势垒的超电流的性质，即约瑟夫森效应

续　表

年代	获奖者	国籍	获奖原因
1974	马丁·赖尔 Martin Ryle	英国	发明应用合成孔径射电天文望远镜进行射电天体物理学的开创性研究
	安东尼·休伊什 Antony Hewish	英国	发现脉冲星
1975	艾吉·尼尔斯·玻尔 Aage N. Bohr 本·罗伊·莫特森 Ben R. Mottelson 詹姆斯·雷恩沃特 James Rainwater	丹麦 丹麦 美国	发现原子核中集体运动和粒子运动之间的联系,并且根据这种联系提出核结构理论
1976	伯顿·里克特 Burton Richter 丁肇中 Samuel C. C. Ting	美国 美国	各自独立发现新的J/ψ基本粒子
1977	菲利普·沃伦·安德 Philip W. Anderson 内维尔·莫脱 Sir Nevill F. Mott 约翰·范弗里克 John H. van Vleck	美国 英国 美国	对磁性和无序体系电子结构的基础性研究
1978	彼得·卡皮查 Pyotr Kapitsa	前苏联	低温物理领域的基本发明和发现
	阿诺·彭齐亚斯 Arno Penzias 罗伯特·威尔逊 Robert Woodrow Wilson	美国 美国	发现宇宙微波背景辐射
1979	谢尔登·李·格拉肖 Sheldon Glashow 阿卜杜勒·萨拉姆 Abdus Salam 史蒂文·温伯格 Steven Weinberg	美国 巴基斯坦 美国	关于基本粒子间弱相互作用和电磁作用的统一理论,并预言弱中性流的存在
1980	詹姆斯·克罗宁 James Cronin 瓦尔·菲奇 Val Logsdon Fitch	美国 美国	发现中性K介子衰变时存在宇称不对称性
1981	凯·西格巴恩 Kai M. Siegbahn	瑞典	开发高分辨率电子光谱仪
	尼·布隆伯根 Nicolaas Bloembergen 阿瑟·肖洛 Arthur L. Schawlow	美国 美国	开发激光光谱仪
1982	肯尼斯·威尔逊 Kenneth G. Wilson	美国	对相转变临界现象理论的贡献
1983	钱德拉塞卡 Subramanyan Chandrasekhar	美国	对恒星结构及其演化理论作出的重大贡献
	威廉·福勒 William A. Fowler	美国	对宇宙中形成化学元素的核反应的理论和实验研究

续 表

年代	获 奖 者	国籍	获 奖 原 因
1984	卡洛·鲁比亚 Carlo Rubbia 西蒙·范德梅尔 Simon van der Meer	意大利 荷兰	对导致发现弱相互作用传递者场粒子W和Z的大型工程的决定性贡献
1985	冯·克利青 Klaus von Klitzing	德国	发现固体物理中的量子霍尔效应
1986	恩斯特·鲁斯卡 Ernst Ruska	德国	电子光学的基础工作和研制出第一台电子显微镜
1986	格尔德·宾宁 Gerd Binnig 海因里希·罗雷尔 Heinrich Rohrer	德国 瑞士	研制扫描隧道显微镜
1987	贝德诺尔茨 J. Georg Bednorz 卡尔·亚历山大·米勒 K. Alex Mü ller	德国 瑞士	发现氧化物高温超导材料
1988	利昂·M·莱德曼 Leon M. Lederman 梅尔文·施瓦茨 Melvin Schwartz 杰克·施泰因贝格尔 Jack Steinberger	美国 美国 美国	产生第一个实验室创造的中微子束,并发现中微子,从而证明了轻子的对偶结构
1989	诺曼·拉姆齐 Norman F. Ramsey	美国	发明分离振荡场方法及其在原子钟中的应用
	汉斯·德默尔特 Hans G. Dehmelt 沃尔夫冈·保罗 Wolfgang Paul	美国 德国	发展原子精确光谱学和开发离子陷阱技术
1990	杰尔姆·弗里德曼 Jerome I. Friedman 亨利·韦·肯德尔 Henry W. Kendall 理查德·E·泰勒 Richard E. Taylor	美国 美国 加拿大	通过实验首次证明夸克的存在
1991	德热纳 Pierre-Gilles de Gennes	法国	把研究简单系统中有序现象的方法推广到更复杂的物质形式,特别是推广到液晶和聚合物的研究中
1992	夏帕克 Georges Charpak	法国	发明并发展用于高能物理学的多丝正比计数管
1993	拉塞尔·艾伦·赫尔斯 Russell A. Hulse 约瑟夫·胡顿·泰勒 Joseph H. Taylor Jr	美国 美国	发现脉冲双星,由此间接证实了爱因斯坦所预言的引力波的存在

续 表

年代	获 奖 者	国籍	获 奖 原 因
1994	伯特伦·布罗克豪 Bertram N. Brockhouse 克利福德·沙尔 Clifford G. Shull	加拿大 美国	在凝聚态物质研究中发展了中子衍射技术
1995	马丁·刘易斯·佩尔 Martin L. Perl	美国	发现 τ 轻子
1995	弗雷德里克·莱因斯 Frederick Reines	美国	发现中微子
1996	戴维·李 David M. Lee 道格拉斯·奥谢罗夫 Douglas D. Osheroff 罗伯特·理查森 Robert C. Richardson	美国 美国 美国	发现了可以在低温状态下无摩擦流动的氦同位素
1997	朱棣文 Steven Chu 科昂-唐努德 Claude Cohen-Tannoudji 威廉·菲利普斯 William D Phillips	美国 法国 美国	发明用激光冷却和捕获原子的方法
1998	罗伯特·劳克林 Robert B. Laughlin 霍斯特·施特默 Horst L. Störmer 崔琦 Daniel C. Tsui	美国 德国 美国	发现并研究电子的分数量子霍尔效应
1999	杰拉德·特·胡夫特 Gerardus't Hooft 韦尔特曼 Martinus J.G. Veltman	荷兰 荷兰	阐明弱电相互作用的量子结构
2000	若雷斯·阿尔费罗夫 Zhores I. Alferov 赫伯特·克勒默 Herbert Kroemer	俄罗斯 德国	为信息和通信技术所做的基础性贡献，以及开发半导体异质结构，用于快速晶体管和激光二极管
2000	杰克·基尔比 Jack S. Kilby	美国	为信息和通信技术所做的基础性贡献，以及在发明集成电路中所做的贡献
2001	埃里克·康奈尔 Eric A. Cornell 沃尔夫冈·克特勒 Wolfgang Ketterle 卡尔·威曼 Carl E. Wieman	美国 德国 美国	在碱性原子稀薄气体的玻色-爱因斯坦凝聚态以及凝聚态物质性质早期基础性研究方面取得的成就
2002	雷蒙德·戴维斯 Raymond Davis Jr. 小柴昌俊 Masatoshi Koshiba	美国 日本	在天体物理学领域做出的先驱性贡献，尤其是探测宇宙中微子
2002	里卡尔多·贾科尼 Riccardo Giacconi	美国	在天体物理学领域做出的先驱性贡献，并发现宇宙X射线源

续 表

年代	获 奖 者	国籍	获 奖 原 因
2003	阿布里科索夫 Alexei A. Abrikosov 维塔利·金兹堡 Vitaly L. Ginzburg 安东尼·莱格特 Anthony J. Leggett	俄罗斯 俄罗斯 英国	对超导体和超流体理论做出的先驱性贡献
2004	戴维·格娄斯 David J. Gross 戴维·波利策 H. David Politzer 弗朗克·韦尔切克 Frank Wilczek	美国 美国 美国	发现强相互作用理论(夸克粒子理论)中的渐近自由现象
2005	罗伊·格劳伯 Roy J. Glauber	美国	对光学相干的量子理论的贡献
	约翰·霍尔 John L. Hall 特奥多尔·亨施 Theodor W. H nsch	美国 德国	对基于激光的精密光谱学发展做出的贡献,包括光频梳技术
2006	约翰·马瑟 John C. Mather 乔治·斯穆特 George F. Smoot	美国 美国	发现宇宙微波背景辐射的黑体形式和各向异性
2007	艾尔伯·费尔 Albert Fert 彼得·格林贝格尔 Peter Grünberg	法国 德国	发现巨磁阻效应
2008	小林诚 Makoto Kobayashi 益川敏英 Toshihide Maskawa	日本 日本	发现对称性破缺的来源
	南部阳一郎 Yoichiro Nambu	美国	发现亚原子物理学的自发对称性破缺机制
2009	高锟 Charles K. Kao	英国	在用于光通信的光在光纤中传输方面的开创性成就
	威拉德·博伊尔 Willard S. Boyle 乔治·史密斯 George E. Smith	美国 美国	发明半导体成像器件-电荷耦合传感器
2010	安德烈·海姆 Andre Geim 康斯坦丁·诺沃肖洛夫 K. Novoselov	荷兰 俄罗斯 英国 俄罗斯	在二维石墨烯材料方面的开创性实验
2011	索尔·珀尔马特 Saul Perlmutter 布莱恩·P·施密特 Brian P. Schmidt 亚当·里斯 Adam G. Riess	美国 美国 澳大利亚 美国	通过观测遥距超新星而发现宇宙加速膨胀

注：卢瑟福获得 1908 年诺贝尔化学奖

附录7　习题参考答案

第1章

1.3　3.97 fm

1.4　8.93×10^{-6}

1.5　1.96×10^{-7}

1.6　$Z=47$

1.7　3

1.8　$\frac{d\sigma}{d\Omega}=2.51\times10^{3}\ fm^{2}$

1.9　1.25×10^{-3}

1.10　(1) $\Delta n=1.423\times10^{9}$;

(2) $\Delta n=17.65\times10^{9}$;

(3) $\Delta n=8.607\times10^{12}$

1.11　(1) $\frac{\Delta n}{n}=2.401\times10^{-3}$;

(2) $\frac{\Delta n}{n}=0.0470$, $\frac{\Delta n}{n}=0.00168$, $\frac{\Delta n}{n}=2.42\times10^{-5}$;

(3) $\Delta n=523$;

(4) $\frac{d\sigma}{d\Omega}=7.2\times10^{5}\ fm^{2}$

1.12　$r_m=113.8$ fm,用氘核,结果相同.

1.13　对于金核,$r_m=50.56$ fm;对于锂核,$r_m=1.92$ fm

1.14　(1) $E_\alpha=16.25$ MeV;

(2) $E_\alpha=4.68$ MeV

1.15　$b=66.2$ fm, $r_m=159.8$ fm

第2章

2.1　速度 $v_n = \sqrt{\dfrac{Ze^2}{4\pi\varepsilon_0 m_e r_n}}$，频率 $f = \dfrac{1}{2\pi}\sqrt{\dfrac{Ze^2}{4\pi\varepsilon_0 m_e r_n^3}}$，加速度 $a_n = \dfrac{v_n^2}{r_n} = \dfrac{Ze^2}{4\pi\varepsilon_0 m_e r_n^2}$

2.2　电离电势 $U = 13.6$ V，第一激发电势 $U_1 = 10.2$ V

2.3　656.5 nm，122 nm，103 nm

2.4　1.999，4.001，4.001，0.249 9；2.998 9，9.003 3，9.003 3，0.111 1

2.5　可以电离

2.6　巴尔末线系第一条光谱线 $\tilde{\nu} = R_A\left(\dfrac{1}{2^2} - \dfrac{1}{3^2}\right)$

2.7　$\tilde{\nu} = \dfrac{R_\infty}{2}\left(\dfrac{1}{1^2} - \dfrac{1}{2^2}\right)$

2.9　75.69 eV

2.10　在横向均匀磁场中由于不受力而只受力矩作用，因而发生绕磁场的进动，原子的运动还是匀速直线运动；非均匀磁场中，则除了进动，还要作加速运动

2.11　$0.91 \times 10^{-23}\ \mathrm{J \cdot T^{-1}}$

2.12　$\dfrac{m_e}{m_p} = \dfrac{4 - \dfrac{4\tilde{\nu}_H}{\tilde{\nu}_{He^+}}}{\dfrac{4\tilde{\nu}_H}{\tilde{\nu}_{He^+}} - 1}$

2.13　$10.19 - h\dfrac{c}{\lambda}$

2.15　$\dfrac{9+1}{2} \times 9 = 45$

2.16　跃迁发出莱曼系第一条谱线

2.17　(1) $r_n = \dfrac{n^2 a_1}{207}\left(1 + \dfrac{207 m_e}{M}\right)$，其中 a_1 为第一玻尔半径；

(2) $E_n = -207 \times 13.6\dfrac{Z^2}{n^2}\dfrac{1}{1 + \dfrac{207 m_e}{M}}$ eV

2.18　(1) 与氦的这一跃迁对应的能级和量子数为 $\tilde{\nu}_{He^+} = 4R_{He}\left(\dfrac{1}{4^2} - \dfrac{1}{6^2}\right)$；

(2) $R_{He} = 1.096\,329\,1 \times 10^7\ \mathrm{m^{-1}}$

2.20　(1) 12.75 eV；

(2) 共有6种可能的途径

2.21　91.8 eV

2.22　6 250 m/s. 如果要考虑原子碰撞后的反冲运动，则质子的动能还要大一些

2.23　(1) 体积为～22.4×10^{92} L，没有这么大的容器！

(2) H_α 线光子的能量为1.89 eV，而从 $n=1$ 跃迁到 $n=3$，原子吸收的能量为12.09 eV

2.24　1 827.587 43.35

2.25　351 eV；2 527 eV

第3章

3.1　$\nu=4.59\times10^{14}$ Hz，$\lambda=652.5\ \mu$m

3.2　$p=6.63\times10^{-24}$ J·s^{-1}，$E=12.4$ keV

3.3　$\lambda_e=0.012\,3$nm，$\lambda_p=2.86\times10^{-4}$ nm

3.4　(1) $\dfrac{p_{\text{electron}}}{p_{\text{photo}}}=1$；

(2) $\dfrac{E_{\text{electron}}}{E_{\text{photo}}}=3.0\times10^{-3}$

3.5　(1) $v=0.866c$；

(2) $\lambda=1.4\times10^{-3}$ nm

3.6　2.51×10^{-2} eV

3.8　λ(50 keV) = 0.0535Å；λ(12.4 GeV) = 1×10^{-6}Å

3.9　(1) $h\nu'=90.4$ MeV；

(2) $v=0.14c$.

3.10　$h\nu'=16.5$ keV

3.11　(2) $E_k=1.533$ MeV

3.12　1.960 eV

3.13　0.128 nm

3.14　500.002 nm；0.012 43 nm

3.15　(1) $\dfrac{r_e}{a_1}=\alpha^2$，$\dfrac{\lambda_C}{a_1}=2\pi\alpha$；

(2) $r_e=2.818$ fm，$\lambda_C=2\pi\alpha a_1=0.024$Å $=240$ fm；

(3) $\lambda_C = 1.407\ \text{fm}$

3.16　7.09 eV

3.17　(1) 0.146 nm；

(2) 15°

3.18　3.23×10^5 Å，2.28Å

3.19　不能

3.20　3×10^{-6}

3.21　987 eV/c

3.22　2.1×10^{-7} eV

3.23　1.6 ns

3.24　(1) 0.95 eV；

(2) 95 MeV；

(3) 0.05 MeV；

(4) 9.5×10^{-36} MeV

3.27　$E = \left(\dfrac{n_x^2}{a^2} + \dfrac{n_y^2}{b^2} + \dfrac{n_z^2}{c^2}\right)\dfrac{\pi^2\hbar^2}{2m}$

3.28　$d\sim0.05$ nm

3.29　$E_k = \dfrac{\hbar^2 k^2}{2m}$

3.31　$E_1 = 37.6$ eV，$E_2 = 150.5$ eV，$E_2 = 338.5$ eV

3.32　共4个状态.即(2，0，0)，(2，1，0)，(2，1，1)，(2，0，−1)

3.33　$n=3$、$l=2$、$m_l=0$

3.34　$\dfrac{-e^2}{4\pi\varepsilon_0 a_1}$

3.35　$\approx10^{-15}$；$\approx10^{-25}$

3.37　(1) $N=\dfrac{1}{\sqrt{8abc}}$；

(2) $\dfrac{1-e^{-1}}{2}=0.316$；

(3) $(1-e^{-1})^2=0.400$

第4章

4.1　1.85 eV；5.37 eV

4.2　4p→4s，4p→3s，3p→3s，4p→3d，3d→3p，4s→3p,共6条

4.3　41 442.2 cm^{-1}，24 472.9 cm^{-1}，12 267.4 cm^{-1}，6 849.9 cm^{-1}

4.4　2.10 eV；5.14 eV

4.5　$\Delta s = 2.23$；$\Delta p = 1.76$

4.6　3p→3s，3p→2s，3s→2p，2p→2s，共 4 条.

4.8　4.53×10^{-5} eV

4.9　4.57×10^{-6} eV

4.10　2 772 K

4.12　$B = 1.19 \times 10^3$ T

4.13　(1) $3P_{1/2} \rightarrow 3S_{1/2}$，$3P_{3/2} \rightarrow 3S_{1/2}$；

(4) $\dfrac{I_2}{I_1} = 2$

4.17　$B = 0.78$T

4.20　$\dfrac{\Delta E}{E} = 10^{-5}$

4.23　10.125

4.26　2.88×10^{-7}

第 5 章

5.1　78.9 eV

5.2　$^3P_{2,1,0}$和$^1P_1$.

5.3　$\theta(l_1, l_2) = 106.8°$；$\theta(s_1, s_2) = 70.5°$

5.4　$\theta(L, J) = 33.56°$

5.5　$-3\hbar^2$

5.6　$-\dfrac{3}{2}\hbar^2$ 或$\hbar^2$

5.7 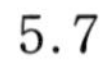

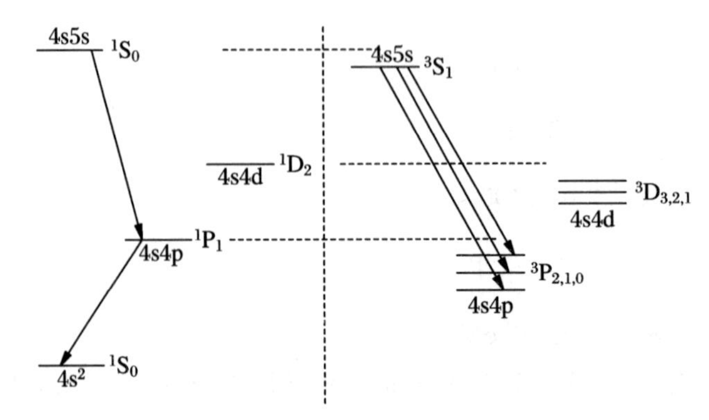

5.9　基态碳为$^3P_0$；基态氮为$^4S_{3/2}$

5.10

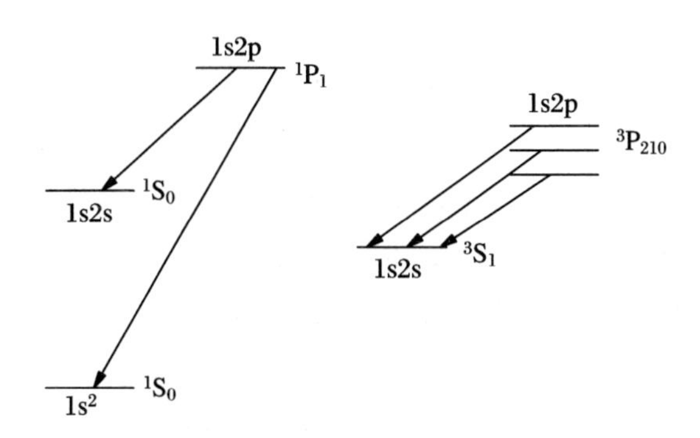

5.11　2∶1

5.12　$\left(\frac{3}{2},\frac{1}{2}\right)_{2,1}$，$\left(\frac{1}{2},\frac{1}{2}\right)_{1,0}$

5.13　(1) [Ne]$3s^2 3p^3$，共有15个核外电子，$Z=15$，为$_{15}P$；

(2) [Ar]$4s^2 4p^6 4d^{10}$，共有48个核外电子，$Z=48$，为$_{48}Cd$

5.14　共可填$2(2l+1)=10$个电子

5.15　(1) 2个；

(2) $2(2l+1)$个；

(3) $\sum_{l=0}^{n-1} 2(2l+1)=2n^2$

5.18　基态电子组态为$2s^2$，原子态为$^3S_1$，2s3p电子组态，所能形成的原子态为$^1P_1$和$^3P_{210}$，2s3s电子组态，所能形成的原子态为$^1S_0$和$^3S_1$，能级和跃迁如图

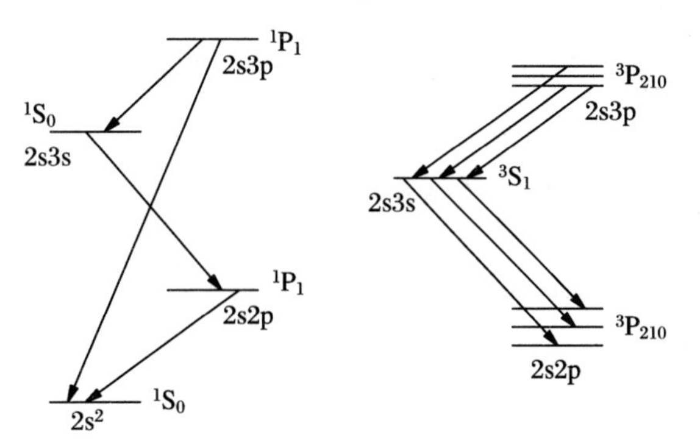

$3^1P_1 \rightarrow 3^1S_0$，$3^1S_0 \rightarrow 2^1P_1$，$3^3P_{210} \rightarrow 3^3S_1$，$3^3S_1 \rightarrow 2^3P_{210}$，$2^3P_{210} \rightarrow 2^3S_1$，$3^1P_1 \rightarrow 2^1S_0$共10条光谱线

5.19　(1) $_{15}P$，电子组态为$2p^3$，半满，$S=3\times 1/2=3/2$，$L=0$，为$^4S_{3/2}$；

(2) $_{17}$Cl,电子组态为 $2p^5$,等效于 $2p^1$,原子态为$^2P_{1/2},_{3/2}$倒转能级次序,基态为$^2P_{3/2}$

(3) $_{18}$Ar,电子组态为 $2p^6$,全满,为$^1S_0$

5.20　$2p^2$,为等效电子,原子态为$^1S_0$,$^3P_{210}$,$^1D_2$,其中能量最低的状态为$^3P_0$

5.21　硫原子($Z=16$),$^3P_{210}$,倒转次序,基态为$^3P_2$;铁原子($Z=26$),$^1S_0$

5.22　*LS* 耦合,原子态$^1D_2$,$^1F_3$,$^1G_4$,$^3D_{321}$,$^3F_{432}$,$^3G_{543}$;

jj 耦合,原子态$(1/2, 5/2)_{3,2}$,$(1/2, 7/2)_{4,3}$,$(3/2, 5/2)_{4,3,2,1}$,$(3/2, 7/2)_{5,4,3,2}$,均有12种状态

5.24　$^2S_{3/2}$,$S=1/2$,$L=0$,$J=3/2$,不可能存在;$^3D_2$,$S=1$,$L=2$,$J=2$,可能存在;$^5P_3$,$S=2$,$L=1$,$J=3$,可能存在

5.25　$^4D_{7/2}\rightarrow{}^4P_{5/2}$,$^4D_{5/2}\rightarrow{}^4P_{5/2}$,$^4D_{5/2}\rightarrow{}^4P_{3/2}$,$^4D_{3/2}\rightarrow{}^4P_{5/2}$,$^4D_{3/2}\rightarrow{}^4P_{3/2}$,$^4D_{3/2}\rightarrow{}^4P_{1/2}$,$^4D_{1/2}\rightarrow{}^4P_{3/2}$,$^4D_{1/2}\rightarrow{}^4P_{1/2}$

5.26　$^3D_{321}$,$^3P_{210}$,$^3S_1$,$^1D_2$,$^1P_1$,$^1S_0$

5.27　$S=2$,$J=0, 1, 2, 3, 4$,$L=2$

5.28　原子态为$^1S_0$,$^3P_{210}$,$^1D_2$,其中能量最低的基态为$^3P_0$

5.29　(1) 三重态相邻能级差为40,20,比值为2∶1,由于是双电子,所以 $S=1$,则 J 只能是整数,各个 J 值是连续的整数,所以只能是 $J=2,1,0$,$L=1$;

(2) 激发态为 n^3P_{210},$n>2$;基态的原子态都是 2^3P_0,可能的跃迁为 $n^3P_{10}\rightarrow 2^3P_0$

5.30　18个

5.32　最大能量 $E=10^5$ eV,最短波长 $\lambda_0=0.012$ nm

5.33　$d=\dfrac{j\lambda}{2\sin\theta}=\dfrac{0.1542\text{ nm}}{2\times\sin 15°50'}=0.2826\text{ nm}$

5.34　可以观察到K线系

5.35　$L(\text{Al})=12.4$ mm,$L(\text{Cu})=0.052$ mm

5.38　245.6 eV

5.39　$Z=26$,是Fe原子

5.40　0.028 nm

5.41　Co靶

5.42　$E_1=hcRZ^2=13.6\times74^2\text{ eV}=74.47\text{ keV}$

5.43　(1) $Z=28$;

(2) $E_L=852$ eV,$\lambda_0=1.46$ nm

5.44　(1)

元素	K壳层束缚能(keV)	K_α(keV)	K_β(keV)	L壳层束缚能(keV)
Zr	17.996	15.7	17.7	2.296
Nb	18.986	16.6	18.62.386	
Mo	20.000	17.4	19.6	2.6

(2) $Z=40$

5.45 $d=0.282$ nm，$N_A=6.02\times10^{23}$

5.46 55.8 keV，33.7 keV 这两种电子是银原子中的L、K电子直接被电离出来，21.6 keV 的电子是 K_βX 光子产生的L壳层俄歇电子，18.8 keV 电子是 K_αX 光子产生的L壳层俄歇电子

5.47 (1) $E_K=69.7$ keV，$E_L=10.6$ keV，$E_M=2.27$ keV，$E_N=0.389$ keV

5.48 $\tau=1.32\ \text{cm}^{-1}$

第6章

6.1 7 MHz

6.2 $^2F_{5/2}$

6.4 5.8×10^{-5} eV；1.4×10^{10} Hz，2.1 cm

6.6 11.7 T，或 5.83 T

6.7 (1) 4束；

(2) $g_{3/2}=2/5$，$\frac{\sqrt{15}}{5}\mu_B$

6.9 1.00 T

6.10 6条

6.11 585.5 nm

6.12 3条；3条

6.13 4条，589.65 nm，589.55 nm

6.14 15.78 T

6.15 1.9×10^9 Hz

6.16 2.000，$4^2S_{\frac{1}{2}}$

6.18 (1) $\frac{3}{5}\mu_B$，$5\mu_B$，$6\mu_B$；

(2) 谱项为$^0I_6$.

6.19 4.2×10^{10} Hz，$\Delta\lambda=0.025$ nm

6.21 1.753×10^{11} C·kg^{-1}

6.24 分裂为2条 $\Delta\tilde{\nu}' = 373.5$ m^{-1},不属于

第7章

7.1 4.44 eV

7.2 878 N·m^{-1}, 477 N·m^{-1}, 381 N·m^{-1}, 291 N·m^{-1}

7.3 (1) 381.25 cm^{-1};

(2) 378.3 cm^{-1};

(3) 2.18 eV

7.5 (1) 5.146 eV;

(2) 5.197 eV

7.6 291 N·m^{-1},1 551 N·m^{-1}, 1.23×10^{-11} m, 4.90×10^{-12} m

7.7 8

7.8 (3) 4.79 eV, 7.73 m^{-1}

7.9 基线波数为2 885.67 cm^{-1}, $I=2.8\times10^{-47}$ kg·m^2

7.10 1.000 7

7.11 $I = 1.038\times10^{-46}$ kg·m^2, $r = 1.4\times10^{-10}$ m

7.12 (1) 8.1 cm;

(2) 3.3×10^{-47} kg·m^2

7.13 (1) $B = 10.6$ cm^{-1} 或 $B = 3.17\times10^5$ MHz;

(2) $E_0 = 0$, $E_1 = 2hcB = 2.624\times10^{-3}$ eV, $E_2 = 6hcB = 7.873\times10^{-3}$ eV, $E_3 = 12hcB = 1.576\times10^{-2}$ eV, $E_4 = 20hcB = 2.624\times10^{-2}$ eV, $E_5 = 30hcB = 3.936\times10^{-2}$ eV;

(3) 2.71, 3.69, 3.806, 3.26, 2.4

7.14 (1) 0.092 nm;

(2) 22.1 cm^{-1}, 15.4 cm^{-1}

7.15 $\nu = 2.49\times10^{14}$ Hz, $k = 3\,892$ N·nm^{-1}

7.16 3.4 μm

7.17 20 475 cm^{-1}

7.18 20 608.5 cm^{-1}, 20 614.3 cm^{-1}, 20 631.7 cm^{-1}, 20 637.5 cm^{-1}, 20 643.2 cm^{-1}

7.20 1∶2,偶数谱线强度大

第8章

8.1 7.680 MeV

8.2 2.3 fm；6.88 fm；8.99 fm

8.3 8.520 MeV

8.4 2.83 MeV；2.57 MeV；7.07 MeV

8.5 0.313 305 u；8.58 MeV

8.6 230 N

8.7 3/2－，1＋

8.8 3/2

8.9 3/2－；1＋；3/2＋

8.12 5.94×10^{9} a

8.13 3 600 a

8.15 2.69×10^{10} s^{-1}

8.16 0.97 W

8.17 5.403 MeV

8.18 19.6 keV

8.19 2.8 MeV

8.20 (2) 624 keV，655 keV

8.21 4.5×10^{9} a

8.22 17.34 MeV

8.24 5.67 MeV；7.1 fm；4.4 fm

8.25 1.92 MeV

8.26 约2.5 t

8.28 16 atm

8.29 94.7 μm

8.30 2.4×10^{26} J

8.31 5/2

8.32 1.1×10^{5} $m\cdot s^{-1}$；

(2) 2.65×10^{-26} kg；

(3) $A=16$

8.33 14.1 MeV；14.9 MeV

8.34 (1) 1.019 MeV；

(2) 0.183 MeV或0.000 92 MeV